| 现代通信网络技术丛书 |

5G CORE NETWORKS

Powering Digitalization

5G核心网

赋能数字化时代

[瑞典] 斯特凡·罗默 (Stefan Rommer) 彼得·赫德曼 (Peter Hedman) 马格努斯·奥尔森 (Magnus Olsson) 拉尔斯·弗里德 (Lars Frid) 沙布南·苏丹 (Shabnam Sultana)
[英] 凯瑟琳·穆利根 (Catherine Mulligan) 著

王剑 干菊英 译

机械工业出版社
CHINA MACHINE PRESS

图书在版编目（CIP）数据

5G 核心网：赋能数字化时代 /（瑞典）斯特凡·罗默（Stefan Rommer）等著；王剑，干菊英译．—北京：机械工业出版社，2020.10（2024.2 重印）
（现代通信网络技术丛书）
书名原文：5G Core Networks: Powering Digitalization

ISBN 978-7-111-66810-7

I. 5… II. ① 斯… ② 王… ③ 干… III. 无线电通信 – 移动网 IV. TN929.5

中国版本图书馆 CIP 数据核字（2020）第 204051 号

北京市版权局著作权合同登记 图字：01-2020-2393 号。

5G Core Networks: Powering Digitalization
Stefan Rommer, Peter Hedman, Magnus Olsson, Lars Frid, Shabnam Sultana, Catherine Mulligan
ISBN: 978-0-08-103009-7

《5G 核心网：赋能数字化时代》(王剑 干菊英 译)
ISBN: 978-7-111-66810-7

5G 核心网：赋能数字化时代

出版发行：机械工业出版社（北京市西城区百万庄大街 22 号 邮政编码：100037）
责任编辑：冯秀泳　　责任校对：李秋荣
印　　刷：固安县铭成印刷有限公司　　版　　次：2024 年 2 月第 1 版第 4 次印刷
开　　本：186mm × 240mm 1/16　　印　　张：24.5
书　　号：ISBN 978-7-111-66810-7　　定　　价：139.00 元

客服电话：（010）88361066 68326294

中文版序

5G是实现人机物互联的新型网络基础设施，是经济社会数字化转型的重要驱动力量。5G正以全新的网络架构，开启万物泛在互联、人机深度交互、智能引领变革的新征程。

当前，世界各国均加快发展5G，5G网络部署逐步扩大，技术产业加速创新。我国自2019年6月5G实现商用，到2020年10月已建设5G基站50万个，5G连接数超过1.2亿，实现了5G独立组网规模商用。5G融合应用探索热情高涨，智慧医疗、新闻媒体、工业互联网、车联网等将成为5G先锋应用领域。

5G核心网采用全新的服务化架构，支持网络虚拟化及网络切片、边缘计算等技术，实现灵活部署和差异化业务，是实现万物互联的基础。5G网络要满足各行业的需求还面临很多挑战，由于行业应用种类丰富但场景碎片化，且存在多业务分流、自管理自维护、网络与数据安全等需求，面向行业的5G技术产品及解决方案需要不断探索、完善。

本书是对5G核心网标准的全面解读，直接或间接地回答了关于5G核心网的诸多问题。它为读者提供了对5G核心网架构的全面描述，分析了5G核心网架构、关键技术以及详细流程，展望了5G网络的发展走向。本书还包括5G无线网和云技术概述、安全机制等内容，展现了5G端到端的业务实现。

4G改变生活，5G改变社会。随着完善的产业链生态、坚实的连接＋计算基础设施，以及各行业领先的多场景智慧应用的构建，万物互联的“5G数字化时代”正在来临。迎着“新基建”的新一轮时代东风，踏着万物互联的广阔前景，再加上产业生态各方的务实合作，中国的5G之船已扬帆起航。相信本书中文版的出版发行将为中国5G的商用征程带来更多的精彩。

王志勤
中国信息通信研究院副院长
IMT-2020（5G）推进组组长

推荐序一

5G 的推出，对电信业而言是一件令人振奋的事情。前几代移动网络技术大多聚焦于提高用户的接入速率、增强网络的可接入性，而 5G 不仅能够改善带宽和减少时延，还将帮助所有行业提出真正的颠覆性解决方案。纵观全球，有许多 5G 网络正在安装或者调试，以兑现对 5G 系统的承诺。在 Telstra，我们正在部署澳大利亚的首个 5G 网络，它将提供更大的容量、更快的速率和更低的时延，从而改变我们的生活和工作方式。5G 网络的部署已在澳大利亚的主要城市展开，其他地区将紧随其后。

除了为消费者提供社交媒体的流媒体和分享内容的高速下载、上传，我们还在打造新的合作伙伴关系，以展示这一技术在不同行业中的应用前景。一个例子是，作为技术提供商，我们与来自金融服务业的澳大利亚联邦银行合作，携手探索 5G 边缘计算的用例和网络架构。我们一起探索 5G 时代银行业的未来，通过试点展现未来的银行会是什么样子，并探索 5G 的边缘计算如何减少各个银行分支机构对网络基础设施的依赖。

这仅是我们 5G 投入的开始。随着其他许多工业解决方案的付诸实施，澳大利亚人的生活将会发生巨大的变化。我们正在和不同的企业合作，探索 5G 网络中物联网、自动驾驶以及无人机的安全性问题，其中包括和 Thales 一起构想一个安全可靠的澳大利亚低空空域的生态系统。这些仅仅是 5G 变革能够帮助实现的服务的冰山一角，我们为引领澳大利亚的这一变革感到自豪。

5G 通过提供新无线技术和不同的频谱推动了这些变革，同时，核心网的规范也发生了根本性的改变。3GPP 已着手制定一个新的 5G 核心网，它充分集成了 Web 协议并且适用于原生云环境。

因此，本书的出版恰逢其时——5G 的初期部署刚刚开始。针对读者的需要，本书对组成 5G 核心网的 3GPP 规范进行了深入浅出的描述。本书涵盖的内容是打开核心网构建之门的钥匙，它将帮助读者快速了解核心网的这一重要演进的内部工作机理。本书的作者都深入参与了 3GPP 规范的制定工作，他们是解读这些概念和机理的不二人选。

Håkan Eriksson
Telstra 集团首席技术官
于澳大利亚维多利亚州墨尔本

推荐序二

5G 已经来临。一方面，4G 之后，接着的就是 5G，它应该具有更高的带宽、更短的时延和新的频段，这似乎显而易见；但另一方面，要实现这些承诺，不仅要改进现有的用例，更需要根本性的变革，比如突破时延的限制以使新的应用场景成为可能，因此它又并非那么显而易见。一旦在核心网设计中做出根本性的改变，物联网就可能具有完全不同的能力。对我而言，5G 下一步如何发展还不是很明显，这让我想起 20 世纪 90 年代业界研发 3G 的时候，当时我们常常边喝咖啡边争论人们到底能用令人惊叹的 3G 数据管道干些什么。我们推断了一些固网接入互联网的用例，并且预期视频通话会成为语音通话的进一步延伸，但我们完全没有想到社交媒体、应用的开源开发模式、智能终端的诞生所带来的移动浪潮，以及 4G 最终带来的真正的网络改进。

同样，我相信我们还远未看清楚手机之外其他对象的连接能给我们带来什么，比如汽车连接到网络已经存在很长时间了，但过去它是作为高端配置存在，现在则已成为标配，成为通过软件不断对汽车进行改进的基本手段。当所有汽车都能联网时，显然我们能够做许多事情，比如通过无线连接不断地进行软件升级，并且动态地利用这一连接增强汽车的功能。在可以预见的未来，汽车的车载计算机将安装关键性软件，而 5G 连接有望实现高性能、低时延和低成本的网络，使我们能够通过远程处理功能动态增强车辆的车载能力以及与周围系统的连接，实现真正的实时地图更新、高级驾驶和自动驾驶功能的增强。这一发展也是汽车个性化和其他许多事物个性化的基础，这意味着用户可以随时随地置身数字世界并成为所有生态系统的中心，而不必在服务于生活的不同方面的各生态系统之间来回切换。

在我职业生涯的早期，本书的上一版（4G 核心网）是我查阅移动核心网技术的可靠帮手，我期待这一新的版本对于 5G 也同样如此。

Ödgärd Andersson
沃尔沃汽车公司首席数字官
于瑞典哥德堡

译 者 序

电信业的大变革已经启航，如果成功，它将重新定义电信在工业界和社会中的角色。5G虽然经常被描述为可实现更高速率或对工业4.0的发展至关重要的工具，但它实际上代表的是无线通信地位的一次根本性改变，无线通信将成为真正的数字经济的中心，因而对通信而言，这是一次前所未有的大调整——既不是从2G过渡到3G，也不是从3G到4G的过渡——而是一次跃变，并且，在今后相当长一段时间内，可能再不会看到能与之相提并论的变革。

本书的开篇振聋发聩。可能需要相当长的一段时间来验证以上预言，但作为通信业的从业者，当下我们或多或少都能感受到5G所引发的变动。这既是技术整体发展的自然结果，也是经济社会发展的必然要求。本书即是在这两大背景之下，对5G核心网标准的全面描述，包括对5G核心网架构的概述、对独立和非独立架构的描述、对5G核心网关键概念的详细阐释，以及对5G无线网和云技术的概述。

本书作者从事移动通信核心网研究和标准制定工作多年，曾出版的关于4G移动核心网的著作是4G无线技术领域的畅销书，受到读者的广泛好评。本书英文版一经出版，相关的翻译工作也随即开始。需要指出的是，本书的翻译也打上了这个时代的烙印。翻译工作是在疫情期间进行的，伴随着我们度过了居家隔离的日子。

在翻译过程中，我们得到了作者的大力支持。同时，编辑朱捷先生和冯秀泳先生在整个过程中的耐心指导和悉心审阅，是整个翻译工作能够顺利完成的强有力保障，在此我们对朱捷先生和冯秀泳先生表示诚挚的感谢！

尽管作为译者我们已经尽力保证译文的准确、易读，但由于时间紧、任务急，译作之中肯定存在这样或那样的疏漏，对此，我们愿意承担全部责任。

“要使5G能够得到广泛应用，业界必须将5G技术的发展与清晰的商业价值结合，对于工业应用以及更传统的消费者或商业服务来说也是如此。”衷心希望本书中文版的出版能为已扬帆起航的5G之舟助一份薄力。

王　剑　干菊英

致　　谢

没有他人的支持完成这样一项工作是不可能的。

在此要感谢爱立信许多同事的帮助，特别是 David Allan、Aldo Bolle、Åke Busin、Torbjörn Cagenius、Qian Chen、George Foti、Jesus De Gregorio、Magnus Hallenstål、Maurizio Iovieno、Ralf Keller、Vesa Lehtovirta、Alessandro Mordacci、Stefan Parkvall、Anders Ryde、Alexander Vesely、Mikael Wass 以及 Frank Yong Yang。

我们还要感谢我们的家人。没有他们慷慨和始终如一的支持，本书的写作是不可能完成的。

目　录

第1章 导 言

1.1 5G——互联的新时代

电信业的大变革已经启航，如果成功，它将重新定义电信在工业界和社会中的角色。5G，虽然经常被描述为可实现更高速率或对工业4.0的发展至关重要的工具，它实际上代表的是无线通信地位的一次根本性改变，无线通信将成为真正的数字经济的中心，因而对通信而言，这是一次前所未有的大调整——既不是从2G过渡到3G，也不是从3G到4G的过渡——而是一次跃变，并且，在今后相当长一段时间内，可能再不会看到能与之相提并论的变革。

5G架构本身由两部分组成——支持新空口（New Radio，NR）的新的无线接入网（NG-RAN）以及5G核心网（5GC）。与上一代技术相比，它们都有很大变化。本书专注于5GC，对NR有简要的介绍，以帮助读者理解5G核心网。对NR的详细描述超出了本书的范围，感兴趣的读者可参阅Dahlman等人（2018）的专著（中文版已于2019年出版，ISBN 978-7-111-62474-5）。

1.2 跃变

移动技术的首次广泛使用得益于GSM（2G）的部署，其规范发布于1991年，主要支持话音和短信业务。1999年发布的WCDMA（3G）规范支持互联网浏览和功能手机的使用。移动宽带（MBB）的大规模使用、全IP网络上的视频和数据流量的暴涨以及在智能手机上开发app，则是在LTE（4G）规范发布（即2008年）之后。这几代技术都以最终用户为主要消费者，大幅增加带宽和网络速率。5G的不同之处在于，运营商从以最终用户为主要消费者逐渐转变为将垂直行业作为其主要客户，这不仅是一个技术转变，也是和以往不同的一个商业模式的转变。由于5G提供了颠覆性的功能，很有可能吸引新的参与者进入这一市场。

5G的网络架构更加雄心勃勃，它不仅考虑了来自电信行业的需求，也考虑了其他行业的需求，同时它还接纳了原生云和大规模Web技术（例如HTTP），简言之，它提出了一种在全球范围的架构发展和服务提供的新方法。

1.3 运营商面临的新环境

5G系统可以分解为接入、传输、云、网络应用和管理（包括编排和自动化）模块，这是一个较高层次的抽象，目的是简化网络管理和运营。此外，新的商业模式的出现要求网络能够快速部署新业务，这就要求运营商网络具有可编程、基于软件的特点，以便以“即服务”（as a Service）的方式按需提供服务。本书将描述5G技术如何满足这些新的商业模型，并深入阐述这些技术选择背后的成因。此外，之前网络中需要人工干预的一些操作，在5G时代可以通过机器和软件的非人工方式来完成，这意味着业务开发和部署的整个方式需要改变。

1.4 5G网络部署之路

2012年ITU-R首先提出5G的需求并描绘所希望实现的愿景。国际电联（ITU）正式将其命名为IMT-2020，详情可参阅Dahlman等人的著作（2018）。随后ITU-R以及全球各地的行业论坛和研究项目又进行了许多更详细的研究。

为满足ITU-R IMT-2020的需求，5G规范的初始工作于2014年完成，在2015年和2016年加快了进度。5G系统的试验已在多个国家进行，预计2020年左右在大部分国家会做商业部署。我们撰写本书的主要目的，是以清晰易懂的方式描述核心网的演进，以便工程师和其他专业人员可以了解5G带来的变化。

从2018年年底到2019年年初已经开始有几个早期的5G商用系统。这些早期的5G网络部署包括：

- Verizon和AT & T在2018年和2019年推出了美国首批5G服务。
- Telstra于2018年和2019年在澳大利亚多个地区推出了5G服务。
- 2018年年底韩国三大运营商都推出了针对企业应用场景的5G服务。
- 2019年上半年，韩国、美国、瑞士和英国率先推出了eMBB服务。

1.5 3GPP Release 15和16

第三代合作伙伴计划（3GPP）在Release 15和后续版本中制定了一系列5G核心网规范。Release 15是首个包含完整5G标准的版本，在2018年6月至2019年初陆续发布。Release 16计划于2020年年初发布，并且Release 17的计划也已经开始，目标是在2021年或 2022 年完成规范制定。Release 15 包括：

- 非独立组网架构（NSA），即新空口与 LTE 和 EPC 核心网一起使用。
- 独立组网架构（SA），即 NR 连接到 5G 核心网。
- 5GC 使用基于服务的架构（SBA）。
- 支持虚拟化部署。
- 提供注册、注销、授权、移动性和安全性等的网络功能。
- 使用 IP、以太网和非结构化数据的数据通信。
- 支持对数据网络的本地式和集中式并发访问。
- 支持边缘计算。
- 网络切片。
- 统一接入控制。
- 支持非 3GPP 接入的融合架构。
- 策略框架和 QoS 支持。
- 网络能力开放。
- 多运营商核心网，即多个核心网共享同一个 NG-RAN。
- 特定服务的支持，例如 SMS、IMS、紧急业务的定位服务。
- 公共预警系统（PWS）。
- 多媒体优先级业务（MPS）。
- 关键任务服务（MCS）。
- PS 数据开关。
- 5GS 和 4G 间的互通。

Release 16 将增加新的功能，其中许多功能专门针对不同的垂直行业：

- 车联网（V2X）。
- 5G 系统架构的接入流量导向、切换和拆分（ATSSS）。
- 5G 系统架构的蜂窝物联网支持和演进（5G_CIoT）。
- 5G 网络自动化增强（eNA）。
- 5G 网络 SMF/UPF 拓扑增强（ETSUN）。
- 5GC 定位服务增强（5G_eLCS）。
- 5GC IMS 集成增强（eIMS5G_SBA）。
- 5GS 对垂直服务和 LAN 服务的增强支持——5G-LAN 部分。
- 5GS 对垂直服务和 LAN 服务的增强支持——TSN 部分。
- 5GS 对垂直服务和 LAN 服务的增强支持——非公共网络部分。
- 对未鉴权 UE 提供受限的本地运营商接入服务的系统增强（PARLOS）。
- 基于服务的 5G 系统架构的增强（5G_eSBA）。
- 5GC URLLC 的增强（5G_URLLC）。

- 用户数据互通与共存（UDICOM）。
- UE 无线能力信令优化（RACS）。
- 对固定和移动网络融合的支持（5WWC）。

1.6 核心要求

5GC 的架构设计直接或间接地遵循了以下原则：

- 基于服务的架构，以便能提供模块化的网络服务。
- 3GPP 和非 3GPP 接入网的一致的用户体验。
- 标识、鉴权、QoS、策略和计费模式的协调一致。
- 适配原生云和大规模 Web 技术。
- 边缘计算和游牧 / 固定接入；计算能力应尽量靠近无线终端收集传感器数据的地方，从而消除公有云上应用所引入的时延。
- 改善服务质量，并在更广泛的地理区域确保服务质量。
- 机器间通信服务，以降低终端（例如自动驾驶汽车、组装机器人）的连接时延。

第 3 章将就这些原则对架构的影响做更全面的描述。

1.7 新服务等级

5G 提供了三个服务等级，它们可以根据用户业务模式的具体要求进行选择：

- 增强型移动宽带通信（eMBB）可为人口密度高的城市中心提供服务，室内下行速率可接近 1 Gbps，室外 300 Mbps。
- 大规模机器类型通信（mMTC）支持机器间（M2M）和物联网（IoT）应用，这是许多用户期望网络提供的应用，同时不对其他服务造成影响。
- 超可靠低时延通信（URLLC）支持有关键性需求的通信，对它们而言速度比带宽重要，端到端时延要达到 1 ms 甚至更短。

1.8 本书的结构

本书大致分为四个部分。

1.8.1 第一部分：导言、架构和本书范围

第 2 章至第 4 章简要介绍了本书内容和本书的覆盖范围，包括 5GC 中使用的关键技术和对架构的一个总体介绍。第 3 章是理解本书其余部分的基础，第 4 章介绍与 5G 相关的 EPC——更多详细介绍超出了本书的范围，感兴趣的读者可参考 3GPP TS 23.401。

1.8.2 第二部分：5GC 的核心概念

第 5 章至第 12 章对 5GC 的所有核心概念做了全面深入的描述，这是了解整个系统所需要的，包括建模、会话管理、移动性、安全性、QoS、计费、网络切片和双连接解决方案，这些概念是理解其他章节的基础。

1.8.3 第三部分：5GC 技术详解

第 13 章至第 15 章进一步阐释了 5GC 的技术细节，详细描述了第二部分中讲到的核心概念如何协同工作、共同组成 5G 核心网。读者可以由此深入了解网络功能、参考点、协议和呼叫流程。阅读完第三部分后，读者对 5GC 会有一个全面的了解。

1.8.4 第四部分：Release 16 及未来版本

在本书的结尾，第 16 章和第 17 章描述了 Release 16 对 5G 架构的扩展，以及对垂直行业的支持。最后是对 5GC 未来发展的展望。

第 2 章

5G 的驱动力

2.1 引言

对移动通信和其他通信网络的需求在过去十年中显著增长。从一开始仅提供话音和短信业务，到现在人们希望这些网络能为真正的数字经济提供基础设施——随着 20 世纪的运营模式要过渡到应对 21 世纪挑战的模式，人们需要新的运作方式。因此，5G 的驱动力已远远超出了新的核心网的范畴，它面对的是崭新的需求和期望，包括

（1）更广泛的参与者（包括推动新用例的公司）对新的商业用例的要求。

（2）构成核心网组件的新技术引发了对更高效、更灵活的运营的期待。

（3）如何重新平衡业务、社会和环境要求，以便以一种新的方式提供服务。

2.2 新用例

5G 之前的移动技术展示了这些技术向全球用户提供创新的、前所未有的服务的潜力。这激发了人们对下一代移动技术的想象和期望，引发了市场对 5G 能给社会不同行业和领域带来的价值的广泛期待。大量节省成本和创造新收入的可能性，不仅在传统移动服务提供商和用户中间，而且在多个行业中激发了人们对 5G 的兴趣。

相比于使用 4G 或更早的技术提供的服务（例如移动宽带服务），5G 既增强了用户体验，又有效节约了成本。总体而言，增强的用户体验主要体现在更高的数据速率——不只是说峰值数据速率更高，更重要的是提高了整个网络的平均数据速率，因而移动宽带服务的用户将拥有更高的服务质量。

消费者还期望 5G 无线接入的低时延特性能够支持时间敏感的服务，例如手机游戏。尽管完整的、满足移动游戏或其他低时延敏感服务的基础设施设计所需的商业用例还有待开发，但 5G 揭示的多种可能性是其前进的核心驱动力之一。

从服务提供商的角度来看，主要的挑战是网络中不断增加的数据量，对此，5G 的扩容有望能比现有的 4G/LTE 更经济。

同时，在网络运营方面，人们期望新的 5G 网络架构通过增加对各种操作流程自动化的支持，带来更多好处，例如，网络容量扩容、软件升级、自动测试以及通过大数据来优化网络性能。此外，更经济、更方便地部署新软件和新服务的可能性对许多运营商而言也是至关重要的。

尽管 3GPP 积极致力于对自动化和云部署提供支持，必须承认，这一领域的某些长处需要通过提供基础设施软件的公司的产品实现来获得。标准化并不能决定所有方面，有些方面甚至是不可能被标准化的。

5G 不只与移动网络有关——随着 5G 解决方案的出现，人们对固定无线接入的解决方案也越来越感兴趣。通过高容量宽带连接住宅和企业的全球市场增长显著，而随着 5G 技术的到来，服务提供商无须投资固定网络基础设施即可提供高速连接。可以认为，对于某些地理区域，使用 5G 接入技术提供宽带服务是性价比最高的解决方案之一，这也会使一些服务提供商对 5G 的兴趣增大。

新的 5G 核心网架构及其相关的接入技术独立原则的最初的一个核心驱动力就是融合各种类型技术的运营。这意味着同时为客户提供固定和移动服务的服务提供商将来可以使用一个运营团队、一套统一的基础设施解决方案，以及对不同的服务产品使用相同的运营流程。如果成功，这意味着“固移融合”最终能够实现，这是有着跨移动和固定业务运营、固定业务占比高、运营成本高昂的大型服务提供商长期以来的一个愿望。

当我们撇开服务的增强，从用户体验、容量优化或运营效率的角度观察，那么可以看到一系列新的领域及用例正在成为 5G 技术发展的驱动力。

“工业数字化”技术将应用到这些领域和用例，5G 的技术特性（低时延、超高数据容量和超可靠性）可用于优化现有的工业流程或解决方案，甚至实现全新的流程和解决方案。这里存在非常多的新商机，其中许多已经展示出来，例如，爱立信和 Arthur D. Little 的例子（A. D. Little，2017），涉及的行业领域包括工业制造、公共安全、能源生产和输送、汽车、运输和医疗保健。

这可能意味着利用 5G 的大容量、可扩展特性从大量传感器和终端收集数据，以便在各种物联网和 CPS 解决方案中进行深入的大数据分析。这也可能意味着使用 5G 的超高可靠性或低时延特性，设计更灵活、更健壮的工业通信解决方案，例如，用于工业制造和其他系统中各种机器人的实时控制。另一个潜在的用例是使用 AR/VR 技术强化工业流程，以支持操作人员排除故障、进行常规维护或在恶劣环境中安全地进行操作。

尽管并非所有用例都是商业上或技术上可行的，但如此众多的用例的探索已表明，5G 将在未来几年的工业数字化进程中发挥重要作用，这是全球许多工业门类将 5G 视为其未来商业运作的关键组成部分的一个主要原因。

2.3 新技术

5G 的发展是由许多新技术推动的，在这一节中，我们简要介绍其中的主要部分：

（1）虚拟化。

（2）原生云。

（3）容器。

（4）微服务。

（5）自动化。

2.3.1 虚拟化

传统上，移动核心网网元的功能设计是分布式的、可水平扩展，并运行在专用硬件（例如机箱中的刀片处理器）上。网元架构内部分布在执行特定任务的特定类型刀片服务器上，例如，运行网元管理软件的刀片服务器、执行移动签约用户管理的刀片服务器等。扩展性主要是通过刀片服务器在内部的水平缩放来实现。

虚拟化的第一步是将那些应用专属的刀片服务器迁移到虚拟化资源中，例如虚拟机（VM）和容器上。ETSI NFV（网络功能虚拟化）和 OPNFV 的成立就是要通过协调运营商之间的虚拟化方案来促进和推动整个电信网络的虚拟化。这样网元就可以作为应用分布在多个虚拟主机上。因为应用的使用不再受限于一个物理机箱的资源和容量，这极大地提高了部署的灵活性，以及硬件安装的协调一致性，例如，运营商可以为网元部署更大（或更小）的实例。第一步主要也是为了验证虚拟化的托管环境可以相应扩展以满足现有移动核心网的用户和容量的需求，但是，这个阶段的大多数应用类似于一个两级应用设计，其中处于第二级的应用（逻辑部分）与其所需的状态存储是紧耦合的，而用于维护状态的存储是从刀片服务器原有的物理系统的内存直接移植过来的。

移动核心网架构演进的下一步是向原生云方向发展，以充分利用云计算技术所提供的灵活性。在这一步，按一定配比，由预定义的单元紧耦合在一起的移动核心网网元，在逻辑上和物理上被解耦，以提供更大的灵活性和独立的可伸缩性。这一步将实现网络功能的控制面和用户面的进一步分离，此外，在云架构的演进中，移动核心网功能开始采用 Web 应用的网络架构。

2.3.2 原生云

过去的几年中，原生云架构引起了人们极大的兴趣，运营者试图实现所谓的“超大规模”（例如，Facebook、Google、Amazon）效率的尝试进一步加深了人们对该领域的兴趣。简而言之，大规模 Web 应用所使用的架构和技术（基于服务的接口、微服务、容器等）为网络基础设施带来了弹性、健壮性和部署灵活性的益处。原生云应用和架构不应被视为尚未完全完成的云转型之上额外的一层复杂性，而应将其视为电信业已在进行的云转型的自然演进。

因此，原生云策略可以使服务提供商通过使用 DevOps 等实际手段，加速开发和部署新业务的进程，业务快速扩容或缩容的能力则允许其针对流量高峰和一次性事件实时优化资源的使用。

有几种普遍适用的原生云设计原则，包括：

- 基础设施无关性：原生云应用独立于底层的基础设施和资源并且与其无关。
- 软件解构和生命周期管理：利用微服务架构，软件分解为较小的、可管理的构件。每个构件都可以独立使用 CaaS（容器即服务）环境进行部署、扩缩容和升级。
- 弹性：在传统应用中，硬件的 MTBF（平均故障间隔时间）是弹性的基本指标。在云环境中，我们依靠分布式和独立的、自动缩放和自愈的软件组件。这意味着一个应用内的故障仅会引起暂时的容量损失，而不会进一步导致系统全部重启和丢失服务。
- 状态优化设计：状态管理取决于状态、数据的类型和状态的上下文，因此，没有“一刀切”的处理状态和数据的方式，而是要在性能、弹性和灵活性之间进行权衡。
- 编排和自动化：原生云应用的一大优势，是通过例如基于 Kubernetes 的 CaaS 层实现的自动化增强。CaaS 支持微服务的自动扩展、故障容器的自动修复和软件升级——包括在大规模部署之前进行的金丝雀测试（小规模测试）。

2.3.3 容器

虚拟化彻底改变了 IT 的基础设施，使技术供应商能够为消费者提供各种基于 IT 的服务。简而言之，系统级虚拟化允许一个操作系统（OS）的多个实例在单服务器的 hypervisor 之上运行。hypervisor 是创建和运行虚拟机的软件。

所有容器彼此隔离并共享 OS 内核。容器广泛用于需要优化硬件资源以运行多个应用以及需要提高灵活性和生产率的领域。此外，基于容器环境的生态系统和工具（例如 Kubernetes）正在迅速发展壮大。

容器对于电信应用特别有用：

- 用于对低时延、弹性和可移植性要求高的地方，例如，边缘计算的环境。
- 用于实现短时服务，即高度敏捷的应用部署。
- 当把问题分解为小的任务集合对解决问题有帮助的时候，用于机器学习或人工智能，因此容器在一定程度上有助于自动化。

2.3.4 微服务

微服务是软件开发的架构和组织方式，即软件不是单一地、整体式地开发，而是由通过定义良好的 API 进行通信的小的独立服务来构建，它通常被认为是面向服务架构开发方式的一种变体。微服务架构的总体目标是使应用的扩展更容易、开发更迅速，从而实现创新并缩短新功能的上市时间，但是，它们也带来了某些复杂性，包括管理、编排和创建新的数据管理方法的复杂性。

微服务的分解有几个益处：

- 每个微服务实例的功能范围要小得多，因此可以更快地开发、迭代。
- 单个功能只和少量微服务相关，而不是与整个分组网和5GC功能相关。
- 可以根据需要添加、删除微服务实例，以增加、减少这些功能的扩展性。
- 微服务可以具有独立的软件更新周期。

因此，通过使用微服务，运营商可以按规模、按需要部署功能，而不是部署重复的、预先打包的功能实例。这种方式进一步提高了资源的使用效率。这也大大简化了新功能的部署，因为运营商可以在不影响相邻服务的情况下，添加功能、执行对一组微服务的升级。

2.3.5 自动化

核心网演进的主要动力之一就是利用自动化技术进行网络交付。纵观ICT领域，机器学习、人工智能和自动化正致力于提高系统构建和运营的效率。在3GPP领域，Release 15和Release 16的自动化主要是指自组织网络（SON），它提供自配置、自优化和自修复功能。这三个概念为最终用户的更高可靠性、服务提供商的较低宕机时间提供了保证。通过动态优化、故障排除以及取消网元的手动配置，这些技术极大地降低了移动网络生命周期的运行成本。

在LTE中使用SON的运营商已发现有以下好处：加快网络部署，简化升级，减少掉话次数，提高呼叫建立成功率，提高最终用户吞吐量，缓解特殊事件期间的拥塞，提高用户满意度、忠诚度，提高运营效率（例如节能减排），以及使无线工程师摆脱重复性的手工工作（SNS Telecom and IT，2018）。

5G面临着独特的挑战，但这也使得自动化配置、自动优化和自修复这些功能成为每个服务提供商网络的核心部分。这些自动化功能背后的驱动力包括：运营多个无线网络并且同时连接不同的核心网所带来的复杂性，所需要的基础设施部署的广度，以及网络切片等概念的引入、动态频谱管理、预测性资源分配和上述的虚拟化资源部署的自动化的要求。

此外，机器学习和人工智能预计将在未来几年被进一步整合到移动系统的各个方面。

第3章

架构概述

3.1 引言

3.1.1 演进和跃变之间的平衡

5G 核心网和 5G 无线网的设计和规范工作紧密联系并且同时开展。

3GPP 5G 核心网架构设计的一项重要原则是不考虑兼容前几代的无线接入网，即 GSM、WCDMA 和 LTE。前几代的无线接入技术都对应不同的核心网和无线网，包括不同的无线网和核心网之间的协议。例如，GSM（2G）的 GPRS 分组数据服务是在 20 世纪 90 年代中期设计的，它在无线和核心网之间引入一个基于帧中继的接口（Gb）。几年后设计的 WCDMA（3G）受 ATM 影响，引入了 Iu 接口，用于连接无线网和核心网。再后来在 2007 年至 2008 年设计 LTE（4G）的时候，采用了新的基于 IP 的 S1 接口，用于连接无线网和核心网。此外，每一代技术都提供终端的省电和调度功能，虽大体类似但仍略有不同，由不同的网络层数据通信协议实现。随着时间的推移，网络架构变得很复杂，因为绝大多数服务提供商在不同频段上同时部署了 2G、3G 和 4G，以便为大量的不同种类的终端提供尽可能好的覆盖和容量。

5G 核心网带来了一个观念的转变，致力于定义一个“独立于接入技术”的接口，即 5G 核心网可与任何相关的接入技术包括非 3GPP 的技术（例如固定接入）相连，因此，它也着眼于尽可能地面向未来。5G 核心网架构不支持传统的无线接入网的接口或协议（用于 LTE 的 S1，用于 WCDMA 的 Iu-PS 和用于 GSM/GPRS 的 Gb），相反，它为无线网和核心网之间的交互定义了一组新接口，即 N2 和 N3，分别用于信令和用户数据的传输。N2/N3 协议基于 3GPP 为 4G LTE 定义的 S1 协议（S1-AP 和 GTP-U），但通过努力在 5G 系统中进行了扩展和一般化，使其尽可能通用和面向未来。N2/N3 在 3.5 节中描述。

3GPP 5G 核心网架构的工作中针对 GSM 和 WCDMA 接入技术的讨论不多，但针对 LTE 的接入技术有很多讨论，这是因为 LTE 是当今全球最重要的移动无线接入技术，并且可能会长期使用。3GPP 做了许多努力来规定如何将 LTE 集成到新的 5G 架构中。尽管终端和 LTE 无线接入的后向兼容问题未被讨论，但对 LTE 规范的补充规定使其成为继 NR

之后第二个支持相同的架构和协议（即相同的 N2/N3 接口）的接入技术。

从本质上讲，这意味着任何支持 N2/N3 的接入网都可以选择新的 5G 核心网架构。就新架构而言，到目前为止，3GPP 已经规范了对 LTE、NR 以及 LTE/NR 组合的支持。

3.1.2 3GPP 架构选项

3GPP 有关 5G 网络架构的工作成果包含多个架构选项，基于此，3GPP 做出了三个重要决定（3GPP 中 5G 网络架构技术研究的重要文献是技术报告 3GPP TR 23.799）：

- 为新的 5G 架构规范对 LTE 的支持。
- 规范对 LTE 和 NR 接入组合的支持。
- 根据 LTE/EPC 的演进规范一个替代性的 5G 架构。

下面我们将逐个讨论。

新的 5G 架构规定了对 LTE 接入的支持，这实际上意味着 LTE 接入网有两种与核心网连接的方式，可能是同时连接并根据每个终端做出选择：

- 使用 S1 连接到 EPC 核心网。
- 使用 N2/N3 连接 5GC 核心网。

请注意，从 S1 迁移到 N2/N3 时，不仅需要更改网络接口和相关逻辑，将 LTE 连接到 5G 核心网也需要一个新的 QoS 概念，它对无线调度有影响。

尽管将 LTE 连接到 5G 核心网的方案包含在 3GPP Release 15 的规范中，但是否有任何 LTE 网络会真正转接到 5GC，还要拭目以待。服务提供商可能会继续使用 S1 与 EPC 连接，并结合 EPC 和 5GC 互通的解决方案（参见 3.8 节）。

在定义 5G 无线接入网规范时，讨论了 LTE 和 NR（新的 5G 无线接入技术）的两种组合。每种组合都假定其中一项技术具有更大的地理覆盖范围，因而用于终端与网络之间的所有信令传送，而另一个无线接入技术将用于提升地理区域内的用户流量，在该区域内两种接入技术都存在。

非独立架构

在扩展新的 5G 架构以便囊括 NR 接入及 LTE 接入的工作之外，3GPP Release 15 中同时也进行着另一项工作。其背景是电信业广泛认为需要一个更快速、颠覆性更小的方式来启动早期的 5G 服务。相对于采用全新的 5G 无线和核心网架构，一种解决方案是最大限度地复用 4G 架构。实际上，它有赖于 LTE 无线接入支持终端与网络之间的所有信令，以及 EPC 网络增加若干功能以支持 5G。NR 无线接入仅用于用户数据传输，并且仅在终端处于覆盖范围内时使用。参见图 3.1。

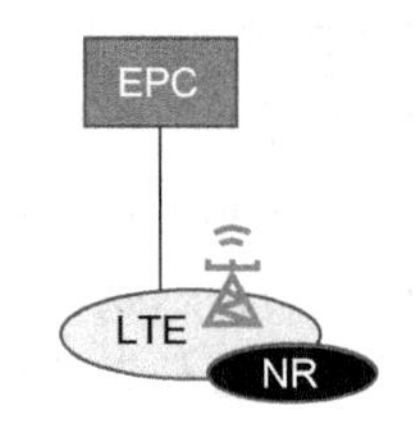

图 3.1 非独立架构

复用 4G 架构的一个缺点是 NR 只能部署在 LTE 覆盖范围之内。这体现在这个解决方案的名称中——NR 非独立（NSA）架构；另一个缺点是可用的网络功能受限于 LTE/EPC 支持的功能。和 5G 架构相比，能力方面的主要区别是网络切片、QoS 处理、边缘计算的灵活性和整个核心网的可扩展性和灵活性（为的是在类似于 IT 的环境中对应用进行集成）。这些将在后续章节中讨论。

总之，可以通过四种方式部署 LTE 和 NR：

- 仅 LTE 用于所有信令和数据流量。
- 仅 NR 用于所有信令和数据流量。
- LTE 和 NR 的组合，其中 LTE 具有更大的覆盖范围并用于信令，LTE 和 NR 均用于数据流量。
- LTE 和 NR 的组合，其中 NR 具有更大的覆盖范围并用于信令，LTE 和 NR 均用于数据流量。

加上两个可能的核心网 EPC 和 5GC，因此我们将得到 4 × 2 = 8 个可能的网络架构。

为了统一描述无线接入技术部署的不同变体的术语，在 5G 架构最初的技术工作阶段（3GPP SP-160455，2016）就提出了“options 1-8”（选项 1-8）的概念，如图 3.2 所示。

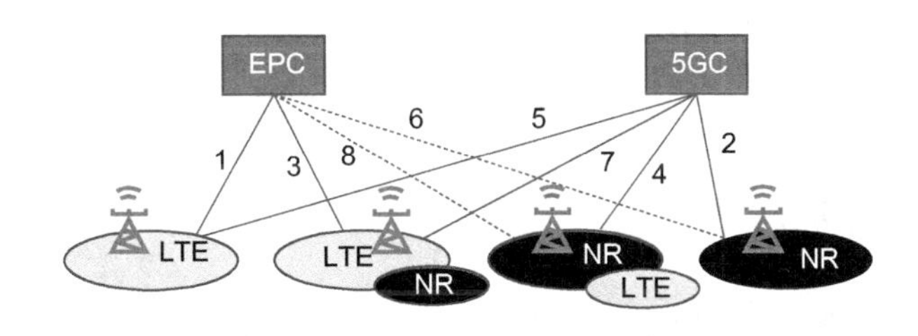

接入网	仅LTE	仅NR	LTE和仅用于数据的NR	NR和仅用于数据的LTE
EPC核心网	选项1（=4G）	选项6（不再考虑）	选项3	选项8（不再考虑）
5GC核心网	选项5	选项2	选项7	选项4

图 3.2　5G 无线和核心网的可能组合

在 5G 技术研究的早期就决定不再推进选项 6 和 8，因为它们将 NR 直接连接到 EPC，因而 NR 提供的功能要后向兼容 EPC，这会对 NR 带来很多限制。由于选项 1 指的是现有的 4G 架构，这意味着 3GPP 开展的技术工作针对的是选项 2、3、4、5 和 7。选项 3 和选项 2 在规范制定当中的优先级最高，因为它们被认为最具市场价值。

尽管对选项的数量进行了限制，人们可能仍然会认为 3GPP 为了自身考虑创造了太多的灵活性，这么多的变种可能会增加整个行业生态系统中无线网和终端的成本和复杂性。结果到底如何还有待观察。

从 5G 核心网的角度来看，无线接入技术的四种组合（选项 2、4、5 和 7）或多或少使用了相同的接口、协议和逻辑，这是第一次尝试在核心网和接入网之间创建一个独立于接入技术的接口。

选项 3 是上面描述的非独立架构（NSA）的常用称呼，它对现有的 4G LTE/EPC 架构进行扩展，从而方便 5G 的平滑引入，是第一个进行商业部署的 5G 网络架构，虽然它主要针对的是现有的移动宽带服务。

NSA 无线网解决方案的正式名称是 EN-DC，即“ E-UTRAN-NR 双连接”。我们将在第 4 章描述支持 5G NSA 的 EPC 的主要功能，在第 12 章描述新空口架构概念。然后在本书的其余部分介绍 3GPP Release 15 中定义的 5G 核心网架构的新技术和新概念。主要参考文档是 3GPP 的规范 TS 23.501 和 TS 23.502。

在本章随后的小节中，我们为读者介绍 5G 核心网的整体架构、它的关键组件和功能、每个网络功能的细节和逻辑，以及指定用于网络架构不同部分的协议。

在 3.2 ～ 3.10 节中，我们首先描述 5G 核心网最基本和最重要的的功能。

在 3.11 ～ 3.18 节中，我们描述更多的功能，这些功能可以有选择地用于支持更多高级的用例。

3.19 节作为本章总结，对 5G 无线技术和网络架构做一简要概述。

注意，在本章中，我们称连接到网络的移动终端为“终端”，而在后续章节中通常称为“ UE”，即 3GPP 术语“用户终端”的缩写。对无线基站也是如此，后续将使用 3GPP 的术语“gNB”来表示 NR 的站点。

3.2 5G 核心网的两种观点

5GC 架构与现有的 EPC 架构相比，既非常相似又很不同。

在新的 5GC 网络架构和最初为 4G/LTE 定义的传统 EPC 网络架构之间，用户数据处理部分非常相似，3GPP 无线接入集成到核心网的部分也非常相似，但是，两种架构中处理信令的网络功能却大不相同。

用于 4G 和 5G NSA 的 EPC 架构之间的另一个区别是，5G 核心网的架构可以以两种不同的方式进行可视化和描述。

第一个可视化描述了不同网络功能之间的连接方式。与以前的 3GPP 架构相比，主要区别在于基于服务的接口的概念。这意味着网络功能（包括处理信令的逻辑和功能）不是通过点对点接口互连，而是向其他网络功能开放并作为服务提供给其他网络功能。对于网络功能之间的每一次交互，一个充当“服务使用者”，另一个作为“服务提供者”。我们将在 3.3 节中更详细地描述这一概念。

这一架构的表示如图 3.3 所示。

乍一看，该架构显得相当复杂，因此我们将在下面逐步介绍该架构各个部分的功能和关键特性。

不过，首先让我们看一下该架构的另一种可视化表示，它表明了网络功能之间如何通过传统的点对点接口进行交互。描绘这些接口有助于说明哪些网络功能可以使用哪些其他的网络功能的服务。即使理论上所有网络功能之间可以全互联，实际的呼叫流程决定了哪些组合是可行的。这些组合在图 3.4 中显示为逻辑接口，或者更确切地说，**参考点**，这是点对点表示的主要用途。

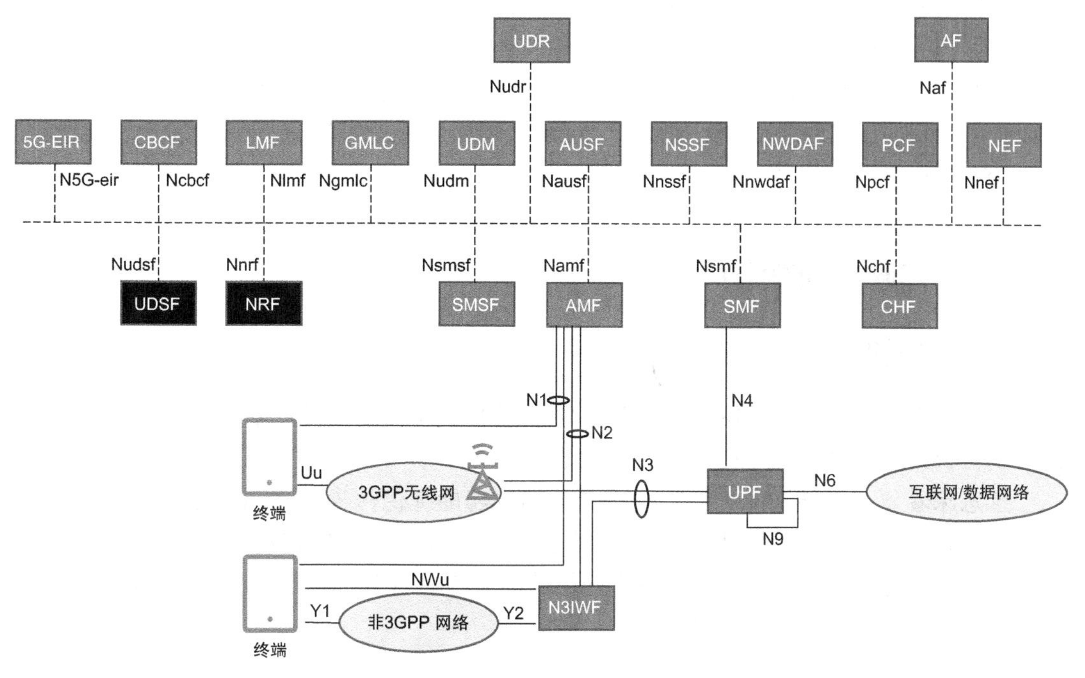

图 3.3　按基于服务的接口呈现的 5G 核心网架构

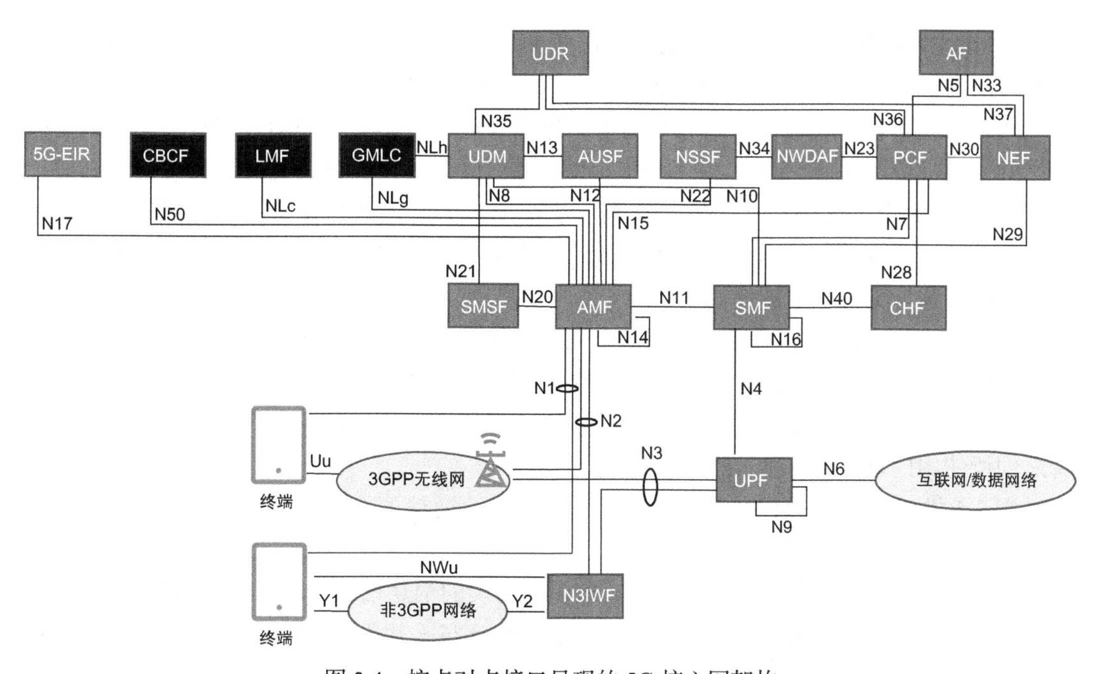

图 3.4　按点对点接口呈现的 5G 核心网架构

除了显示不同的网络功能之间如何交互之外，两种架构的呈现方式的另一个区别是，某些网络功能仅适用于其中一种呈现形式。

在图 3.3 的基于服务的呈现形式中，NRF 和 UDSF（以黑色标示）这两个网络功能仅适用于基于服务的接口的呈现形式。UDSF 有一个点对点的接口，称作 N18，但是由于它可以连接到其他任何网络功能，因此把它标示出来没有太大意义。请参见 3.18 节以获得有关 UDSF 的更多详细信息。

3.3 基于服务的架构

3.3.1 服务的概念

相对于其“节点”或“网元”通过接口相连的前几代传统网络架构，5G 核心网的主要区别在于其网络功能之间使用基于服务的交互。

这意味着每个网络功能为网络中的其他网络功能提供一项或多项服务。在 5GC 架构中，这些服务通过连接到通用的、基于服务的架构（SBA）的网络功能接口提供。实际上，这意味着可以通过 API 访问和使用特定网络功能支持的能力。应当注意，该架构仅适用于信令，不适用于用户数据的传输。

3.3.2 HTTP REST 接口

5G 核心网所定义的通信方式依赖于广泛使用的“HTTP REST 范式”，它是一组规则或指导原则，定义了 Web 通信技术如何使用 API 从分布式应用访问特定的服务。“REST”是“代表性状态转移”的缩写，它定义了一组设计规则，用于实现网络架构中不同软件模块之间的通信。这是今天设计 IT 网络应用的标准方法，3GPP 选择它作为移动网络和周边的 IT 系统更紧密集成的一种手段，有利于更快地、更简化地开发业务。与依赖于详尽协议规范的传统的点对点架构相比，使用相对轻量级的基于服务的接口（SBI）的概念，网络能力的扩展预计将变得更容易。

使用 SBI 和 API 也可以看作是 3GPP 在规范 5G 核心网时所做的一个必然选择，因为实现网络功能的 5GC 应用软件将会在类似 IT 甚至共享的 IT 环境中运行，典型的是云数据中心。通过这种方式，可以在一定程度上实现整个移动网络解决方案和 IT 支撑环境二者之间所使用的软件技术和 IT 架构的融合。

图 3.5 描述了使用 HTTP REST 进行基于服务的通信的 3GPP 网络功能。它们在逻辑上连接到一个通用的网络架构。

HTTP REST 使用被广泛采用的 HTTP Web 协议的消息语法，并依赖资源建模的概念，这意味着可以通过统一资源标识符（URI）来寻址分布式软件应用，具体实现中 Web 地址指向资源或资源集。在这之上，使用的是一组非常简单的命令，即标准的 HTTP“方法”，最重要的方法包括：

- GET：用于从服务器获取数据。它不得更改任何数据。
- POST：用于将数据发送到服务器。
- PUT：也用于将数据发送到服务器，但是它将替换现有数据。
- DELETE：用于从服务器删除数据。

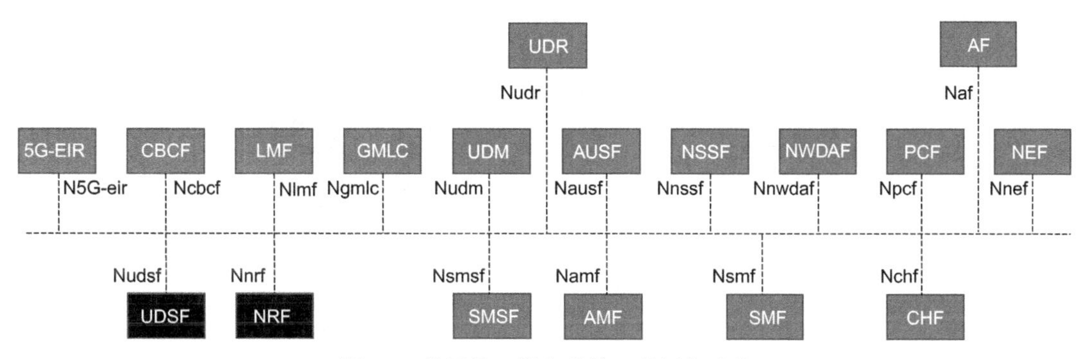

图 3.5　使用基于服务的接口的网络功能

REST 的一个重要特点是，所有通信都必须包含特定处理动作所需的全部信息。它一定不能依赖之前的消息，因此可以认为它是无状态的。利用此原理进行软件设计可为系统提供极佳的可伸缩性和分发能力。有关 HTTP 协议的更多详细信息，请参阅第 13 章。

3.3.3　服务注册和发现

当两个网络功能通过 3GPP SBA 架构进行通信时，它们将扮演两个不同的角色。发送请求的网络功能扮演**服务使用者**的角色，而提供服务并基于请求触发某些动作的网络功能扮演**服务提供者**的角色，完成请求的操作后，服务提供者会给服务使用者发送回复。

到目前为止，一切看起来都很完美，但这个概念的一个关键部分是，用于确定服务使用者如何找到并联系到可以提供所请求服务的提供者的一种机制，该解决方案基于**服务发现**的概念。

服务发现依赖于网络中一个众所周知的功能，它对所有可用的服务提供者及其提供的服务进行跟踪，这是通过每个服务提供者（例如一个类似于 PCF 的 3GPP 网络功能）将提供的服务注册到这个众所周知的功能来实现的。在 5GC 架构中，这个众所周知的网络功能就是网络存储功能（NRF），它可以跟踪网络中所有网络功能的所有可用服务。这也意味着需要为每个单独的网络功能配置一个或多个 NRF 的地址，但是它不需要并且也不应配置其他网络功能的地址。

来看一个涉及三个实际网络功能（PCF、AMF 和 NRF）的实例。AMF 和 PCF 的详细角色和主要功能将在后面详细描述，现在假定它们是特定呼叫流程中需要进行交互的某些网络功能。

首先是 PCF 进行**服务注册**。

在实际注册期间，PCF 充当服务使用者，NRF 是服务提供者，为 PCF 提供“网络资源注册”服务。

图 3.6 展示了呼叫流程的开始部分。PCF 使用 HTTP PUT 消息向 NRF 注册，该消息包含有关 PCF 的信息，例如可用服务、网络地址和身份。NRF 验证收到的请求是否有效，存储与 PCF 注册相关的数据，并回应 PCF 以确认 PCF 的注册。现在，PCF 的服务可用，其他网络功能可以通过查询 NRF 使用 PCF 的服务。

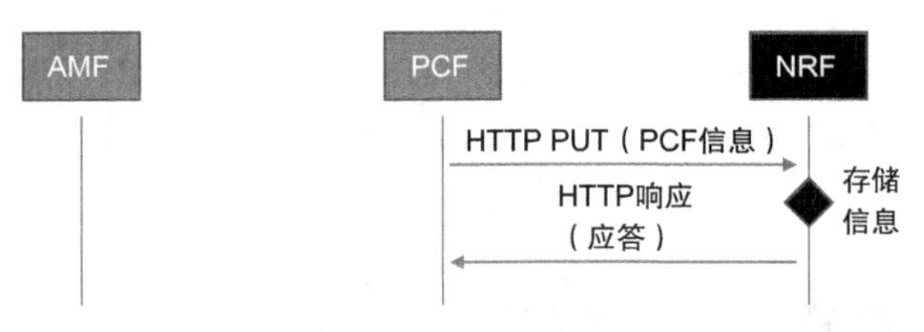

图 3.6 呼叫流程的第一部分——服务注册

下一阶段，另一个网络功能（如 AMF）希望使用 PCF 的服务，这是通过首先在 NRF 中查询提供这些服务的 PCF 列表来实现的。该阶段称为**服务发现**。在此场景下，AMF 是服务使用者，NRF 是服务提供者。参见图 3.7。

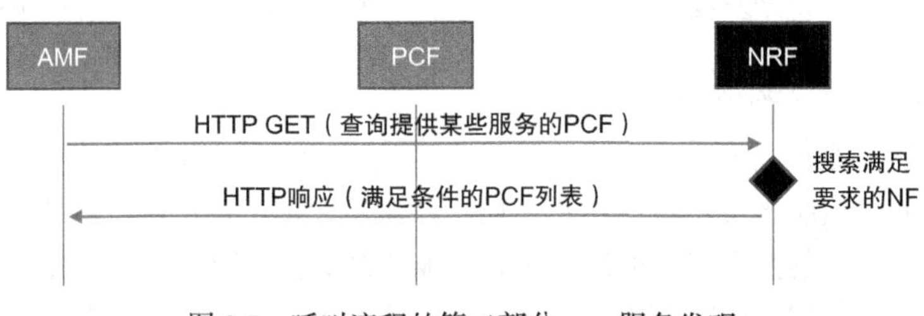

图 3.7 呼叫流程的第二部分——服务发现

AMF 向 NRF 发送查询请求，说明请求的是哪种网络功能，以及该网络功能应该支持的服务，这个过程是使用 HTTP GET 消息完成的。NRF 过滤出已注册并提供所请求服务的所有网络功能，然后给 AMF 响应。

此步骤完成后，AMF 可以选择满足服务要求的 PCF，然后通过服务请求与所选 PCF 联系。在此步骤中，AMF 仍然是服务使用者，而 PCF 是服务提供者，这个过程是使用 HTTP POST 消息完成的。

请注意，此处提到的服务请求不要与移动终端从空闲模式转换为连接模式时发送到网络的服务请求混淆在一起。

收到此服务使用者的请求后，PCF 会确定适用于 AMF 请求的策略，并通过 HTTP 响应进行回复（参见图 3.8）。

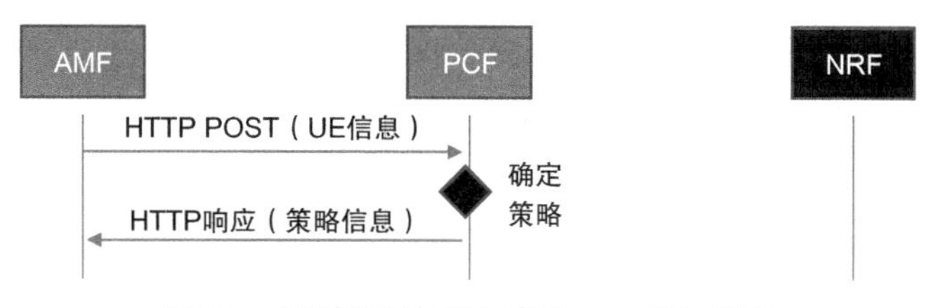

图 3.8 呼叫流程的第三部分——服务请求

包含所有三个步骤的呼叫流程如图 3.9 所示。

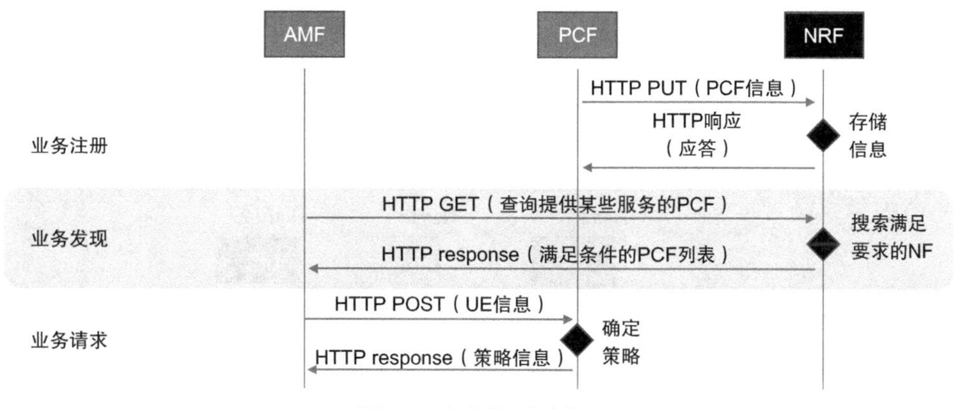

图 3.9 完整的呼叫流程

请注意，这三个部分通常不会直接按此顺序进行。网络功能通常在投入使用时向 NRF 进行注册，而服务发现和服务请求可能会在终端连接到网络时发生。

其余的调用流程以及网络功能之间的后续交互不在本章的范围内，不过相同的概念适用于每个步骤，也适用于在基于服务的架构中使用 HTTP 进行交互的网络功能之间的所有其他调用流程。一个网络功能作为服务提供者，另一个网络功能作为服务使用者，所有通信都使用 HTTP 协议完成。

服务提供者与一个或多个服务使用者之间还存在另外一种交互方式，即一个或多个网络功能可以**订阅**另一网络功能的某个服务。当满足某些特定条件（例如，某些信息已更改）时，充当服务提供者的网络功能会向所有服务使用者发送通知。订阅和通知的概念避免了服务使用者频繁地向服务提供者请求信息，相反，服务使用者可以等待服务提供者在事件发生时的通知。

3.4 核心网的核心

在描述了不同网络功能如何通信的新机制之后，现在让我们回到网络的功能视角。

网络架构的核心功能包括以安全方式建立会话、转发用户数据，以及为移动终端提供数据连接，这些属于网络的一部分，不能被排除在任何5G核心网的部署之外。除了3.3节中所述的无线网和NRF，核心功能还包括以下六个网络功能：

- AMF
- SMF
- UPF
- AUSF
- UDM
- UDR

图3.10描述了5G网络的核心组件。

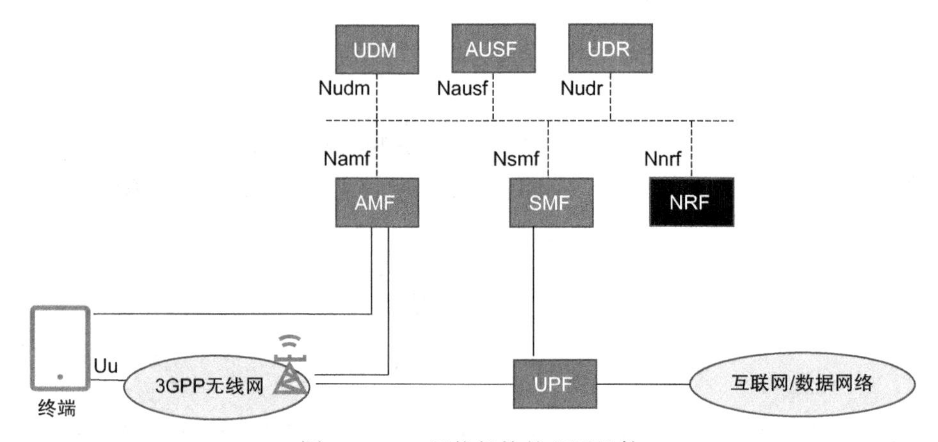

图3.10　5G网络架构的必要组件

AMF是**接入和移动性管理功能**，它分别通过N2和N1接口上的信令与无线网和终端交互。与所有其他网络功能的连接都是通过基于服务的接口来管理的。AMF参与了5G网络中大多数的信令呼叫流程。它支持与终端的加密信令连接，从而允许它们在网络中进行注册、鉴权以及在不同小区之间移动。AMF还支持联络和激活处于空闲模式的终端。

与EPC架构的不同之处在于，和MME相比，AMF不负责会话管理，相反，AMF在终端和SMF网络功能之间转发所有与会话管理相关的信令消息。另一个与MME的区别是，AMF本身并不执行终端的鉴权，而是向AUSF网络功能请求此服务。

第7章将更详细地介绍AMF功能。

SMF是**会话管理功能**，顾名思义，它管理最终用户（实际上是终端）的会话，包括单个会话的建立、修改和释放，以及每个会话的IP地址分配。SMF通过AMF在终端和SMF之间转发与会话相关的消息来间接地与最终用户终端进行通信。

SMF不仅通过基于服务的接口提供服务和使用服务来与其他网络功能进行交互，也通过网络中的N4接口选择和控制不同的UPF网络功能。SMF对UPF的控制包括对UPF提供必要的参数来引导各个会话的流量，以及执行相应的流量策略。

除此之外，SMF 对于网络中所有与计费相关的功能都起着重要作用。SMF 收集自己的计费数据，并且控制 UPF 中的计费功能。SMF 支持离线和在线计费功能。此外，SMF 与 PCF 网络功能进行交互以便为用户会话提供策略控制。

第 6 章将更详细地介绍 SMF 功能。

用户面功能（UPF）的主要任务是处理和转发用户数据，UPF 的功能由 SMF 控制。UPF 与外部 IP 网络连接，并充当终端面向外部网络的稳定的 IP 锚点，从而隐藏其移动性，这意味着具有目的地址的属于特定终端的 IP 数据包，始终可以从互联网路由到服务于该终端的特定的 UPF，即使该终端在网络中四处移动。

UPF 对转发的数据进行各种类型的处理。它为 SMF 生成流量使用情况报告，然后 SMF 将其包含在提供给其他网络功能的计费报告中。UPF 还可以开启“包检测”功能，分析用户数据包的内容，作为策略决策的输入或流量使用情况上报的基础。

UPF 还可以应用在各种网络或用户策略上，例如，门控的执行、流量的重定向或数据速率的限制。

当终端处于空闲状态且无法被网络立刻连通时，发往该终端的所有流量都会被 UPF 缓存，这将触发对终端的寻呼，迫使终端进入连接态并接收数据。

UPF 还可以对流向无线网或外部网络的数据包添加 QoS 标记。在网络拥塞的情况下，传输网可以通过这一标记，以适当的优先级来处理每个数据包。

第 6 章将更详细地描述 UPF 的功能。

UDM 是**统一数据管理功能**，它充当存储在 UDR 中的用户签约数据的前端（后面有更多的介绍），并应 AMF 的请求执行某些功能。

UDM 生成鉴权数据，用于验证终端的身份。它还根据签约数据对特定用户的接入进行授权，例如，对漫游用户和非漫游用户使用不同的接入规则。

如果网络中有一个以上的 AMF 和 SMF 实例，则 UDM 会跟踪哪个实例正在为特定终端提供服务。

统一数据存储库（UDR）是存储各种类型数据的数据库。重要的数据当然是签约数据以及定义各种类型的网络或用户策略的数据。UDR 的数据存储和数据访问的功能作为服务提供给其他网络功能（特别是 UDM、PCF 和 NEF）。

鉴权服务器功能（AUSF）的功能非常有限但非常重要。它使用 UDM 创建的鉴权凭证对特定终端提供鉴权服务。此外，AUSF 还提供生成加密信息的服务，以保证终端中的漫游信息和其他参数的安全更新。

3.5 核心网连接到移动终端和无线网

前面的描述概括了核心网架构的关键部分。核心网到无线网和终端的连接如图 3.11 所示。

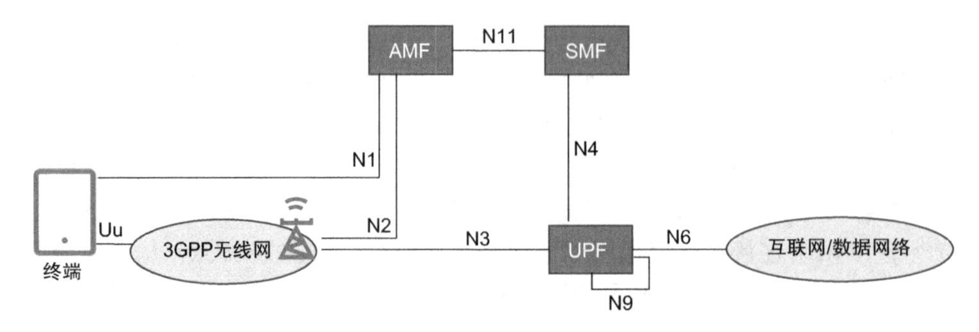

图 3.11 连接 5G RAN 和 5G 核心网

N2 是 5G 网络架构中的重要参考点。无线网和核心网（AMF 作为前端）之间的所有信令均由此参考点承载。应当指出，3GPP Release 15 规范对它的命名存在不一致的问题，RAN 工作组的规范使用术语“NG-C 接口”，而架构和核心网使用术语“N2 参考点”。在本书中，我们一律使用 N2。

N2 上信令的承载基于 NG-AP 协议。N2 支持多种类型的信令流程。

- N2 的管理流程，例如接口本身的配置。一个 gNB（5G 无线基站）可以连接到多个 AMF，以实现负荷分担、弹性和网络切片的目的。
- 与特定 UE/ 终端的信令相关的流程。每个 UE/ 终端始终仅与一个 AMF 关联（除了一些和 3GPP 和非 3GPP 网络同时漫游有关的特殊情况）。该信令可以分为三种不同类型的过程：
  - 与终端和核心网之间消息转发有关的信令。这是基于 NAS 协议（即“非接入层”）的在 5GC 架构中，单个 NAS 消息由 AMF 或 SMF 管理。SMF 管理与会话管理相关的 NAS 消息，此时，由于 SMF 与无线网之间没有直连，因此消息会在 AMF 的帮助下在 SMF 与终端之间传递。当不涉及 SMF 时，AMF 管理所有其他的 NAS 消息。请注意，NAS 还可以用于帮助其他网络功能透传某些消息。这将在第 14 章中更详细地描述。
  - 与修改特定终端的存储数据（“UE 上下文”）有关的信令。
  - 与事件管理相关的信令，例如小区或接入网之间的切换以及对处于空闲模式的终端的寻呼。

和 EPC 架构的不同之处在于，对于 5GC，终端与核心网（AMF）之间的参考点也有自己的名称，它被称为 N1，承载 NAS 消息。实际上，这意味着 NAS 消息是通过空口 Uu 和 RAN-Core 之间的接口 N2 透明地传输。但从逻辑上看，N1 显现为终端自己在架构中的参考点。

与 AMF 功能相关的 NAS 消息自然由 AMF 管理，而对于与 SMF 功能相关的 NAS 消息，AMF 首先执行基本的 NAS 消息处理（比如安全性的），然后通过 N11 逻辑接口转发给对应的 SMF。实际上，N11 是通过使用基于服务的架构中 Namf 和 Nsmf 接口上的服务来实现的。

请注意，一个终端始终由一个 AMF 提供服务，但可以使用由多个 SMF 管理的多个数据会话，这比 EPC 架构具有更多的灵活性，例如，一个终端可以同时连接多个逻辑网络，并对用户数据的路由采用不同的处理方式、策略和规则。须注意的是，实际上有一种情况，终端同时由两个 AMF 提供服务，这是与非 3GPP 接入有关的非常特殊的情况，因此不在本章讨论范围之内。

图 3.12 显示了一个终端由一个 AMF 提供服务，由两个 SMF 建立的会话，同时每个 SMF 都有自己的 UPF。3.16 节将在网络切片的场景下进一步描述这个概念。

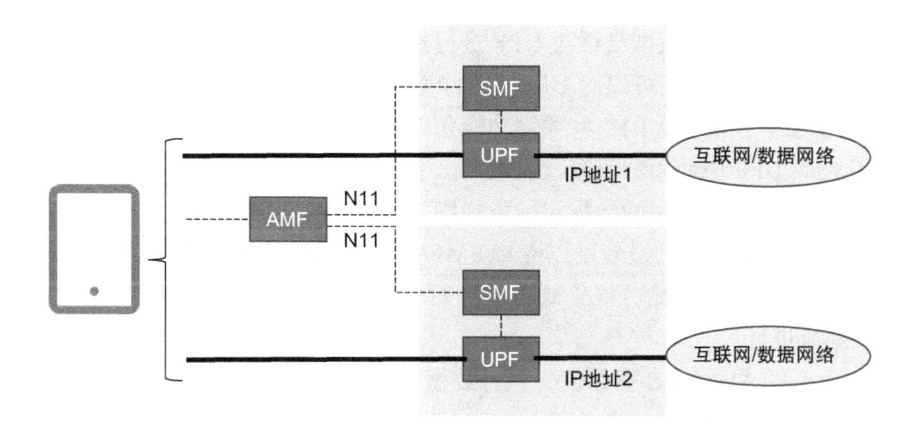

图 3.12　具有各自的 SMF 和 UPF 的多个服务连接

3.6　移动性和数据连接性

如上所述，用户数据在核心网中由 UPF 负责处理。在无线接入网和 UPF 之间，用户数据在 N3 参考点上传输。用户数据通过隧道穿越 N3，这意味着 IP 路由使用的是隧道报头 IP 地址而不是最终用户的 IP 地址，这样即使终端在网络中移动，IP 锚点可以保持稳定，并且相同的 IP 路由机制和传输路由也适用于 N3 隧道所携带的任何数据类型。除了 IP 数据包，5G 架构规范还支持以太网（Ethernet）帧和所谓的“非结构化数据”。

N3 隧道的概念非常类似于 EPC 架构中被称为 S1-U 的参考点。N3 包含一种新方法，包括管理特定数据流的 QoS 以及如何将数据流映射到隧道。

在另一面，UPF 连接到外部数据网络。IP 数据包通常根据终端的实际 IP 地址进行路由，这意味着流量不会通过隧道传输。这个参考点称为 N6，对应于 EPC 架构中的 SGi。对于以太网会话，N6 是二层链路，而不是可路由的 IP 网络。在 N6 上还可以使用 VPN 通过隧道传输用户数据，从而建立用于企业连接的安全隧道。

图 3.13 显示了 5G 架构中与用户数据处理和传输相关的接口。

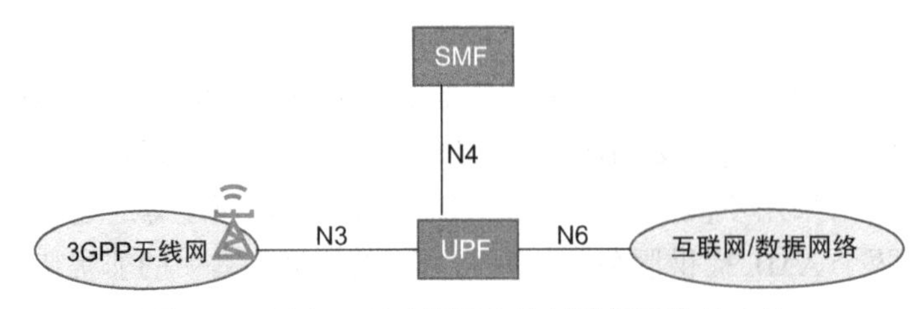

图 3.13　用户面到无线网和外部数据网络的连接

SMF 控制 UPF 的行为，这是通过在 N4 参考点上发送信令完成的。如上所述，可能有多对 SMF/UPF 同时管理一个终端的流量。

SMF 基于每个用户的数据会话对 UPF 进行控制，SMF 可以创建、更新和删除 UPF 中的会话信息。此外，SMF 还可以对 UPF 的单个数据流进行控制。

SMF 中与 UPF 控制相关的一些关键功能包括：

- SMF 控制 UPF 中使用的流量检测规则。
- SMF 控制 UPF 中使用的数据包转发规则。
- SMF 控制使用情况上报规则以支持 SMF 中的策略和计费功能。UPF 根据这些规则向 SMF 报告使用情况。报告既可以针对与数据会话相关的总流量，也可以针对单个数据流进行。
- SMF 为 UPF 提供 QoS 参数值，执行数据流的 QoS，例如限制某一数据流的速率。

和 4G 的 EPC 架构相比，或者和 5G NSA 继承的 EPC 架构相比，5GC 架构为不同级别的数据移动性提供了更广泛的支持和灵活性。

一个基本概念是三种“会话和服务连续”模式，缩写为 SSC 模式 1、2 和 3，它们表示的是当终端在网络中移动时，处理现有数据会话的不同方式。是选择稳定的移动性锚点，还是选择低时延，为此这些 SSC 模式提供了更高的灵活性。SSC 模式需要终端的相应支持，否则不能工作。

图 3.14 是这三种 SSC 模式的概览。

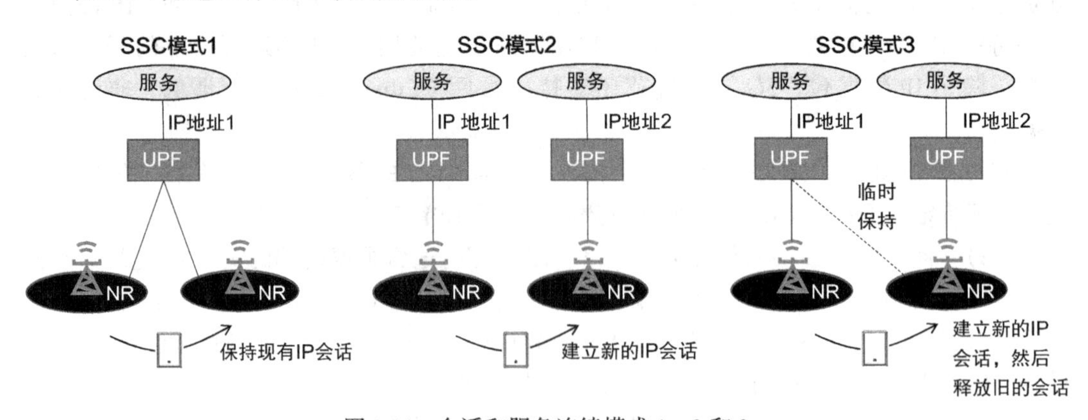

图 3.14　会话和服务连续模式 1、2 和 3

SSC 模式 1 表示无论在网络中如何移动，终端都将保持其 IP 地址，即它可以在整个网络中使用相同的 IP 锚点（UPF）。

SSC 模式 2 与 SSC 模式 1 相反，随着终端在网络中移动，网络将释放已有的会话，并触发终端建立新会话。网络基于运营商策略来释放会话，例如基于网络中一个应用功能的请求。当终端请求新会话时，网络可以选择更适合该服务的新的 UPF，例如更靠近终端当前位置的 UPF。与 SSC 模式 1 相反，SSC 模式 2 意味着业务的短暂中断，这样的中断是否被接受，取决于目标用户使用的是哪种业务。

SSC 模式 3 比较高级，它试图结合 SSC 模式 1 和 2 的一些优点。这种模式通过使用新的 UPF 触发 IP 会话的释放和重新建立，与 SSC 模式 2 有相同的低时延，但也具有与 SSC 模式 1 一样的连续的服务可用性，不过终端移动时的时延可能无法完全满足需求。在 SSC 模式 3 下，首先建立新会话以及与新 UPF 的连接，然后再释放锚定在旧 UPF 中的会话和连接，这对终端提出了额外的要求，因为它需要在短暂的时间内维护同一服务的两个会话和两个 IP 地址。

一个合适的 SSC 模式的选择，会优先考虑业务本身的需求，一个例子是：覆盖区域较大的网络需要提供一项时延要求非常低的服务。较大的覆盖区域意味着 SSC 模式 1 的 IP 锚定点可能需要位于中央的位置，可以到达覆盖区域内的所有无线基站，数据传输的时延最好不要太长，并且比较均匀。但 IP 锚点（UPF）位于中央位置，可能无法满足时延要求；如果 IP 锚点离接入点更近，可以减少由于连接不同城市甚至一个国家的不同地区的传输网络导致的时延。因此，在较大的覆盖区域下，可能需要使用 SSC 模式 2 来满足时延要求，当然缺点是，随着终端在网络中移动，IP 锚点及 IP 地址的位置需要更改，提供服务的应用服务器的位置也需要更改。

SMF 根据签约数据中允许的 SSC 模式以及终端请求的 SSC 模式，选择会话的 SSC 模式。会话建立后，SSC 模式不再改变。

应该注意的一个限制是，SSC 模式 1 和 2 可用于 IP 和以太网类型的会话，但 SSC 模式 3 仅适用于 IP 类型的会话。

“本地数据网”（缩写为 LADN）的概念在某种程度上与使用 SSC 模式 2 或 3 访问本地服务的能力相关。“本地数据网”支持将对某些业务的访问限制在某些地理区域（定义为多个跟踪区），为简化起见，可以把跟踪区看作是无线小区的集合，这些小区合并在一起，覆盖了更大的地理区域。移动网络通常包含许多跟踪区，每个跟踪区包含许多小区。

使用 LADN 机制，运营商可以将某些业务定义为仅在某些地理区域内可用。为了使终端能够访问此类业务，用于该终端的签约需要包含相应的 LADN 服务支持。有关 SSC 模式和 LADN 的更多详细信息，请参阅第 6 章。

5GC UPF 的一个特殊功能是，可以串行部署两个 UPF，并通过 N9 接口连接。这主要有三个用例：

（1）网络范围内的移动性。

（2）选定数据流的疏导。

（3）通过归属路由的漫游。

我们将在下面介绍前两种情况。三种情况将在 3.17 节中描述。

为了在整个网络中使用一个稳定的 IP 锚点提供完全的移动性，可能需要连接两个 UPF。是否需要，取决于运营商网络配置，尤其是如何设计无线网中的基站与各个核心网站点之间的传输网。

如图 3.15 所示，假设终端连接在左侧 NR 覆盖区域中的小区上，UPF1 将被选作终端的 IP 锚点，连接到互联网或其他提供用户服务（例如 IMS）的数据网络。

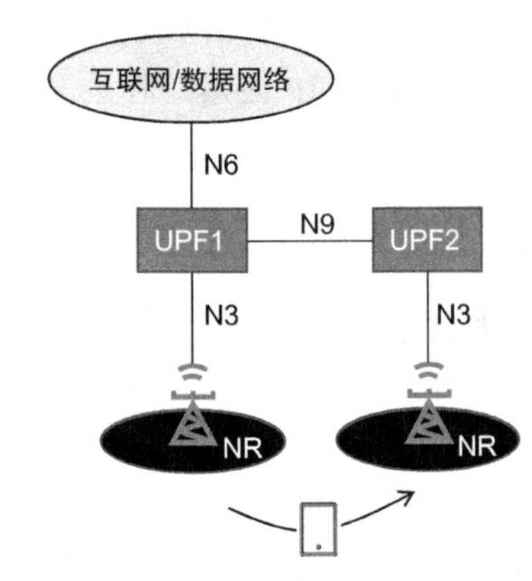

图 3.15　连接两个 UPF 时的 IP 移动性

当终端移至网络覆盖的另一区域时，由于受传输网配置的限制，终端当前所在位置的基站无法连接 UPF1，因此 SMF 将分配 UPF2 作为新的 N3 接口的终结点，并连接回 UPF1。通过这种方法，不用更改终端的 IP 地址或互连点（POI）。

第二种情况是 5GC 中提出的新概念，即在 UPF 中进行分类和流量管理，有选择地将 IP 数据包发送到不同的 IP 接口。此方案的典型用例是允许某些流量在网络边缘或其附近终结，以满足最低的数据面时延或保护敏感数据，避免在网络的较集中的地方被截获。这种方案再次涉及两个串联的 UPF，见图 3.16。

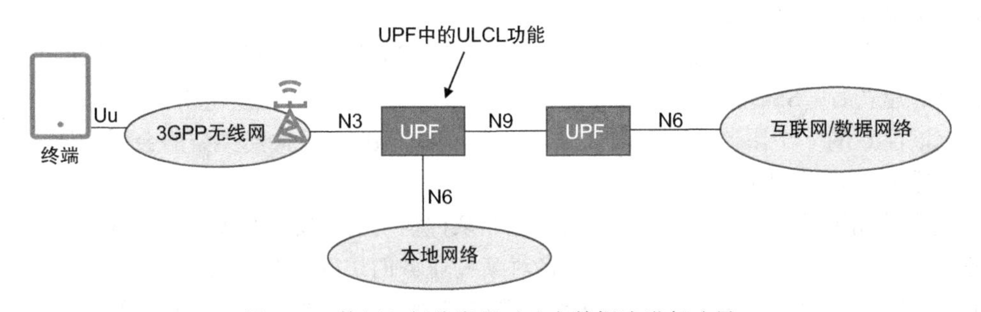

图 3.16　使用上行分类器对选定数据流进行疏导

这个概念依赖于 UPF 中一种称为“上行分类器”（ULCL）的新机制，该机制会过滤出从终端上行链路传来的符合特定分类标准的 IP 数据包，并将这些数据包发送到和本地网络相连的 IP 接口，该接口被称作 N6。

不符合选定标准的数据包通过 N9 接口发送到集中式的 UPF。为了使 ULCL 起作用，必须在最靠近接入网的 UPF 中使用 ULCL 功能。

在下行链路中，从集中式 UPF 和本地 UPF 流向终端的数据，在最接近接入网的 UPF

中合并为单个数据流。

ULCL 功能由管理 IP 会话的 SMF 提供的网络规则控制。SMF 根据策略决定是否在给定 IP 会话的数据路径中引入 ULCL 功能或者额外的 UPF。控制 ULCL 的信令由 SMF 通过 N4 参考点发送给 UPF。

ULCL 功能对终端完全透明，因此终端不知道网络是否应用了 ULCL 和本地流量疏导。

还有另一种解决方案，可提供对选定数据流的疏导，它依赖于 IPv6 与多宿主的配合使用。第 6 章提供了有关 ULCL 和 IPv6 多宿主的更多信息。

3.7 策略和计费控制

5GC 架构包含丰富的功能，用于对用户的流量和业务进行基于策略的控制。这些功能有些和 3GPP EPC 架构支持的功能类似，但也有下面将要介绍的其他新功能。策略可以看作是一些规则，即如何控制或管理用户、数据会话以及数据流的规则，包括允许或不允许哪些业务，如何进行计费，如何实施 QoS 等。

策略的应用可以有不同的粒度，例如

- 适用于网络中所有用户的策略规则；
- 适用于特定用户的所有业务的策略规则；
- 适用于特定用户的特定数据会话或数据流的策略规则。

5GC 策略控制架构的核心是策略控制功能（PCF），它与其他几个网络功能进行交互，如图 3.17 所示。请注意，其中的一些网络功能还未做介绍，因此，这些内容以黑色标示，将在后面的章节中进一步介绍。

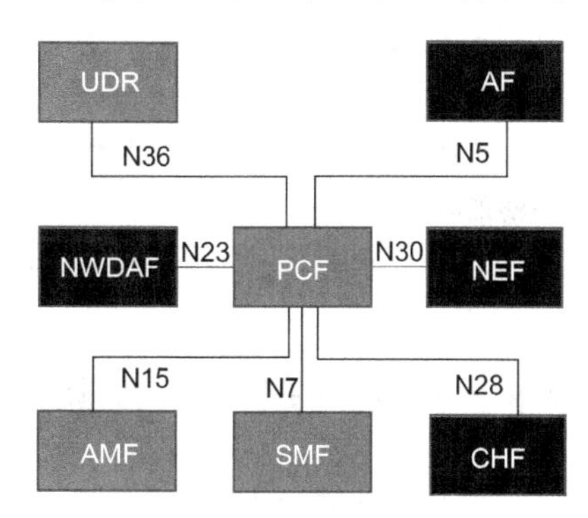

图 3.17 PCF 与其他网络功能的连接

描述 5G 策略架构的主要规范是 3GPP TS 23.503。

总体上，PCF 的功能分为两个主要领域：

- 与数据会话有关的策略控制。
- 与数据会话无关的策略控制。

与数据会话无关的策略控制是指服务提供商如何控制某个用户接入网络的方式，例如：限制用户只能在特定的地理区域内移动才可以保有连接；也可以定义用户可以使用的无线接入技术。与数据会话无关的策略控制建立在 PCF、UDR 和 AMF 之间的交互上。

一个更高级的策略控制功能是，PCF 提供用户特定的信息，由 AMF 将这些信息传递给无线接入网，以控制用户的无线接入类型甚至频段之间的移动性，该概念使用一个称为 RFSP 索引的参数，具体的介绍超出本书的范围，感兴趣的读者建议参阅《5G NR 标准：

下一代无线通信技术》(Dahlman et al，2018)。

5G的一项新功能是PCF可以通过AMF向终端提供一些策略，此功能类似于用于4G的接入网发现和选择功能（ANDSF)，不同之处在于，ANDSF的策略是嵌在用户数据包中传递给终端的，而在5G中，它是由普通NAS信令消息携带的。PCF可以向终端提供两种类型的规则：

- UE路由选择策略（URSP)：这些策略向终端指示应如何在网络上发送应用流量，例如，对于特定应用应使用哪个数据会话、哪个切片、哪种SSC模式等。当一个应用在终端中启用时，可以使用URSP来确定是否可以使用现有会话，或者是否需要使用适当的SSC模式建立新的会话，等等。
- 接入网发现和选择策略（ANDSP)：这些策略适用于非3GPP网络接入，我们将在3.15节中介绍。该策略用于指导终端选择哪个Wi-Fi网络，例如，可以优先选择哪些WLAN SSID。

数据会话的策略控制与EPC相似，它是被称为PCC（策略和收费控制）的概念的重要组成部分，已在EPC中使用，并且已经扩展到5GC。

PCC概念旨在实现基于业务流的计费，包括在线信用控制，以及包含业务授权和QoS管理的策略控制。计费和策略控制功能依赖于对流经UPF的IP数据流进行实时的检测和分类。数据包检测及分类的规则由SMF定义。以太网类型的会话也支持数据会话的策略控制。

PCF可以通过N5或Rx接口与外部应用进行交互。Rx继承自EPC架构，其中Rx由PCRF终结。Rx基于Diameter协议，也适用于5GC Release 15，供不支持与PCF进行基于服务的交互的外部应用服务器使用，以控制特定网络业务的策略。在EPC中，Rx被P-CSCF用来控制与LTE上的语音服务（VoLTE）有关的承载。

5GC架构中的计费由计费功能（CHF）提供支持，该功能与PCF和SMF交互，提供计费服务。

有关策略和计费控制的更多详细信息，请参见第10章。

3.8　5GC与EPC互通

当开始部署与5G核心网相连的无线接入网时，最初的无线覆盖范围会比较有限，这有两个原因。首先，建立无线覆盖需要时间，因此在5G服务启动的初始阶段，新空口的覆盖范围将呈点状分布。

其次，在多数情况下，诸如3GPP NR之类的新无线接入技术被部署在比现有无线技术更高的频段上，这是由于可用的新频谱通常位于比现有频谱更高的频段上，而且更高的频段可提供更多的频谱，因而有更大的网络容量。但是，随着频率的提高，在给定基站输出功率的情况下，给定地理区域的覆盖能力迅速下降，覆盖范围受到限制。简而言之，通过转移到更高的频谱所获得的额外的数据容量增益，与更小的覆盖范围之间是平衡的。

对于希望保持稳定的 IP 地址，同时具有广域移动性的用户，解决办法是在 5GC 所支持的新接入技术无法覆盖的情况下，依靠其他无线接入技术提供覆盖。根据移动性模式、不同技术的覆盖范围和运营商策略，当在特定的位置和特定的时间使用的接入网改变时，如果要保持 IP 锚点不变，就需要 EPC 和 5GC 的某些网元相互连接。

从理论上讲，图 3.18 所示的各种接入技术的任意组合都有可能，但是一般服务提供商的部署不太可能包含所有这些组合。

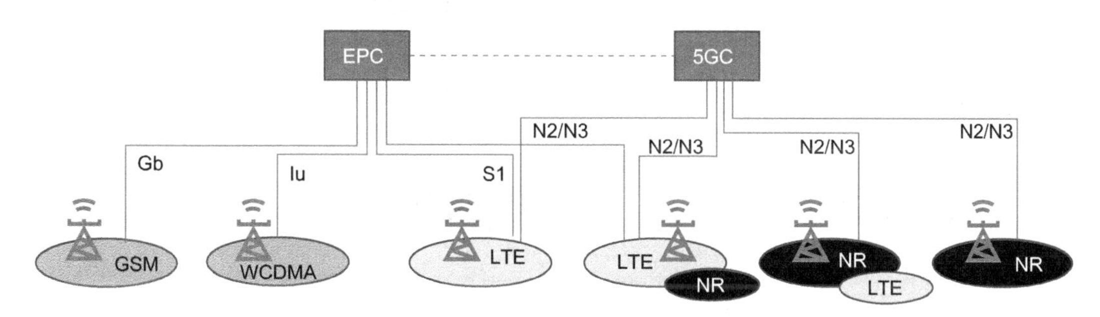

图 3.18　2G/3G/4G/5G 无线网连接到 EPC 和 5G 核心网的选项

如图 3.19 所示，让架构稍微简化一下，以便我们专注于 4G 和 5G 互通的情况。

这里我们假定 LTE 与 NR 有重叠的覆盖范围，并且当同时存在两种覆盖时，最好由 NR 为用户提供服务。处于 NR 覆盖范围内的终端由 5GC 提供服务，但当它们位于 NR 覆盖范围外或移出 NR 覆盖范围时，将需要由 LTE 提供服务，因而也需要 EPC 的服务。

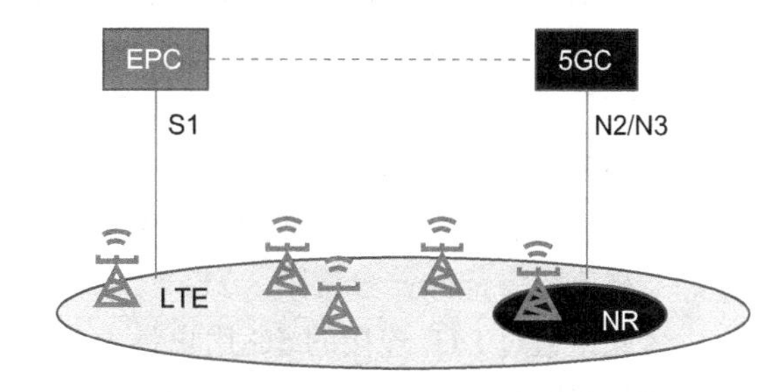

图 3.19　EPC 和 5GC 互通的简化架构

3.8.1　使用 N26 接口互通

N26 接口互通依赖于具有 5G 能力的终端的 IP 会话始终锚定在 5GC 架构中，详细的架构如图 3.20 所示。

请注意以下几个重要的方面：

- SMF 和 UPF 需要在 S5-C 和 S5-U 接口上支持 EPC PGW 的逻辑和功能，这意味着 EPC SGW 不受影响。
- PCF 需要在 N7 接口上支持必要的策略参数，以便支持 SMF 的 PGW-C 功能。
- N26 接口支持的功能实际上是 EPC 为 MME 之间的通信接口 S10 规定的功能的子集。这一技术选择最大限度地减少了对 EPC MME 的影响。

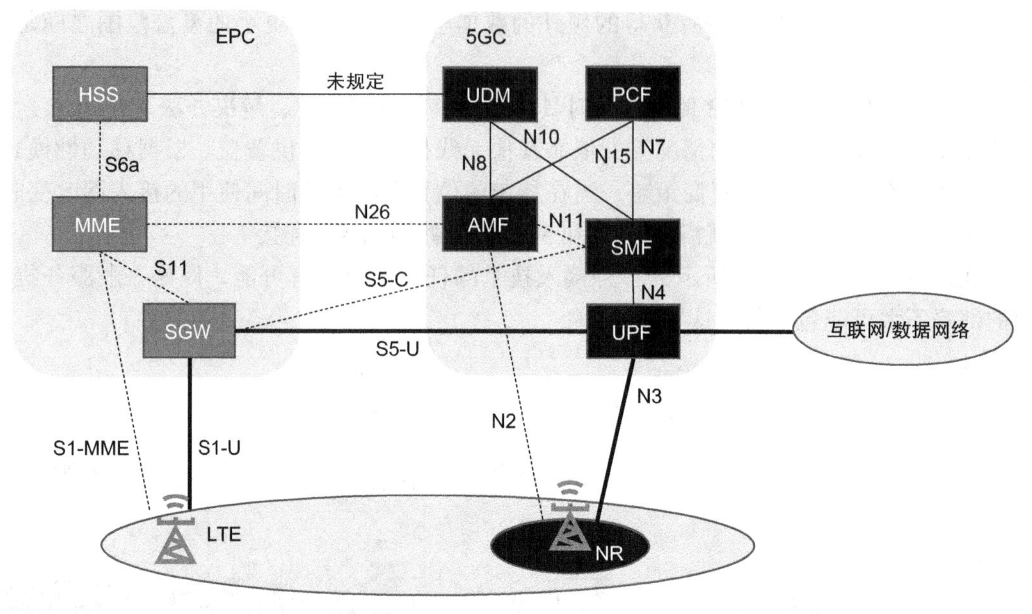

图 3.20 EPC 和 5GC 之间互通的详细架构

- 现有 4G 用户无须强制迁移到 5GC 架构，由现有的 EPC PGW 和 PCRF（图中未显示）继续提供服务，这些 4G 用户应该完全不受 5G 引入的影响。
- 在第一代 5G 规范中，3GPP 未明确 HSS 和 UDM 如何交互或者 HSS+UDM 该如何实现，只简单描述了 HSS + UDM 的组合，将具体的解决方案留给了基础设施供应商。实际上这意味着产品实现要支持 HSS 和 UDM 功能的组合，或者在两者之间提供接口，此接口后来成为 3GPP Release 16 规范的一部分，参见图 3.21。

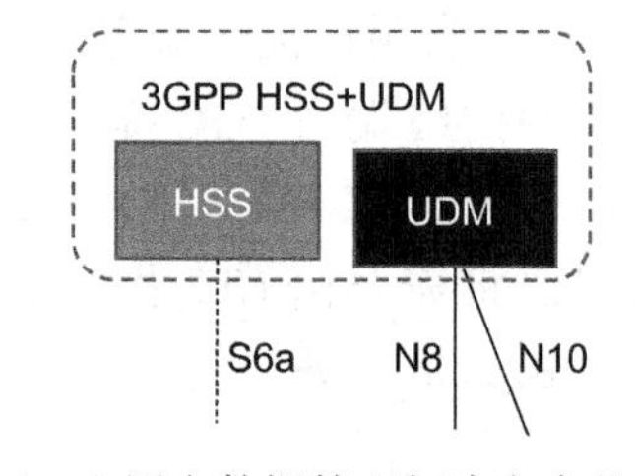

图 3.21 用户数据管理解决方案的功能

因此，通过 LTE 连接的 5G 用户将由 MME 和 SGW 提供服务，并在 5GC 网络中分配一个 SMF，该 SMF 对 SGW 而言是 PGW。用户的签约数据将通过 HSS 提供给 MME。规范未明确 HSS 如何获取 5G 用户的签约数据，只是概述了 HSS + UDM 的组合。

当 5G 用户进入 NR 覆盖范围时，会话的上下文将通过 N26 接口从 MME 转移到 AMF，而来自 UPF 的用户数据隧道将从 S5-U 至 SGW 转到 N3 至 NR 无线网。UPF 在两种接入技术之间维护一个稳定的 IP 锚点。

3.8.2 不需要 N26 接口的互通

在 AMF 和 MME 之间没有 N26 接口的情况下，也可以支持跨 EPC 和 5GC 的移动性。

网络将通知终端自己是否支持没有 N26 的 EPC-5GC 互通。

如果没有 N26 互连，则 MME 和 AMF 无法交换会话信息，此时，用作终端锚点的 SMF（具有 PGW 功能）信息是在 HSS 和 UDM 中保存的。请注意，HSS 和 UDM 需要组合在一起或互连。此外，当终端连接到网络时，会向 MME 或 AMF（具体取决于其移动的方向）指示现有的会话是否要转移 / 切换。

没有 N26 接口的互通有两种变体：

- 单注册
- 双注册

尽管没有 N26 的解决方案可以在某种程度上简化网络设置，它的缺点是，在移动阶段，数据会话的中断时间更长，至少在使用单注册的情况下是如此。这对于某些应用可能是可接受的，但对于语音或其他实时关键性应用来说，就不够好。

双注册与单注册的主要区别在于，它允许终端在释放它正要离开的网络的连接之前，在目标网络中注册。这样可以减少移动阶段的服务中断时间。主要缺点是解决方案更复杂。双注册意味着该终端可以同时在 EPC 和 5GC 中注册，并具有多个同时激活的无线信令连接，这意味着终端更复杂。终端对双注册的支持是可选的，对单注册的支持则是必需的。

应当注意，3GPP 规范的 Release 15 和 Release 16 不包含与 GSM 和 WCDMA 接入网互通的 5GC/NR 支持。如果要支持的话，将涉及 SGSN，并且需要 SMF 和 PCF 之间的 N7 接口的参数支持（需要额外的规范）。SMF 和 SGSN 之间的 Gn 接口或者 SMF 和 SGW 之间的 S5 接口的情况也类似。

3.9 语音业务

3.9.1 5G 语音概述

除了用于机器之间连接的专用系统（例如，将传感器和处理逻辑互连的工业应用），可以认为为移动终端提供数据连接的大多数网络也需要支持语音和消息服务，3GPP 5G 网络也是如此。由于 LTE 和 NR 都是分组接入技术，因此为它们设计的语音和消息传递解决方案依赖于基于 IP 的通信，唯一的例外是 LTE 的第一个语音解决方案，称为 CS 回落，它触发终端移至 GSM 或 WCDMA 网，由电路交换完成语音呼叫，这是为了在尚不支持 LTE 语音（称为 VoLTE）的 4G 网络中提供语音业务而设计的。

3GPP 制定的语音和多媒体业务基于 IMS 解决方案。IMS 是 IP 多媒体子系统的缩写，是广泛使用的 LTE 语音（VoLTE）业务所使用的技术，全球许多 4G 网络都已支持该业务。

支持 5G 的终端实现语音业务主要有两个选择：

- EPS 回落
- NR 语音

两者都依赖于 IMS 提供业务逻辑，并使用 SIP 协议处理与终端的控制信令。两者的主要区别在于接入网的使用方式，即语音呼叫是通过连接到 5GC 的 5G/NR 接入网实现的，还是通过连接到 EPC 的 4G/LTE 接入网实现的。

3.9.2 EPS 回落

EPS 是“演进的分组系统”的缩写，是用于 4G 网络（包括 LTE 无线接入和 EPC 核心网）的 3GPP 正式术语。通过强制终端在需要拨打或接听电话时使用 LTE 接入，可实现 EPS 回落，前提条件是，在所有 NR 覆盖的地方，都有足够的 LTE 覆盖，并且 VoLTE 已是网络中的一项业务。

当终端在 NR 接入范围内并且附着到 5GC 时，可以使用 EPS 回落。当终端拨打或接听电话时，网络会在呼叫建立之前触发终端将无线接入网从 NR 更改为 LTE。这得益于 MME 和 AMF 之间的 N26 接口，因为它可以大大减少呼叫的建立时间。不过 N26 对正在进行的语音呼叫没有任何影响，因为它根本不是承载在 NR 接入网上的。图 3.22 显示了 EPS 回落的架构。

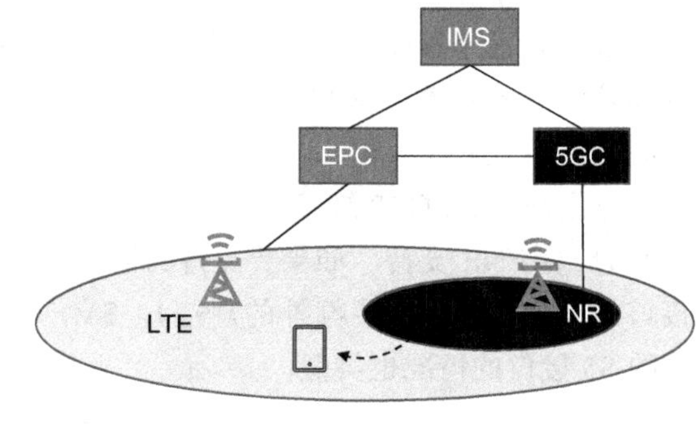

图 3.22　EPS 回落

一旦终端连接到 LTE，就可以使用 LTE/EPC/IMS 建立呼叫，作为普通的 VoLTE 呼叫。在通话期间，5G/NR 上进行的所有数据会话也将移至 4G/LTE。当呼叫终止时，如果终端仍在覆盖范围内，则最好返回 NR 接入。

当 NR 无线接入网尚未完全支持语音和多媒体承载或者尚未针对此类业务做调整或进行配置时，通常会使用 EPS 回落，这一般发生在 5G 部署的早期阶段。

3.9.3 NR 语音

NR 语音的不同之处在于，它不会触发 NR 无线覆盖范围内的终端更改无线接入，相反，它使用与 IMS 域互连的 5GC 网络，通过 NR 接入完成所有 SIP 信令和 IMS 承载的建立。这需要 NR 无线接入网对语音和多媒体流量的支持。

此外，使用 NR 语音时，可能需要移动到 4G/LTE。与 EPS 回落不同的是，向 4G/LTE 的移动是可选的，仅在呼叫建立后才进行，目的是在终端移动并丢失 NR 覆盖的情况下，将正在进行的呼叫切换至 LTE。图 3.23 描述了 NR 语音的架构。

尽管图 3.22 和图 3.23 可能看起来非常相似，但两个解决方案有差异：EPS 回落方案中，终端始终切换到4G/LTE，以建立语音通话；而NR语音方案中，可以通过5G/NR建立语音呼叫，只有在由于呼叫过程中终端移动导致NR覆盖丢失的情况下，才将呼叫移至4G/LTE。

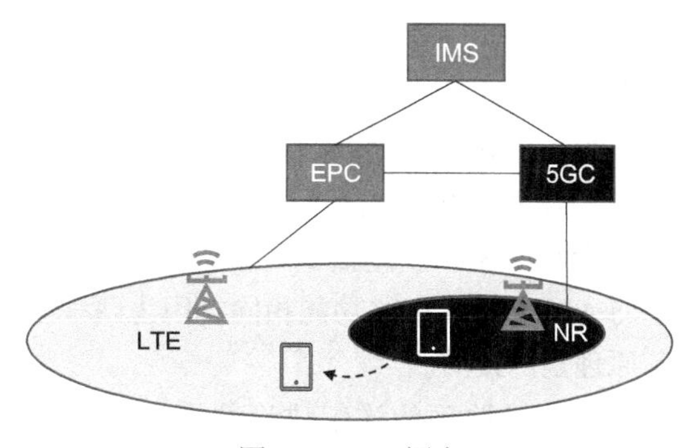

图3.23 NR语音

当正在进行的呼叫从NR切换到LTE时，重要的是切换时间应尽量短，因为此时呼叫正在进行。除了使用无线之间的切换和N26接口来最大限度地减少中断时间外，没有其他的选择。

当在NR和5GC上提供语音业务时，部署网络的国家或地区的监管条例可能要求提供对紧急呼叫的支持。相比于NR/5GC仅处理正常呼叫，由VoLTE或基于GSM/WCDMA的电路交换网络处理紧急呼叫（基于终端的接入选择）的情况，这给NR/5GC网络带来了额外的要求。

当在网络中部署语音业务时，通常需要一个附加的网络功能。这对应于网络中使用多个PCF的场景。通常在查询NRF之后，SMF选择将要服务于特定数据会话的PCF。这意味着不同的数据会话可能由不同的PCF（以及不同的SMF）提供服务。对于外部应用来说，要定位正在为特定数据会话提供服务的特定PCF，它需要查询一个单独的网络功能，该功能维护PCF和会话的关系的记录，称为绑定支持功能（BSF），它连接到5G核心网的SBA架构。BSF向PCF提供注册和注销有关数据会话信息的业务，并向其他应用提供查询服务，即哪个PCF服务于一个特定的数据会话。对于语音业务，应用功能（AF）是IMS P-CSCF。这些概念不是非常复杂，但是对于连接IMS和5GC域而言，当部署多个网络功能时，是非常重要的。BSF是通过称为Nbsf的基于服务的接口定义的。图3.24描述了BSF的概念。

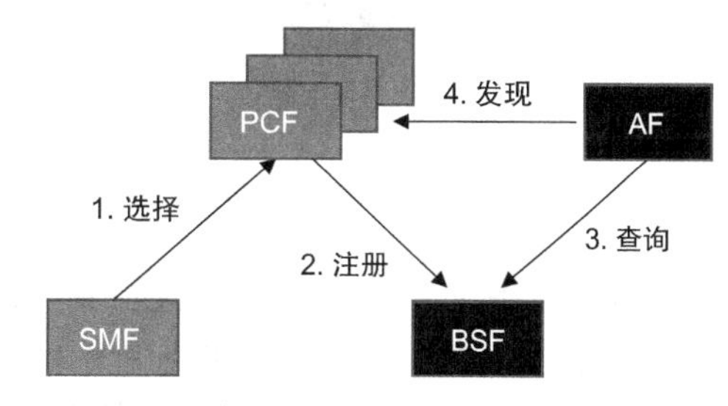

图3.24 使用BSF和多个PCF扩展NR语音的容量

3.10 消息业务

3.10.1 消息业务概述

短消息业务（SMS）既可用于最终用户发送或接收的消息，也可用于网络和终端之间发送的、无须人工干预的消息。

当终端连接到5G/NR网络时，有两种主要方式可用于支持短消息业务。NR接入支持这两种方式，因此无须回落到LTE接入。这两种方式是：

- IP 短信
- 通过 NAS 的短信

3.10.2 IP 短信

为了使该解决方案工作，就需要有一个与 5GC 系统相连的 IMS 系统，就像上述的语音解决方案一样，参见图 3.25。连接 5GC 的 IMS 系统的功能基本上与 4G/EPC 的 IMS 功能相同，因为两种情况下的服务原理是一致的。

对 IMS 原理的详细讨论超出了本书的范围，其基本架构如图 3.26 所示，工作方式大致如下。

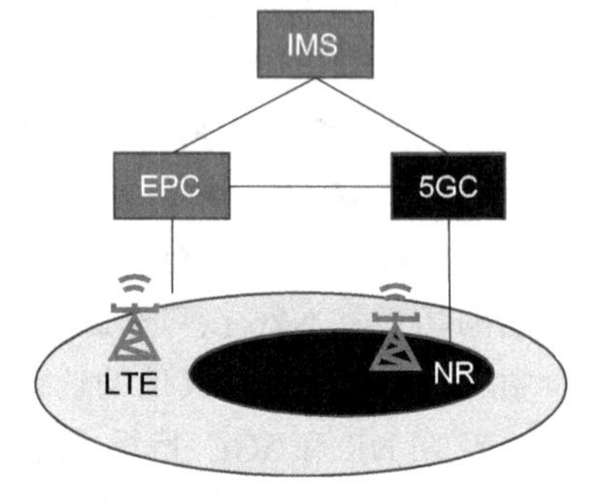

图 3.25 IMS 同时连接 EPC 和 5GC

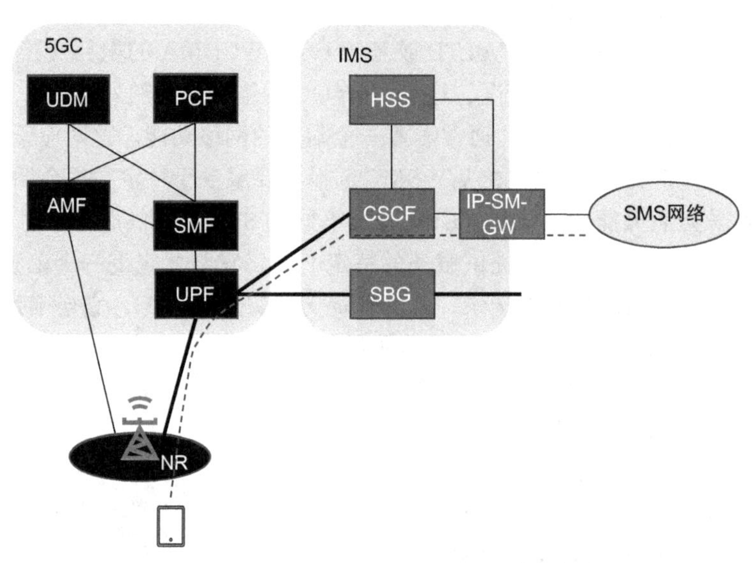

图 3.26 IMS 和 5GC 互连用于 IP 短信的架构

首先，具有 IMS 能力的终端连接到网络，进行鉴权并建立数据会话，类似于连接到互联网。通过此数据连接，终端使用 IETF SIP 协议与称为呼叫会话控制功能（CSCF）的 IMS 节点进行通信。IMS 网络中实际上有三个 CSCF，即 P-CSCF、I-CSCF 和 S-CSCF，为了简化描述，在此将其视为一个实体。

CSCF 和终端之间的 SIP 信令用于控制 IMS 会话和所使用的服务。对于诸如语音之类的 IMS 服务，实际的媒体会话（语音呼叫）由 IMS 中的 SBG 功能进行处理，并且 CSCF 与 5GC 网络中的 PCF 交互以提供语音会话所需的 QoS 支持，但这在 IMS 仅用于 SMS 时不需要。

IP 短信依赖于把短消息封装在 SIP 消息（即 IMS 控制信令）中，通过接入网和 5GC UPF 透明地传输，然后由 IP-SM-GW 网关（“IP 短消息网关”）将短消息在 CSCF 和 SMS 系统之间传送。

3.10.3 通过 NAS 的短信

5GC 网络支持 SMS 的另一种解决方案不依赖于 IMS 系统，这与不是智能手机的特殊终端设备（例如传感器、路由器或其他工业设备）相关。这些终端设备可能依赖于短消息进行通信（例如为了开机、重启或执行软件升级），但是它们通常不具有 IMS 软件。此外，针对支持 IMS 信令的智能手机，运营商也可以依靠通过 NAS 的短信通过空口提供终端的底层配置或提供数据。

其架构如图 3.27 所示。

类似于 IP 短信，出于效率的考虑，通过 NAS 的短信也依赖于将 SMS 消息封装在控制信令中，但是，它使用的是 AMF 与终端之间的 NAS 控制信令，而不是 CSCF 与终端之间的 SIP 信令，因而它被称为“通过 NAS 的短信”。在 5GC 架构中，AMF 终结来自终端的 NAS 信令，并将解封装的 SMS 消息转发至**短消息服务功能**（SMSF）。AMF 也接收来自 SMSF 的 SMS，并封装到 NAS 消息中发送给终端设备。SMSF 是一可选网络功能，仅用于支持通过 NAS 的短信业务。像 5G 架构中的其他控制面网络功能一样，SMSF 开放出一个依赖于 HTTP 通信的基于服务的接口，称为 Nsmsf。它连接 5GC 架构中的 AMF 和 UDM 功能。SMSF 通过与 UDM 交互，检查签约数据，生成计费记录，并在 AMF 和 5GC 架构外部的 SMS 网络之间转发 SMS 消息。

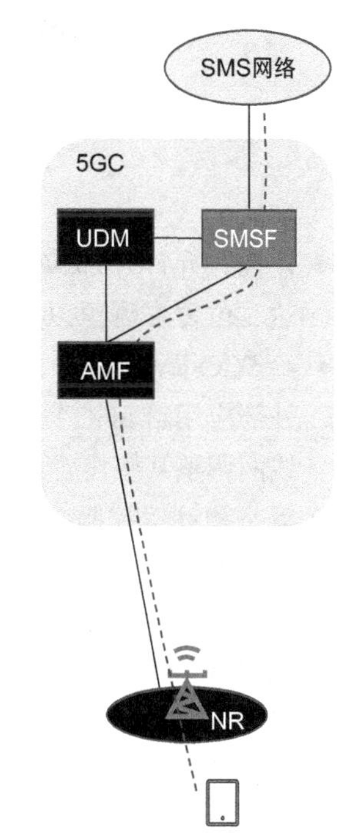

图 3.27　通过 NAS 的短信的架构

3.11 网络信息开放

网络开放功能（NEF）支持与外部应用的交互。NEF 开放选定的网络能力，可供外部应用通过不同方式调用。第三方应用提供商通过这些调用，可以提供更高级的服务，而网络服务提供商也可以就此开辟新的商机，这是一个双赢的局面。NEF 支持的一项关键功能是允许外部应用触发终端执行与该应用相关的操作，包括连接到 NEF 或连接到应用本身。除此之外，在 Release 15 中指定了三种不同类型的能力开放，如图 3.28 ～ 3.30 所示。更多用例将在 3GPP 未来版本中定义。

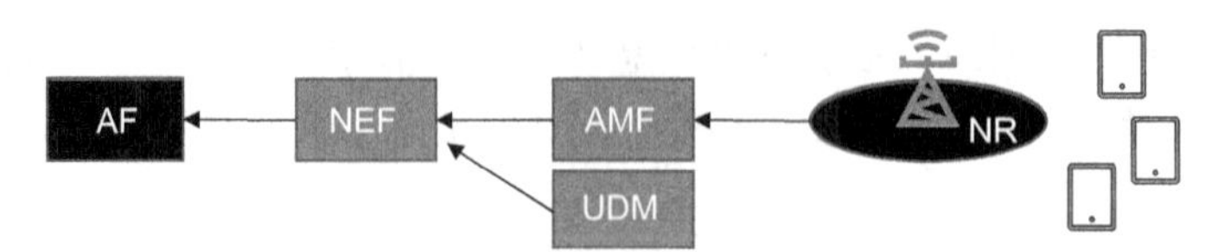

图 3.28 网络事件监控的开放架构

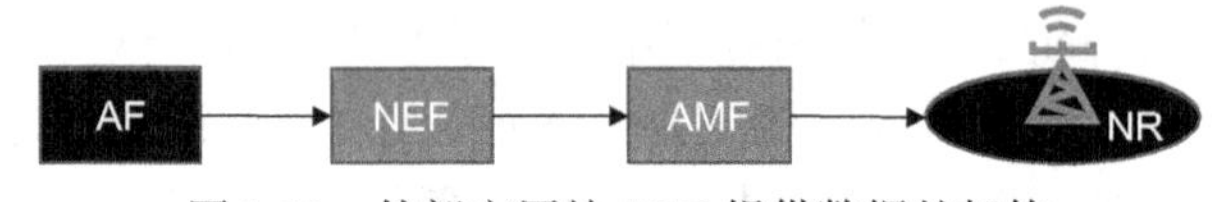

图 3.29 外部应用给 5GC 提供数据的架构

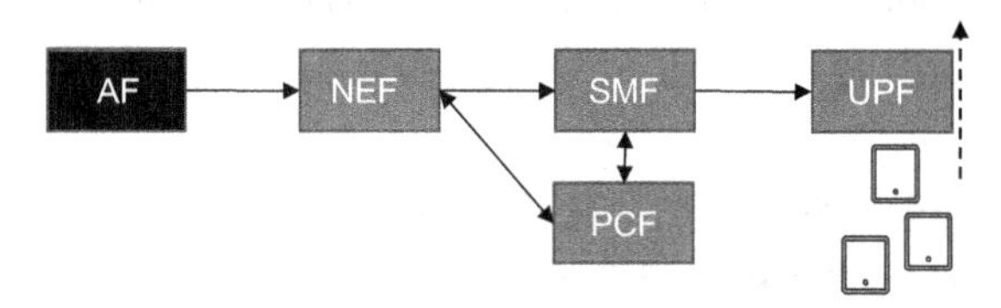

图 3.30 外部应用影响策略控制的架构

- 监控：允许外部应用获知与特定移动终端关联的某些网络事件，例如：终端是否可达、位置在哪里以及是否在漫游。NEF 从 UDM 和 AMF 获取此信息。
- 给 5GC 提供数据：允许外部应用将适用于所选终端的信息提供给系统。到目前为止，外部应用给 5GC 提供的参数与预期的终端移动模式有关。AMF 可以使用它来指示无线网调整某些设置，包括如何最小化终端的状态变化以优化整体的网络信令容量。
- 策略和计费控制：允许外部应用控制数据会话的多个方面。一个例子是外部应用对流量的路由施加影响，5GC 可以根据外部应用提供的信息决定本地疏导和路由应何时、如何应用于某些终端。第二个例子是，外部应用提供有关数据流的信息，通过 NEF 控制和实施 QoS 和计费策略，这种情况下，NEF 与 PCF 进行交互，然后 PCF 根据 AF/NEF 提供的应用信息来确定 QoS 和计费信息。还有其他更多的例子，比如：外部应用和 5GC 就未来背景数据传输的策略进行协商；外部应用通过 NEF 定义 UPF 中使用的数据过滤器模板，NEF 先将模板发送给 SMF，然后由 SMF 转发给 UPF，UPF 将这些模板用于数据包检测。图 3.30 描绘了这一功能。

毋庸置疑，对于所有用例，在与 NEF 进行交互之前，对外部应用进行鉴权是非常重要的。这样可以保护网络和终端免受恶意干扰或未经授权的信息收集。

3.12 终端定位服务

确定并跟踪特定终端的地理位置可能非常重要，比如：

- 在紧急情况下，出于安全或医疗原因需要快速准确地定位终端的使用者。
- 向外部应用提供位置信息，例如，用于提供基于位置的信息。

在 3GPP Release-15 规范中，位置服务是可选的，只针对监管的用例（例如紧急呼叫的定位）做出定义。可以预期这在标准的未来版本中会有所改变。

当然，目前大多数终端都具有内置功能，可以使用 GPS 卫星信号或通过其他方法（例如，识别附近的 WiFi 网络的标识，然后将该信息与存储在外部数据库中的信息进行比较）来确定自己的位置，这类通信是在终端与互联网连接的数据会话中进行的。今天大多数智能手机都包含 GPS 天线和接收器。

但是，并非在所有情况下都可以依赖终端本身的定位方法。非智能手机的终端并不总是带有 GPS 或 WiFi 功能，许多用于机器类型应用的低成本终端（例如传感器）就是这种情况。另外，终端中的 GPS 天线可能会被关闭，或者在室内时卫星覆盖可能被阻挡。此外，可能存在监管要求，要求能够定位用户终端，而与终端自身的定位能力无关。

5G 网络架构具有使用网络功能来定位终端的能力。5G 核心网架构中有两个特定的网络功能，是提供这些能力的关键：位置管理功能（LMF）和网关移动位置中心（GMLC）。定位功能还依赖于 AMF 和无线网的支持。

请求终端位置的外部应用将与 GMLC 联系，该 GMLC 首先授权该请求。如果定位发生在紧急会话期间，则服务于特定终端的 AMF 可能已经通知了 GMLC，它已和该终端建立了会话。GMLC 将向 AMF 查询有关终端的位置信息。如果 GMLC 不知道哪个 AMF 在为该终端提供服务，它将首先查询 UDM 以找出是哪个 AMF，然后 AMF 将向 LMF 查询该位置，而 LMF 会将有关该位置的数据返回给 AMF。AMF 将把它转发给 GMLC，后者再转发给外部应用（参见图 3.31）。

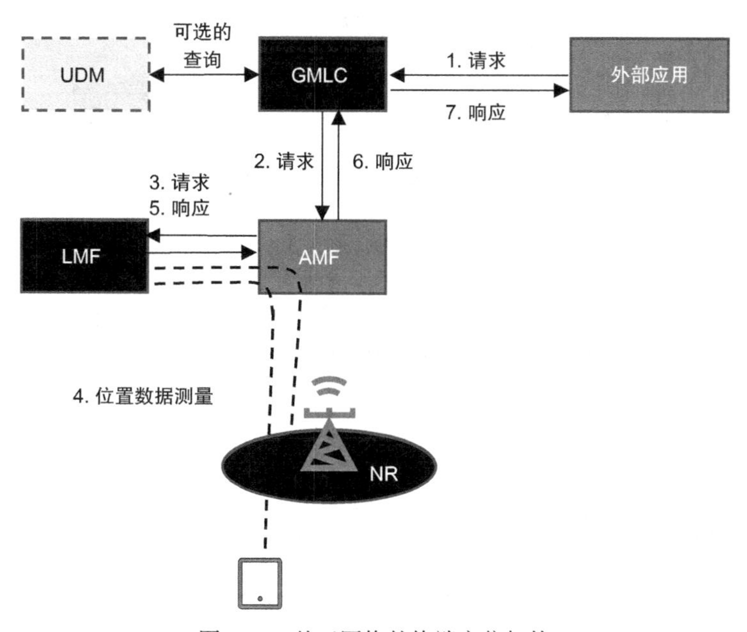

图 3.31　基于网络的终端定位架构

LMF基于与无线网或终端本身的交互来查找并计算终端的位置。它将请求发送到无线网以获取位置信息。网络根据自身能力，可以发送例如当前小区的标识，或者进行测量以定位终端。LMF和无线网之间的所有通信均通过AMF进行，然后通过N2接口传送到无线网。终端和LMF之间的通信也通过AMF进行，但使用核心网和终端之间的NAS协议通过无线网透明地传输。

3.13　网络分析

网络数据分析功能（NWDAF）是5G规范的第一个版本的后期成果，并且是5GC网络架构中的可选组件。NWDAF收集各种类型的网络和签约用户数据，对该数据进行“分析”，然后通过基于服务的接口将结果提供给其他网络功能。

在3GPP Release 15规范中仅简要概述了NWDAF，而更详细的功能由Release 16规定。

NWDAF使用这些网络功能（NF）提供的事件开放服务，从它们那里收集数据。NWDAF还从O&M系统收集数据，并从UDR收集与签约用户相关的数据。

NWDAF提供的服务在理论上可以被任何其他NF，甚至是外部应用（AF）通过NEF使用。NWDAF服务的主要使用者是NSSF和PCF，如图3.32的架构所示。

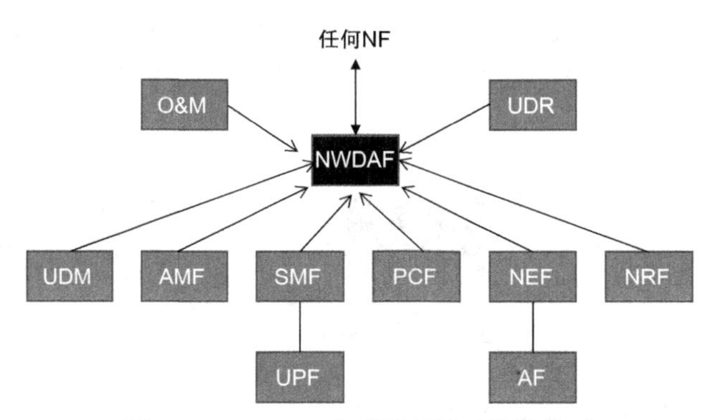

图3.32　NWDAF与其他网络功能的交互

NWDAF对收集到的数据进行的分析可以是统计/历史数据摘要，也可以是预测未来数值的尝试。其他NF可以使用这些分析数据在网络中进行某些操作，例如选择特定切片或修改某服务的QoS。

有关NWDAF的更多信息，参见3GPP TS 23.288。

3.14　公共预警系统

快速、实时地向网络中的部分或所有用户发送重要消息的能力，是移动网络非常重要的功能，在许多国家甚至是法律要求。公共预警系统（PWS）的典型用例包括发送与自然灾害（例如地震、海啸或严重的暴风雨）或正在进行的犯罪行为（例如绑架儿童或恐怖分子活动）有关的告警消息。它也可用于例如发送道路交通状况。

5G 架构中的公共预警系统支持依赖于称为小区广播的概念的使用，该概念能够触发无线网向网络中的多个终端同时发送一条短消息。消息在整个网络内或在某些地理区域内广播，区域最小可以是单个无线小区。这是由网络根据消息发送方的请求控制的。

小区广播功能并不是 5G 独有的，2G、3G 和 4G 也使用类似的概念。但是，由于网络功能和协议是新的，因此 5G 的实施细节有所不同。图 3.33 显示了使用 5G 核心网和新的 5G 无线网时的 PWS 架构。

公共预警消息由所谓的小区广播实体（CBE）内部发起和发送，至于 CBE 是什么或如何与移动网络中的小区广播中心（CBC）互连，这里不做进一步说明。CBE 通常由网络部署所在国负责公共安全和预防犯罪的权威部门控制。

小区广播中心控制消息的发送区域、持续时间以及重发频率。

CBC 通过 N50 或 SBc 接口将消息请求发送到对应的 AMF，之所以有两种选择（N50 或 SBc），是因为 3GPP 指定了两种互联的实现方式。本质上，如果 CBC 支持基于服务的接口，则使用该接口，包括 AMF 中的 Namf。如图 3.33 所示，在点对点逻辑架构中，使用基于服务的接口进行的交互被表示为 N50，CBC 被严格称作 CBCF。

如果 CBC 仅具有用于 4G/LTE 小区广播的传统 Diameter 接口，则使用 SBc，对 CBC 的具体实现的详细描述超出了本书的范围。不管是通过 N50 还是通过 SBc，CBC 的功能和发送的信息都是不变的——CBC 将消息与应在哪个地理区域进行广播的信息一起发送到对应的 AMF。

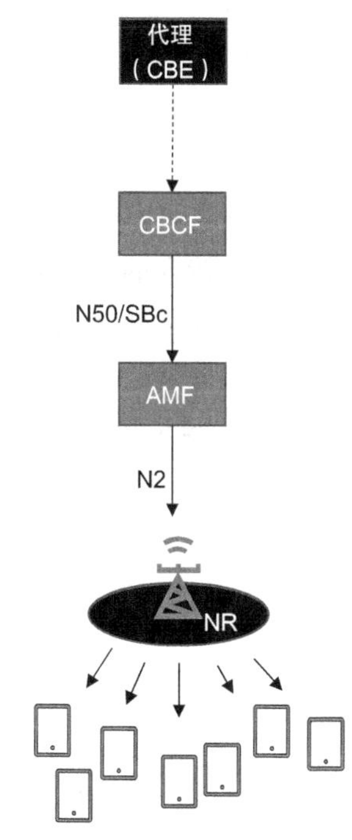

图 3.33 公共预警消息的广播架构

AMF 接收消息传送请求，然后通过 N2 接口向请求指定的地理区域内的所有无线基站发送相应的请求。不同于核心网和 SMS 类终端之间的普通消息传递，在小区广播的情况下，AMF 与终端之间不会发生交互，而是通过无线网将消息从 AMF 发送到终端。AMF 还使用来自无线网的报告向 CBC 报告传输是否成功。

关于小区广播的更多信息参阅 3GPP TS 23.041。

3.15 支持通过非 3GPP 接入连接的终端

5G 核心网架构支持终端通过“非 3GPP 接入技术”接入。在大多数情况下，这意味着该终端通过 WiFi 接入网而不是 3GPP 无线网进行连接，但是从理论上讲，它可以是该终端支持并提供 IP 连接的任何类型的接入网。

在为 4G 定义 EPC 时，包含了非 3GPP 接入的多种变体，即“可信”或“不可信”接入，以及“基于网络的移动性”或“基于主机的移动性”。EPC 架构的详细描述超出了本书的范围，感兴趣的读者可参考（Olsson et al，2012）。

Release 15 的 5G 核心网架构中，非 3GPP 接入的选项少于 EPC 架构。首先，Release 15 假定只有“不可信”的非 3GPP 接入。在此，“不可信”仅表示 3GPP 定义的移动网络的运营商不信任非 3GPP 接入网的安全性。这很明显，因为公共或专用 WiFi 网络通常使用基于密码的接入鉴权方法，有时缺乏对有效负荷的加密，这对于接入移动网络设施和服务而言是不可接受的。在 Release 16 中，3GPP 增加了对可信非 3GPP 接入、以及有线接入的支持。

5G 核心网架构包含充当移动网网关的非 3GPP 互通功能（N3IWF)，以及终端通过非 3GPP 接入网接入的连接点。请注意，由于这是关于不可信接入的，因此该架构未指定非 3GPP 接入网如何连接到 5GC 架构，而是使用 N3IWF 网络功能来指定使用任何不可信非 3GPP 接入的终端，如何连接到 5G 核心网。从理论上讲，这些终端的流量可以通过公共互联网，在不可信接入网络和移动网络之间进行路由，如图 3.34 所示。

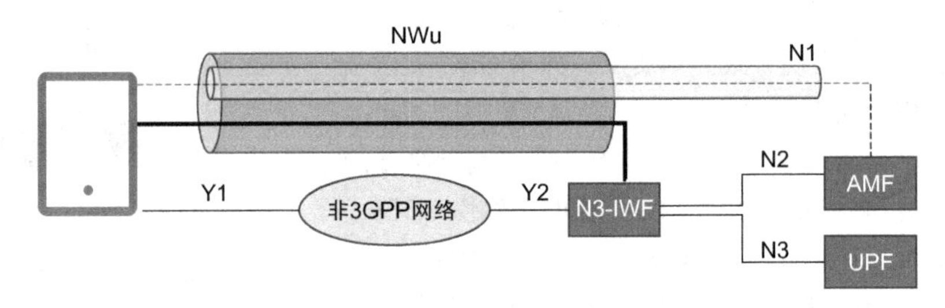

图 3.34 非 3GPP 接入情况下终端和核心网之间的连接

终端连接到非 3GPP 网络，被授权，给予接入权限并获得 IP 地址。该连接在图中标记为 Y1，但如何以及何时进行这一操作不受移动运营商控制，3GPP 也未规定。Y1 通常是 WiFi 空口。终端选择一个 N3IWF 并使用非 3GPP 网络提供的 IP 接入服务连接到该 N3IWF，该连接称为 Y2。Y2 很可能是公共互联网，3GPP 对此也未做规定。然后，在终端和 N3IWF 之间建立起一条安全、加密的 IPsec 隧道，通过该隧道可以转发终端与移动网络之间的信令和数据流量，该隧道称为 NWu。

N3IWF 选择一个 AMF，此时，如果终端之前已通过 3GPP 接入，那么几乎在所有情况下，该 AMF 应与该终端的 3GPP 接入使用的 AMF 相同。N2 接口在 N3IWF 和选定的 AMF 之间建立起来。然后，在终端和 AMF 之间建立一个承载 NAS 信令的 N1 接口。在 5GC 架构中，通过非 3GPP 接入的终端，其管理方式几乎与通过 3GPP 接入的终端相同，这与 EPC 架构中 NAS 信令仅适用于 3GPP 接入网有所不同。通过非 3GPP 接入的 NAS 信令通过 N1 接口承载，位于终端和 AMF 之间，贯通 NWu 和 N2，而 NWu 是非 3GPP 接入的 Y1 和 Y2 之上的隧道。

一旦选择了 UPF，就在 N3IWF 和 UPF 之间建立 N3 接口以进行数据传输。数据在终端和 N3IWF 之间通过 NWu 传输，然后在 N3IWF 和 UPF 之间通过 N3 传输。

图 3.35 显示了同时连接到 3GPP 和非 3GPP 接入的终端的稍微完整的画面。为简单起见，图中并未显示核心网的所有详细信息。

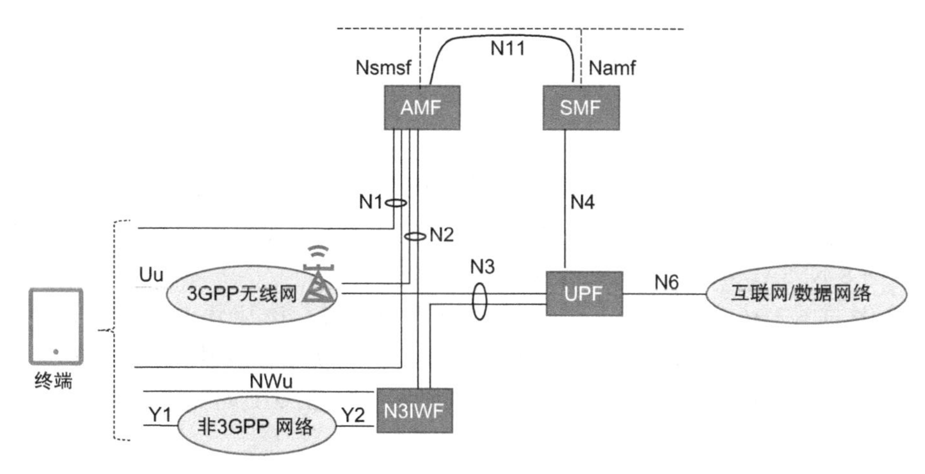

图 3.35　同时接入 3GPP 和非 3GPP 接入技术

请注意，终端可以在 3GPP 和非 3GPP 接入中同时注册，并且会话可以在这些接入网之间移动，同时保持稳定的锚点。终端还可以同时具有两个分别通过 3GPP 和非 3GPP 接入激活的会话。

在 Release 15 中，单个会话不能同时在 3GPP 和非 3GPP 接入上处于活动状态。但是，在 Release 16 的解决方案中是可以的，其中规范要求网络和终端均需支持此功能（更多详细信息，请参见 16.3.8 节）。

支持非 3GPP 接入的另一种架构是基于 EPC 架构中的 ePDG。在这种情况下，ePDG 就像 EPC 架构中的 4G SGW 一样连接到 SMF/UPF。本书不再进一步描述这种架构。更多信息，有兴趣的读者可参考（Olsson et al，2012）。

3.16 网络切片

支持网络切片是设计 5G 架构的主要驱动力之一。还没有一个跨行业的网络切片的确切定义，但是总体想法是将流量分隔到多个逻辑网络，这些逻辑网络都运行在公共的物理基础设施上并且被共享。这种分隔的原因包括解决安全性问题、针对不同服务优化配置和网络拓扑，或者实现运营商服务之间的差异化。

在3GPP规范中，网络切片由无线网和核心网两部分组成。网络资源的某些部分可以由多个网络切片共享，而某些部分对于单个切片可以是唯一的。5G切片概念还涉及无线网中每个切片的可选的资源分区。

新的5G核心网架构还允许一个终端同时连接到多个切片，这是4G的EPC架构不支持的。

特定的网络切片由称为S-NSSAI的参数标识，S-NSSAI是“单一网络切片选择辅助信息”的简称，由两个子参数组成：切片/服务类型（SST）和可选的切片细分标识（SD）。SD用于区分相同类型的多个切片，即它们具有相同的SST。

服务于终端的无线网将使用终端请求的一个或多个S-NSSAI值来进行AMF的初始选择。

选定的AMF或者决定为该终端提供服务，或者自己进行新的切片选择，或者使用网络切片选择功能（NSSF）进行选择。NSSF的唯一作用是基于终端请求的、签约允许的、网络定义的S-NSSAI值的组合来支持网络切片的选择。

在简化的图3.36中，终端1（UE1）连接到切片1，该切片1由专用AMF、SMF和UPF组成。终端2（UE2）同时连接到切片2和切片3，其中每个都包含各自的SMF和UPF，但两者均由公共的AMF2提供服务。注意，UE是用于表示终端的3GPP术语。

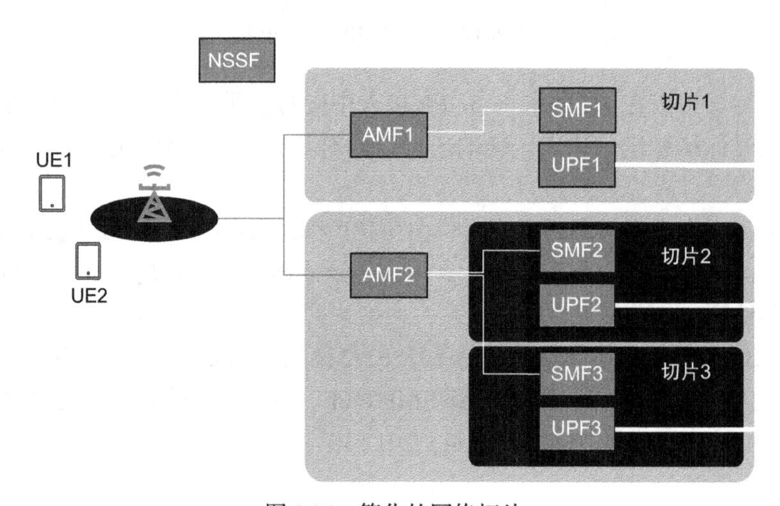

图3.36　简化的网络切片

切片选择的详细说明在第11章中描述。

3.17　漫游

5G规范支持两个运营商网络的互连以允许用户漫游。与非漫游场景相比，支持漫游的网络架构比较复杂，其中，某些网络功能位于用户所连接的网络（访问网络，VPLMN），某些网络功能在用户签约的网络（归属网络，HPLMN）中，而某些网络功能在两个网络中都需要有。

为了在VPLMN和HPLMN之间实现安全连接，使用“安全边缘保护代理”（SEPP）。SEPP不是提供或使用服务的网络功能，而是当两个网络功能位于不同的网络中时，它充当使用者和提供者之间的服务中继。SEPP除了通过使用消息过滤和应用漫游策略保护通信之外，还对另一方隐藏网络的拓扑结构。这是双向的。

图3.37分别展示了访问和归属网络中网络功能的分布。如图所示，NRF、NEF和PCF在两个网络中都存在。该图还显示了HPLMN中的SEPP和VPLMN中的SEPP之间的连接，称为N32，用于在两个网络之间传输所有的信令流量。该图还显示，各个网络中的NRF通过置于N32之上的N27参考点互连。

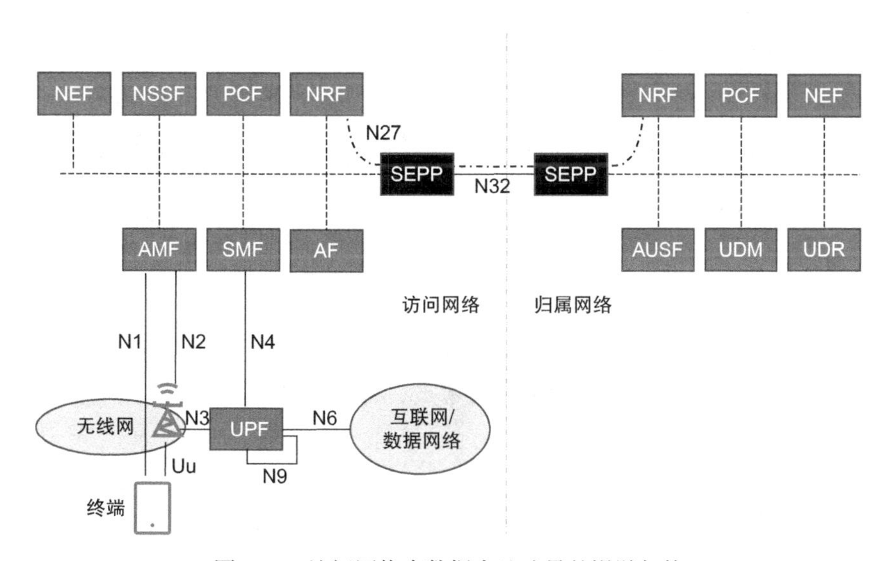

图3.37 访问网络中数据本地疏导的漫游架构

除了N27之外，置于N32上的其余漫游接口在图3.38简化的点对点表示中更容易识别出来。它说明不仅N27承载在N32之上，而且还有其他四个参考点将VPLMN中的PCF、AMF和SMF与HPLMN中的PCF、UDM和AUSF互连。

所有漫游配置的基本概念都意味着，所有的鉴权和签约数据的处理都在归属网络中完成。因此，在访问网络中为漫游终端提供服务的AMF和SMF需要连接到归属网络中的UDM和AUSF，这是在N8、N10和N12参考点上完成的。

访问网络和归属网络中的NRF需要互连以支持位于网络边界两侧的网络功能之间的服务发现，这是通过N27处理的。

N21是可选的参考点，仅在使用通过NAS的短信时适用。如果短消息发送和接收使用IP短信，则N21不适用。

N24也是可选的参考点，访问网络中的PCF通过它连接到归属网络中的PCF，以发送与策略相关的信令。

到目前为止，漫游可能显得还不是很复杂，但是需要注意，图3.37和图3.38仅展示了两种可能的漫游方案中的一种——所谓的“本地疏导方案”，其中，数据流量直接从访问网络路由到互联网或服务网络，或从互联网或服务网络直接路由进来。还有一种“回归属地路由”的方案，其中，先将用户数据流量从VPLMN路由到HPLMN，然后将其路由到互联网或服务网络，这意味着需要稍微不同的网络配置。

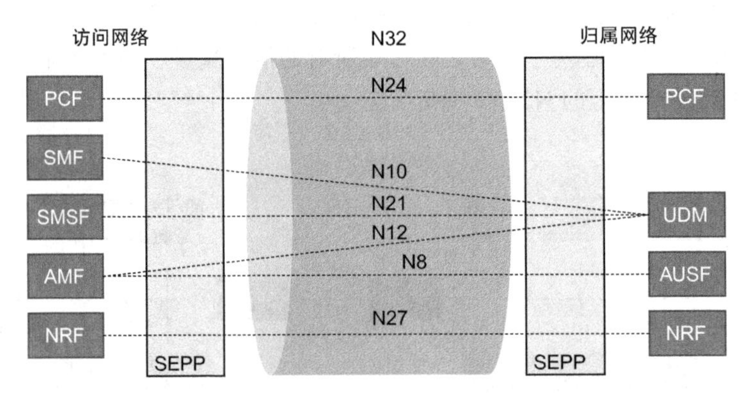

图3.38 本地疏导漫游接口的信令

与本地疏导配置相比，回归属地路由配置意味着更多的功能是在归属网络中执行的。这导致漫游接口更加复杂，有三个附加的参考点，有一个参考点不再适用（参见图3.39）。

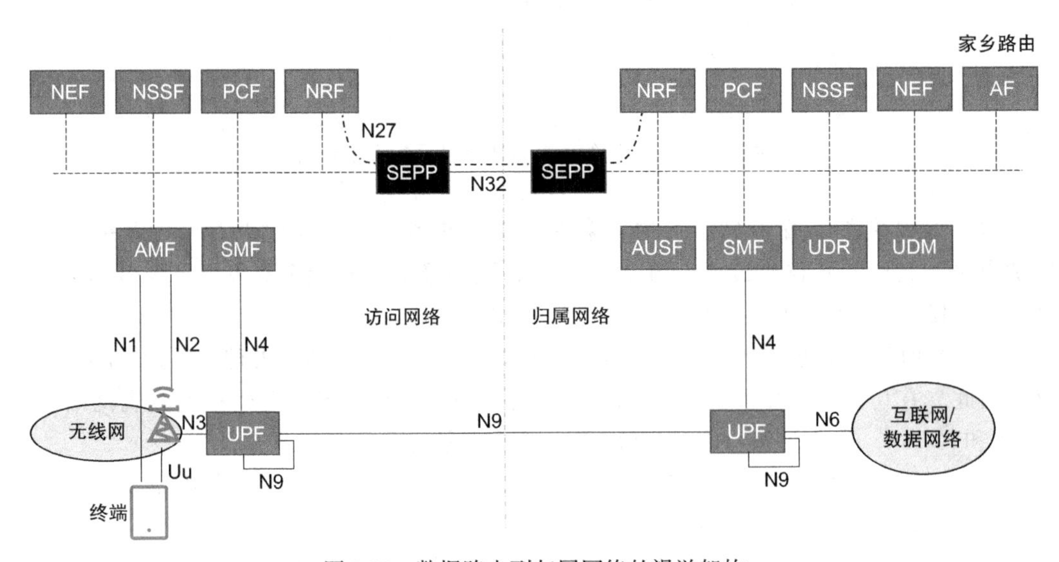

图3.39 数据路由到归属网络的漫游架构

漫游接口上所有的参考点如图 3.40 所示。

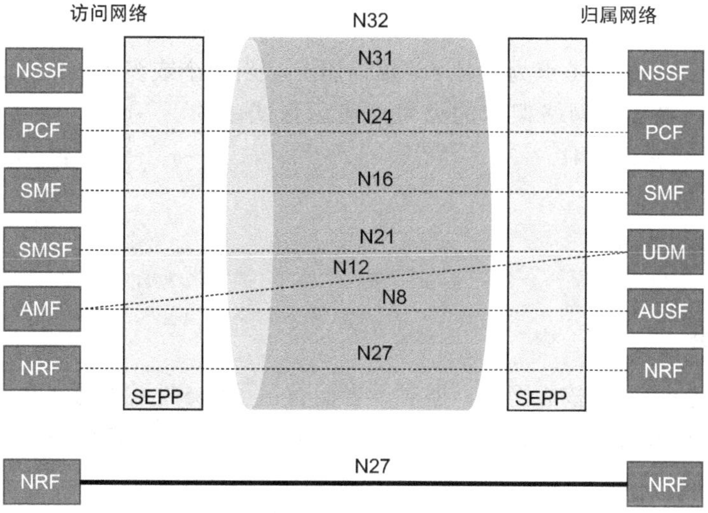

图 3.40　回归属地路由的漫游接口上的信令

在这种方案中，除了要在访问网络和归属网络之间传送信令外，实际的用户数据也需要穿越网络间的边界，被发送到归属网络进行处理和服务访问控制，这使得归属网络运营商可以更好地控制其签约用户的服务，但同时也使漫游设置更加复杂。它要求连接两个运营商的传输网能承载来自用户的所有数据流量，而不仅仅是信令流量。

N9 用于在网络之间承载用户数据，因为此时该终端位于访问网络中，但与互联网或其他 IP 服务的连接位于归属网络中，因此，N9 仅是回归属地路由方案的漫游接口。

访问网络中的 SMF 使用 N16 连接到归属网络的 SMF，以传送会话管理信令。

N31 是可选的，仅在该网络使用网络切片时才适用。访问网络的 NSSF 使用 N31 从归属网络的 NSSF 获取网络切片的信息。

SMF 和 UDM 之间的 N10 在漫游接口上不再使用。N10 仅存在于归属网络中的回归属地路由漫游网络配置中。

3.18　数据存储

与其他大多数网络功能相比，UDSF 网络功能有些特殊。在对它进行规范时，可以说 3GPP 偏离了仅规范逻辑网络功能而不是具体实现方法的基本指导原则。可以将 UDSF 视为灰色地带，因为它在架构中被指定为通用的数据库组件，允许“任何”网络功能使用它存储和获取“任何”数据，该数据被 3GPP 称为“非结构化的”，基本上是指未规定的数据。这意味着它依赖于每个供应商的特定实现。多个网络功能可以共享一个 UDSF，也可以使用单独的 UDSF。

很明显，UDSF 是架构中的可选组件。如果它存在于一个特定的网络实现中，则它也仅服务于这个网络的 NF，而不会穿越漫游接口为 NF 提供服务。

UDSF 通过 Nudsf 参考点为其他 NF 提供服务。当一个或多个 NF 使用 UDSF 进行数据存储时，它们将通过网络架构的点对点表示形式中的 N18 进行连接。参见图 3.41。

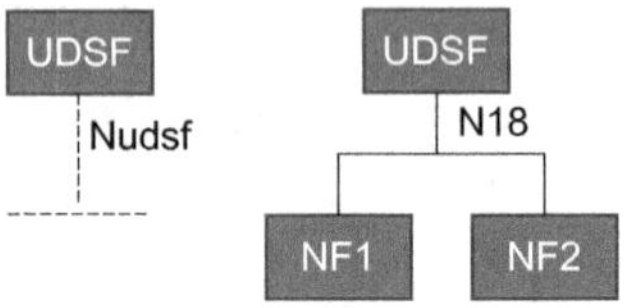

UDSF
Nudsf
UDSF
N18
NF1
NF2

图 3.41　UDSF 接口

3.19　5G 无线网

3.19.1　概述

虽然本书是关于 5G 核心网的，但对读者而言，了解 5G 无线网基本架构和概念也是有益的。从 3GPP Release 15 的规范工作开始，定义 5G 无线网和核心网一直是业界的共同努力方向。

3GPP 定义的新的 5G 无线技术简称为“新空口”，缩写为 NR。

3.19.2　移动网络基础

移动网络（蜂窝网络）的无线网部分由若干无线基站组成，每个基站都在一个或几个“小区”中为数字信息的无线传送和接收提供服务，此处小区指的是整个地理区域中网络服务的一小块区域。传统上，一种典型的部署情况是，一个基站通过精细的天线配置和无线频谱规划，为三个小区提供服务，参见图 3.42。但是请注意，3GPP 规范并未限制一个基站服务的小区数量。

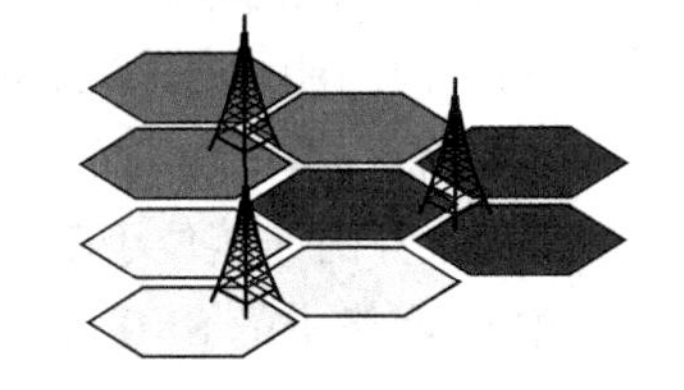

图 3.42　蜂窝网络的概念

小区的大小和轮廓受几个因素控制，包括基站和终端的功率电平、天线配置和频段。如果使用相同的功率电平，则使用较低频率的无线信号通常会比使用较高频率的无线信号传播更长的距离。无线电波传播环境对小区大小也有很大影响，与相对平坦且几乎无人居住的地区相比，有大量建筑物、山峦、丘陵或森林的地区会有很大差异。

蜂窝网络的一个基本能力是允许在多个小区中使用相同的频率，这意味着相比每个站点需要使用不同频点的情况，网络的总容量会大大增加。允许这种频率复用的最直观的方式是，确保使用同一频率子集的小区的基站，在地理位置上相距足够远，以避免无线信号相互干扰，这也是第一代数字系统（2G）GSM 中使用的解决方案。但是，所有后来的移动网络技术都允许相邻小区使用相同频率集，这是通过先进的信号处理来实现的，该信号处理的目标是最大限度地减少相邻小区发送的有害信号的干扰。

基站被放置于精心选择的站点上，以优化移动服务的整体容量和覆盖范围。在用户密集的地区（例如，在市中心），通过将基站站点彼此更紧密地放置，从而允许更多（但更小）的小区来满足容量需求，而在农村地区，如果没有太多用户，则通常使小区变大，以尽可能少的基站覆盖尽可能大的地域。

从20世纪90年代开始，3GPP定义的所有数字移动系统，从GSM（2G）、WCDMA（3G）和LTE（4G）到NR（5G），都支持在蜂窝系统中对许多终端进行数字传输的基本概念，但是每一代技术都使用不同的解决方案来实现这一点，从而导致功能和服务特性的差异。

应该注意的是，通过选择性地使用多波束，可以超越传统的三扇区小区，增强蜂窝概念的外延。3.19.5节对此进行了介绍。

3.19.3 5G目标

为了满足市场和行业对现有用例以及新涌现出的用例的预期和需求，已定义了许多有关服务特性的具体目标，作为5G规范工作的设计目标。

从宏观上讲，5G技术旨在满足各种不同用例的要求：

- 移动宽带服务的要求，主要是通过优化网络容量，以及在网络的大部分地区提供增强的用户体验，来有效处理网络中巨大的且不断增长的数据流量。
- 另一方面，支持物联网应用的大量小型或廉价终端的用例具有不同的要求。这些要求包括例如高能效，以优化这些终端的电池寿命，以及高连接密度，即使在有限的地理区域内也能够为大量终端提供服务。
- 最后，对于关键业务的行业应用，最重要的要求是，超低的时延和超高的可靠性。

大约从2015年开始，全球多个行业论坛和监管机构开始制定5G网络的业务需求。国际电信联盟（ITU）在ITU-R TR M.2410-0（2017）报告中将这些需求归纳为对“IMT-2020网络”的需求，其中IMT-2020是ITU用于5G网络的正式术语。这些需求已作为3GPP中相应技术研究的输入，并体现在3GPP TR 38.913的技术报告中。

图3.43的表格中简要列出了一些最重要的5G服务需求。

峰值速率	下行到 20 Gbit/s，上行到 10 Gbit/s
平均体验速率	下行到 100 Mbit/s，上行到 50 Mbit/s
频谱效率	下行到 30 bits/s/Hz，上行到 15 bits/s/Hz
连接密度	达到一百万台终端 / km^2
终端电池寿命	大于 10 年
移动性	达到 500 km/h
用户数据时延	工业用例 1 ms，移动宽带 4 ms
可靠性	至少 99.999%

图3.43 5G业务需求

由于各种用例的需求非常多样化，这就要求NR无线技术的设计足够灵活，以便可以有效地支持各种用例。

另一个重要需求是，NR应能够部署在非常宽的频带范围，即450 MHz～52 GHz。之前的无线接入技术（2G、3G或4G）从来没有支持过如此宽的范围。

频率范围分为两部分：

- FR1：频率范围1，范围为450 MHz～6 GHz，通常称为“中低频段”
- FR2：频率范围2，范围为24 GHz～52 GHz，通常称为“高频段”或“毫米波”（mmwave）

图3.44显示了FR1中支持的频段，是从3GPP TS 38.101-1中摘录的信息。可以看出，NR支持非常宽的频段。

频段	上行	下行	双工模式
n1	1920-1980 MHz	2110-2170 MHz	FDD
n2	1850-1910 MHz	1930-1990 MHz	FDD
n3	1710-1785 MHz	1805-1880 MHz	FDD
n5	824-849 MHz	869-894 MHz	FDD
n7	2500-2570 MHz	2620-2690 MHz	FDD
n8	880-915 MHz	925-960 MHz	FDD
n12	699-716 MHz	729-746 MHz	FDD
n20	832-862 MHz	791-821 MHz	FDD
n25	1850-1915 MHz	1930-1995 MHz	FDD
n28	703-748 MHz	758-803 MHz	FDD
n34	2010-2025 MHz	2010-2025 MHz	TDD
n38	2570-2620 MHz	2570-2620 MHz	TDD
n39	1880-1920 MHz	1880-1920 MHz	TDD
n40	2300-2400 MHz	2300-2400 MHz	TDD
n41	2496-2690 MHz	2496-2690 MHz	TDD
n50	1432-1517 MHz	1432-1517 MHz	TDD
n51	1427-1432 MHz	1427-1432 MHz	TDD
n66	1710-1780 MHz	2110-2200 MHz	FDD
n70	1695-1710 MHz	1995-2020 MHz	FDD
n71	663-698 MHz	617-652 MHz	FDD
n74	1427-1470 MHz	1475-1518 MHz	FDD
n75		1432-1517 MHz	SDL
n76		1427-1432 MHz	SDL
n77	3.3-4.2 GHz	3.3-4.2 GHz	TDD
n78	3.3-3.8 GHz	3.3-3.8 GHz	TDD
n79	4.4-5.0 GHz	4.4-5.0 GHz	TDD
n80	1710-1785 MHz		SUL
n81	880-915 MHz		SUL
n82	832-862 MHz		SUL
n83	703-748 MHz		SUL
n84	1920-1980 MHz		SUL
n86	1710-1780 MHz		SUL

图3.44 频率范围1中支持的NR频段

图 3.45 是从 3GPP TS 38.101-2 中摘录的信息，可以看出 FR2 中支持的频段要少得多。

频段	上行	下行	双工模式
n257	26.5-29.5 GHz	26.5-29.5 GHz	TDD
n258	24.25-27.5 GHz	24.25-27.5 GHz	TDD
n260	37-40 GHz	37-40 GHz	TDD
n261	27.5-28.35 GHz	27.5-28.35 GHz	TDD

图 3.45　频率范围 2 中支持的 NR 频段

NR 支持 TDD 和 FDD 双工模式。

TDD 是“时分双工”的缩写，表示终端和基站在传输时使用相同的频率，但是它们通过同步使用不同的时隙以避免干扰。通常容量在 DL 和 UL 之间静态分配，但也可以选择在专用小区中进行动态调整，以帮助优化性能。

FDD 是“频分双工”的缩写，表示终端和基站在各自的传输中使用不同的频率。FDD 仅在中低频段上被支持，而不用在始终使用 TDD 的高频段上。这是监管规则的要求，频谱许可证持有人应遵守这些规则。较低的频段在历史上是成对的，即一个频段用于上行链路，另一个频段用于下行链路。较高的频段通常是不成对出现的，因此需要使用 TDD 的双工方案。

SUL 和 SDL 是“补充上行链路”和“补充下行链路”的缩写，用于补充其他频段以提高系统总容量和覆盖范围。

讨论无线网的所有详细需求超出了本书的范围，关于这些需求的信息可以在一些 3GPP 规范中找到，其中 3GPP TS 22.261 提供了概述并给出其他相关文档的链接。

3.19.4　NR 无线信道概念

NR 通过采用一些关键技术来满足这些广泛的要求，它建立在 LTE 中使用的某些技术的基础上，并有进一步的增强。

NR 使用的调制技术是 OFDM。OFDM 与 LTE 使用的技术相同，但在 LTE 中只用于下行链路。

OFDM 是一种非常灵活的调制技术，非常适合满足 5G 的各种要求。OFDM 的基本概念是将全部可用无线频谱细分为若干个子信道，每个子信道包含一个子载波。每个终端的可用容量（来自选定的子载波）可以同时在时域和频域进行控制。图 3.46 中展示了一个示例，其中根据需要和可用信道，灵活地给三个终端 A、B 和 C 分配了容量。频率维度上的分配针对每个时隙而变化，因为单个终端可以使用较多或较少的子载波。注意，该图有所简化，实际上，子载波的数量可以高达 3300，其中针对每个终端、每个时隙可以分配一个或多个 12 个子载波的集束。

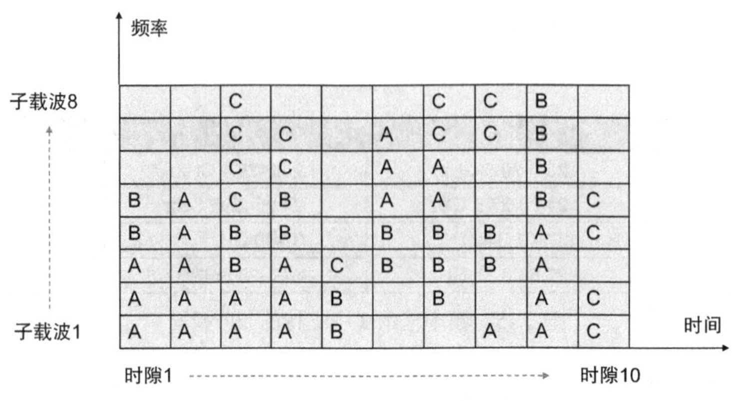

图 3.46　时域和频域中终端容量的调度

OFDM 还具有抵抗多径衰落的极强的健壮性。多径衰落是移动通信中典型的信号强度的变化，由同时在发射机和接收机之间的多径上传播的信号引起。无线电波在各种物体上的反射意味着信号的多个副本会到达接收天线，并且由于传播距离略有不同，它们在到达的时间上是不同步的。参见图 3.47。

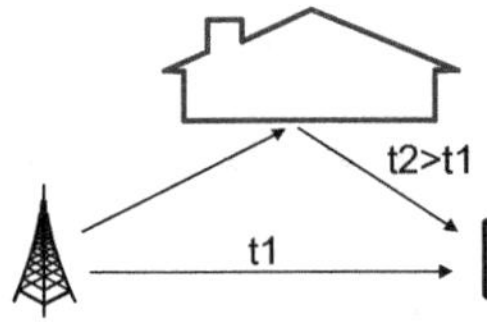

t2>t1
t1

图 3.47　多径传播

得益于物理层非常灵活的结构，NR 的部署可以在各种不同的频率范围内进行。如上所述，与 LTE 一样，NR 射频载波由几个“子载波”组成。在 LTE 中，子载波间隔固定为 15 kHz，而在 NR 中，可以有几种选择。

如同 LTE 一样，最小的 NR 子载波间隔为 15 kHz，这有利于 LTE 和 NR 传输共享同一无线信道。除了 15 kHz，NR 还定义了其他一些用于较宽子载波的选项。另一个区别是，在 LTE 中，最大载波带宽为 20 MHz，而在 NR 中，载波的总带宽可以高达 400 MHz。为了放宽对终端的要求，每个 NR 终端不需要支持 NR 无线载波的全部带宽，这不同于 LTE 所有终端都需要支持载波的全部带宽的要求。

图 3.48 中的表格显示了为 LTE（作为参考）和 NR 定义的选项。

	子载波间隔	最大聚合带宽	可用频谱
LTE	15 kHz	20 MHz	All LTE bands
NR	15 kHz	50 MHz	Mid/low band (FR1)
NR	30 kHz	100 MHz	Mid/low band (FR1)
NR	60 kHz	200 MHz	All NR bands (FR1+FR2)
NR	120 kHz	400 MHz	High band (FR2)
NR（仅信令）	240 kHz	400 MHz	High band (FR2)

图 3.48　NR 和 LTE 的子载波和带宽选项

几个 NR 载波还可以组合在一起，以使用具有更高带宽的频谱，这一概念称为载波聚合。LTE 也支持此功能。

通过了解用于传送控制信息和用户数据的不同逻辑信道和传输方案的细节，可以看到，NR 的设计比 LTE 具有更大的灵活性，其使用的概念被称为“极简设计”，其目的是为将来的演进保持最大的灵活性，最大限度地减少干扰，最小化能耗，这样的例子包括：降低发送广播信息的频次；不使用整个信道；仅按需发送参考信号。此外，发送某些控制信息的时间不像 LTE 一样是固定的，而是可以更灵活地发送以优化整体资源的使用。

NR 还支持更低的时延，不仅可以在专用时隙可用时发送数据，还可以在微时隙发送数据。这是促成 NR 低时延传输的一个因素。

描述 NR 无线接口的细节已远远超出本书的范围。感兴趣的读者可参阅《5G NR 标准：下一代无线通信技术》。

3.19.5 高级天线技术

为了满足 5G 服务在超高容量和高数据速率方面的一些要求，需要利用被称为 MIMO 和波束赋形（Beamforming）的两个技术概念。这些技术也可以部署在 LTE 网络中，但是 NR 的功能更广泛，包括对处于空闲模式的终端的支持，这意味着在小区搜索以及接入请求时的信令也可以使用波束赋形和 MIMO。

波束赋形意味着发送方发射的能量绝大部分都直接指向目标接收方，而不是散布在整个小区中。接收机也主要收听在发射机方向上发出的无线信号。这提高了信噪比，对于获得更高的数据吞吐量至关重要。应当注意，在典型的部署中，基站在接收方向上对波束赋形的支持，比在终端中更为普遍。

多波束技术意味着有多个天线波束，每个波束覆盖小区的一小部分。这些波束是动态可控和可操纵的，它通过优化终端的每个连接的无线链路特性，使性能最大化。

图 3.49 展示了单波束和多波束的概念。

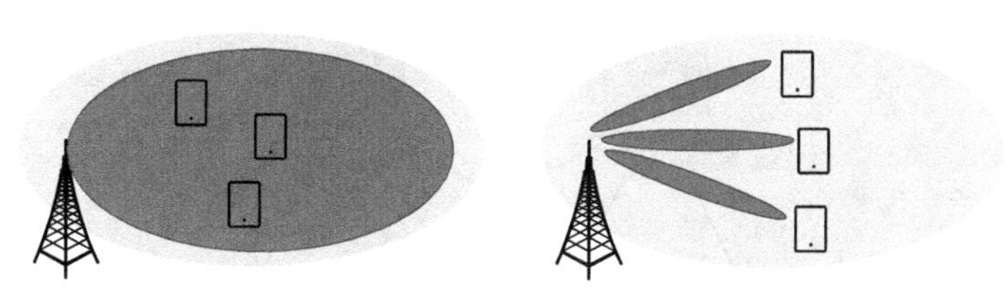

图 3.49 单波束和多波束

MIMO 是“多输入多输出”的缩写，是一种使用多天线或波束赋形技术，同时在同一频率上，但在一条以上的传播路径上传输相同内容的技术。接收机组合接收到的不同信号或选择其中的最佳信号，以提高接收信号的整体强度。5G 无线系统通常将这两种技术结合在一起使用。

单用户 MIMO（SU-MIMO）意味着在略有不同的方向上，使用波束赋形传输同一数据流的两个或更多个副本，因为无线信号在通过各种类型的材料（例如玻璃、木材等）时会遭受一些能量损耗。信号会在发射机和接收机之间的比如汽车和建筑物上反射，因此，通过在接收机中对多个信号进行组合，将实现更高的总信噪比，从而实现更高的数据吞吐量，参见图 3.50。

当使用多用户 MIMO（MU-MIMO）时，其目的不是优化单个用户的性能，而是令多个用户实现总的高吞吐量。当网络的负载很高并且需要优化整体容量的使用时，这就是必须做的。波束赋形用来在相同的频率上同时与两个或更多个用户进行通信，此时用户需要位于小区的不同位置，以允许不同的无线波束的使用，参见图 3.51。

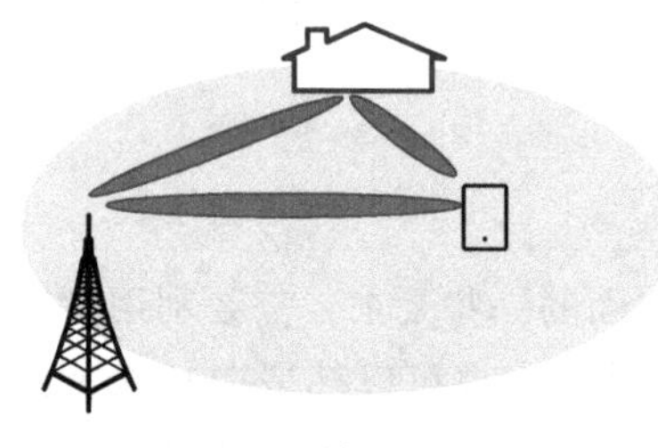

图 3.50　单用户 MIMO

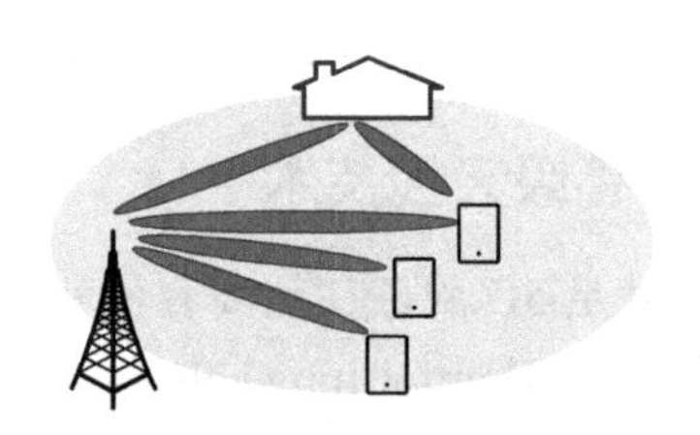

图 3.51　多用户 MIMO

MIMO 的层分配和波束的方向不断调整以适应小区中的使用情况。由于无线信道随着终端和其他物体（例如汽车）在小区中的移动而不断变化，因而这不是静态的。为了实现这一点，基站和终端经常对无线信道特性进行估计，基站将使用该信息来控制 MIMO 和波束赋形的使用。更详细的对 NR 信道估计过程的描述超出了本书的范围。

3.19.6　NR 无线网架构

3GPP 定义的无线网架构包括多个无线基站，它们既连接到核心网，又彼此连接，图 3.52 展示了该架构。

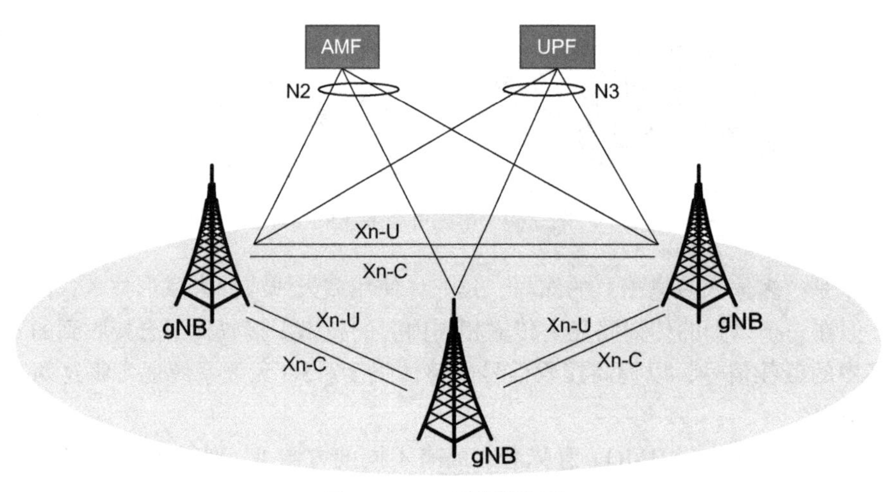

图 3.52　5G 无线网架构

3GPP 定义了称为“gNB”的逻辑实体或节点，这是与无线网功能关联的逻辑功能，当将其实现为可部署的网络产品时，通常称作无线基站。实际上，“gNB”仅在指代连接到 5G 核心网的 NR 基站（即 3.1.2 节中所述的选项 2 或 4）时使用，当指代 LTE 基站（即选项 5 或 7）时，使用术语“ng-eNB”。由于本章的重点是 NR 无线接入技术，因此在后面提及无线基站的逻辑功能时，我们仅使用 gNB，不过相同的网络架构对这两种类型的接入网都适用。虽然正式名称是“gNB”，但我们在下面使用术语“无线基站”。

基站通过 Xn 接口互连，该接口由信令部分 Xn-C 和数据传输部分 Xn-U 组成。所有基站都连接到核心网中的一个或多个 AMF 以及 UPF。在 3GPP 无线技术工作组制定的规范中，无线和核心网之间的接口称为 NG-C 和 NG-U，但是在本书中，我们使用 3GPP 核心网规范中定义的名称 N2 和 N3，以使架构描述与本书的其余部分保持一致。

有关 3GPP 5G 无线网架构的更多详细信息，请参见 3GPP TS 38.300。

用户数据通过 IP 网络在基站之间以及在基站和 UPF 之间传输。用户面的协议栈如图 3.53 所示，同时适用于 Xn-U 和 N3 接口。

用户数据（通常是 IP 数据包）使用 3GPP GTP-U 协议进行封装和传输。GTP-U 已在之前的移动系统中使用，提供了可靠的数据通信服务，因此已得到充分验证。GTP-U 承载在标准的 UDP/IP 栈上，并在可用的网络层 2 协议（通常为以太网）上工作。但是 3GPP 并未定义 IP 网络解决方案的较低层的细节。

无线网中的基站之间以及无线网中的基站与核心网中的 AMF 之间的信令也依赖于 IP 传输，但协议栈的上层是不同的，参见图 3.54。

用户数据
GTP-U
UDP
IP
层 2
层 1

图 3.53 用于用户数据传输的 5G 无线网协议栈

NG-AP	Xn-AP
SCTP	SCTP
IP	IP
层 2	层 2
层 1	层 1

图 3.54 用于网络内部信令的 5G 无线网协议栈

如图 3.54 所示，两个协议栈都依赖于 SCTP 的使用，而不是像用户数据传输一样使用 UDP。SCTP 是一种 IETF 协议，与标准 TCP 协议相比，它提供了可靠的消息传递以及更高的安全性。

NG-AP 上支持的功能包括，移动性管理、在终端与核心网之间传送 NAS 消息，以及寻呼处于空闲模式的终端。

Xn-AP 的功能主要包括移动性管理和双连接的管理。后一种概念允许组合两种无线接入技术，以提供增强的服务能力和特性，例如，在一个频段上使用 NR，在另一频段上使用 LTE，并进行组合。第 12 章进一步讲述了双连接。

3.19.7　NR 空口

终端和基站之间的 NR 空口建立在协议栈上，如图 3.55 所示。

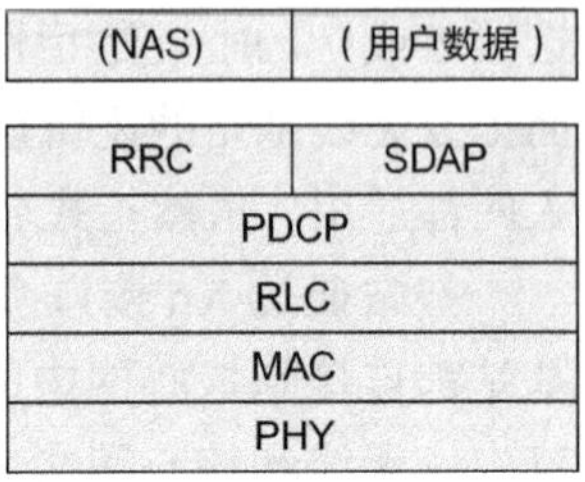

PHY 是“物理层”，是协议栈中的最底层，由使用 OFDM 调制方式和 TDD/FDD 复用概念的无线信道上的实际的无线传输组成。PHY 层的基本服务是在终端和无线基站之间提供数据比特的传输。MAC 层协议将使用这些传输服务。

(NAS) | （用户数据）
RRC | SDAP
PDCP
RLC
MAC
PHY

图 3.55　5G NR 空口协议栈

MAC 是“媒体接入控制层”，可提供信令信息和用户数据的传输。MAC 层在逻辑上细分为用于多种目的的多个逻辑信道，例如接入请求、信息广播和数据传输。MAC 层支持将多个逻辑信道中的数据复用到物理层的单个传输服务上。但是，我们不会在本书中描述逻辑信道的集合。感兴趣的读者可以参考有关 NR 的书目，例如（Dahlman et al.，2018）。

MAC 层使用数据传输的动态调度来实现不同数据流之间的优先级划分，并且还基于来自接收机的报告，对不完整接收的数据包进行一些纠错和重传。

RLC 是“无线链路控制”协议层，可以为选定的传输提供完全可靠的传输服务，它支持使用以下三种模式中的任何一种来传输信令信息或用户数据：

- 透明模式（TM），基本上只在发送缓冲区中提供数据包的缓冲，无论对方是否收到数据包，都不会收到反馈。
- 未确认模式（UM），类似于 TM，但也提供了在传输之前对数据包进行分段，然后接收端重新进行组装的可能性。
- 确认模式（AM），接收机提供是否正确接收到数据包的反馈，并在需要时触发重传。

在 RLC 之上，是“分组数据汇聚协议”（PDCP）层。它提供用户数据和信令信息的加密，以及可选的用户数据报头压缩，以提高信道效率。PDCP 还基于用序列号标记数据包的方法，来处理可能错序到达的数据包的重排。

在 PDCP 之上的协议栈，对于用户数据和信令而言是不同的。空口上的最高信令层是“无线资源控制”（RRC）协议层，它支持网络和终端之间的与最高级别的信令过程相关的各种功能，包括系统信息的广播、加密密钥的传递、移动性信令、无线承载的管理以及处于空闲模式的终端的寻呼。RRC 还在核心网与终端之间透明地传送 NAS 信令，在 5G 核心网架构中标记为 N1。

服务数据适配协议（SDAP）用于承载用户数据的数据包，其主要功能是将标记有不同 QoS 流标识的下行数据包映射到正确的无线承载上，以确保适当的 QoS 处理。另一方面，在通过 N3 接口将这些数据包发送到核心网的 UPF 之前，SDAP 确保对从终端接收的数据包进行正确的 QoS 标记。

3.19.8 基站内部架构

NR 与 LTE 之间的一个区别是，对于 NR，3GPP 规定了到 gNB 的三个内部接口。

它们是 E1、F1-C 和 F1-U。gNB 的内部架构如图 3.56 所示，该图还概述了空口协议栈中的哪些协议在 gNB 的什么地方执行。

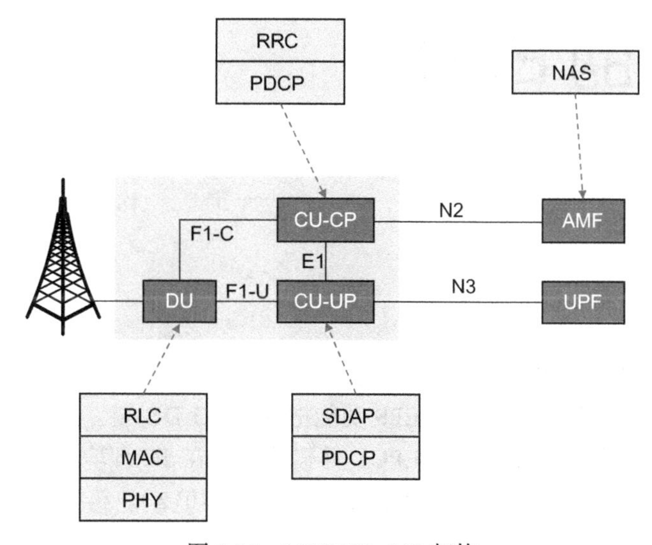

图 3.56　3GPP NR gNB 架构

CU 是中央单元的缩写，进一步分为管理信令协议的控制面和管理用户数据传输的用户面。

在 CU-CP 中，使用的是上层信令协议 RRC 和 PDCP 的一部分。

在 CU-UP 中，使用的是上层用户数据协议 SDAP 和 PDCP 的一部分。

DU 是分布式单元的缩写，通常安装在天线附近，以最大限度地减少天线电缆中的传输能量损耗。损耗的大小取决于所使用的射频。

在 DU 中，使用了较低层的协议，支持用户数据和信令信息的传输。这些协议是 PHY、MAC 和 RLC。

gNB 内部的 DU 和 CU 功能的这种分离，支持一种模块化的、灵活的架构，同时允许底层功能的分布和高层协议层的集中，从而有可能在使用云计算技术的数据中心环境中执行。除了允许地理上的分离，它还为无线基站的不同部分提供了完全独立的缩放空间。

第 4 章

5G 中的 EPC

4.1 引言

在第 3 章中，我们介绍了非独立架构（NSA）的概念，在 3GPP 架构规范中也称作 EN-DC。在此架构中，称为双连接的 EPS 功能把具有 5G DC 能力的终端通过 5G NR 连接到 EPC。在本章中，我们将简要描述 EPC，并概述如何在 5G 环境下使用它。有关 EPC 架构、功能和特性的更多信息，参见文献（Olsson et al，2012）。第 12 章进一步描述了双连接的重要概念。

基于 EPC 的系统的关键基本功能包括对多个 3GPP RAT（即 GERAN、UTRAN 和 E-UTRAN）的支持、对非 3GPP 接入（例如 W-LAN）的支持以及对固定接入的支持。同时它们都集成了以下功能：移动性管理、会话管理、网络共享、控制和用户面分离、策略和计费控制、签约管理以及安全。多年来，EPC 不断发展壮大，增加了其他功能，例如，机器类型通信和蜂窝物联网（MTC 和 CIoT），通过设备到设备（D2D）和车联网（V2X）支持邻近通信模式，专用核心网（DECOR）选择以及 GW 的控制面和用户面分离（CUPS）。DECOR 和 CUPS 是基础核心网架构的两个关键助力因素，因为它们为运营商针对特定目标用户部署差异化核心网提供了灵活性和多样性，从而增强了基于 EN-DC 的 5G EPC。图 4.1 和图 4.2 分别描述了关键 EPS 架构和 5G EPC 的简化架构。

由于 4G 和增强型 4G 的无线网络增加了吞吐量和带宽，运营商希望从网关（GW）提供的用户面功能中寻求更大的灵活性和不同等级的要求。基本的 EPC 在某种程度上提供了控制和用户面的分离，特别是通过将会话管理、用户面功能和外部数据连接分离到单独的 GW 中，但是这些 GW（例如 SGW 和 PGW）仍保留着会话管理的控制面功能。如 4.4 节所述，CUPS 可以将 SGW 和 PGW 功能分离为控制面和用户面组件。CUPS 工作的驱动力来自运营商的需求，包括能彼此独立地对控制面和用户面功能扩缩容，以及可以独立于控制面功能以灵活的方式部署用户面功能。

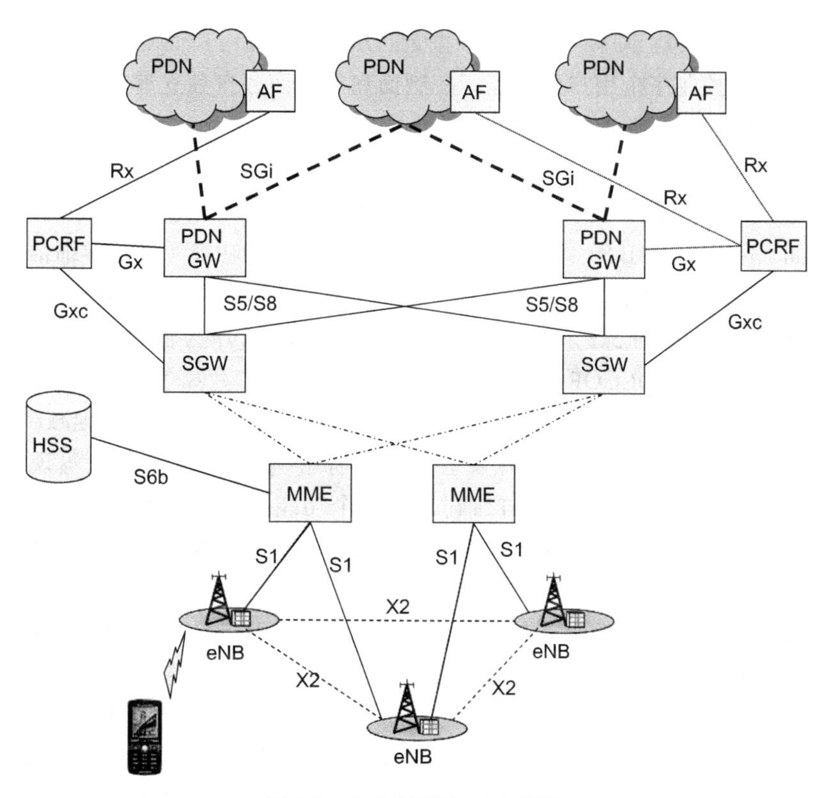

图 4.1　LTE 的核心 EPS 架构

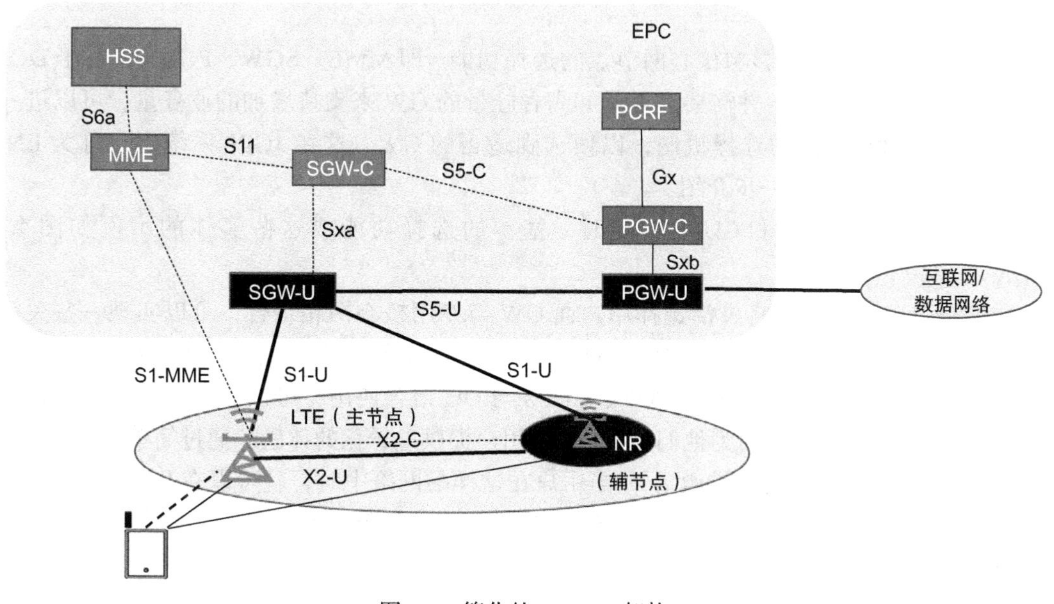

图 4.2　简化的 5G EPC 架构

CUPS 工作的结果是 SGW 和 PGW（以及 TDF）控制和用户面功能的分离，单一的控制面功能可以灵活控制多个用户面功能。控制面和用户面各自独立地扩缩容，因而网络中增加用户面容量时，不会影响控制面组件。

EPC 中还引入了专用核心网（DECOR）和增强的 DECOR 的功能。运营商可以将其核心网划分为独立的专用核心网，它们可以包含专用的 MME、SGW 和 PGW，服务于特定的用例（比如 CIoT 和 MBB）。结合无线接入网中的双连接功能（更多详细信息，请参阅第 12 章），RAN 可以通过添加辅助的 RAT（即 5G NR）来提高 UE 的吞吐量，从而运营商可以利用 EPC 创建早期的 5G 系统。如图 4.2 所示，以 NR 作为辅助 RAT 的 EPC 中的这些组合功能（即 DC、(e)DECOR、CUPS）被称为 5G 的 EPC。

EPC 的两个功能（DECOR 和 CUPS）的一个关键方面是，最大限度地减少对 UE 的影响，或者不影响 UE，CUPS 功能的开发甚至也没有影响 MME 和 PCRF 等现有的外围节点。我们将分别在 4.3 节和 4.4 节中详细讨论这两个功能。相反，要使双连接（DC）正常工作，需要 UE 的支持才能同时连接两个 RAT（LTE 和 NR），MME 和 GW 也需要支持双连接相关的额外的功能，这将在第 12 章中进行描述。

让我们考虑一个部署的例子，其中运营商计划部署 NB-IoT 和 MBB。一些 MBB 用户具有 IMS 服务，而其他用户对流量有较高要求。运营商可以决定使用 DECOR 将其核心网分为两个专用核心网，一个用于 NB-IoT，一个用于 MBB。在核心网的 MBB 部分，运营商还决定为 MBB APN 部署高流量的用户面 GW，IMS 服务则使用另一组用户面的 GW，这两个功能均由单个控制面功能控制。运营商还可以决定部署 DC 以增强无线容量。这些功能的组合利用 EPC 部署早期的 5G NR，还能继续支持所有的 4G EPS 功能，对已有的部署没有任何额外影响。

所有这些功能共同影响核心网节点的选择功能（即 MME、SGW、PGW）；对于 DC，如果 UE 支持 DC 功能，并需要大容量和高吞吐量的 GW 来支持增加的业务量，可以进一步增强 SGW 和 PGW 的选择机制，以便选到适当的 GW。这在 3GPP 系统中也称为 EN-DC，将在第 12 章中进一步介绍。

当没有 (e)DECOR 和 CUPS 功能时，基本的选择功能或这些实体的示例如图 4.3 所示。

在单个 PLMN 中，将灵活选择用户面 GW 与专用核心网相结合，可以实现一些关键的 5G 引擎功能，例如切片、完全的用户面和控制面分离，以及不同 RAT 类型的双连接。从运营商的角度来看，将 (e)DECOR、CUPS 与 DC 结合使用，可以将端到端系统与传统的 4G EPS 分离开来，从而为他们早期的 5G 用户提供差异化的体验。通过简单使用 UE 中的信息（比如知道 DC 何时被激活），当用户在这样的网络中时，就可以在 UE 上显示一个指示。从最终用户的角度来看，早期的 5G 用户可以享受到增强的体验，并期待通过完整的 5G 系统获得更好的服务体验。

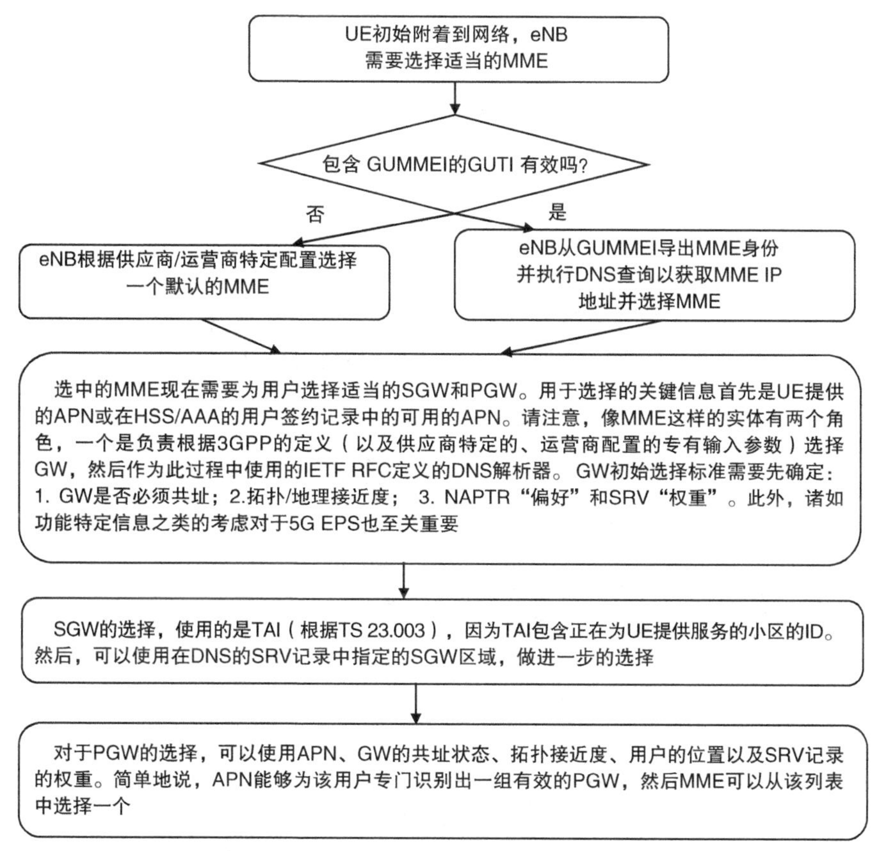

图 4.3　MME 和 SGW/PGW 路径选择示例

4.2　EPC 的主要功能

本节中，我们将简要介绍 EPC 的关键功能，以帮助读者理解与 5G EPC 相关的内容。有关 EPC 的更多详细信息，参见 Olsson et al. (2012)。EPC 的关键实体是 HSS、MME、SGW、PGW、PCRF。图 4.4 展示了 EPS 的简化架构，其中仅包括与 EPC 相关的关键组件，尤其是与 5G EPC 相关的关键组件。

3GPP 的无线接入网包括 GERAN、UTRAN 和 E-UTRAN，我们的重点只放在 E-UTRAN (LTE) 接入。MME 是移动性管理实体，负责控制面与 eNB 连接的信令，E-UTRAN 负责 UE 的连接。MME 还负责 NAS 终结、注册和跟踪区管理、寻呼和鉴权以及授权，并由 HSS（和 AUC）为连接到 EPS 的用户和 UE 提供支持。

Serving GW (SGW) 是对 eNB 的用户面终结点，并提供到 PDN GW (PGW) 的连接，PDN GW 是到分组数据网络（PDN）的锚点。每个 UE 通常由单个 SGW 服务。

PGW 是 UE 访问某个 PDN 的锚点，由 SGi 接口表示。PGW 支持所有与分组数据相关的执行功能，比如实施相关的策略和 QoS。

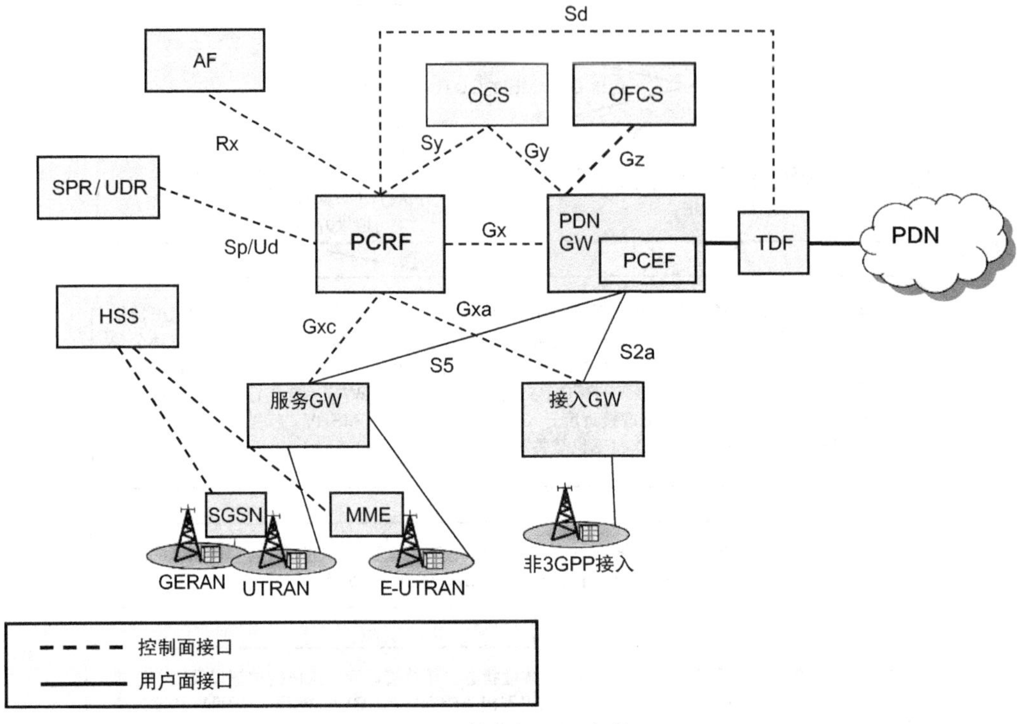

图 4.4　简化的 EPS 架构

策略和计费规则功能（PCRF）是 EPS 中的中央策略处理实体，该节点负责向 PCEF 提供诸如 QoS 控制、承载绑定、门控以及与策略相关的规则。

策略和计费执行功能（PCEF）是 PGW 功能的一部分，负责执行 PCRF 安装的策略和规则。

4.2.1　签约和移动性管理

在移动网络中，许多功能和过程需要与签约有关的信息。LTE/EPC 网络中使用用户签约数据最明显的例子是"用户身份和安全凭证"，这在用户终端连接到 LTE/EPC 网络并执行鉴权时使用。用户身份（IMSI）和安全密钥存储在终端的 USIM 卡中，相同的信息还存储在运营商核心网的归属用户服务器（HSS）中。HSS 的签约数据和功能用于 3GPP 网络中的许多功能。

HSS 的功能包括：

- *用户安全支持*：HSS 通过向网络实体（例如 SGSN、MME 和 3GPP AAA 服务器）提供凭证和密钥，支持网络接入的鉴权和安全过程。
- *移动性管理*：例如，HSS 通过存储当前为用户服务的 MME 的信息，支持用户的移动性。

- *用户标识处理*：HSS 在用户的所有标识符之间提供适当的关系，唯一确定系统中的用户。
- *接入授权*：当 MME 或（用于 PS 接入的）3GPP AAA 服务器提出请求时，HSS 检查是否允许用户漫游到当前的访问网络，确定是否授权用户的移动接入。
- *服务授权*：HSS 为终止在移动网络的呼叫、会话建立和服务调用提供基本授权。
- *服务提供*：HSS 提供对服务配置数据的访问，以供在 CS 域、PS 域或 IMS 中使用。对于 PS 域，HSS 提供 APN 配置文件，其中包括用户被授权使用的 APN。HSS 还与 IMS 实体进行通信以支持应用服务（AS）。如果签约用户数量太大而无法由单个 HSS 处理，运营商可能需要多个 HSS。在这种情况下，为了支持用户标识到 HSS 的解析，可以部署 Diameter 代理。在 EPS 中，与签约用户有关的数据可以由不同的网络实体（例如 HLR/HSS 和 SPR）进行管理。EPC 中引入了 UDC，以实现用户数据的融合，从而可以更平滑地管理和部署新的服务和网络。UDC 概念支持分层架构，使实际数据与 3GPP 系统中的应用逻辑分离。这是通过将用户数据存储在逻辑上唯一的用户数据存储库中并允许从 EPC 和业务层实体访问此数据来实现的。

4.2.2 移动性管理

LTE/EPC 中的移动性管理通过“跟踪区”跟踪 UE 在小区间的移动。MME 跟踪连接到核心网的 UE，在 UE 移动的过程中，在需要并且可能的情况下，通过跟踪区更新和切换流程来改变服务的 MME。作为移动性流程的一部分，UE 最初通过注册（即“附着”）流程连接到网络。

在 EPS 中，注册区称为跟踪区（TA）。为了分发注册更新信令，EPS 引入了跟踪区列表的概念，该概念允许 UE 属于由多个 TA 组成的列表，不同的 UE 可分配有不同的跟踪区列表。如果 UE 在其分配的 TA 列表对应的区域内移动，不必执行跟踪区更新。通过给 UE 分配不同的跟踪区列表，运营商可以为 UE 提供不同的注册区边界，从而减少注册更新信令的峰值，例如，当火车经过 TA 边界时。

EPS 中空闲移动性过程的要点是：

- TA 由一组小区组成。
- EPS 中的注册区是一个或多个 TA 的一个列表。
- 当 UE 移出其 TA 列表中的区域时，UE 执行 TA 更新。
- 当周期性 TA 更新定时器到期时，UE 也要执行周期性 TA 更新。

当 UE 重新选择新小区时，如果发现广播的 TA ID 不在其 TA 列表中，则 UE 向网络发起 TAU 过程。

1）首先向 MME 发送 TA 更新消息。

2）当从 UE 接收到 TA 消息时，MME 检查该 UE 的上下文是否存在；如果不存在，则检查 UE 的临时身份以确定哪个 MME 保留着 UE 的上下文。一旦确定，MME 就向旧的

MME 请求 UE 上下文。

3）旧的 MME 将 UE 上下文传送到新的 MME。

4）新的 MME 与 HSS 交互以完成该过程，包括用新的 MME 信息更新 HSS。

5）MME 向 UE 确认跟踪区更新过程成功。

寻呼是为了寻找空闲态的 UE，并建立和 UE 的信令连接。寻呼可以由到达 SGW 的下行数据触发，当 SGW 收到发往空闲态 UE 的下行数据包时，没有可发送数据包的 eNodeB 地址，此时，SGW 通知 MME，下行数据已到达。MME 知道 UE 在哪个 TA（列表）中漫游，并向 TA 列表内的 eNodeB 发送寻呼请求。在接收到寻呼消息后，UE 通过 Service Request（业务请求）消息响应 MME，承载被激活，至此下行数据可发送给 UE。

4.2.3 会话管理

会话管理规定的是 3GPP 系统如何在 UE 和与之通信的服务网络之间提供连接。在 EPS 中，此连接是通过建立一个或多个 PDN 连接来实现的，该连接通过 RAN 将 UE 连接到 PGW，PGW 是通向 3GPP 以外的外部网络的出口，也是外部网络通往 3GPP EPC 网络的入口。

提供 PDN 连接不仅是获得 IP 地址，还涉及如何在 UE 和 PDN 之间传输 IP 数据包，以便为用户访问业务提供良好的体验。不同的业务类型，比如 IP 语音呼叫、视频流服务、文件下载、聊天应用等，对 IP 数据包传输的 QoS 要求是不同的。不同的业务对比特率、时延、抖动等也有不同的要求。此外，由于无线和传输网资源有限，并且许多用户可能在共享相同的可用带宽，因此必须有有效的机制，以便在应用和用户之间分配可用的（无线）资源。EPS 需要支持所有这些不同的业务要求，并确保不同的业务获得适当的 QoS，以实现较好的用户体验。

会话管理过程的主要目标之一是建立 PDN 连接，而最初的 EPS 主要是提供 PDN 类型的 IP（IPv4 和 IPv6）。随着对 EPS 不同类型业务的需求的增长，支持其他 PDN 类型的需求也变得很重要。当前的 EPS 系统支持两种其他的 PDN 类型，称为 Non-IP 和以太网 PDN。Non-IP 主要针对为蜂窝物联网服务设计的低复杂性和低吞吐量的 UE，而以太网针对的是工业 4.0 的用例。

4.2.4 控制面的考虑

EPS 中承载的控制可以有几种流程，用于激活、修改和去激活承载，以及为承载分配 QoS 参数、数据包过滤器等。请注意，如果默认承载被去激活了，那么整个 PDN 连接会被释放。EPS 采用了以网络为中心的 QoS 控制机制，这意味着基本上只有 PGW 可以激活、修改和去激活专用 EPS 承载，并决定在哪个承载上传输哪些数据流。

4.2.5 QoS

EPS 仅涵盖 EPS 内部（即 UE 与 PGW 之间）流量的 QoS 要求，如果业务对 QoS 的要求超出了 EPS 的范围，则由其他机制来维护，例如运营商网络的部署和不同网络运营商间的服务水平协议（SLA）。EPS 承载代表了 E-UTRAN/EPS 中 QoS 控制的粒度，并在 UE 和网络之间提供一条具有明确 QoS 属性的逻辑传输路径。

EPS 承载的 QoS 概念映射到底层传输的 QoS 概念。例如，在 E-UTRAN 无线接口上，EPS 承载的 QoS 特性是使用 E-UTRAN 特定的流量处理机制来实现的，每个 EPS 承载都通过具有相应 QoS 特性的 E-UTRAN 无线承载进行传输。在 eNB、SGW 和 PGW 之间的“骨干”网络中，可以使用例如 DiffServ 将 EPS 承载的 QoS 映射到 IP 传输层的 QoS。承载的属性之一是与之关联的比特率。我们区分两种类型的承载：GBR 承载和非 GBR 承载，其中 GBR 是保证比特率的缩写，除上面讨论的 QoS 参数外，GBR 承载还有关联的比特率分配：GBR 和最大比特率（MBR）。非 GBR 承载没有关联的比特率参数。

一个 GBR 承载意味着，无论是否使用该承载，都会为该承载预留一定数量的带宽，因此，即使没有任何用户数据发送，GBR 承载也总是占用无线链路上的资源。GBR 承载在建立时会有准入控制，只有在有足够的可用资源时，网络才允许 GBR 承载的建立，因此一般情况下，GBR 承载不应因网络或无线链路拥塞而遭受任何数据丢失。MBR 限制了 GBR 承载可提供的最大比特率，超出 MBR 的流量可能会被整形功能丢弃。

4.2.6 E-UTRAN 接入的 EPS 承载

对于 EPS 中的 E-UTRAN 接入，实现 QoS 的一种基本工具是“EPS 承载”。实际上，上述 PDN 连接服务总是由一个或多个 EPS 承载（为简单起见也称为“承载”）提供。EPS 承载在 UE 和 PDN 之间提供逻辑传输通道，用于传输 IP 流量。每个 EPS 承载都与一组 QoS 参数相关联，这些参数描述了传输信道的属性，例如，比特率、时延和误码率、无线基站中的调度策略等。在同一个 EPS 承载上发送的所有符合要求的流量将得到相同的 QoS 处理。如果两个 IP 数据流要求不同的 QoS，需要建立不同的 EPS 承载。属于一个 PDN 连接的所有 EPS 承载共享相同的 UE IP 地址。

4.2.7 默认承载和专用承载

一个 PDN 连接至少具有一个 EPS 承载，但它也可能具有多个 EPS 承载，以便为其传输的 IP 流量提供差异化的 QoS。在 LTE 中建立 PDN 连接时激活的第一个 EPS 承载称为“默认承载”，该承载存续于 PDN 连接的生命周期内。即使可以为默认承载提供增强的 QoS，但在大多数情况下，默认承载只与默认的 QoS 类型相关，用于传输不需要任何特殊 QoS 的 IP 流量。一个 PDN 连接可以有其他的 EPS 承载，被称为“专用承载”，此类承载可以按需激活，例如，在启动需要特定保障比特率或优先调度的应用时。由于专用承载仅在需要时才建立，因此当不再需要时（例如，在需要特别 QoS 的应用不再运行时），也可以将其去激活。

4.2.8　用户面的考虑

UE 和 PGW 使用数据包过滤器将 IP 流量映射到不同的承载上。每个 EPS 承载都与一个“业务流模板”（TFT）相关联，该模板包含该承载的包过滤器。这些 TFT 可以包含用于上行流量（UL TFT）或下行流量（DL TFT）的包过滤器。TFT 通常是在建立新的 EPS 承载时创建的，在 EPS 承载的生命周期内可以对其进行修改，例如，当用户使用业务时，可以将与该业务相对应的流量过滤器添加到 EPS 承载的 TFT 中，该 EPS 承载也将负责该业务数据的传输。过滤器的内容可以来自 UE 或 PCRF。TFT 包含数据包过滤器信息，UE 和 PGW 根据包过滤器信息识别属于某个 IP 流的数据包。包过滤器信息通常是 IP 五元组，定义了源和目标 IP 地址、源和目标端口以及协议标识符（例如，UDP 或 TCP）。包过滤器还可以基于其他与 IP 流有关的参数来定义。

EPS 承载建立时，所有需要处理用户面并识别每个承载的 EPS 节点都将创建承载的上下文。对于 E-UTRAN 和基于 GTP 的 SGW 和 PGW 之间的 S5/S8 接口，UE、eNodeB、MME、SGW 和 PGW 都将具有承载上下文。承载上下文的细节在节点之间会有所不同，因为相同的承载参数并不是与所有节点都相关。在 EPC 的核心网节点之间，属于一个承载的用户面流量，使用封装报头（隧道标头）进行传输，封装报头用来标识是哪个承载，封装协议为 GTP-U。当使用 E-UTRAN 时，GTP-U 用于 S1-U，也可以用于 S5/S8。

4.2.9　策略和计费控制

策略控制是一个非常宽泛的术语，网络中可以实现许多不同的策略，例如，与安全性相关的策略、与移动性相关的策略、与接入技术使用相关的策略，因此，在讨论策略时，了解讨论的上下文非常重要。对于 EPC 的 PCC，策略控制是指数据流的门控和 QoS 控制这两个功能：

1）门控是阻止或允许属于某个服务的 IP 流的 IP 数据包的功能。PCRF 做出门控决策，然后由 PCEF 实施，例如，PCRF 可以基于应用功能（AF）通过 Rx 参考点报告的会话事件（业务的开始 / 停止）做出门控决策。

2）QoS 控制允许 PCRF 为 PCEF 提供用于 IP 流的授权 QoS。授权的 QoS 可以包括例如授权的 QoS 类别和授权的比特率。PCEF 通过建立适当的承载来实施 QoS 控制决策；PCEF 还执行比特率的控制，以确保某个业务会话不会超过其授权的 QoS。

3GPP 的多个 Release 都向 PCC 添加了更多功能，这些功能与第 10 章中所描述的非常类似。

计费控制包括用于离线和在线计费的方案。PCRF 决定对于某个服务会话是使用在线计费还是离线计费，PCEF 通过收集计费数据并与计费系统交互来执行该决策。PCRF 还控制采用哪种测量方法：使用数据总量、使用持续时间、使用组合的数据总量 / 持续时间或使用基于事件的测量。同样，PCEF 通过对流经 PCEF 的 IP 流量进行适当的测量来决定策略的执行。

使用在线计费，计费信息可实时影响所使用的服务，因此需要计费机制与网络资源使用的控制直接进行交互。在线信用额度管理允许运营商根据信用状态控制对服务的访问。例如，为了继续正在进行的业务或者开始使用其他的业务，签约用户必须留有足够的信用额度。OCS 可以通过对已授权的 IP 流提供信用额度，允许用户访问单个服务或一组服务。OCS 对资源使用的许可有不同的形式，例如以一定数量的时间、流量或计费事件的形式给予信用额度。如果用户无权访问某项服务，例如由于预付费账户为空，则 OCS 可以拒绝信用额度的请求，并可以额外指示 PCEF 将业务请求重定向到指定的目的地，因而用户能够重新给账户充值。

PCRF 是 PCC 做出策略和计费控制决策的中心实体，PCRF 所作的决策可以基于来自不同网元（即 UE、GW、RAN、AF）的输入。

PCRF 以 PCC 规则的形式提供其决策。PCC 规则包含 PCEF 和计费系统使用的一组信息。首先，它包含 PCEF 用来识别属于服务会话的 IP 数据包的信息（在服务数据流（SDF）模板中）。与 SDF 模板的包过滤器匹配的所有 IP 数据包都被称为 SDF。SDF 模板中的过滤器包含对 IP 流的描述，通常包括源 IP 地址和目标 IP 地址、IP 数据包使用的协议类型以及源端口号和目标端口号，这五个参数通常称为 IP 五元组。SDF 模板中也可以指定 IP 报头的其他参数。PCC 规则还包含门状态（打开 / 关闭），以及 SDF 的 QoS 和计费相关的信息。SDF 的 QoS 信息包括 QCI、MBR、GBR 和 ARP。PCC 规则中 QoS 参数的一个重要特点是，它们和 EPS 承载的 QoS 参数的取值范围不同。单个 EPS 承载可以用于传送由多个 PCC 规则描述的数据流，只要该承载为那些 PCC 规则的 SDF 提供了适当的 QoS。

4.3 （增强型）专用核心网

运营商希望在一个 PLMN ID 内能够灵活部署多个核心网，并将用户定向到特定核心网，从而能够对整个核心网进行划分。受到这些愿望的启发，3GPP 引入了（增强型）专用核心网（（e）DECOR）功能，这一功能使得运营商能够在 PLMN 内部部署多个专用核心网（DCN），其中每个 DCN 由一个或多个 CN 节点（例如，只包括 MME，包括 MME、GW，或者包括 MME、GW 和 PCRF）组成，每个 DCN 可以专门服务特定类型的签约用户。DECOR 和（e）DECOR 之间的区别在于后者要求 UE 提供特定信息（即 DCN），以便更快、更好地选择匹配的核心网。

在 EPS 中，UE 可以选择某一特定的 PLMN 以及对应的网络（包括核心网）。APN 的使用使得可以在同一 PLMN 内选择不同的用户面实体（即 PGW）并且路由到不同的数据网。4.1 节中的图 4.1 显示了 PLMN 网络中不同网元间的互连。如果没有（e）DECOR，运营商可以重定向其用户，但这要求 PGW 能够在 PLMN 内部为所有用户处理与不同服务网络（例如 CIoT、eMBB、VoLTE）之间的连接。

图 4.5 和图 4.6 展示了 DECOR 之前的网络中路由的差异化是怎么工作的。EPS 系统已允许基于运营商网络的 PLMN ID，为 UE 选择不同的 CN，但这是完全静态的，并且不允许更细粒度的分隔，UE 也驻留在所选的 PLMN/CN 中。在 CN 内，使用 APN 的概念，允许用户面选择不同的 GW（PGW）（即 PGW 可以分隔），从而造成 CN 内的服务差异化，例如 MBB 的 APN 允许 UE 连接到支持 MBB 服务的 GW，使运营商可以灵活地将它们隔离。一个 UE 可以连接单个 CN 内的多个 APN。

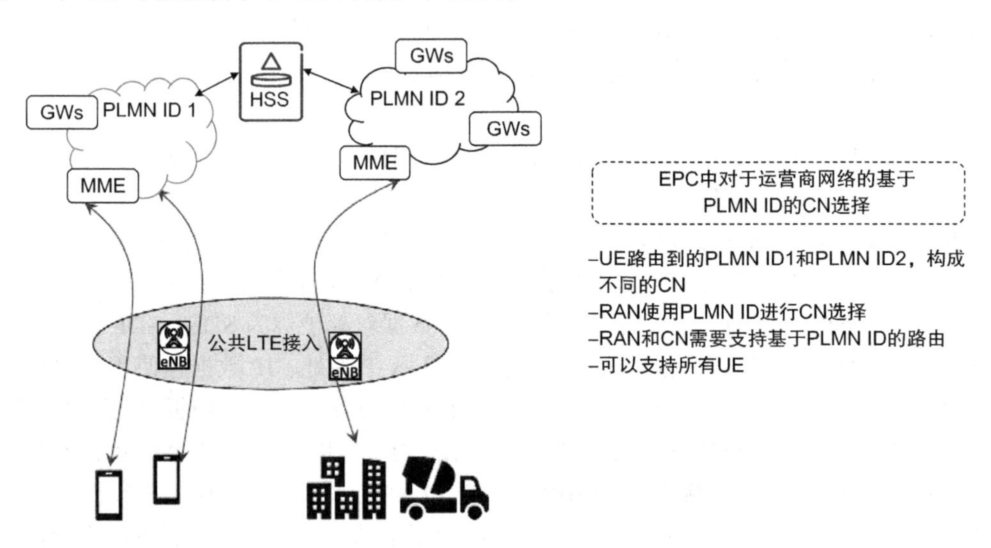

图 4.5 DECOR 之前基于 PLMN 的 CN 选择

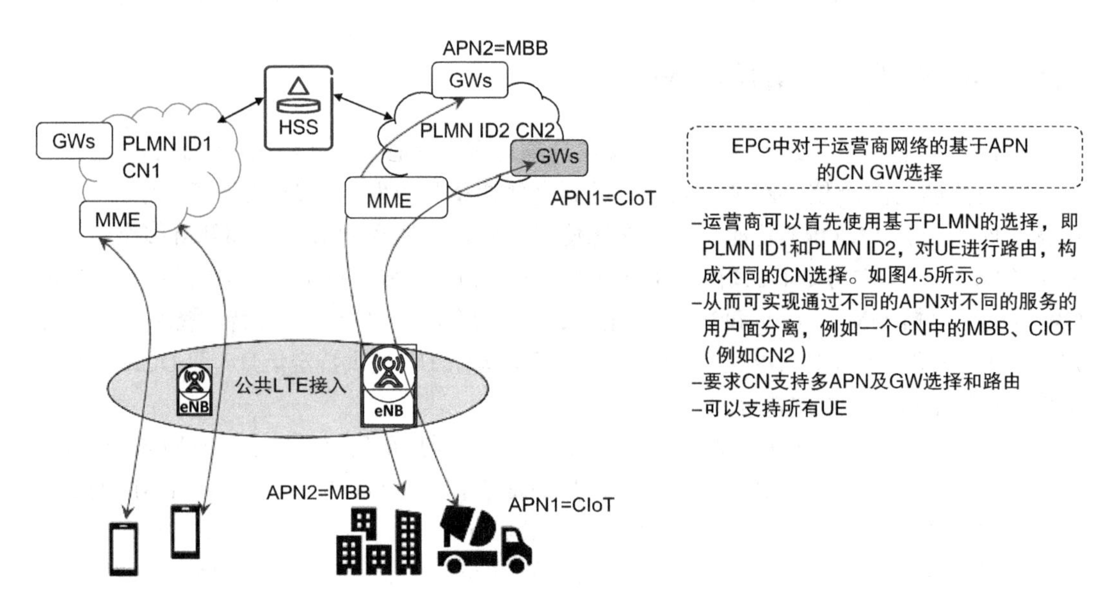

图 4.6 DECOR 之前基于 APN 的 GW 选择

根据 HSS 中的 DECOR 的签约信息、(可选的、只适合于增强的 DECOR 的) UE 配置和签约信息，(e)DECOR 使得 EPC 能够将核心网“切片”成可定制的组件，以服务于特定的 UE（用户）组，这为运营商提供了更大的灵活性，他们可根据预计的用途将用户分为不同的核心网类型（例如 MBB、IoT）。在引入 DECOR 之前，用户（UE）可以使用诸如接入点名称（APN）之类的概念选择核心网中连接不同数据网络的不同的边界 GW，从而访问不同的数据服务，或基于所支持的 PLMN-ID 选择 PLMN，将 UE 路由到特定的 CN。DECOR 使得运营商可以将某些类型的流量分离到特定的核心网节点中，如果需要，可以独立地对那些节点进行扩缩容，而不影响其他部分。这样，运营商能够更有效地隔离特定用户，需要隔离的用户可以由签约数据进行控制。使用增强的 DECOR（需要 UE 的支持），用户还可以在注册到网络时，选择它偏好的 DCN 网络类型进行连接。这会很有用，例如，当用户回到工厂后，可以选择专用核心网（DCN），该网络使用工厂车间的特定连接，从而用户可以访问仅在该位置提供的特定服务。在 5G 系统中，UE 从一开始就支持网络切片功能（即 DECOR 的更完善的版本），从而消除了不同类型的终端需要不同行为的专用核心网（即切片）的问题。

DECOR 的一个关键原则是，数百万已部署的终端必须能够从中受益，这意味着网络实体需要能够（重新）路由网络内的 UE，并使用 UE 已经支持的现有的系统流程。同时，DECOR 不得迫使运营商必须使用 DECOR 处理每一个 UE，因此，DECOR 之前的、对所有用户通用的已有核心网必须能与 DECOR 的部署共存。

以下原则适用于具有如图 4.7 所示架构的 DECOR。针对包括 MME 以及相关的 SGW、PGW 和 PCRF 的 E-UTRAN DCN，适用的主要原则是：

- UE 不受影响。
- RAN（或网络节点选择功能（NNSF））基于本地配置触发 DECOR
- 作为用户签约的一部分，运营商可以在 HSS 中配置称为“UE usage types”的参数，该参数描述了适用于该 UE（或一组 UE）的特定的业务特征。
- MME 可能使用 UE 使用类型、在 MME 中配置的本地运营商策略、MME 组 ID 信息（向 MME 指示 DCN 的类型）来选择 DCN
- 然后，MME 在 DCN 中选择适当的 GW。
- UE 使用类型可以通过标准化的值或使用运营商特定值来定义。在漫游情况下，PLMN 运营商必须达成协议以使用 UE 使用类型信息，否则将采用默认的服务网络行为。这种默认行为可能意味着未选择任何 DCN，或者意味着选择默认 DCN，然后在核心网中重新路由以重定向到适当的核心网。

图 4.8 展示了针对 UE 选择 DECOR 或增强 DECOR 的步骤。

对于 DECOR：

1）UE 不提供任何与 DCN 相关的信息，因此作为默认情况，E-UTRAN（NNSF）选择默认 MME 或基于配置选择专用 MME。

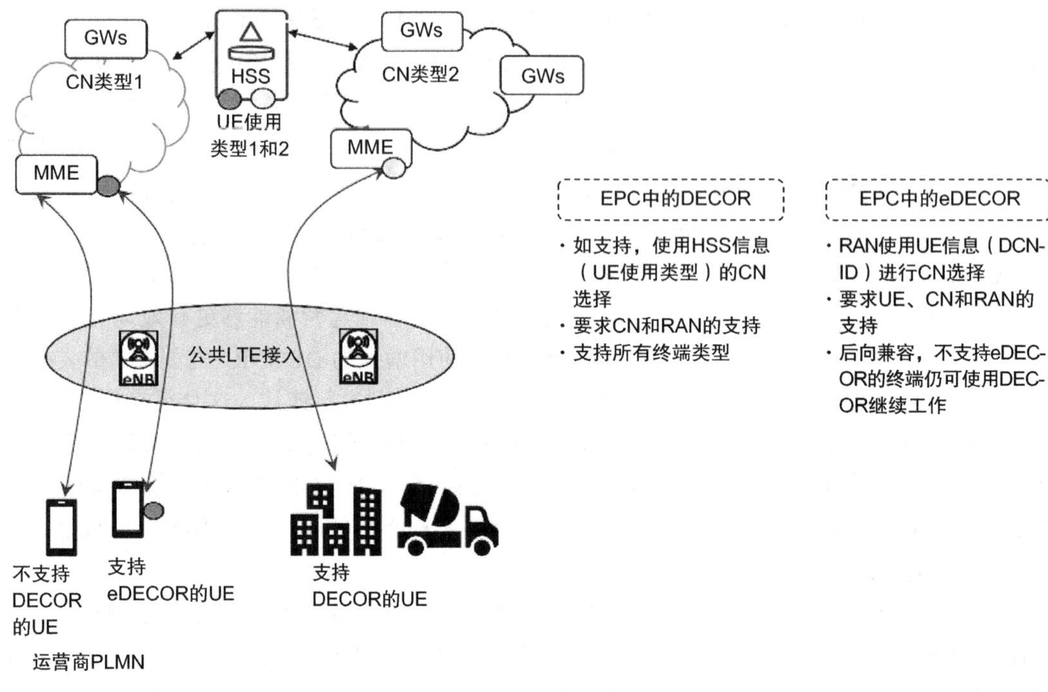

图 4.7　高级 (e)DECOR 架构

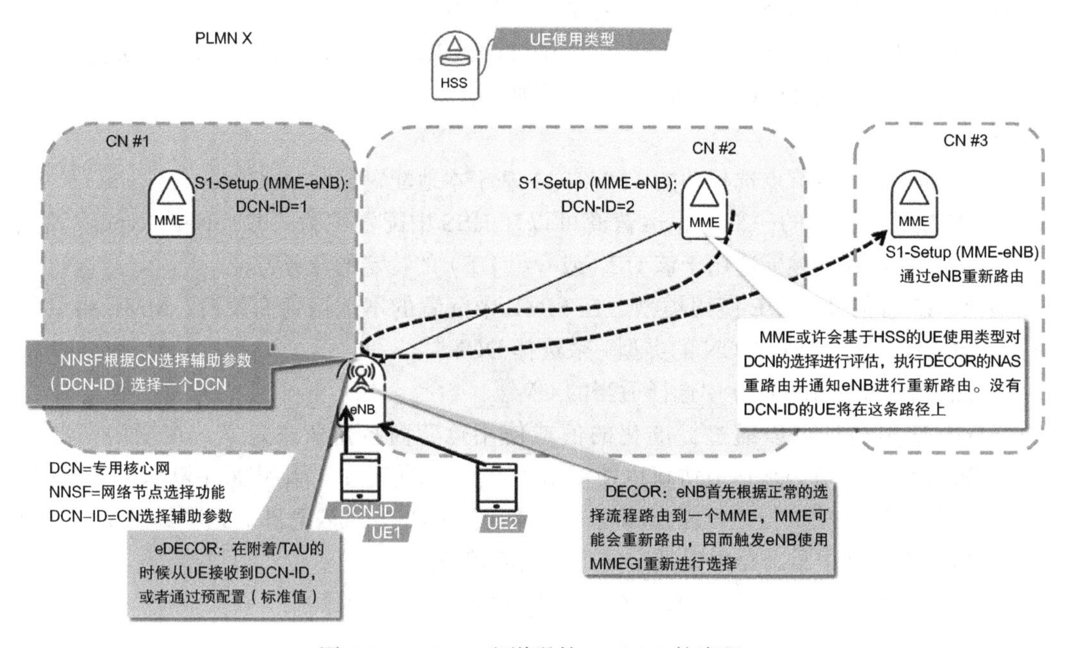

图 4.8　DECOR 和增强的 DECOR 的流程

2）默认的 MME 可以基于 UE 使用类型（如果可用）、MMEGI 和其他策略，决定继续支持 UE 或者请求 E-UTRAN 重新路由（包括 MMEGI）。

3）E-UTRAN 根据第一个 MME 的输入，选择一个新的 MME 完成重定向。

4）新的 MME 继续为该 UE 选择 DCN，并选择适当的 GW，如 4.1 节所述和图 4.9 所示。UE 使用类型，如果配置了并且可用时，是区分服务于不同 DCN 的不同 GW 的关键参数。

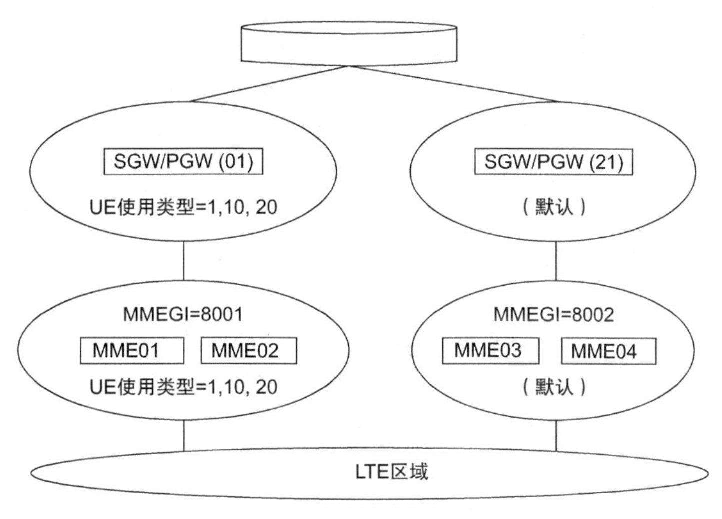

图 4.9　DCN 的 GW 选择示例

对于增强的 DECOR，UE 将配置给它的 DCN ID 提供给 E-UTRAN。E-UTRAN（NNSF）据此选择与 DCN 关联的适当的 MME。一旦选择了 MME，MME 可以基于来自 HSS 的信息来验证 UE 是否可以使用所选的 DCN。

作为一般原则，任何 UE 都可以定向到一个公共或默认的核心网，以便从运营商的 PLMN 获得服务。使用 DCN 可以简化运营商的网络运维以及 GW 的配置，因为可以部署专用的网络节点，并且针对该 DCN 优化其管理和平衡负载。

3GPP TS 29.303 的一个 DCN MME 和 GW 选择流程的示例如下。

图 4.9 展示了关于 MME 和 GW 的以下功能。

- 组合的 PGW/SGW（01）支持 UE 使用类型为 1、10、20 的 UE，组合的 PGW/SGW（21）支持除与 UE 使用类型 1、10、20 关联的 UE 之外的所有 UE。PGW/SGW (21) 是默认 GW，所有签约数据中没有 UE 使用类型的 UE 都将路由到该默认 GW。
- 定义了两个 MME 池的区域，每个 MME 池都有两个 MME。MMEGI 为 8001 的 MME 池支持 UE 使用类型 1、10、20，另一个 MME 池支持除与 UE 使用类型 1、10、20 相关联的 UE 之外的所有 UE。

从一开始就要求在整个 PLMN 中部署 DCN 可能是不可行的，在这种情况下，可以根据本地配置（而不需签约信息的协助）将用户引导到特定的网络节点。这种方法可能更适合于 UE 的归属 PLMN，不太适合漫游场景，除非有其他形式的漫游协议。

4.4 控制面和用户面分离

控制面和用户面分离（CUPS），其必要性来源于对分组核心网中控制面功能和用户面功能分别进行扩缩容的需求。与之前的GPRS系统相比，EPC设计有单独的控制面功能，但主要是通过用户面管理，将移动性管理与会话管理功能分开，但是，由于SGW和PGW结合了会话的控制和用户面功能以及用户面管理功能，因此无法在用户面上仅部署具有用户数据功能的GW组件，也无法以标准的方式独立扩展控制和用户面部分。随着运营商开始考虑内部功能（如窄带物联网、MBB）以及互联网驱动的OTT服务（如视频流、内容共享和社交媒体通信）的增长带来的影响，对这种分离的需求已变得十分明显。使用例如LTE软件狗的移动平台和终端，导致3GPP规范定义的蜂窝网络连接的终端数量非常大。这些功能和服务本身可能要求不同类型的用户数据流量的扩展方式和节点部署方式，而不要求控制面部分以相同的方式扩展或部署。例如，与MBB或用于视频流、游戏的专用用户面组件相比，运营商可能需要更小的NBIoT用户数据处理容量。这些方案中的某些方案还可能要求用户数据处理的所在地应尽可能靠近用户连接的地方。可以采用这种分离的主要EPS网络节点是SGW、PGW和作为独立功能部署在PGW之外的流量检测功能（TDF）。

为简便起见，本章的其余部分重点介绍SGW和PGW的功能。首先介绍这两个节点的功能。为了拆分单个节点内的控制面和用户面，首先需要识别和记录这些功能的关系。同样，很明显，并非所有场景都需要这种分离，并且大多数常见的部署方案是，单个网络中分离节点和非分离的CP和UP节点共存。考虑到这一点，很明显，CP和UP的分离也一定不能对周围的功能（如MME、PCRF、计费系统和签约管理系统）造成任何影响。毫无疑问，这样的网络灵活性一定不会影响UE和RAN节点的任何过程或协议，因为此类节点的部署不会影响UE与网络的交互方式，或可能存在的RAN节点的类型。因此，周围的实体将不感知SGW和PGW是否已拆分为CP和UP。表4.1是在3GPP中进行的研究的一个简化版本，它列出了SGW和PGW节点的功能。这项研究记录在3GPP的研究报告TR 23.714中。架构的另一个重要的方面，是组合的SGW/PGW节点，即具有SGW和PGW功能的组合GW，对于这种部署选项，CP和UP的分离必须包含SGW和PGW CP功能组合的控制面，能与组合的SGW/PGW UP功能一起工作，也能和单独的SGW UP和PGW UP功能一起工作。

表4.1 EPC SGW和PGW功能分布的示例性描述（无CP和UP分离）

EPS的主要功能	子功能	SGW	PGW
A. 会话管理（默认和专用承载建立、承载修改、承载去激活）	1. 承载资源的资源管理 2. GTP-U的IP地址和TEID指派 3. 数据包前传 4. 传输层数据包标记	1. X 2. X 3. X (DL/UL: GTP-U) 4. X（传输中QoS的DL/UL DSCP标记）	1. X 2. X 3. X (DL: GTP-U) 4. X（传输中QoS的DL DSCP标记）

（续）

EPS 的主要功能	子功能	SGW	PGW
B. UE IP 地址管理	1. 从本地池分配 IP 地址 2. DHCPv4/DHCPv6 客户端 3. DHCPv4/DHCPv6 服务器 4. 路由器通告、路由器请求、邻居通告、邻居请求。RFC 4861 中定义		1. X 2. X 3. X 4. X
C. 对 UE 移动性的支持	1. 转发“结束标记”（只要到源 eNB 的用户面存在） 2. 将路径切换到目标节点后发送“结束标记” 3. 转发缓存的数据包 4. 目标 GTPU 端点的更改（例如，切换过程中）= 移动锚点 5. 3GPP 和非 3GPP 接入之间的移动性	1. X 2. X（inter-eNodeB 和 inter-RAT HO） 3. X 4. X（伴随 eNB 改变的 intra-3GPP RAT HO）	2. X（SGW 改变） 4. X（伴随 SGW 改变的 intra-3GPP RAT HO） 5. X
D. S1－释放 / 缓存 / 下行数据通知	1. ECM-IDLE 模式的 DL 数据包缓存；对每个承载触发下行数据通知消息（DDN）的生成（如果接收到的 DL 数据包的 ARP 优先级比先前的 DDN 更高，则触发多个）；DDN 消息中包含数据包的 DSCP 用于寻呼策略的差异化 2. 延迟 DDN 请求（如果接收端在 UE 服务请求之后、SGW 更新之前回复上行数据） 3. 当 UE 处于省电状态且不可达时，下行数据的扩展缓存（高时延通信）；丢弃下行数据（如果 MME 已请求 SGW 限制下行低优先级流量，并且如果在这样的承载上接收到下行数据包） 4. 基于运营商策略 /SGW 配置的 PGW 暂停计费过程（比如寻呼失败，无线链路释放异常，在 SGW 上丢弃的数量 / 丢失的字节数 / 数据包丢失率）	1. X 2. X 3. X 4. X	4. X
E. 承载 /APN 监察	1. UL/DL APN-AMBR 执行 2. UL/DL 承载 MBR 执行（对于 GBR 承载） 3. UL/DL 承载 MBR 执行（用于 Gn/Gp 接口上的非 GBR 承载）		1. X 2. X 3. X
F. PCC 相关功能	1. 服务检测（DPI，IP-5 元组） 2. 承载绑定（承载 QoS 和 TFT） 3. UL 承载绑定验证和 DL 流量到承载的映射 4. UL 和 DL 服务级别门控 5. UL 和 DL 服务级别 MBR 实施 6. UL 和 DL 服务级别计费（在线和离线，根据计费键） 7. 使用情况监控 8. 事件报告（包括应用程序检测） 9. 请求转发事件报告 10. 重定向 11. FMSS 处理 12. PCC 对 NBIFOM 的支持 13. 用于应用程序指示的 DL DSCP 标记		1. X 2. X 3. X 4. X 5. X 6. X 7. X 8. X 10. X 11. X 12. X

（续）

EPS的主要功能	子功能	SGW	PGW
G. NBIFOM	NBIFOM的非PCC方面	X	X
H. 跨运营商计费（对数量和时间的计量）	1. 按UE和承载计费 2. 连接离线计费系统	1. X 2. X	1. X 2. X
I. 负载/过载控制功能	在对端节点过载时交换负载/过载控制信息和操作	X	X
J. 合法拦截	连接LI功能并执行LI功能	X	X
K. 数据包筛查功能	核查UE仅在上行数据包中使用分配的IP地址		X
L. 修复与恢复		X	X
M. SGi上的RADIUS/Diameter接口			X
N. OAM接口		X	X
O. GTP承载和路径管理	生成回声请求 回声响应的处理 回声请求超时处理 错误处理 指示消息	X	X

每个GW节点的控制面和用户面功能分离后，下一个关键部分是确保MME选择分离的控制面GW功能时和选择组合的CP和UP功能一样。MME像以前一样继续选择SGW和PGW，但是在分离部署中，选择的结果是SGW-CP和PGW-CP实体，然后，由GW功能的控制面来选择相应的用户面GW功能。CP实体将根据CUPS之前的规范向MME提供隧道标识符（或用户面GTP-U隧道），但是MME不会知道这些隧道标识是否属于独立的SGW-U或PGW-U实体，或者是非拆分的SGW或PGW。这似乎是矛盾的，因为MME拥有S11-C到SGW-C以及S11-U到SGW-U，但仍然不知道SGW是拆分的CP还是非拆分的CP和UP，但这又是可能的，因为在GTP协议中，CP和UP的IP地址以及TEID在各自单独的IE中发送，这就是说GTP协议天生就支持CP-UP拆分，即使SGW和PGW没有拆分C-U，这先天优势使得在3GPP Release 14中引入CUPS时避免了对MME的影响。

CP功能（SGW-C和PGW-C）需要考虑选择UP功能（分别为SGW-U和PGW-U）时的各种可能性，包括用户、会话类型/APN、UE的位置、该UE对DC的支持、与DCN相关的信息、UP功能与RAN节点接近度的要求（例如，如果UP功能需要更靠近UE的位置）、相对于CP和负载情况的UP的分布，等等。因此，具体如何选择UP功能将在很大程度上取决于运营商的部署和使用场景。

表4.1描述了EPC中SGW和PGW功能组的例子。以该表中的一个功能组为例，例

如组 A，会话管理功能是和 SGW 和 PGW 节点交织在一起的。与会话管理有关的特定过程包括 EPS 承载建立 / 修改 / 删除，涉及 SGW 和 PGW。当该过程由 MME 触发到 SGW 时，CP 和 UP 功能的分离要求 CP 过程在需要时触发 UP 过程，然后才能继续转向 PGW-C。一旦 SGW-C 触发了 PGW-C，PGW-C 需要确保触发了适当的 PGW-U 功能，然后才能根据需要继续执行过程的其余部分。在图 4.10 的呼叫流程中对此进行了说明。为了确保分离的 SGW 可以连接到混合网络中的非分离的 PGW，CP 和 UP 功能之间的过程是独立的，而无须更改非分离节点。

类似地，表中所示的其他功能和 SGW 和 PGW 也相互依赖，因此需要确保总体上遵循图 4.10 中所示的交互方式。

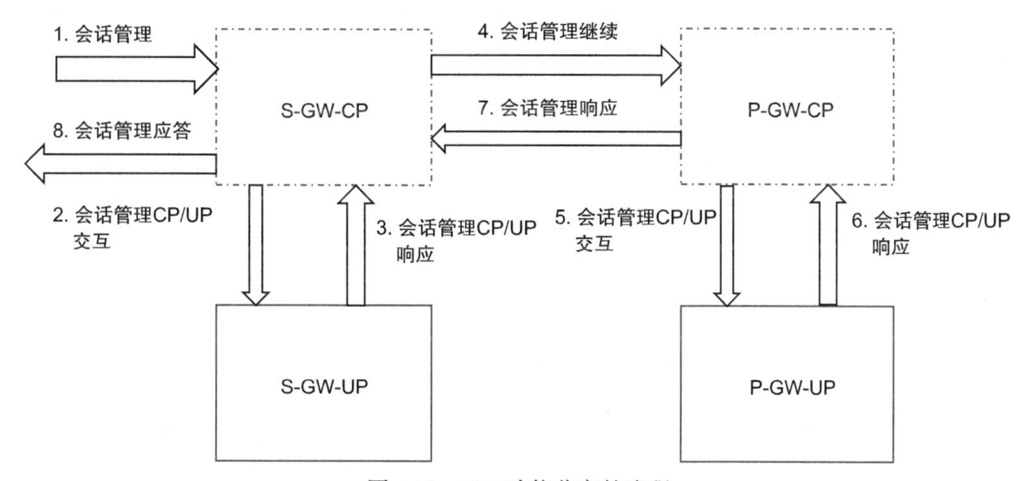

图 4.10　GW 功能分离的流程

从这个结论可以得出控制面和用户面分离的架构图，如图 4.11 所示。

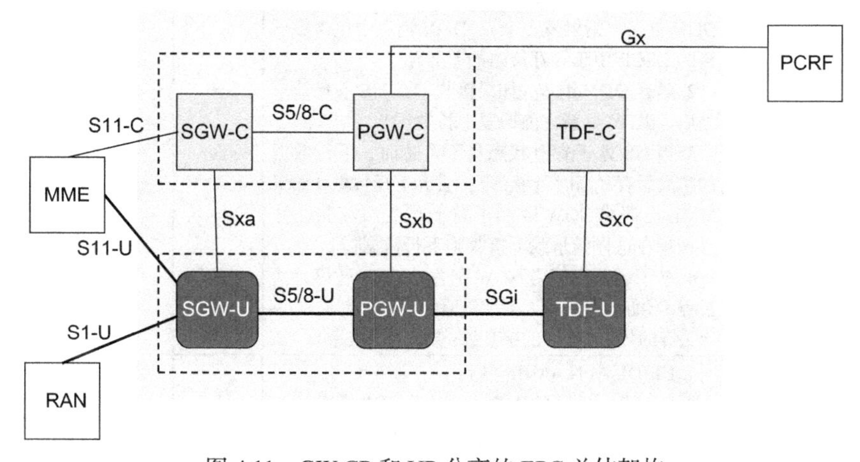

图 4.11　GW CP 和 UP 分离的 EPC 总体架构

可以看出，每个实体（SGW、PGW 和 TDF）的 CP 和 UP 分离，根据需要使用 Sx 接口来完成 CP 和 UP 功能。Sx 接口需要支持建立、修改、终止流程，以便为每个分离节点的 CP 和 UP 组件之间的 CP 和 UP 操作提供支持。3GPP 已经定义了分组转发控制协议（PFCP）以支持 Sx 上的功能。可以注意到，5G 系统中 SMF 和 UPF 之间的 N4 接口也重用了 PFCP，更多细节参见第 6 章（会话管理）。有关 PFCP 协议的更多详细信息，参见第 13 章（协议）。

表 4.2 描述了在 CP-UP 分离后，GW 的功能是如何分布在 SGW-C、PGW-C、SGW-U 和 PGW-U 之间的。

表 4.2 SGW 和 PGW 的功能分离

主要功能	子功能	SGW-C	SGW-U	PGW-C	PGW-U
A. 会话管理（默认和专用承载建立、承载修改、承载去激活）	1. 承载资源的资源管理	1.X	1.X	1.X	1.X
	2. GTP-U 的 IP 地址和 TEID 分配	2.X	2.X	2.X	2.X
	3. 数据包转发		3.X		3.X
	4. 传输层数据包标记		4.X		4.X
B. UE IP 地址管理	1. 从本地地址池分配 IP 地址			1.X	
	2. DHCPv4/DHCPv6 客户端			2.X	
	3. DHCPv4/DHCPv6 服务器			3.X	
	4. 路由器通告、路由器请求、邻居通告、邻居请求			4.X	
C. 对 UE 移动性的支持	1. 转发“结束标记”（只要存在到源 eNB 的用户面）		1.X		
	2. 将路径切换到目标节点后发送“结束标记”	2.X	2.X	2.X	2.X
	3. 转发缓存的数据包	3.X	3.X		
	4. 在 3GPP 接入中更改目标 GTP-U 的端点	4.X		4.X	
	5. 在 3GPP 和非 3GPP 接入之间更改目标 GTP-U 的端点			5.X	
D. S1－释放 / 缓冲 / 下行数据通知	1. ECM-IDLE 模式的 DL 数据包缓冲；对每个承载触发下行数据通知消息（DDN）的生成（如果接收到的 DL 数据包的 ARP 优先级比先前的 DDN 更高，则触发多个）；DDN 消息中包含数据包的 DSCP 用于寻呼策略的差异化	1.X	1.X 3.X		
	2. 延迟 DDN 请求（如果接收端在 UE 服务请求之后、SGW 更新之前回复上行数据）	2.X			
	3. 当 UE 处于省电状态且不可达时，下行数据的扩展缓存（高时延通信）；丢弃下行数据（如果 MME 已请求 SGW 限制下行低优先级流量，并且如果在这样的承载上接收到下行数据包）	3.X			
	4. 基于运营商策略 /SGW 配置的 PGW 暂停计费过程（比如寻呼失败、无线链路释放异常、在 SGW 上丢弃的数量 / 丢失的字节数 / 数据包丢失率）	4.X		4.X	
E. 承载 /APN 监察	1. UL/DL APN AMBR 执行				1.X
	2. UL/DL 承载 MBR 执行（对于 GBR 承载）				2.X
	3. UL/DL 承载 MBR 执行（用于 Gn/Gp 接口上的非 GBR 承载）				3.X

（续）

主要功能	子功能	SGW-C	SGW-U	PGW-C	PGW-U
F. PCC 相关功能	1. 服务检测（DPI、IP 五元组）				1.X
	2. 承载绑定（承载 QoS 和 TFT）			2.X	
	3. UL 承载绑定验证和 DL 流量到承载的映射				
	4. UL 和 DL 服务级别门控				3.X
	5. UL 和 DL 服务级别 MBR 实施				4.X
	6. UL 和 DL 服务级别计费（在线和离线，根据计费键）			6.X	5.X 6.X
	7. 使用情况监控			7.X	7.X
	8. 事件报告（包括应用检测）			8.X	8.X
	9. 请求转发事件报告				
	10. 重定向			10.X	10.X
	11. FMSS 处理				11.X
	12. PCC 对 NBIFOM 的支持			12.X	
	13. 用于应用指示的 DL DSCP 标记				
	14. 预定义的 PCC/ADC 规则的激活和去激活			14.X	14.X
	15. PCC 对 SDCI 的支持			15.X	15.X
G. NBIFOM	NBIFOM 的非 PCC 方面	X		X	
H. 跨运营商计费（对数量和时间的计量）	1. 按 UE 和承载计费		1.X		1.X
	2. 连接离线计费系统	2.X		2.X	
J. 合法拦截	连接 LI 功能并执行 LI 功能	X		X	X
K. 数据包筛查功能					X
M. SGi 上的 RADIUS/Diameter 接口				X	X

除 GTP 过程外，负载 / 过载控制、修复与恢复以及 OAM 接口、回声消息 / 响应之类的功能也依赖于 Sx 接口和所定义的协议交互。3GPP TS 29.244 描述了 Sx 接口的功能和协议。特别是，在 CP 节点为会话选择 UP 节点时，UP 的负载状态信息对于 CP 会非常有用。同样，UP 的过载信息也会上报。这类信息通过下述的 PFCP 关联过程进行交换。来自 UP 的负载信息反映了 UP 节点资源的运行情况，使得 CP 节点能更好地管理与 UP 节点的会话，避免出现过载情况。最好的方法是共享负载信息而不需任何额外的信令，即通过现有的、正在进行中的 PFCP 消息进行搭载，而不是触发新的消息、信令来支持。来自 UP 的过载控制信息允许 CP 逐渐减少信令负荷，并减少或取消针对该 UP 的新会话，从而逐渐稳定负载。负载控制功能和过载控制功能是被分别控制的（即激活、去激活）。

图 4.12 简要显示了 Sx 接口上的操作，它使用 PFCP 节点的关联过程，包括（但不限于）：

1. 建立节点级别的关联（PFCP 关联建立）
2. 更新（PFCP 关联更新）
3. 释放（PFCP 关联释放）

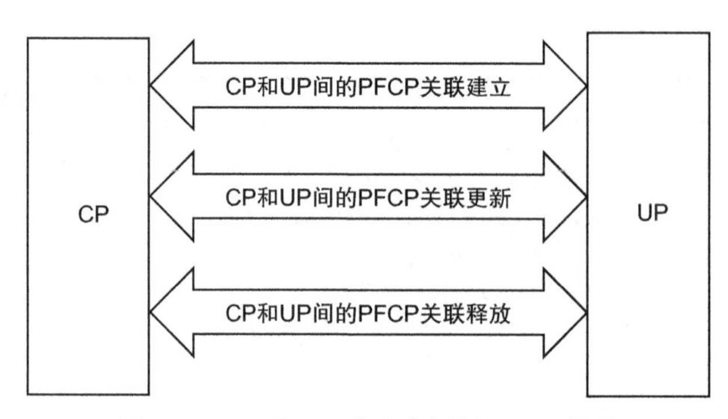

图 4.12 CP 和 UP 节点之间的 PFCP 关联

CP 和 UP 节点之间的关联建立，使 CP 节点能了解 UP 节点的相关信息，从而允许 CP 建立与会话相关的适当的 PFCP 关系。

图 4.13 显示了使用 PFCP 会话相关过程的、Sx 接口交互的简要过程，包括（但不限于）:

1. 建立 PFCP 会话
2. PFCP 会话的修改
3. PFCP 会话的删除

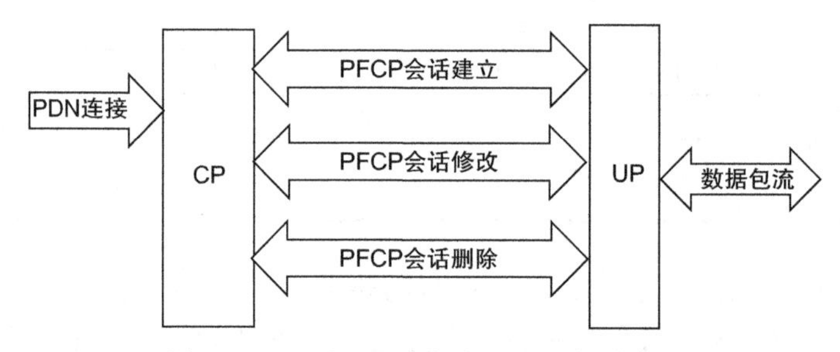

图 4.13 CP 和 UP 之间的 PFCP 会话建立

这些步骤用于在 CP 和 UP 节点之间建立与会话（即 PDN 连接、IP 会话）相关的过程，并为 UP 安装规则以处理数据包。

对于 PFCP 关联和 PFCP 会话的管理有通用的流程，例如，错误处理、节点级别管理（比如心跳、负载控制、过载管理、消息优先级处理、由于节点状态引起的节流等）。

3GPP TS 23.214 中给出的使用 Sx 的 PDN 连接建立流程，显示了 CP 和 UP 分离如何嵌入到现有会话管理过程（比如本例中的 PDN 连接）中。

图 4.14 说明了步骤 1、4 中的内容，展示了在 SGW 和 PGW 的 CP 和 UP 功能之间的、用于 E-UTRAN 初始附着的 Sx 终结的交互操作，释放旧的 SGW、PGW 实体，而不影响这些过程本身。而步骤 7、9、11、13、15 和 17 是完整的过程，包括 UE 发起的带有 Sx 修改过程的 PDN 连接过程，该 Sx 修改是在新的 SGW CP/UP 组件之间，目的是为该 PDN 连接建立新的 SGW-U。

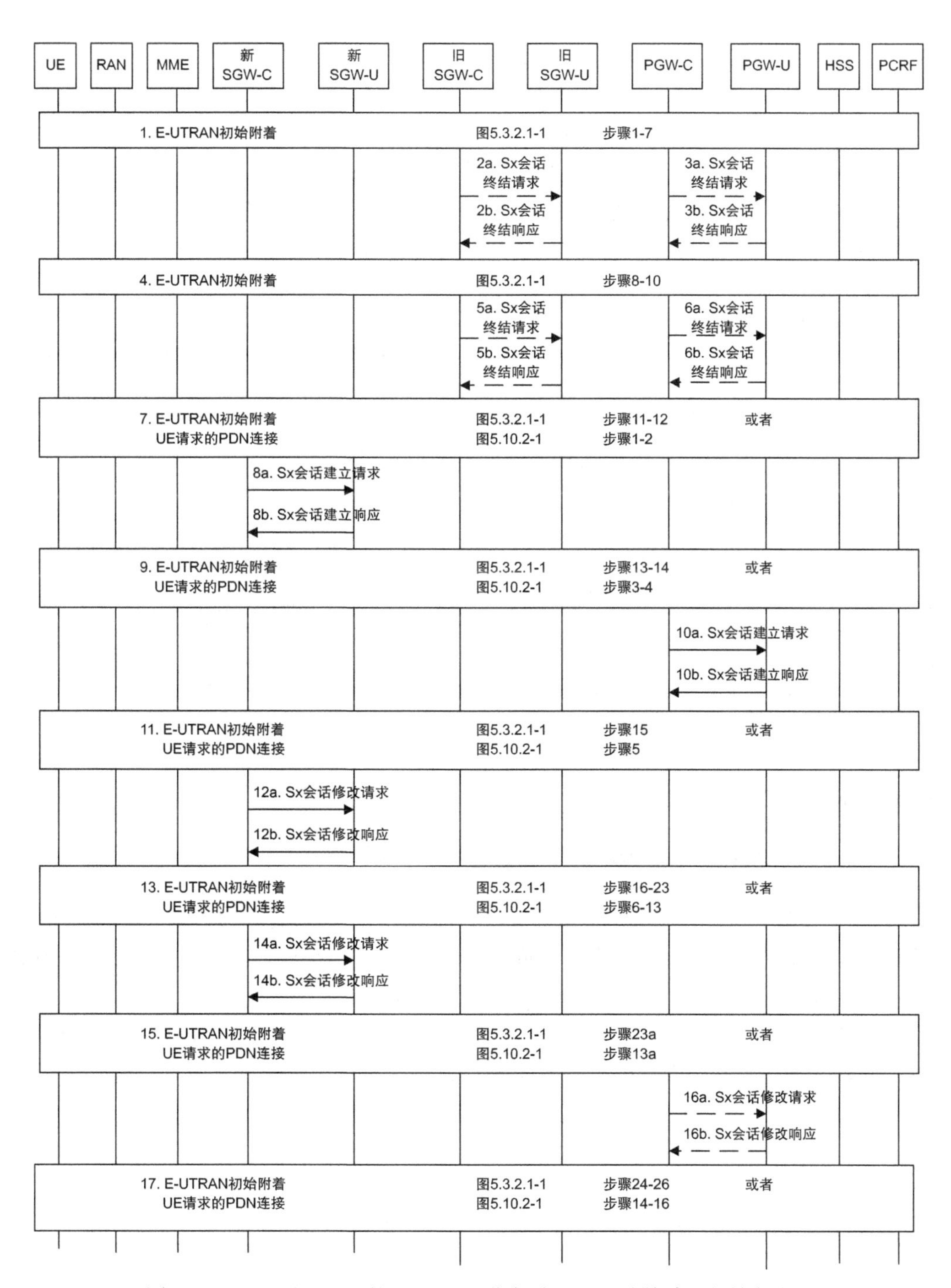

图 4.14 SGW 和 PGW 的 CP 和 UP 分离时，PDN 连接建立的抽象流程

SGW 控制和用户面分离带来的一项明显的增强，是在 UE 的路径上可能有多个用于

该UE的SGW-U实体。如果没有SGW CP和UP的分离，这是不可能的。在分离情况下，仍然只有一个SGW-C，但它可以连接到多个SGW-U实体。将这些结合在一起，我们可以看到，当GW的CP和UP组件分开后，该架构提供了极大的灵活性。

图4.15显示了一个结合DECOR功能以及SGW和PGW的控制和用户面分离的架构示例，该SGW和PGW通过双连接和作为辅助RAT的NR（也称为EN-DC，如第12章所述）连接到E-UTRAN。这是5GC采用的另一个架构原则，如第6章中所述。

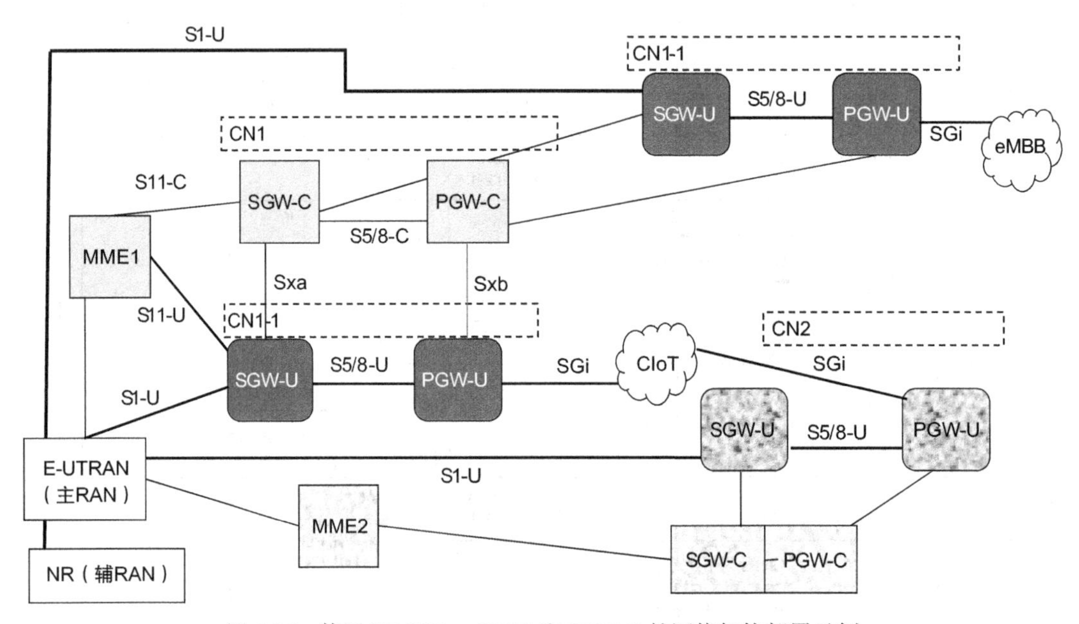

图4.15 使用DECOR、CUPS和EN-DC的网络架构部署示例

EPC的演进，包括NSA中对NR的支持，使5G的早期部署成为可能，从而为今后通过新的5GC全面部署5G系统做好了准备。EPC在3GPP Release 13/14/15期间继续演进，除了CUPS和（e）DECOR之外，还有邻近服务、V2X服务、关键任务服务、增强型电视服务、CIoT增强功能和对网络开放的支持等很多功能。尽管主要在LTE上而非NR上运行，所有这些功能也都可以在EPC中用于5G NR。

第 5 章

关 键 概 念

本章介绍一些概念、构造和标识，它们对于后面的章节阅读很有益处。

5.1 架构建模

如第 3 章所述，5G 核心网有一个新的网络架构。与 EPC 相比，一个重大变化是 5GC 控制面功能以新的机制进行交互，其中网络功能（NF）中的服务使用者使用其他 NF 中服务提供者提供的服务。此设计原则赋予新架构一个名字：基于服务的架构（SBA）。

基于服务的架构通过显示网络功能（主要是核心网控制面功能）和系统其余部分的单一互连方式，来描述基于服务的原理。基于参考点的架构图也由 3GPP TS 23.501 提供，它更多地是表示网络功能之间的交互，用来提供系统级的功能，并描述跨运营商网络时网络功能间的互连。

EPC 架构中接入网和核心网之间与 UE 相关的传输关联比较持久，相比之下，5G 系统中简化了更改服务于某个 UE 的 AMF 实例的流程，这包括将某一 UE 的接入网 / 核心网传输关联从一个 AMF 释放，然后绑定到另一个 AMF。结合 “ AMF 集合” 的概念，它允许集合中的 AMF 实例共享 UE 上下文数据，为同一网络切片部署的 AMF 集合中的每个 AMF 都可以处理该 AMF 集合所服务的任一 UE，这提供了新的灵活性。

5.2 基于服务的架构

在基于服务的架构中，可以通过服务接口 SBI（基于服务的接口）访问 NF 服务提供者提供的服务。每个网络功能实例可以开放出给定 NF 服务的一个或几个实例，如图 5.1 所示。定义 NF 服务的目标是创建独立的、可重用并且可独立管理的 NF 服务，这个目标在某种程度上可以达到，但网络功能内仍有几个 NF 服务共享数据或依赖于网络功能内部的其他服务。NF 内部的 NF 服务之间的通信未做规范，由各产品提供商的实现决定。

基于服务的架构要求服务使用者必需能够选择合适的服务提供者实例并确定其地址，这样的要求由网络存储功能（NRF）来满足，因为该功能可保存所有可用的网络功能实例及其开放的服务实例。NF服务提供者向NRF注册其NF配置文件，这使得NF服务使用者能够动态发现可用的网络功能实例、服务实例和状态。NF服务提供者的配置文件包含有关NF的数据，包括地址信息。

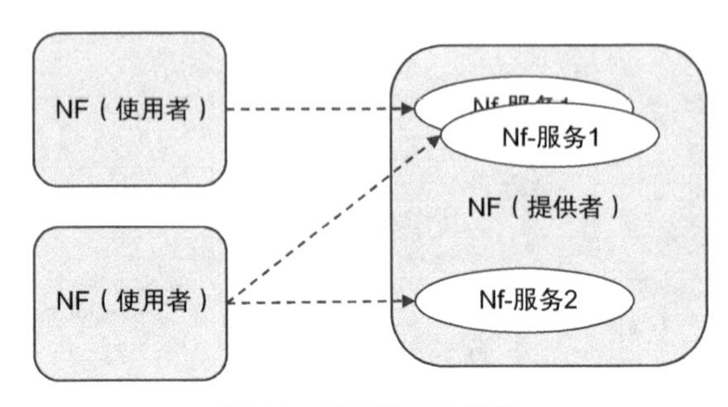

图 5.1 NF 和 NF 服务

控制面的NF服务之间的通信通过HTTP2 RESTful API进行。NF服务由基于请求/响应模型或订阅/通知模型的服务操作组成。NF的服务被建模为资源，这些资源可以使用基于RESTful HTTP2的过程配置，或者被创建、更新、删除。

一旦NF使用者发现NF提供者的实例后，它将首先删除不符合所需服务标准（网络切片、DNN等）的NF提供者实例，然后服务使用者在考虑容量、负载等之后，从剩下的NF提供者实例的较小集合中选择一个服务提供者实例。如果资源是作为服务请求的一部分创建的，则为创建的资源分配一个指向它的唯一URI。使用者在响应中接收到URI，并将其用于与资源有关的所有未来的通信（除了失败的情况）。

在一个理想的基于服务的架构中，一个特定版本的服务提供者的所有实例都可以互换使用。5GC SBA不是这种情况，对于给定的请求，合适的服务提供者必须具有某些能力，例如：服务于一个网络切片、服务于特定的DNN或服务于某一SUPI范围（如SUPI号段）（参阅5.3节）。

因此，需要一个过程将实例集缩小到支持所需功能的实例集。选择NF提供者的服务时，也可能考虑其他因素，例如负载和服务容量。3GPP将这组过程称为发现和选择。发现和选择是服务使用者结合网络业务（例如，某一UE流程）做出的。

在许多情况下，服务请求的HTTP请求几乎立即获得HTTP响应，但是有时服务提供者需要执行其他步骤，包括外部NF通信，以便依据3GPP流程返回一个适当的响应，这种情况下，初始服务提供者实例通过新的HTTP请求将3GPP流程的响应发送给初始服务使用者实例。地址仍然是从发现信息中得出的，但是由于应将该HTTP请求发送回初始的NF实例，因此仅需选择一个服务实例。

在订阅/通知的通信模式中，服务使用者订阅来自服务提供者的事件。使用者通过在订阅资源处登记来进行订阅，并提供通知URI，提供者将向该URI发送通知。对于通知而言，使用者充当HTTP服务器，而提供者作为HTTP客户端。为了在提供者中找到订阅服务操作，可能需要发现和选择过程。

5.3 标识

标识在 5G 系统中起着重要作用，例如，永久和临时用户身份不仅可以识别特定用户，还可以识别存储永久和临时用户记录的网络功能。本章中我们简要介绍 5GS 中一些最重要的标识。

主要的永久签约标识是分配给 5G 系统每个签约者的签约永久标识（SUPI）。签约隐藏标识（SUCI）是一个包含隐藏的 SUPI 的隐私保护标识。另外，在绝大多数信令流中使用临时标识（5G-GUTI、5G-S-TMSI），以支持用户机密性保护。终端与签约分开标识，每个 5G UE 都有一个永久终端标识符（PEI）。

签约永久标识—— SUPI

SUPI 或者包含 IMSI 或者包含用于专网的网络特定的标识。SUPI 在空口上使用签约隐藏标识（SUCI）保护隐私。

签约隐藏标识—— SUCI

签约隐藏标识（SUCI）是包含隐藏的 SUPI 的隐私保护标识。SUCI 是一次性使用签约标识，并且在使用一个 SUCI 之后会生成一个不同的 SUCI。

SUPI 和 SUCI 以网络接入标识（NAI）的形式表示。SUCI 的 NAI 表示形式的用户名部分可以采用以下形式：

（a）对于空框架（null-scheme）：

type<supi type>.hni<home network identifier>.rid<routing indicator>.schid<protection scheme id>.userid<MSIN or Network Specific Identifier SUPI username>

（b）对于椭圆曲线集成加密框架的配置 A 和配置 B：

type<supi type>.hni<home network identifier>.rid<routing indicator>.schid<protection scheme id>.hnkey<home network public key id>.ecckey<ECC ephemeral public key value>.cip<ciphertext value>.mac<MAC tag value>

（c）对于 HPLMN 专有保护框架：

type<supi type>.hni<home network identifier>.rid<routing indicator>.schid<protection scheme id>.hnkey<home network public key id>.out<HPLMN defined scheme output>

SUPI 类型（SUPI Type）标识了 SUCI 中隐藏的 SUPI 的类型。

归属网络标识（Home Network Identifier）识别用户的归属网络。

路由指示（Routing Indicator）设为 0，除非归属网络运营商区分 AUSF 和 UDM——在这种情况下路由指示帮助我们标识所用的 AUSF 和 UDM。

保护框架标识（Protection Scheme Identifier）识别保护框架。

归属网络公钥标识（Home Network Public Key Identifier）用于识别用于 SUPI 保护的密钥。

框架输出（Scheme Output）表示一个公钥保护框架或 HPLMN 专用保护框架的输出。

有关 SUPI 和 SUCI 的更多详细信息，请参见第 8 章、3GPP TS 33.501 和 3GPP TS 23.003。

永久终端标识—— PEI

永久终端标识（PEI）被分配给每个 5G UE。PEI 参数由 PEI 类型和 IMEI 或 IMEISV 组成。

国际移动台终端标识（IMEI）和国际移动台终端标识与软件版本号（IMEISV）的定义与 EPS 中的定义相同。有关更多详细信息，请参见 3GPP TS 23.003。

5G 全球临时唯一标识—— 5G-GUTI

5G-GUTI 由 5GC（AMF）分配给 UE。5G-GUTI 可以随时由 AMF 重新分配。

如 3GPP TS 23.003 所述，5G-GUTI 的结构如下：

<5G-GUTI> := <GUAMI> <5G-TMSI>

5G-TMSI 是 AMF 分配的临时用户标识，在 GUAMI 中是唯一的。

全球唯一 AMF ID（GUAMI）识别一个或多个 AMF，其构造为：

<GUAMI> := <MCC> <MNC> <AMF Region ID> <AMF Set ID>
<AMF Pointer>

AMF 区域 ID 识别区域，AMF 集合 ID 唯一识别 AMF 区域内的 AMF 集合，AMF 指针识别 AMF 集合中的一个或多个 AMF。

5G-S-TMSI 是 5G-GUTI 的缩减，例如用于寻呼和业务请求，为了提高无线信令的效率：

<5G-S-TMSI> := <AMF Set ID> <AMF Pointer> <5G-TMSI>

图 5.2 说明了 AMF 区域、AMF 集合、GUAMI 和临时标识之间的关系。

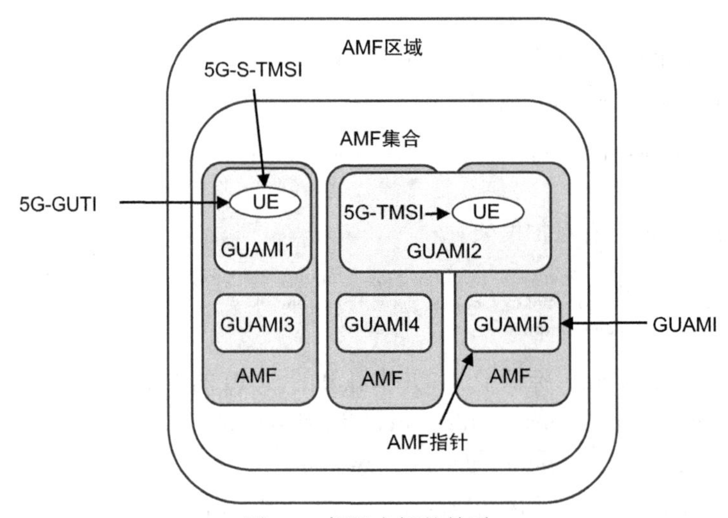

图 5.2 标识之间的关系

通用公共签约标识—— GPSI

通用公共签约标识（GPSI）是公共标识，例如用于从外部网络寻址某个 3GPP 的签约。GPSI 可以是 MSISDN（电话号码）或采用 username@realm 的外部标识的形式。

第6章

会话管理

6.1 PDU 会话概念

6.1.1 引言

5G 系统的一个关键任务是为 UE 提供与数据网络（DN）的数据连接。数据网络可以是例如 Internet、IMS 的运营商专用数据网络或专用于工厂的数据网络（垂直行业场景）。5GS 的会话管理功能负责为 UE 建立到数据网络的连接，并为该连接管理用户面。因此，会话管理是 5GS 的关键组件之一。

5G 会话管理的设计目标之一是灵活支持各种 5G 用例。我们后面将看到，5G 会话管理支持不同的 PDU 会话协议类型、处理会话和服务连续性的不同选项以及灵活的用户面架构。

6.1.2 到 DN 的连通性服务

6.1.2.1 基本 PDU 会话的连通性

为连接到 DN，UE 要求建立 PDU 会话。每个 PDU 会话都提供 UE 与特定 DN 之间的关联。当 UE 请求建立 PDU 会话时，它可以提供数据网络名称（DNN），该数据网络名称告知 5G 核心网 UE 要连接的 DN。DNN 可以是"Internet"以便获得一般的 Internet 连通性，或者可以是"IMS"以建立到 IMS 域的 PDU 会话。除了在某些特殊情况下（例如 IMS，运营商之间已就常用的 DNN 达成一致），网络中使用的 DN 名称由运营商决定。图 6.1 展示了简化的 PDU 会话建立流程，强调了所涉及的关键网络功能以及该过程中涉及的步骤。

在 PDU 会话建立期间，将激活 UE 与 DN 之间相应的用户面连接。用户面连接提供 PDU（协议数据单元）的传输。"PDU"是 PDU 会话所携带的基本的最终用户的协议类型，取决于 PDU 会话类型，这将在下面进一步说明，它可以是 IP 数据包或以太网帧。

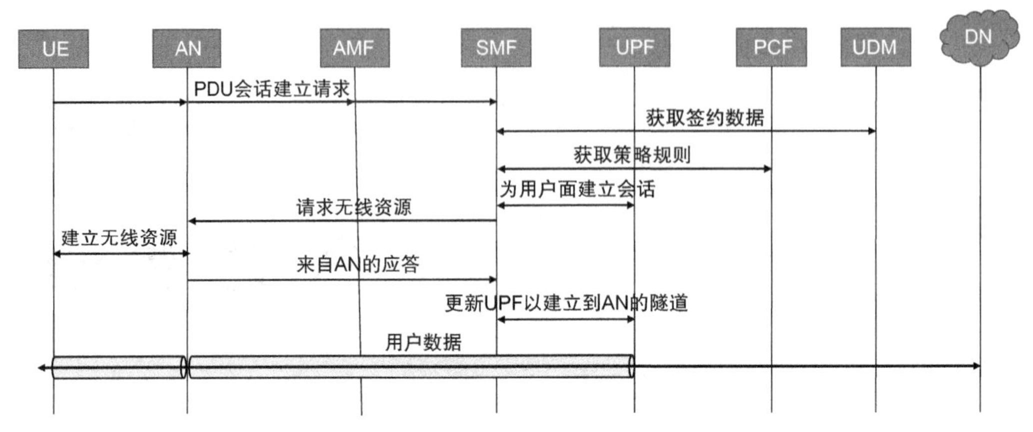

图 6.1　简化的 PDU 会话建立过程

6.1.2.2　传输网络、PDU 会话和应用流量之间的关系

PDU 会话是 UE 和特定 DN 之间的逻辑连接，它为用户提供到 DN 的用户面连接。与 5GS 有关的是“PDU 会话层”以及相关功能，例如 IP 地址管理、QoS、移动性、计费、安全性、策略控制等。当使用 NG-RAN 时，属于 PDU 会话的用户数据通过基础无线连接在 UE 和 gNB/ng-eNB 之间传输。在 NG-RAN 和 UPF 之间，以及在 UPF 之间，PDU 是通过基础传输网络（也称为传输层）承载的。这样的 PDU（例如 IP 包）通常承载应用流量（例如通过 IP 承载的应用流量）。这一应用流量取决于正在运行的实际的端到端服务，可以是 HTTP、FTP、SMTP 等，并且在使用 IP 的情况下，IP 与应用之间通常存在诸如 UDP 或 TCP 的传输层协议。在本节及接下来的几节中，我们以通用的方式使用术语“应用”，指代包括 PDU 层之上的所有协议层。

用户面连接（PDU 会话）与 5G 系统中网络节点之间的传输连接（传输层）是分开的，这是移动网络的一个常见功能，即穿过传输网络建立隧道以提供用户安全性、移动性、计费、QoS 等。建立用户面连接的隧道的原因是将最终用户 PDU 会话“层”和基础传输解耦，以方便运营商独立于最终用户的“PDU 层”来部署任何传输技术。图 6.2 说明了这个概念。

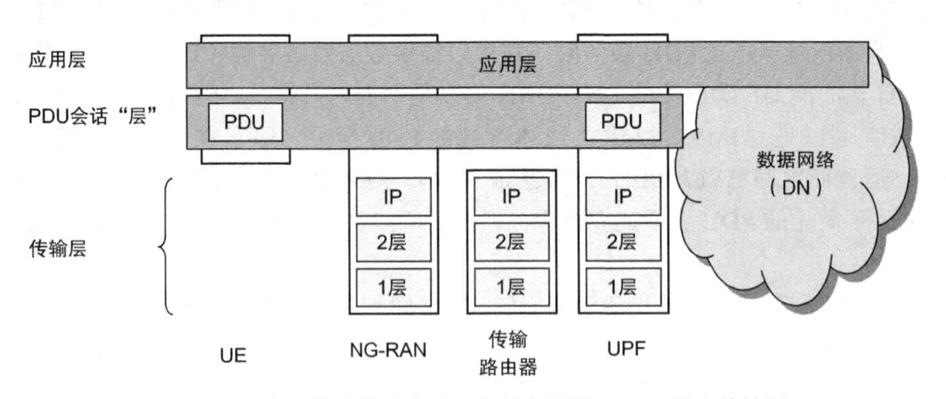

图 6.2　用户面协议栈示意图，包括应用层、PDU 层和传输层

传输网络提供 IP 传输，并可使用不同的技术进行部署，比如 MPLS、以太网、无线点对点连接等。骨干网中的 IP 传输层实体（例如 IP 路由器和 2 层交换机）并不感知 PDU 会话本身。事实上，这些实体通常根本不感知用户一级的信息，相反，它们以流量聚合的方式工作，如果需要进行流量区分，则通常基于区分服务（DiffServ）和在流量聚合上的技术。

6.1.2.3 多个 PDU 会话

UE 可以请求同时建立多个 PDU 会话，例如，在 UE 同时需要 Internet 连接和 IMS 服务的情况下，这是需要的。但是，正如我们将在下面看到的那样，UE 还可以同时向单个 DN 请求建立多个 PDU 会话。图 6.3 展示了 UE 具有到不同数据网络的三个同时的 PDU 会话的情况。

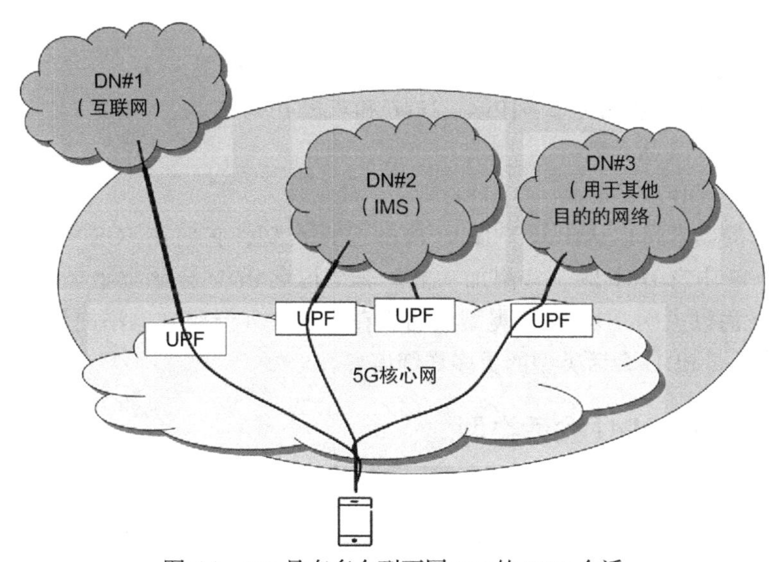

图 6.3 UE 具有多个到不同 DN 的 PDU 会话

6.1.2.4 PDU 会话的属性

如上所述，一个 PDU 会话与 DNN 相关联，该 DNN 描述了它连接的 DN。但是，还有其他几个描述 PDU 会话属性的参数。表 6.1 总结了一些最重要的 PDU 会话属性。本章稍后将对它们进行详细说明。

表 6.1 表征 PDU 会话的主要属性

PDU 会话属性	描述
PDU 会话标识	UE 和网络中 PDU 会话的标识
切片标识（S-NSSAI）	指在其中建立 PDU 会话的网络切片
数据网络名称	PDU 会话提供连接的 DN 的名称
PDU 会话类型	PDU 会话携带的基本的用户协议类型。它可以是 IPv4、IPv6、双栈 IPv4/IPv6、以太网或非结构化
会话和服务连续性（SSC）模式	指 PDU 会话的用户面锚点的延续时长，无论它是否可以重新分配
用户面安全执行信息	指示是否为 PDU 会话开启用户面加密、用户面完整性保护功能

PDU 会话参数是在 PDU 会话建立时确定的，在 PDU 会话生存周期内不会改变。此外，还有其他一些 PDU 会话“属性”，它们通常可以在生命周期内动态更改。例如，应用于每个 PDU 会话的某些 PCC 规则。这些将在相关的第 10 章和第 9 章中分别针对 PCC 和 QoS 进行详细描述。在运营商支持非 3GPP（N3GPP）接入的情况下，PDU 会话有另一个属性：PDU 会话的接入类型，即 PDU 会话是在 3GPP 接入上还是处于非 3GPP 接入上。

6.2 PDU 会话类型

6.2.1 概述

针对不同的使用情况，5G 系统支持不同的 PDU 会话类型：

- 基于 IP 的 PDU 会话类型：IPv4、IPv6 和双栈 IPv4v6
- 以太网 PDU 会话类型
- 非结构化 PDU 会话类型

熟悉 EPC 的读者可以认出基于 IP 的 PDU 会话类型，它们在 5GS 中的确具有相似的属性，即便 5GS 中有 IPv6 的一些附加功能。非结构化 PDU 会话类型类似于 EPS 中的非 IP PDN 类型，而以太网 PDU 会话类型最初不在 EPS 中（但后来也添加到了 EPS 中）。下面列出了有关不同 PDU 会话类型的更多详细信息。

6.2.2 基于 IP 的 PDU 会话类型

6.2.2.1 概述

对于 IP，5GS 支持与 EPS 相同的 PDU 会话类型集，即 IPv4、IPv6 和 IPv4v6。但是，特别是对于 IPv6，与 EPS 相比，5GS 支持更多功能，例如 IPv6 多宿主（在下面的 6.4.3.3 节中有进一步介绍）。顾名思义，这些 PDU 会话类型分别向 UE 提供 IPv4、IPv6 或 IPv4 和 IPv6 服务。

PDU 会话类型为 IPv4、IPv6 和 IPv4v6 的 PDU 会话可以具有 SSC 模式 1、2 或 3 中的任何一种（SSC 模式将在 6.4.2 节中进一步介绍）。它们还支持所有 QoS 功能。有关 QoS 功能的更多详细信息，请参见第 9 章。

6.2.2.2 基于 IP 的 PDU 会话类型的 IP 寻址

对于基于 IP 的 PDU 会话类型，5GC 负责为 UE 分配 IPv4 地址和 IPv6 前缀。分配给 UE 的 IP 地址属于 UE 正在访问的 DN。应当注意，此 UE IP 地址和 DN 的 IP 地址域，与在 5GC 内的实体之间或（R）AN 与 5GC 之间提供 IP 传输的 IP 网络（或骨干网）不同。提供 IP 传输的骨干网可以是纯私有 IP 网络，仅用于用户面流量的传输，非漫游情况下的用户面流量在单个运营商网络内传输，漫游情况下的用户面流量在不同运营商网络之间传输。但是，DN 是一个用户接入并获得服务（例如 Internet）的 IP 网络。本节仅涉及分配给

UE 的 IP 地址。

每个 DN 可能使用 IPv4 或 IPv6 提供服务，因此，PDU 会话必须使用合适的 IP 版本提供连接。虽然大多数用户（例如使用 4G 或固定宽带接入）访问的 IP 网络仍基于 IPv4，但 Internet 上支持 IPv6 服务的数量正在不断增加。使用 IPv6 代替 IPv4 的主要原因是，存在大量的、可用于分配给设备和终端的 IPv6 地址。对于当今的大多数运营商而言，IPv4 地址的短缺已迫在眉睫，使用各种样式的专用 IPv4 地址和网络地址转换（NAT）的情况非常普遍。并且，可用 IPv4 地址的数量因国家和组织不同而有很大差异。IPv6 不存在这个问题，因为它的地址的长度为 128 位，理论上可提供 2^{128} 个地址（大于 3.4×10^{38} 个 IPv6 地址）。相比之下，IPv4 是 32 位，因此理论上提供 2^{32} 个地址（总共将近 4.3×10^{9}，即 43 亿个地址）。显然，IPv6 提供的地址要多得多。

但是，引入 IPv6 可能是一个巨大的挑战。这是因为 IPv4 和 IPv6 不是可互操作的协议。IPv6 采用了一种新的数据包报头格式，旨在减少 IP 报头所需的处理工作。由于报头的根本区别，因此需要想办法使它们能够在同一网络上运行。一种选择是使用 IP 版本转换或转换技术，例如，确保使用 IPv6 连接的设备能够与基于 IPv4 的应用进行通信。不过，这种转换和过渡技术不是由 3GPP 规定的，并且超出了本书的范围。

当 UE 请求基于 IP 的 PDU 会话时，在 PDU 会话建立过程中，UE 将基于其 IP 栈的能力如下设置请求的 PDU 会话类型：

- 支持 IPv6 和 IPv4 的 UE 应根据 UE 的配置或从运营商处收到的策略（即 IPv4、IPv6 或 IPv4v6）设置请求的 PDU 会话类型。
- 仅支持 IPv4 的 UE 应将请求的 PDU 会话类型设置为“IPv4”。
- 仅支持 IPv6 的 UE 应将请求的 PDU 会话类型设置为“IPv6”。
- 当 UE 不知道 UE 的 IP 版本能力时（例如，如果 IP 栈是在与 5G 模组不同的设备上实现的），UE 将请求的 PDU 会话类型设置为“IPv4v6”。

SMF 负责为 UE 分配 IP 地址。当从 UE 接收到 PDU 会话建立请求时，SMF 将根据 DN 支持的 IP 版本（例如，它是仅 IPv4 DN 或仅 IPv6 DN）以及基于 SMF 中的配置和运营商策略，选择 PDU 会话的 PDU 会话类型，这意味着，如果 UE 请求“IPv4v6”，则 SMF 可以只授权“IPv4”的 PDU 会话或只授权“IPv6”的 PDU 会话。

5GS 支持多种分配 IP 地址的方式。分配 IP 地址的详细过程还取决于部署考虑以及 IP 版本（v4 或 v6）。以下各节将对此进行详细说明。

6.2.2.3 IP 地址分配

用于分配 IPv4 地址和 IPv6 前缀的方法不同。下面我们将描述如何在 5GS 中分配 IPv4 地址和 IPv6 前缀。

用于向 UE 分配 IPv4 地址的方法主要有两种：

1）一种方法是在 PDU 会话建立过程中将 IPv4 地址分配给 UE。在这种情况下，IPv4

地址作为PDU会话建立接受消息的一部分发送给UE。这是3GPP分配IP地址的一种特定的方法，也是基本上所有现有3G/4G网络所用的方式。终端还将在PDU会话建立期间接收IP栈正常运行所需的其他参数（例如DNS地址）。这些参数在所谓的协议配置选项（PCO）字段中传送。

2）另一种选择是使用DHCPv4（通常简称为DHCP）。在这种情况下，UE不会在PDU会话建立期间接收IPv4地址，而是在会话建立完成后，使用DHCPv4请求IP地址。分配IP地址的这种方法类似于以太网和WLAN网络中的方式，在这些网络中，在建立了基本的2层连接之后，终端使用DHCP获取IP地址。当使用DHCP时，附加参数（例如DNS地址）也作为DHCP过程的一部分发送到UE。

网络中使用方案1还是方案2取决于UE请求的内容以及网络支持和允许的内容。应该注意的是，虽然在大多数现有的移动网络中使用的是方案1，但这两种方案在2G/3G/4G核心网标准中都得到了支持。

现在，我们继续来看IPv6的IP地址分配过程。Release 15中5GS支持的主要方法是无状态IPv6地址自动配置（SLAAC）。使用SLAAC时，会为每个PDU会话和UE分配一个/64 IPv6前缀（即64位前缀）。UE可以使用整个前缀，并通过向IPv6前缀添加接口标识来构造IPv6地址（即128位地址）。因为给UE分配的是完整的/64前缀，并且该前缀不与任何其他终端共享，因此UE无须执行重复地址检测（DAD）来验证是否有其他用户正在使用同一IPv6地址。通过使用无状态IPv6地址自动配置，PDU会话建立首先完成。然后，SMF通过用户面向UE发送IPv6路由器通告（RA）。RA包含分配给此PDU会话的IPv6前缀。RA通过已建立的PDU会话用户面传送，因此仅发送到特定终端。这与某些非3GPP接入网不同，在非3GPP接入网中，许多终端共享同一个2层链路（例如以太网）。在这些网络中，RA作为广播消息发送到所有连接的终端。在完成IPv6无状态地址自动配置后，终端可以使用无状态DHCPv6请求其他必要的参数，例如DNS地址。此外，如以上针对IPv4地址分配时所描述的，UE也可在PCO中获得这些参数。

Release 16正在讨论IPv6地址分配的其他方法，这是由固定接入与5GC的融合工作推动的。DHCPv6的IPv6前缀委托（PD）是Release 16讨论的此类功能之一。此外，作为Release 16的一部分，使用有状态的DHCPv6（DHCPv6 NA）分配单个128位的IPv6地址也是讨论中的选项。

6.2.3 以太网PDU会话类型

6.2.3.1 概述

以太网PDU会话类型是5GS中新添加的，在EPS中最早没有直接对应的类型。但是，在本书撰写过程中，以太网PDN类型也被3GPP添加到了EPS中。这个PDU会话类型的目的是向UE提供以太网服务，即将UE连接到2层以太网数据网络。此类用例包括UE连接到公司网络远程办公，或者UE连接到工厂的LAN。其他用例比如支持固定（无线）接入，其中住宅网关（RG）向固定（无线）宽带客户提供桥接的2层服务。

对于使用以太网PDU会话类型设置的PDU会话，PDU会话在UE和DN之间承载以太网帧。

PDU会话类型为以太网的PDU会话可以使用SSC模式1或2。此PDU会话类型不支持SSC模式3（有关SSC模式的更多信息，请参见6.4.3.3节）。

6.2.3.2 MAC寻址

5GC不为UE分配任何以太网地址（通常称为MAC地址）。主要原因是MAC地址通常在设备制造时被嵌入设备中，因此在以太网中不使用动态地址分配。5GC也不为UE分配任何IP地址用于以太网PDU会话。如果需要IP地址分配，则可以通过在DN上部署DHCP服务器来支持，UE可以通过以太网PDU会话访问DHCP服务器。

由于5GC没有分配以太网（或IP地址），因此提出了一个问题，即5GC（尤其是UPF）如何将从DN接收的下行以太网帧路由到正确的UE。如果UPF不知道哪个以太网地址属于哪个PDU会话，则不可能将下行帧映射到正确的PDU会话。5GC通过支持多种解决方案来处理此类情况：

- 一个基本功能是SMF/UPF中的MAC地址学习。通过这种方法，UPF会检查上行流量中的PDU会话上收到的源MAC地址，并使用此MAC地址配置下行过滤器。然后，UPF将在目标地址字段中包含此MAC地址的所有下行流量发送到该特定PDU会话。SMF指示UPF为某个PDU会话执行此类MAC地址学习。或者，SMF可以指示UPF上报上行流量中所有检测到的源MAC地址，然后SMF将在UPF中为应转发到此PDU会话的MAC地址提供下行过滤器。
- 作为另一选项，当DN-AAA服务器授权以太网PDU会话时，作为授权数据的一部分，DN-AAA服务器可以给SMF提供允许该PDU会话使用的MAC地址列表和VLAN ID列表（最多16个MAC地址和16个VLAN ID）。这个选项很有用，例如，当可以为一个PDU会话签约一组特定的MAC地址或VLAN ID时。此选项还使得5GC能够授权在PDU会话上使用的MAC地址，即，仅允许将从DN-AAA接收的MAC地址集通过该PDU会话转发给UE。此外，DN-AAA还可以提供一组允许的VLAN ID。
- 第三个选项是SMF/UPF的MAC地址学习功能的替代选项，即在UPF和DN的一个实体之间，有一个特定于PDU会话的点对点N6隧道。UPF将从隧道接收到的所有下行流量都通过PDU会话发送给UE。此选项中，DN有权决定将哪些下行流量发送到哪个UE。

UPF通过学习获得PDU会话可用的MAC地址，可以是提供所谓的“E-LAN”服务的一种方法，其中提供多点到多点的连接。第二种是在N6上建立PDU会话特定的点对点隧道，是为点对点连接提供“E-Line”服务，比如用于两个企业的站点之间。E-LAN和

E-Line是以太网运营商的两种服务类型，由Metro以太网Forum定义。图6.4描述了这两种情况。

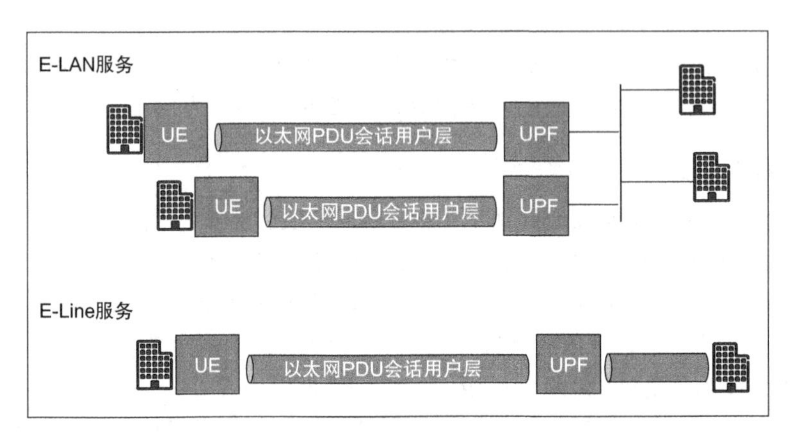

图6.4 使用以太网PDU会话类型提供的以太网服务示例

6.2.3.3 对虚拟LAN的支持

以太网PDU会话需要处理以太网VLAN。VLAN通常用于以太网LAN上，以提供流量分离并将2层网络划分为逻辑上分离的多个（虚拟）网络。根据SMF的指示，UPF可以分别在N6接口上针对下行帧和上行帧删除或重新插入VLAN标签。UPF还可以透明地转发由UE发送和从UE接收的VLAN标签。

作为DN-AAA服务器的PDU会话授权的一部分，网络还可以通过向SMF提供一组VLAN ID，来授权PDU会话上使用的VLAN ID的集合，类似于上述的如何授权MAC地址。

6.2.3.4 QoS和计费方面

对于以太网PDU会话，5GC支持与IP PDU会话类似的QoS和基于流的计费功能。例如，支持使用GBR和非GBR QoS流，区别在于用于将流量映射到每个QoS流的包过滤器（SDF过滤器）还可以包含以太网报头参数，例如源/目的MAC地址、VLAN ID等。

6.2.3.5 广播的处理

给移动系统带来挑战的一个方面是以太网中广播的频繁使用。例如ARP（地址解析协议）和IPv6 ND（邻居发现）协议使用以太网广播帧，以发现对应于某个IPv4或IPv6地址的MAC地址。通常，如果UE或DN上的一个对等方发送广播消息，它将被复制到属于同一DN的所有以太网PDU会话上。UPF中的本地策略可以指示是否允许广播复制。

如果广播是由ARP或ND协议发起的，则只有一个UE会回复这一广播消息，其余UE将会丢弃它，这样会给NG-RAN带来信令泛滥，而且还会无故唤醒所有处于CM-

IDLE 状态的 UE。因此，SMF/UPF 可以代表拥有此 MAC 地址的 UE 回复 ARP/ND 消息，从而避免将 ARP/ND 消息发送给所有 UE。

可以注意到，SMF/UPF 能够代表 UE 应答 ARP/ND 的前提条件是 SMF/UPF 知道 IP 地址和 MAC 地址之间的映射并且已经保存了该映射，因此，ARP/ND 代理功能要求通过在用户面上运行的某些协议（例如 DHCP）来处理 UE 和位于 UE 后的设备的 IP 地址分配，从而 SMF/UPF 可以检查该流量以推断出 IP 地址到 MAC 地址的映射。

6.2.4 非结构化 PDU 会话类型

对非结构化类型的 PDU 会话建立，5GC 不会预先假设 PDU（即用户数据）的任何特定格式。5GC 基本上将这些 PDU 视为非结构化的比特流，因此对数据包进行分类或对不同业务流进行差异化处理的可能性非常有限。

非结构化 PDU 会话可用于承载任何协议，包括 IP 和以太网，但是这种类型的 PDU 会话的主要用例是支持通常用于 IoT 部署的协议，例如 6LoWPAN、MQTT、CoAP 等。

由于 5GC 并不解释非结构化 PDU 会话上携带的 PDU，它也不向 UE 分配任何协议地址或其他协议参数。此外，由于没有基于包过滤器区分 PDU 会话中流量的机制，因此仅支持单个 QoS 流，此 QoS 流将具有默认的 QoS。

非结构化 PDU 会话类型的 PDU 会话可能具有 SSC 模式 1 或 2。此 PDU 会话类型不支持 SSC 模式 3（有关 SSC 模式的更多信息，请参见 6.4.3.3 节）。

6.3 用户面处理

6.3.1 概述

会话管理功能的主要任务是管理 PDU 会话的用户面。用户面承载着 UE 和 DN 之间的实际用户数据。用户面由多个分支串联组成。从 UE 端开始，首先是使用接入技术（例如 NG-RAN）的用户面连接。然后是从 AN 到核心网中 UPF 的用户面连接（在 N3 参考点上），之后是核心网中 UPF 之间（在 N9 参考点上）可能会存在的其他跳（hop），再之后用户面连接继续进入 DN（在 N6 参考点上）。

对于 NG-RAN，用户面包含一个或多个由 NG-RAN 管理的数据无线承载（DRB）。关于 NG-RAN 如何管理用户面的细节超出了本书的范围（Dahlman et al.，2018）。在 N3 和 N9 参考点上，用户面数据由 GTP-U 隧道承载，这与 EPC 中使用的用户面隧道协议相同，因此，即使 5GC 中未使用 GTP-C，用户面封装仍基于 GTP-U。3GPP 曾讨论并分析 5GC 中用户面的替代选项（例如 GRE 和其他变种），但最终由于其灵活性等而决定保留 GTP-U。但是，GTP-U 已进一步增强以支持 5G 中的新要求，例如新的 5G QoS 模型。UE 和 UPF 之间的用户面协议栈如图 6.5 所示（来自 3GPP TS 23.501）。

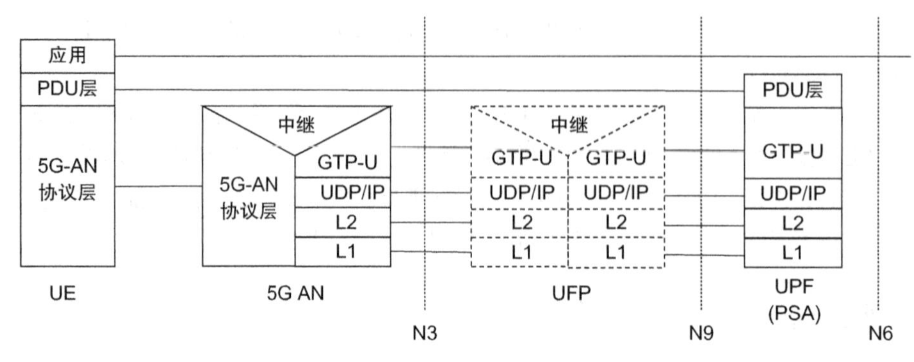

图 6.5　用户面协议栈

5GS 中用户面架构的另一个关键特征是从它一开始就支持 CP-UP 分离，从某种意义上说，CP-UP 分离是 5G 架构中必不可少的一部分。EPC 在 Release 14 中添加了 CP-UP 分离（通常称为“CUPS”：EPC 节点的控制和用户面分离），因此是 EPC 的可选功能。CP-UP 分离是 5GC 不可或缺的一部分有多个原因：首先 CP-UP 分离可通过分布式或集中式部署，以及控制面和用户面功能之间的独立扩展，来实现灵活的网络部署和操作；此外，随着移动运营商网络中流量的不断增长，迫切需要经济高效的用户面解决方案，该解决方案既可以满足最终用户对比特率和时延的需求，同时对于移动运营商而言又是可持续的。

6.3.2　用户面路径和 UPF 角色

5GC 中的用户面架构已变得非常灵活，可以容纳新的用例，例如边缘计算。在 EPC 中，用户面架构非常固化：PDN 连接的用户面路径上始终有一个 SGW（对于 CUPS 为 SGW-U）和一个 PGW（对于 CUPS 为 PGW-U）。SGW（或 SGW-U）和 PGW（或 PGW-U）具有明确定义的角色和功能。而在 5GC 中，只有一个用户面实体：UPF。但是，PDU 会话的用户面路径可能由一条链条中的单个 UPF 或多个 UPF 组成。3GPP 规范不限制可为 PDU 会话链接的 UPF 的数量。规范还允许用户面路径分流，以便例如将某些流量路由到更靠近本地的 DN/N6 连接，而将其他流量路由到另一个（更集中的）DN/N6 连接。这样的功能可以用于支持边缘计算或 CDN。当我们在 6.4.3 节和 6.5 节中讨论边缘计算时，将更多地讨论这种分流。

UPF 的常规功能将在下面描述。但是，为 PDU 会话服务的特定 UPF 实例提供的功能，取决于该 UPF 在用户面链条中的位置、UPF 功能以及 SMF 向特定 UPF 提供的规则。除了少数例外，原则上规范允许 SMF 在路径上的任何一个 UPF 中为空闲模式的 UE 调用数据包缓存或计费等功能。这与 EPC 有所不同，在 EPC 中，SGW-U 和 PGW-U 具有明确定义的功能，例如，缓冲始终由 SGW 执行。即使 5GC 标准非常灵活，现实世界中的部署（至少最初）也可能会很简单，比如根据使用情况，在路径上部署一或两个 UPF，以确保用户面效率。6.3.3.2 节将讨论有关用户面路径的其他方面。

UPF 的常规功能分类如下：

- RAT 内 /RAT 间移动性的锚点。
- PDU 会话与数据网络的外部互连点（即 N6）。
- 数据包路由和转发。
- 数据包检查（例如，应用检测）。
- 策略规则执行的用户面部分，例如，门控、重定向、流量控制。
- 合法监听（UP 收集）。
- 流量使用上报。
- 用于用户面的 QoS 处理，例如 UL/DL 速率限制，DL 中的反射 QoS 标记。
- 上行流量验证（SDF 到 QoS 流的映射）。
- 上行和下行的传输层数据包标记。
- 下行数据包缓存和下行数据通知的触发。
- 发送和转发一个或多个“结束标记”到源 NG-RAN 节点。
- 对于以太网 PDU，响应 ARP 和 IPv6 ND 请求的功能。

虽然标准仅定义了一个单一的用户面功能（UPF），但它也定义了 UPF 在用户面路径上可以扮演的一些功能角色：

- PDU 会话锚点（PSA）：是指向 DN 的、终结 N6 接口的 UPF。
- 中间 UPF（I-UPF）：是插入 (R)AN 和 PSA 之间的 UP 路径上的 UPF。它在 (R)AN 和 PSA 之间转发流量。
- 具有上行分类器（UL-CL）或分支点（BP）的 UPF：用于“分流”上行 PDU 会话的流量，并“合并”下行的 UP 路径。

请注意，UL-CL/BP 角色与 PSA 和 I-UPF 并不互斥，即充当 PSA 的 UPF 或充当 I-UPF 的 UPF 可以同时充当 PDU 会话的 UL-CL/BP。还要注意，这些角色不应解释为不同的 UPF 类型。单个 UPF 实体可以针对不同的 PDU 会话扮演不同的角色，例如，对于一个 PDU 会话是 UL-CL/BP，对另一个 PDU 会话是 I-UPF。

图 6.6 描述了 PDU 会话的三种不同的用户面方案：

（a）在最简单的场景中，仅需要 PSA。

（b）如果由于移动性，UE 移动到新的 RAN 节点并且新的 RAN 节点不能支持到旧的 PSA 的 N3 隧道，则需要插入一个 I-UPF。

（c）在流量疏导（例如边缘计算）的情况下，可以插入 UL-CL/BP 来分流 / 合并 UP 流量。

通常标准对于在何处执行 UP 功能不做限制。例如，在（b）中，可以在 I-UPF 或 PSA 中为处于空闲状态的 UE 进行数据缓冲。有关场景（c）的更多详细信息，请参见有关流量到 DN 的选择性路由（6.4.3 节）和边缘计算（6.5 节）的部分。

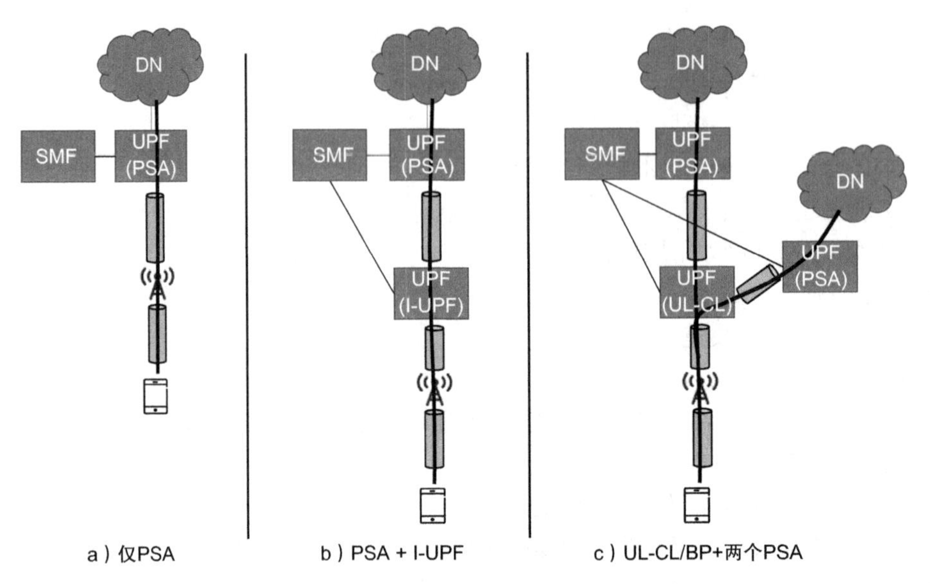

图 6.6　由 UPF 完成的 UPF 配置和功能示例

6.3.3　控制面和用户面分离以及 N4 接口

6.3.3.1　概述

5GS 中 CP 和 UP 之间的分离遵循许多与第 4 章中所述的 EPC CUPS 相同的原则。例如，控制面和用户面之间的功能划分，即放置在 CP 侧和 UP 侧的功能，非常类似于 CUPS 指定的功能划分。而且，SMF 和 UPF 之间的 N4 协议是 CUPS 协议的重用，即为 CUPS 指定的数据包转发控制协议（PFCP）已在 5GC 中为 N4 所使用，并有所扩展。这一点很重要，因为它使得在 EPC 和 5GC 之间的互通和迁移方案中，UP 实体能轻松地支持 EPC 和 5GC，从而简化操作流程。有关 PFCP 的更多详细信息，请参见 14.6 节。

6.3.3.2　UPF 发现和选择

SMF 负责选择 UPF。具体操作方式没有标准化，它取决于多个方面，例如 UPF 部署的网络拓扑，以及 PDU 会话要支持的业务有什么特殊要求（例如，用户面时延迟、可靠性等）。

支持灵活的用户面路径、UPF 的部署和选择的一个关键用例是，确保 UE 与应用部署的位置（比如边缘计算）之间的一条有效的用户面路径。这将在稍后专门的章节进行介绍。在本节中，我们将描述 UPF 选择的一般考虑，这是随后高级场景的基础。

当 SMF 进行 UPF 选择时，先决条件是 SMF 知道哪些 UPF 可用以及它们各自的属性，例如 UPF 功能、负载状态等。这可以通过不同的方法来完成。

- 首先，可以通过 O&M 为 SMF 配置可用的 UPF。该配置可以包括与拓扑有关的信息，以便 SMF 知道 UPF 的位置以及 UPF 的连接方式（例如，它们之间链路的属性）。这使 SMF 能够选择合适的 UPF，例如取决于 UE 的位置。

- 也可以使用 NRF 发现可用的 UPF。在这种情况下，SMF 可以查询 NRF，并在回复中收到 UPF 列表以及有关每个 UPF 的一些基本信息，例如每个 UPF 支持的 DNN 和网络切片（S-NSSAI）。这减少了对 SMF 中预配置信息的需求。另外，可以从 NRF 获得的信息非常有限，例如它不包含有关 UPF 拓扑的详细信息，因此对于更高级的用例，SMF 中的预配置可能是必要的。
- 此外，在 SMF 和 UPF 之间建立基本的 N4 连接时，N4 协议支持 SMF 和 UPF 的能力交换。SMF 将知悉 UPF 是否支持可选功能，例如 N6-LAN 上的流量导引（业务链）、报头增强、流量重定向等，并且还将收到有关 UPF 负载的信息。

一旦 SMF 获知可用的 UPF，就需要 SMF 为 PDU 会话选择一个或多个 UPF，例如，在 PDU 会话建立或某些移动性事件发生时，SMF 可以在选择 UPF 实例时考虑不同的信息。这里的细节未标准化，而是留给产品实现和运营商配置。下面列出了 SMF 可以用于 UPF 选择的参数的例子。其中一些信息是从 UPF 获取的，其他信息是从 AMF 接收的，而有些则可以在 SMF 中预先配置。SMF 可以考虑例如：

- UPF 的动态负载。
- UPF 在支持相同 DNN 的 UPF 中的相对静态容量。
- UPF 位置。
- UE 位置信息。
- UPF 的能力。
- UE 会话所需的功能。
- 数据网络名称（DNN）。
- PDU 会话类型（即 IPv4、IPv6、IPv4v6、以太网类型或非结构化类型）。
- 为 PDU 会话选择的 SSC 模式。
- UDM 中的 UE 签约配置。
- DNAI（更多信息请参见 6.4.4 节）。
- 本地运营商策略。
- S-NSSAI。
- UE 使用的接入技术。
- 与用户面拓扑和用户面端接相关的信息。

6.3.3.3 UP 连接的选择性激活和去激活

类似于 EPS，5GS 支持具有多个同时激活的 PDU 会话的 UE（例如，一个到 IMS 的 PDU 会话和一个到 Internet 的 PDU 会话）。在 EPS 中，当 UE 从空闲状态转移到连接状态时，将为所有激活的 PDN 连接建立 UP 连接（S1-U 隧道）。当 UE 处于空闲状态时，如果在 EPC 中有一个 PDN 连接的下行数据，UE 被寻呼，当 UE 进入连接状态时，也会激活其他 PDN 连接的用户面，即使没有数据通过这些 PDN 连接发送。这样做是为了简化流程并在系统中保持始终在线的行为。

在5GS中，情况并非一定如此。5GS中的一般行为是，仅为具有待处理数据的PDU会话激活PDU会话用户面。其他PDU会话的用户面连接（N3隧道）将不会被激活，因此即使UE处于CM-CONNECTED状态，这些连接也将保持“空闲”状态。这样做的动机是确保网络切片之间更好的隔离，即不应仅仅因为一个切片中的PDU会话必须激活用户面以发送数据，而影响另一个切片中的PDU会话。

因此，5GS支持处于CM-CONNECTED状态的UE，既有一些激活的用户面PDU会话（已建立的N3隧道），也有一些具有非激活的用户面PDU会话（没有N3隧道）的情况。如果UE或网络稍后需要给具有非激活的用户面的PDU会话发送数据，服务请求过程也适用于CM-CONNECTED状态，以便激活将用于该PDU会话的用户面连接。

上述原则的风险是，如果UE处于CM-CONNECTED状态但PDU会话的用户面连接处于非激活状态，则发送数据的时延可能会增加。在这种情况下，需要首先执行服务请求过程。在某些情况下，可能会有竞争状态，例如激活PDU会话的用户面的过程需要等待其他正在进行的过程的完成。对于对时延敏感的PDU会话（例如IMS或低时延服务的PDU会话），这可能尤其令人担忧。因此，规范规定当UE从CM-IDLE转到CM-CONNECTED时，即使没有待发送的数据，UE也可以决定请求激活附加的PDU会话的用户面连接。这样做是为了避免以后实际需要发送数据时的延迟。

6.4 提供有效用户面连接的机制

6.4.1 概述

定义5GC会话管理时，提供有效的用户面连接是主要目标之一。如前所述，5GC的UP架构是以灵活的方式定义的，从而允许实现和部署利用标准提供的手段来实现特定的用例和要求。同样，对于提高用户面效率也已经定义了一组工具，可以根据用例和场景使用它们。

实现高效UP路径的最基本的工具也许是在PDU会话建立时的UPF选择。这里SMF在选择UPF时，可以考虑UE位置和有关用户面拓扑的其他信息。这可以促使UPF位于靠近UE的位置。本章前面已经描述了PDU会话建立时的UPF选择。以下所述的工具主要依赖于UPF重选，例如，在PDU会话的生命周期内，由于UP的移动性，需要修改UP路径。如果UE已远离PDU会话最初建立的位置，或由于其他触发因素（例如，用户已启动了一个需要低时延的应用），重选将很有用。下面我们将更仔细地研究这套工具。

6.4.2 服务和会话连续性模式

6.4.2.1 概述

PDU会话建立后，PDU会话锚点UPF也已选择并将保持为PDU会话的IP锚点。在建立时，可能已在靠近 UE 的位置选择了此 PSA UPF。但是，随着 UE 的移动，PSA UPF 可能不再处于最佳位置，可能有其他靠近 UE 新位置的 UPF 可以用作 PSA UPF。但是，更改 PSA UPF 需要更改 UE 的 IP 地址，这可能会对 UE 上运行的应用 / 服务造成影响。某些应用 / 服务可能需要 IP 地址的连续性才能平稳运行，而其他一些应用 / 服务可能可以处理 IP 地址的改变而不会对用户体验造成太大影响。

5GS 支持差异化的会话和服务连续性，以解决 UE 中各种应用和服务可能具有的不同的 IP 地址连续性要求。为此已定义了三种不同的服务和会话连续性（SSC）模式：SSC 模式 1、2 和 3。PDU 会话建立时，将为其分配一种 SSC 模式。SMF 根据用户签约中允许的 SSC 模式、特定 PDU 会话类型允许的 SSC 模式以及 UE 请求的 SSC 模式（如果存在）来完成 SSC 模式选择。

下面我们描述每种 SSC 模式及其属性。

6.4.2.2 SSC 模式 1

在这种 SSC 模式下，网络保持提供给 UE 的 PDU 会话的连通性，并且在 PDU 会话建立时充当 PDU 会话锚点的 UPF 会一直保留，而与 UE 移动性无关。对于基于 IP 的 PDU 会话类型（IPv4、IPv6 或 IPv4v6），将保留 IP 地址 / 前缀。因此，无论在 PDU 会话的生命周期内发生何种 UE 移动性事件，IP 会话连续性都会得到支持。因此，SSC 模式 1 适用于需要 IP 地址连续性的应用。

6.4.2.3 SSC 模式 2

对于具有 SSC 模式 2 的 PDU 会话，网络可以释放到 UE 的连接，并且释放相应的 PDU 会话，例如，当 UE 离开其初始位置时。在 PDU 会话释放消息中，网络还给出一个指示，该指示触发 UE 请求建立新的 PDU 会话（对于相同的 DNN 和 S-NSSAI）以重新获得与同一个 DN 的 PDU 会话连接。在释放旧的 PDU 会话之后，UE 的连接会中断，直到建立了新的 PDU 会话，因此 SSC 模式 2 被描述为“先断后连”。在建立新的 PDU 会话时，将进行新的 SMF 选择和 UPF 选择，因此可以选择更接近 UE 当前位置的 PDU 会话锚点 UPF。因此，SSC 模式 2 过程允许 PSA UPF 被“重新定位”到更接近 UE 当前连接点的位置。对于 IPv4、IPv6 或 IPv4v6 类型，PDU 会话的释放意味着释放已分配给 UE 的 IP 地址 / 前缀。然后，将为新的 PDU 会话分配新的 IP 地址 / 前缀，因此，SSC 模式 2 适用于可以处理用户面连接和 IP 地址更改（在基于 IP 的 PDU 会话类型的情况下）短暂中断的应用。

6.4.2.4 SSC 模式 3

SSC 模式 3 在允许 PSA UPF 更改方面类似于 SSC 模式 2，但在 SSC 模式 3 时，网络可确保 UE 在 PSA UPF 更改期间不会遭受连接丢失。因此，SSC 模式 3 可描述为“先连后断”。可以通过两种方式实现 SSC 模式 3：

- 多 PDU 会话：在这种情况下，SMF 指示 UE 在释放旧的 PDU 会话之前请求建立到同一 DN 的新 PDU 会话。这意味着在释放旧的 PDU 会话及其用户面连接之前，UE 会在一段时间内通过新的 PDU 会话锚点来使用用户面连接。
- IPv6 多宿主：在这种情况下，使用的是单个 PDU 会话（PDU 会话类型为 IPv6），并且旧的 PSA UPF（和旧的 IPv6）被释放之前，为该 PDU 会话分配了新的 UPF PSA（具有新的 IPv6 前缀）。与使用多个 PDU 会话时类似，可以在释放旧的 PDU 会话锚点之前使用新的 PDU 会话锚点。

上述两种情况都不会保留旧的 IP 地址 / 前缀。与旧的 PDU 会话锚点相比，新的 PDU 会话锚点将与不同的 UE IP 地址 / 前缀关联。因此，SSC 模式 3 适用于需要连续的用户面连接但可以处理 IP 地址 / 前缀更改的应用。SSC 模式 3 仅适用于基于 IP 的 PDU 会话类型。

图 6.7 说明了不同 SSC 模式的原理。

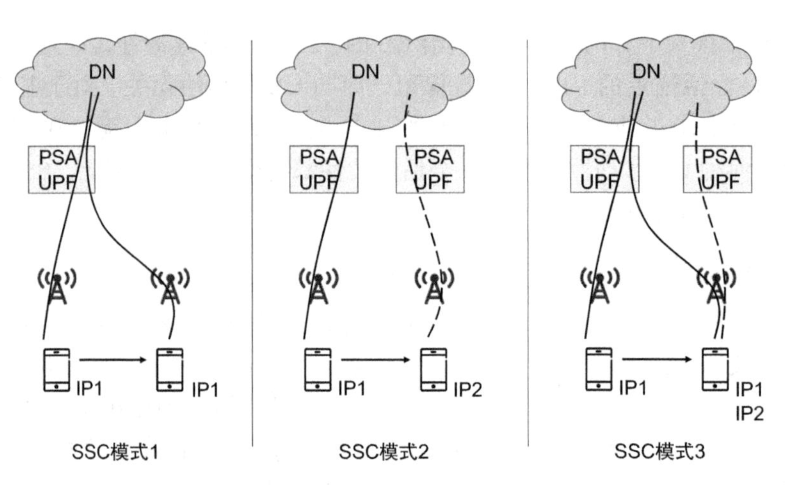

图 6.7　SSC 模式的原理

6.4.3　到 DN 的选择性路由

6.4.3.1　概述

正如我们在 6.3.2 节中所看到的，在最简单的情况下，PDU 会话具有单个 PSA UPF，因而具有到 DN 的单个 N6 接口。但是 PDU 会话可能具有不止一个 PSA UPF，因此可具有多个到 DN 的 N6 接口（参见图 6.6 C）。后一种情况可用于有选择地将用户面流量路由到不同的 N6 接口，例如一个带有 N6 接口的本地 PSA UPF 连接到本地边缘站点，另一个带有 N6 接口的中央 PSA UPF 连接到中央数据中心或 Internet 的对点。这一功能可用于边缘计算用例或连接分布式内容交付站点。

已定义了两种机制来支持到 DN 的选择性业务路由，我们将在下面做进一步描述。

6.4.3.2 上行分类器

上行分类器（UL CL）是 UPF 支持的功能，其中 UPF 将一些流量转移到其他的（本地）PSA UPF。UL CL 转发朝向不同 PDU 会话锚点的上行流量，以及合并流向 UE 的下行流量（即合并来自链路上指向 UE 的不同 PDU 会话锚点的流量）。UL CL 使用 SMF 提供的流量过滤器，根据流量检测和流量转发规则引导流量。UL CL 使用过滤规则（例如检查 UE 发送的上行 IP 数据包的目标 IP 地址 / 前缀）确定如何对数据包进行路由。支持 UL CL 的 UPF 也可以由 SMF 控制，以支持用于计费的流量测量、比特率合规等。UL CL 的使用适用于 IPv4、IPv6、IPv4v6 或以太网类型的 PDU 会话，以便 SMF 可以提供适当的流量过滤器。

当 SMF 决定转移流量时，SMF 将 UL CL 以及一个附加的 PSA 插入数据路径中。这可在 PDU 会话生命周期的任何时间点上完成，例如由 AF 请求触发，我们将在下一节讨论。附加的 PSA 可以与 UL CL 在同一 UPF 中共处，也可以是一个独立的 UPF。图 6.8 给出了一个架构示例。当 SMF 确定不再需要 UL CL 时，SMF 可以将其从数据路径中删除。

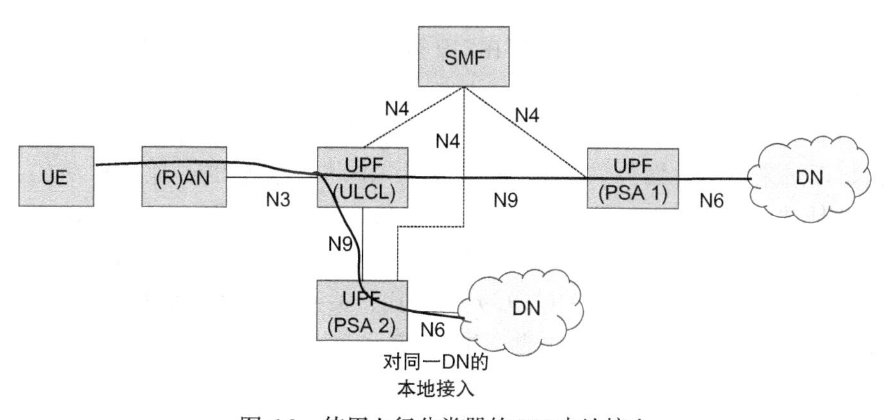

图 6.8 使用上行分类器的 DN 本地接入

应该注意的是，UE 并不感知 UL CL 的流量转移，也不参与 UL CL 的插入和移除。因此，UL CL 的解决方案不需要 UE 有特别的功能。

6.4.3.3 IPv6 多宿主

对 IPv6 多宿主的支持也可以使流量选择性地路由到不同的 PDU 会话锚点。IPv6 多宿主使 UE 可以在单个 PDU 会话中分配多个 IPv6 前缀。每个 IPv6 前缀将由单独的 PDU 会话锚点 UPF 提供服务，每个 PDU 会话锚 UPF 都有其自己的 DN N6 接口。不同的用户面路径导致的不同 PDU 会话锚点在"共同"的 UPF 上出现分支，这个"共同"的 UPF 被称作支持"分支点"（BP）功能的 UPF。分支点对朝向不同 PDU 会话锚点的 UL 流量进行转发，以及对朝向 UE 的 DL 流量进行合并，即将链路上来自不同 PDU 会话锚点的流量合并到 UE。图 6.9 给出一个架构示例。

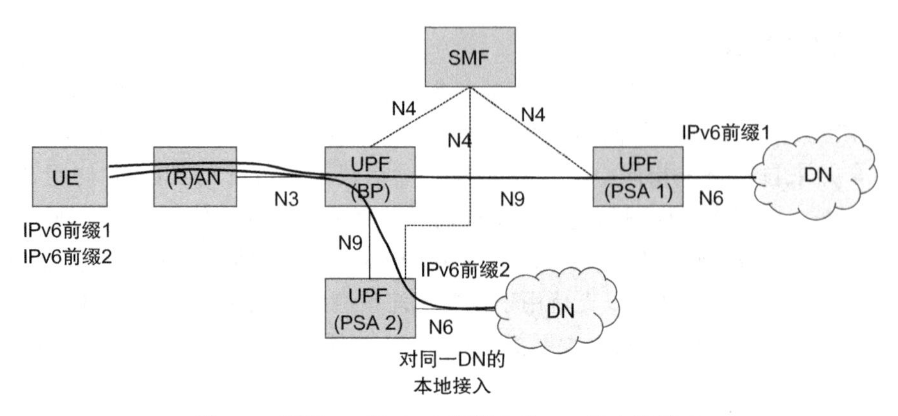

图 6.9 使用 BP 和 IPv6 多宿主对 DN 的本地接入

与 UL CL 类似，SMF 可以决定在 PDU 会话的生命周期内随时插入或删除支持分支点功能的 UPF。支持 BP 的 UPF 也可以由 SMF 控制，以支持用于计费的流量测量、比特率合规等。

IPv6 多宿主仅适用于 IPv6，并且仅在 UE 有相应支持时才适用。当 UE 请求用于 IPv6 的 PDU 会话时，UE 同时向网络提供其是否支持 IPv6 多宿主的指示。

当使用 IPv6 多宿主（和 BP）时，由 UE 选择使用哪个 IPv6 前缀作为其上行业务的源地址。这将反过来决定数据包采取的路径，因为 BP 将根据源 IPv6 地址转发 UL 数据包。为了在源地址选择中影响 UE 并确保 UE 为给定的应用流量选择恰当的 IPv6 前缀，SMF 可以将路由信息和首选项配置到 UE 中。如 IETF RFC 4191（RFC 4191）中所述，这是通过路由器通告消息完成的。与 UL CL 方法相比，关键区别之一是 UE 的参与，因为在 IPv6 多宿主方案中，需要某些 UE 功能，并且 UE 也会选择流量路径（尽管基于从 SMF 接收的规则），而 UL CL 方法是纯粹基于网络的功能。

最后，应该注意的是，IPv6 多宿主既是向不同的 PSA 和 N6 接口提供流量选择性路由的工具（如本节所述），又是实现 SSC 模式 3 的工具（如 4.2.4 节所述）。

6.4.4 应用功能对流量路由的影响

应用功能（AF）对流量路由的影响是一个与 SSC 模式和到 DN 的选择性路由相关但又有所不同的概念。SSC 模式和 UL CL/BP 是帮助实现有效用户面路径的机制，而 AF 对流量路由的影响实际上是一个控制面的解决方案，即 AF（例如第三方的 AF）如何影响流量路由机制（例如 SSC 模式或 UL CL/BF）的使用。它允许 AF 向 5GC 提供输入，指示应如何路由某些流量，然后由 5GC（尤其是 SMF）决定如何使用可用的工具（例如 UPF 选择、SSC 模式、UL CL、IPv6 多宿主等）。

AF 可以直接将请求发送到 PCF（如果 AF 可以直接与 PCF 通信），也可以通过 NEF 将请求发送到 PCF。如果请求通过 NEF 发送，则 NEF 可以将 AF 提供的外部标识映射到

5GC 已知的内部标识。AF 可以提供以下信息：

- 流量描述符（IP 过滤器或应用标识）。此信息描述了 AF 的这个请求所涵盖的应用流量。
- 由数据网接入标识（DNAI）列表表示的应用的潜在位置。DNAI 是一种标识符，可以代表用户面对某应用的一个或多个 DN 的访问，也可以解释为指向对数据网络的一种特定访问的索引，例如它可以代表一个特定的数据中心。DNAI 的具体数值不是 3GPP 规定的（DNAI 数据类型是字符串），而是由运营商部署和配置来定义。
- 请求所针对的 UE 标识，例如 GPSI 或 UE 组标识。
- N6 流量路由信息，指示应如何在 N6 上转发流量。N6 流量路由信息可以包含 DN 中应用流量朝向的目标 IP 地址（和端口）。
- 时空有效性条件（时间间隔和地理区域）。这些条件指示 AF 的请求适用于何时何地。

当 PCF 收到此信息时，它将创建包含相关信息的 PCC 规则，并将其提供给 SMF。然后 SMF 依据信息进行操作，例如插入 UL CL、使用 SSC 模式 2 或 3 过程触发 PSA 重定位，或者其他操作。图 6.10 描述了一个用例，其中 UL CL 被插入，目标流量被重定向到本地数据中心。

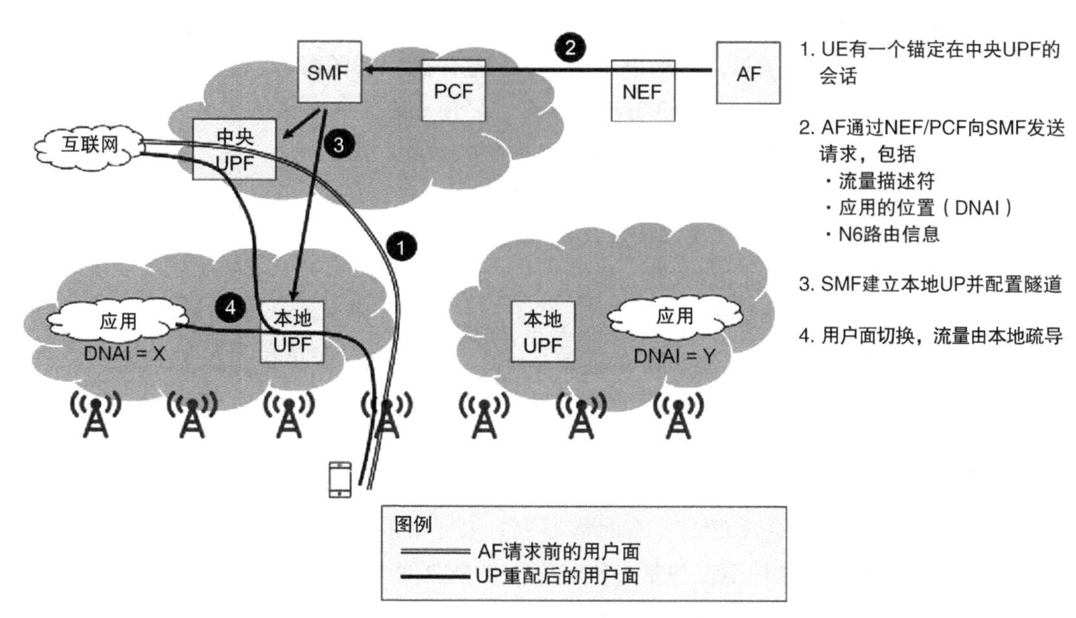

图 6.10 AF 对流量路由影响的用例

AF 可以请求 SMF 通知自己有关 UPF 的事件的发生，例如，当插入 UL CL 或触发 SSC 模式 2 或 3 过程时。AF 可以请求在事件即将发生之前、事件发生之后获得通知。这使 AF 可以采取应用层操作，比如重新确定应用的状态或处理 UE IP 地址的更改。

在 3GPP TS 23.501 的 5.6.7 节中可以发现有关应用功能对流量路由影响的更多详细信息。

6.5 边缘计算

边缘计算旨在使服务更接近要交付的位置。这里的服务包括例如运行一个应用所需的计算能力和内存。因此，边缘计算旨在将应用、数据和计算能力（服务）从一个集中的地点（中央数据中心）推向更靠近用户的位置（例如分布式数据中心），目标既是为了降低等待时间，也是为了降低传输成本。这对于使用大量数据、需要较短响应时间的应用很有益处，例如 VR 游戏、实时面部识别、视频监控等。

边缘计算领域的许多工作已经在边缘应用和相关 API 的应用平台上完成，例如由 ETSI ISG MEC（多接入边缘计算）所做的工作。对于 3GPP，到目前为止，边缘计算的重点是在接入和连接方面。随着新工作的开始，将来的版本中可能会有所变化，但在 Release 15 中是这种情况。

3GPP 没有为边缘计算指定任何特殊的解决方案或架构。取而代之的是，3GPP 定义了几种通用工具，可用于提供有效的用户面路径。这些工具（大多数已在本章前面的部分进行了介绍）不是特定于边缘计算的，而是可以用作边缘计算部署中的推进器。下面列出了用于 UP 路径管理的主要工具，并给出了对其进行更详细描述的参考：

- UPF 选择（更多信息参见 6.3.3.2 节）。
- 到 DN 的选择性流量路由（更多信息参见 6.4.3 节）。
- 会话和服务连续性（SSC）模式（更多信息参见 6.4.2 节）。
- AF 对流量路由的影响（更多信息参见 6.4.4 节）。
- 网络功能开放（更多信息参见 3.11 节）。
- LADN（更多信息参见 6.7 节）。

边缘计算当然也可以从其他 5GS 的通用功能中受益，例如差异化 QoS 和计费。

6.6 会话鉴权和授权

当建立到 DN 的 PDU 会话时，有时需要通过 DN 中的 AAA（鉴权、授权和计费）服务器进行鉴权和授权，这种情况包括 DN 对应的是企业网或由第三方提供。正如我们将在下面看到的，在其他情况下它也可以用作运营商管理 PDU 会话的参数和属性的一种方式。5G 系统通过在 PDU 会话建立期间与 DN-AAA 服务器进行辅助的鉴权和授权来支持此功能。这个辅助的鉴权 / 授权是可选的。它是针对 DN 的 PDU 会话的验证 / 授权，是在注册过程中 AMF 所执行的“主要”5GC 接入鉴权之外，也是在 SMF 使用从 UDM 检索到的签约数据执行的“主要”PDU 会话授权之外。

UE 和 DN-AAA 服务器之间的辅助鉴权使用 EAP。SMF 应执行 EAP 身份验证器的角色。这意味着，当 SMF 从 UE 接收到 PDU 会话建立请求，并被配置为需要 DN-AAA 服务器进行辅助鉴权 / 授权时，SMF 通过请求 UE 提供其 DN 特定身份来启动 EAP 鉴权。该身份可能特定于该 DN，而与 SUPI/SUCI 无关。使用的凭证也与存储在用于“主要”鉴权的 UDM 中的凭证无关。UE 在提供其 DN 标识后，与 DN-AAA 交换由 SMF 转发的 EAP 鉴权消息。在 UE 和 SMF 之间，EAP 消息应在 SM NAS 消息中发送。在 SMF 与 DN-AAA 之间，通过 RADIUS 或 Diameter 发送 EAP 消息。图 6.11 显示了 PDU 会话建立期间用于辅助鉴权 / 授权的简化流程。

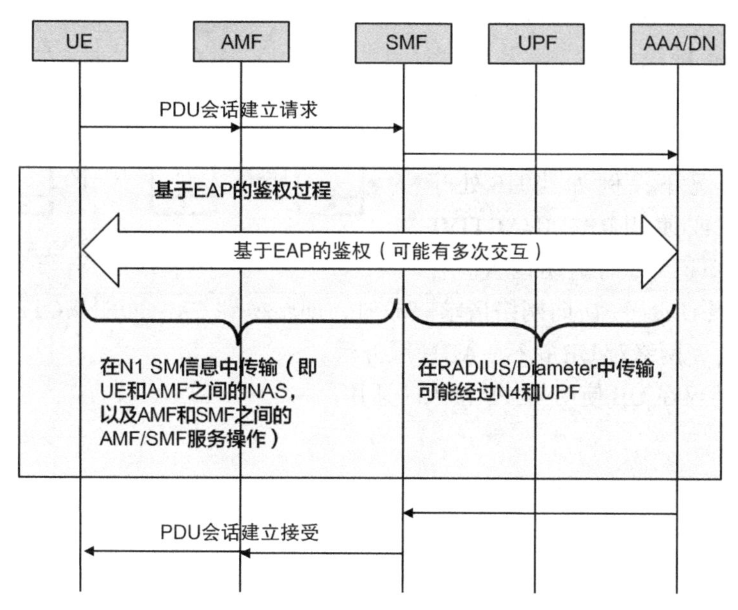

图 6.11　辅助鉴权 / 授权的简化流程

进行辅助授权时，DN-AAA 检查用户是否有权访问 DN（是在基于 UDM 中的签约数据进行的主要授权之外进行的）。DN-AAA 还可以向 SMF 提供 DN 授权数据，该数据将用于已建立的 PDU 会话。DN 授权数据可以包括以太网 PDU 会话的授权 MAC 地址列表或要为基于 IP 的 PDU 会话分配的 UE IP 地址 / 前缀。

6.7　局域数据网

局域数据网（简称 LADN）是 5GS 中的新增功能。LADN 的目的是允许访问一个或多个特定区域中的 DN（和 DNN）。在该区域之外，UE 无法访问 DNN。这可以用于特定的 DNN，比如体育场馆、购物中心、校园或类似场所。

LADN DNN 可用的区域称为 LADN 服务区，并在网络中被配置为一组跟踪区。LADN

DNN 的跟踪区列表在 AMF 中配置。未使用 LADN 功能的 DNN 没有 LADN 服务区，并且不受此功能的限制。当 UE 注册时，LADN 服务区将被提供给 UE，因此，UE 知道 LADN DNN 的可用区域，并且当该 DNN 不在该区域时，不应尝试访问该 DNN。LADN 的场景示例如图 6.12 所示。

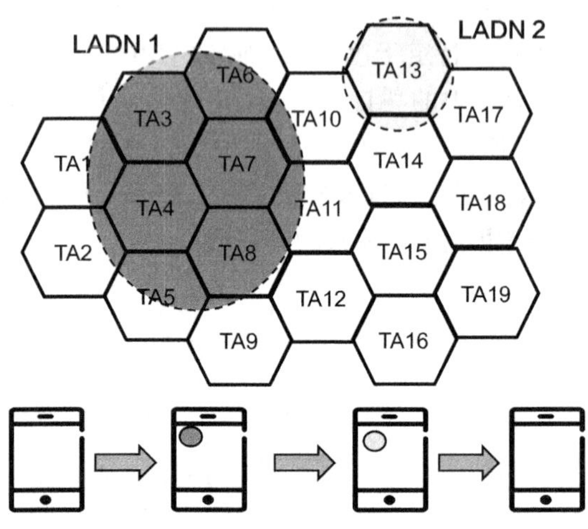

图 6.12　一个城市中有两个 LADN 的场景示例

当 UE 向网络发送针对 LADN DNN 的 PDU 会话建立请求时，AMF 将向 SMF 提供指示，告诉 SMF 该 UE 在 LADN 区域之内还是之外，这使得 SMF 可以确定是接受还是拒绝该请求。如果 UE 在 LADN 服务区内，则 SMF 可以接受该请求，否则 SMF 将拒绝该请求。

在许多情况下，例如当 UE 处于 CM-IDLE 状态或使用 RRC INACTIVE 时，5GC 不会知道 UE 的确切位置。在这种情况下，当 UE 下一次向网络请求服务时，即转换到 CM-CONNECTED 状态或 RRC ACTIVE 状态时，网络对 UE 执行 LADN 服务区。

LADN 功能仅在 UE 使用 3GPP 接入时适用。

第7章

移动性管理

7.1 引言

5GS的移动性管理的一般原则与之前的3GPP系统相似，但有一些关键区别。因此，在本节中，我们首先描述一般原则，然后重点介绍与EPS的主要区别。

与以前的系统一样，移动性是5GS的核心功能。移动性管理是为了确保以下内容：

- 网络可以“联系”到用户，例如，通知用户有他的消息和呼叫。
- 用户可以发起与其他用户或服务（例如Internet访问）的通信。
- 在用户在接入技术之内或之间移动时，可以保持连通性和正在进行的会话。

移动性管理流程通过在UE与网络之间建立和维持连通性，来确保以上内容。

此外，移动性管理功能实现了对UE的识别、安全性，以及在UE与5GC之间的其他通信的一种通用的消息传递手段。

5GC的目标是充当任何接入技术的融合的核心网，也为第2章中所讨论的各种新的用例提供灵活的支持。因此，应该能够对所需要的移动性功能进行选择，因为不同的用户有不同的移动性要求，例如，工厂的机器中使用的终端通常不会移动，但是其他终端可能会。如果需要跟踪并确保终端可达，则需要执行移动性管理流程。此外，移动性管理流程还用于网络上的基本注册，这是启用安全规程并允许UE与其他实体进行通信所必需的。

但是，对于某些用例，例如固定无线接入，几乎没有必要提供一套完整的移动性管理流程：在这种情况下，可以将对所有用户都不重要的流程，作为“与移动性相关的服务”进行添加或删除。在制定5GS规范期间，这被称为“按需移动性”。尽管在之前的系统中没有为不移动的UE或者由不移动的UE生成移动性信令（周期性注册更新除外），3GPP开发了对一些用例的支持，这些用例不需要对移动性的支持或只需要有限的对移动性的支持。

结果是，5GS移动性管理相关的一些可选功能与之前的3GPP系统有所不同：

- 服务区域限制：具有会话连续性的移动性可在某些区域针对UE实施（参见7.5.3节）；
- 局域数据网络（LADN）：具有会话连续性的移动性在PDU会话级别进行控制，从而使某些区域可以进行通信（参见第6章）；
- 仅限终端发起的连接（MICO）：寻呼功能（作为移动服务的一部分）是可选的（参见7.3.2节）。

与5G移动性管理（5GMM）相关的流程分为三类，具体取决于流程的目的以及启动的方式：

1）**通用流程**。只要UE处于CM-CONNECTED状态，就可以启动。

2）**特定流程**。对于每个接入类型，只能运行一个UE发起的特定流程。

3）**连接管理流程**。用于在UE和网络之间建立安全的信令连接，或请求资源预留以发送数据，或同时用于两者。

表7.1按类别列出了移动性管理的流程，以及描述该流程的相关章节。

表7.1 移动性管理功能总览

类型	流程	目的	参考
5GMM通用流程	主要鉴权和密钥协商流程	支持UE和5GC之间的相互鉴权，并在后续的安全流程中在UE和5GC中提供密钥建立	参见第8章
	安全模式控制过程	发起5G NAS安全上下文，即使用相应的5G NAS密钥和5G NAS安全算法，初始化并启动UE和AMF之间的NAS信令安全	参见第8章
	身份识别流程	请求UE向5GC提供特定的识别参数	参见第15章
	通用UE配置更新过程	允许AMF为与接入和移动性管理相关的参数更新UE配置	参见第15章
	NAS传输流程	在UE和AMF之间提供有效负荷的传输	参见第10章和第14章
	5GMM状态流程	随时报告AMF或UE收到5GMM协议数据后检测到的某些错误情况	参见3GPP TS 24.501
5GMM特定流程	注册流程	用于从UE到AMF的初始注册、移动性注册更新或定期注册更新	参见第15章
	注销流程	用于为5GS服务取消UE的注册	参见第15章
	eCall非活动流程	适用于按纯eCall模式配置的UE的3GPP接入	参见3GPP TS 24.501
5GMM连接管理流程	服务请求流程	将CM状态从CM-IDLE更改为CM-CONNECTED状态，或者为没有用户面资源而建立的PDU会话请求建立用户面资源	参见第15章
	寻呼流程	用于5GC请求建立到UE的NAS信令连接，并请求UE重新建立PDU会话的用户面。作为网络触发的服务请求流程的一部分执行	参见第15章
	通知流程	用于5GC请求UE重新建立PDU会话的用户面资源或传递与非3GPP接入相关的NAS信令消息	参见3GPP TS 24.501

7.2 建立连接

7.2.1 网络发现和选择

5GS 的网络发现和选择过程与 EPS 并没有太大区别，并且保留了选择 3GPP 接入类型时使用的原则。

在 UE 可以从 5GS 接收和使用 5GS 的服务和功能（比如来自 SMF 的会话管理服务）之前，UE 需要建立与 5GS 的连接。为此，UE 首先选择网络 /PLMN 和 5G-AN。对于 3GPP 接入即 NG-RAN，UE 选择小区，然后 UE 建立到 NG-RAN 的 RRC 连接。NG-RAN 基于 UE 在建立 RRC 连接时提供的内容（例如，选定的 PLMN、网络切片信息），选择 AMF 并使用 N2 参考点将 UE NAS MM 消息转发到 5GC 的 AMF 中。通过使用 AN 连接（即 RRC 连接）和 N2，UE 和 5GS 完成注册过程。一旦注册过程完成，UE 对于 5GC 就是已知的，并且该 UE 具有到 AMF（UE 到 5GC 的入口点）的 NAS MM 连接，用作到 5GC 的 NAS 连接。UE 与 5GC 中其他实体之间的进一步通信使用已建立的 NAS 连接，作为从该点开始的 NAS 传输。为了节省资源，可以释放 NAS 连接，而 UE 仍在 5GC 中保持注册和已知状态，即，为了重新建立 NAS 连接，UE 或 5GC 可以发起服务请求过程。有关所使用的 NAS 消息，以及用于 UE 和各种 5GC 实体之间通信的 NAS 传输的进一步说明，请参见第 14 章。有关注册和服务请求过程的更多详细信息，有兴趣的读者可以参考第 15 章。

对于接入类型为非受信的非 3GPP 的 5G-AN，其原理相似，但也涉及一个 N3IWF（参见第 3 章）。在这一情况下，UE 首先建立到非 3GPP 接入网（例如到 Wi-Fi 接入点）的本地连接，随后在 UE 和 N3IWF（NWu）之间建立安全隧道作为 AN 连接。UE 使用隧道，通过 N3IWF 向 AMF 发起注册过程。

7.2.2 注册和移动性

使用 NR 和 E-UTRA 的 5GS 的空闲模式移动性管理，基于与 LTE/E-UTRAN（EPS）、GSM/WCDMA 和 CDMA 类似的概念。无线网络由范围从数十米、数百米到数十公里的小区组成（参见第 3 章），并且 UE 会定期向网络更新其位置。由于其所引起的大量信令，因此跟踪处于空闲模式的 UE 在不同小区之间的每次移动，或者针对每个终结事件（例如来话呼叫）在整个网络中搜索 UE 是不现实的。因此，为了提高效率，小区被分组为跟踪区（TA），并且可以将一个或多个跟踪区分配给 UE 作为注册区（RA）。RA 用作网络搜索 UE 以及 UE 报告其位置的基础。

gNB/ng-eNB 在每个小区中广播 TA 标识，UE 将此信息与其先前作为指定 RA 的一部分存储的一个或多个 TA 进行比较。如果广播的跟踪区不是分配的 RA 的一部分，则 UE 会向网络启动一个注册过程，以通知 UE 现在位于不同的位置。例如，当先前被分配了包含 TA 1 和 TA 2 的 RA 的 UE 进入正在广播 TA 3 的小区时，UE 将注意到广播信息包含与其先前作为 RA 的一部分存储的 TA 不同的 TA。该差异触发 UE 向网络执行注册更新过程，在此过程中，UE 将其已进入的新 TA 通知网络。作为注册更新过程的一部分，网络将为 UE 分配一个新的 RA，UE 在继续移动的同时会存储和使用该 RA。

如上所述，RA 由包含一个或多个 TA 的列表组成。为了分发注册更新信令，EPS 引入了 TA 列表的概念，5GS 也采用了 TA 列表的概念。该概念允许 UE 属于一个由不同 TA 组成的列表。不同的 UE 可以被分配给不同的列表。如果 UE 在其分配的 TA 列表内移动，则它不必出于移动性目的（即使使用移动性注册更新的注册类型）执行注册更新。通过将不同的 TA 列表分配给不同的 UE，运营商可以为 UE 提供不同的 RA 边界，从而减少注册更新信令的峰值，例如在火车经过 TA 边界时。

除了在穿过边界到达 UE 未注册的 TA 中时 UE 执行的注册更新之外，还存在周期性的注册更新。当 UE 处于空闲状态时，即使它仍处于相同的 RA 内，它也会根据计时器定期执行注册更新。这些更新用于清除不在覆盖范围内或已关机而未通知网络的 UE 占用的网络资源。

网络由此知道空闲状态的 UE 位于 RA 中包括的某个 TA 中。当 UE 处于空闲状态并且网络需要联系上 UE（例如，为了发送下行流量）时，网络在 RA 中寻呼该 UE。TA 和 TA 列表的大小是系统中注册更新次数和寻呼负载之间的折中。TA 越小，寻呼 UE 所需的小区越少，但另一方面，注册更新将更加频繁。

TA 越大，小区的寻呼负载越高，但是由于 UE 四处移动而引起的注册更新信令将更少。TA 列表的概念还可用于减少由于移动性而引起的注册更新的频率。如果可以预测 UE 的移动，则列表可以针对 UE 做适当设置，以确保它们通过更少的边界，可以向接收大量寻呼消息的 UE 分配较小的 TA 列表，而很少被寻呼的 UE 提供较大的 TA 列表。表 7.2 中列出了各种 3GPP 系统的注册区概念和移动性更新过程的总结。

5GS 中空闲移动性过程的概要如下：

- TA 由一组小区组成。
- 5GS 中的注册区是一个或多个跟踪区的列表（TA 列表）。
- UE 在移动到其注册区（即 TA 列表）之外时，由于移动性而执行注册更新。
- 当定期注册更新定时器到期时，处于空闲状态的 UE 也会执行定期注册更新。

表 7.2 3GPP 无线接入 PS 域的注册区表示

通用概念	5GS	EPS	GSM/WCDMA GPRS
注册区	跟踪区列表（TA 列表）	跟踪区列表（TA 列表）	路由区（RA）
注册区更新过程	注册过程	TA 更新过程	RA 更新过程

由移动性（即注册类型设置为“移动性注册更新”—— MRU）导致的注册更新过程的概述如图 7.1 所示，其中包含以下步骤（详细流程请参阅第 15 章）：

1）当 UE 重选新的小区并发现广播的 TA ID 不在其 RA 的任一 TA 列表中时，UE 启动到网络的 MRU 过程，NG-RAN 将 MRU 路由到为新区域服务的 AMF。

2）一旦从 UE 接收到 MRU 消息，则 AMF 检查该特定 UE 的上下文是否可用。如果不可用，则 AMF 检查 UE 的临时身份（5G-GUTI），以确定哪个 AMF 保留了 UE 的上下文。确定后，AMF 会向旧 AMF 询问 UE 上下文。

3）旧的 AMF 将 UE 上下文传送到新的 AMF。

4）一旦新 AMF 接收到旧的 UE 上下文，它会通过向 UDM 注册自己来通知 UDM UE 上下文已经移至新的 AMF，订阅发送 UDM 解除 AMF 注册的通知，并从 UDM 获取 UE 的签约数据。

5）～6）UDM 在旧 AMF 中注销 UE 上下文（对于 3GPP 访问类型）。

7）UDM 确认新的 AMF，并在新的 AMF 中插入新的签约数据。

8）新的 AMF 通知 UE，MRU 成功了，并且提供一个新的 5G-GUTI（其中 GUAMI 指向新的 AMF）。

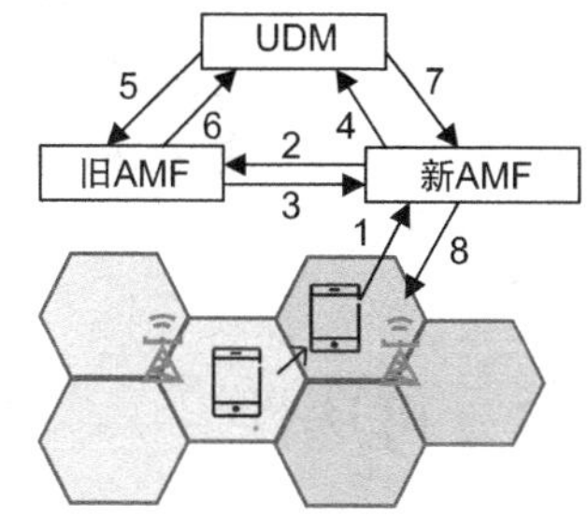

图 7.1　移动性注册更新过程

注册过程也用于在 UE 和 5GC 之间传送信息，这些消息由 AMF 处理。例如，UE 使用注册过程来提供 UE 能力信息或 UE 的设置（例如，MICO 模式）并获取 LADN 信息。因此，如果这些信息（例如 UE 能力）有变化，UE 会重新发起注册过程（注册类型设置为“移动性注册更新”—— MRU）。

7.2.3　蜂窝连接态的移动性

为了优化蜂窝系统连接模式下的移动性，3GPP 已经付出了巨大的努力。不同技术之间使用的基本概念类似，但 UE 和网络之间的功能切割有所不同。处于连接态时，UE 具有一个信令连接，没有或者有一个或多个连接着的用户面资源，并且数据传输可能正在进行。为了限制干扰并向 UE 提供良好的数据通信，与 UE 当前正在使用的小区相比，如果存在能提供更好服务的小区，UE 通过切换来改变小区。为了避免 UE 设计的复杂性和减少 UE 功耗，系统设计确保 UE 在一个时间点上只需收听一个 gNB/ng-eNB。另外，对于 RAT 间切换（例如，从 NR 到 E-UTRAN HO），UE 仅需要一次连接一个无线技术。可能需要在不同技术之间快速来回切换，但是在任何单一时间点，仅连接一种无线技术。

为了确定何时执行切换，UE 定期或在网络指示下，测量相邻小区的信号强度。由于 UE 在测量相邻小区时无法同时发送或接收数据，因此它从网络接收指示，即哪些相邻小区是可用的，哪些小区 UE 应该测量。网络（NG-RAN）设立测量时间间隔，在该测量时间间隔内不会发送数据到 UE 或从 UE 接收数据。UE 利用测量间隙，将接收机调谐到其他小区并测量其信号强度。如果在另一个小区上的信号强度明显更强，则可以由 NG-RAN 启动切换过程。

NG-RAN 可以通过 NG-RAN 节点之间的直接接口（称为 Xn 接口）执行直接切换。在基于 Xn 的 HO 过程中，源 NG-RAN 节点和目标 NG-RAN 节点做好准备并执行 HO 过程。在 HO 执行结束时，目标 NG-RAN 节点请求 AMF 将下行数据路径从源 NG-RAN 节点切换到目标 NG-RAN 节点。AMF 依次请求每个 SMF 将数据路径切换到新的 NG-RAN 节点，并且 SMF 会更新为 PDU 会话提供服务的 UPF。

如果在 UPF 将路径切换到新的 NG-RAN 节点之前，有发送的下行数据包，则源 NG-RAN 节点将通过 Xn 接口转发数据包。

如果 Xn 接口在 NG-RAN 节点之间不可用，则 NG-RAN 节点可以启动涉及 5GC 网络信令的切换。这称为基于 N2 的切换。基于 N2 的 HO 过程通过 AMF 发送信号，并且可能会包括对 AMF 或 SMF/UPF 的更改。有关基于 Xn 和基于 N2 的切换过程的更详细说明，请参见第 15 章。

7.3 可达性

7.3.1 寻呼

寻呼用于搜索空闲 UE 并建立信令连接。例如，到达 UPF 的下行数据包会触发寻呼。当 UPF 接收到发往空闲 UE 的下行数据包时，它没有可向其发送数据包的 NG-RAN 用户面隧道地址。UPF 于是先缓冲数据包，并通知 SMF，下行数据包已到达。SMF 要求 AMF 为 PDU 会话建立用户面资源，而 AMF 知道 UE 所处的 RA，并向 RA 内的 NG-RAN 发送寻呼请求。NG-RAN 使用 UE 的 5G-S-TMSI（10 位）标识的一部分作为输入，来计算在何时寻呼该 UE，然后 NG-RAN 寻呼该 UE。在接收到寻呼消息时，UE 对 AMF 做出响应，并且用户面资源被激活，使得可以将下行数据包转发给 UE。有关网络触发的服务请求过程的更多详细信息，请参见第 15 章，该过程包括寻呼 UE。

7.3.2 仅终端发起的连接模式

引入仅终端发起的连接（MICO）模式，是对于不需要终结服务的 UE 节省寻呼资源。当 UE 处于 MICO 模式且处于 CM-IDLE 状态时，AMF 视其为不可达。MICO 模式的用法并不是对所有类型的 UE 都适用，例如在注册过程中，发起紧急业务的 UE 不应指示 MICO 偏好。

MICO 模式在注册过程中协商（和重新协商），即，UE 可以指示其对 MICO 模式的偏好，AMF 会考虑 UE 的偏好以及其他信息（例如用户的签约和网络策略）以决定是否可以启用 MICO 模式。当 AMF 向 UE 指示 MICO 模式时，RA 不受寻呼区域大小的约束。如果 AMF 服务区域是整个 PLMN，则 AMF 可以向 UE 提供一个“所有 PLMN”的 RA。此时，由于移动性而向同一个 PLMN 重新进行注册是不适用的。

7.3.3　UE 的可达性和位置

5GS 以类似于 EPS 的方式支持位置服务（参见第 3 章），但 5GS 还为 5GC 中的任何被授权的 NF（例如 SMF、PCF 或 NEF），提供了订阅 UE 移动性相关事件上报的可能性。订阅 UE 移动性相关事件的 NF 可以通过向 AMF 提供以下信息来做到这一点：

- 报告与感兴趣区域有关的 UE 位置还是 UE 移动性
- 如果请求了感兴趣的区域，则 NF 将指定该区域为：
  - 跟踪区列表、小区列表或 NG-RAN 节点列表。
  - 如果 NF 关心的是一个 LADN 区域，则 NF（例如 SMF）提供 LADN DNN 以将该 LADN 服务区域指定为感兴趣的区域。
  - 如果请求“在场上报区”（Presence Reporting Area）为关注区域，则 NF（例如，SMF 或 PCF）可以提供一个标识符以指向在 AMF 中配置的一个预先定义的区域。
- 事件上报信息：事件上报模式（例如，定期上报），报告数量，最大上报持续时间，事件上报条件（例如，当目标 UE 移入指定的关注区域时）。
- 通知地址，即 AMF 为其提供通知的 NF 地址，该地址可以是订阅事件的 NF 之外的另一个 NF。
- 事件上报的目标，指特定的 UE、一组 UE 或任何 UE（即所有 UE）。

根据 NF 订阅的信息，AMF 可能需要使用 NG-RAN 才能获取准确的位置信息。在这种情况下，AMF 跟踪每个 NF 订阅的、与一个 UE 或一组 UE 的移动性相关的事件。然后，AMF 使用 NG-RAN 的位置上报来获取位置信息。NG-RAN 的位置上报提供了小区级别的粒度，但这要求 UE 处于 CM-CONNECTED 和 RRC-CONNECTED 状态（例如，如果 UE 处于 RRC 非活动状态，则 NG-RAN 可能会将位置报告为“未知”）。通常，像紧急业务和合法监听需要小区级别的精确度，但如果 5GC 中的 NF 要求，也可以经由 AMF 来使用。AMF 可以请求 UE 的位置，如表 7.3 所述。如果 UE 在场的区域是所请求的对象，AMF 以 TA 列表、小区标识列表或 NG-RAN 节点标识列表的形式向 NG-RAN 提供一个或多个区域（最多 64 个）。

表 7.3　NG-RAN 位置上报选项

位置控制的 AMF 选项	NG-RAN 上报
直接	NG-RAN 直接报告 UE 的当前位置
服务小区的变化	NG-RAN 在每次小区改变时提供 UE 位置
UE 在感兴趣的区域现身	NG-RAN 报告 UE 位置以及相对于关注区域的 UE 位置，如：在里面、在外面或未知（NG-RAN 不知道 UE 是在关注区域内还是在其外部）
停止或取消上报	NG-RAN 停止 / 取消上报

当 NG-RAN 报告 UE 位置时，UE 位置表示为小区标识、TA 以及可选的一个时间戳，该时间戳是最后一次知道 UE 处于所报告的位置中的时间（例如，当 UE 处于 RRC 非活动状态时）。为了确保 5GC 在 RRC 非活动状态时知道 UE 的位置和状态，当 UE 进入或离开

RRC 非活动状态时，AMF 可以请求 NG-RAN 向 AMF 报告 UE 的位置和 RRC 状态。

如果 UE 处于非 3GPP 接入中，则还可以从服务于 UE 的 N3IWF 请求位置上报。在这种情况下，如果检测到 NAT 还包括一个 UDP 或 TCP 源端口号，位置报告包括用于访问 N3IWF 的 UE 本地 IP 地址。

7.4　其他 MM 相关概念

RRC 非活动状态

Release 15 支持以最少的信令进行有效通信。这是通过 RRC 非活动状态的概念实现的，并对 UE、NG-RAN 和 5GC 有影响。

RRC 非活动状态是指 UE 保持 CM-CONNECTED 状态（即在 NAS 层面），并且可以在不通知网络的情况下在 NG-RAN 配置的区域内移动（RAN 通知区域—— RNA）。RNA 是 AMF 分配的 RA 的一个子集。当 UE 处于 RRC 非活动状态时，以下描述适用：

- UE 的可达性由 NG-RAN 管理，5GC 提供辅助信息。
- UE 寻呼由 NG-RAN 管理。
- 通过 UE 的 5GC 的一部分（5G S-TMSI）和 NG-RAN 标识，监视 UE 的寻呼。

在 RRC 非活动状态下，最后一个 NG-RAN 服务节点保存 UE 上下文，以及与服务 AMF 和 UPF 之间的与 UE 相关的 NG（N2 和 N3）连接。因此，UE 无须在发送用户面数据之前向 5GC 发出信号。

NG-RAN 控制何时 UE 进入 RRC 非活动状态以节省 RRC 资源，并且 5GC 为 NG-RAN 提供 RRC 非活动辅助信息，以便 NG-RAN 能够更好地判断是否使用 RRC 非活动状态。RRC 非活动辅助信息包括 UE 特定的 DRX 值、提供给 UE 的 RA、周期性注册更新计时器（如果为 UE 启用了 MICO 模式）以及允许 NG-RAN 计算 UE 的 NG-RAN 寻呼时机的 UE 标识索引值（即 UE 的 5G-S-TMSI 的 10 个比特）。该信息由 AMF 在 N2 激活期间提供，并且 AMF 提供更新的信息，例如，当 AMF 向 UE 分配新的 RA 时。

图 7.2 中，已向 UE 分配了 RA，其中包括 RAN 通知区（深灰色小区）。UE 可以在不通知网络的情况下在 RNA（深灰色小区）内自由移动，如果 UE 仍在 RA 中（例如显示为进入另一个深灰色小区）但移出该 RNA 之外，则 UE 将执行 RNA 更新以允许 NG-RAN 更新 UE 上下文和与 UE 相关的连接。如果 UE 移动到 RA 之外（浅灰色小区），则 UE 还需要通过将注册类型设置为移动性注册更新的注册过程来通知 5GC。

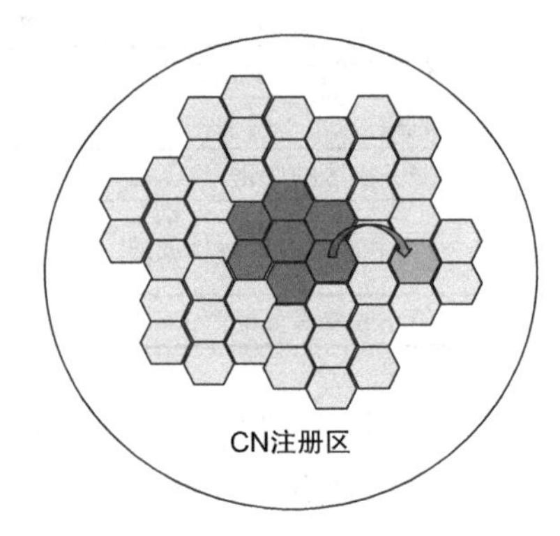

图 7.2　注册区和 RNA 之间的关系

尽管 RRC 非活动状态处于 CM-CONNECTED 状态内，UE 仍执行许多与处于 RRC 空闲状态时相似的动作，即 UE 会执行以下操作：

- PLMN 选择。
- 小区选择和重选。
- 位置注册和 RNA 更新。

对于 RRC 空闲状态和 RRC 非活动状态，都执行 PLMN 选择、小区选择和重选过程以及位置注册。但 RNA 更新仅适用于 RRC 非活动状态，并且当 UE 选择新的 PLMN 时，UE 从 RRC 非活动状态转移到 RRC 空闲状态。

当 UE 处于 RRC 连接状态时，会通知 AMF 该 UE 与之连接的小区，但是当 UE 处于 RRC 非活动状态时，AMF 不知道该 UE 连接至哪个小区以及该 UE 是处于 RRC 连接状态还是处于 RRC 非活动状态。但是，AMF 可以使用 N2 通知过程（称为 RRC 非活动转换报告请求）来订阅有关 UE 在 RRC 连接和 RRC 非活动状态（均为 CM-CONNECTED 状态）之间转换的通知。如果 AMF 已请求持续通知状态转换，则 NG-RAN 会持续进行报告，直到 UE 转换到 CM-IDLE 或 AMF 发送取消指示为止。AMF 还可以订阅有关 UE 位置的通知，参阅 7.3.3 节。

如果 UE 在同一 PLMN 或等效 PLMN 内的不同 NG-RAN 节点中恢复 RRC 连接，则从最后一个 NG-RAN 服务节点中检索 UE 接入层（AS）上下文，并触发一个朝向 5GC 的过程以更新用户面（N3 连接），有关该过程的描述，请参见图 7.3，更多详细信息参见 3GPP TS 23.502。

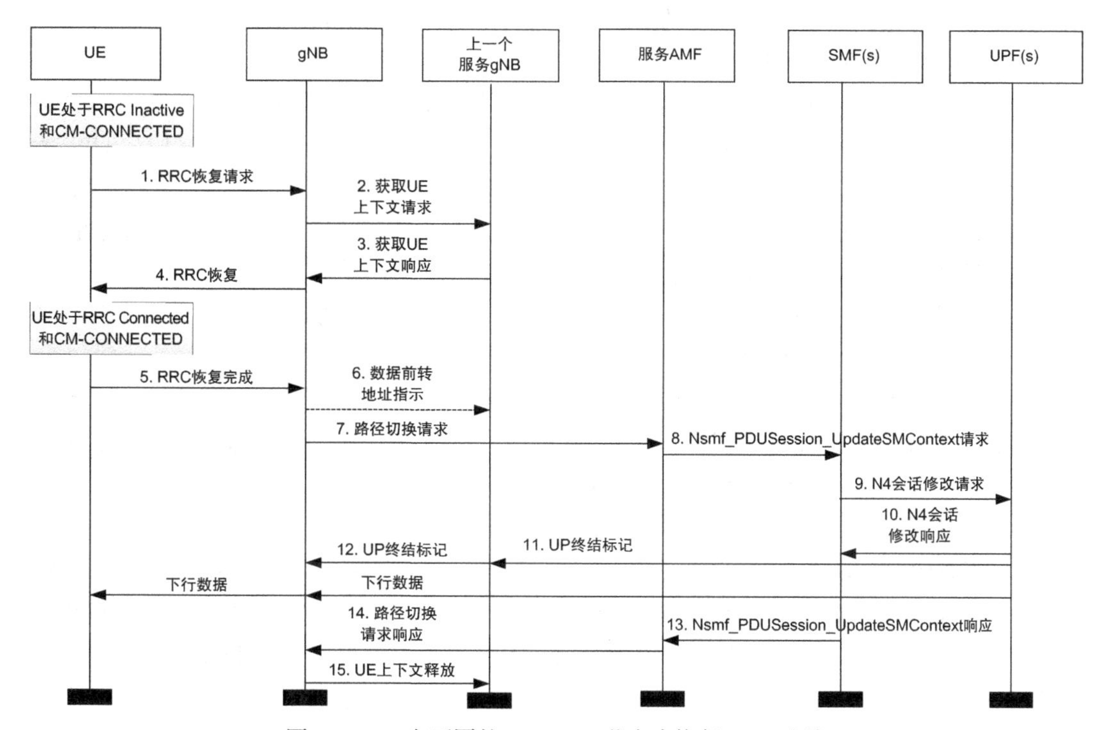

图 7.3　UE 在不同的 NG-RAN 节点中恢复 RRC 连接

如果UE在与RRC连接被暂停的位置不同的NG-RAN节点中恢复RRC连接，则检索UE AS上下文的步骤为：

1）UE请求恢复RRC连接并提供由最后提供服务的gNB分配的I-RNTI（非活动无线网络临时标识符）。

2）gNB检查是否有可能将作为I-RNTI一部分的gNB身份解析出来，如果是则gNB从最后提供服务的gNB处请求UE AS上下文。

3）最后服务的gNB提供UE上下文。

4）gNB恢复暂停的RRC连接。

5）现在处于RRC连接状态的UE确认RRC连接恢复完成。该消息可以包括NAS消息以及所选择的PLMN ID。

6）gNB可以向最后服务的gNB提供转发地址，以防止在最后服务的gNB中缓存的DL用户数据丢失。

7）gNB向AMF发送路径切换请求消息，该消息用于通知此5GC，UE已移动到新的目标小区，并且需要“切换”PDU会话的CP和UP。路径切换请求消息包括NG-RAN DL UP传输层信息和每个已接受的PDU会话的已接受的QoS流，并可选地包含未能建立的PDU会话的列表。

8）对于每个PDU会话，AMF都会向相关SMF发送Nsmf_PDUSession_UpdateSM-Context请求消息，即，对于已接受的PDU会话，该消息包括NG-RAN DL UP传输层信息和已接受的QoS流，对于失败的PDU会话，包含失败的原因。

9）对于被接受的PDU会话，SMF确定现有的UPF是否能够继续为UE服务，如果是，SMF向UPF发送N4会话修改请求以提供更新的DL UP传输层信息。如果UPF无法继续为UE服务，例如如果当前UPF未连接到新的gNB，则SMF会启动一个过程，以在NG-RAN和当前UPF之间插入中间UPF，或者在当前UPF已经是中间UPF的情况下，重新分配新的中间UPF（未包含此过程的步骤）。

10）如果现有的UPF可以服务于UE，则UPF以N4会话修改响应来回复SMF，该N4会话修改响应可以包括UPF UL UP传输层信息。

11）如果SMF给出指示，要求UPF协助gNB重新排序，则在旧UP隧道上发送最后一个PDU之后，UPF将UP隧道上的UP结束标记包发送到源gNB（即最后一个服务的gNB），然后，UPF开始向目标gNB发送DL数据包。

12）最后服务的gNB将UP结束标记包转发到gNB。

13）对于已成功切换的PDU会话，SMF向AMF发送Nsmf_PDUSession_UpdateSM-Context响应，包含UPF UL UP传输层信息；或者对于UP资源去激活或者被释放的PDU会话，发送的消息不包含任何传输层信息，然后SMF使用单独的释放过程释放要释放的PDU会话。

14）AMF等待每个SMF答复，然后聚合从每个SMF接收的信息，并将作为N2 SM

信息的一部分的此聚合的信息以及路径切换请求确认中的“PDU 会话失败”一起发送给 gNB。如果请求的 PDU 会话均未成功切换，则 AMF 将路径切换请求失败消息发送到 gNB。

15）gNB 通过使用 UE 上下文释放消息，在最后服务的 gNB 中释放 UE 上下文来确认过程的成功。

如上所述，RRC 非活动状态是 NAS 级别的连接模式状态，能够节省 RRC 资源，同时 UE 使用的是与空闲模式下类似的逻辑。当 UE 处于 RRC 非活动状态时，由于以下原因，UE 可以恢复 RRC 连接：

- 上行数据待处理。
- 终端发起的 NAS 信令过程。
- 作为对 NG-RAN 寻呼的响应。
- 通知网络它已经离开 RAN 通知区。
- 在周期性的 RAN 通知区更新计时器到期时。

7.5 N2 管理

在 EPS 中，如果 UE 附着到 EPC 并被分配了 4G-GUTI 时，该 4G-GUTI 将与特定的 MME 相关联，如果需要将 UE 移至另一个 MME，则需要用新的 4G-GUTI 更新该 UE。这可能有缺陷，例如，如果 UE 正处于某种节能模式，或者需同时更新大量 UE。5GS 和 N2 支持将一个或多个 UE 移至另一 AMF，而无须立即使用新的 5G-GUTI 更新 UE。

5G-AN 和 AMF 通过传输网络层连接，该层用于在它们之间传输 NGAP 消息的信令。使用的传输协议是 SCTP。5G-AN 和 AMF 中的 SCTP 端点在它们之间建立 SCTP 关联，这些关联由所使用的传输地址标识。SCTP 关联通常称为传输网络层关联（TNLA）。

5G-AN 和 5GC（AMF）之间的 N2（在 RAN3 规范中也称为 NG，例如 3GPP TS 38.413）参考点支持 AMF 的不同部署。或者如下所述。

1）使用虚拟化技术的 AMF NF 实例，能以一种分布式的、冗余的、无状态的和可伸缩的方式向 5G-AN 提供服务，并且可以从多个地点提供服务，或者如 2）所述。

2）使用 AMF 集内的多个 AMF NF 实例的 AMF 集，并且多个 AMF NF 可以提供分布式的、冗余的、无状态的和可伸缩的特性。

通常，前一种部署选项需要 N2 上的操作，例如添加和删除 TNLA，释放 TNLA 并将 NGAP UE 关联重新绑定到同一个 AMF 的新的 TNLA 上。后者除了这些，另外还需要操作以添加和删除 AMF 并将 NGAP UE 关联重新绑定到 AMF 集内的新 AMF 上。

N2 参考点支持一种自动化的配置。在这种类型的配置期间，5G-AN 节点和 AMF 交换 NGAP 信息，即每一方都支持什么，例如 5G-AN 指示支持的 TA，而 AMF 指示支持的 PLMN ID 和服务的 GUAMI。交换通过 NG SETUP 过程进行，如果需要更新，还需要

RAN 或 AMF CONFIGURATION UPDATE 过程。AMF CONFIGURATION UPDATE 过程也可以用于管理 5G-AN 使用的 TNL 关联。这些消息（有关消息的完整列表，请参阅第 14 章）是非 UE 关联的 N2 消息的示例，因为它们与 5G-AN 节点和 AMF 之间使用非 UE 关联的信令连接的整个 NG 接口实例有关。

与 UE 关联的服务和消息与一个 UE 相关。提供这些服务的 NGAP 功能与为 UE 维护的与 UE 关联的信令连接相关。图 7.4 展示了 5G-AN 和 AMF 中的 NG-AP 实例，这些实例可以是非 UE 关联的，也可以是 UE 关联的。NG-AP 通信使用以 TNLA 为传输（SCTP 用作传输协议，请参见第 14 章）的 N2 连接。

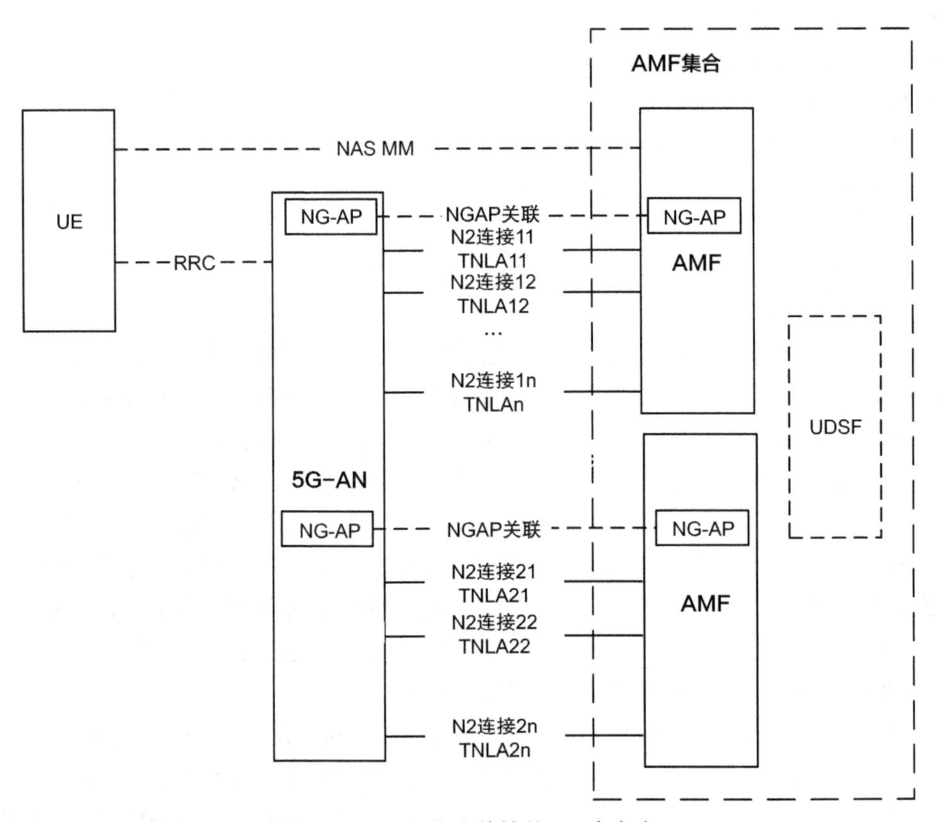

图 7.4 TNLA 作为传输的 N2 参考点

N2 参考点支持每个 AMF 的多个 TNL 关联（最多 32 个）。可以根据需要和权重因子添加或删除 TNL 关联，这些因子可用于引导 5G-AN 用于与 AMF 进行 NGAP 通信的 TNL 关联（即，实现 5G-AN 和 AMF 之间的 TNL 关联的负载均衡和 TNL 关联的重新平衡）。

对于处于 CM-CONNECTED 状态的特定 UE，除非被 AMF 明确更改或释放，否则 5G-AN 节点（例如 gNB）将保持相同的 NGAP UE-TNLA 绑定（即，对该 UE 使用相同的 TNL 关联和相同的 NGAP 关联）。

AMF 可以随时更改 CM-CONNECTED 状态下用于 UE 的 TNL 关联，例如通过使用不同的 TNL 关联，响应来自 5G-AN 节点的 N2 消息。当 UE 上下文移动到 AMF 集合内的另一个 AMF 时，这是有用的。

AMF 还可以随时命令 5G-AN 节点释放处于 CM-CONNECTED 状态的 UE 所使用的 TNL 关联，同时保持该 UE 的用户面的连通性（N3）。如果以后需要更改 AMF 集内的 AMF（例如，当要停用 AMF 时），这将很有用。

7.5.1 AMF 管理

5GC，包括 N2，支持在 AMF 集添加和删除 AMF。在 5GC 中，当添加新的 NF 时，会更新 NRF（以及与 EPS 互通的 DNS 系统），并且 AMF 的 NF 配置文件中包含 AMF 处理的 GUAMI。对于 GUAMI，还可能在 NRF 中注册有一个或多个备用 AMF（例如，在 AMF 出现故障或被移除的情况下使用）。

可以通过 AMF 将注册的 UE 上下文存储到 UDSF（非结构化数据存储功能）中，或者通过 AMF 从 NRF 中注销自己，来完成 AMF 的有计划的删除。在后一种情况下，AMF 会通知 5G-AN 该 AMF 将无法用于处理在此 AMF 上配置的 GUAMI 的事务。另外，AMF 可以通过改变朝向 5G-AN 的 AMF 的权重系数，例如将其设置为零，来减轻负载，使 5G-AN 为进入该区域的新 UE 选择 AMF 集内的其他 AMF。

如果 AMF 指示它不可用于处理事务，则 5G-AN 会在同一 AMF 集内选择一个不同的 AMF。如不能，则 5G-AN 从另一个 AMF 集中选择一个新的 AMF。AMF 还可通过指示将 NGAP UE 关联重新绑定到同一 AMF 集内不同 AMF 上的可用 TNLA 上，来控制 AMF 集内新 AMF 的选择。

在 5GC 中，NRF 通知已订阅的 CP NF，GUAMI 标识的 AMF 将不可用于处理事务。然后，CP NF 在同一 AMF 集内选择另一个 AMF，新的 AMF 从 UDSF 检索 UE 上下文，并用新的 5G-GUTI 更新 UE，用新的 AMF 地址信息更新其他对等的 CP NF。

如果 AMF 集合中未部署 UDSF，则按与 UDSF 相似的方式完成对 AMF 的计划删除，区别在于 AMF 可以将已注册的 UE 上下文转发到同一 AMF 集中的目标 AMF。一个备用 AMF 的信息可以在第一次交互过程中发送到其他 NF。

AMF 移除也可能是计划外的，即由于某些故障。为了自动恢复到另一个 AMF，可以将 UE 上下文存储在 UDSF 中，或者按 GUAMI 粒度存储在其他 AMF（用作指示的 GUAMI 的备用 AMF）中。

7.5.2 5GC 协助 RAN 优化

由于当 UE 转换到 RRC-IDLE 时 UE 上下文信息未保留在 NG-RAN 中，因此 NG-RAN 可能难以优化与 UE 相关的逻辑，因为 UE 特定的行为是未知的，除非 UE 已处于 RRC-CONNECTED 状态一段时间了。NG-RAN 有特定的方法来检索这种 UE 的信息，例如，

UE 历史信息可以在 NG-RAN 节点之间传送。为了进一步帮助 NG-RAN 中的优化决策，例如对于 UE RRC 状态转换、CM 状态转换决策以及针对 RRC-INACTIVE 状态的优化的 NG-RAN 策略，AMF 可以向 NG-RAN 提供 5GC 辅助信息。

5GC 具有更好的方法来更长时间地存储与 UE 相关的信息，并且具有通过外部接口从外部实体检索信息的方法。当 5GC（AMF）计算时，所使用的算法和相关标准，以及何时适合发送给 NG-RAN 的决定，由厂商的产品实现决定。因此，与发送到 NG-RAN 的辅助信息一起，通常伴随着一个指示，指出它是通过统计数据导出的还是通过签约信息（例如，通过合约或 API）检索到的。

5GC 的辅助信息分为三部分：

- 核心网辅助的 RAN 参数调整。
- 核心网辅助的 RAN 寻呼信息。
- RRC 非活动辅助信息。

核心网辅助的 RAN 参数调整为 NG-RAN 提供了一种了解 UE 行为的方式，从而可以优化 NG-RAN 逻辑，例如 UE 应在特定状态保持多长时间。除了表 7.4 中列出的内容外，5GC 还提供了信息来源，例如，是签约信息还是基于统计信息得出的。

表 7.4　发送给 NG-RAN 的 CN 辅助信息一览

辅助信息	信息	数值	描述
核心网辅助的 RAN 参数调整	期望的活动时长	整数（秒）(1…30|40|50|60|80|100|120|150|180|181, …)	如果设为 181，则期望的活动时长超过 181
	期望的空闲时长	整数（秒）(1…30|40|50|60|80|100|120|150|180|181, …)	如果设为 181，则期望的活动时长超过 181
	期望的 HO 间隔	枚举（sec15, sec30, sec60, sec90, sec120, sec180, long-time, …）	NG-RAN 节点之间切换的预期时间间隔。如果包括“long-time”，则 NG-RAN 节点之间切换的间隔预计将超过 180 秒
	期望的 UE 移动性	枚举（stationary, mobile, …）	指示期望 UE 是静止的还是移动的
	期望的 UE 移动轨迹	小区标识和在小区内停留时间的列表（0…4095 秒）	包括已访问和未访问的小区的列表。访问的小区包含“小区内停留时间”(如果超过 4095 秒，则设置 4095)
RRC 非活动辅助信息	UE 标识索引值	UE 的 5G-S-TMSI 的 10 个比特	用于 NG-RAN 节点计算寻呼帧
	UE 特定 DRX	枚举（32, 64, 128, 256, …）	作为输入导出 3GPP TS 38.304 中规定的 DRX
	周期性注册更新计时器	比特位串（SIZE(8)）	如 3GPP TS 38.413 中所定义的用比特位导出计时器的值
	MICO 模式指示	枚举（true, …）	UE 是否配置为 MICO 模式
	RRC 非活动状态的 TAI 列表	TAI 列表	对应于 RA 的 TAI 列表

（续）

辅助信息	信息	数值	描述
寻呼的辅助数据	推荐的寻呼小区	小区标识和在小区内停留时间的列表（0…4095 秒）	包括已访问和未访问的小区的列表。访问的小区包含“小区内停留时间”（如果超过 4095 秒，则设置 4095）
	寻呼尝试计数	整数（1…16, …）	每次新的寻呼尝试后加 1
	寻呼尝试计划次数	整数（1…16, …）	
	下次寻呼区范围	枚举（same, changed, …）	指示在下一次寻呼尝试时，寻呼区域范围是否会改变
	寻呼优先级	枚举（8 个值）	可以用于 NG-RAN 拥塞时的寻呼优先级处理

核心网辅助的 RAN 寻呼信息是对寻呼策略信息（PPI）和与 QoS 流相关的 QoS 信息（有关 QoS 的更多详细信息，请参阅第 9 章）的补充，并且协助 NG-RAN 制定 NG-RAN 的寻呼策略。核心网辅助的 RAN 寻呼信息还包含寻呼优先级，该优先级为 NG-RAN 提供了一种了解下行信令重要性的方式。如果支持 RRC 非活动状态并且不要求 UE 处于 RRC-CONNECTED 状态，例如为了跟踪的目的，AMF 向 NG-RAN 提供 RRC 非活动辅助信息，以协助 NG-RAN 管理 RRC 非活动状态的使用。表 7.4 概述了各种 CN 辅助信息，不过作为 5GC 发送给 NG-RAN 的 N2 消息的一部分，还有更多可用信息可供 NG-RAN 使用以优化其行为，感兴趣的读者可参见 3GPP TS 38.413 以获取更多信息。

7.5.3 服务区和移动性限制

移动性限制使网络能够通过签约等方式控制 UE 的移动性管理，以及 UE 如何接入网络。5GS 应用了与 EPS 中类似的逻辑，但同时也添加了一些新功能。

5GS 支持以下功能：

- RAT 限制：
  - 定义了不允许 UE 在 PLMN 中接入的 3GPP RAT，并且可以作为移动性限制的一部分由 5GC 提供给 NG-RAN。RAT 限制由 NG-RAN 在连接模式移动性下强制执行。
- 禁区：
  - 禁区是不允许 UE 向 PLMN 发起与网络的任何通信的区域。
- 核心网类型限制：
  - 定义是否允许 UE 访问 PLMN 的 5GC、EPC 或两者。
- 服务区限制：
  - 定义如下区域来控制是否允许 UE 对服务发起通信：
    - 允许区域：在允许区域中，允许 UE 按照签约允许的方式发起与网络的通信。
    - 非允许区域：在非允许区域中，UE 受“服务区限制”，这意味着无论是 UE 还是网络都不允许启动信令以获取用户服务（在 CM-IDLE 和 CM-CONNECTED

状态下)。UE 照常执行与移动性有关的信令，例如移出 RA 时，移动性注册的更新。非允许区域中的 UE 回复 5GC 发起的消息，从而使得可以通知 UE 该区域是非允许区域。

RAT、禁区和核心网类型限制的工作方式与 EPS 中类似，但是服务区限制是一个新概念。如前所述，它是为更好地支持不需要完全移动性的用例开发的。一种用例是支持固定无线接入，例如为用户提供支持 3GPP 接入技术的调制解调器或设备，但用户签约将使用限制在某个区域，例如在家里。给 UE 提供指示允许区域或非允许区域的 TA 的列表。为了动态调整用户住所的区域（以成为允许区域），签约中可能还包含一个数字，指示允许的 TA 的最大数量。当 UE 注册到网络时，将从 UE 四处移动的区域导出成为允许区域的 TA。如果 UE 注销并重新注册，则重新计算允许区域。在签约中设置了服务区限制，但也将其发送到 PCF，从而允许 PCF 减少非允许区域或增加允许区域，例如当用户同意对某个区域网络接入的某些赞助的时候。

如何使用一个具有最大允许 TA 数量的许可区域的用户签约，图 7.5 给出了一个例子，该图显示了一个穿过 TA1、TA2 和 TA4 的建筑物。当用户同意仅限于其住所区域的签约时，运营商会确定要用于此签约的 TA（例如，根据用户的住所地址确定的 TA2），并且可以另外添加最大数量的允许的 TA，例如设置为 3，以确保覆盖建筑物的整个区域。当用户在家里（例如在 TA1 中）注册时，UE 可以获得 TA1 的 RA 以及 TA1 和 TA2 的允许区域作为对其注册的答复。与保留的最大数量（现在包括 TA1 和 TA2）（即两个 TA）相比，网络保存着“允许区域”中包含的 TA 数量的计数。当用户移动到 TA2 和 TA4 时，UE 可以得到一个 TA1、TA2 和 TA4 的 RA，以及相同 TA 的允许区域。当用户离开住所来到 TA5，则 UE 将获得新的设置为 TA5 的 RA，并获得 TA5 是非允许区域的信息。因此，用户的 UE 无法用于正常服务。当用户再次回到家中时，UE 会获得 TA1、TA2 和 TA4 的 RA，以及 TA1、TA2 和 TA4 属于允许区域的信息。用户现在可以再次使用其 UE。

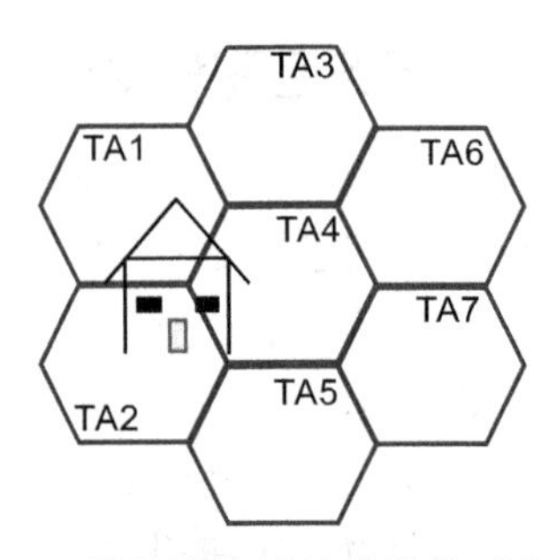

图 7.5　横跨跟踪区的建筑物（这些跟踪区用于构造允许区域）

TA 的大小取决于许多因素，例如小区数量以及是否使用更高的频段。虽然跨越三个 TA 的建筑物的例子可能并不常见，因为 TA 通常比一栋建筑物大，但高频段的使用以及 5GS 使用三个八位组识别 TA 的事实（相对于 EPS 的两个八位组），使得 5GS 部署较小的 TA 的可能性更大。

7.6　过载控制

5GS 支持不同机制控制 UE 向 5GS 产生的负荷。

5GC 具有平衡 NF 上的负载并缩放 NF 消耗的资源量的机制，这通常足以应付影响 5GC 的正常负载波动。为了保护自己免受过载的影响，5GC 支持多种机制，包括通过 NAS 退避计时器（用于移动性管理以及会话管理消息）指示 UE 进行退避，以使 UE 在退避计时器到时之前不会尝试重新连接。5GS 还可以指示 NG-RAN 采用发送给它的 NGAP 过载开始消息中的不同的标准，来减少对 AMF 的负载。这类似于为 EPC 规定的内容。

NG-RAN 支持使用无线资源管理（RRM）技术引导 UE，以便可以有效利用 NG-RAN 资源。5GC 还可以通过向每个 UE 的 NG-RAN 提供 RAT/ 频率选择优先级（RFSP）来影响 NG-RAN 的 RRM 策略，这可以用来告诉 NG-RAN 如何为特定的 UE 优化 NG-RAN 资源。另外，如图 7.6 所示，NG-RAN 支持在过载情况下处理 UE 流量的不同技术。

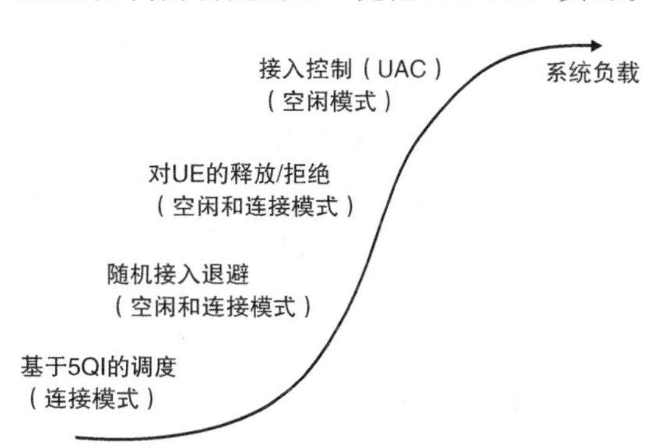

图 7.6 作为系统负载函数的接入和拥塞控制机制

可以使用不同的方法来处理 NG-RAN 控制面中可能出现的瓶颈，这也可以保护 5GC。所使用的机制通常取决于系统中的负载。总结如下：

控制信道资源的拥塞：基于 5QI 的调度控制的情况是，比如当等待调度的用户数超过了可接受的用户数时，这会导致随机接入过程失败。随机接入过程是当 UE 想要发起与网络的通信时使用的一个较低层的过程，例如从时序角度看，UE 要与网络同步。有关此过程的说明，参见 3GPP TS 38.321。

随机接入信道（RACH）资源的拥塞：随机接入退避。这将使某些 UE 进入更长的退避时间。这发生在当 RACH 上有非常多的接入尝试以至于无法再检测到 UE 提供的前导码的时候。

释放 / 拒绝 UE RRC 连接：如果没有足够的资源来处理 RRC 连接请求，则可以尝试释放 RRC 连接或拒绝 RRC 连接。通过释放已经建立的 RRC 连接，RRC 连接释放被执行以减轻 NG-RAN 中的拥塞。在 UE 已经成功完成随机接入过程并且已经发送了 RRC 连接请求之后，可以对尝试初始接入的 UE 使用 RRC 拒绝。但是请注意，在 5GS 中，RRC 连接请求没有提供有关 UE 的 GUAMI 的足够信息，因此无法识别为 UE 提供服务的 AMF，因为在 5GS 中，标识已从 40 位增加到 48 位。这意味着，如果 NG-RAN 尝试控制 AMF 的过载（例如，由于从 AMF 接收到 NGAP Overload Start 消息），则将执行 RRC 连接释放，因为在 RRC 连接建立之前，并不知道 AMF 的标识。

严重且无法控制的拥塞：在极端情况下，例如，如果 NG-RAN 中的随机接入过载或控制面过载处于无法通过上述机制降低的水平，则甚至可以防止 UE 尝试建立连接。这是通过使用称为统一接入控制（UAC）的机制来完成的，该机制是 EPS 中各种限制机制的演进，成为单一的且更灵活的解决方案。在 NG-RAN 的拥塞预防工具箱中，UAC 是最严厉的措施，因此，只有在所有其他手段都无济于事的情况下才应调用UAC，因为UAC影响着更广泛的UE，例如，UAC通常不能用于减少特定AMF的负载。

统一接入控制

EPS支持多种接入限制机制，因为它们是在不同版本中开发的，可满足不同的拥塞控制需求。5GS支持一种称为统一接入控制（UAC）的机制，该机制可扩展、灵活（例如，每个运营商可以在使用接入控制时定义自己的类别），并支持各种不同的方案。UAC影响处于所有RRC状态（即RRC_IDLE，RRC_INACTIVE和RRC_CONNECTED状态）的UE。在多个5GC共享同一个NG-RAN的情况下，NG-RAN为每个PLMN单独提供UAC。

当UE要访问5GS时，UE首先执行接入控制检查以确定是否允许访问。这是通过UE NAS层将请求映射到一个或多个接入标识和一个访问类别来完成的，NAS层将接入标识和接入类别通知较低层（AS层）。然后，AS层将基于确定的接入标识和接入类别，对该请求执行接入限制检查。如果AS层指示允许接入尝试，则NAS启动该过程，但如果AS指示禁止接入尝试，则NAS不启动该过程。AS层基于每个接入类别运行限制计时器。在限制计时器到期时，AS层向NAS层指示放松对接入类别的接入限制。

以下是定义的接入标识：

0：UE未使用表中的任何参数进行配置。

1：UE配置为多媒体优先服务（MPS）。

2：UE配置为关键任务服务（MCS）。

3～10：保留以备将来使用

11：在UE中配置接入类别11（即，供PLMN使用）。

12：在UE中配置了接入类别12（即安全服务）。

13：在UE中配置了接入类别13（即公用事业（如水/煤气供应商））。

14：在UE中配置了接入类别14（即紧急业务）。

15：在UE中配置了接入类别15（即PLMN工作人员）。

接入标识11和15在HPLMN或等效的HPLMN中有效。接入标识12、13和14仅在HPLMN中有效，并且仅在UE本国的访问PLMN中有效。

以下是对定义的接入类别的总结：

0：对寻呼的响应或者非3GPP接入上的NOTIFICATION，或者LPP消息。

1：尝试接入容忍时延的服务。

2：UE正在尝试接入紧急会话。

3：用于MO信令的接入尝试。

4：MO MMTel语音通话。

5：MO MMTel 视频通话。

6：MO SMS over NAS 或者 MO SMSoIP。

7：对 MO 数据的接入尝试。

32 ～ 63：对运营商定义的接入类别的接入尝试。

运营商定义的接入类别可以使用 NAS 信令发送给 UE，并定义为：

（a）一个优先级值，该优先级值指示 UE 应按何种顺序评估运营商定义的类别以进行匹配。

（b）运营商定义的接入类别编号，即 32 ～ 63 范围内的接入类别编号，用于唯一标识 PLMN 中的接入类别，在该 PLMN 中这些类别被发送给 UE。

（c）一个或多个接入类别条件类型和相关的类型值。可以将接入类别条件类型设置为以下之一：

（1）DNN。

（2）5QI（3GPP 尚未决定是否将 5QI 用作条件）。

（3）OS Identity + OS Application Identity 触发接入尝试。

（4）S-NSSAI（参见第 11 章）。

（d）可选地，可以将标准化的接入类别与 UE 的接入标识结合使用，以确定 RRC 建立原因。

7.7 非 3GPP 方面

如第 3 章所述，Release 15 中支持的非 3GPP 接入类型是非受信的非 3GPP 接入。UE 对 3GPP 接入和非 3GPP 接入都使用移动性管理过程，但存在一些差异。

为了建立 NAS 信令连接并转换到 CM-CONNECTED 状态，UE 通过对 N3IWF 的非信任的非 3GPP 接入，建立 NWu 连接。

UE 可以同时通过 3GPP 和非 3GPP 接入连接到 5GS。在这种情况下，如果针对两种接入类型将 UE 注册到相同的 PLMN，则通常将 UE 注册到一个 AMF。当 UE 具有与非 3GPP 接入相关的 PDU 会话，在 EPS 的移动性操作之后，UE 可以临时连接到同一 PLMN 的两个不同 AMF。如果针对两种接入类型将 UE 注册到不同的 PLMN，则 UE 注册到两个不同的 AMF，每个 PLMN 有一个 AMF。

UE 和 AMF 为每种接入类型执行单独的注册过程，并且每种接入都有单独的注册和 CM-IDLE/CONNECTED 状态，但是当连接到相同的 PLMN 时，为了确保为两种接入类型选择相同的 AMF，AMF 将分配对两种接入类型都通用的 5G-GUTI 给 UE。

对于非受信非 3GPP 接入，存在一个运营商特定的（即由 PLMN 决定的）TA 标识，这意味着对于非 3GPP 接入，UE 的 RA 是一个 TA，因此当 UE 改变非 3GPP 的接入附着点（例如更改 WLAN 接入点）时，UE 不执行任何移动性注册更新。

当使用非 3GPP 接入时，UE 不使用周期性注册更新，即，周期性注册更新计时器仅适用于通过 3GPP 接入向 5GS 注册的 UE。当 UE 进入非 3GPP 接入的 CM-IDLE 状态时（即当非 3GPP 接入上的 N1 NAS 信令连接被释放时），UE 启动非 3GPP 注销计时器（指示对于非 3GPP 接入何时将 UE 视为隐式注销），并且 AMF 启动非 3GPP 隐式注销计时器。AMF 在注册过程中将非 3GPP 注销计时器的值提供给 UE，且非 3GPP 隐式注销计时器的值比 UE 的非 3GPP 注销计时器长。这意味着在这些计时器到期之前，UE 需要例如通过为 PDU 会话重建用户面资源进入 CM-CONNECTED 状态，否则 UE 将被注销。

不支持对非受信的非 3GPP 接入进行寻呼，这意味着也不需要 MICO 模式（参见 7.3.2 节）。不过，对于一个处于 CM-IDLE 状态且已注册于同一 PLMN 中的非 3GPP 接入和 3GPP 接入之上的 UE，可以通过 3GPP 接入联系上该 UE，以便使用非 3GPP 的相关过程。在这种情况下，AMF 指示该过程与非 3GPP 接入有关，并且 UE 通过 3GPP 接入进行回复。类似地，对于一个在 SMF 中的（即最后路由的）与 3GPP 接入相关的 PDU 会话，可以通过非 3GPP 接入联系上 UE，此时，UE 通过 3GPP 接入进行答复。

Release 16 添加了对可信的非 3GPP 接入和有线接入的支持。通常，它们遵循与上述非 3GPP 接入相同的原理，但是存在一些差异，例如当涉及接入网特定的处理时。有关连接到 5GC 的有线接入的更多信息，请参见第 16 章。

7.8 与 EPC 互通

7.8.1 概述

如第 3 章所述，与 EPC 的互通预计将持续一段时间，这取决于对 NR 的频率分配以及建立 NR 覆盖范围所花费的时间。第 3 章概述了为什么需要与 EPC 进行互通、总体架构以及互通的总体原则和选项。在本节中，我们将更详细地介绍与移动性相关的互通考虑。

为了强调 SMF 和 UPF 需要在 S5-C 和 S5-U 接口上支持 EPC PGW 的逻辑和功能，有必要对第 3 章中的架构图提供更多描述。因此它们分别被称作 PGW-C + SMF 和 UPF + PGW-U，见图 7.7。为了确保与适当的 EPS 功能的互通，对于给定的 UE，每个 APN 仅分配一个 PGW-C + SMF，这是通过 HSS + UDM 按每个 APN 给 MME 提供一个 PGW-C + SMF FQDN 来实现的。

在 5GS 中使用非 3GPP 接入时，与 EPC 互通也是适用的，在这种情况下，NR 将被 N3IWF 以及特定于接入的实体（比如在 Wi-Fi 接入点之下的实体）所代替。此外，在使用 3GPP 接入连接 5GC 的同时，也可以与连接非 3GPP 接入的 EPC 之间进行互通，并且在这种情况下，MME 和 SGW 将被 ePDG 取代，HSS 将被 3GPP AAA 服务器取代（对这些选项不再做进一步描述，感兴趣的读者可参阅 3GPP 规范，例如 3GPP TS 23.501）。

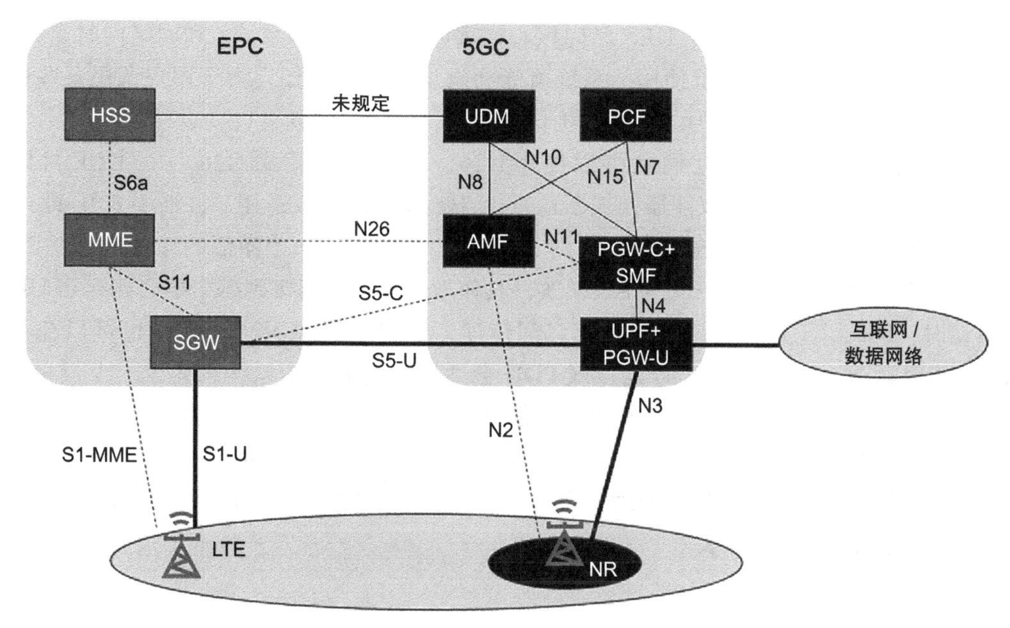

图 7.7 EPC 和 5GC 互通的详细架构

为了使互通成为可能，要求 UE 支持 EPC NAS 过程和 5GC NAS 过程。如果不是这种情况，则 UE 将被定向到 UE 支持的核心网，并且不可能在 EPC 和 5GC 之间互通。

7.8.2 使用 3GPP 接入与 EPC 互通

7.8.2.1 概述

当 UE 选择网络（或 PLMN）或驻留在一个同时连接到 EPC 和 5GC 的小区（即它同时收听 EPC 和 5GC 的小区广播）上时，UE 需要选择要注册的核心网。该决定可以由运营商控制或由用户控制。运营商可以控制决策，例如通过使用 USIM 中由运营商控制的优先级列表来影响网络选择，由此运营商能够引导网络选择，包括使用哪种接入技术，例如：NG-RAN 优先还是 E-UTRAN 优先；或者运营商可以将签约设置为仅允许 EPC、5GC 或两者同时使用；或者运营商可以控制每个 UE 的 RRM 过程以优先使用某些无线接入。用户可以通过手动选择网络（这将创建一个用户控制的网络优先级列表，包括接入技术）来控制选择的决策，或者可以通过要求使用某个 5G 系统尚未支持的服务来间接影响选择，这将导致 UE 禁用允许 UE 接入 5G 系统的相关的无线能力，从而使 UE 选择例如 4G 系统。由于对 5GC 和 EPC 使用的是不同的 NAS 协议，UE 中的 NAS 层会向 AS 层指示是要向 5GC 还是向 EPC 发起 NAS 信令连接，NAS 层会向相应的核心网发起 NAS 消息并将其发送给 AS 层，该 AS 层在发往 RAN 的 RRC 中指示该 NAS 消息用于哪种类型的核心网。RAN 选择相应的核心网实体，即用于 5GC 的 AMF，用于 EPC 的 MME。

一旦做出初步选择，并且UE（已向核心网表明它支持两个系统）和网络同时支持5G和4G系统，则在特定时间点使用的系统可能会发生变化，例如，由于用户调用某些服务或由于无线覆盖问题，或者为了平衡系统负载。

规范规定，与EPC的互通既可以使用N26，也可以不使用N26，并且UE可以在3GPP接入的单注册模式或双注册模式下运行（当使用N26时仅适用单注册模式），即：

在**单注册模式**下：对于连接核心网的3GPP接入，UE有一个激活的移动性管理状态，并且处于5GC NAS模式或EPC NAS模式，具体取决于UE连接到哪个核心网；当UE来回移动时，UE上下文信息在两个系统之间传递，这可以通过N26完成，也可以在没有N26接口时通过UE将每个PDN连接或PDU会话挪动到另一个系统来完成。为了使目标系统中的RAN选择UE在源系统（如果可用）中注册的相同的核心网实体，并且能够通过N26检索UE上下文，UE在EPC和5GC之间移动时将会把4G-GUTI映射到5G GUTI，反之亦然，如图7.8所示。为了处理安全上下文，第8章介绍了如何在返回5GC时有效重用之前建立的5G安全上下文。

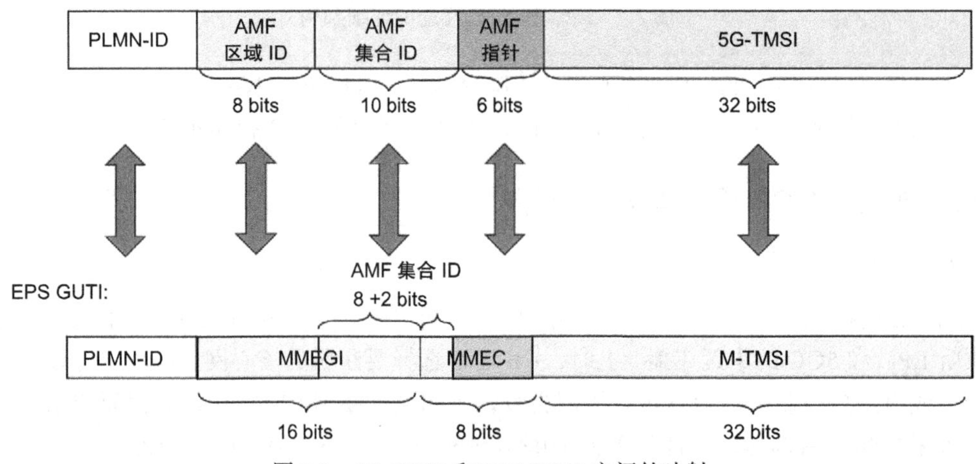

图7.8　5G-GUTI和EPS GUTI之间的映射

在**双注册模式**下：UE使用各自独立的RRC连接为3GPP接入5GC和EPC维护独立的移动性管理状态。在这种模式下，UE分别维护5G-GUTI和4G-GUTI，并且UE可以仅注册到5GC、仅注册到EPC或同时注册到5GC和EPC。

应当注意，N26仅用于3GPP接入。EPC和5GC系统中3GPP接入与非3GPP接入之间的PDU会话的移动性由UE驱动，并且不需N26即可支持。本节中的其余描述集中于3GPP接入的互通。

当UE从一个系统移动到另一个系统时，UE以目标系统的格式提供其UE临时标识。如果UE之前已经在目标系统中注册/附着到另一个系统，或者根本没有注册/附着，并且不持有目标系统的任何 UE 临时标识，则 UE 提供一个映射的 UE 临时标识，如图 7.9 所示。

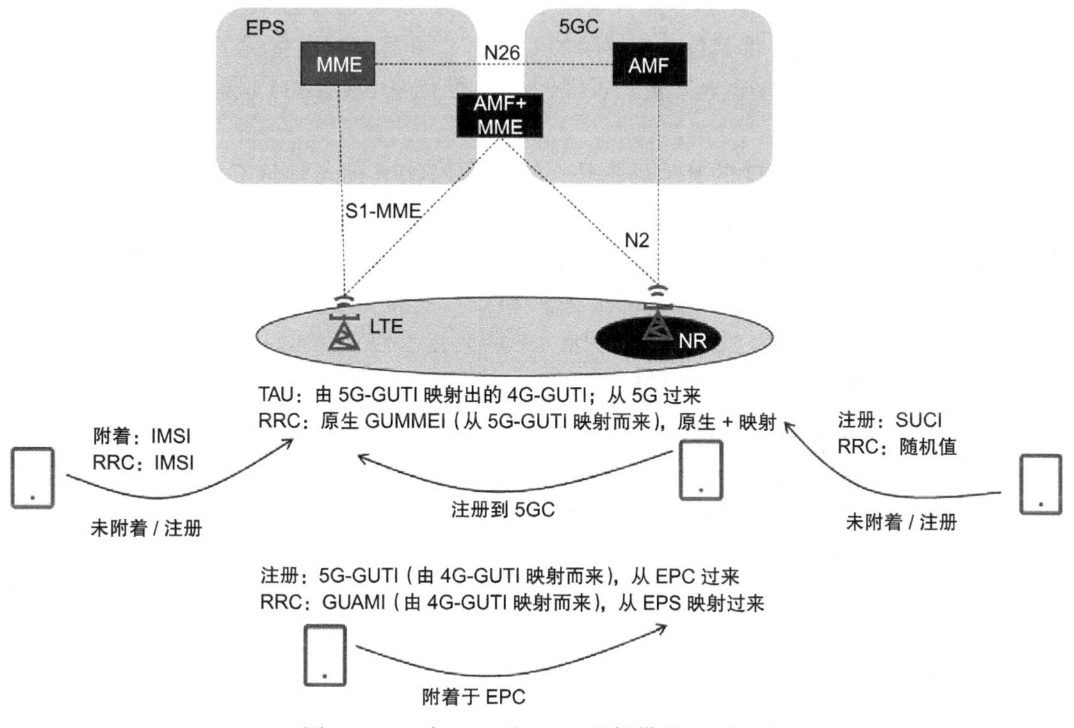

图 7.9　UE 在 NAS 和 RRC 处提供的 UE 标识

当 UE 一开始附着到 EPS 时，UE 使用其 IMSI 作为对 E-UTRAN（在 RRC 中）和 EPC（在 NAS 中）的 UE 标识。但是，在 5GS 中，UE 使用面向 5GC 的 SUCI（在 NAS 中），该信息隐藏了 UE 的标识（有关 SUCI 的更多信息，请参见第 8 章）。在两种情况下，网络中都没有存储的 UE 上下文，即，网络需要创建 UE 上下文。

当 UE 已在一个系统中注册并移动到另一个系统中并且该 UE 没有目标系统的自身的 UE 标识时，UE 会将源系统的 UE 临时标识映射到目标系统使用的格式，从而使 RAN 能够选择上次为 UE 服务的核心网（如果有的话）。

当 UE 从 5GS 移动到 EPS 时，UE 在 RRC 中设置 GUMMEI（即 MCC、MNC、MME 组 ID、MME 码）为原生 GUMMEI。否则，任何未做 5G 升级的 eNB 将把“映射的 GUMMEI”误作为识别一个 SGSN 的标识。UE 指示从 5G-GUTI 映射出 GUMMEI，以使 5G 升级后的 eNB 能够区分 MME 地址和 AMF 地址。在 TAU 消息中，UE 包含从 5G-GUTI 映射出的 4G-GUTI，并指示 UE 正在从 5G 移动过来，然后 MME 通过 N26 从 5GC 检索 UE 上下文。

当 UE 从 EPS 移至 5GS 时，UE 在 RRC 中设置从 4G-GUTI 映射出的 GUAMI（即 MCC、

MNC、AMF区域ID、AMF集ID和AMF指针)，并指示是从EPS映射过来的。这使gNB可以选择相同的核心网实体，例如AMF + MME（如果有)。在注册消息中，UE包含从4G-GUTI映射出的5G-GUTI，并且指示UE正在从EPC移动过来。另外，如果UE具有原生5G-GUTI，则UE将其包含为“附加GUTI”，并且在这种情况下，AMF尝试从旧的AMF或从UDSF检索UE上下文。否则，AMF使用从4G-GUTI映射得到的5G-GUTI从MME检索UE上下文。

UE具有原生5G-GUTI的其他场景是，UE使用3GPP接入向5GC注册，并且UE另外通过非3GPP接入（使用N3IWF）向5GC注册，即UE正在同时使用3GPP接入和非3GPP接入连接5GC。然后，UE的3GPP接入连接挪到EPC，而非3GPP接入连接保持连接5GC。之后，UE的3GPP接入的连接从EPC移回到UE已通过非3GPP接入注册的5GC，即UE已经具有原生5G-GUTI，因此UE将其指示为“附加GUTI”。

如上所述，当UE提供一个映射的UE临时标识时，E-UTRAN或NG-RAN可以选择与UE之前注册/附着的同一个核心网实体，比如混合的AMF + MME（如果有这样的实体)。MME或AMF使用NAS消息中提供的UE临时标识从以前注册过UE的旧实体中检索UE上下文（例如，通过N26，或者通过内部接口如果使用混合的AMF + MME)。

UE根据以下步骤决定要使用的注册模式（即单注册或双注册):

1）当向网络注册时，即向EPC或者5GC（包括向5GC的初始注册和移动性注册更新以及向EPC的附着和TA更新）注册时，UE指示它支持“其他”系统的模式，即对于5GC，UE指示其支持“S1模式”，即UE支持EPC过程，对于EPC，UE表示支持“N1模式”，即UE支持5GC过程。

2）支持互通的网络向UE指示该网络是否支持“无N26互通”。

3）然后，UE选择注册模式，如下所示：

a. 如果网络指示在没有N26的情况下不支持互通，则UE将以单注册模式运行。

b. 并且如果网络表明它支持不使用N26的互通，则UE会根据UE的具体实现来决定是在单注册模式还是双注册模式下运行（UE对单注册模式的支持是强制性的，而双注册模式是可选的)。

5GS和GERAN/UTRAN之间不支持互通，这意味着例如对于已在5GS或EPS中注册的UE，在随后往返于GERAN/UTRAN移动时，不能确保为IP PDU会话保留IP地址。

以下各节介绍了使用N26和不使用N26进行互通的总体原则。

7.8.2.2 使用N26接口进行互通

当N26接口用于互通过程时，UE以单注册模式运行，并且UE上下文信息通过N26在AMF和MME之间交换。AMF和MME为UE保留一个MM状态（用于3GPP接入)，即或者在AMF中或者在MME中（并且当MME或AMF持有UE上下文时，MME或AMF在HSS + UDM中注册)。互通过程为5GS和EPS之间的系统间移动性提供了IP地址连续性，并且也是无缝的会话连续性（例如，对于语音服务）所需要的。PGW-C + SMF 保持 PDN 连接和 PDU 会话相关参数之间的映射，PDU 会话相关参数包括 PDN 类型 / PDU 会话类型、DNN/APN、APN-AMBR/ 会话 AMBR 和 QoS 参数映射。

为了确保从 5GS 到 EPS 的互通，当 UE 使用 5GC 时，AMF 已经为 PDU 会话的 QoS 流分配了 EPS 承载标识（EBI）(EPS 承载用于区分 QoS，请参阅第 9 章。EPS 中每个 PDN 连接的默认 EPS 承载至少需要一个 EBI)。AMF 跟踪分配的 EBI、与相应的 PDU 会话 ID 对应的 ARP 对以及 SMF 标识。当建立、修改（例如添加新的 QoS 流）、释放 PDU 会话，或将 PDU 会话从非 3GPP 接入移出或移入时，AMF 会更新信息。图 7.10 概括显示了这一交互作用。

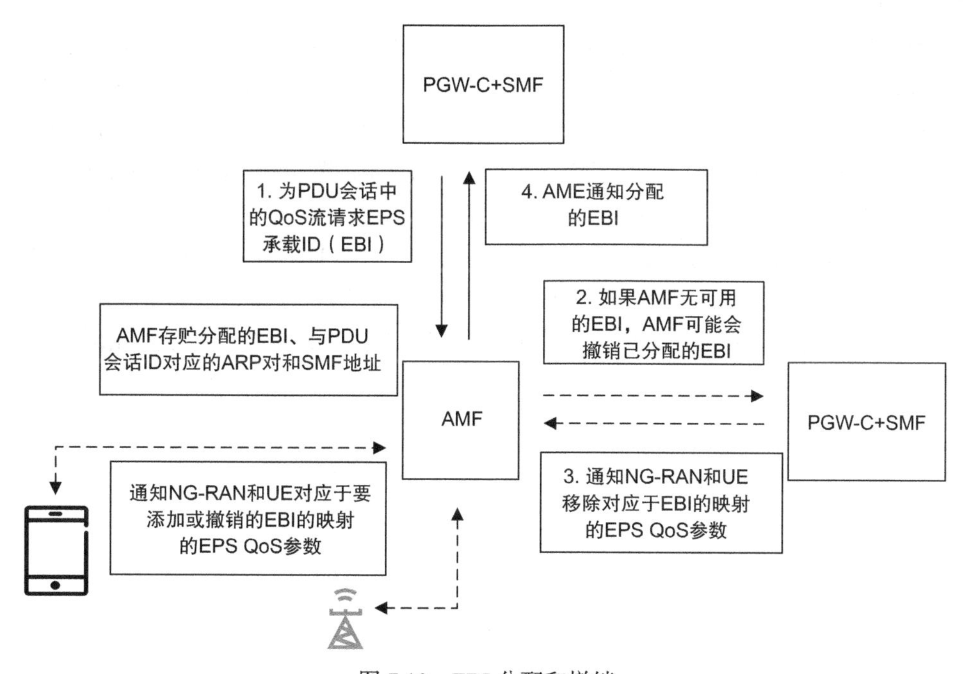

图 7.10　EBI 分配和撤销

如果支持 N26，AMF 和 PGW-C + SMF 一起会根据运营商策略，例如 DNN 等于 IMS，需要启用 PDU 会话的 QoS 流才能与 EPS 互通，并向 AMF 发起请求（1），以获取分配给一个或多个 QoS 流的 EBI。AMF 跟踪为 UE 分配的 EBI，并决定是否接受对 EBI 的请求（4）。由于 EPS 的限制，例如如果支持的 EPS 承载数量不超过一个，或者不超过一个 PGW-C + SMF 可以为同一个 APN 提供的 PDN 连接，则 AMF 可能需要撤销（2）之前分配的 EBI，例如，如果新请求的 QoS 流比已经分配了 EBI 的 QoS 流具有更高的 ARP 优先级。在这种情况下，撤销 EBI 的 PGW-C + SMF 将需要通知 NG-RAN 和 UE，对应于已撤销的 EBI 的映射的 EPS QoS 参数已经被移除（3）。一旦为 QoS 流分配了 EBI，SMF 就会向 NG-RAN 和 UE 通知已添加的与 EBI 相对应的映射的 EPS QoS 参数。

有关5GS和EPS之间的移动性的过程描述，请参见第15章。

7.8.2.3　不使用N26接口的互通

在无N26接口的情况下进行互通时，无法从最后一个服务的MME/AMF中获取UE上下文，因此HSS + UDM提供额外的存储，其原则是UE进行附着或初始注册，MME和AMF向HSS + UDM指示不要取消通过另一个系统注册的AMF或MME，从而HSS + UDM保持MME和AMF，直到UE成功转移了所有PDU会话/PDN连接。PGW-C + SMF还利用HSS + UDM储存自己的地址/FQDN和相应的APN/DNN以支持IP地址保持，因为它使MME和AMF能够为PDN连接/PDN会话（从另一个系统移出的）选择相同的PGW-C + SMF。

AMF在初始注册期间向UE指示对不使用N26的互通的支持，MME可在附着过程中向UE提供此类指示。在双注册模式下运行的UE可以使用该指示在目标系统中尽早注册，以最大限度地减少任何服务中断，还可以使用针对EPS的附着过程，以避免MME拒绝TAU，否则UE需要重新附着。对于5GS，UE使用AMF视为初始注册的注册过程。

如前所述，处于单注册模式下的UE会在附着请求后，使用请求类型为“切换”的UE请求的PDN连接建立过程，来移动所有遗留下来的PDU会话；在UE注册之后，使用带有“现有PDU会话”标志的UE发起的PDU会话建立过程，来移动PDN连接。在双注册模式下运行的UE，由于在两个系统中都有注册，可以选择性地决定相应移动PDN连接和PDU会话。

第8章

安　全

8.1 引言

安全性是任何通信系统的关键，对于移动无线网尤其如此。更为明显的一个原因是，无线通信可以被发射机特定范围内的任何具有破解信令技术和设备的人拦截，因此，存在传输信息被第三方窃听甚至操纵的风险。其他威胁也不容忽视，例如，攻击者可能会追踪用户在网络中小区之间的移动或发现特定用户的下落，这可能对用户的隐私构成重大威胁。除了与最终用户直接相关的安全性，还存在与网络运营商和服务提供商有关的安全性问题，以及漫游情况下网络运营商之间的安全性，例如，应该非常清楚是哪个用户和漫游伙伴参与了某些流量的生成，以确保对用户的计费的正确和公平。

安全性也是4G系统的重要组成部分，实际上许多方面4G和5G系统非常相似。但是，5G时代面临一些新的挑战，比如5G系统中使用的终端设备的种类将更加多样化，例如，5G除了面向最终用户的广为人知的移动宽带以外，还提供了各种新型的简单终端、连接设备、工业应用等。隐私问题会在5G时代扮演更重要的角色，因为我们越来越多的日常生活都发生在互联网上，而与此同时，计算和存储容量（通常称为“大数据”）已使跟踪和存储几乎所有发生的事件成为可能。用户在家中与无线系统连接的终端设备的数量和类型正在增加，加上新的存储和计算能力的出现，用户需要网络运营商提供安全保证和保护以免受隐私侵扰行为和安全挑战的影响。

系统可以在许多层面上提供安全性。我们当中的大多数人在使用互联网时都会注意到应用层的安全性。这包括使用HTTPS进行网络浏览以及对互联网上可用的不同平台和服务器的安全访问。但是，应用层安全性不足以防止对用户在小区之间移动的跟踪，或针对终端或网络的DoS攻击，因此，底层移动接入和移动网络中的安全性是实现可信赖的5G系统的关键部分。

还有一些与安全性相关的法规要求，这些要求在不同的国家和地区之间可能会有所不同。例如，此类法规可能与执法机构检索有关终端和用户活动的信息以及拦截电信流量的特殊情况有关。通信系统中支持此功能的框架称为“合法监听”。还有一些法规来确保使用移动网络时对最终用户隐私的保护。此类要求通常由特定国家或地区的主管部门在国家、地区法律和法规中规定。但是，5G标准需要提供足够的功能，以便可以满足这些法规要求。

下面，我们将从对关键安全概念和安全域的简短讨论开始，讨论移动网络中安全性的各个方面。然后讨论有关最终用户以及网络实体内部和网络实体之间的安全方面。在本章的结尾，我们介绍合法监听的框架。重点是3GPP中5G标准定义的5G安全性。在基于软件的通信系统中，安全性还有许多其他方面，但3GPP标准未涵盖这些方面，包括产品实现、虚拟化和云安全性等。这些方面同等重要，但并不特属于3GPP标准，因此下面仅作简要介绍。

8.2 5G系统的安全要求和安全服务

8.2.1 安全要求

在设计5G系统时，3GPP达成了5G标准的总体安全要求。这包括对系统的总体要求以支持例如用户鉴权和授权、UE与网络之间的加密和完整性保护的使用等。每个实体（例如，UE、基站（gNB、eNB）、AMF、UDM等）也都有自己的安全要求，其中包括安全存储、处理签约凭证和密钥的要求，对特定加密和完整性保护算法的支持等。下面在讨论5G系统中的不同安全功能时，将更详细地描述其中的一些安全要求。感兴趣的读者也可以参看3GPP TS 33.501中描述的安全要求。

8.2.2 安全服务

在我们探讨5GS具体的安全机制之前，简单介绍对蜂窝网络来说重要的基本安全概念可能是有益的。

在准许用户接入网络之前，通常必须执行鉴权（尽管根据当地法规对诸如紧急呼叫之类的监管服务可以做例外处理）。在鉴权过程中，用户证明自己所声称的身份。在5GS中，用户和网络需要相互鉴权，即网络要对用户进行鉴权，而用户也要对网络进行鉴权。鉴权过程中，每一方都要证明自己可以获取仅参与方知道的秘密，例如密码或密钥。

网络对用户是否有权访问所请求的服务进行授权，例如使用特定的接入网络来访问5G服务。这意味着用户必须对所请求的服务类型具有适当的权利（即签约）。接入网的授权通常与鉴权同时进行。应该注意的是，取决于用户请求什么服务，在网络的不同部分和不同情况下可能需要不同种类的授权，例如，网络可以授权使用某种接入技术、某种数据网络、某种QoS配置文件、某种比特率、对某些服务的访问等。

一旦授予用户访问权限，就需要保护UE与网络之间以及网络内不同实体之间的信令流量和用户面流量，为此可以使用加密和完整性保护。加密和完整性保护服务于不同的目的，并且对它们的需求因流量的不同而各异。通过**加密**，我们确保传输的信息仅对预期的接收端可读。为达到这一目的，发送端对发送的数据进行修改，这样除了可接触正确的密钥的实体外，其他任何设法拦截数据者都无法读取数据。另一方面，**完整性保护**是一种检测到达目标接收端的数据是否已被（发送者和接收者之间的攻击者）篡改的手段。如果数据已被修改，则完整性保护可确保接收端能够检测到。此外，数据保护可以在协议栈的不同层面上完成，并且正如我们将看到的，5GS 根据接口和流量类型在协议层 2 和层 3 上都支持数据保护功能。下面将对此进行详细说明。

为了加解密以及执行完整性保护，发送和接收的实体需要加密密钥。使用同一密钥达到所有的目的（包括鉴权、加密、完整性保护等）似乎很诱人，但是，通常应避免多个目的使用同一密钥。一个原因是，如果将相同的密钥用于鉴权和数据保护，则通过破解加密算法设法恢复加密密钥的攻击者，将同时获得也可用于鉴权和完整性保护的密钥。此外，一次访问中使用的密钥不应与另一次访问中使用的密钥相同。如果它们是相同的，则攻击者在具有弱安全功能的一次访问中恢复的密钥可以重复使用，以破坏具有强安全功能的访问，因而出现的后果是，一种算法或访问的弱点蔓延到其他过程或访问。为了避免这种情况，用于不同目的和用于不同访问的密钥应该是不同的，设法恢复其中一个密钥的攻击者应该不能获得关于其他密钥的任何有用信息。该属性称为密钥分离，正如我们将看到的，这是 5GS 安全设计的一个重要方面。为了实现密钥分离，派生出了用于不同目的的不同密钥。密钥可以在鉴权过程中导出，以及在移动性事件中、在 UE 转换到连接状态时导出。

隐私保护是另一个重要的安全功能。隐私保护是指可用于确保有关用户的信息不会对其他人可用的功能。例如，它可以包括确保永久用户 ID 不会通过空口以明文形式发送。如果此类信息是通过空口发送，则意味着窃听者可以检测到用户的移动和出行方式。

各个国家和地区的机构（例如欧盟）的法律和法规通常定义了拦截电信数据和相关信息的需求。这被称为合法监听，执法机构可以根据法律法规进行使用。

8.2.3 安全域

8.2.3.1 概述

为了描述 5GS 的不同安全功能，将整个安全架构划分为不同的安全域很有帮助。每个域可能都有自己的一组安全威胁和安全解决方案。3GPP TS 33.501 将安全架构分为不同的组或域：

1）网络接入安全。

2）网络域安全。

3）用户域安全。

4）应用域安全。

5）SBA 域安全。

6）安全的可见性和可配置性。

1～4和6组与4G/EPC相应的组非常类似。相比于4G/EPC，第5组是新加的。

第1组只针对每种接入技术（NG-RAN，非3GPP接入），而其他组对于所有接入都是通用的。图8.1提供了不同安全域的示意图。

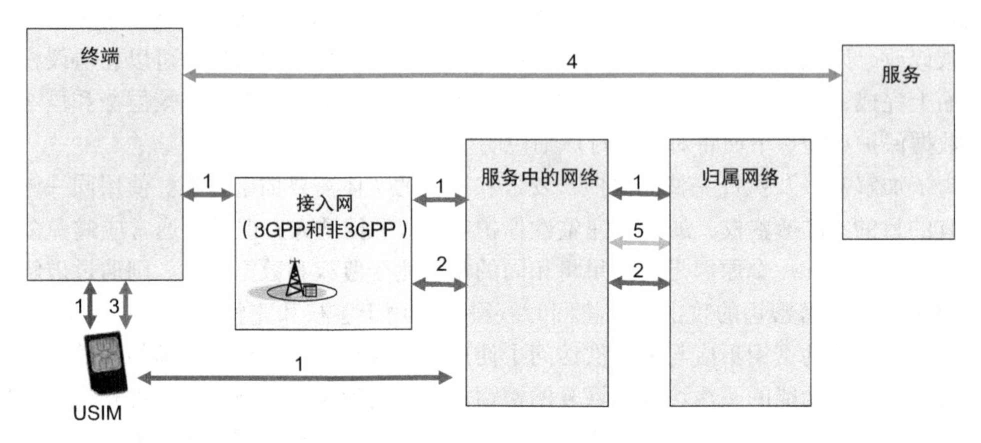

图8.1 安全架构概览

8.2.3.2 网络接入安全

网络接入安全是指为用户提供网络接入的安全性功能，这包括相互鉴权以及隐私功能。此外，还包括对接入中的信令数据和用户面数据的保护。该保护可以提供数据的机密性和完整性保护。网络接入安全通常具有接入特定的组件，即不同的接入技术之间的详细解决方案、算法等有所不同。随着5GS的到来，在很大程度上各种接入技术之间实现了融合，例如，它们使用通用的接入鉴权。5GS现在允许NAS上的鉴权可同时用于3GPP和非3GPP接入技术。本章后面将提供更多详细信息。

8.2.3.3 网络域安全

移动网络包含许多网络功能以及它们之间的参考点。网络域安全是指支持这些网络功能安全地交换数据并保护它们之间的网络免受攻击的能力，包括在同一个PLMN内的NF之间以及在不同PLMN中的NF之间。

8.2.3.4 用户域安全

用户域安全是指确保对终端的物理访问的一组安全功能。例如，用户可能需要先输入PIN码，然后才能访问终端或使用终端中的SIM卡。

8.2.3.5 应用域安全

应用域安全是HTTP（用于Web访问）或IMS等应用所使用的安全性功能。应用域安全通常是端到端的，处于终端中的应用与提供服务的对等实体之间。这与前面列出的提供逐跳安全性的安全功能形成了鲜明对比，也就是说，它们仅适用于系统中的单个环节。如果链条中需要安全性的每一环节（和节点）都受到了保护，则整个端到端链条可以视为安全的。

由于应用层安全在5GS提供的用户面传输之上实施，因而对5GS透明，因此在本书中将不再讨论。

8.2.3.6 SBA域安全

SBA域安全是一组安全性功能，这些功能支持使用基于服务的接口/API的网络功能在网络内部以及网络域之间（例如，网络域）安全地通信。在漫游的情况下，这些功能包括网络功能注册、发现和授权，以及对基于服务的接口的保护。与4G/EPC相比，SBA域安全是一项新的安全性功能。由于SBA是5GS中3GPP的新功能，而其他安全域已存在于4G/EPS中，因此SBA本身被视为一个独立的安全域。

8.2.3.7 安全的可见性和可配置性

这是一组功能，可以使用户了解安全功能是否在运行，以及服务的使用和提供是否依赖于安全性功能。在大多数情况下，安全性功能对用户是透明的，并且用户不知道它们是否正在运行。但是，对于某些安全性功能，应告知用户它们的运行状态。例如，对用户数据的加密和完整性保护的使用取决于运营商的配置，并且用户应当有办法知道是否使用了它，例如通过终端屏幕上的符号。可配置性是指用户可以配置一个服务的使用或提供是否依赖于一个安全功能的运行。

8.3 网络接入安全

8.3.1 概述

如上所述，网络接入安全在许多方面是每种接入技术所特有的，但是也有很多共同点。与4G/EPS相比，5GS为3GPP和非3GPP的接入提供了更多的共通性，例如，NAS协议用于所有接入，因此，对于所有接入，鉴权机制都可以基于NAS过程。同样，在所有接入中都以相同方式支持使用SUCI来隐藏永久标识。在4G/EPS中，即使所有接入均支持基于SIM卡的鉴权，但接入之间的鉴权方法有所不同，并且对永久标识保护的处理方法也有所不同。但是，并不是所有地方都可以通用，因为较低层在接入类型之间还是有所不同。因此，较低层的安全性在5GS的接入类型之间也有所不同（即3GPP接入中的RAN级安全性和非3GPP中的IPsec）。

8.3.2 灵活性是5GS的一部分

与4G/EPS相比，5GS的另一个新特点是5GS支持更多的灵活性和可配置性，例如，5GS不仅支持IMSI作为永久签约标识，还支持其他类型和签约标识格式。另外，5GS可以支持不同类型的凭证和鉴权方法。与之前的3GPP一样，5GS也支持传统的SIM卡，而且现在的安全框架已足够通用，所以其他类型的凭证（例如证书）也得到支持。然而，应该指出的是，即使该框架是通用的，3GPP Release 15 仍侧重于更“传统”的签约标识（即IMSI）和凭证（即基于 SIM 卡的凭证）。在 Release 15 中，专用网络可以支持其他类型的标识、凭证和鉴权方法，但是几乎没有做任何规范工作来指定确切的详细信息。预计随着3GPP 标准的演进，会更明确地支持新类型的标识、凭证和鉴权方法，并在以后的版本中提供例如对与有线接入集成的支持、对工业用例的增强支持。总之，关键是 Release 15 安全框架已经足够灵活，可以在将来以一种直接的方式进行此类添加。

8.3.3　用于网络接入安全的安全实体

5G 系统架构在 5G 核心网中引入了一组安全实体。这些实体是逻辑实体，它们包含在第 3 章和第 13 章中描述的 5GC 网络功能内。为安全性定义单独的逻辑实体的原因，是要维护一个可以映射到整个 5GC 网络架构的逻辑安全架构。下面列出并简要描述了这些安全实体，并在图 8.2 中进行了说明，其中包括与 5GC NF 的关系，但是有关如何使用它们的更多信息将在下面的单独部分中更详细地描述。

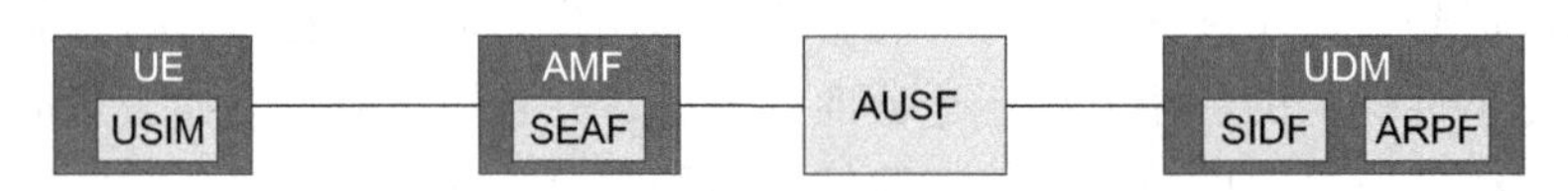

图 8.2　用于网络接入安全的逻辑架构

- ARPF（鉴权凭证存储和处理功能）。ARPF 包含签约者的凭证（即长期密钥）和签约标识 SUPI。标准将 ARPF 与 UDM NF 相关联，即 ARPF 服务是通过 UDM 提供的，并且在 UDM 和 ARPF 之间未定义开放接口。可以注意到，作为一种部署选项，用户的凭证也可以存储在 UDR 中。
- AUSF（鉴权服务器功能）。AUSF 被定义为 5GC 架构中的独立 NF，位于用户的归属网络中。它负责根据从 UE 和 UDM/ARPF 接收到的信息来处理归属网络中的鉴权。
- SEAF（安全锚点功能）。SEAF 是由 AMF 提供的功能，并基于从 UE 和 AUSF 接收的信息负责在提供服务的网络（即访问网络）中处理鉴权。
- SIDF（签约标识取消隐藏功能）。SIDF 是由归属网络中的 UDM NF 提供的服务。它负责从 SUCI 中解析 SUPI。

8.3.4　5GS 中的接入安全

8.3.4.1　引言

从 2G 到 3G，再到 4G，再到现在的 5G，3GPP 移动网络中的接入安全性一直在不断发展。在某个时间点，也许可以认为通信系统中的安全功能足够安全，但是随着计算能力的提高和攻击方法的升级，安全功能也需要升级换代。因此，在开发每个新的 3GPP 系统时，目标都是提供一种比前几代产品领先一步的安全级别，以应对新的威胁。

以鉴权为例，当开发 GERAN（2G）时，有意加了一些限制，例如，GERAN 中没有执行相互鉴权，在 GERAN 中，只有网络对终端进行鉴权。当时人们认为，UE 无须对网络进行鉴权，因为任何人都不太可能建立恶意的 GERAN 网络。当开发 UTRAN/UMTS（3G）时，进行了某些增强以避免 GERAN 的某些局限性，例如，引入了相互鉴权。这些新的安全性过程是 UMTS 需要新型 SIM 卡的原因之一：即所谓的 UMTS SIM（或简称为 USIM）。随着 E-UTRAN（4G）的推出，有了进一步的增强，例如，根据所使用的服务网络，允许更好地分离密钥，这就避免了一个网络中派生的密钥在另一服务网络中重复使用的风险。然而，对于 4G/EPS，人们决定不再需要新的 SIM 卡，即 USIM 可以满足对 EUTRAN/4G（假设签约允许）的接入。因此，4G 所需的新功能是通过终端的软件支持的。这同样适用于 5G，即鉴权可以使用 USIM 卡，并在终端上进行软件增强。

如果我们将 5G 接入安全性与 4G 接入安全性进行一般性比较，可以发现有一些改进。以下是一个概览，我们将在本章稍后详细描述它们：

- 改进的隐私保护。永久签约标识（SUPI）绝不会在 5G 中通过明文发送。在 4G/EPS 中，签约标识（IMSI）的保护程度也很高，但是在 4G/EPS 中，可以使用 IMSI 寻呼 UE 以便应对某些罕见的情况。
- UE 和基站之间的用户面数据的完整性保护（可选）。4G/EPC 支持加密，但不支持完整性保护。在 5G 中启用对用户面数据的完整性保护的原因之一，是更好地服务于 IoT 用例，其中 IoT 流量可能比语音流量更容易受到攻击。
- 改善了漫游场景中的归属运营商的控制。5G 使得 VPLMN 和 HPLMN 都可以参与 UE 的实际鉴权，并允许两个运营商验证 UE 已被鉴权。在 4G/EPS 中，使用 3GPP 接入时的实际鉴权将基于 HPLMN 提供的鉴权向量代理给 VPLMN。
- 改进的功能可支持基于 SIM 卡以外的凭证。在 4G/EPC 中，基于 SIM 的鉴权是 E-UTRAN 唯一支持的鉴权方法，而在 5G 中，针对 3GPP 无线接入，可以使用基于非 SIM 的凭证，例如证书，但是如下所述，Release 15 中存在某些限制。
- 额外的安全可配置性。在 4G/EPS 中，3GPP 无线接入中的用户面安全在 eNB 中始终是激活的，即使加密算法可能为 NULL。使用 5GS，网络会根据 UDM 中的签约数据在 PDU 会话建立时动态地进行决策，应使用哪种 UP 安全性（加密或完整性保护）。
- 与 4G 相比，改进了对初始 NAS 消息的保护，从而还可以在初始 NAS 消息中保护某些信元。

8.3.4.2　接入安全概述

5GS 中的接入安全包含不同的组件：

- UE 和网络之间的相互鉴权。
- 密钥派生，用于建立独立的密钥以进行加密和完整性保护，具有很强的密钥分离性。
- UE 和 AMF 之间 NAS 信令的加密、完整性和重放保护。
- UE 和网络之间控制面信令的加密、完整性和重放保护：对于 3GPP 接入，RRC 信令在 UE 和 gNB 之间受到保护；对于非受信的非 3GPP 访问，UE 和 N3IWF 之间使用 IKEv2 和 IPsec。
- 用户面的加密和完整性保护：对于 3GPP 接入，可以对用户面进行加密，并在 UE 和 gNB 之间保护完整性；对于非受信的非 3GPP 接入，可以对用户面进行加密，并在 UE 和 N3IWF 之间保护完整性。
- 隐私保护，避免通过无线连接发送永久用户标识（SUPI）。

图 8.3 展示了网络接入安全中的某些组件。

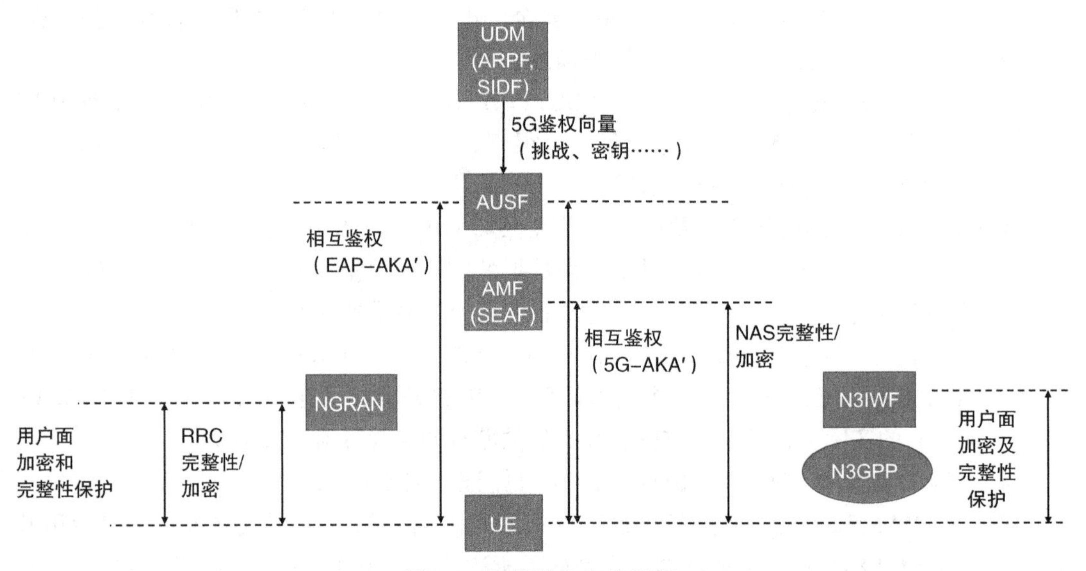

图 8.3　网络接入安全概览

我们将在下面进一步详细描述这些组件是如何工作的。

8.3.5　永久签约标识的隐藏

如上所述，与 EPC/4G 相比，5GS 的一项安全改进是对永久签约标识的全面保护。在 4G/EPS 中，在某些例外情况下，当 MME 无法基于 GUTI 识别 UE 时，会以明文方式发送永久签约标识（IMSI）。但是，在 5G 中，绝不会以明文方式发送签约永久标识（SUPI），或者，更确切地说，SUPI 中的特定于用户的部分绝不会以明文方式通过空口发送。移动国家 / 地区代码（MCC）和移动网络代码（MNC）仍必须以明文方式发送，这样服务

PLMN 在漫游情况下可以找到归属 PLMN。

UE 在空口上不发送 SUPI，而是发送临时 ID（5G-GUTI）或 SUPI 的隐藏版本，称为“签约隐藏标识（SUCI）”。如果 UE 具有先前注册的有效 5G-GUTI，则用与 4G/EPS 中类似的方式发送 5G-GUTI。如果 UE 没有可使用的 5G-GUTI，则发送 SUCI。UE 基于公开密钥加密机制创建 SUCI。UE 将使用具有归属网络公钥的保护方案来生成 SUCI，该 SUCI 在归属网络的控制下已被安全地提供给 UE，然后，HPLMN（UDM/SIDF）可以使用归属网络专用密钥从 SUCI 派生 SUPI。图 8.4 说明了 SUCI 格式以及在 UE 和网络之间 SUCI 的使用。

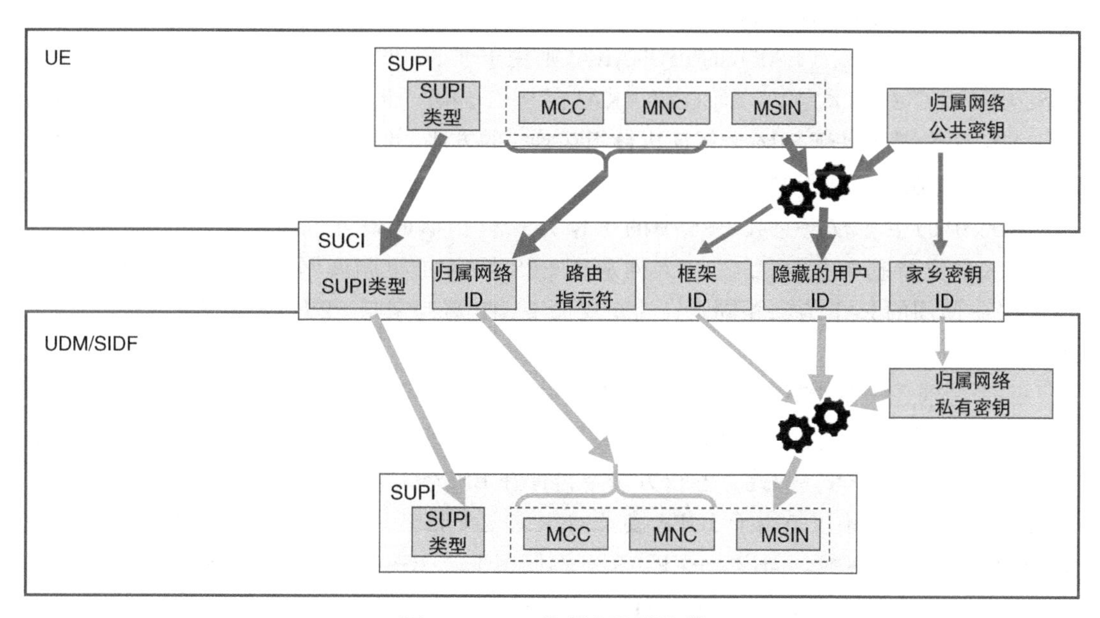

图 8.4　SUPI 隐藏和取消隐藏

8.3.6　主鉴权和密钥派生概述

8.3.6.1　概述

5GS 中主鉴权和密钥协商过程是为了实现 UE 与网络之间的相互鉴权，并提供可在后续安全过程中在 UE 与服务网络之间使用的密钥。

如上所述，鉴权是双方相互证明自己是自己所声称的身份的过程。鉴权通常基于各方已知的一组凭证。凭证是鉴权的工具，鉴权双方都知道它并可在鉴权过程中使用。凭证可以是各方可以访问的相同的共享密钥（例如在基于 SIM 的鉴权时），也可以是各方拥有的各自的证书。

Release 15 的 5G 公共网络中的相互鉴权使用的是基于 SIM 的鉴权，跟 EPS 中一样，可以使用与 EPS 中相同的 SIM 卡（UMTS SIM 卡）。但是，与 EPS 的主要区别在于，5GS

还支持不是基于USIM的凭证的主鉴权，比如凭证还可以基于证书。但是，即使5GS安全框架支持基于非USIM的凭证，在Release 15中标准化的唯一鉴权方法是基于AKA（即基于USIM）的。基于证书的鉴权过程已在3GPP TS 33.501的资料性附录中进行了描述，但由于它是资料性的，并不正式属于5GS标准，而只是对如何可以完成鉴权的一个描述。在今后的版本中，可能会在基于非SIM的鉴权上做进一步的工作。

在探讨5GS的主鉴权如何工作之前，有必要回顾一下4G/EPS的主鉴权的定义方式。EPS支持基于SIM的鉴权过程的两种鉴权方法：EPS AKA和EAP-AKA'，采用哪种方法取决于UE连接的是哪种接入类型（3GPP TS 33.401和3GPP TS 33.402对此进行了描述）。EPS AKA是3GPP接入（E-UTRA、UTRA）中使用的鉴权方法，而基于IETF定义的可扩展鉴权协议（EAP）的EAP-AKA'则用于非3GPP接入。EAP框架在IETF RFC 3758中（RFC 3758）定义，而EAP-AKA'在RFC 5448（RFC 5448）中定义。EPS AKA和EAP-AKA'都是基于SIM卡凭证执行相互鉴权的方法，但是它们在UE和网络之间执行实际AKA算法的方式不同。

5GS中的主鉴权与它在EPS中的工作方式有相似的地方。在5GS中，5G AKA和EAP-AKA'支持基本鉴权。5G AKA对应于EPS AKA加上归属网络控制，而EAP-AKA'与EPS中使用的EAP方法相同。在这个层面上，它看起来与EPS非常相似，但是有两个重要区别。

一个区别是，在5GS中，5G AKA和EAP-AKA'都可以在3GPP和非3GPP接入时使用。5G NAS协议支持同时使用5G AKA和EAP-AKA'进行鉴权，并且NAS协议可用于3GPP和非3GPP接入。因此，鉴权方法不再像在EPS/4G中那样与特定的接入技术相关。这意味着5G AKA不仅是用于3GPP接入（NR和E-UTRA）的鉴权方法，而且还可以用于非3GPP接入的主鉴权。同样，EAP-AKA'不仅用于非3GPP接入。5GS支持通过NAS进行EAP鉴权，因此3GPP接入中也可以使用基于EAP的鉴权。

另一个区别是，5G AKA不仅是用“5G”替换EPS AKA的“EPS”，它是EPS AKA的演进，其中增加了归属网络控制。使用5G AKA，归属运营商将收到UE成功鉴权的加密性证明，作为鉴权过程的一部分，即HPLMN参与实际的5G AKA鉴权。使用EPS AKA时，MME（在服务/访问的PLMN中）在网络侧运行鉴权过程，并且只有MME验证结果。然后，MME将结果通知HPLMN（HSS），而归属PLMN不可能以密码方式证明鉴权成功。但是，使用5G AKA，正如我们将在下面详细介绍的，服务/访问的PLMN中的AMF/SEAF和归属PLMN中的AUSF在实际鉴权中都扮演着积极的角色，并且可以验证鉴权结果本身。我们还可以将其与EAP-AKA'的工作方式进行比较。当使用EAP时，鉴权信令在UE和AUSF（在归属PLMN中）之间是端到端的。服务/访问的PLMN中的AMF/SEAF只是传递鉴权，因此，在这种情况下，归属PLMN将验证鉴权的结果并通知服务PLMN中的AMF/SEAF。总而言之，使用EAP-AKA'时HPLMN有加密性证明，而使用EPS AKA时VPLMN有UE成功鉴权的加密性证明，而5G AKA则允许VPLMN和

HPLMN 都具有鉴权成功的加密性证明。

5G AKA 和 EAP-AKA' 的相互鉴权基于 USIM 和网络都可以访问相同的密钥 K。这是一个永久密钥，存储在 USIM 和归属网络的 UDM/ARPF（或 UDR）中。密钥 K 永远不会从 UDM 发送给任何其他的 NF，因此不会直接用于保护任何数据，并且对于最终用户甚至终端也不可见。取而代之的是 USIM 和 UDM/ARPF（从密钥 K）生成其他密钥以便在鉴权过程中使用。然后，在鉴权过程中，终端和网络中会生成附加密钥，用于对用户面和控制面数据进行加密和完整性保护。例如，派生的密钥之一用于保护用户面，而另一密钥用于保护 NAS 信令。之所以产生多个密钥，原因之一是为了提供密钥分离并保护底层的共享密钥 K。有关密钥派生和密钥层级的更多信息，请参见 8.3.9 节。

后面我们将更加仔细地研究基于 5G AKA 的鉴权的工作原理，以及 EAP-AKA' 的工作原理。但是首先，我们看一下鉴权是如何启动的，包括取消隐藏签约标识和鉴权方法的选择。

8.3.6.2　鉴权的发起和鉴权方法的选择

选择 5G AKA 还是 EAP-AKA' 取决于运营商策略和配置。根据 3GPP TS 33.501，UE 和服务网络应同时支持 EAP-AKA' 和 5G AKA 鉴权方法。当 UE 发起向网络的注册并开始鉴权时，ARPF/UDM 将确定要使用哪种鉴权方法（5G AKA 或 EAP-AKA'）。

在此起始步骤中，如果需要，还可以对 SUCI 进行取消隐藏处理。如果 UE 提供了 SUCI 而不是 5G-GUTI，则网络将执行 SUCI 的取消隐藏处理以确定 SUPI。有关 SUCI 取消隐藏的更多详细信息，请参见 8.3.5 节。

鉴权方法选择和 SUCI 取消隐藏的简单流程如图 8.5 所示。

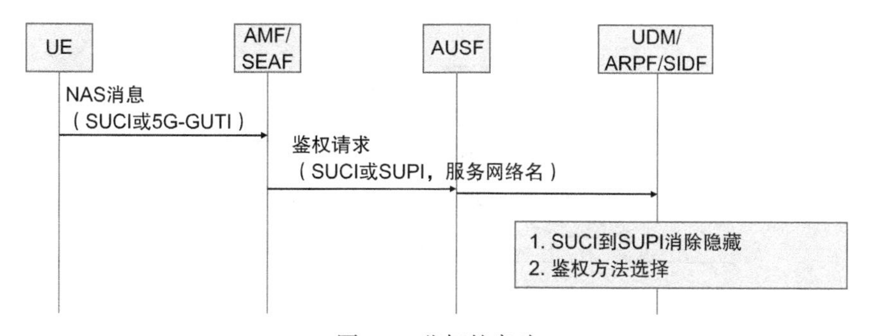

图 8.5　鉴权的启动

一旦确定了 SUPI 并选择了鉴权方法，便可开始实际的鉴权过程。下面我们首先介绍 5G AKA，然后介绍 EAP-AKA'。

8.3.7　基于主鉴权的 5G AKA

如上所述，当 AMF/SEAF 启动鉴权，并且 UDM 选择使用 5G AKA 时，UDM/ARPF

将生成 5G 归属环境鉴权向量（5G HE AV），并将其提供给 AUSF。类似于 HSS 在 4G/EPS 中生成 AV 的方式，UDM/ARPF 首先生成一个初始的 AV，然后，UDM/ARPF 将导出 5G 专用的 5G HE AV。“4G” AV 由五个参数组成：预期结果（XRES）、网络鉴权令牌（AUTN）、两个密钥（CK 和 IK）以及 RAND。UDM/ARPF 要导出 5G 特定的参数。K_{AUSF} 是基于 CK、IK、SQN 等导出的。UDM/ARPF 也计算 XRES*。最后，UDM/ARPF 应该创建由 RAND、AUTN、XRES* 和 K_{AUSF} 组成的 5G HE AV，并将此 5G HE AV 提供给 AUSF。熟悉 3G 和 4G 的读者将看出，初始鉴权向量就像是 HSS/AuC 发送给 SGSN 或 MME 在 UTRAN 中进行接入鉴权的参数。对于 3G/UMTS，CK 和 IK 是发送到 SGSN 的。对于 4G/E-UTRAN，CK 和 IK 不会发送给 MME，而是 HSS/AuC 根据 CK 和 IK 以及其他参数（例如服务网络标识（SN ID））生成新密钥 K_{ASME}。对于 5G，UDM/ARPF 会根据 CK 和 IK 以及其他参数（例如服务网络名）生成 K_{AUSF}。K_{ASME} 和 K_{AUSF} 的推导方法类似，但输入值略有不同。服务网络 ID 包括服务网络的移动国家 / 地区代码（MCC）和移动网络代码（MNC）。包含 SN ID 的原因是，要在不同的服务网络之间提供密钥分离，以防止为一个服务网络派生的密钥被（错误地）用于另一服务网络中。密钥分离如图 8.6 所示。

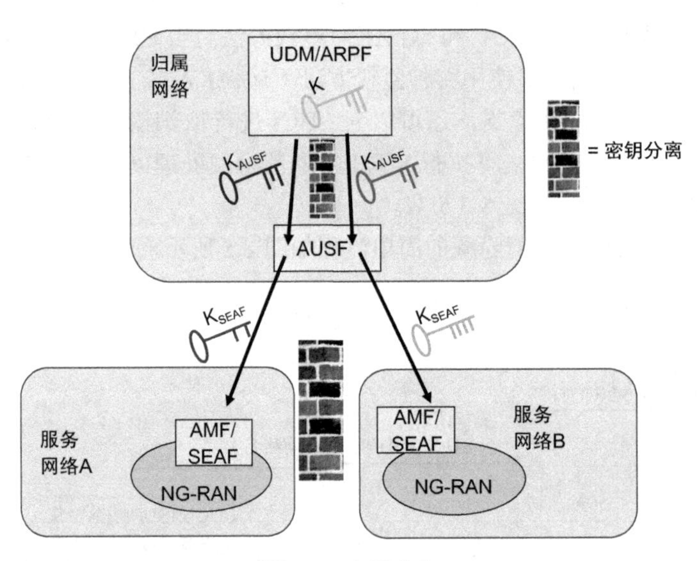

图 8.6　密钥分离

K_{AUSF} 与 XRES*、AUTN 和 RAND 一起构成 5G HE AV，发送到 AUSF。CK 和 IK 永远不会离开 UDM。可以注意到，由 UDM（用于 5G）和 HSS（用于 3G/4G）生成的“根密钥”都是不同的，即 3G 的 CK/IK、4G/E-UTRAN 的 K_{ASME} 和 5G 的 K_{AUSF}。导出单独的根密钥可确保不同系统之间的强密钥分离。

AUSF 收到 5G HE AV 后，将生成 5G 服务环境 AV（5G SE AV），这不同于将 AV 直接发送到服务 PLMN 的 EPS AKA 过程。但是，如上所述，在 5G 中，归属 PLMN 也可以参与鉴权过程，这就是AUSF生成单独的5G SE AV的原因。AUSF存储XRES* 和K_{AUSF}，并基于XRES* 和由K_{AUSF}导出的K_{SEAF}密钥生成HXRES* 值，然后，AUSF生成由HXRES*、AUTN和RAND组成的5G SE AV，并将其发送给AMF/SEAF。密钥K_{SEAF}尚未发送到AMF/SEAF，但如果鉴权成功，将会随后发送。

AV的生成在下面的图8.7中描述。有关AV生成的更多详细信息，请参阅3GPP TS 33.501。

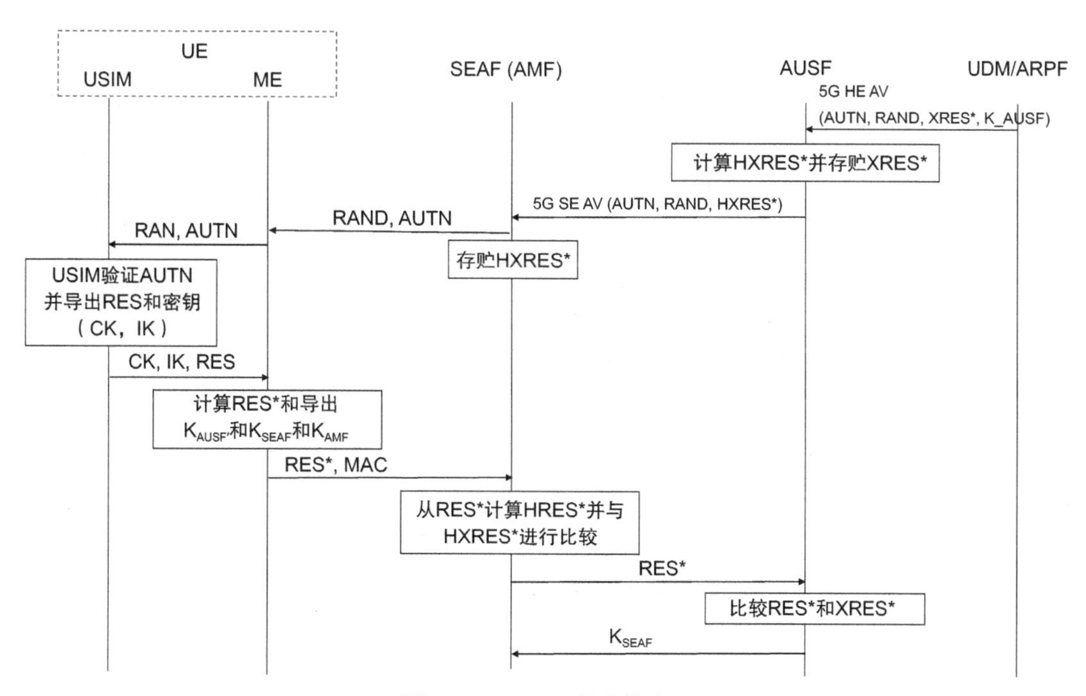

图8.7　5G AKA的总体流程

AMF/SEAF存储HXRES*，并将RAND和AUTN发送给UE，以便将它们提供给USIM。AUTN是UDM/ARPF根据密钥K和SQN计算出的参数。现在，USIM使用自己的密钥K和SQN计算自己在AUTN中包含的MAC的版本，并将其与从AMF/SEAF接收到的AUTN中的MAC进行比较。如果它们一致，则USIM认为网络已通过鉴权。然后，以密钥K和挑战RAND作为输入参数，USIM使用加密功能来计算响应RES。USIM还以与UTRAN相同的方式计算CK和IK（毕竟，它是一个常规的UMTS SIM卡）。当终端从USIM接收到RES、CK和IK时，它将根据RES计算RES*，并将RES* 发送回AMF/SEAF。AMF/SEAF根据RES* 计算HRES*，并通过验证HRES* 是否等于从AUSF收到的HXRES* 来对终端进行鉴权。然后，AMF/SEAF将RES* 转发给AUSF，以便AUSF（HPLMN）也可以执行对UE的鉴权。AUSF将RES* 与从UDM/ARPF接收到的XRES* 进行比较，并验证它们是否相等，这样就完成了相互鉴权。AUSF现在将计算SEAF密钥

（K_{SEAF}）并发送到SEAF，同时，UE使用CK和IK及其他信息以与UDM/ARPF相同的方式计算K_{AUSF}，并且以与AUSF相同的方式来计算K_{SEAF}。如果一切顺利，则UE和网络相互鉴权，并且UE和AMF/SEAF现在具有相同的密钥K_{SEAF}（请注意，密钥K、CK、IK、K_{AUSF}或K_{SEAF}从未在UE与网络之间发送过）。图8.7说明了该流程。

现在剩下的就是计算用于保护数据的密钥。稍后我们将描述密钥层级结构，但首先我们看看EAP-AKA'，并了解它与5G AKA有何不同。

8.3.8 基于EAP-AKA'的主鉴权

IETF在RFC 3748中定义的可扩展鉴权协议（EAP）是一种用于执行鉴权的协议框架，通常用在最终用户设备和网络之间。它最初是针对点对点协议（PPP）引入的，以允许在PPP上使用额外的鉴权方法。从那时起，它也被引入了许多其他场景中。EAP本身并不是一种鉴权方法，而是用于实现特定鉴权方法的通用鉴权框架，因此，从某种意义上说，EAP是可扩展的，它可以支持不同的鉴权方法，并允许在EAP框架内定义新的鉴权方法。这些鉴权方法通常称为EAP方法。有关EAP的更多详细信息，请参阅第14章。

EAP-AKA'是IETF在RFC 5448（RFC 5448）中定义的EAP方法，用于基于USIM卡的鉴权。如上所述，它已在EPC/4G中用于非3GPP接入。在5GS中，EAP-AKA'扮演着更为重要的角色，因为现在可以将其作为主鉴权用于任何接入。

EAP-AKA'在UE和AUSF之间运行，如图8.8所示。

图8.8 EAP-AKA'的总体架构

如上文所述，当AMF/SEAF启动鉴权，并且UDM选择使用EAP-AKA'时，UDM/ARPF将生成一个转换的鉴权向量（AV'）并将其提供给AUSF。这个来自UDM/ARPF的鉴权向量是鉴权过程的起点。AV'由五个参数组成：预期结果（XRES）、网络鉴权令牌（AUTN）、两个密钥（CK'和IK'）以及RAND。该AV与4G/EPS中生成的AV非常相似，不同之处在于CK和IK被CK'和IK'取代，CK'和IK'是CK和IK的5G变体，是从CK和IK以及服务网络名导出的。因此，AV被称为“转换的鉴权向量”，并以撇号（AV'）表示。

然后鉴权以类似于5G AKA的方式继续，区别在于AMF/SEAF除了转发消息外没有更多参与。只有AUSF会将从UE接收到的RES与XRES进行比较。然后，AUSF将结果通知AMF/SEAF，并将SEAF密钥提供给SEAF。该过程如图8.9所示。

在IETF RFC 5448中规定的EAP-AKA'是对在IETF RFC 4187中定义的EAP-AKA的小修订。在EAP-AKA'中进行的修订是引入了新的密钥导出函数，该函数把在EAP-AKA'中导出的密钥与接入网的标识进行绑定。实际上，这意味着在密钥派生方案中考虑了接入网标识，因此，该过程与5G AKA更加一致，并加强了密钥分离。

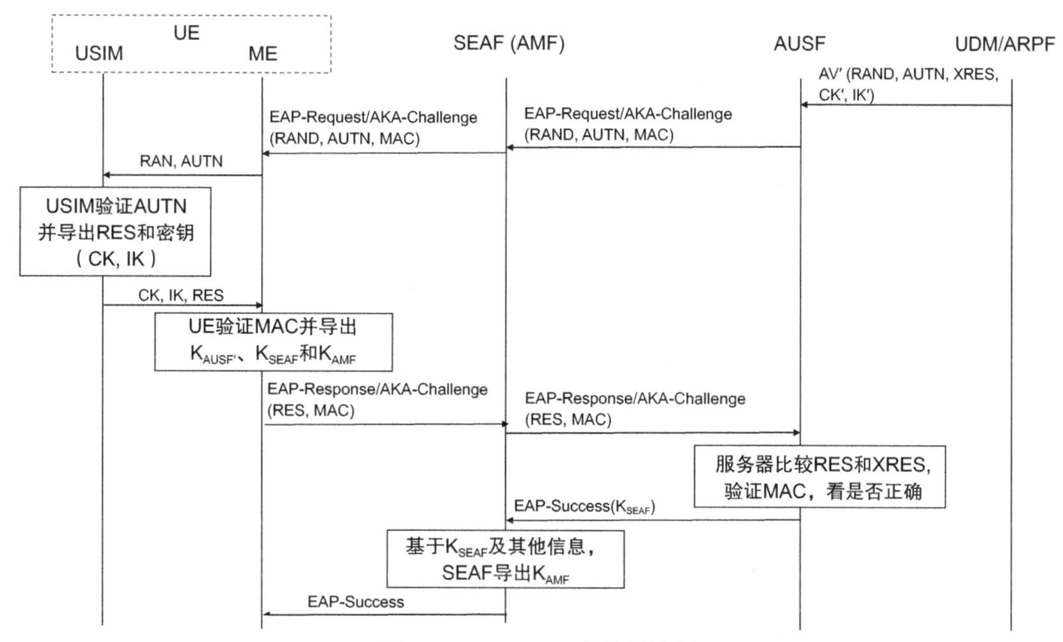

图 8.9　EAP-AKA' 的总体流程

剩下的就是计算用于保护数据的密钥，这将在下一节描述。

8.3.9　密钥派生和密钥层级结构

鉴权完成并建立了根密钥后，必须为不同的目的派生新的密钥。如上所述，重要的是避免将单个密钥用于多种目的。UE 和网络之间的以下数据类型受到保护：

- UE 和 AMF 之间的 NAS 信令。
- 对于 3GPP 接入：
  - UE 和 NG-RAN 之间的 RRC 信令。
  - UE 和 eNB 之间的用户面数据。
- 对于非受信的非 3GPP 接入：
  - UE 和 N3IWF 之间的 IKEv2 信令。
  - UE 和 N3IWF 之间的用户面数据。

上面的每组过程使用不同的加密和完整性保护密钥。密钥 K_{AUSF} 是在鉴权期间导出的归属网络的“根密钥”，UE 和网络用它导出其他密钥。K_{AUSF} 用于导出服务网络的“根密钥” K_{SEAF}。然后用 K_{SEAF} 导出 K_{AMF}。UE 和 AMF 使用 K_{AMF} 导出用于 NAS 信号的加密和完整性保护的密钥（K_{NASenc} 和 K_{NASint}）。此外，AMF 还派生一个密钥（K_{gNB}）并发送到 gNB。gNB 使用此密钥来导出用于用户面的加密的密钥（K_{UPenc}）、用户面的完整性保护的密钥（K_{UPint}）以及 UE 和 eNB 之间 RRC 信令的加密和完整性保护的密钥（K_{RRCenc} 和 K_{RRCint}）。UE 导出与 gNB 相同的密钥。对于非受信的非 3GPP 接入，AMF 还派生一个密钥（K_{N3IWF}），该密钥发送到N3IWF。IKEv2过程中使用此密钥来导出UE和N3IWF之间的IPsec密钥。密钥的“家族树”通常称为密钥层级结构。5GS的密钥层级结构如图8.10所示（来源于3GPP TS 33.501）。

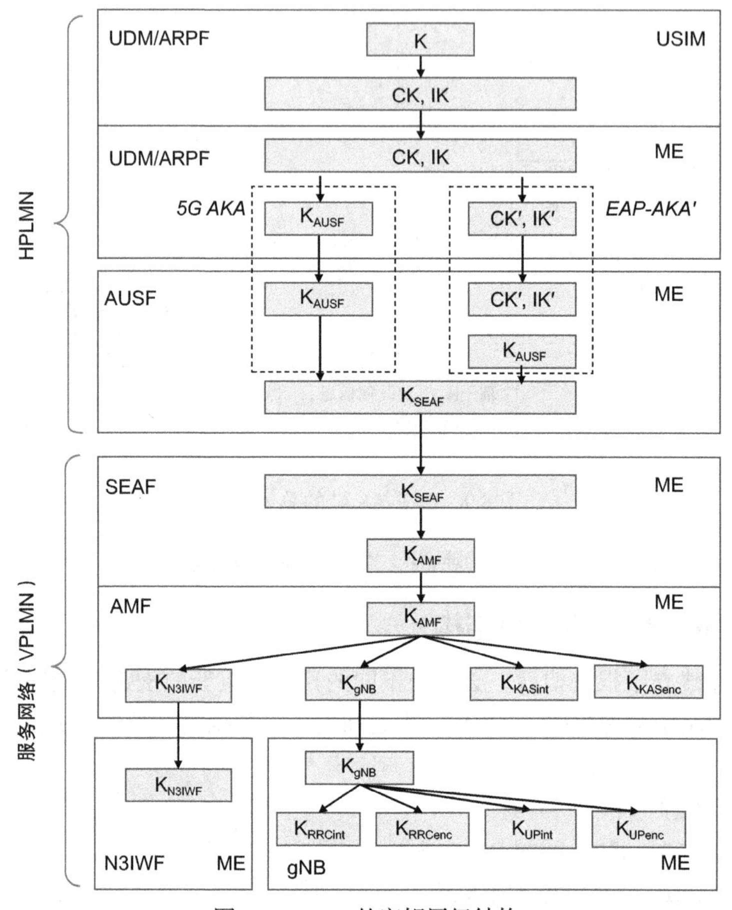

图8.10 5GS的密钥层级结构

一旦在UE和网络中产生了密钥，就可以开始对信令和用户数据进行加密和完整性保护。标准允许使用不同的加密算法，UE和网络需要就特定连接使用何种算法达成一致。表8.1显示了3GPP接入目前支持的NAS、RRC和UP加密的5G NR加密算法（NEA）。

表8.1 3GPP接入中用于NAS、RRC和UP加密的加密算法

名称	算法	注释
NEA0	空加密算法	
128-NEA1	128-bit 基于 SNOW 3G 的算法	也用于 EPS
128-NEA2	128-bit 基于 AES 的算法	也用于 EPS
128-NEA3	128-bit 基于 ZUC 的算法	也用于 EPS

在UE、eNB和AMF中必须支持NEA0、128-NEA1和128-NEA2，而对128-NEA3的支持是可选的。表8.2中展示了RRC、NAS信令和用户面完整性保护目前支持的5G完整性保护算法（NIA）。UE、eNB和AMF对算法128-NIA1和128-NIA2的支持是强制性的，而对于128-NIA3的支持是可选的。用户面的完整性保护支持是可选的。空完整性保护算法NIA0仅用于未鉴权的紧急呼叫。

表8.2 3GPP接入中用于NAS、RRC和UP完整性的完整性保护算法

名称	算法	注释
NIA0	空完整性保护算法	
128-NIA1	128-bit基于SNOW 3G的算法	也用于EPS
128-NIA2	128-bit基于AES的算法	也用于EPS
128-NIA3	128-bit基于ZUC的算法	也用于EPS

有关5GS支持的加密和完整性算法的更多详细信息，请参见3GPP TS 33.501。

3GPP TS 33.501对UE和N3IWF之间的IPsec算法进行了描述，该算法引用了相关的IETF RFC。

8.3.10 NAS安全

如上所述，UE和AMF之间的NAS协议是加密的和受完整性保护的。在注册过程中，完成鉴权和密钥派生后，会导出用于保护NAS消息的密钥。NAS安全性的处理方式与4G/EPS中类似，但做了一些增强以加强对初始NAS消息的保护。初始NAS消息在这里是指注册请求和服务请求消息，即用于开启与5GC的通信的消息。

在4G/EPS中，如果UE已有一个安全上下文，则初始NAS消息将受到完整性保护，但不会被加密，这样做是为了即使MME已丢失了该UE的安全上下文或UE与MME之间不匹配，作为接收方的MME也可以识别UE（例如基于GUTI）。如果UE中没有安全上下文，则不会对初始NAS消息进行加密或完整性保护。

5GS添加了对初始NAS消息进行部分加密的支持，以保护信元，这些信元可能包含敏感信息，而对于初始NAS消息的基本处理而言，AMF不需要查看这些信元，因此，这些消息将包含一些明文形式的信元（例如5G-GUTI、5G-S-TMSI、UE安全功能）和一些经过加密的信元（例如MM能力、请求的S-NSSAI等）。如果UE有现成的安全上下文，则可以这样做。在UE没有任何安全上下文的情况下，初始NAS消息仅包含明文信元，其余的信元将在建立NAS安全性之后进行加密和完整性保护。

8.3.11 更新USIM内容，包括漫游导向

与4G/EPS相比，5GC的另一个新功能是UDM可以通过安全通信向UE提供信息以更新USIM中的漫游PLMN列表。此功能称为漫游控制，在3GPP TS 23.122和3GPP TS

33.501 中进行了描述。

该功能允许 UDM 将导向信息列表（包含有关首选和禁止的 PLMN 的信息）发送到 AUSF。AUSF 然后基于 K_{AUSF} “根密钥”和其他信息，为列表计算消息鉴权代码（MAC），并将结果提供给 UDM。UDM 可以将导向信息列表与 MAC 一起（通过 AMF）再发送给 UE。UE 验证 MAC 值，然后接受并使用新的信息更新 USIM。

8.3.12　与 EPS/4G 互通

8.3.12.1　概述

与 EPS/4G 互通是一项重要功能，5G 规范的制定，涵盖了此类互通安全方面的解决方案。在本书中，我们不会详细描述适用于 4G/EPS 的安全功能。有兴趣的读者可以参考有关 EPS 的书籍，例如，参见 Olsson 等人（2012）的著作。下面的讨论集中在 EPS/4G 和 5GS 之间的互通。

如第 3、7 和 12 章所述，当与 EPS 互通时，UE 可以在单注册或双注册模式下运行。互通的安全性在很大程度上取决于 UE 是使用单注册还是双注册模式。下面我们将分别描述每种情况。

8.3.12.2　单注册模式

在单注册模式下运行时，有两种情况，取决于运营商网络是否支持 AMF 和 MME 之间的 N26 接口。

有 N26 的单注册模式

当 UE 从 EPS/4G 移至 5GS 时，存在在目标接入中建立安全上下文的不同可能性。一种可能性是当 UE 进入新的接入时执行新的鉴权和密钥协商过程。但是，为了减少在 5GS 和 EPS/E-UTRAN 之间进行切换造成的时延，可能不希望这么做，相反，切换可以基于原生或映射的安全上下文。如果 UE 之前已通过运行 5G AKA 或 EAP-AKA' 在 5GS 接入中建立了原生安全上下文，然后移至 EPS 并随后返回 5GS，则 UE 和网络可能已为 5GS 缓存了原生安全上下文，包括上一次 UE 使用 5GS 时的原生 K_{AUSF}。这样，在 RAT 间切换期间，目标接入就不需要完整的 AKA 过程。如果原生上下文不可用，则可以将源接入中使用的安全上下文映射到目标接入的安全上下文。在不同的 3GPP 接入点之间移动时，此安全上下文的映射是被支持的，但当从比如 4G/EPS 移动到 5GS 中非受信的非 3GPP 接入时，不支持。当执行映射时，UE 和 AMF 基于源接入中使用的密钥（例如 AMF 在 4G 安全上下文中从 MME 接收到的 K_{ASME}）导出适用于目标接入的密钥（例如 K_{AMF}），该映射基于一个加密的密钥导出函数（KDF），它具有保护源上下文免受映射的目标上下文影响的属性。这样可以确保如果攻击者破坏了映射的上下文，则他们不会获得有关映射它的源上下文的信息。AMF 还可以选择启动主鉴权过程，以创建新的原生的 5G 安全上下文。

当 UE 朝另一个方向移动时，即从 5GS 到 EPS，AMF 充当 EPS 中目标 MME 的源

MME（即 AMF 扮演 MME 的角色）。AMF 将导出映射的 EPS 安全上下文（包括例如从 K_{AMF} 派生的 K_{ASME}），并且在切换期间作为 UE 上下文的一部分提供给 MME。

无 N26 的单注册模式

当不支持 N26 时，AMF 和 MME 之间不存在用于传输 UE 安全上下文的接口。因此，在这种情况下，不可能在目标接入中使用映射的安全上下文，而是 UE 和网络需要在目标接入中重用现有的原生安全上下文（如果它存在并且已经在之前对目标系统接入时缓存过了）。如果不存在缓存的原生安全上下文，则 UE 和网络需要在目标接入中执行新的鉴权过程。

8.3.12.3 双注册模式

当使用双注册模式时，UE 同时注册到 EPS 和 5GS，因此将使用两个不同的安全上下文，EPS 安全上下文和 5G 安全上下文。显然，EPS 安全上下文用于访问 EPS，5G 安全上下文用于访问 5GS。当 UE 在两个系统之间移动时，即所谓的系统间移动性，UE 将使用与目标系统匹配的安全上下文，例如，当目标系统是 EPS 时，UE 将开始使用 EPS 安全上下文。当访问 EPS 时，将使用为 EPS/4G 定义的安全功能，如 3GPP TS 33.401 和 Olsson 等人（2012）的著作中进一步描述的。

8.4 网络域安全

8.4.1 引言

到目前为止，本章大部分描述涉及的都是网络接入的安全，即 UE 接入 5GS 的安全性功能。但是，如本章开篇所述，重要的还包括 PLMN 内部和 PLMN 之间的网络内部接口的安全性。

不过情况并非总是如此。当开发 2G（GSM/GERAN）时，就没有指定解决方案来保护核心网中的数据。人们认为这不是问题，因为 GSM 网络通常由少数大型机构控制，并且是受信任的实体。此外，最初的 GSM 网络仅运行电路交换的业务。这些网络使用特定于电路交换的语音业务的协议和接口，并且通常只有大型电信运营商才能访问。随着 GPRS 和 IP 传输的引入，3GPP 网络中的信令和用户面传输开始在更开放的网络和协议上运行，意味着少数大型电信机构外的其他人也更易访问 3GPP 网络，这就带来了增强对运行在核心网接口上的数据的保护的需求。例如，核心网接口可能穿越第三方 IP 传输网络，或者在漫游情况下，接口可能跨越运营商边界，因此，3GPP 制定了规范，说明如何在核心网中以及在一个核心网和另一个（核心）网络之间也确保基于 IP 的数据的安全。另一方面，应该注意的是，即使在今天，如果核心网接口运行在受信任的网络（例如，运营商拥有的、具有物理保护的传输网络）上，则几乎不需要这种附加保护。

下面，我们将讨论已经为 3G 和 4G 制定的并用于 5GS 的通用的网络域安全（NDS）解决方案，还将讨论专门为基于服务的接口（即使用 HTTP/2 的接口）开发的新的 5GS 解决方案。在这方面，域之间的接口尤其重要，包括PLMN之间的漫游接口（N32）以及5GS和第三方之间的用于网络开放的接口。

8.4.2 基于服务的接口的安全考虑

基于服务的接口是3GPP引入的3GPP网络中新的设计原则。为此，3GPP还定义了新的安全功能，以适应核心网实体之间的新型交互方式。例如，当NF服务使用者希望访问NF服务提供者提供的服务时，5GS支持在允许对NF服务的访问之前，对使用者进行鉴权和授权。这些功能在PLMN内是可选的，并且运营商可以决定例如依赖物理安全，而不是为NF服务部署鉴权/授权框架。下面，我们将概括性描述基于服务的接口的安全功能，包括鉴权和授权支持。

为了保护基于服务的接口，所有网络功能均应支持TLS。除非运营商通过其他方式实现网络安全性，否则TLS也可用于PLMN内的传输保护。不过，TLS是可选的，作为替代方案，运营商还可以使用PLMN中的网络域安全（NDS/IP），这将在8.4.4节中详细介绍。如果接口被认为是可信的，例如，它们是受物理保护的运营商内部接口，则运营商还可以决定不在PLMN中使用加密保护。

PLMN内的网络功能之间也支持鉴权，方法取决于链路的保护方式。如果如上所述运营商在基于TLS的传输层上使用保护，则TLS提供的基于证书的鉴权将用于NF之间的鉴权。但是，如果PLMN不使用基于TLS的传输层保护，则可以通过使用NDS/IP或链路的物理安全将一个PLMN内NF之间的鉴权视为隐式的。

除了在NF之间进行鉴权外，基于服务的接口的服务器端还需要授权客户端访问某个NF服务，授权框架采用RFC 6749（RFC 6749）中指定的OAuth 2.0框架。OAuth 2.0框架是IETF开发的用于授权的行业标准协议，它支持一个基于令牌的框架，服务使用者可以在该框架中从授权服务器获取令牌。该令牌可以用于访问NF服务提供者的特定服务。在5GS中，NRF充当OAuth 2.0授权服务器，因此一个NF服务使用者在要访问某个NF服务时将向NRF请求令牌。NRF可以接受NF服务使用者的请求，并为其提供令牌，该令牌属于某个特定的NF服务提供者。当NF服务使用者尝试访问NF服务提供者的某个NF服务时，NF服务使用者将在请求中提供令牌。NF服务提供者通过使用NRF的公共密钥或共享密钥来检查令牌的有效性（完整性），具体取决于为OAuth 2.0框架部署了哪种密钥。如果验证成功，则NF服务提供者将执行请求的服务，并响应NF服务使用者。

上述框架是当一个NF访问任何其他NF所提供的服务时的通用框架。不过，在这种情况下，NRF是一个特殊的服务提供者，因为NRF为NF发现、NF服务发现、NF注册、NF服务注册和OAuth 2.0令牌请求服务提供了服务，即提供对整个基于服务的框架的服务。当NF想要使用NRF服务（即注册、发现或请求访问令牌）时，上述传输安全性（基于TLS）和鉴权（基于TLS或隐式鉴权）的一般功能也适用。但是，NF和NRF之间不需要用于授权的OAuth 2.0访问令牌，取而代之的是，NRF会根据期望的NF/NF服务的特征和 NF 服务使用者的类型来允许请求。同时基于目标 NF/NF 服务的特征和 NF 服务使用者的类型，NRF 确定 NF 服务使用者是否可以发现期望的 NF 实例。当应用网络切片时，NRF 根据网络切片的配置对请求进行授权，以便，例如，期望的 NF 实例只能由同一网络切片中的其他 NF 发现。

8.4.3 漫游时 PLMN 之间的基于服务的接口

网间互连允许在不同 PLMN 中的服务使用者和服务提供者进行安全通信。安全性是通过两个网络中的安全边缘保护代理（SEPP）来支持的，每个 PLMN 中至少有一个 SEPP。SEPP 执行有关应用层安全的保护策略，从而确保对那些要保护的实体进行完整性和机密性保护。SEPP 还允许隐藏拓扑，以避免内部网络拓扑显示给外部网络。

大多数情况下，在具有漫游协议的 PLMN 之间存在一个中间网络，该中间网络在 PLMN 之间提供中介服务，即所谓的漫游 IP 交换或 IPX。IPX 因而提供了不同运营商之间的互连。每个 PLMN 与一个或多个 IPX 提供者有业务关联。因此，在大多数情况下，两个 PLMN 中的 SEPP 之间将存在一个或多个互连提供者。互连提供者在 IPX 中可以拥有自己的实体 / 代理，这些实体 / 代理为 IPX 提供者执行某些限制和策略。图 8.11 描述了提供服务的 PLMN 的示例，其中 NF 想要访问由归属 PLMN 中的 NF 提供的服务。服务 PLMN 具有使用者的 SEPP（cSEPP），而归属 PLMN 具有提供者的 SEPP（pSEPP）。每个 PLMN 与 IPX 运营商都有业务关系。cSEPP 的运营商与互连提供商（使用者的 IPX 或 cIPX）具有业务关系，而 pSEPP 的运营商与互连提供商（提供者的 IPX 或 pIPX）具有业务关系。cIPX 和 pIPX 之间可能还有其他的互连提供者，但此处未显示。

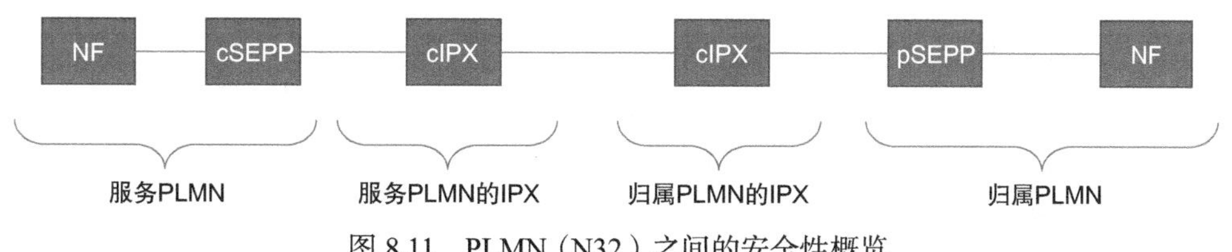

图 8.11　PLMN（N32）之间的安全性概览

互连运营商（图中的 pIPX 和 cIPX）可以修改在 PLMN 之间交换的消息，以提供中介服务，例如，为漫游伙伴提供增值服务。如果 SEPP 之间存在检查或修改消息的 IPX 实体，则 TLS 不能在 N32 上使用，因为它是一种传输网络保护，不允许中间人检查或修改消息。相反，对于 SEPP 之间的保护需要采用应用层的安全性措施。应用层安全性意味着该消息在 HTTP/2 消息体内受到保护，它允许对消息中的某些信元进行加密，而其他信元以明文形式发送。对于 IPX 提供者有理由检查的信元，将以明文形式发送，而其他不应泄露给中间实体的信元则被加密。使用应用层安全性还允许中间实体修改消息。SEPP 使用 JSON Web 加密（RFC 7516 中指定的 JWE）来保护 N32 接口上的消息，而 IPX 提供者使用 JSON Web 签名（RFC 7515 中指定的 JWS）来对其中介服务所需的修改进行签名。需要说明的是，在这种情况下，即使TLS不被用来保护两个SEPP之间携带的NF到NF消息，两个SEPP仍会建立TLS连接，以便为了应用层安全性的目的，协商安全配置参数。

如果SEPP之间没有IPX实体，则使用TLS保护两个SEPP上携带的NF到NF的消息。在这种情况下，无须查看SEPP之间携带的消息的内部或修改其中的任何部分。

8.4.4 基于IP通信的网络域安全

有关如何保护基于IP的控制面数据的规范称为基于IP的控制面（NDS/IP）的网络域安全，是在3GPP TS 33.210中描述的。该规范最初是针对3G开发的，后来针对4G进行了扩展，主要涵盖基于IP的控制面数据（例如Diameter和GTP-C）。并且它也适用于5G网络，以提供网络层保护。NDS/IP基于IKEv2/IPsec，因此适用于任何类型的IP通信，包括与5GS一起使用的HTTP/2。

NDS/IP使用安全域的概念。安全域是由单个管理机构管理的网络，因此，在安全域内，安全级别和可用的安全服务一般是相同的。安全域的示例可以是单个电信运营商的网络，也可以是单个运营商将其网络划分为多个安全域。在安全域的边界上，网络运营商放置安全网关（SEG），以保护流入和流出域的控制面数据。来自一个安全域的网络实体的所有NDS/IP数据在离开该域之前，都将通过一个SEG路由到另一个安全域。SEG之间的通信使用IPsec保护，或更确切地说，使用隧道模式下的IPsec封装安全载荷（ESP）。SEG之间使用Internet密钥交换（IKE）协议版本2，即IKEv2，以建立IPsec安全关联。图8.12给出示例场景（来自3GPP TS 33.210）。

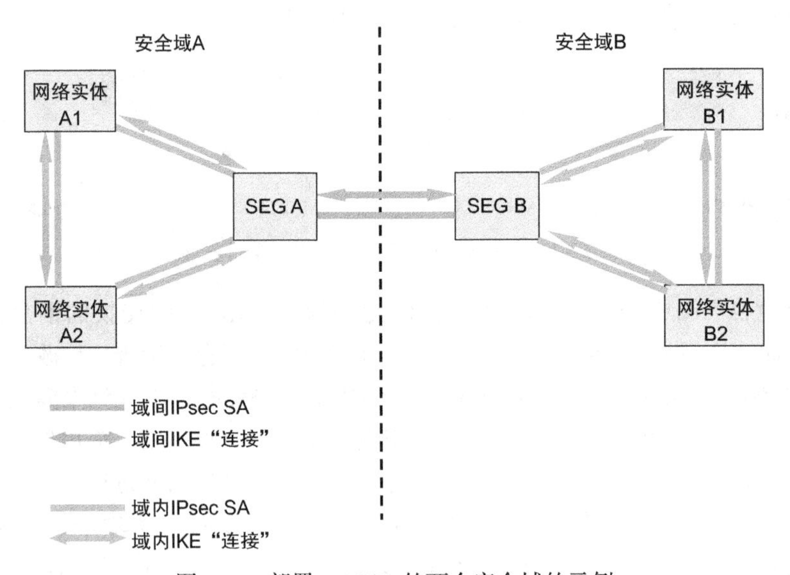

图8.12 部署NDS/IP的两个安全域的示例

尽管最初NDS/IP主要用于保护控制面信令，但是可以使用类似的机制来保护用户面数据。

此外，在安全域内（即在不同的网络实体之间或在网络实体与SEG之间），运营商可以选择使用IPsec保护数据。因此，两个安全域中两个网络实体之间的端到端路径以逐跳的方式受到保护。

8.4.5　N2和N3接口的安全考虑

如第3章所述，N2是AMF与5G-AN之间的参考点。它特别用于在3GPP和非3GPP接入上、在UE和AMF之间承载NAS信令。N3是5G-AN和UPF之间的参考点，它用于将GTP隧道用户面数据从UE传送到UPF。

使用gNB和5GC之间的加密解决方案保护N2和N3，在某些部署中非常重要，因为此种情况下可能不能保证到gNB的链路在物理上是安全的。不过，这是运营商的决定。如果将gNB放置在物理安全环境中，则“安全环境”除了gNB之外还应包含其他节点和链路。

为了使用加密解决方案保护N2和N3参考点，规范要求在gNB和5GC之间使用基于IPsec ESP和IKEv2证书的鉴权。在核心网侧，可以使用SEG（如针对NDS/IP所述）终结IPsec隧道，这为通过N2传输控制面数据提供了完整性、机密性和重放保护。

对于N2接口，除了IPsec，规范还允许使用DTLS提供完整性保护、重放保护和机密性保护。但是，根据NDS/IP，通过DTLS提供传输层安全并不排除使用网络层保护。实际上，IPsec还具有提供拓扑隐藏的优势。

8.4.6　网络开放/NEF的安全考虑

如第3章所述，NF可以通过NEF向第三方AF开放其能力和事件。这一开放包括外部AF对事件的监视以及出于策略和计费目的提供会话信息。NEF还支持向5GS提供信息，例如允许外部AF将预测到的UE行为信息（例如移动模式）提供给5G，或者影响边缘计算用例的流量路由。为了安全开放5GS的能力及提供信息，如果AF被视为网络部署的一部分，那么这些功能应仅提供给通过了相应的隐式或显式鉴权和授权的AF。

对于NEF和驻留在3GPP运营商管理域之外的AF之间的鉴权，应使用TLS在NEF和AF之间执行基于客户端和服务器证书的相互鉴权。TLS还用来为NEF和AF之间的接口提供保护。鉴权后，NEF确定AF是否有权发送请求。

8.5　用户域安全

用户域安全包括一组安全功能，可保护用户对移动设备的访问。这里用户域中最常见的安全功能是对USIM的访问安全。在USIM对用户进行鉴权之前，用户将无法访问USIM。在此情况下，鉴权基于存储在USIM中的共享机密（PIN码）。当用户在终端上输入 PIN 码时，它会传递到 USIM。如果用户提供了正确的 PIN 码，则 USIM 允许来自终端/用户的访问，例如执行基于 AKA 的访问鉴权。

8.6 合法监听

合法监听（LI）是运营商在其开展业务的绝大多数国家和地区，对执法机构（LEA）和政府部门必须履行的、作为法律义务的监管要求之一。在 3GPP 标准中，LI 目前定义为："各个国家和地区机构的法律，有时作为许可和运营的条件，定义了在通信系统中拦截目标电信流量和相关信息的需求。合法监听遵从适用的国家或地区的法律和技术规范。"（摘自 3GPP TS 33.126"合法监听要求"。）LI 允许相应的机构拦截特定用户的通信流量，包括激活、停用、查询和调用流程，这些操作要求有法律文件，例如授权书。可能有多个 LEA 对单个用户（即拦截对象）进行监听，在这种情况下，必须能够将这些监听措施严格区分开。监听功能只能由授权人员访问。由于 LI 涉及地区管辖权，国家法规可能会定义有关如何处理跨边界的用户位置和监听的特定要求。

本节简要概述 LI，以完成对 5GS 总体功能的描述；它仅是对 3GPP LI 标准的描述，而不是对任何供应商节点中任何功能实现的描述。LI 功能并未对系统的实际构建提出要求，而是描述如何满足执法机构特定的安全要求，使它们能通过合法手段从网络中获取必要的信息，而不会中断正常的操作模式，并且不会损害通信的私密性。请注意，LI 功能必须在不被信息被监听人员和其他未经授权的人员检测到的情况下运行。由于这是当今世界上已在运行的任何通信网络的标准做法，因此 5GS 也不例外。信息的收集过程包括在网络实体中添加特定的功能，其中某些触发条件将促使这些网元以安全的方式将数据发送给负责信息收集的其他特定的网络实体。然后特定实体对数据进行管理并以要求的格式将截获的数据交付给执法部门。可以注意到，3GPP 付出了很多努力来确保在遵守 LI 法规的同时，系统的设计仅提供符合 LI 要求的最低信息量。

作为一个示例，图 8.13（参见 3GPP TS 33.127）给出了用于 5G 系统的 LI 架构的简化图。图中显示的与 LI 相关的功能是：

- 执法机构（LEA），通常是向服务提供商提交执法证明的机构。在某些国家和地区，执法证明可能是由其他法律实体（例如司法机构）提供的。
- 管理功能（ADMF），负责 LI 系统的整体管理。ADMF 使用面向 5GC NF 的 LI_X1 接口来管理 LI 功能。
- 拦截点（POI）是用于检测目标通信、从目标通信中获取与拦截有关的信息或通信内容并将输出传递到 MDF 的功能。POI 位于相关的 5G NF 中。POI 使用 LI_X2 和 LI_X3 接口来传递拦截结果。
- 中介和传递功能（MDF）将拦截报告传递给执法监视设施（LEMF）
- 执法监视设施（LEMF）是接收拦截结果的实体。3GPP 未规定 LEMF。

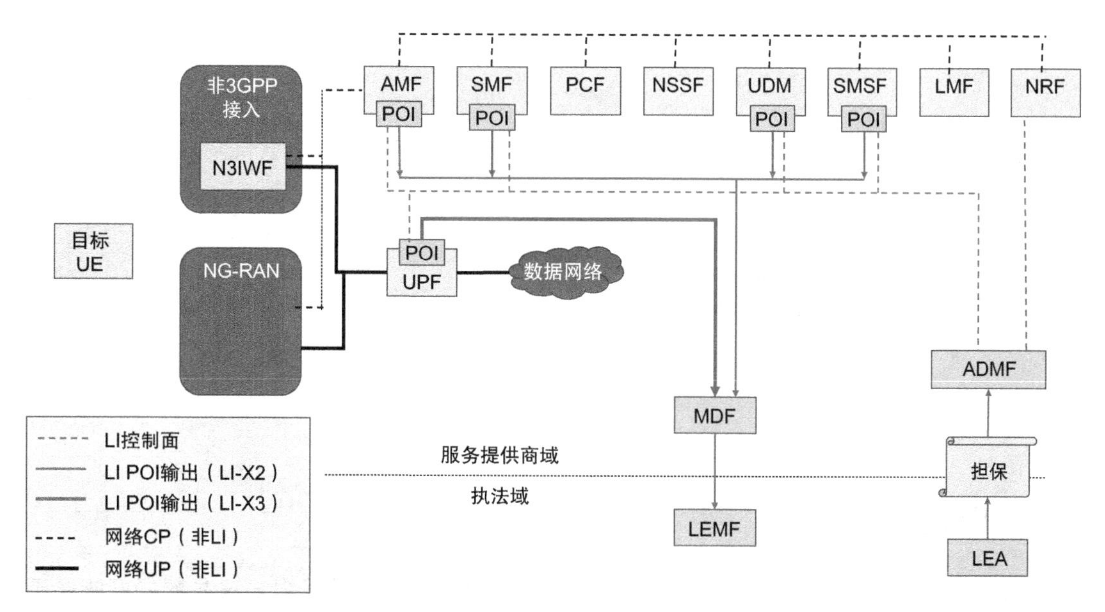

图 8.13　LI 总体架构

与监听有关的信息（也称为事件）是由网元检测到并触发的。适用于 AMF 的一些事件是：

- 注册。
- 注销。
- 位置更新。
- 开始对已注册 UE 的合法监听。
- 通信尝试失败

适用于 SMF 的事件包括：

- PDU 会话建立。
- PDU 会话修改。
- PDU 会话释放。
- 开始对已建立的 PDU 会话的合法监听。

根据国家法规，UDM 也可以报告收集的与监听有关的信息。

以上概述了 5GS 中支持 LI 要求的总体功能。合法侦听本身与新系统的总体架构没有直接的关系，只是出于完整性起见，本书包含了对合法监听的一个一般性描述。它远没有展示此功能的全部可能性或每个方面。同时，3GPP 在提供此类敏感功能时，并不涵盖其道德等非技术方面的考虑。电信业正在通过其他论坛来讨论和解决此类非技术性问题，比如电信行业论坛（http://www.telecomindustrydialogue.org/）。

第9章

服务质量

9.1 引言

服务质量（QoS）是对数据进行差异化的数据包转发处理的能力，这些数据可能属于不同的用户、不同的应用，甚至属于同一应用中的不同业务或媒体。差异化的处理可以是确定数据之间的优先顺序，也可以是保证一个数据流具有一定级别的性能。

与4G一样，5G为多种服务提供支持，例如互联网、语音和视频，但同时5GS将进一步支持第2章中讨论的用例。例如，5G将在可靠性、时延等方面为要求更高的新兴垂直行业提供支持。

在演进分组系统（EPS）中，服务质量由演进的分组核心网（EPC）通过数据分类及与EPS承载的关联、QoS参数的实施、无线接入网（RAN）调度器（下行和上行）的数据包转发处理来实现。根据3GPP TS 23.203中的标准化的表格或基于运营商在PLMN中的配置，QoS类标识（QCI）用于标记某些QoS特性（即，是GBR还是非GBR、优先级等级、数据包时延预算和数据包错误丢失率）。

在遵守诸如网络控制的原则的同时，5G QoS框架开发的一些设计目标还包括：

- **灵活性和支持任何类型的接入**，即5GC旨在支持任何类型的接入和广泛的使用范围。
- **5GC和5G-AN的关注点的分离**，即如果QoS要求被满足，那么由5G-AN决定如何满足它们。
- **减少QoS建立和修改所需的信令**，例如当启用差异化的QoS时，之前的系统通常需要NAS信令。

图9.1对4G和5G的QoS框架进行了比较。4G系统是一个面向连接的传输网络，它要求在系统中的两个端点之间，比如UE和PGW之间，建立逻辑连接。这一逻辑连接称为EPS承载。对于每个EPS承载，都有一个关联的（数据）无线承载、一个S1承载和一个S5/S8承载。EPS QoS参数与EPS承载相关联，并且为了实现由EPS QoS参数描述的QoS特性，需要建立EPS承载，即逻辑连接和相关的承载。

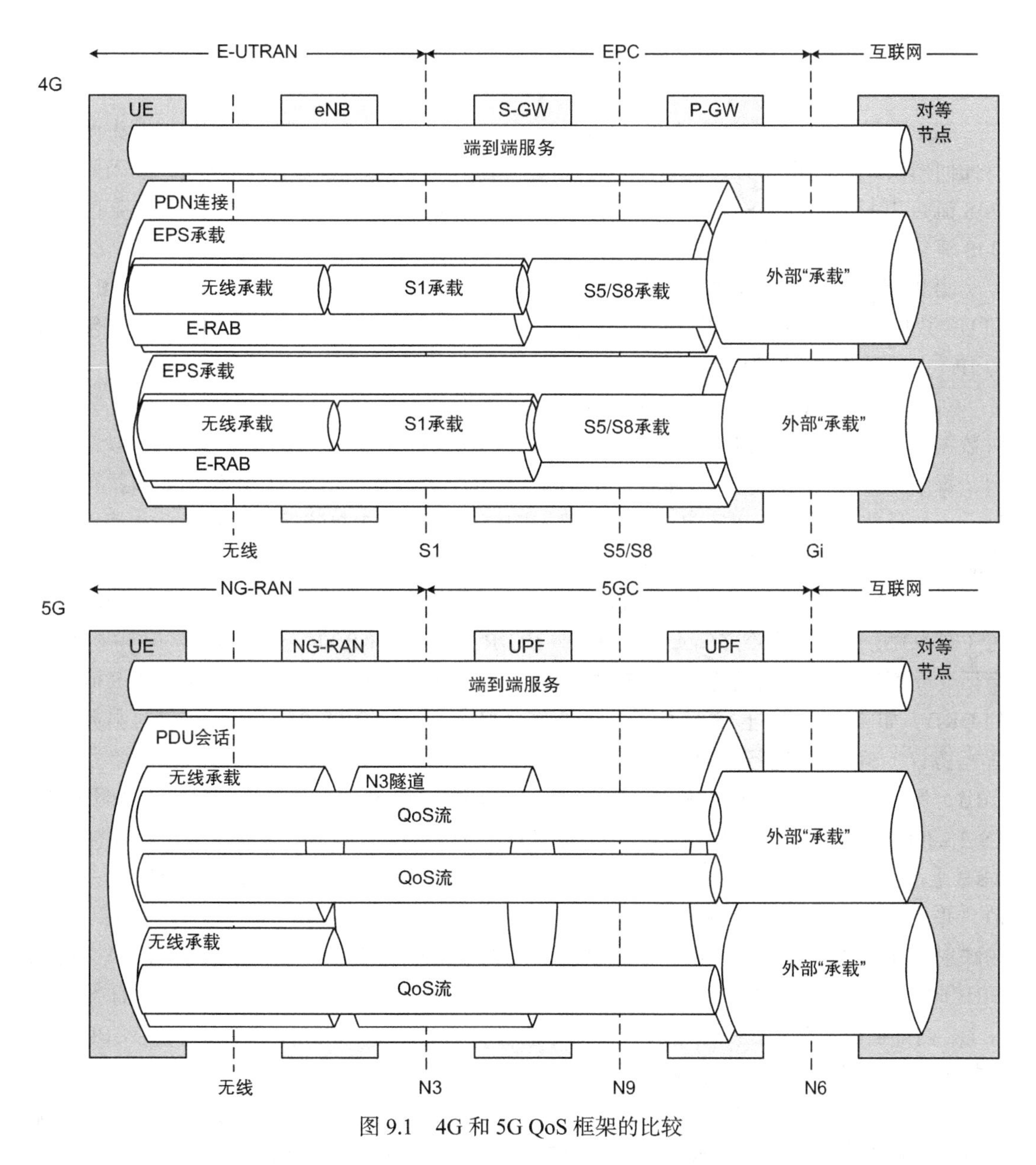

图 9.1 4G 和 5G QoS 框架的比较

在 5G 中，QoS 框架基于 QoS 流，它是 QoS 差异化的最小粒度，即 QoS 参数和特性是和 QoS 流相关联的。每个 QoS 流由每个 PDU 会话中唯一的 QoS 流 ID（QFI）标识。NG-RAN 可以根据每个 QoS 流建立一个（数据）无线承载，或者 NG-RAN 可以基于 NG-RAN 中的逻辑将一个以上的 QoS 流合并到同一个（数据）无线承载中，即此时没有严格的数据无线承载与 QoS 流之间一对一的关系（只要 QoS 流的 QoS 请求得到满足，则允许 NG-RAN 根据需要以更适合 NG-RAN 的方式处理 NG-RAN 资源）。

9.2　基于流的 QoS 框架

QFI 承载在 N3（和 N9）上的（GTP-U）封装报头中，即对端到端数据包报头没有进行任何修改。标有相同 QFI 的数据包接受相同的流量转发处理（例如，调度、准入阈值）。QoS 流可以是 GBR QoS 流，即要求保证流速率的 QoS 流，或者是不需要保证流速率的 QoS 流（非 GBR QoS 流）。

图 9.2 展示了分类过程和 NG-RAN 提供的 DL 数据包（即到达 UPF 并流向 UE 的包）和 UL 数据包（即 UE 生成的包，由应用发送到网络）的差异化包转发。图中数据包显示为 IP 包，但相同的原理也可应用于以太网帧。

对于 DL，在 UPF 中将数据包与 SMF 建立的数据包检测规则（PDR）进行比较，以对数据包进行分类（例如，根据 PDR 中的 IP 五元组过滤器），参见第 6 章和第 10 章。然后，每个 PDR 与一个或多个 QoS 执行规则（QER）进行关联，该 QER 包含如何执行的信息，比如具体速率。QER 还包含要添加到 GTP-U 报头（N3 封装报头）中的 QFI 值。更多信息，请参见第 14 章有关 GTP-U 的协议。

在图 9.2 的例子中，五个 IP 流的数据包被分类为三个 QoS 流，然后通过 NG-U 隧道（即 N3 隧道）发送到 5G-AN（此时即 NG-RAN）。NG-RAN 基于 QFI 标记和在 PDU 会话建立期间接收的相应的每个 QFI 的 QoS 配置文件（Profile），决定如何将 QoS 流映射到 DRB。如果在 DRB 上发送了多个 QoS 流，则使用 3GPP TS 37.324 中指定的服务数据适配协议（SDAP）进行多路复用，也就是说，如果 NG-RAN 决定为每个 QFI 建立一个 DRB，则没有必要使用 SDAP 层。如果使用了反射式 QoS，则需使用 SDAP，参阅 3GPP TS 38.300。对于 QFI5，NG-RAN 决定使用专用的 DRB，而 QFI2 和 QFI3 复用在同一个 DRB 上。当配置了 SDAP 时，会在 PDCP 顶部添加 SDAP 报头，即数据包会增加一些开销，并且 SDAP 用于 QoS 流到 DRB 的映射。也可以使用 RRC 重配来定义 QoS 流到 DRB 的映射，在这种情况下，可以将一系列 QFI 值映射到一个 DRB 上。然后，NG-RAN 使用 DRB 向 UE 发送数据包。UE 的 SDAP 层保留所有 QFI 到 DRB 的映射规则，并且数据包在 UE 内部被转发到 UE 中应用层的套接字接口（socket interface），而不需任何 3GPP 特定的扩展，例如纯粹作为 IP 数据包。

对于 UL，UE 应用层生成的数据包，首先与 UE 中从数据包过滤器集合中选出的那些数据包过滤器进行比对。此时按优先顺序检查这些数据包过滤器，当找到匹配项时，将为数据包分配 QFI。分配的 QFI 和数据包被发送到 UE 接入层（AS）的 SDAP 层，SDAP 层依据可用的映射规则执行 QFI 到 DRB 的映射。如找到匹配项，将在相应的 DRB 上发送数据包；如果没有匹配项，则在默认的 DRB 上发送数据包，并且 SDAP 报头会包含 QFI，以便 NG-RAN 可以决定是否将该 QFI 移到另一个 DRB 上。对默认的 DRB 进行配置是可选的，但 5GC 可以提供额外的 QoS 流信息，指出非 GBR QoS 流可能比此 PDU 会话的其他 QoS 流的出现频率更高，因而此类 QoS 流可不需任何 SDAP 报头而高效发送，比如在

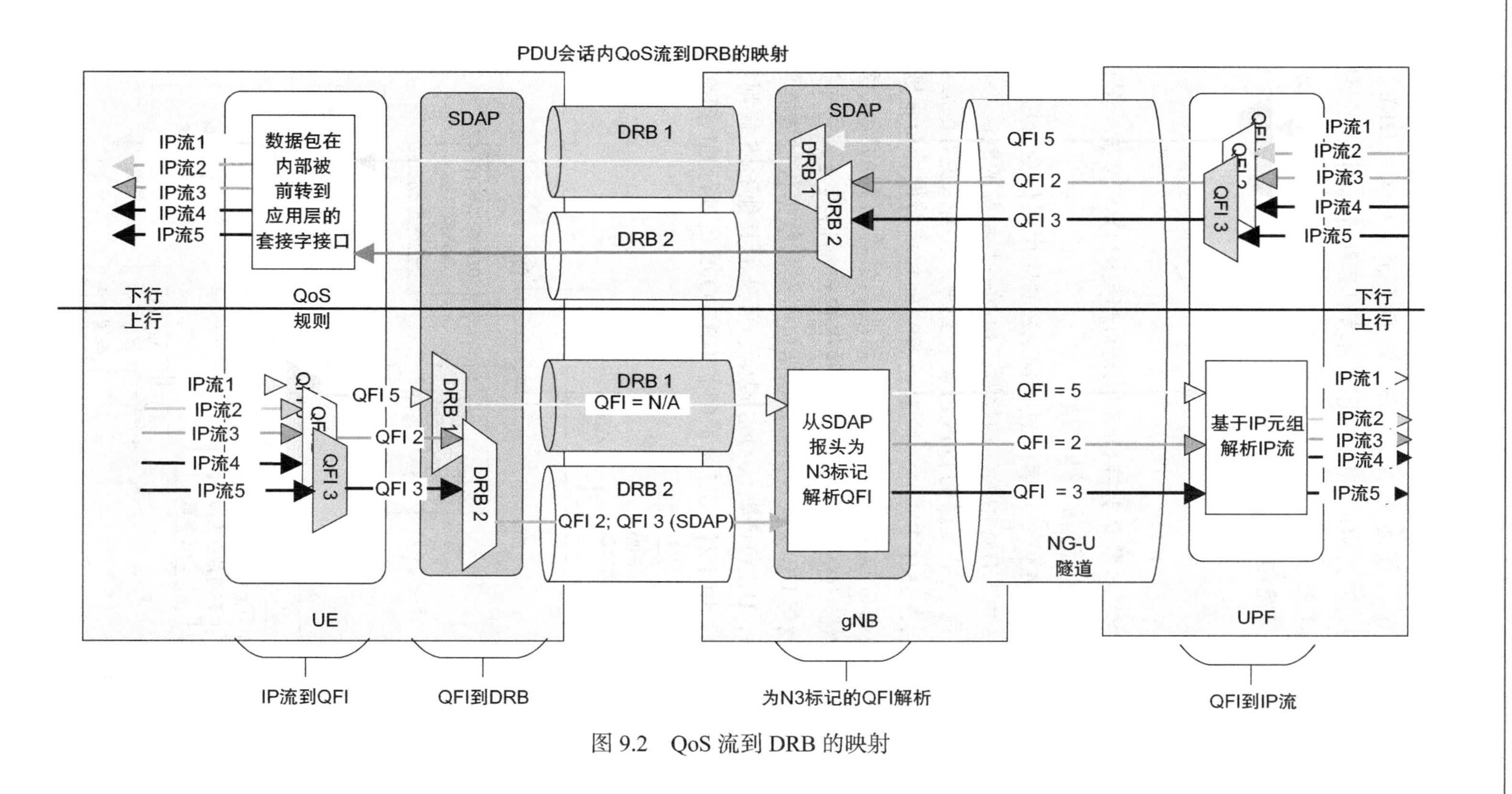

图 9.2 QoS 流到 DRB 的映射

默认DRB上。在图9.2中，QFI5是在DRB1上发送的，但由于它是DRB1上的唯一的QoS流，因此不需要包含任何SDAP报头，而QoS流2和3在DRB2上发送，其中SDAP报头指示数据包的QFI。NG-RAN依据可用信息来决定如何标记每个数据包的N3报头，并将数据包转发给UPF。UPF将数据包解析为IP流，UPF还执行由SMF提供的各种N4规则所指示的速率管控和其他逻辑，例如计数。

9.3　QoS信令

为了实现QoS，相关实体需要支持QoS请求和相关的QoS参数。图9.3提供了对控制面中涉及的实体和相关QoS通信的总体描述。

1）UE可以使用NAS SM信令或者通过指向AF的应用层信令直接向5GC发出QoS请求。通常，特定的QoS由UDM中的签约控制，包括一些特殊的默认QoS，或者通过基于应用层信令的、由AF向PCF发送的QoS请求来实现，以确保更好的服务体验。

2）建立PDU会话后，SMF从UDM检索会话管理签约数据，包括默认QoS值——SMF可能基于本地配置或与PCF交互对其进行修改，最终得到的默认值将用于与默认QoS相关联的QoS流。默认QoS规则包含一个数据包过滤器集合，它允许所有UL数据包通过，用于不存在其他与UE要发送的UL数据包匹配的数据包过滤器集合的场合。作为PDU会话建立的结果，UE获得默认QoS规则、可选的其他QoS规则和QoS流描述。UE还获得了会话AMBR，用于对PDU会话的非GBR QoS流进行UL速率限制。

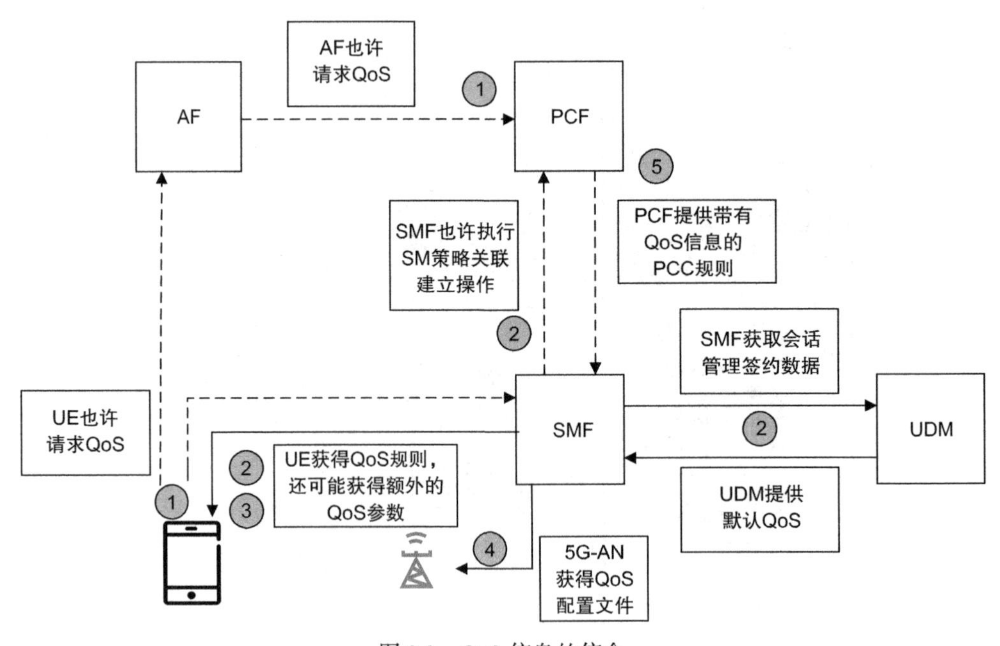

图9.3　QoS信息的信令

3）QoS 规则包含 QFI、数据包过滤器集和优先级值等，UE 对每个 PDU 会话使用 QoS 规则决定是否以及如何标记和发送 UL 数据包，如之前在 9.2 节中所述。

发送到 UE 的每个 QoS 流描述均包含 QFI，它指示了是否正在创建新的 QoS 流，是否删除或修改现有 QoS 流的信息，以及 EPS 承载标识（EBI）的信息（可选），如果可以将 QoS 流映射为 EPS 承载（如第 7 章所述）。如果 QoS 流是 GBR QoS 流，则发送 UL 和 DL 的保证的和最大的流速率以及可选的平均窗口（参见表 9.1 和表 9.2）。如果没有通知平均窗口，那么将应用表 9.3 中标准化 5QI 定义的默认平均窗口。

4）为了在 5G-AN 中实现 QoS 的差异化，SMF 向 5G-AN 提供 QoS 配置文件。QoS 配置文件包含表 9.1 中描述的每个 QoS 流的 QoS 参数，以及一个可选的指示，指出该 QoS 流的流量是否比此 PDU 会话中建立的其他流的流量更频繁地出现（如 9.2 节所述）。如果 5QI 值不是标准值（参见表 9.3），则还需包含表 9.2 中的 5G QoS 特性。如果 5QI 值属于标准值范围，则 SMF 可以覆盖优先级、平均窗口和最大数据突发量的默认值（参见表 9.3）。

表 9.1 5G QoS 参数

5G QoS 参数		说明
每个 QoS 流	5G QoS 标识（5QI）	用作 5G QoS 特性参考的一个标量
	分配和保留优先级（ARP）	包括三个部分： ● 优先级水平：1 ～ 15 个值 ● 抢占能力：服务数据流是否可以获取已经分配给具有较低 ARP 优先级的另一个服务数据流的资源 ● 抢占脆弱性：服务数据流是否可能失去分配给它的资源，以允许具有更高 ARP 优先级的服务数据流使用
	反射式 QoS 属性（RQA）	向 5G-AN 指示此 QoS 流上承载的流量应服从反射式 QoS，即 RQA 为该 QoS 流使能反射式 QoS
	通知控制	指示当不再能（或可以再次）保证针对一个 QoS 流的 GFBR 时，是否请求 NG-RAN 发送通知
	流比特速率	对于 GBR QoS 流，指示以下比特率： ● 保证的流比特速率（GFBR），分别指示 UL 和 DL ● 最大流比特速率（MFBR），分别指示 UL 和 DL
	最大丢包率	指示在上行和下行方向上可以容忍的 QoS 流丢失数据包的最大比率
其他 QoS 参数	聚合比特速率	● 每个 PDU 会话都与每个会话聚合最大比特率（Session-AMBR）相关联，它限制了一个 PDU 会话的非 GBR QoS 流的聚合比特率 ● 每个 UE 都与每个 UE 聚合最大比特率（UE-AMBR）相关联，它限制了 UE 的非 GBR QoS 流的聚合比特率

表 9.2 5G QoS 特性

5G QoS 特性	说明
资源类型	GBR、时延关键 GBR 或非 GBR
优先级	指示 QoS 流之间资源调度的优先级

（续）

5G QoS 特性	说明
数据包时延预算（PDB）	定义数据包在UE和终结N6接口的UPF之间的时延的上限
数据包误码率（PER）	定义已被链路层协议（例如3GPP接入的RAN中的RLC）的发送方处理，但未被相应的接收方成功传递给上层（例如3GPP接入的RAN中的PDCP）的PDU（例如IP数据包）的速率上限。因此，PER定义了一个与拥塞无关的数据包丢失率的上限
平均窗口	表示对比特率（即GFBR和MFBR）进行计算时所取的时长
最大数据突发量（MDBV）	在数据包时延预算的5G-AN时间区间，要求5G-AN服务的最大数据量。 具有时延关键资源类型的GBR QoS流应与MDBV相关联。MDBV协助5G-AN实现低时延要求，因为能否以一定的可靠性实现低时延，取决于数据包大小和数据包到达时间的分布。

5）当PCF从AF获得一个QoS请求时，PCF基于签约和策略生成PCC规则并发送给SMF。基于PCC规则，SMF生成针对UPF的规则，以便UPF能够执行分类、带宽策略实施和对用户面流量的标记。有关PCF功能（包括SMF和UPF的逻辑）的更多详细信息，请参见第10章。

9.4 反射式QoS

引入反射式QoS的概念是为了最大限度地减少在启用QoS差异化时，UE与核心网之间的NAS信令。顾名思义，决定提供什么QoS是通过对之前接收到的信息的反射来实现的，即完全匹配的数据包将获得与之前接收的数据包相同的QoS处理。换句话说，当对一个QFI启用反射式QoS（RQ）时，例如图9.4中的QFI 3，UE根据接收的DL数据包创建一个导出的QoS规则用于数据分类。当UE要发送UL数据包时，UE检查QoS规则，包括所导出的QoS规则，当存在匹配时，UE将匹配的QoS规则的QFI应用于UL数据包（即图9.4中的QFI 3）。

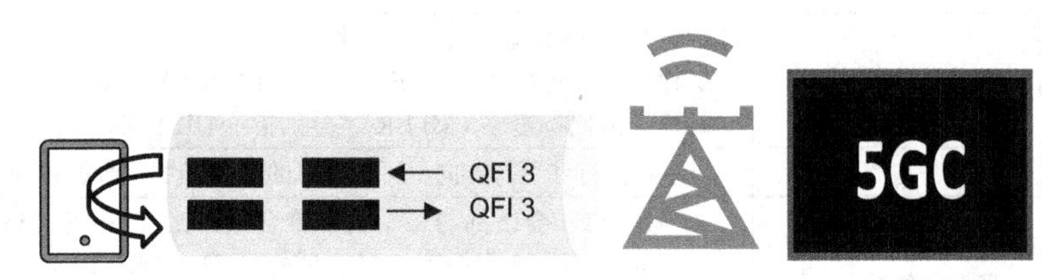

图9.4 反射式QoS

反射式QoS可以用于IPv4、IPv6、IPv4v6或者以太网PDU会话类型的PDU会话，特别是对于频繁生成含有不同报头值的数据包的应用（例如，生成新的端口号的HTTP流量），以避免每个端口更改时使用NAS信令通知UE使用新的数据包过滤器集。

反射式QoS由5GC控制，它以每个数据包为基础，通过使用N3（和N9）参考点上封装的报头中的反射式QoS指示（RQI）以及QFI、反射式QoS计时器（RQ计时器）来控制，如图 9.5 中所示。

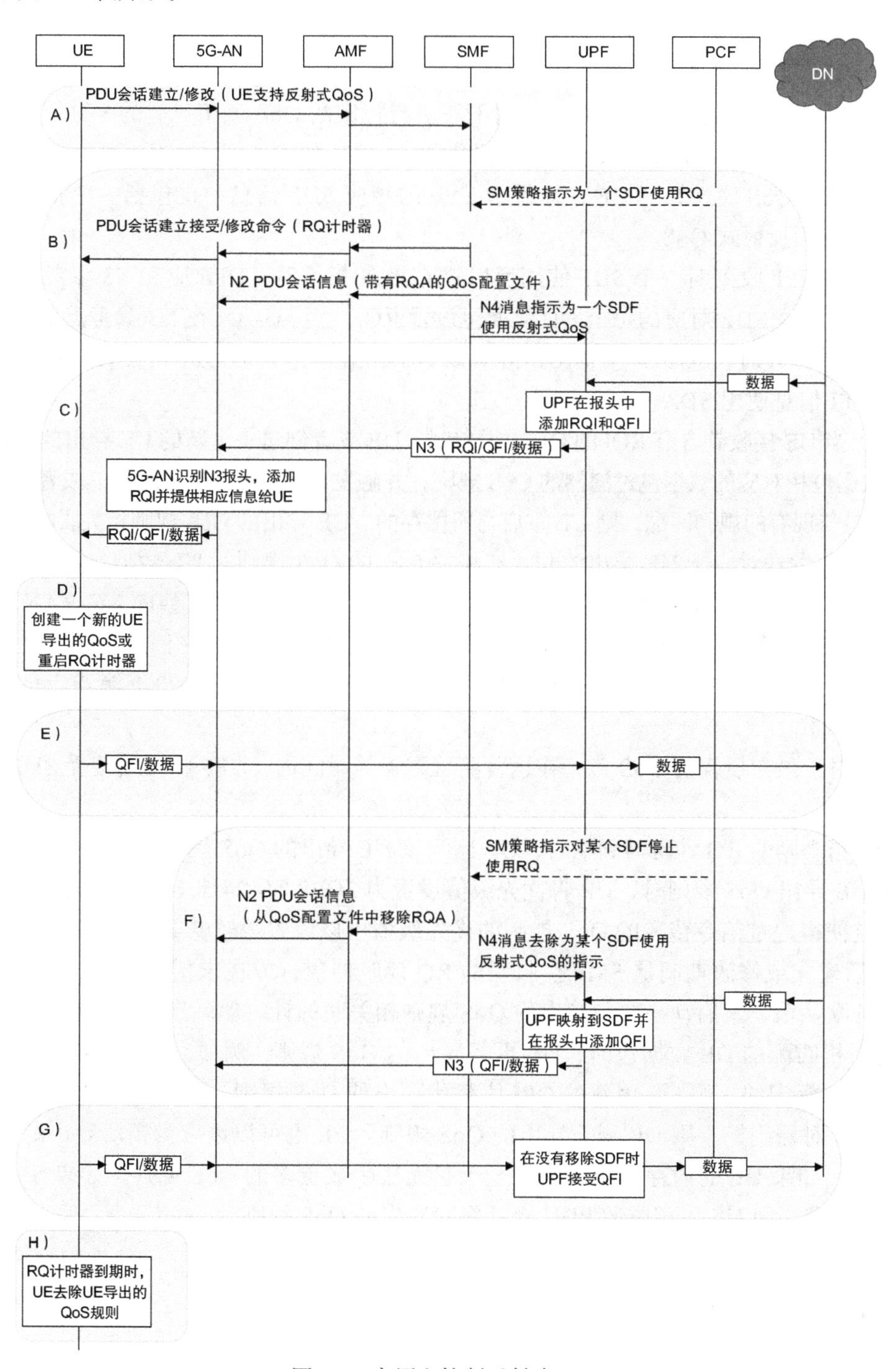

图 9.5 启用和控制反射式 QoS

图 9.5 描述了启用和控制反射式 QoS 的流程。

（A）在 PDU 会话建立期间，或者在当使用 N26 接口、UE 从 EPS 移动到 5GS 时的 PDU 会话修改期间，UE 指示它支持反射式 QoS（参见第 7 章）。

（B）如果 SMF 决定将反射式 QoS 用于一个与特定的 QoS 流相对应的 SDF（比如按照 PCF 的指示，参见第 10 章），则 SMF 在提供给 5G-AN 的 QoS 流的 QoS 配置文件中指示 RQA（反射式 QoS 属性）。SMF 在提供给 UPF 的相应 SDF 信息中也包括一个指示，指明对该 SDF 使用反射式 QoS。

（C）当 UPF 收到对一个 SDF 使用反射式 QoS 的指示时，UPF 应在 N3 参考点上的封装报头中为与该 SDF 对应的每个 DL 数据包设置 RQI。当 5G-AN 在 N3 参考点上的 DL 数据包中收到 RQI 时，5G-AN 会向 UE 指示该 DL 数据包包含的 QFI 和 RQI。NG-RAN 为 RQI 和 QFI 信息使用 SDAP 协议。

（D）当 UE 接收到含有 RQI 的 DL 数据包时，UE 或者创建一个新的 UE 导出的、包含与该 DL 数据包相对应的数据包过滤器的 QoS 规则，并触发该规则的 RQ 定时器，或者，如果该 DL 数据包与现有的规则匹配，则 UE 重启与所保存的、UE 导出的 QoS 规则相关联的定时器。

（E）UE 发送对应于 UE 导出的并含有相关 QFI 的 QoS 规则的 UL 数据包。

（F）当 5GC 决定不再为特定 SDF 使用反射式 QoS 时，SMF 在朝向 NG-RAN 的相应 QoS 配置文件中删除 RQA，并且 SMF 在提供给 UPF 的相应的 SDF 信息中删除使用反射式 QoS 的指示。当 UPF 收到针对该 SDF 的指令时，UPF 将不再在 N3 参考点上的封装报头中设置 RQI。

（G）对于最初授权的 QoS 流，在运营商可配置的时间内，UPF 将继续接受 SDF 的 UL 流量。

（H）当规则的 RQ 计时器到期时，UE 删除该 UE 导出的 QoS 规则。

当 UE 导出 QoS 规则时，UE 将优先级值设置为 3GPP TS 24.501 中定义的一个标准化的值，这使得通过信令传递的 QoS 规则的优先级值可以设置得较低或较高。UE 还使用在 PDU 会话建立或修改期间从 SMF 接收到的 RQ 计时器值，或在未接收到 RQ 计时器值的情况下的默认值，来启动一个与导出的 QoS 规则相关联的计时器。当 UE 接收到与导出的 QoS 规则相匹配的 DL 数据包时，UE 更新导出的 QoS 规则（例如，如果 DL 数据包是用不同的 QFI 标记的，则 UE 用新的 QFI 值替代导出的 QoS 规则）并重新启动 RQ 计时器，如果 RQ 计时器到期，则 UE 删除导出的 QoS 规则。UE 也可以请求撤销所导出的 QoS 规则，比如，如果 UE 的内存出了问题以至于它无法生成更多的 QoS 规则。如果 SMF 接受了 UE 的请求，则 UE 为相应的 PDU 会话删除导出的 QoS 规则。

9.5　QoS 参数和特性

5G QoS 参数和 5G QoS 特性通过信令在相关实体间传送，以描述 QoS 要求和要启用的 QoS 特性。

9.5.1 5G QoS 参数

表 9.1 描述了已定义的 5G QoS 参数。

9.5.2 5G QoS 特性

5G QoS 特性与 5QI 相关联。5G QoS 特性描述了对一个 QoS 流在 UE 和终结 N6 的 UPF 之间的端到端的数据包转发处理。5G QoS 特性用作网络中对实体和连接进行配置的输入，以处理每个 QoS 流，例如，它用作 3GPP 无线接入链路层协议配置的输入。

5GS 支持通过 5QI 值所指示的标准化的和预配置的 5G QoS 特性，因此，除非修改了某些 5G QoS 特性，否则无须在任何接口上用信令发送实际的 5G QoS 特性值。完整的 5G QoS 特性还可以作为 QoS 配置文件的一部分通过信令传送，例如，如果没有适合 QoS 流的标准化的或预配置的 5QI 值时。4G 不支持通过信令传送完整的 QoS 特性，在这种情况下，必须在网络中预先配置这些值（使用运营商特定的 QCI 值范围）。

标准化的 5QI 值是为那些被认为会频繁使用的服务指定的，参见表 9.3，因而通过使用标准化的 QoS 特性，它们可以受益于信令优化。同理，标准化的 QoS 特性在网络中可以通过更有效的方式来实现，因为该特性是预先已知的。

9.5.3 标准化的 5QI 到 QoS 特性的映射

3GPP TS 23.501 中的表 5.7.4-1 描述了标准化的 5QI 值到 5G QoS 特性的映射。表 9.3 是该表的简化版（例如，未列出所有 5QI）。

表 9.3 标准化的 5QI 值到 5G QoS 特性的映射

5QI 值	资源类型	默认的优先级	数据包延迟预算（ms）	数据包差错率	默认的最大数据突发量（字节）	默认的平均窗口（ms）	服务示例
1	GBR	20	100	10^{-2}	N/A	2000	会话式语音
2		40	150	10^{-3}	N/A	2000	会话式视频（实时媒体流）
3		30	50	10^{-3}	N/A	2000	实时游戏，V2X 消息，中压配电，过程自动化——监测
4		50	300	10^{-6}	N/A	2000	非会话式视频（缓存流媒体）
65		7	75	10^{-2}	N/A	2000	关键任务用户面一键通语音（例如 MCPTT）
66		20	100	10^{-2}	N/A	2000	非关键任务用户面一键通语音
67	非 GBR	15	100	10^{-3}	N/A	2000	关键任务视频用户面
71		56	150	10^{-6}	N/A	2000	“实时”上行媒体流
72		56	300	10^{-4}	N/A	2000	“实时”上行媒体流

（续）

5QI 值	资源类型	默认的优先级	数据包延迟预算（ms）	数据包差错率	默认的最大数据突发量（字节）	默认的平均窗口（ms）	服务示例
73	非 GBR	56	300	10^{-8}	N/A	2000	“实时”上行媒体流
74		56	500	10^{-8}	N/A	2000	“实时”上行媒体流
76		56	500	10^{-4}	N/A	2000	“实时”上行媒体流
5		10	100	10^{-6}	N/A	N/A	IMS 信令
6		60	300	10^{-6}	N/A	N/A	视频（缓存流媒体）基于 TCP（例如 WWW，e-mail，聊天，ftp，p2p 文件共享，逐行视频等）
7		70	100	10^{-3}	N/A	N/A	语音，视频（实时流媒体），交互式游戏
8		80	300	10^{-6}	N/A	N/A	视频（缓存流媒体）基于 TCP（例如 WWW，e-mail，聊天，ftp，p2p 文件共享，逐行视频等）
9		90	300	10^{-6}	N/A	N/A	视频（缓存流媒体）基于 TCP（例如 WWW，e-mail，聊天，ftp，p2p 文件共享，逐行视频等）
69	关键时延 GBR	5	60	10^{-6}	N/A	N/A	关键任务时延敏感信令（例如 MC-PTT 信令）
70		55	200	10^{-6}	N/A	N/A	关键任务数据（例如 5QI 6/8/7 的服务）
79		65	50	10^{-2}	N/A	N/A	V2X 消息
80		68	10	10^{-6}	N/A	N/A	低时延 eMBB 应用，增强现实
82		19	10	10^{-4}	255	2000	离散自动化
83		22	10	10^{-4}	1354	2000	离散自动化
84		24	30	10^{-5}	1354	2000	智能运输系统
85		21	5	10^{-5}	255	2000	电力传输——高压

5QI 值尽可能地与在 3GPP TS 23.203 中的表 6.1.7-A 中定义的 EPS 标准化的 QCI 特性对齐，这使得例如在 5GS 和 EPS 之间移动时，QoS 之间的映射更加容易。

对 5G QoS 特性和 4G QoS 特性进行比较，可以看出 5G 的数据包时延预算最短为 5 ms，而 4G 的数据包时延预算最短为 50 ms，5G 的数据包差错率为 10^{-8}，而 4G 的数据包差错率为 10^{-6}。

第 10 章

策略和计费控制

10.1 引言

随着分组核心网架构变得越来越复杂、功能越来越丰富，通过差异化策略控制服务的行为和最终用户体验的需求也与日俱增。运营商网络内部和外部（例如第三方服务提供商）的应用越来越希望拥有能够影响网络及其资源分配和路由规则的接入和能力，以便根据与运营商达成的协议提供创新的服务。策略和计费控制（PCC）支持在 3GPP EPS 架构中进行此类创新。对于 5GS 而言，这同样适用。5GS 不仅支持 EPS 中的 PCC 功能，而且支持其他更多的功能。

就基于会话的功能、策略控制、PCC 规则和相关的计费控制而言，从 EPS 到 5GS 并没有发生根本变化。5GS 中引入的最重要的改变是通过 PCC 进行的非会话以及 UE 相关的策略管理。相对于 PCC 的计费控制，这更多的是与 PCC 的策略管理部分相关。如第 4、6 和 9 章中简要介绍的那样，策略和计费控制功能可对 UE 与 3GPP 网络之间的会话、UE 与外部网络之间的连接（例如 Internet 或特定的应用和服务）提供规则和控制，以及提供与网络分析和数据流管理有关的其他管理功能。这些功能将在后续章节中详细讨论。

5G PCC 架构的另一个主要改进是支持基于服务的接口，第 13 章将做详细介绍。尽管 3GPP 系统允许在某些网元中配置一些本地的策略（也称为静态策略管理），但我们在此不做进一步讨论。我们重点讨论通过策略控制功能（Policy Control Function，PCF）进行的动态策略控制，正如在第 3、4、6、9 章中介绍过的。

10.2 策略和计费控制概述

在 5GS 中，存在两种不同的策略控制和相关管理功能，它们分别为：

- 非会话管理相关的策略控制
- 会话管理相关的策略和计费控制

下面分别做简要介绍。在本章的后续部分将做详细描述。

1）非会话管理相关的策略控制包括以下几个方面：

（a）接入和移动性相关的策略控制

（b）UE 接入选择和 PDU 会话选择相关的策略（UE 策略）控制

（c）数据流描述（PFD）的管理

（d）网络状态分析信息要求（NWDAF）

图 10.1 描述了上面列出的 5GS 中四个与会话管理无关的策略控制功能所涉及的网络元素。与（a）和（b）有关的策略控制涉及 PCF、UDR、AMF 以及接收策略规则的 UE。与（c）有关的策略控制涉及 PCF、SMF，以及可选的 NEF 和 UPF，用于设置 PFD。与（d）有关的策略涉及第 3 章所描述的 5GS 中的所有相关 NF，包括操作维护（OAM）、NWDAF 和 PCF。

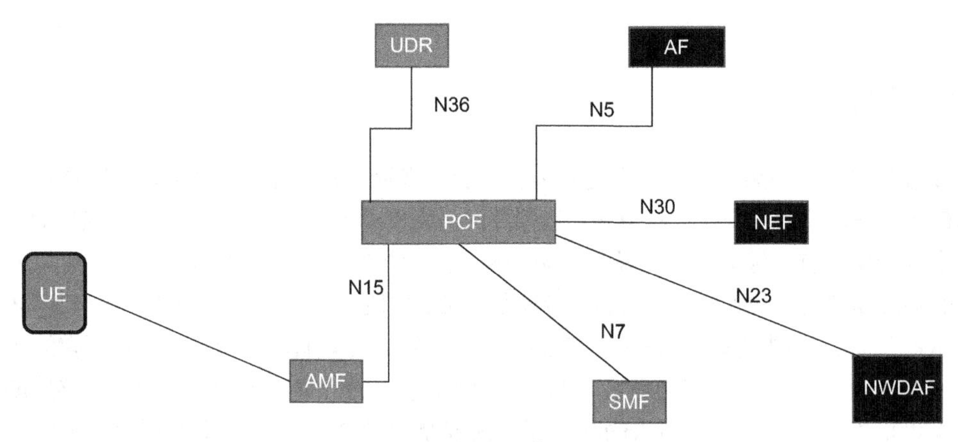

图 10.1　非会话相关的策略管理架构

2）与会话管理相关的策略控制，包括 QoS 策略控制和计费控制。

策略控制：

（a）通过签约信息、接入类型以及 3GPP 接入的特定 RAT 类型来确定策略规则。在 5G 中，网络切片信息和 DNN 是策略配置的新增输入。基于 DNN 的相关策略信息的有效性，独立于该时刻与 PCC 的交互，可以为服务激活 DNN 相关的策略信息或者撤销该信息。

（b）使用运营商定义的策略规则执行门控，对流量数据进行适当的操作，包括丢弃与业务数据流不匹配的数据或重定向到其他策略规则。

（c）绑定业务数据流和特定的 QoS 流，以建立它们之间的唯一关联。

（d）PCC 规则可以在 PDU 会话建立时预定义（静态）或动态设置（动态），并在 PDU 会话的生存周期内被维护。可以基于一天中的特定时间来激活或停用 PCC 规则，而与该时刻的 PCC 交互无关。

（e）管理用户的保证带宽的 QoS，并解决与 QoS 框架相关的冲突。

（f）在运营商策略允许的情况下，对应用进行感知，并且获取与会话相关的应用信息。

（g）支持 3GPP 定义的应用（如 IMS），提供针对 IMS 的语音服务而定制的资源和带宽管理。

计费策略：

(h) 独立于策略控制，允许对每个业务数据流和每个应用进行计费控制。

(i) 对 DNN 接入，执行计费控制和策略控制。

(j) 通过使用 PCC 框架，启用使用状态监控，从而可以实时监测用户消耗的资源总量，并独立于计费机制来控制使用情况。

(k) 根据用户支出上限做策略决策。

与会话管理相关的策略控制的总体 PCC 架构如图 10.2 所示。

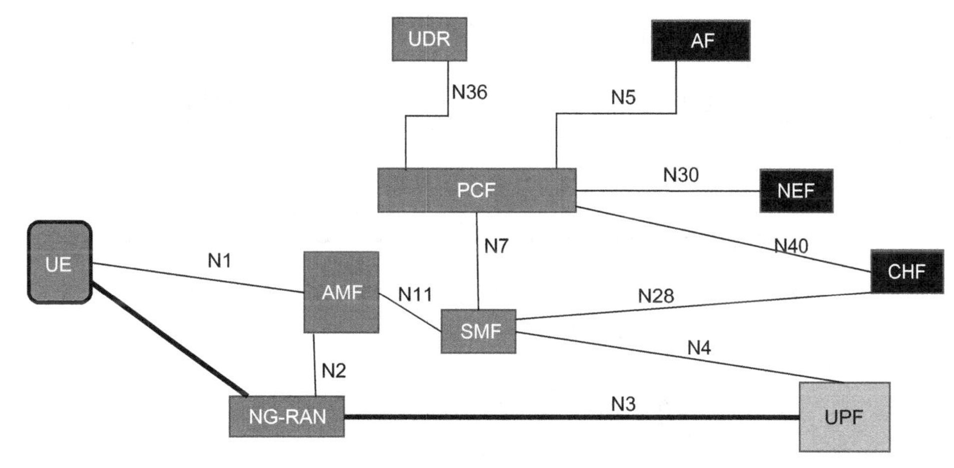

图 10.2 与会话相关的策略管理和计费控制架构

如 3GPP TS 23.503 策略控制和计费架构规范中所示，图 10.3 使用基于服务的接口描述 PCC 的总体架构。

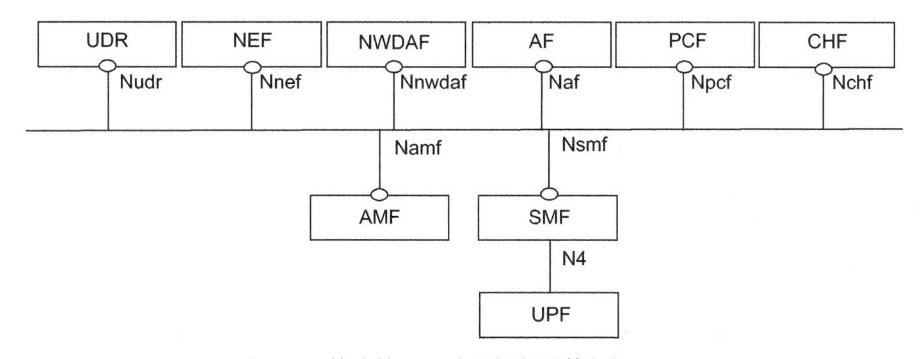

图 10.3 策略管理和计费控制总体架构（SBI）

为了支持跨 PLMN 的漫游并且在它们之间交换某些基于非会话和基于会话的策略信息，在访问 PLMN 中的 PCF 和归属 PLMN 中的 PCF 之间有接口。图 10.4 和 10.5 分别描述了本地疏导和回归属地路由连接的场景中，涉及这些 PCF 的点对点参考架构。

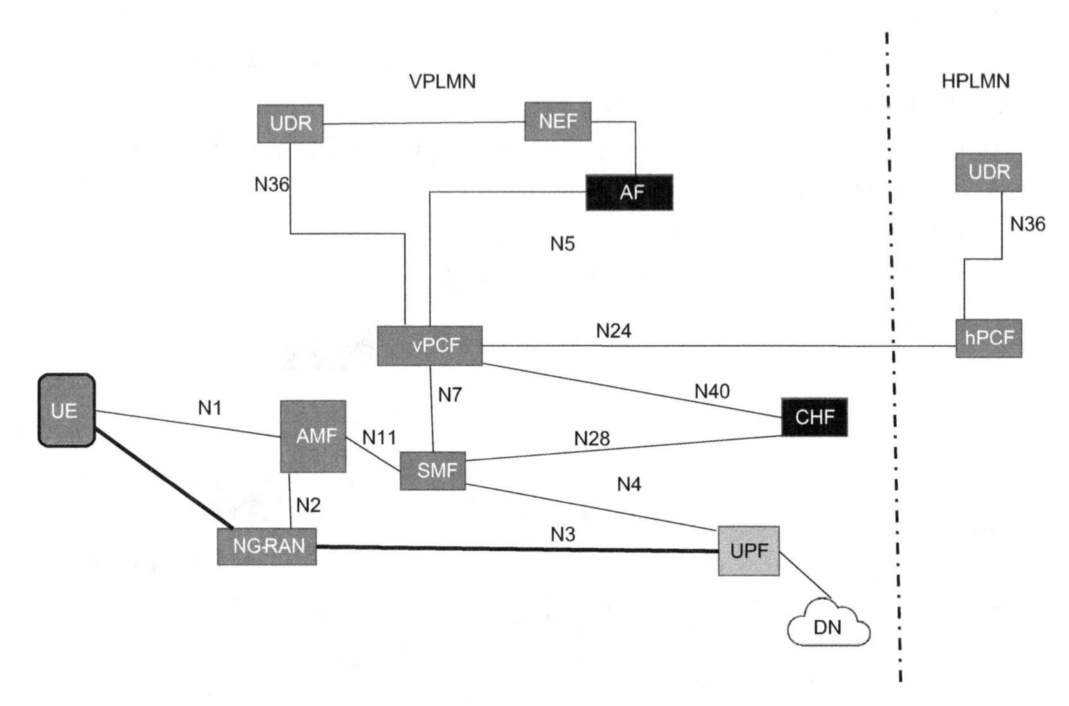

图 10.4　具有本地用户面锚点（本地疏导）的 PCC 漫游架构

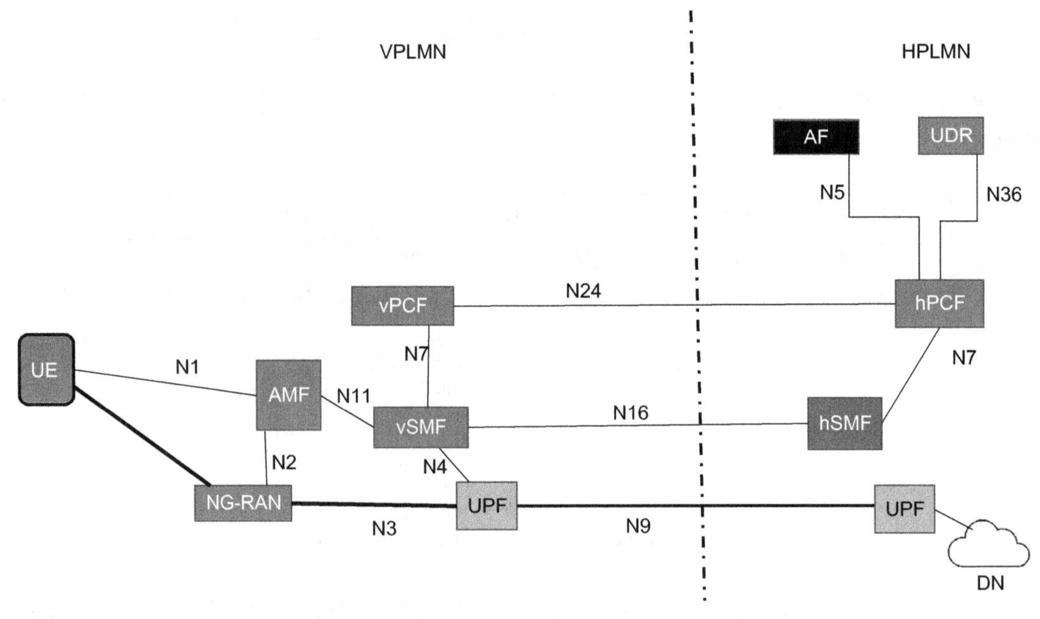

图 10.5　具有回归属地路由用户面锚点的 PCC 漫游架构

如果使用本地疏导，则执行实体位于VPLMN中，并且数据网络（DN）在本地的VPLMN中终结。VPLMN中的vPCF与HPLMN中的hPCF通信以获取可能会对本地产生影响的hPCF策略。这种情况下可能需要支持以下功能：

- VPLMN中的PCF可以与AF交互以便为通过VPLMN交付的服务生成PCC规则。VPLMN中的PCF根据与HPLMN运营商达成的漫游协议，使用本地配置的策略为PCC规则的生成提供输入。为了生成PCC规则，VPLMN中的PCF并不访问HPLMN中的用户策略信息。
- VPLMN中的PCF可以提供通过N24接口从HPLMN的PCF接收到的UE接入选择和PDU会话选择策略，或者可以提供接入和移动策略信息，而无须联系HPLMN中的PCF。
- AF针对DNN和S-NSSAI的漫游用户提供的路由信息，或者通过VPLMN中的NEF提供的External-Group-Identifier（外部群组标识，标识一组漫游用户），作为应用数据存储在VPLMN中的UDR中。

如果是回归属地路由，则用户面终结（即DN）在HPLMN中，其工作方式与非漫游时基于会话的PCC相同。

根据所使用的流量和路由策略类型以及不同的UPF功能部署（例如上行分类器、分支点、PDU会话锚点），第6章描述了UPF的不同角色。这些可能会影响vPCF和hPCF在本地疏导用例中的作用。在基于非会话的策略的情况下，hPCF可以提供关于接入和PDU会话选择的与UE策略有关的信息，在vPCF和hPCF之间建立关联，用于与UE相关的AMF策略信息的共享，以及与该关联有关的事件通知。这些在接入和移动性相关的策略控制章节中进行了详细描述。

一个PLMN内针对特定用户的PCF部署（支持N17的基于会话和基于非会话的部署），其服务于基于会话策略的PCF实体与服务于基于非会话策略的PCF实体可能是不同的。对于这类部署的PCF之间的任何协调，标准没有制定特别的机制。

10.3 接入和移动性相关的策略控制

10.3.1 接入和移动性管理相关的策略

Release 15中的接入和移动性策略控制包括两个功能：

- 服务区限制的管理
- “RAT/频率选择优先级索引”（RFSP索引）功能的管理

作为网络中非会话相关的策略控制的一部分，当被AMF启用时，PCF可以提供根据AMF基于签约数据提供的信息导出的对某个特定用户的特定策略，以及基于提供服务的PLMN运营商配置的策略。PCF中的运营商配置可以考虑的输入数据包括，UE位置、一天中的时间点、其他 NF 提供的信息、网络切片维度的累积的负载信息以及 RFSP 累积的使用率等。这些接入和移动性限制策略被应用于网络中，或者是在 AMF 中，或者在服务于 UE 的 NG-RAN 中。与接入和移动性管理相关的策略适用于 RFSP 和服务区域限制。AMF 在注册过程中以及在 UDM 发生任何更新的时候都会从 UDM 接收此签约信息。

"RAT/ 频率选择优先级索引"（RFSP 索引）是用于该 UE 的所有无线承载的 UE 特定的索引，由 AMF 通过 N2 接口提供给 NG-RAN。NG-RAN 将该 RFSP 索引映射到本地定义的配置上，并应用于特定的无线资源管理策略中。服务区限制包括一个或多个允许的 TAI 的列表或一个或多个非允许的 TAI 的列表，以及可选地包括 UE 最大允许的 TAI 的数量。AMF 将服务区限制提供给 NG-RAN 和 UE。当 UE 更改 RA 时，AMF 实施限制措施，而 NG-RAN 在 Xn 和 N2 切换期间实施限制。在漫游的情况下，VPLMN vPCF 可能会对 PLMN 提供的签约数据施加影响，该签约数据通过服务 AMF 从 UDM 接收。

图 10.6 说明了处理这些策略的总体流程。

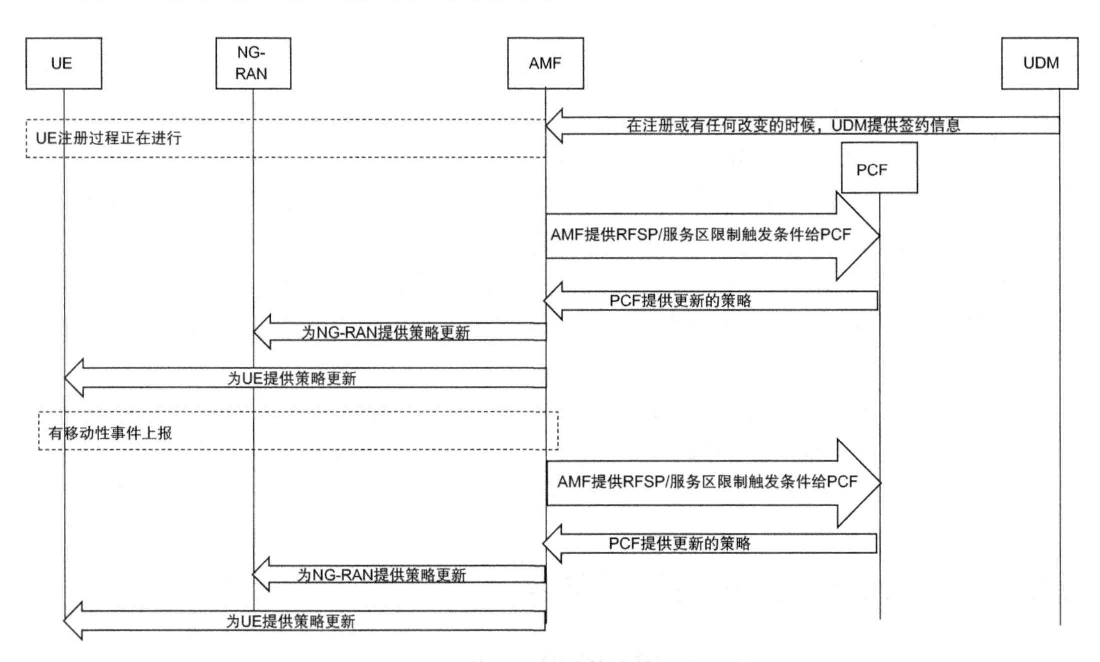

图 10.6　接入和移动策略管理流程

当在 PLMN 间移动时以及在 AMF 发生更改的情况下，AMF 将该事件通知当前服务的 PCF，这可能导致对与服务区限制有关的策略的更新。当此数据有改变时，AMF 可能必须寻呼 UE 来传递更新的信息，并且 AMF 还将更改后的数据更新到 NG-RAN。

为了进行策略管理，AMF 和 PCF 之间定义了三个过程，即：

AM 策略关联建立过程：由 AMF 触发，当为执行初始注册的 UE 首次选择 AMF 时，或者伴随 PCF 更改而发生 AMF 重定位时，或者当 UE 从 EPS 移至 5GS，因而不存在对该 UE

的 AMF-PCF 关联时。该过程用于在 AMF 和 PCF 之间，为它们所服务的 UE 建立策略关联。

AM 策略关联修改过程：由 AMF 或 PCF 触发，当像 UDM 更新这样的本地事件改变 AMF 当前与策略相关的签约信息时，当 PCF 本地策略信息由于本地触发或 UDR 触发而发生改变时，或者当 AMF 重定位导致新的 AMF 重新建立与 PCF 的关联时。此过程导致所有与该策略相关的实体的更新。

AM 策略关联终结过程：由 UE 的注销、AMF 更改或 5GS 到 EPS 带有 N26 连接的移动性（AMF 不再适用于该 UE）而触发。该过程删除该 UE 的策略关联。

10.3.2 其他与移动性相关的策略功能

PCF 在策略关联的建立和修改过程中向 AMF 提供针对一个特定 UE（即 SUPI 或 PEI）的策略控制请求触发条件。当更换 AMF 时，策略控制请求触发条件将从旧的 AMF 转移到新的 AMF。除了 10.3.1 节中已经描述的触发条件，表 10.1 包含了 3GPP TS 23.503 中列出的其他触发条件。

表 10.1　用于 AMF 的 3GPP 接入的策略控制请求的触发条件

策略控制请求的触发条件	描述	上报条件
位置改变（跟踪区）	UE 的跟踪区发生改变	PCF（AM 策略，UE 策略）
在在线状态上报区域中，UE 状态的改变	UE 离开或进入一个在线状态上报区域	PCF（AM 策略，UE 策略）
允许的 NSSAI 的改变	允许的 NSSAI 发生改变	PCF（AM 策略）

当在 AMF 中激活这些触发条件后，AMF 将确保这些触发条件的更改通知被相应地激活并上报给 PCF。其他服务可能会使用位置和在线状态上报区域信息。

10.4 UE 策略控制

10.4.1 概述

与 UE 接入选择和 PDU 会话选择相关的策略控制（UE 策略）允许网络（尤其是 PCF）为 UE 配置两种类型的运营商策略：

- 非 3GPP 接入的接入网发现和选择策略（ANDSP）。
- 与应用和 PDU 会话相关的 UE 路由选择策略（URSP）。

ANDSP 包含有关 UE 应优先选择哪些非 3GPP 接入的信息。UE 使用这些信息选择非 3GPP 接入（例如 Wi-Fi 网络），并且在 PLMN 中选择 N3IWF。

URSP 包含将某些用户数据流量（即应用）映射到 5G PDU 会话连通性参数的信息。用户数据流量在 URSP 规则中由“流量描述符”参数定义，该参数可以包括例如 IP 过滤器参数或应用标识。UE 使用 URSP 来确定 UE 中启用的应用是否可以使用已经建立的 PDU 会话，或者是否需要触发新的 PDU 会话的建立。URSP 还向 UE 指示是否可以将应用业务流量卸载到一个 PDU 会话之外的非 3GPP 接入中。

URSP 规则包含一个用于指定匹配条件的流量描述符以及该策略的一个或多个组件：

- UE 的 SSC 模式选择策略（SSCMSP），用于将进行匹配的应用与 SSC 模式相关联。
- UE 的网络切片选择策略（NSSP），用于将进行匹配的应用与 S-NSSAI 相关联。
- UE 的 DNN 选择策略，用于将进行匹配的应用与 DNN 相关联。
- UE 的 PDU 会话类型策略，用于将进行匹配的应用与 PDU 会话类型相关联。
- UE 的非无缝卸载策略，用于确定将进行匹配的应用非无缝卸载到 PDU 会话之外的非 3GPP 接入。
- 接入类型偏好，指示当 UE 需要为进行匹配的应用建立 PDU 会话时的首选接入（3GPP 或非 3GPP）。

UE 遵循为其服务的 PLMN 的策略提供的 ANDSP 和 URSP 规则，并且在使用漫游地的 ANDSP 时优先考虑 VPLMN 策略，vPCF 可以通过漫游接口接收 hPCF 策略。也可以对 UE 预先配置这些策略，但是如果 PCF 向 UE 提供同类策略，则 PCF 策略优先于本地预配置的策略。PCF 提供这些策略时要考虑运营商的本地策略和配置。AMF 提供了将 PCF 提供的策略透明传输给 UE 的方法。PCF 可以订阅 UE 的连接状态，以确保 PCF 能够尽快将策略更新传递给 UE。只要适用，UE 应将 ANDSP 和 URSP 规则与进行匹配的流量描述一起使用，如果不存在这样的规则，则 UE 可以使用其本地的预配置。在没有本地预配置的情况下，UE 可以使用取值为“全部匹配”的流量描述符。

10.4.2　向 UE 传递 URSP 和 ANDSP

在 UE 策略关联建立和 UE 策略关联修改过程中，可以触发 PCF 提供与 UE 接入选择和 PDU 会话相关的策略信息，与接入和移动性相关策略一样，这些触发发生在相同的事件期间（即初始 UE 注册、移动性事件、本地改变导致的 PCF 中的策略更改）。

图 10.7 展示了如何使用 NAS 传输将基于非会话的 ANDSP 和 URSP UE 策略通过 AMF 透明地传递给 UE。AMF 建立与 PCF 的策略关联，然后 PCF 提供要通过 AMF 传递给 UE 的 UE 策略。AMF 不做任何修改将策略信息传递给 UE。

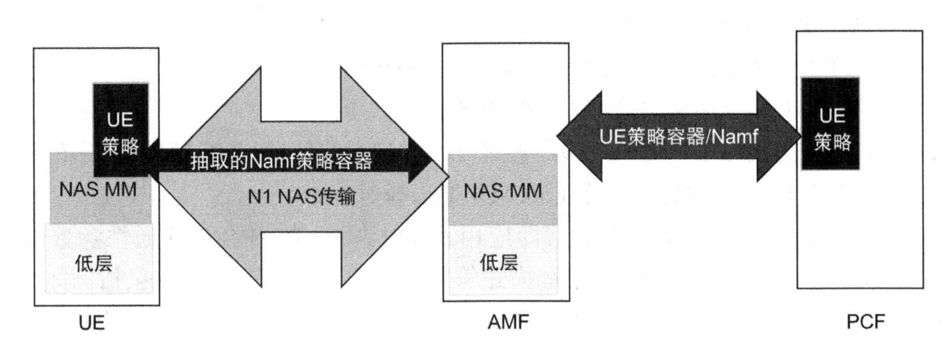

图 10.7　UE 策略从 PCF 到 UE 的 NAS 传输

图 10.8 中的过程说明了如何在 PCF 中配置策略并传递给 UE。

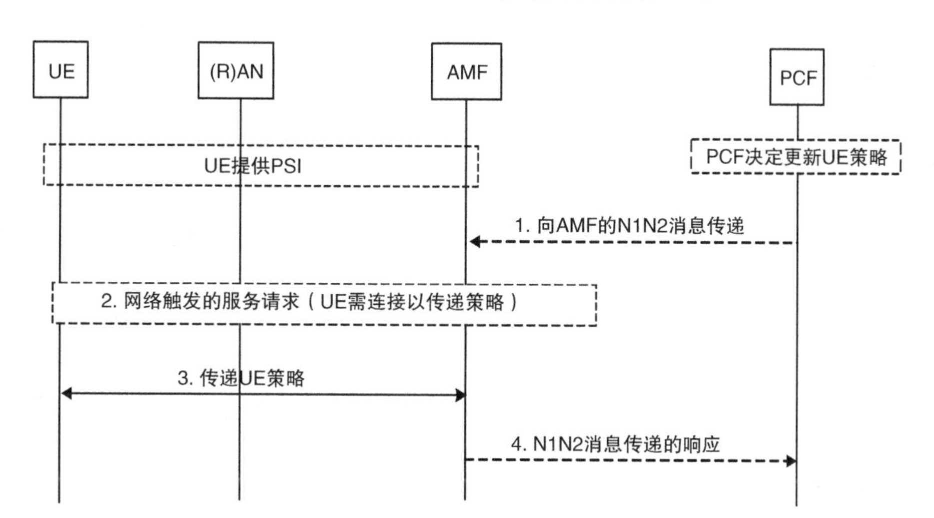

图 10.8 PCF 的 UE 策略配置

UE 在注册和移动性事件期间向 AMF 提供策略分段标识（PSI）。PSI 标识一个策略分段，它由一个或多个 URSP 规则，或者一个或多个 WLANSP 规则，或者非 3GPP 接入网选择信息，或者一个 WLANSP 规则和非 3GPP 接入网选择信息的组合组成。PSI 使得 PCF 可以确定 UE 具有哪些策略规则以及哪一些可能需要更新。

通过比较包括在 UE 接入选择和与 PDU 会话选择有关的策略信息中的 PSI 的列表，可以在 PCF 中触发对 UE 策略进行更新的决策，并确定是否需要一个更新。当策略需要 UE 更新时，使用 DL NAS 传输消息通过 AMF 将 PDU 会话选择相关的策略信息提供给 UE：

- 对于初始注册和当 UE 从 EPS 迁移到 5GS 时向 5GS 进行注册的情况。
- 以及对于网络触发的 UE 策略更新的情况（例如，UE 位置的更改、用户签约的 S-NSSAI 的更改）。

当 UE 可达时，PCF 将 UE 策略传送给 AMF（步骤 1）。AMF 通过已注册且可达的接入将 UE 策略载荷透明地传送给 UE（步骤 3）。

如果 AMF 确定 UE 为 CM-IDLE，则 AMF 在步骤 2 中通过发送寻呼消息来开始寻呼过程（可参阅第 15 章中的网络触发的服务请求过程）。一旦收到寻呼请求，UE 将启动 UE 触发的服务请求过程。然后，AMF 执行步骤 3，在收到消息后，UE 根据 PCF 提供的 UE 策略进行更新，并将结果发送给 AMF。

PCF 维护发送给 UE 的最新 PSI 列表，并更新 UDR 中存储的最新 PSI 列表，以确保系统同步。

PCF 需要确保与 UE 接入选择和 PDU 会话选择有关的策略信息的大小不超过预先定

义的限制。如果超过限制，则PCF将UE接入选择和PDU会话选择相关的策略信息分割成符合限制的、较小的、逻辑上独立的UE接入选择和PDU会话选择相关的策略信息，然后通过单独的N1N2MessageTransfer服务发送给UE，以不超出无线协议的限制。

10.5 分组流描述的管理

PFD（分组流描述）是用于检测应用流量的一组信息。3GPP规范TS 23.503提供了PFD管理的详细说明，这里我们做简要描述。

PFD的管理是为与第三方（应用服务提供商，即ASP）相关的服务提供数据包过滤器的一种方式。它可能与移动运营商有特定的合约，移动运营商需要以特定方式（例如与QoS或收费相关）处理它的流量。为了使ASP能够更新与ASP服务相关的数据包过滤器，NEF开放出一个API，其中可以提供特定应用ID的PFD，然后PFD被提供给SMF和UPF，以便在实际的流量检测过程中使用。因此，PFD管理是非会话管理和会话管理相关的策略控制的组合。PFD管理是在PDU会话之外进行的，而根据PFD所采取的动作是常规PDU会话的相关策略控制的一部分。

每个PFD可以由PFD ID来标识。PFD ID在一个特定的应用标识的范围内是唯一的。

具有PFD ID的PFD包含一个或多个数据：

- 一个三元组，包括协议、服务器端IP地址和端口号。
- 要匹配的URL的主要部分，例如主机名。
- 域名匹配条件和适用协议的信息。

当ASP提供了PFD，UPF负责执行相应的应用检测，然后根据PCC规则执行相应动作。NEF和SMF可选支持PFD管理。根据运营商与应用服务器提供商之间达成的服务等级合约，ASP可以通过NEF中的PFD管理服务为ASP维护的每个应用标识，向SMF提供单独的PFD或完整的PFD集合。PFD是SMF/UPF中应用检测过滤器的一部分，用于检测应用生成的流量。ASP可以删除或修改一部分或所有之前为应用标识提供的PFD。

ASP通过NEF管理（配置、更新、删除）PFD，NEF负责将PFD传送到SMF并将其存储在UDR中。当UPF收到针对特定应用标识的更新的PFD时，最新接收的PFD将覆盖存储在UPF中的任何现有PFD。也可以使用本地O&M程序来管理PFD，但是从NEF获得的PFD会覆盖SMF中预先配置的任何PFD。

10.6 网络状态分析

在5G网络的初始设计过程中，制定了与收集和开放网络分析信息有关的基本功能。负责此类分析的3GPP实体是NWDAF，它负责运营商管理的网络分析。NWDAF可以为任何NF提供特定于网络切片的网络数据分析，而不包含与该数据有关联的任何用户信息。当NF签约此类事件时，这些数据就会开放出来。PCF和NSSF是NWDAF分析信息的两个使用者，PCF可以用这些信息来调整策略决策，NSSF可以通过接收到的负载信息来对网络切片进行选择。

Release 15分析框架的功能还很有限。在3GPP Release 16中，3GPP正在进一步增强网络分析功能，以提供更广泛的数据和开放更多的信息（有关Release 16增强功能的更多详细信息，请参见第16章）。

10.7 未来背景数据传输的协商

对将要传输的背景数据的协商功能是指AF可以联络PCF，来了解最佳时间窗和未来背景数据传输的相关条件。这使得运营商可以向应用提供商提供信息，使其了解何时最适合进行背景数据传输（例如在非高峰时段）。

因此，未来后台数据传输对于AF来说可能是有价值的信息，以便在满足条件时在特定时间窗传递特定类型的数据。如果涉及第三方AF，并且它无权访问运营商的网络信息，则对此信息感兴趣的AF会通过NEF与PCF进行协商。该请求包括应用服务提供商（ASP）标识、每个UE要传输的数据量、期望的UE数量、期望的时间窗以及可选的网络区域信息。AF提供地理区域、TA列表或NG-RAN节点列表或小区标识列表作为网络区域信息。当AF提供地理区域信息时，NEF基于本地配置将其映射到提供给PCF的TA或NG-RAN节点或小区标识列表中。PCF使用可从UDR获得的信息，例如ASP标识、DNN、S-NSSAI和本地配置/信息，确定未来背景数据传输的策略。

此类传输策略包括建议的背景数据传输时间窗、对该时间窗的费率的参考以及可选的最大聚合比特率（即参考费率仅适用于汇聚后的所有相关UE的流量低于最大值的情形）。网络中未强制执行最大聚合比特率（只是可选地在传输策略中提供）。运营商可以进行离线CDR处理，对所涉及的ASP采取相应措施，并对提供商的超额流量收取费用。

PCF通过NEF向AF提供候选列表或选定的传输策略以及背景数据传输参考ID。如果PCF为AF提供了不止一种传输策略，则AF会选择一种策略，并将所选的策略通知PCF。实际选择的传输策略存储在UDR中，以备将来使用。

当背景数据传输即将开始时，AF为每个UE提供背景数据传输参考ID，以及提供AF会话信息给PCF。PCF从UDR检索相应的传输策略，并根据该传输策略导出用于该背景数据传输的PCC规则。

10.8 与会话管理相关的策略和计费控制

10.8.1 与会话管理相关的策略概念

与会话管理相关的策略控制为运营商提供了用于业务感知的QoS和计费控制的高级

工具。在带宽通常受空口限制的无线网络中，重要的是确保有效利用无线和传输网络资源。此外，不同的服务对QoS有非常不同的要求，这是数据包传输所要求的。由于网络通常同时为不同的用户提供许多不同的服务，因此确保各种服务可以共存并且为每个服务提供适当的传输路径就显得非常重要。与会话管理相关的策略控制还提供了一种基于每个会话或每个服务来控制计费的方法。

PCF支持集中控制，以确保为服务提供适当的传输和计费，例如带宽、QoS处理和计费方法。用于与会话管理相关的策略控制的PCC架构可以控制IP多媒体子系统（IMS）和非IMS服务的媒体面。

如前几章所述，5GC QoS流管理过程与接入无关。在本节中，我们重点介绍运营商如何控制那些QoS过程以及用于每个业务会话的收费机制。

“业务会话”是一个很重要的术语。QoS流处理的是流量聚合，也就是说，通过同一QoS流传输的所有符合要求的流量都将得到相同的QoS处理。这意味着通过同一QoS流传输的多个业务会话将被视为一个聚合。当使用与会话管理相关的PCC时，此QoS流处理机制仍然适用。但是，正如我们将看到的，PCC添加了一种“业务感知”的QoS和计费控制机制，该机制在某些方面更加细化，也就是说，它在每个业务的会话级别而不是QoS流级别上运行。

与5GS的会话管理相关的PCC架构在许多方面都类似于EPS的PCC架构，并且继承了EPS PCC的大多数功能。与EPS PCC相似，5G PCC是与接入无关的策略控制框架，因此适用于不同种类的3GPP和非3GPP接入。

尽管通常将PCC视为整个架构的可选部分，但某些关键功能现在必须使用PCC。IMS语音和多媒体优先级服务等服务需要PCC，这可以由GSMA确定。

当涉及与会话管理相关的策略控制时，策略控制指的是门控和QoS控制这两个功能：

- 门控是阻止或允许属于某项业务的IP流的功能。PCF做出门控决定，然后由SMF/UPF执行，例如，PCF可以根据AF通过Rx/N5参考点上报的会话事件（服务的启动/停止）做出门控决策。
- QoS控制允许PCF为SMF提供IP流的授权QoS。授权的QoS可以包括授权的QoS类别和授权的比特率。SMF通过建立适当的QoS流来执行QoS控制决策。UPF也执行速率的控制决策，以确保某个业务会话不会超出其授权的QoS。

计费控制包括用于离线和在线计费的机制。PCF决定对于某个业务会话是使用在线计费还是离线计费，而SMF通过与计费系统进行交互并请求UPF上报有关数据使用情况来实施该决策。PCF还决定采用哪种测量方法，即是基于数据量、基于持续时间、基于数据量/持续时间的组合还是基于事件的测量。同样，SMF通过请求UPF执行适当的测量来执行决策。

使用在线计费时，计费信息会实时影响所使用的服务，因此需要计费机制与网络资源使用的控制直接进行交互。CHF可以通过授予信用来控制对单个业务或一组业务的流量访问。如果用户无权访问某项业务，则 CHF 可以拒绝信用请求，并另外指示 SMF 将业务请求重定向到一个特定的目的地。

PCC 还包含基于业务的离线计费。策略控制用于对访问进行限制，然后可以使用离线计费来报告特定业务的使用情况。

有关策略控制与运营商的计费之间更详细的关系，读者可以参考 10.10 节。

10.8.2 策略决策和 PCC 规则

PCF 是 PCC 决策的中心实体，也用于与会话管理相关的策略控制。决策可以基于许多不同来源的输入，包括：

- PCF 中的运营商配置，定义用于给定服务的策略。
- 从 UDR 接收的给定用户的签约信息 / 策略。
- 从 AF 收到的业务有关的信息。
- 来自 SMF 的有关 UPF 检测到的应用的信息。
- 来自计费系统的有关用户支出限额状态的信息。
- 来自接入网的有关使用何种接入技术的信息，等等。

PCF 以“PCC 规则”的形式输出其决策。PCC 规则包含 SMF、UPF 和计费系统使用的一组信息。首先，它包含“业务数据流（SDF）模板”，是 UPF 可以用来识别属于业务会话的用户面流量（PDU）的信息。与一个 SDF 模板的数据包过滤器匹配的 PDU 被指定为一个 SDF。SDF 模板中的过滤器取决于 PDU 会话类型。对于基于 IP 的 PDU 会话类型，它们包含 IP 流的描述，并且通常包含源 IP 地址和目标 IP 地址、IP 数据包数据部分中使用的协议类型以及源端口和目标端口号，这五个参数通常称为 IP 五元组。也可以从 SDF 模板的 IP 报头中指定其他参数。对于以太网 PDU 会话类型，SDF 过滤器还可能包含来自以太网报头的参数（MAC 源和目标地址、VLAN 标记等）。PCC 规则还包含门状态（打开 / 关闭）以及 SDF 的 QoS 和收费相关信息。SDF 的 QoS 信息包括 5QI、QoS 通知控制（QNC）、反射式 QoS 控制指示、UL/DL MBR、UL/DL GBR 和 ARP。5QI 的定义与第 5 章中的定义相同。但是，PCC 规则中 QoS 参数的范围与 QoS 流的 QoS 参数不同。PCC 规则中的 QoS 和计费参数适用于 SDF。更准确地说，PCC 规则中的 5QI、QNC、MBR、GBR 和 ARP 适用于 SDF 模板描述的分组流，而第 5 章中讨论的相应的 5G QoS 参数适用于 QoS 流。只要一个 QoS 流为那些 PCC 规则的业务数据流提供适当的 QoS，就可以使用单个 QoS 流来承载由多个 PCC 规则描述的流量。下面我们将进一步讨论 PCC 规则和 SDF 如何映射到 QoS 流。表 10.2 列出了可以在从 PCF 发送到 SMF 的 PCC 规则中使用的参数的子集。有关参数的完整列表，请参见 3GPP TS 23.503。从表 10.2 中可以看出，PCC 规则不仅包含与 QoS 控制相关的信息，还包含用于控制计费、使用情况监测和流量控制的信息。计费将在 10.10 节中进一步说明，而与会话相关的其他 PCC 功能将在 10.9 节中进一步说明。

表 10.2 包含在一个动态 PCC 规则中的参数子集

参数类型	PCC 规则参数	描述
规则识别	规则标识	在 PCF 和 UPF 之间（通过 SMF）用于标记 PCC 规则
与 SDF 探测相关的信息	SDF 模板	用于 SDF 探测的流量模式（数据包过滤器）列表
	优先级	用于确定 UPF 中 SDF 模板使用的顺序
策略控制相关信息（即门控和 QoS 控制）	门状态	指示一个 SDF 是否可以通过（门开）或者被丢弃（门关）
	5QI	为业务数据流标识 SDF 授权的 QoS 参数
	QNC	指示在 QoS 流的生存期内当不再（再次）能保证一个 QoS 流的 GFBR 时，是否需要通知 3GPP RAN
	反射式 QoS 控制	指示对 SDF 应用反射式 QoS
	UL 和 DL 最大速率	授予 SDF 的最大 UL 和 DL 速率
	UL 和 DL 保证速率	授予 SDF 的保证的 UL 和 DL 速率
	ARP	业务数据流的分配和保留优先级，包括优先级、抢占能力和抢占脆弱性
计费控制相关信息	计费键	计费系统（CHF）使用计费键来确定用于 SDF 的费率
	计费方法	指示 PCC 规则所需的计费方法。取值：在线、离线或都不是
	赞助者标识	AF 提供的识别赞助者的标识，用于关联不同用户赞助流量的测量结果，以便用于结算
	测量方法	指示是否测量 SDF 数据量、时长、组合的数据量 / 时长或者事件
使用监测控制	监测键	PCF 使用监测键对共享一个使用的业务进行分组
流量导向执行控制	流量导向策略标识	识别 SMF 中一个预配制的流量导向策略
	数据网接入标识	目标数据网的标识。用于选择到 DN 的流量路由
	N6 流量路由信息	描述到 DNAI 的流量导向的必要信息

当在 PCC 规则中使用 5QI 时，将采用第 9 章中描述的标准化的 5QI 值和相应的 5G QoS 特性。标准化的 5QI 和相应的特性与 UE 当前的接入无关。

目前为止的讨论假设了 PCF 通过 N7 接口向 SMF 提供 PCC 规则。这些由 PCF 动态提供的规则称为“动态 PCC 规则”。但是，运营商还可以将 PCC 规则直接配置到 SMF/UPF 中，此类规则称为“预定义的 PCC 规则”。在这种情况下，PCF 可以通过引用 PCC 规则标识来指示 SMF 激活此类预定义的规则。虽然动态 PCC 规则中的数据包过滤器仅限于 IP 和以太网报头参数（例如，IP 五元组和其他 IP 报头参数，或以太网报头参数），但在 SMF/UPF 中预定义的 PCC 规则的过滤器，可以使用简单的 IP 和以太网报头之外的参数进行数据包的检查，这种过滤器有时被称为深度包检测（DPI）过滤器，通常用于需要更细粒度流量检测的计费控制。对于预定义规则的过滤器的定义，3GPP 没有进行标准化。

10.8.3 应用授权的用例

作为与 PCF 交互的结果，SMF/UPF 会执行几个不同的功能。在本节中，我们提供一个用例以描述 PCC 的动态性以及 PCC 如何与应用及接入网络进行交互。用例中的某些方面将在后面详细讨论。首先对用例中的过程进行介绍，这将有助于对后面节中讨论的 PCC 的某些方面的理解。

以下用例描述了通过 QoS 控制和在线计费建立业务会话的过程，如图 10.9 所示。

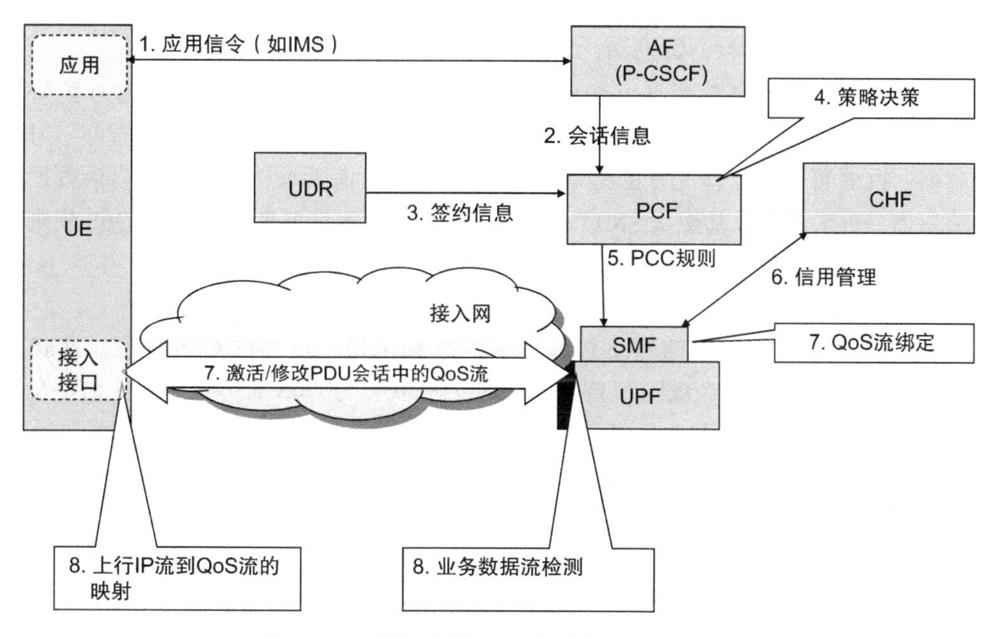

图 10.9　在线计费的 IMS 会话建立过程的示例

1）用户发起业务，例如 IMS 语音呼叫，并执行中间牵涉 AF（IMS 情况下为 P-CSCF）的端到端应用会话信令。在 IMS 情况下，应用信令使用的是会话发起协议（SIP）。对业务的描述作为应用信令的一部分提供。在 IMS 中，会话描述协议（SDP）用于描述会话。

2）基于应用信令中包含的业务描述信息，AF 通过 Rx（或 N5）接口向 PCF 提供与业务相关的信息。在 AF 中，会话信息从 SDP（例如，用于 IMS 的 SIP/SDP）映射到发送到 PCF 的 Rx/N5 消息中的信元。该信息通常包含关于应用的信息（业务类型、比特率要求）以及业务参数（例如，在 IP 的情况下为 IP 五元组），它将用于识别与该业务会话相对应的分组流。

3）PCF 可以从 UDR 请求与签约有关的信息（PCF 可能之前已请求签约信息，但出于描述目的在此步骤中显示该信息）。

4）PCF 在制定策略决策时会考虑会话信息、运营商定义的服务策略、签约信息和其他数据。策略决策被制定为 PCC 规则。

5）PCC 规则由 PCF 发送到 SMF。SMF 将根据收到的 PCC 规则执行策略决策，例如通过向 UPF 提供相关的 N4 规则。

6）如果 PCC 规则指定该 PCC 规则应使用在线计费，则 SMF 将根据 PCC 规则中指定的测量方法与 CHF 联系以申请信用。

7）SMF 执行 QoS 流绑定，以确保该服务的流量得到适当的 QoS 处理。这可能导致建立新的 QoS 流或修改现有的 QoS 流。后面提供了有关 QoS 流绑定的更多详细信息。

8）通过网络传送业务会话的媒体，UPF 执行 SDF 检测以检测该业务的分组流。该分组流通过适当的 QoS 流进行传输。有关 SDF 检测的更多详细信息，请参见下文。

注意，以上示例在任何意义上都不是详尽无遗的。还有许多其他的场景和配置。例如，对于不提供 AF 或 Rx/N5 接口的服务，仍然可以使用 PCC。在这种情况下，步骤 2 将被省略，PCF 可以根据预配置的策略授权 PCC 规则，而无须访问动态的会话数据。如 10.9 节所述，PCF 还可以基于从 SMF/UPF 提供的应用检测信息来授权 PCC/QoS 规则。

10.8.4 QoS 流绑定

PCC 规则应映射到相应的 QoS 流，以确保数据包得到适当的 QoS 处理。此映射是 PCC 的核心功能之一。PCC 规则和 QoS 流之间的关联称为 QoS 流绑定（EPS 也存在相同的过程，但被称为承载绑定）。QoS 流绑定由 SMF 完成，当 SMF 收到新的或修改的 PCC 规则时，SMF 评估是否可以使用现有的 QoS 流。绑定是基于 PCC 规则中的 5QI、ARP 和一些其他可选参数进行的。SMF 确保将每个 PCC 规则绑定到 QoS 流上，它具有与 PCC 规则中提供的相同的 5QI 和 ARP（如果在 PCC 规则中还包含其他可选参数，则也要考虑）。

如果可以使用一个现有的 QoS 流，例如，如果已经存在具有相应 QCI 和 ARP 的 QoS 流，则 SMF 可以启动 QoS 流修改过程以调整该 QoS 流的比特率。如果无法使用任何现有的 QoS 流，则 SMF 会开始建立合适的新的 QoS 流。特别是，如果 PCC 规则包含 GBR 参数，则 SMF 还必须确保 GBR QoS 流的可用性，以便该 QoS 流可以容纳此 PCC 规则的流量。有关 QoS 流概念的更多详细信息，请参见第 5 章。

10.8.5 业务数据流检测

业务数据流（SDF）检测使用 PCF 提供的 PCC 规则中包含的业务数据流模板。业务数据流模板将用于业务数据流检测的数据定义为一组业务数据流过滤器，或者是指向应用检测过滤器的一个应用标识。SMF 将 PCC 规则中的业务数据流模板映射到 UPF 的数据包检测规则的检测信息中，如第 6 章和第 14 章中所述。

10.8.6 SMF 相关的策略授权请求触发条件

当 PCF 进行策略决策时，可以将从接入网接收到的信息作为输入，例如，可以通知 PCF 此 UE 当前使用的接入技术，或者用户是否在其归属网络中或正在漫游。在 PDU 会话的生存期内，接入网中的条件可能会发生变化，例如：用户可以在不同的接入技术或不同的地理区域之间移动；在某些情况下，某些授权的 GBR 也无法再通过当前的无线连接维护。在这些情况下，PCF可能希望重新评估其策略决策，并向SMF提供新的或更新的规则，因此，PCF应该能够及时了解接入网中发生的事件。为此，PCF可以通过Npcf通知SMF什么是PCF感兴趣的事件。此外，PCF可以使用已为5GC NF定义的常规事件的开放服务。在5G PCC术语中，我们说PCF为SMF提供了策略控制请求触发条件（PCRT）。当满足策略控制请求触发条件时，SMF将向PCF请求策略和计费控制决策（对于非会话管理相关的策略控制，也定义了PCRT，但它是针对由AMF报告的与接入和移动性相关的事件）。

此外，AF可能会对有关接入网状态的通知感兴趣，例如使用哪种接入技术或UE的连接状态。因此，AF可以通过Rx/N5参考点订阅通知。Rx/N5上的通知与PCF中更新的策略决策没有直接关系，但是事件触发条件在这里也起着作用。原因是，如果AF通过Rx/N5订阅了通知，则PCF将需要从SMF订阅相应的PCRT。

10.9 与会话相关的其他策略控制功能

还有其他一些与会话相关的策略控制功能，可以与上述的PCC功能结合使用。这些功能可能会影响动态PCC规则、PDU会话如何继续、最终用户计费和AF交互。在本节中，我们将简要介绍这些功能，有关更多详细信息，读者可以参阅3GPP TS 23.503、3GPP TS 23.502和3GPP TS 23.203。

10.9.1 应用检测

当没有显式业务会话信令（如IMS的情况）时，PCC支持应用感知。应用检测和控制功能（ADC）可以检测UPF中指定的应用流量，并通过SMF向PCF报告应用流量的开始或停止，也可以对应用流量采取强制措施。强制措施可包括阻止应用流量（门控）、带宽限制以及将流量重定向到另一个地址。

在5GS中，PCF在SMF中激活PDU会话的PCC规则，用于需要检测启动事件和停止事件并将其上报给PCF的应用，然后，SMF指示UPF对相应的事件进行检测。当UPF检测到该事件时，它将向SMF报告，然后SMF根据PCC规则（例如，检测到的应用流量的启动、停止或业务数据流描述）向PCF报告事件的发生。PCF可以根据该信息做出适当的策略决策。

图10.10给出了一个PDU会话的应用检测的简化过程。

10.9.2 流量导向控制

流量导向控制提供PCC规则，以对匹配某些检测条件的流量进行导向。流量导向控制可针对两种功能进行策略控制：

1）N6-LAN流量导向，即SMF/UPF使用特定的N6流量导向策略，将用户的流量导向由运营商或第三方服务提供商部署的特定的N6服务功能。EPC也提供此功能（称为SGi-LAN流量导向）。

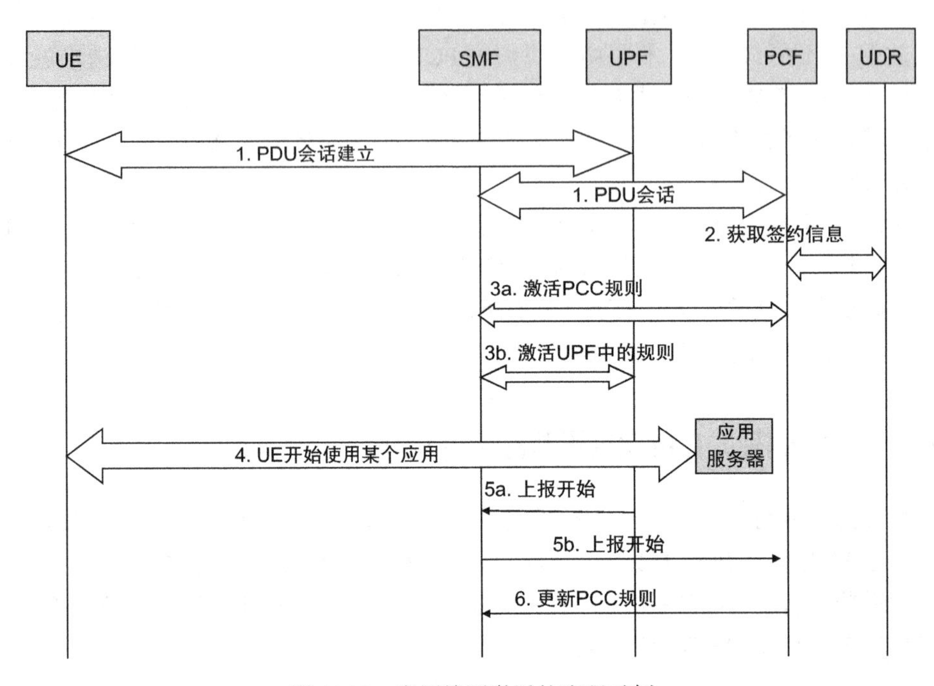

图10.10 应用检测激活的流程示例

2）到DN的选择性流量路由，即SMF/UPF对匹配流量过滤器的流量进行导向，其中包括AF为DN动态提供的流量导向策略ID和N6流量路由信息，例如这可以导致本地疏导。另请参阅第6章，以获取有关如何支持到DN和AF的选择性业务路由的更多信息。EPC中没有此功能。

PCF通过SMF触发UPF进行流量导向控制，并在UPF处执行流量导向。流量控制可能会导致UPF将流量描述符所标识的某些流量卸载到一个本地隧道。

PCF对检测到的与PCC规则中的应用检测过滤器或SDF过滤器匹配的业务数据流发起导向请求。PCF可以使用其他信息（例如网络运营商的策略、用户签约、用户当前的RAT、网络负载状态、应用标识、一天中的时间、UE位置、DNN等与用户会话和应用流量有关的信息）作为流量导向策略选择的输入。流量导向信息包含在表10.2中的PCC规则中。

10.9.3 使用情况监测控制

使用情况监测控制信息使得用户面监测资源的使用量和使用时间成为可能，它向PCF上报网络资源的累积使用情况：（1）对于单个应用/业务；（2）对于应用/业务组。使用情况监测控制适用于 IP 和以太网类型的 PDU 会话。

为了能够基于网络的总体使用情况实时进行动态策略决策，需要对每个会话和用户的网络资源累积使用情况进行使用情况监测。

PCF 根据时间或使用量为 SMF 提供适合的阈值，以实施动态策略决策的使用情况监测。然后，SMF 指示 UPF 向 SMF 提供使用情况报告。当达到阈值时，SMF 会通知 PCF。如果 AF 指定了使用量的阈值，则 PCF 将使用赞助者身份来监测用户面流量的大小和时长，并在 SMF 上激活使用情况监测（参见图 10.11）。

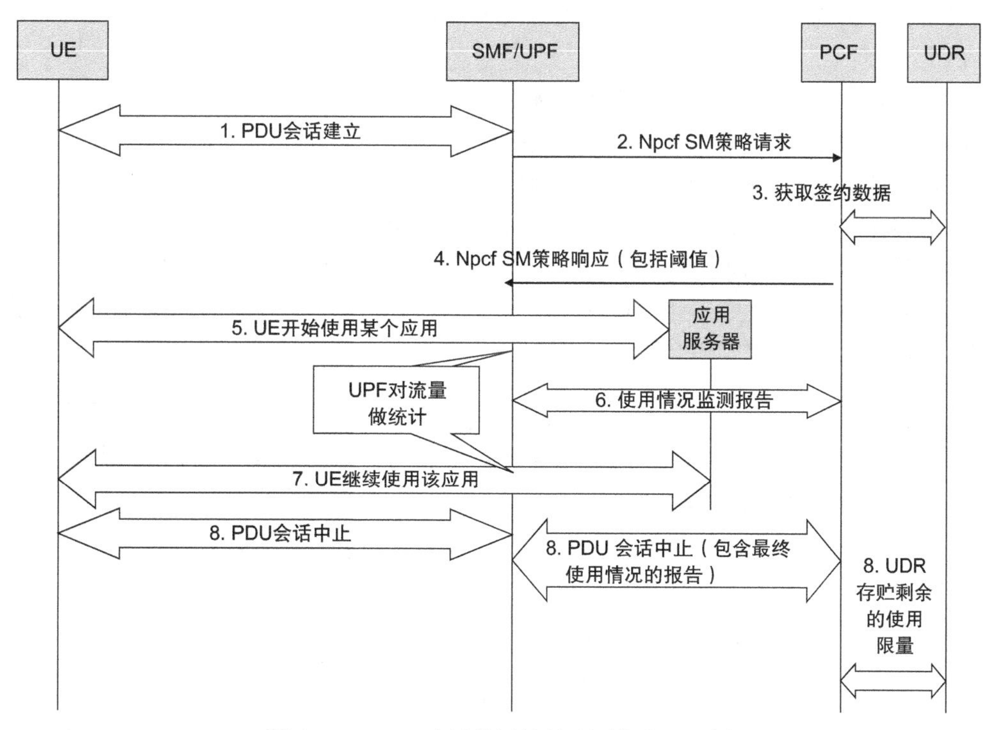

图 10.11　PDU 会话使用情况监测的流程示例

可以为单个的或一组业务数据流或 SMF 中的 PDU 会话的所有流量启用使用情况监测功能。

10.9.4　基于支出限制的策略决策

当满足某些计费相关的条件时，用户的支出限制可以触发 5GS 执行某些策略。计费功能（CHF）通过策略计数器跟踪签约用户的支出情况。只有在 CHF 具有此类签约信息时，才可以根据支出限制做出决策。策略计数器用于确定何时需要限制用户的数据使用，例如由于达到某种限值（所剩的余额）。此刻，动态策略规则可能会触发限制用户的访问权限。

基于支出限制的策略决策是指 PCF 可以根据 CHF 中维护的策略计数器的状态执行相关的操作。PCF 根据收到的支出限制报告，从 CHF 获取用户的支出信息，并将其用于用户的动态策略决策。CHF 通过支出限制报告将有关签约者支出的信息提供给 PCF。

为 PDU 会话选择 CHF 时要考虑到，CHF 可以提供支出限制的策略计数器（如果适用），并且 PCF 可以将 CHF 的地址提供给 SMF。PCF 使用与支出限制相关的适合的 PCC 规则更新 SMF。CHF 和 SMF 出于在线和离线计费目的进行交互，它们可能会受到支出限制的影响。

针对从 CHF 接收到的策略计数器状态，PCF 配置了相关的操作。

PCF：

- 可以在 CHF 中检索策略计数器的状态。
- 可以订阅 CHF 策略计数器的支出限制报告。
- 可以取消特定策略计数器的支出限制报告。

PCF 将每个相关的策略计数器的状态以及任何待定策略计数器状态（如果有）用于其策略决策，以实施运营商定义的操作，例如更改 QoS（例如将会话 AMBR 降级）、修改 PCC 规则以实施门控或更改计费条件。图 10.12 的流程示例了会话 AMBR 更新的支出限制的使用。

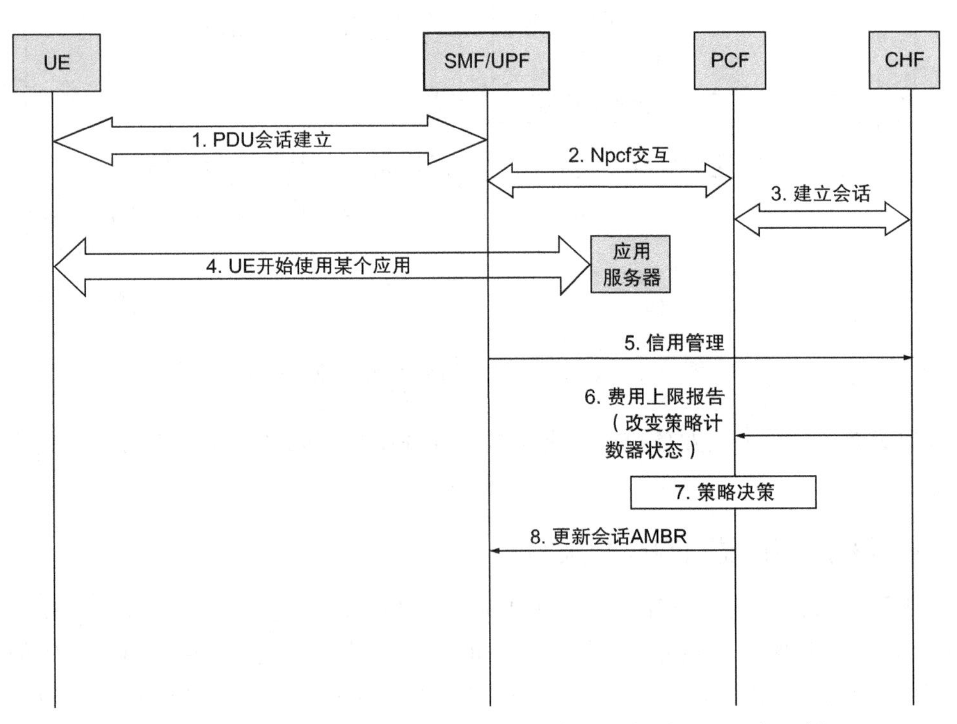

图 10.12　支出限制改变正在进行的 PDU 会话的会话 AMBR 的示例

当从 CHF 中删除某个用户时，CHF 会通知 PCF 删除该用户的相关的策略计数器。

10.9.5 流量赞助

PCC 支持的流量赞助，使 5GS 为应用服务提供商（ASP）和运营商同时带来更多的收入机会，从而使运营商即便在移动签约是固定费率的情况下，也可以产生更多收入。签约受限数据计划的用户每月仅允许使用一定的数据量，而服务提供商可以为此类用户动态赞助额外的流量津贴，以允许其访问应用服务提供商提供的服务。例如，用户可以使用受限的数据计划浏览在线商店以查找感兴趣的图书；但是一旦用户购买了图书，就不会从用户的数据计划限额中扣除用于下载图书的数据使用量。赞助者可以是与 ASP 不同的业务实体，例如，一家餐厅连锁店（赞助者）可以通过向其客人发放可访问 ASP 提供的内容的代金券的方式来赞助移动数据流量。当最终用户使用代金券访问此内容时，餐厅连锁店将充当赞助者。值得注意的是，还可以对赞助流量赋予一定级别的 QoS（例如用于流媒体）。

在 5GS 架构中，UDR 为签约用户保存流量赞助的签约配置文件。PCF 支持 ASP 基于此流量赞助的配置文件来请求特定的 PCC 决策（例如，请求对赞助 IP 流的授权，请求 QoS 资源的授权），并且可以从 AF 接收赞助用量的阈值。如果 AF 指定了使用量阈值，则 PCF 监测用户面流量及其时长，并在 SMF 上启用使用量监测。当 AF 请求时，并且当 SMF 报告达到该特定用途的使用阈值时，PCF 会通知 AF。如果达到使用量阈值，则 AF 可以终止 AF 会话，或向 PCF 提供新的使用量阈值。或者，AF 可以允许会话继续而不指定使用阈值。

如果 H-PCF 检测到 UE 在漫游场景中使用回归属地路由访问赞助数据连接，则它可以：

- 在服务授权请求中允许赞助数据连接。
- 拒绝服务授权请求。
- 或根据归属运营商策略终止 AF 会话。

如果 PDU 会话终止并且 AF 已指定使用量阈值，则 PCF 将自上次使用情况上报以来的用户面流量的累积使用量（即，数据量或时长，或者数据量和时长两者）通报给 AF。

10.9.6 PCF 的事件上报

AF 可以订阅 / 取消订阅来自 PCF 的 AF 会话绑定的 PDU 会话事件的通知。

AF 可以订阅的事件在 3GPP TS 23.503 中描述，示例如下：

- PLMN 标识通知
- 接入类型改变
- 信令路径状态
- 接入网计费关联信息

- 接入网信息通知
- 赞助流量的使用情况报告
- 资源分配状态
- QoS 目标不再（或可以再次）满足
- 信用不足

从这些事件本身可以看出，AF 可以使用它们来调整应用行为，对用户进行信用 / 收费操作，甚至终止对应用的访问（以适当的方式）。

10.10　计费

随着运营商对新的基础设施进行投资，并吸引最终用户享受新部署的网络带来的益处，扩展创收渠道成为业务发展的关键因素。对最终用户的实际收费方式以及计费信息的打包方式很大程度上取决于各个运营商自己的业务模式和他们所处的竞争环境。从 5GS 的角度来看，与之前的 EPS 一样，系统需要收集足够的每个用户使用情况的各个方面的相关信息，以便运营商可以灵活地确定自己的计费方式以及针对用户的打包方式。在当今竞争激烈的商业环境中，运营商在与免费下载服务竞争的同时，能够为潜在客户提供合算的、具有竞争力的套餐，这一点变得越来越重要。此外，随着与潜在行业合作伙伴（例如工厂自动化、工业物联网、能源部门等）新型关系的建立，单一类型的计费模型或基于数据量的计费模型可能不再适用或不再具有可持续性。收集与计费相关的信息的过程，可以为运营商提供相应的工具和手段，以便针对其多样化的客户制定灵活的业务驱动的计费模型。

该模型提供的两个主要计费机制仍然是“离线”和“在线”计费，尽管术语“在线”和“离线”在这里未必与最终用户的计费方式有关。这两种机制是指如何收集与计费相关的数据并将其传送到计费系统的方法，以便根据单个客户的计费选项进行进一步处理，并解决运营商之间以及运营商与用户之间的记账关系。

离线计费有助于在使用资源的同时，收集与计费相关的数据。离线计费数据是在为支持这种收集而配置的各种网元中收集到的。数据是单独收集的，然后可以根据运营商的配置将其发送到计费域。

请注意，即使不需要以同步方式发送各种类型的信息，整个计费事件也必须能够实时接收和处理特定服务和会话的所有相关数据，以便向最终用户提供准确的、可计费的数据。因此，在网络资源使用完成后，将对最终用户的计费数据记录（CDR）进行所有相关的离线处理。计费域负责离线结算和收账流程的产生和处理。

在在线计费的情况下，网络资源的使用需要授权，因此，用户必须在 CHF 中具有一个预付费账户，以便执行在线网络资源使用的预授权。直接借记和单位预留是用于实现此目的的两种方法。顾名思义，在直接借记的情况下，将立即从用户名下扣除该特定服务和会话所需的资源使用量，如果是单位预留的情况，则为该使用保留预先确定的单位，然后允许用户将该金额或较少的金额用于该服务和会话。当资源使用已完成（即会话终止或服务已完成）时，负责监测使用情况的网络实体必须将实际的资源使用量（即使用的单位）返回给 CHF，以便可以将超额预留的金额重新记入用户账户，以确保借记金额的正确性。

PCC 有助于非常详细的计费机制的实现，并允许运营商对用户对网络资源的使用进行精细控制。PCC 还允许运营商为其用户提供各种灵活的计费和策略方案。有关策略和计费控制的更多详细信息，请参见 10.8 节和 10.9 节，它们可以实现更好的计费管理和计费选项。诸如应用检测和控制、使用情况监测控制、基于用户支出限制的策略控制、赞助的连通性之类的功能，都直接有助于计费功能的增强，从而以标准化的方式实现更复杂和动态的计费功能。可用的工具允许服务提供商根据特定的市场和客户需求，进行账单的定制，从而运营商能够彼此差异化，并将其应用于创造性的营销活动中。

对于包含 EPC（例如 EN-DC）的 5G，第 12 章介绍与辅助 RAT（即 NR）相关的其他数据量的收集，这也被提供给计费系统。这些数据以及对 EPS 计费的支持，可以向运营商提供针对其最终用户的其他类型的工具。

使用基于服务的架构模型已大大简化了 Release 15 的 5GS 计费架构。关于 SBA 的更多详细信息，请参见第 13 章。5G 的融合计费系统（CCS）使用基于服务的接口，如图 10.13 所示，这是在 3GPP TS 32.240 中描述的。还有一个单独的 NF（CHF）为在线和离线计费提供服务。

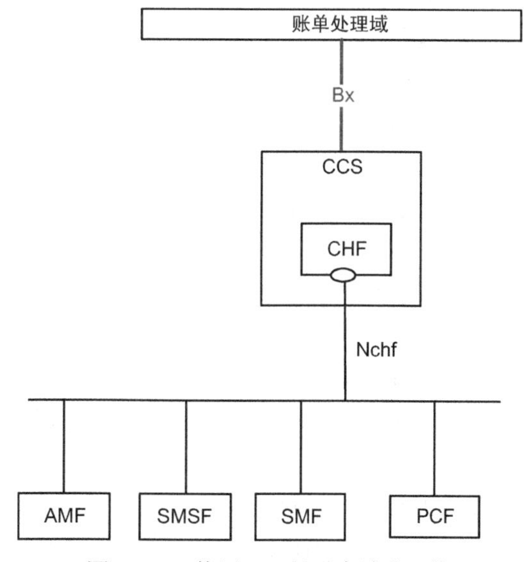

图 10.13　使用 SBI 的融合计费系统

在 3GPP TS 23.502 中规定了由 CHF 开放出来并由 PCF 使用的 Nchf_Spending-LimitControl 服务。

3GPP TS 32.255 和 3GPP TS 32.240 是详细描述 5G 数据连接与整个计费系统关系的主要规范。

5GS 融合计费架构的主要组件包括（参见图 10.14）：

- 计费触发功能（CTF）位于 SMF 中，负责向 CHF 生成计费事件，以实现 PDU 会话连接的在线和离线融合计费。
- CDR 的生成是由充当计费数据功能（CDF）的 CHF 实现的，CHF 将 CDR 传送到计费网关功能（CGF）。
- CGF 创建 CDR 文件并将其转发到计费域（BD）。

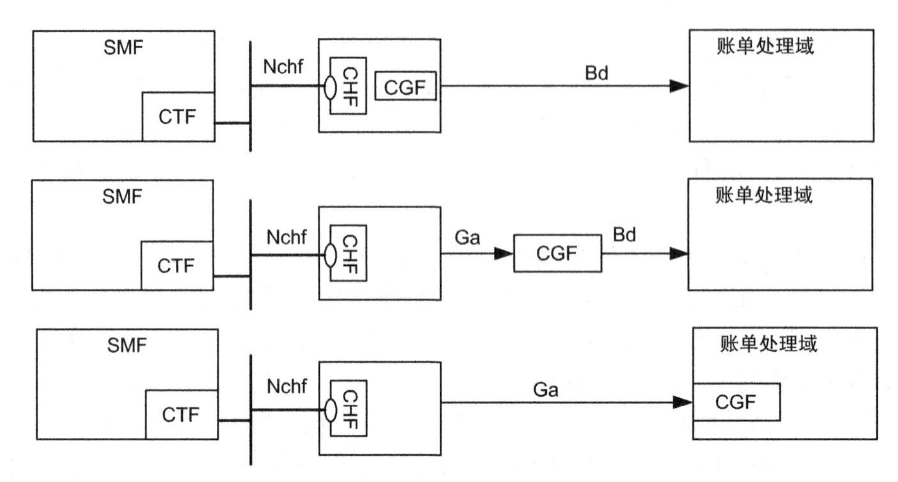

图 10.14　5GS 融合计费架构，功能映射到 5GC 组件

对于离线计费，场景与 EPS 相同，包括生成 CDR、向 BD 上报以执行用户计费以及运营商间的结算。这些场景包括：

- 基于事件的计费。
- 基于会话的计费。

如果是在线计费，则支持的场景包括：

- 即时事件计费。
- 通过单位预留进行事件计费。
- 通过单位预留进行会话计费。

另外，当离线计费和在线计费均适用于服务交付时，融合计费场景成为可能，此时在任一离线或在线触发条件下，离线计费和在线计费的计费信息都可以通过单个命令提供。

更多基于事件和基于会话的计费的详细信息，请参阅 3GPP TS 32.290。

用户计费提供了将最终用户的计费信息配置到网络中的方法。计费数据由所涉及的不同 PLMN（例如 HPLMN 和 VPLMN）收集，并可能由用户的归属运营商使用（取决于部署和用户的漫游状态），以确定基本的或补充的网络使用情况和服务。也可能会使用外部服务提供商进行记账。

对于与服务提供商相关的那部分用户，记账信息既可用于批发（网络运营商到服务提供商）记账也用于零售（服务提供商到用户）记账。在这种情况下，从网络实体收集的计费数据也可以在归属 PLMN 运营商根据需要处理之后，发送给服务提供商做进一步处理。

第 11 章
网络切片

11.1 引言

传统网络使用同一个网络支持所有的应用场景。为了支持未来大量的网络部署用例，支持不同用户类型的非常不同甚至是相互矛盾的需求，以及支持各种应用的不同使用，网络需要调整。虚拟化和软件定义网络（SDN）等技术的进步使我们能够在公共的和共享的基础设施层之上构建逻辑网络，这些逻辑网络被称为网络切片。每个网络切片为某些应用所用，从而可以避免使用单一网络来满足多种需求。

如第 3 章所述，网络切片一词在业界有不同的含义，但通常网络切片被理解为一个逻辑网络，由所有必需的网络资源组成，为确定的商业用途或用户服务。网络切片可为任何类型的接入建立完整的网络，并且成为提供网络服务的引擎。网络切片所使用的物理或虚拟的基础设施资源可能是该网络切片专有的，也可能是与其他网络切片共享的。

由于网络切片的概念允许创建多个逻辑网络，因此可以利用网络切片实现所需的网络特性并提供特定的网络能力，满足特定的用户需求。这里的用户不是直接的最终用户，而是一些商业实体（例如企业、另一个服务提供商或网络运营商本身），由他们向网络运营商提出特定的服务要求。网络切片由管理功能编排和管理。图 11.1 给出了网络切片的概念和一种定义。

那么，网络切片有哪些好处呢？网络切片的概念以虚拟化及自动编排和管理作为先决条件，当它们一起起作用时能够提供以下好处：

- 按用户需求对网络进行调整和优化，以改善用户体验。
- 缩短上市时间和用户交付时间。
- 简化资源管理。
- 提高自动化程度。
- 提高灵活性和敏捷性。
- 将问题进行分解以降低风险。

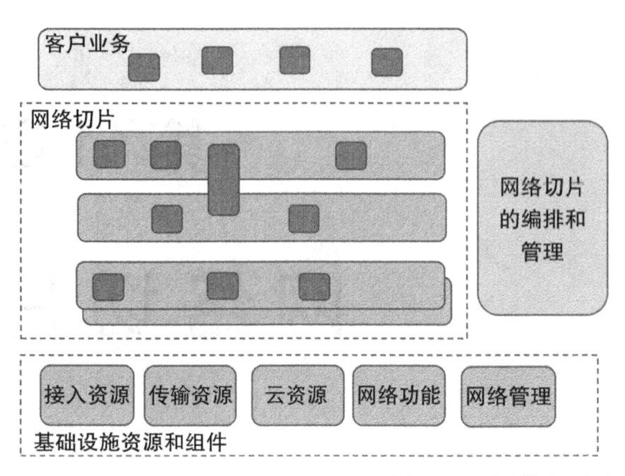

图 11.1　网络切片定义

根据服务类型，例如增强的移动宽带通信（eMBB）、超可靠低时延通信（URLLC）、大规模物联网（mIoT）和用户期望，网络切片可能需要满足不同的需求，例如：

- 每个地理区域的业务容量要求
- 计费要求
- 覆盖区域要求
- 隔离度要求
- 端到端时延要求
- 移动性要求
- 总体用户密度要求
- 优先级要求
- 业务可用性要求
- 业务可靠性要求
- 安全要求
- UE 移动速度要求

在设计网络时，为满足多种多样的网络切片的要求，可将各种资源和逻辑功能置于网络的不同地方。图 11.2 提供了某些类型的网络切片实现的示例。

将网络的一部分分离和“切片”出来并不是一个新的概念，目前已经可以通过不同的机制来实现，并服务于不同的目的。例如，使用不同 PLMN 标识的运营商可共享无线资源，或者建立单独的数据路径（即 3G 中的 PDP 上下文、4G 中的 PDN 连接和 5G 中的 PDU 会话）来完成 PS 数据传输的分离。更多关于 5G 之前的 3GPP 的机制，请参见第 4 章，这些技术在 5GS 中也可使用，但是有局限性，例如，即使运营商有可能获得多个移动网络代码（即 PLMN 标识中的 MNC 部分），可用的 MNC 值的数量也不足以给每个网络切片分配单独的 MNC。另外，通过不同的 DNN 来分离 PS（分组域）数据路径只能部分隔离网络，无法满足用户希望有一个完整的专用逻辑网络的愿望，因此，重用现有机制来完整实现网络切片不太可能。当然，现有手段也可以在网络切片中使用，实现资源之间的有限隔离。

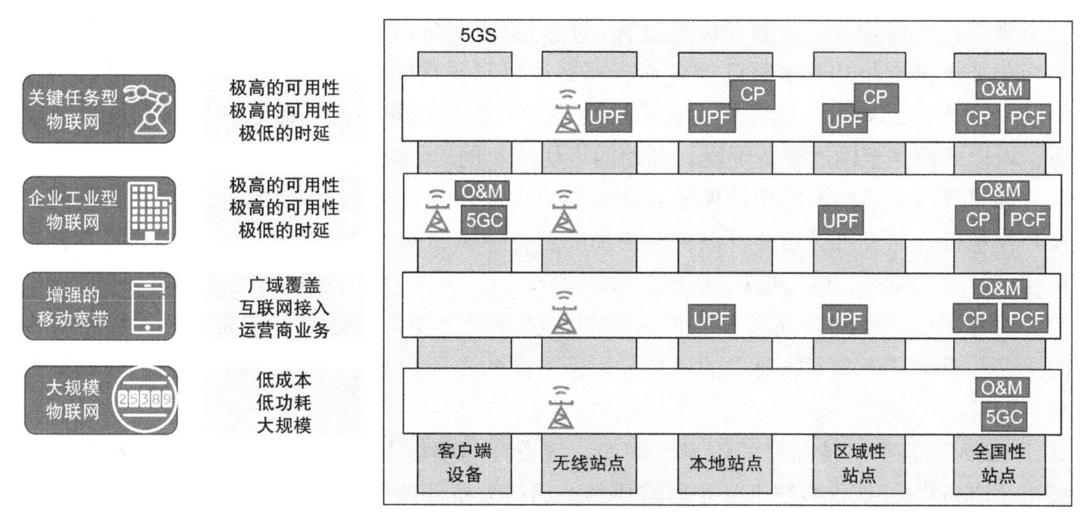

图 11.2 网络切片示例

为满足运营商的用户的各种期望，并确保运营商网络中可能存在的数量庞大的网络切片的操作维护，自动化管理变得至关重要。网络切片的管理和编排在 11.2 节中介绍。

为能建立和使用任何类型的网络切片，3GPP 开发了通用的网络切片选择的框架，具体参见 11.3 节。

11.2 网络切片的管理与编排

在网络切片的准备过程和整个生命周期管理过程中，用户能够使用 API 提供其要求，获取有关网络切片的运营情况，用户也可以修改其要求以调整他们的需求。图 11.3 简要说明了网络切片实例（NSI）的准备过程和生命周期管理。在每个步骤中，由于网络切片的天然属性，使得和其他切片的相互依赖较少，这有助于提高管理和编排过程的速度。网络切片实例的准备和生命周期管理过程在接下来的章节中描述。

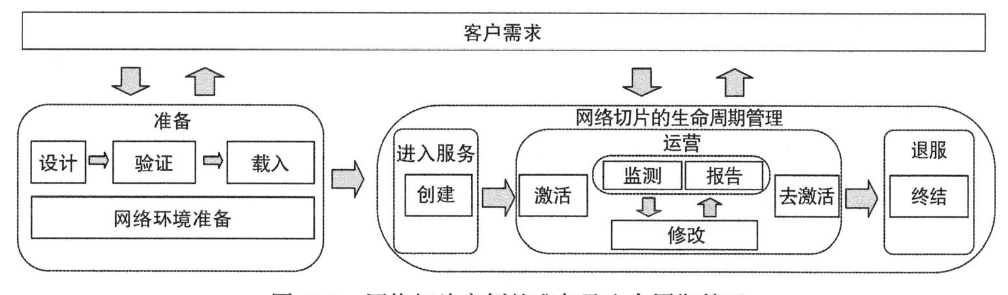

图 11.3 网络切片实例的准备及生命周期管理

11.2.1 网络切片的准备

为简化网络切片的管理和编排过程，我们使用网络切片“蓝图”或“模板”。如果满足用户要求的网络切片模板已经存在，那么可以对现有的网络切片实例（NSI）进行扩展来满足新用户的要求，或者使用现有的网络切片模板创建新的网络切片实例，这种情况下，可以缩短甚至跳过准备阶段，开始网络切片实例的创建和激活。

如果没有合适的网络切片模板，那么要根据用户的要求设计一个新的模板。新的网络切片模板设计完成后，通常可以将它添加到服务目录和网络切片模板中，将来如果有相同或相近的用户要求，就可以跳过或缩短准备阶段。

对专用的网络切片而言，需要考虑的依赖因素较少，验证工作相对简单。如果一个网络切片要服务于有不同要求的用户、用于不同的应用和业务，那么需要考虑的依赖项更多，验证也更复杂。

“载入”是指上传需要的信息，例如，将设计的模板上传到生产系统中，对模板和虚拟机（VM）以及编排系统下一步所需要的一切输入条件进行验证。

在准备阶段，网络环境的准备和其他必要的准备都是根据创建NSI的要求进行的。准备阶段完成后，可以进行NSI的创建和激活。

11.2.2 网络切片进入服务

在“进入服务”阶段，创建NSI包括分配和配置网络切片所需的资源。

11.2.3 网络切片的运营

网络切片的运营阶段包括以下方面：激活网络切片、监测网络切片、网络切片的性能上报（比如为了KPI的监控）、网络切片的资源容量规划、网络切片的修改以及停用网络切片。

网络切片激活后，意味着通信服务准备就绪。

网络切片的资源容量规划包括：根据NSI的配置和性能监测计算资源使用情况，并生成修改策略。

网络切片的监测和性能上报包括的功能，比如对NSI的服务水平协议（SLA）商定的KPI指标进行监测和上报，并确保达到KPI指标。

NSI的修改可能包括容量调整或拓扑更改，并通过创建或修改NSI资源来实现。NSI的修改可以由新的网络切片要求来触发，也可以由监测/报告的结果来触发。

停用NSI使得NSI处于非活动状态并停止通信服务。

11.2.4 网络切片的退服

在退服阶段，如果需要的话，停用非共享资源，以及从共享资源中删除NSI特定的配置。退服后，NSI将被终止并且不再存在。

11.2.5 总结

每个网络切片都可以作为完全正常的网络使用，满足独立服务所需的所有功能和资源的要求。使用“网络即服务”（NaaS）的业务模型，用户被赋予了可以“看到”他们自己的网络切片的权力，然后对其进行修改以适应他们不断变化的需求，或者为新的业务创建新的网络切片。

更多细节及另外的网络切片的管理和编排的信息，参见 3GPP TS 28.530。

11.3 网络切片选择的框架

11.3.1 引言

为灵活选择网络切片，3GPP 开发了一个框架。本节介绍了网络切片选择的机制以及使用的标识符。

11.3.2 标识符

如第 3 章所述，网络切片或网络切片实例由一个叫“单一网络切片选择辅助信息”（S-NSSAI）的参数来标识。S-NSSAI 的格式如图 11.4 所示。

S-NSSAI 的 SST 部分是强制性的，指示网络切片的特征类型。SST 值范围包括标准化部分（有关最新标准化值，请参见图 11.4 和 3GPP TS 23.501 的表 5.15.2.2-1），以及运营商定义的部分（即非标准化值范围）。SD 部分是可选的，可区分不同用户（例如不同企业用户）的不同网络切片，或区分不同的网络切片实例。

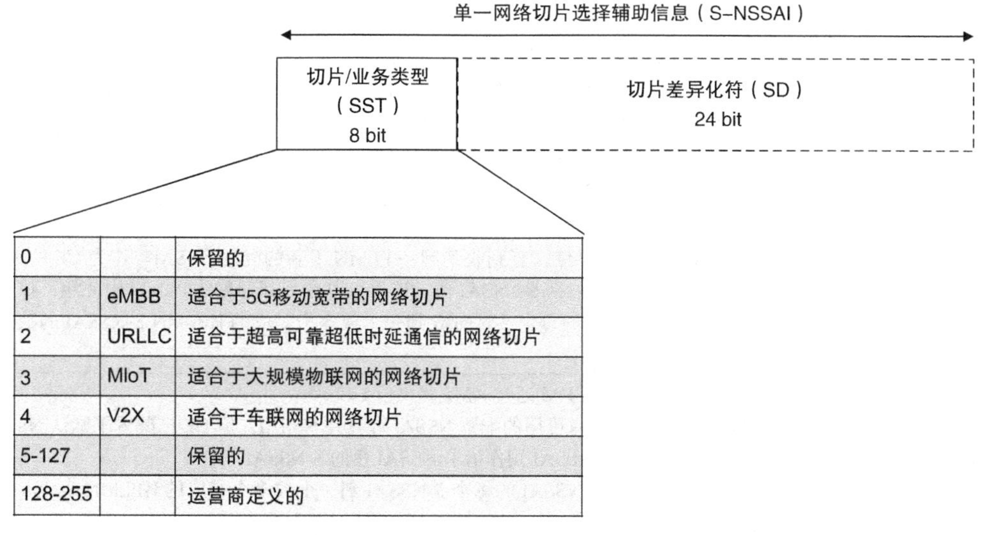

0		保留的
1	eMBB	适合于5G移动宽带的网络切片
2	URLLC	适合于超高可靠超低时延通信的网络切片
3	MIoT	适合于大规模物联网的网络切片
4	V2X	适合于车联网的网络切片
5-127		保留的
128-255		运营商定义的

国 11.4 单一网格切片选择辅助信息（S-NSSAI）的格式

S-NSSAI是在移动网络所用的PLMN的范围内定义的，但如果S-NSSAI只包括标准的SST部分，那么任何移动网络都可以识别这样的S-NSSAI。

在UE访问网络切片之前，UE需要通过注册流程在移动网络上对网络切片的信息进行注册。针对同一个UE，为支持多个网络切片，UE要能够同时向网络发送一个或多个S-NSSAI，网络也要能够同时向UE发送一个或多个S-NSSAI，因此，一个NSSAI要能够包括一个或多个S-NSSAI。S-NSSAI和网络切片的相关信息可用于5G系统中的不同信元中，表11.1总结了这些信元的用途。

需要注意的是，当表中提到服务的PLMN时，可以是归属网络HPLMN（即非漫游地）或访问网络VPLMN。

表11.1 网络切片选择框架中使用的网络切片信息的概述

网络切片信息	用途
请求NSSAI	注册时，UE可给服务的PLMN提供最多8个S-NSSAI，并且UE在注册期间提供给服务PLMN。针对不同的接入类型（比如3GPP或非3GPP），UE需要单独注册S-NSSAI，才能用于该接入类型的PDU会话的建立。 UE在5G-AN信令中发送的“请求NSSAI”可用于5G-AN选择AMF，UE在NAS中发送的“请求NSSAI”可作为5GC选择网络切片的输入信息。 UE也可能发送从所请求的S-NSSAI到服务PLMN所使用的HPLMN的S-NSSAI的映射，从而获知UE的请求对应于哪个签约的S-NSSAI
允许NSSAI	由服务PLMN提供的UE可以使用的NSSAI，最多包括8个S-NSSAI，比如注册时提供给UE的在服务PLMN的当前注册区（RA）可用的S-NSSAI值。允许的NSSAI所包括的所有S-NSSAI在注册区内的所有跟踪区都可用。 作为5GC设置RFSP索引值的输入。RFSP索引值由5GC提供给NG-RAN，建议NG-RAN无线资源管理（RRM）的策略。 UE成功注册后，可由5GC通过N2接口根据接入类型将允许的NSSAI提供给5G-AN，以决定5G-AN特定的策略。 如果S-NSSAI值与签约的S-NSSAI值不同，那么AMF或NSSF确定并提供允许的NSSAI到HPLMN S-NSSAI值的映射。该映射信息允许UE根据URSP规则或本地配置将UE使用的应用关联到HPLMN的S-NSSAI。 UE根据PLMN和接入类型存储允许的NSSAI，关机后仍有效，直到收到新的允许的NSSAI。作为UE的输入，设置请求NSSAI
配置NSSAI	注册流程或UE配置更新流程中给UE提供的NSSAI，使用于一个或多个PLMN。 UE为每个PLMN存储，直到收到同一PLMN下新的配置NSSAI。作为UE的输入，设置请求的NSSAI。包括S-NSSAI值，该值可以在为其配置的PLMN中使用，该值也可能与已配置NSSAI的每个S-NSSAI到一个或多个对应的HPLMN S-NSSAI的映射相关联
默认配置NSSAI	可以由HPLMN的UDM通过AMF提供给UE。 如果服务PLMN没有可用的配置NSSAI和允许NSSAI，但UE已配置了默认NSSAI，那么UE将默认配置NSSAI用作请求NSSAI里的S-NSSAI。 可能与将默认配置NSSAI的每个S-NSSAI到一个或多个相应的HPLMN S-NSSAI的映射相关联

（续）

网络切片信息	用途
签约 S-NSSAI	用户签约的在一个 PLMN 内可使用的一个或多个 S-NSSAI。UE 漫游时，UDM 仅向 AMF 发送 UE 在 VPLMN 中能使用的 S-NSSAI。 签约 S-NSSAI 的值作为 URSP 规则的一部分提供给 UE，签约 S-NSSAI 的值对应于服务 PLMN S-NSSAI 值到 HPLMN S-NSSAI 值的映射。 HPLMN 设置 RFSP 值时可能会考虑签约 S-NSSAI。 有些签约数据会按每个签约 S-NSSAI 值来设置，比如 DNN
默认 S-NSSAI	签约 S-NSSAI 被标记为默认 S-NSSAI。 如果 UE 未在请求 NSSAI 中提供任何允许 S-NSSAI，则使用默认 S-NSSAI
S-NSSAI	用于网络切片选择，比如由 UE 在请求 PDU 会话建立时提供。 可以用于 NF 发现，NF 提供者向 NRF 注册其支持的 S-NSSAI，以便 NF 使用者可以发现某个网络切片中的 NF
拒绝的 S-NSSAI	一个 S-NSSAI 可能被整个 PLMN 或当前的注册区拒绝。条件不变时，UE 不会尝试用被拒绝的 S-NSSAI 再注册。 只包含被服务 PLMN 拒绝的 S-NSSAI 值
网络切片实例（NSI）ID	网络切片部署多个实例时并在 5GC 中需要区分时，NSI ID 用于标识核心网部分的网络切片实例。 在 5GC 中可选，不提供给 5G-AN 或 UE
NSSAI 包含模式	"接入层连接建立 NSSAI 包含模式"（Access Stratum Connection Establishment NSSAI Inclusion Mode）参数，指示了 UE 是否在 5G-AN 信令（比如 RRC）中应包括 NSSAI 信息，如包括，什么时候包括

11.3.3 网络切片的可用性

网络切片可以在整个 PLMN 中可用，或在 PLMN 的一个或多个跟踪区域内可用，这里的网络切片可用是指所涉及的网络功能（NF）都能支持 S-NSSAI。适用于所有 UE 的网络切片可用信息在配置阶段完成配置，若有更改，则要更新配置，这些配置针对每个 UE 独立进行。

当一个特定的 UE 注册时，应用到 UE 的策略可以根据每个 UE 的情况来定，例如由 UE 的 HPLMN 来决定，这种基于 PLMN 的策略可以在 AMF 或 NSSF 中配置。

单独从 UE 来看，网络切片在哪里可用可以由 O & M（操作和维护）进行配置，也可以由互连的节点通过信令相互传递，如图 11.5 所示。

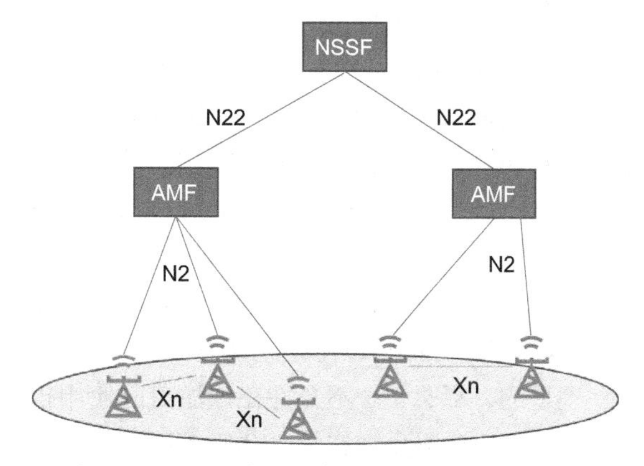

图 11.5　配置阶段网络切片可用信息的信令

在 NSSF 上由 O & M 配置网络切片在哪里可用，在 5G-AN 上由 O & M 配置在每个 TA 内网络切片的可用性，这些网络切片的可用信息通过 N22、N2

和 Xn 传递给相连的节点，如图 11.5 所示。

- 在 N2 接口（参见 3GPP TS 38.413），当 5G-AN 节点通过 N2 建立（N2 Setup）消息建立 N2 连接时，或者通过 RAN 配置更新（RAN Configuration Update）消息或 AMF 配置更新（AMF Configuration Update）消息更新 N2 连接时：
  - AMF 得知 5G-AN 在每个 TA 内支持的 S-NSSAI。
  - 5G-AN 得知 AMF 在每个 PLMN ID 支持的 S-NSSAI。
- 每个 AMF 集合中的一个或所有 AMF 给 NSSF 提供并更新每个 TA 支持的 S-NSSAI。
- NSSF 在网络建立或更新时向 AMF 提供每个 TA 内被限制的 S-NSSAI。有关 NSSF 服务，请参见 3GPP TS 23.502。
- 在 Xn 连接建立和 NG-RAN 节点更新配置时，5G-AN 节点间相互交换每个 TA 支持的 S-NSSAI。有关 Xn 流程，请参见 3GPP TS 38.423。

11.3.4 网络切片的选择

UE 的网络切片的相关信息可以通过 URSP 规则（参见第 10 章）来配置，也可以本地配置。UE 根据这些配置的信息发出请求，网络基于 UE 的请求选择一个或多个网络切片。网络根据签约信息、网络策略、服务级别协议、网络切片可用性以及 UE 请求的 NSSAI 来决定要使用的一个或多个网络切片。

UE 选择的 S-NSSAI 包括在请求 NSSAI 中，方法如下：

- UE 决定要启用的应用，如何启用、何时启用由 UE 的实现决定。
- 如果 URSP 规则可用，那么 UE 使用 URSP 规则选择包括在请求 NSSAI 中的 S-NSSAI。UE 按优先顺序将其想要启用的应用与 URSP 规则进行匹配，可能从路由选择组件中获取包含 S-NSSAI（例如 S-NSSAI-a）的匹配规则，见图 11.6。
- 匹配的 URSP 规则的路由选择组件中的 S-NSSAI 对应 UE 签约 S-NSSAI 中的 HPLMN S-NSSAI 值，并且对应 5GC 提供给 UE 的网络切片信息（比如允许 NSSAI）中的 HPLMN 值。每个拒绝的 S-NSSAI、允许 NSSAI 或配置 NSSAI，如果是映射过来的 S-NSSAI，那么映射过来的 S-NSSAI 包括 HPLMN 的 S-NSSAI。如果不是映射过来的 S-NSSAI，则提供服务 PLMN 的 S-NSSAI 值与 HPLMN 的 S-NSSAI 值相同。
- UE 首先通过检查 URSP 规则中的 S-NSSAI 是否与任何从拒绝的 S-NSSAI、允许 NSSAI 和配置 NSSAI 映射过来的 S-NSSAI 相匹配，来获取能包括在请求 NSSAI 中用于服务 PLMN 的 S-NSSAI。如果找到了匹配，则 UE 使用图 11.6 右边一列中与服务 PLMN 值相对应的 S-NSSAI 值。
- 如果 S-NSSAI 与拒绝的 S-NSSAI 中的 S-NSSAI 相匹配，并且是被当前注册区拒绝的，那么 UE 不允许在该注册区使用拒绝的 S-NSSAI，如果是被 PLMN 拒绝的，那么 UE 不允许在该 PLMN 使用拒绝的 S-NSSAI。在这种情况下，UE 尝试为该应用找到另一个匹配的 URSP 规则。

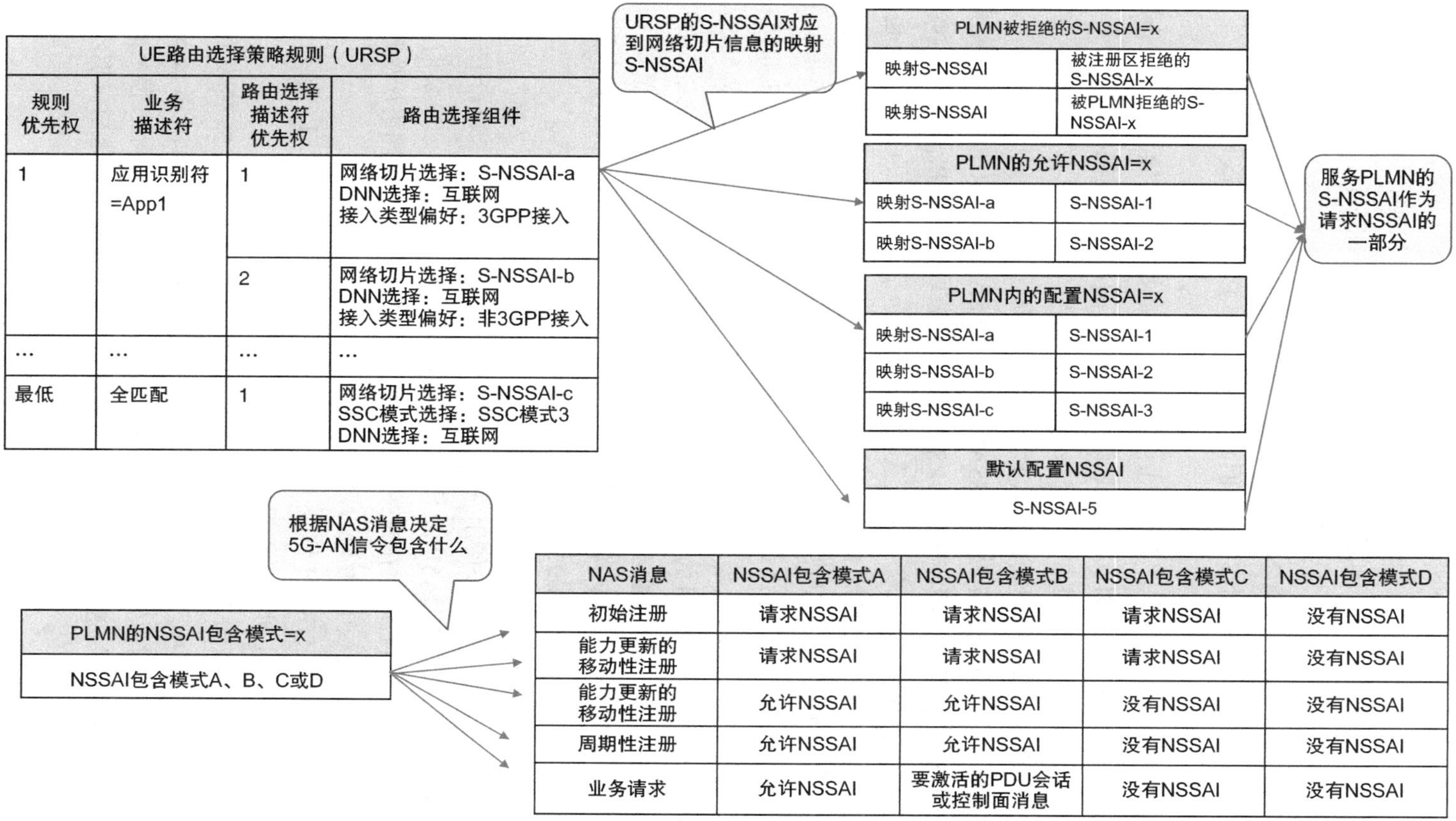

UE路由选择策略规则（URSP）			
规则优先权	业务描述符	路由选择描述符优先权	路由选择组件
1	应用识别符=App1	1	网络切片选择：S-NSSAI-a DNN选择：互联网 接入类型偏好：3GPP接入
		2	网络切片选择：S-NSSAI-b DNN选择：互联网 接入类型偏好：非3GPP接入
…	…	…	…
最低	全匹配	1	网络切片选择：S-NSSAI-c SSC模式选择：SSC模式3 DNN选择：互联网

URSP的S-NSSAI对应到网络切片信息的映射S-NSSAI

PLMN被拒绝的S-NSSAI=x	
映射S-NSSAI	被注册区拒绝的S-NSSAI-x
映射S-NSSAI	被PLMN拒绝的S-NSSAI-x

PLMN的允许NSSAI=x	
映射S-NSSAI-a	S-NSSAI-1
映射S-NSSAI-b	S-NSSAI-2

PLMN内的配置NSSAI=x	
映射S-NSSAI-a	S-NSSAI-1
映射S-NSSAI-b	S-NSSAI-2
映射S-NSSAI-c	S-NSSAI-3

默认配置NSSAI
S-NSSAI-5

服务PLMN的S-NSSAI作为请求NSSAI的一部分

根据NAS消息决定5G-AN信令包含什么

PLMN的NSSAI包含模式=x
NSSAI包含模式A、B、C或D

NAS消息	NSSAI包含模式A	NSSAI包含模式B	NSSAI包含模式C	NSSAI包含模式D
初始注册	请求NSSAI	请求NSSAI	请求NSSAI	没有NSSAI
能力更新的移动性注册	请求NSSAI	请求NSSAI	请求NSSAI	没有NSSAI
能力更新的移动性注册	允许NSSAI	允许NSSAI	没有NSSAI	没有NSSAI
周期性注册	允许NSSAI	允许NSSAI	没有NSSAI	没有NSSAI
业务请求	允许NSSAI	要激活的PDU会话或控制面消息	没有NSSAI	没有NSSAI

图 11.6　为请求 NSSAI 选择 S-NSSAI

- 如果URSP规则中的S-NSSAI和HPLMN的允许NSSAI或配置NSSAI中的任何值匹配，UE将这些匹配的S-NSSAI值作为生成服务PLMN的请求NSSAI的输入。
- 如果UE没有找到这样的匹配，并且UE有默认配置NSSAI，则UE使用默认配置NSSAI中的S-NSSAI作为生成请求NSSAI的输入。
- 最后，如果没有默认配置NSSAI可用，则UE在为该应用发起PDU会话时，请求NSSAI中不包括任何S-NSSAI，但是UE从EPS移动到5GS时是个例外，请参见11.3.5节。
- UE将其想要启用的所有应用与URSP规则进行匹配，如果除了具有“全匹配”业务描述符的URSP规则外，没有找到和应用匹配的URSP规则：如果有可用的本地配置，那么UE可以使用本地配置来确定S-NSSAI；如果没有可用的本地配置，如果有“全匹配”URSP规则，那么UE使用该规则。
- 如果没有信息可用来确定请求NSSAI中的S-NSSAI，那么UE不包括请求NSSAI。当UE找到了和所有应用匹配的URSP规则，并获取了服务PLMN的S-NSSAI作为生成请求NSSAI的输入时，UE还要检查是否要包括PLMN的“NSSAI包含模式”：

  如果UE没有为当前PLMN和接入类型存储NSSAI包含模式，那么对当前PLMN下的3GPP接入，UE将以NSSAI包含模式D运行，而对于非3GPP接入，UE则以NSSAI包含模式C运行。“NSSAI包含模式”控制了UE如何在较低层（即，3GPP接入的RRC层和非3GPP接入的EAP消息）提供请求NSSAI。引入“NSSAI包含模式”的目的是保护用户隐私。由于UE在RRC-IDLE态发送的RRC消息不加密，因此任何能够读取RRC消息的人都将能够得出UE想要注册在哪个网络切片。对于非3GPP接入，接入信令已加密，因此UE可以包括请求NSSAI，这样5G-AN能从AMF集中选择一个支持请求NSSAI的AMF。

  5G-AN主要使用UE提供的GUAMI（或5G-S-TMSI）选择AMF，但如果UE没有GUAMI或5G-AN无法使用它们，那么5G-AN使用请求NSSAI用于选择AMF。当5G-AN无法使用GUAMI并且没有从UE获得任何请求的NSSAI时，5G-AN选择默认的AMF，然后通常在NSSF的帮助下为UE选择合适的网络切片和AMF。

图11.7显示了注册过程中网络切片选择的简介。

1）UE在注册消息和5G-AN信令（比如RRC）中提供请求NSSAI。如果请求NSSAI是映射过来的，则UE在注册消息中提供该NSSAI。

2）如果UE在CM-CONNECTED态，5G-AN利用UE的N2连接转发注册消息到AMF。如果UE在CM-IDLE态，如果GUAMI或5G-S-TMSI可用，那么5G-AN根据GUAMI或5G-S-TMSI选择AMF，如果GUAMI或5G-S-TMSI不可用，但AMF在N2建立或AMF配置更新时已经表示了AMF支持请求NSSAI中的S-NSSAI，那么5G-AN根据请求NSSAI来选择AMF。如果5G-AN没有办法选择一个合适的AMF，5G-AN将注册消息转发到默认的AMF。

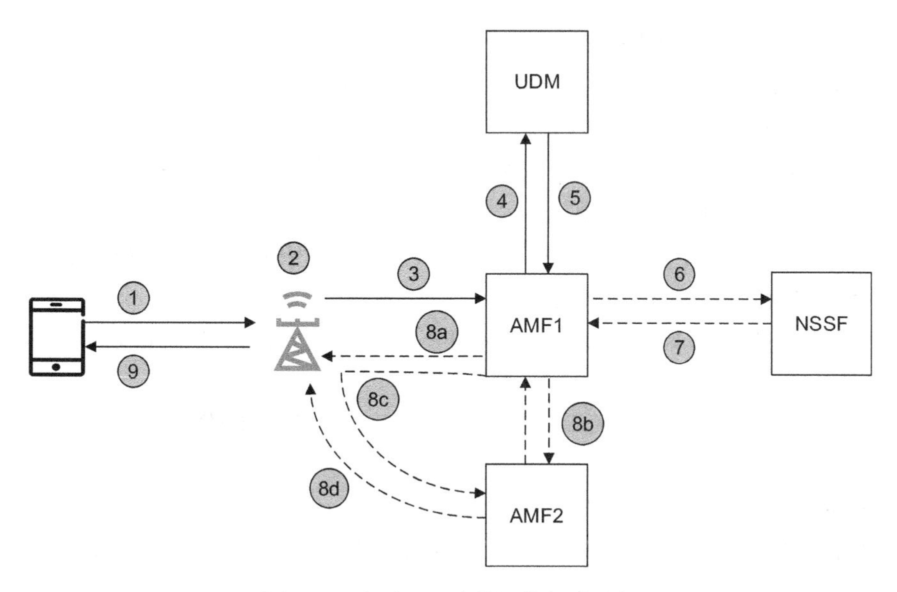

图 11.7 注册过程中的网络切片选择

3）5G-AN 将注册消息转发到选择的 AMF。

4）如果 AMF 没有 UE 的签约数据，也无法从另一个 AMF 或 UDSF 获取，那么 AMF 从 UDM 获取网络切片选择的签约信息，即签约的 S-NSSAI，或者 AMF 获取接入和移动性相关的签约信息，其中包括签约 S-NSSAI。

5）UDM 根据 AMF 的请求提供签约信息，包括适用于服务 PLMN 的签约 S-NSSAI，和每个 S-NSSAI 是否也是默认 S-NSSAI 的指示。

UDM 可能提供该 UE 的网络切片签约数据已经更新的指示。

AMF 按如下方法检查是否能为 UE 提供服务：AMF 检查请求 NSSAI 中的所有 S-NSSAI 是否都包括在签约 S-NSSAI 中。如果不是，或者 UE 没有提供请求 NSSAI，那么 AMF 检查签约 S-NSSAI 是否都被标为默认 S-NSSAI。如果 UE 提供了请求 NSSAI 的映射，则 AMF 使用它来关联到签约 S-NSSAI。

如果 AMF 支持请求 NSSAI 中的 S-NSSAI，那么这个 AMF 继续为这个 UE 服务，忽略步骤 6 和 7。

6）如果 AMF 不能为 UE 服务，或 AMF 配置成由 NSSF 来执行网络切片的选择，那么 AMF 将现有的 S-NSSAI 信息、SUPI 的 PLMN ID 和 UE 当前所在的跟踪区提供给 NSSF 进行查询。

7）NSSF 根据从 AMF 收到的信息、运营商策略（包括漫游时和 HPLMN 签署的服务水平协议）和当前跟踪区内网络切片实例是否可用，NSSF 进行网络切片的选择。NSSF 可能返回如下信息：

a. 允许 NSSAI 和从允许 NSSAI 的每个 S-NSSAI 到 HPLMN S-NSSAI 的映射。

b. 目标 AMF 集，基于配置的候选 AMF 列表。

c. 一个或多个 NRF：用来选择已选网络切片实例中的 NF/ 服务，以及哪个 NRF 是用来决定 AMF 集中的候选 AMF 列表的。

d. 一个或多个 NSI ID，与对应于某些 S-NSSAI 的网络切片实例关联。

e. 一个或多个拒绝的 S-NSSAI。

f. 服务 PLMN 的配置 NSSAI，以及从配置 NSSAI 到 HPLMN S-NSSAI 的映射。

8）AMF 可能执行以下的某一选项：

a. 如果 AMF 能够为 UE 提供服务，AMF 接受从 UE 收到的注册消息，并向 UE 提供以下信息：

i. 允许 NSSAI 和从允许 NSSAI 的每个 S-NSSAI 到 HPLMN S-NSSAI 的映射（如果有）。

ii. 一个或多个拒绝的 S-NSSAI（如果有）。

iii. 服务 PLMN 的配置 NSSAI，以及从配置 NSSAI 到 HPLMN S-NSSAI 的映射（如果有）。

iv. 注册区（RA），包括当前的跟踪区（TA），根据网络切片的可用性，可能添加跟踪区，同时确保整个注册区对 S-NSSAI 的支持是同步的。

v. UE 的网络切片的签约数据是否已经更新的指示。

b. 如果要通过直接转发来重新分配另一个 AMF，则 AMF 会将从 UE 收到的 NAS 消息转发到目标 AMF，并将 UE 的 SUPI 和 MM 上下文（如果有）以及步骤 7 中 NSSF 提供的信息（AMF 集或 AMF 地址列表）转发给目标 AMF。

c. 如果 AMF 决定通过 5G-AN 将从 UE 收到的 NAS 消息转发到目标 AMF，则 AMF 将向 5G-AN 发送重路由 NAS（Reroute NAS）消息。重路由 NAS 消息包括目标 AMF 的信息和注册请求（Registration Request）消息。如果 AMF 已从 NSSF 获得过相关信息，则该信息也包括在重路由 NAS 中。5G-AN 将收到的信息发送到目标 AMF，并指示重新路由是由于网络切片选择所致，这样目标 AMF 不再进行又一次的网络切片选择。

d. 目标 AMF 将自己的 N2 端接点信息更新给 5G-AN。目标 AMF 提供给 UE 的信息，如步骤 8 所描述的。目标 AMF 也将允许 NSSAI 发送给 5G-AN。

9）5G-AN 将注册接受（Registration Accept）消息转发给 UE。

UE 存储收到的信息。如果 AMF 告诉 UE 网络切片的签约数据已经更新了，那么 UE 将删除存储的有关其他 PLMN 的网络切片的信息，默认配置 NSSAI 除外。

在 UE 可以使用 S-NSSAI 提供的业务之前，UE 首先必须注册到该 S-NSSAI。因此，UE 在注册后，才可以使用允许 NSSAI 中的 S-NSSAI，比如建立 PDU 会话。PDU 会话建立过程中 5GC 部分的选择如图 11.8 所示。

1）UE 发送 PDU 会话建立请求（PDU Session Establishment request）消息，包括：

a. 当前接入类型的允许 NSSAI 中的一个 S-NSSAI，是 UE 根据 URSP 规则或本地配置得到的。

i. 如果根据 URSP 规则和本地配置，UE 无法确定可以用于某应用的 S-NSSAI，那么 UE 不会在 PDU 会话建立过程中指示任何 S-NSSAI。

b. UE 提供允许 NSSAI 的 S-NSSAI 和允许 NSSAI 的映射中对应的 S-NSSAI（即 HPLMN 的 S-NSSAI），前提是允许 NSSAI 的映射已经提供给 UE。

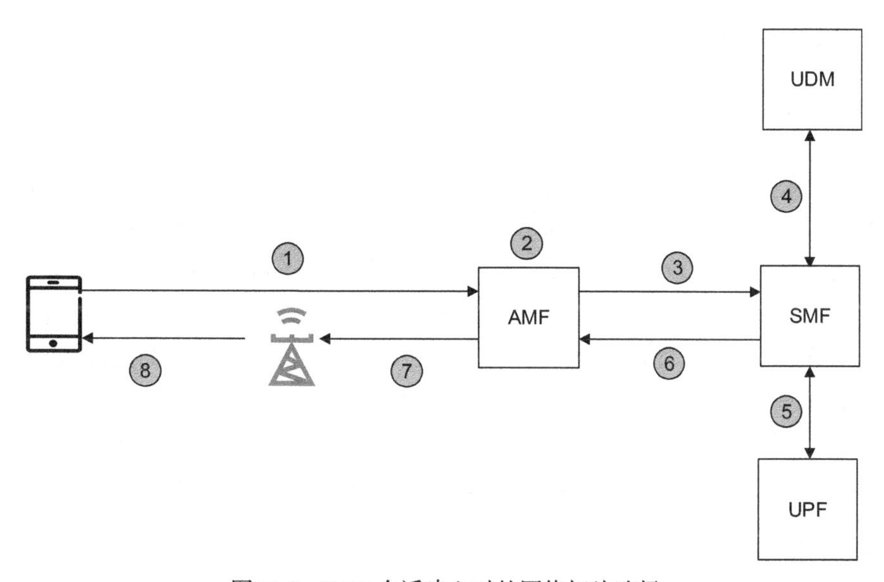

图 11.8　PDU 会话建立时的网络切片选择

2）如果 PDU 会话建立请求消息不包括任何 S-NSSAI，AMF 确定一个默认 S-NSSAI 用于 PDU 会话建立：如果 UE 签约数据只包括一个默认 S-NSSAI，那么 AMF 就用这个 S-NSSAI；如果 UE 签约数据包括多个默认 S-NSSAI，那么 AMF 根据运营商策略决定使用哪个 S-NSSAI。

AMF 根据服务 PLMN 的 S-NSSAI 选择 SMF。在漫游场景下，如果使用的是回归属地路由，那么 AMF 根据 HPLMN 的 S-NSSAI 选择 H-SMF。

3）AMF 将 PDU 会话建立请求消息转发至 SMF，包括：

a. 允许 NSSAI 中的 S-NSSAI。

b. 如果漫游，HPLMN 的 S-NSSAI。

4）如果 SUPI、DNN 和 S-NSSAI 这个组合没有对应的会话管理签约数据，那么 SMF 会从 UDM 获取，和 UDM 交互用的是 HPLMN 的 S-NSSAI。

5）到此，SMF 创建一个 SM 上下文并回复 AMF。SMF 可能执行二次鉴权 / 授权以及 PCF 的选择，但没有在信令流程中呈现。

然后，SMF 使用包括 S-NSSAI 在内的多种信息选择一个或多个 UPF。有关 UPF 选择的信息，请参见第 6 章。

6）SMF 向 UE 发送 PDU 会话建立接受（PDU Session Establishment Accept）消息，以及向 5G-AN 发送 N2 SM 信息（包括服务 PLMN 的 S-NSSAI）。

7）AMF 将以上消息转发给 UE 和 5G-AN。

8）5G-AN 存储 PDU 会话的 S-NSSAI，将 PDU 会话建立接受消息转发给 UE，必要时建立 PDU 会话的用户面。

11.3.5 与 EPS 互通时网络切片的选择

与 EPS 互通时遵循第 7 章描述的原则，但为了更好地支持网络切片，需要一些附加的功能。

3GPP Release 15 支持 EPS 和 5GS 互通时的网络切片，但是有一些限制条件，比如，UE 从 EPS 移动到 5GS 时，网络会选择默认的 AMF 和默认的 V-SMF，但是 3GPP Release 15 没有定义 CM-CONNECTED 态下 AMF 和 V-SMF 的重分配流程。从 3GPP Release 16 开始，这个限制得以解除。从 EPS 移动到 5GS 之后，在 CM-CONNECTED 态下可以根据 PDU 会话的 S-NSSAI 进行 AMF 和 V-SMF 的重新分配。UE 在空闲模式从 EPS 移动到 5GS 时，MME 选择的 AMF 也可以根据 PDU 会话的 S-NSSAI 重分配。

为支持网络切片，互通过程中的附加功能按移动性过程的类型总结如下。

图 11.9 概述了从 EPS 到 5GS 的空闲模式移动期间的网络切片选择。

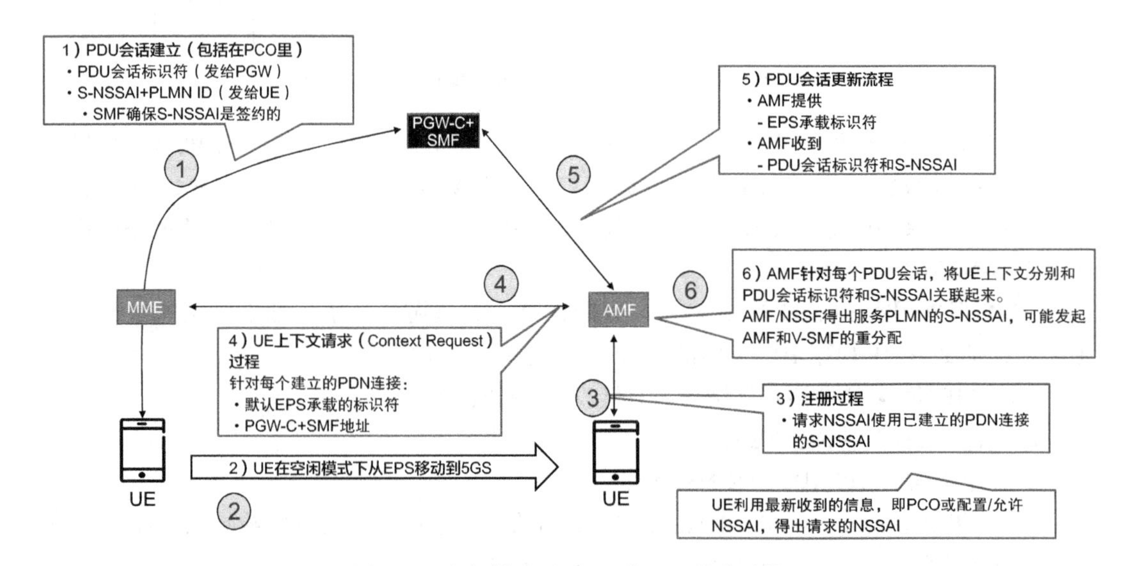

图 11.9　空闲模式下 EPS 到 5GS 的移动性

针对空闲模式下从 5GS 到 EPS 的移动性，以下附加原则适用于网络切片选择：

- 在 EPS 中使用专用核心网的情况下（参见 3GPP TS 23.401），MME 可以从由旧的 AMF 转移过来的 UE MM 上下文中获知 UE 使用类型（UE Usage Type），UE 使用类型可能用于确定是否要重选 MME。

- 在 EPS 中，建立到同一个 APN 的所有 PDN 连接应该使用相同的 PGW。
  - 在分配 EPS 承载标识符（EBI）时，针对同一 UE，如果 PGW-C+SMF 为同一 DNN 但不同的 S-NSSAI 下的多个 PDU 会话服务，那么 SMF 只为由共同的 UPF（PSA）服务的 PDU 会话申请 EBI。如果多个 PDU 会话由不同的 UPF（PSA）提供服务，那么 SMF 选择一个 UPF（PSA），并为由这个 UPF 服务的 PDU 会话申请 EBI。
  - 如果已经有到同一个 DNN 的 PDU 会话存在，但这个 PDU 会话由另一个 SMF 提供服务，AMF 根据运营商策略决定是拒绝新的 EBI 分配请求，还是从已有的到同一个 DNN 但由不同 SMF 提供服务的 PDU 会话中撤回 EBI。
  - 针对支持与 EPS 互通的 PDU 会话，AMF 将 PDU 会话的 DNN 和 PGW-C+SMF 存储到 UDM。
  - 以上适用于多 PDU 会话的场景，这些 PDU 会话使用同一 DNN 但不同的 S-NSSAI。如果是到相同的 DNN 的 PDU 会话，那么 AMF 会选择同一个 SMF。

针对连接模式下从 5GS 到 EPS 的移动性，以下附加原则适用于网络切片选择：

- 连接模式下从 5GS 到 EPS 的移动性，源 MME 根据目标的跟踪区标识（TAI）和其他可用的本地信息（包括签约数据中可能有的 UE 使用类型（UE Usage Type））选择目标 AMF，并将 UE 的上下文发送给 AMF。
- 在回归属地路由的漫游场景下，AMF 根据与 EPS 互通使用的默认 / 特别的 S-NSSAI 来选择默认的 V-SMF。
- 在从 EPS 到 5GS 的切换准备阶段，PGW-C+SMF 将 PDU 会话标识符（PDU Session ID）和相关的 S-NSSAI 发送给 AMF。
- 如果互通的 S-NSSAI 和 VPLMN 使用的 S-NSSAI 不同，AMF 将合适的 VPLMN 的 S-NSSAI 更新给默认的 V-SMF，然后 V-SMF 再更新到 NG-RAN。
- 切换完成时，UE 执行注册（Registration）流程。PGW-C+SMF 在 PDN 连接建立时给 UE 的每个 PDU 会话提供的 S-NSSAI 将作为注册流程中的请求 NSSAI。作为注册流程的一部分，UE 从网络获得允许 NSSAI。

第 12 章

双 连 接

12.1 引言

双连接（DC）是指 UE 和 RAN 可以同时通过两个基站收发数据。或者，从更技术的角度来看，它提供了利用两个独立运行的小区组（Cell Group）提供无线资源的能力。两个小区组可以由两个不同的无线节点独立控制，并且这两个无线节点连接到单个核心网络。双连接旨在提高用户吞吐量、改善移动性的韧性并支持 RAN 节点之间的负载均衡。

DC 中的小区组被定义为与 DC 中两个 RAN 节点之一相关联的服务小区组。EPS 和 5GS 均规范了双连接。在本章中，我们着重介绍与 NR 接入小区组和 E-UTRA 小区组相关的 DC 架构和功能，这两种 DC 类型均已规范，由连接到 5GC 的无线节点控制。第 4 章介绍了 5G EPC 的概念和功能，5G 的主要组成部分就是 NR 接入和 E-UTRA 的一起使用。

DC 的概念最初是针对具有两个小区组的 EPS 引入的，两个小区组均提供 E-UTRA 资源，适用于能够在连接状态下进行多收 / 多发（Rx/Tx）的 UE。UE 首先连接并执行与核心网之间的信令的 eNB 被称为主节点，它是与 UE 位置相关的接入节点。一旦 UE 进入连接状态，主 eNB 可以请求另一个辅助 eNB 以卸载数据流量。双连接中，两个 eNB 独立运行其调度程序：位于主节点中的调度程序控制对主小区组（MCG）的无线资源的访问，位于辅节点中的调度程序则控制对辅小区组（SCG）的无线资源的访问。这些 eNB 由非典型的回传 X2 接口相互连接，如 3GPP EUTRA 架构规范 3GPP TS 36.300 所述。

3GPP 首先规范的 DC 类型是单无线接入技术（E-UTRA）的双连接，它使用不同频段，后来演进为多无线接入技术的双连接（MR-DC），允许通过两个无线节点的两种不同的无线技术（NR 接入和 E-UTRA）进行双重连接。两个无线节点通常由非典型的回传 X2 接口连接，由两个独立的调度程序进行操作。MR DC 概念由 3GPP 制定，并在 3GPP TS 37.340 中进行规范。举一个 MR-DC 配置的例子：NR 通过 EUTRA（4G 无线）连接 4G 核心网（也称为 EPC）。这种配置对运营商来说具有吸引力，因为它可以利用现有的 EPC 网络，快速推出 NR 的更高带宽、更高吞吐量的服务。

MR-DC 概念可应用在不同的部署中，由不同的配置和连接选项组成。3GPP RAN 对其架构进行了标准化的讨论，涉及从 5G 无线接入到 5G 核心网和 4G 核心网的各种配置与连接选项，这些最初被称为“选项 1 至 8”。

“选项 1 至 8”描述了通过改变以下组成部分的顺序和组合而得到的不同结果：

1）RAN 连接到的核心网（EPC 或 5GC）。

2）用于用户面数据的无线接入技术（NR 接入、E-UTRA 或两者都有）。

在此提醒读者，在 DC 的范畴内，我们只处理选项 3、4 和 7（有关详细分析，请参见第 3 章）。选项 1、2、5 和选项 6 不使用 DC（参见图 12.1）。

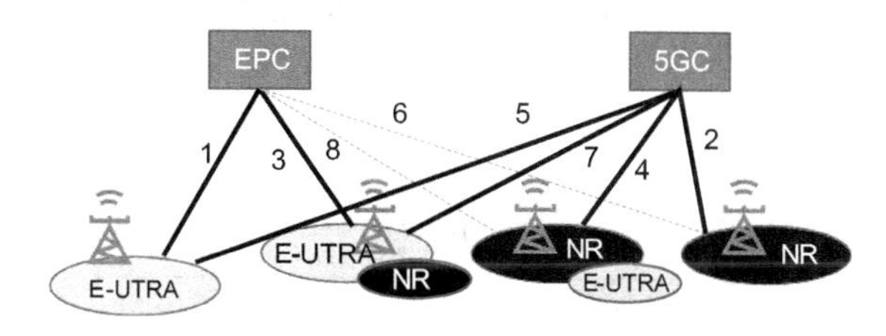

使用的无线技术	只用E-UTRA	只用NR	E-UTRA的NR只用于数据业务	E-UTRA的NR只用于数据业务
EPC核心网	选项1（=4G）	选项6（弃用）	选项3	选项8（弃用）
5GC核心网	选项5	选项2	选项7	选项4

图 12.1　DC 相关的 5G 架构选项

针对每个选项，3GPP 规范了不同的连接类型，相关术语的描述见图 12.2。

例如，如果 E-UTRA 提供主小区组，则该小区组由主节点（MN）控制。主节点的较高无线层和 E-UTRA 小区组的较低无线层有关联。用户面建立在主节点和核心网之间：

- 如果用户面的端接资源与主节点拥有的用户面端接资源相关，则数据无线承载就被称为主节点端接（端接在 MN 上）。
- 在上述示例中，如果仅由 E-UTRA 小区组提供无线资源，那么数据无线承载就被称为 MN 终结的 MCG 承载；如果仅是 NR 接入小区组，那么数据无线承载就被称为 MN 端接的 SCG 承载；如果两个小区组都提供无线资源，那么数据无线承载被称为 MN 端接的分离承载。

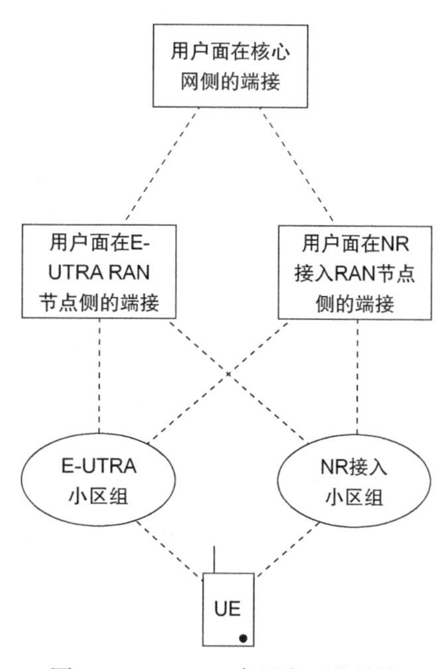

图 12.2　MR-DC 中用户面的端接

表 12.1 概述了主小区组和辅小区组之间的 UP 端接。

表 12.1　用户面的端接

用户面的端接 / 涉及的小区组	主小区组	辅小区组	主、辅小区组
主节点端接	主节点端接的 MCG 承载	主节点端接的 SCG 承载	主节点端接的分离承载
辅节点端接	辅节点端接的 MCG 承载	辅节点端接的 SCG 承载	辅节点端接的分离承载

图 12.3 说明了 DC 的不同选项，其中选项 3 表示为 EN-DC（最后由“EPC 的 MR-DC”这个术语替代），而选项 4 和 7 则由 NE-DC 和 NGEN-DC 表示。此外，3GPP 已经规范了一种新的 DC 类型，类似于用于 4G 的 DC 架构，但是 NR 可以和主 RAN 节点、辅助 RAN 节点组合连接到 5GC。

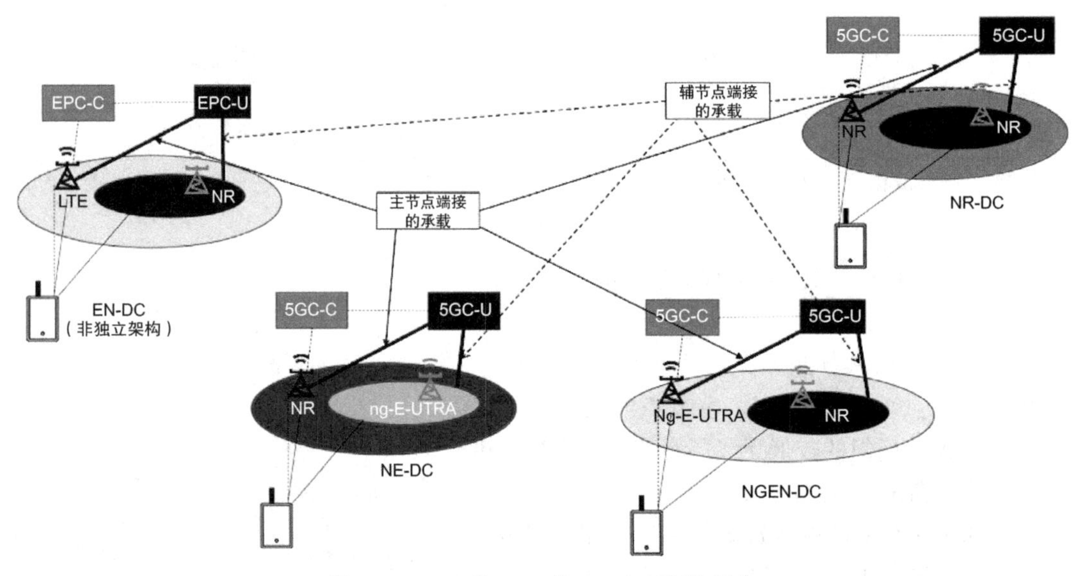

图 12.3　EPC 和 5GC 的 MR-DC 架构组合

到目前为止，对“EPC 的 MR-DC”而言，DC 是个可选的功能，E-UTRA 始终由主节点提供，NR 接入可能作为辅助的无线技术加入。

3GPP 中的 5G 规范过程从一开始就采用了多接入无线技术的双连接（Multi-RAT DC），从而实现了可互换且灵活的 DC 架构，其中，无线资源可由主小区组或辅小区组提供，或者由主、辅小区组同时提供。每个小区组采用一种无线技术，或 NR 接入或 E-UTRA 接入，用户面在核心网的端接可通过主节点或辅助节点提供（表示为 MN 端接或 SN 端接的承载）。

由于本书的主要范围是5G无线接入的5G核心网，因此本章我们将重点放在具有5GC的MR-DC上。EPC MR-DC的架构，从总体架构和核心网角度来看，遵循相同的功能演进路径，因此读者应该能够轻松地从5GC MR-DC架构具有的功能推出EPC MR-DC的功能。

12.2 MR-DC的总体架构

多无线接入技术双连接（MR-DC）允许E-UTRA和NR接入以不同的组合方式连接到核心网，从而使支持多收 / 多发（Rx/Tx）功能的UE可以同时使用E-UTRA和NR接入的无线资源，与核心网的连接则由其中的一个RAN节点来控制。根据配置（稍后描述），核心网可以是EPC或5GC。

无线接入网架构包含的节点如表12.2所示。

表12.2 无线接入网所含节点

核心网连接	无线接入网	提供EUTRA的RAN节点	提供NR接入的RAN节点
EPC	E-UTRAN	eNB	en-gNB
5GC	NG-RAN	ng-eNB	gNB

DC的总体原理保持不变，即控制UE向核心网控制面连接的RAN节点（即主节点），为具有多收 / 多发（Rx/Tx）能力的UE提供用户面无线资源。用户面无线资源由主节点控制，或由辅节点控制，或由主辅节点共同控制。主RAN节点提供到核心网的控制面连接，管理所有与核心网相关的NAS信令，以及和核心网 /UE相关的到核心网的信令。SN仅通过用户面连接核心网。根据MR-DC承载的类型，来自SN的用户面可以直接连接核心网（SN端接），或者由X2/Xn接口通过MN用户面传送用户数据。MN和SN通过X2/Xn接口相互连接，包括控制面和用户面。根据UE的小区组配置，UE到RAN的连接对DC用户面的使用会有所不同。从核心网的角度来看，MR-DC的小区组配置是透明的，仅有的影响是从核心网到RAN的用户面可能端接到SN或者端接到MN。

图12.4所示的是具有与核心网的控制面（CP）和用户面连接的MR-DC架构。左图显示主节点和辅节点到核心网网关（GW）（即5GC中的UPF）都建立了用户面隧道，右图显示主RAN节点到核心网网关之间只有一个用户面隧道：MN端接了通往核心网GW的GTP-U隧道，SN通过Xn-U将用户数据转发到MN。Xn-U是两个RAN节点之间的用户面连接。

上面描述的MR-DC架构具有四个不同的变体，其中一个连接到EPC，另三个连接到5GC，如12.1节所述。这些变体在下面进一步详细描述。

EPC MR-DC（也称为EN-DC）包含一个eNB和一个gNB（也称为en-gNB，以区别于和5GC有控制面连接的gNB）。在EPC双连接（EN-DC）中，UE连接到一个作为主节点的 eNB 和一个作为辅节点的 gNB。主节点 eNB 通过 S1AP/S1-U 接口连接 EPC，并通过 X2 接口连接 gNB。SN gNB 可以通过 S1-U 接口连接 EPC，也可以通过 X2-U 接口连接其他 gNB，这取决于所支持的 MR-DC 承载的类型，以及 PDN 连接使用的 MCG、SCG 和分离承载的组合。

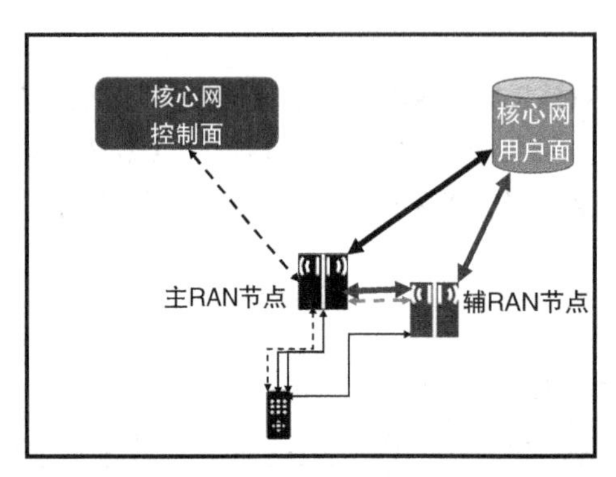

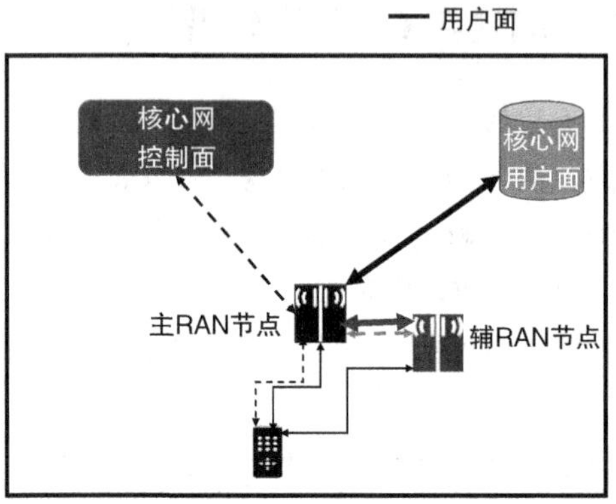

图 12.4　具有核心网连接的通用的 MR-DC 的总体架构

图 12.5 说明了 EPC MR-DC 的架构，其中建立了两个 S1-U 用户面隧道。

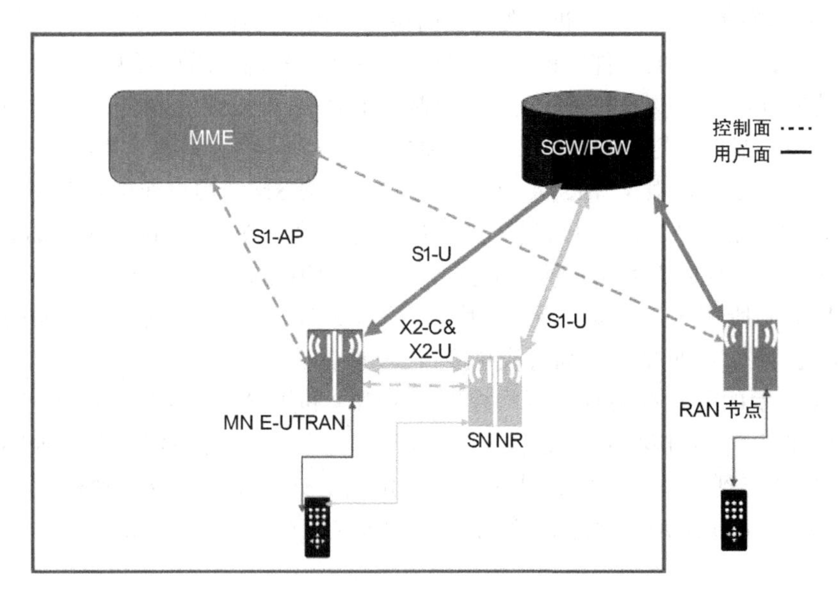

图 12.5　EPC MR-DC 架构，在两个不同的 RAN 节点上建立了两个用户面遂道

5GC MR-DC 可能具有以下任何一个配置或者这些配置的组合：

1）**NG-EUTRA-NR 双连接（也称为 NGEN-DC）**：UE 连接到一个作为主节点的 ng-eNB 和一个作为辅节点的 gNB。ng-eNB 通过 NG-C/NG-U（N2/N3）接口连接到 5GC， ng-eNB 通过 Xn 接口连接到 gNB。

2）NR-NG-EUTRA 双连接（也称为 NE-DC）：UE 连接到一个作为主节点的 gNB 和一个作为辅节点的 ng-eNB。gNB 通过 NG-C/NG-U（N2/N3）接口连接到 5GC，ng-eNB 通过 Xn 接口连接到 gNB。

3）NR-NR 双连接（也称为 NR-DC）：UE 连接到一个作为主节点的 gNB 和另一个作为辅节点的 gNB。主 gNB 通过 NG-C/NG-U（N2/N3）接口连接到 5GC，通过 Xn 接口连接到辅 gNB。辅 gNB 可能通过 NG-U 及接口连到 5GC。

图 12.6 说明了 5GC MR-DC 的总体架构，其中 NG-RAT 可以是主节点或辅节点。

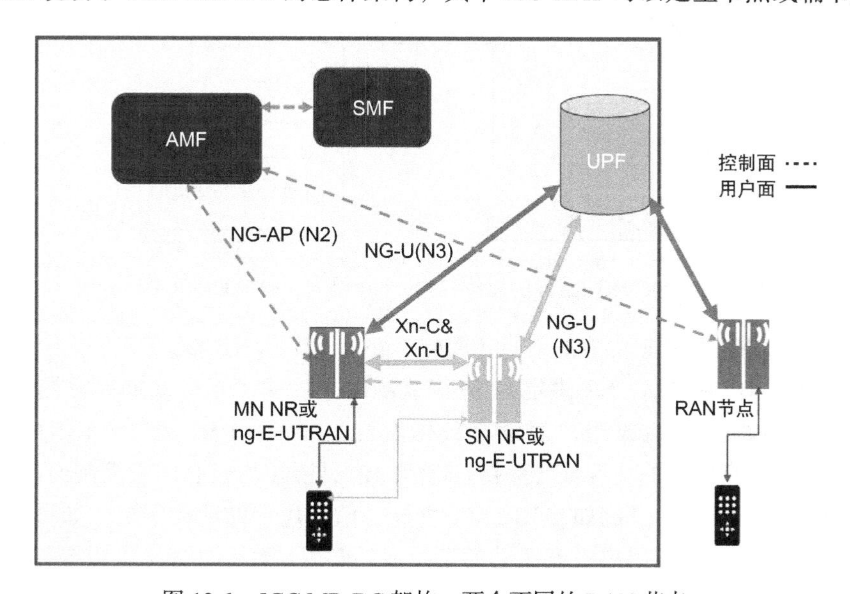

图 12.6　5GC MR-DC 架构，两个不同的 RAN 节点

另外，NR-DC 架构也可以用于将 UE 连接到两个 gNB-DU，其中一个为 MCG 服务，另一个为 SCG 服务，两个 gNB-DU 连接到同一个 gNB-CU，在这种情况下，gNB-CU 既作为主节点又作为辅节点，此特性是 NR-DC 独有的，源于 gNB 架构的控制面和用户面的功能，由 3GPP TS 38.401 定义。图 12.4 简单描述了 NR 架构中 CU 和 DU 的分离。图 12.7 给出了 3GPP TS 38.401 中定义的 NR 的总体架构，这个图示只是为 gNB-CU/gNB-DU 的配置提供参考。gNB 可以进一步分解为 gNB-CU-CP，多个 gNB CU-UP 和多个 gNB-DU 具有以下关联：

- 一个 gNB-DU 只能连接到一个 gNB-CU-CP。
- 一个 gNB-CU-UP 只能连接到一个 gNB-CU-CP。
- 一个 gNB-DU 可以连接到由同一个 gNB-CU-CP 控制的多个 gNB-CU-UP。
- 一个 gNB-CU-UP 可以连接到由同一个 gNB-CU-CP 控制的多个 gNB-DU。

这些实体的功能可以简要描述如下：

对于 NG-RAN，当 gNB 包含一个 gNB-CU 和一个或多个 gNB-DU 时，NG 和 Xn-C

接口终结在 gNB-CU 上。对于 EN-DC，当 gNB 包含一个 gNB-CU 和一个或多个 gNB-DU 时，S1-U 和 X2-C 接口终结在 gNB-CU 上。5GC 和其他 gNB 把 gNB-CU 和连接的一个或多个 gNB-DU 看作一个 gNB。

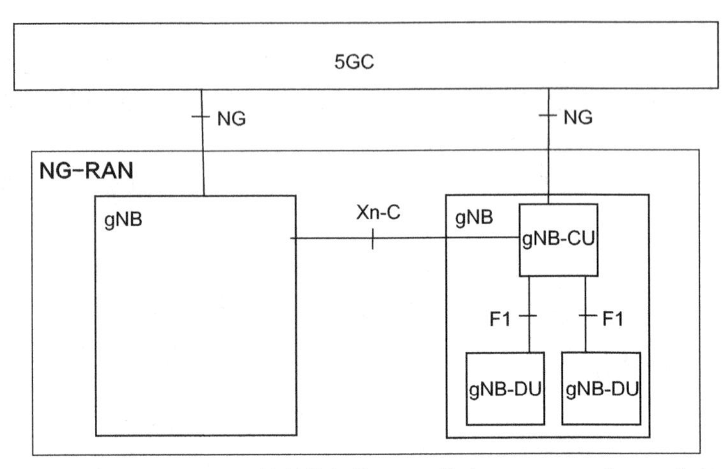

图 12.7 5GC NG-RAN 的总体架构，NR 接入，gNB CU 和 DU 分离

托管用户面 NR PDCP 功能的节点（例如，gNB-CU、gNB-CU-UP，以及针对 EN-DC 的 MeNB 或 SgNB（由承载分离决定））应该监测用户的活动情况。如果监测到用户有一段时间不活动（即控制面或用户面没有数据发送），则通过 E1 接口（5GS）或 X2 接口（EPS），将用户没有活动的情况或（重新）激活的情况通知与核心网有控制面连接的节点。托管 NR RLC 功能的节点（比如 gNB-DU）可能会监测用户的活动情况。如果监测到用户有一段时间不活动，则将用户没有活动的情况或（重新）激活的情况通知与核心网有控制面连接的节点（比如 gNB-CU 或 gNB-CU-CP）。在此对 gNB 内部架构的细节不做进一步讨论。

对于 5GC MR-DC，不管 QoS 流的数量是多少，如果使用 SCG 承载，每个 PDU 会话在 RAN 和 UPF 间会有两个 N3 隧道。对于 EPC MR-DC，两个 S1-U 隧道建立在 RAN 和 SGW 节点之间。

12.3 MR-DC：UE 和 RAN 的考虑

为了使 MR-DC 工作，为单一 UE 服务的两个 RAT 在连接态时要连到单个核心网。服务小区的配置方法如下：主小区组包含主节点服务的小区，辅小区组包含辅节点服务的小区。有三种承载类型：MCG 承载，SCG 承载和分离（Split）承载。从网络的角度来看，每个承载（MCG、SCG 或者 Split 承载）可以终结在 MN 或 SN 上。

配置了 SCG 后，将始终至少有一个 SCG 承载或一个 Split 承载。在 MR-DC 中，MCG 承载通常被定义为仅在 MCG 中的具有 RLC 承载的无线承载。对用户面而言：

- 对于 MCG 承载，SN 不参与在 Uu 上传输此类承载的用户面数据。
- 对于 Split 承载，PDCP 数据通过 X2-U/Xn-U 在 MN 和 SN 之间传输。SN 和 MN 参与在 Uu 上传输此承载类型的数据。
- 对于 SCG 承载，MN 不参与在 Uu 上传输此类承载的用户面数据。

核心网不感知 UE 和 RAN 间 DC 承载的映射。如果承载的添加需要向 CN 添加或修改 SN 用户面隧道，则需要调用 CN 流程来添加新的用户面隧道。但是，UE 和 CN 之间的所有控制信令（例如 NAS 信令）均通过 MN 自身来处理，并且 MN 只有到 CN 的控制面信令（例如，S1-AP 或 NG-AP 信令）。对于 Split 承载，如果涉及端接在 SN 的 SCG 承载和端接在 MN 的 MCG 承载，则 PDCP 数据通过 MN-SN 用户面接口在 MN 和 SN 之间传输，然后通过 MN 用户面接口传输到 CN。

图 12.8 解释了 3GPP TS 37.340 中定义的用户面协议如何在 UE 中工作。

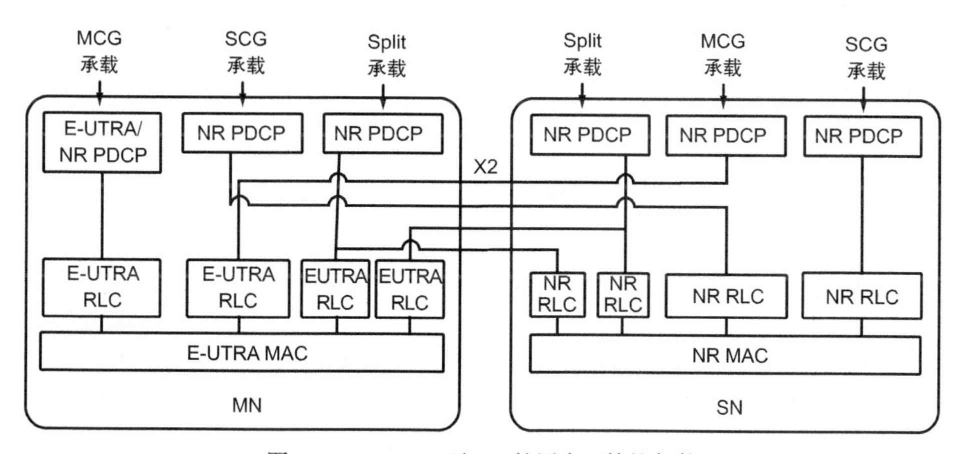

图 12.8 MR-DC 下 UE 的用户面协议架构

对控制面而言，UE 只有单个 RRC 状态，它基于 MN 的 RRC 以及 MN 和核心网间相应的单一控制面连接。每个 RAN 节点具有其自己的 RRC 实体：如果该节点是 eNB，那么 RRC 实体为 E-UTRA；如果该节点是 gNB，那么 RRC 实体为 NR。这些实体生成 RRC 层的协议数据单元（PDU）然后发送给 UE。图 12.9（参见 3GPP TS 37.340）说明了 UE 控制面连接协议结构。

由于 MN 具有到核心网络的控制面连接，所有和 UE 及核心网相关的功能（如移动性管理、会话管理、位置上报、接入限制、用户面管理）均由 MN 来处理。

支持 MR-DC 的 UE 使用不同的能力（例如，特定的无线相关信息），这些能力通过所谓的 UE 能力容器在系统中传送。在 UE 与 MN 以及在 UE 和 SN 之间建立适当的 DC 支持，需要这些能力信息集。这些能力容器包含一个与 MR-DC 相关的公共能力集，MN 和 SN 均可访问，但也有一些能力容器为某种无线接入技术（RAT）所特有，因此只和支持该无线接入技术的节点有关。这些不同的容器被称为 MR-DC 能力容器、E-UTRAN 能力容器和 NR 能力容器。

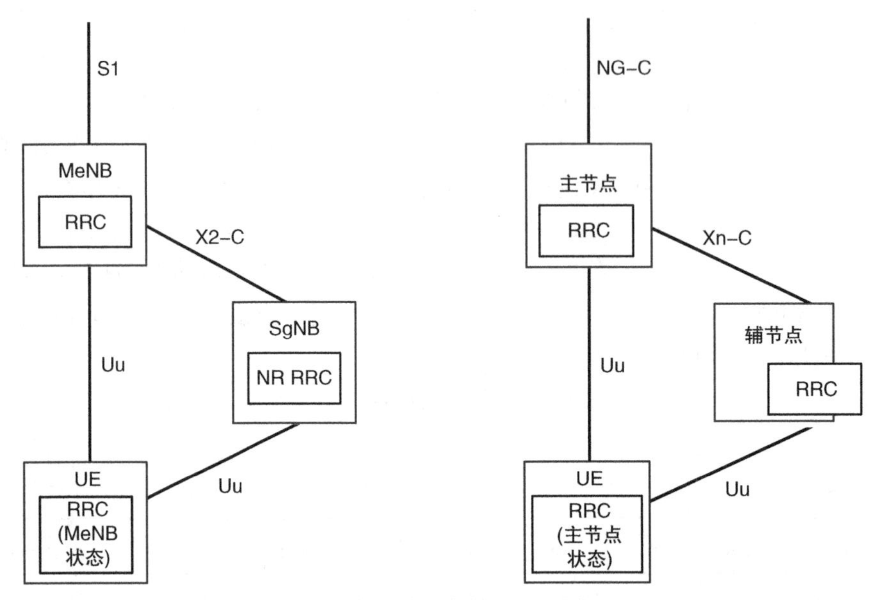

图 12.9 UE 的控制面协议架构，EPC 或 5GC MR-DC

12.4 MR-DC：签约、QoS 流、E-RAB 和 MR-DC 承载

为更好地了解 MR-DC 是如何工作的，我们需要了解无线网络和 UE 的一些细节，这里，我们给出了 MR-DC 功能所需的这类功能的一些基本示例，而没有详细介绍实际的无线系统本身。如 12.1 节所述，UE 必须能够同时连接到两个 RAT，并且必须能够同时在两个 RAT 上进行接收和发送，这就需要仔细配置两个启用 MR-DC 操作的小区之间的无线层 1（物理层）。另外，UE 必须能够根据 MN 通过专用 RRC 信令提供的信息来理解如何在 MR-DC 环境中工作，该信息包括诸如无线帧定时和 UE 初始配置需要的系统信息。在 RRC 层，例如，取决于 RRC 配置的原因，MN 自己，或者由 SN 提供的信息辅助下的 MN，或者 SN，都可以（重新）配置 UE 所需的参数。如果 MCG 和 SCG 重配置都需要组合的 MN/SN RRC 消息，那么 MN 负责 MN 和 SN 的协调，SN 的重配置封装在 MN 的 RRC 消息中，这样 UE 就有混合配置的信息，并可合并处理。

同样地，需要通过两个 MAC 实体对 UE 进行配置：一个用于 MCG 的 MAC 和一个用于 SCG 的 MAC。PDCP 层和 SDAP 层，如果适用，还需要遵守 MR-DC 的特定要求，例如，对于 NR-DC，UE 的每个 PDU 会话有单一的 SDAP 层，而在网络中，针对每一个 PDU 会话，MN 和 SN 都有自己的 SDAP 层，从而导致每个 PDU 会话有两个 SDAP 层。

MR-DC 配置特有的一些重要方面包括：承载的处理、QoS、SN 添加 / 修改 / 删除、MN 间切换（有或没有 SN）、MN 和 ng-eNB/eNB/gNB 间的改变，以及 SN 相关的用户数据用量上报。后面我们将非常简要地讨论其中的一些功能，但首先描述一下为了更好地利用 DC 而增加的核心网管理的功能。

从运营商的角度来看，MR-DC 通过对 SN 的支持，为改善在繁忙 / 拥塞区域的用户体验提供了机会。启用 MR-DC 功能，尤其是在 EN-DC 配置中（被称为有 5G 的 EPC），会有明显的性能提高，因此有机会增添新业务吸引潜在客户。考虑到这一点，管理和控制哪些用户接收这样的业务，以及对用户使用 SN 的情况的了解成为重要的差异化因素和要求。

签约数据中增加了针对特定 RAT 的移动性限制，这个限制与是否允许将 NR 用于 SN 有关，因此可以控制一个用户是否可以接收 DC 服务。对 EPS 用户而言，HSS 将这个新增的签约数据和其他的允许将 NR 作为 SN 使用的签约数据一起发送给 MME。基于签约数据和 UE 提供的支持 DC 的信息，MME 指示 MN（即 E-UTRAN）是否要激活 RAN 中的 MR-DC 功能。AMF（在 5GS 中）将从 UDM 得到的**移动性限制列表**（Mobility Restriction list）或 MME（在 EPS 中）将**切换限制列表**（Handover Restriction List）发送给 RAN，并表明 NR 是否可作为辅助的无线接入技术（RAT）使用。MME/AMF 也可能具有本地配置参数，以防止漫游用户使用 DC（即，将 NR 设置为辅助 RAT）。MN 有最终决定权，根据 MME/AMF 和 UE 提供的信息，决定是否启用 SN 和用什么承载类型（MCG、SCG 或 Split）。UE 根据小区广播信息里的 MR-DC 的 DC 支持情况，确定特定小区是否支持 DC。

MME 可以根据签约数据和 UE 是否有 MR-DC 的能力，选择支持 DC 的 SGW/PGW。在 MR-DC 的情况下，如果不允许 UE 使用 DC，MME 会明确指示给 UE。如果终端支持，最终用户连接到 EPS 时可以看到终端上显示 NR 的图标。

在 MR-DC 连接到 5GC 的情况下，对 MN 和 SN 使用的无线接入技术（RAT）没有限制。DC 功能从 3GPP Release 15 开始可用，因此系统不必显式通知 UE，DC 功能是否可用。

对于漫游用户，如果 VPLMN 中激活了 DC，那么辅节点 RAT 的用户数据用量上报要根据归属地运营商（HPLMN）和漫游地运营商（VPLMN）的漫游协议以及从 HPLMN 到 VPLMN 的指示而定。对于 EPC，SGW 把辅节点 RAT 的用户数据用量上报给 PGW；对于 5GC，V-SMF 把辅节点 RAT 的用户数据用量上报给 H-SMF。

对于连到 EPC 的 MR-DC，MN 决定如何分配无线承载以及对 SN 的承载分配，这意味着 MN 确定 PDCP 的位置以及无线资源将分配给哪个小区组。当 SN 上有 Split 承载时，SN 可以删除该特定 E-RAB 的任何 SCG 资源，以确保能保持 QoS。

在 MR-DC 的情况下，MN 也负责 QoS 的执行，采用和非 DC 下相同的 QoS 框架（参见第 9 章）。MN 负责利用有关信息指导 SN 管理 QoS 的操作。

为了能够将 PDU 会话映射到 MR-DC 中的不同承载类型，MN 可以请求核心网：

- 将整个 PDU 会话的用户面流量发送到 MN 或 SN。在这种情况下，这个 PDU 会话在 NG-RAN 上只有一个用户面隧道。

- 将 PDU 会话的一部分 QoS 流的用户面业务发送到 SN（或 MN），将余下的 QoS 流导向 MN（或 SN）。在这种情况下，这个 PDU 会话在 NG-RAN 上有两个用户面隧道。
- 无论设置的类型如何，在 PDU 会话存续期间，MN 可以请求更改此设置。对于 MR-DC，NG-RAN 可能发起从一个 RAN 节点到另一个 RAN 节点（即在 MN 和 SN 间）的 QoS 流的迁移。QoS 流的迁移发生在 UP 网关与 MN 和 SN 同时有 N3 隧道连接的情况下。QoS 流迁移时，SMF 和 UPF 的 N3 隧道信息没有变化。

在 MR-DC 连到 5GC 的情况下，MN 和 SN 可以支撑任何承载类型，因此使得承载类型的相应改变成为可能：

- 在 MCG 承载和 Split 承载间变化。
- 在 MCG 承载和 SCG 承载间变化。
- 在 SCG 承载和 Split 承载间变化。

在 MR-DC 连到 5GC 的情况下，图 12.10（摘自 3GPP TS 37.340）说明了这些承载在无线侧是如何定义的：

- MN 负责每个 PDU 会话的 SDAP 所在的位置：在 MN，还是在 SN，还是同时在 MN 和 SN 上（适用于 PDU 会话的 Split 承载）。
- 当 MN 本身托管 SDAP 功能时，它决定如何实现相关的 QoS 流，有一些用 MCG 承载，有一些用 SCG 承载，另一些可能用 Split 承载。
- 当 MN 指定该 SN 托管一个 SDAP 功能时，一些相关的 QoS 流可能会作为 SCG 承载实现，一些作为 MCG 承载，另一些作为 Split 承载。SN 根据 MN 给出的一个或多个 DRB ID 做相应的分配。如果可以保证相应 QoS 流的 QoS，SN 可能为各 QoS 流删除或添加 SCG 资源。
- 对于每个 PDU 会话（包括有 Split 承载的 PDU 会话），最多可以配置一个默认 DRB。

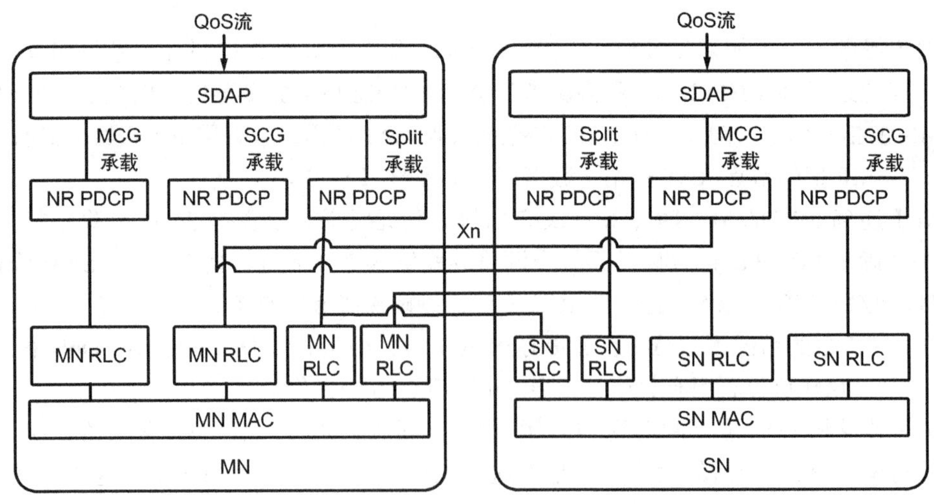

图 12.10　MR-DC（NE-DC 和 NR-DC）中的三种 DC 承载类型的用户面网络协议

12.5 移动性和会话管理中使用辅助 RAN 节点

本节介绍的流程包括：添加 SN、修改 SN、释放 SN、MN 和 MN 间的变化（有或没有 SN)、在 MN 和非 DC RAT 间的切换以及 MN 和 SN 间 QoS 流的迁移。从 CN 的角度来看，DC 的流程与第 15 章描述的非 DC 的路径切换（Path Switch）和切换（Handover）流程是一致的，但是触发条件是 MN 或 SN 触发的对当前 PDU 会话的修改。

作为例子，我们将描述几个流程，以帮助读者了解核心网是如何管理 SN 的。

添加 / 修改 SN 的流程如图 12.11 所示。

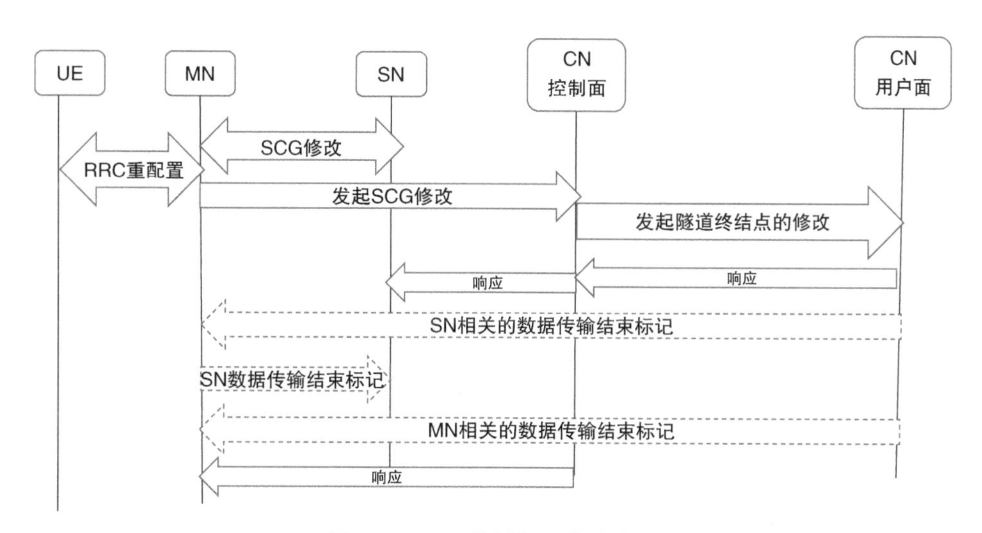

图 12.11 SN 的添加和修改流程

SN 的添加只能由 MN 发起，但是 SN 的修改流程可由 MN 也可由 SN 发起。所有 CN 的信令只能由 MN 来处理。如果核心网是 EPC，MN 发起 E-RAB 修改（E-RAB Modification）流程用于修改用户面；如果核心网是 5GC，MN 发起 PDU 会话修改（PDU Session Modification）流程。这个流程用于请求 SCG 无线资源的承载，用来给 SCG 添加至少第一个小区，也可以用于配置端接在 SN 的 MCG 承载（这种情况下不需要 SCG 的配置）。

在 5GS 中，每个 PDU 会话的 QoS 流在 MN 和 SN 间迁移的详细过程（针对每个 PDU 会话，这个过程会重复）如图 12.12 所示。图 12.12 显示的是 QoS 流从 MN 迁移到 SN 的流程，同样的流程也适用于从 SN 到 MN 的 QoS 流迁移。

图 12.12 中的这些步骤显示，SCG 承载上 QoS 流的迁移导致 MN 发消息给 CN（即 AMF）请求更新 QoS 流的隧道终结点。AMF 收到 MN 的消息后，请求适当的 SMF 去更新 SM 上下文，SMF 继而请求 UPF 为特定的 QoS 流更新 N3 隧道终结点。一旦 QoS 流在 UPF、MN 和 SN 间切换，UPF 确保向 RAN 节点上旧的路径发送结束标记（End Marker),

表示流程已完成。

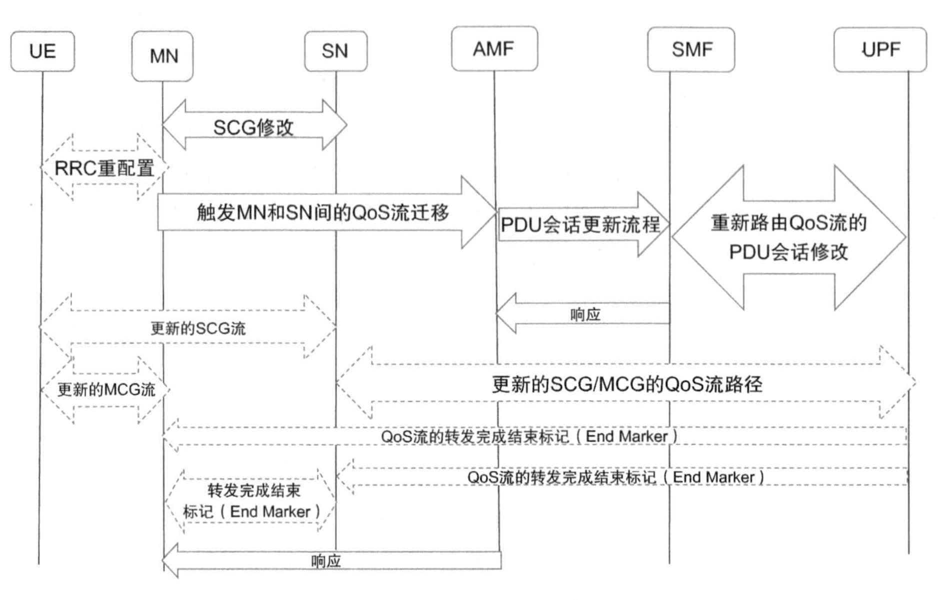

图 12.12　5GC MR-DC 下添加 SN

对于连接到 EPC 的 MR-DC，与 5GC 的 MR-DC 的流程类似，E-UTRAN 发起 E-RAB 修改（E-RAB Modification）流程，涉及 MN、MME 和 SGW，SGW 负责更新特定承载的 S1 隧道的终结点。

在这些流程结束后，对于用户面连接，SGW/UPF 连接到两个 RAN 节点。

如果 SN 选择发起的对 SN 配置的修改流程不需要任何 MN 的协调，那么该流程仅涉及 SN 和 UE。由于不涉及 MN，该流程在 CN 中也不可见。该流程可能用于例如安全密钥处理、PDCP 恢复等，如图 12.13 所示。

由于 SN 的变化，UE 可能需要执行随机接入（Random Access）流程来进行适当的同步，否则 UE 可能会根据新配置进行上行（UL）数据传输。

SN 释放流程可由 MN 或 SN 用来释放 SN 的 UE 上下文，该流程可由 MN 触发，或者由 SN 自身触发。并非所有的 SN 释放都需要向 UE 发送信令，比如由于某些无线故障引起的 SN 释放。SN 释放的简要过程如图 12.14 所示。

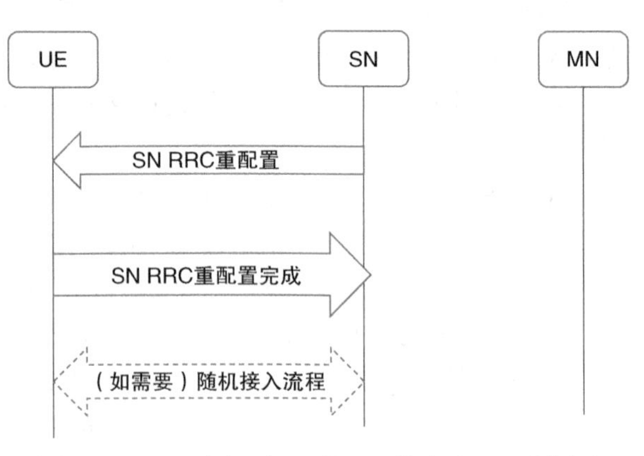

图 12.13　SN 发起到 UE 的 SN 修改（MN 不参与）

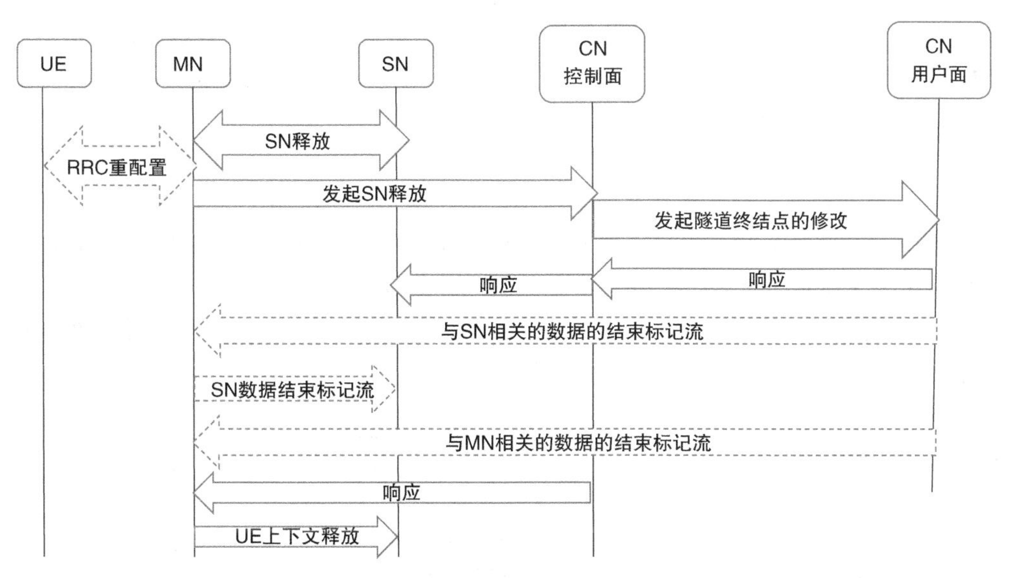

图 12.14 MN 或 SN 发起的 SN 的释放流程

当执行删除 SN 的流程时，根据需要触发 UE 以释放 SN 配置。流程结束时，MN 通知 SN，以便 SN 可以释放与该 UE 相关的所有信息。

对于 SN 的改变，MN 或者源 SN（当前正在服务的 SN）均可发起这个流程，如图 12.15 所示。SN 改变时，UE 上下文从源 SN 转移到目标 SN，UE 中的 SCG 配置从一个 SN 更改为另一个。SN 的改变流程始终需要涉及通过 MCG SRB 向 UE 发送的信令。

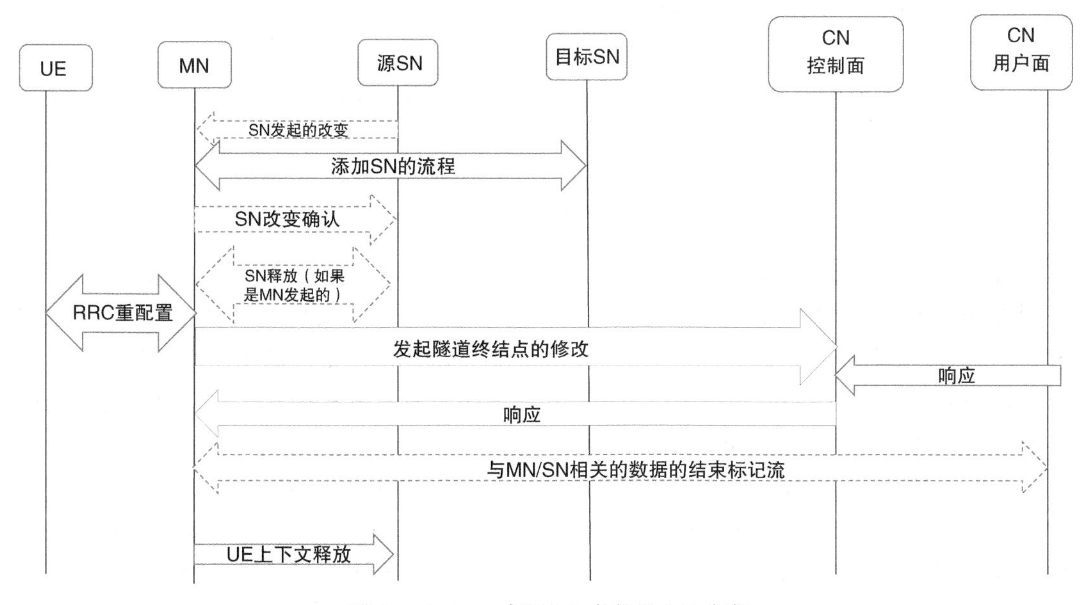

图 12.15 MN 或源 SN 发起的 SN 改变

这些步骤表明，SN 的改变流程可由 SN 或 MN 发起。如由 MN 发起，MN 负责触发源 SN 的释放流程以及 UE 重配置流程。在流程结束时，源 SN 中的 UE 上下文被释放。从 CN 的角度来看，SN 的改变和 SN 的添加 / 修改机制类似。

在进行 MN 间切换（有或没有 SN）的情况下，目前在 EN-DC 部署下，不支持不同 RAT 间的 MN 间切换，即不支持从 EN-DC 到 NR-NR DC 的切换。其他情况下，是源 MN 发起切换请求，而目标 MN 发起任何 SN 的改变和选择目标 SN。一个 MN 改变并伴有 SN 改变的例子如下所示，更多详细信息参见 3GPP TS 37.340。

MN 间切换并带有 SN 改变的流程如图 12.16 所示，这个流程和切换流程类似，除了有可能发生 SN 的改变之外。

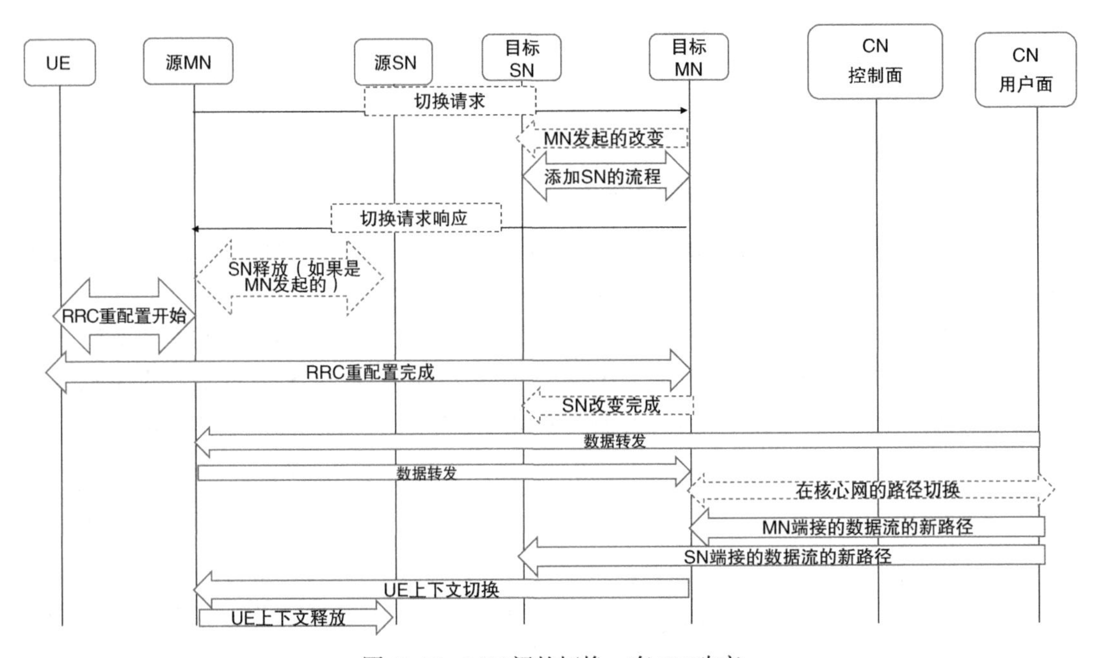

图 12.16　MN 间的切换，有 SN 改变

目标 MN 收到源 MN 的切换请求时，如果决定 SN 需要改变，目标 MN 选择目标 SN 并通知源 MN。源 MN 释放源 SN 并请求 UE 重新配置 RRC。CN 收到关于 MN（和 SN）改变的通知，即收到新的 RAN 隧道终结点。源 SN 和源 MN 中的 UE 上下文被释放。

在 MN 切换到 ng-eNB/gNB/eNB 的情况下，MN 发起到目标 RAN 节点的切换，并首先释放 SN，源 MN 然后继续进行正常的切换流程，即适用于 RAN 节点到 RAN 节点切换的流程。

在从 RAN 节点到 MN 节点的切换的情况下，目标 MN 首先选择 SN，然后响应 RAN 节点的切换请求，包括所有必要的信息源，以便使源 RAN 节点触发包括 SCG 信息的 RRC 重配置，因而 UE 可以连接到目标 MN 和 SN。目标 MN 继续向核心网侧完成切换过程，如第 15 章所述。

在MR-DC连接到EPC的情况下，如果E-RAB的承载类型从MN端接的承载变为SN端接的承载或从SN端接的承载变为MN端接的承载，这些E-RAB的用户数据可能需要转发。数据转发节点的行为类似于切换中的“源eNB”，而数据被转发到的节点的行为类似于切换中的“目标eNB”。

在MR-DC连接到5GC的情况下，只要托管PDCP实体的逻辑节点发生改变，就可能在NG-RAN节点之间执行用户数据转发。数据转发节点的行为类似于切换中的“源NG-RAN节点”，数据转发到的节点的行为类似于切换中的“目标NG-RAN节点”。

12.6 安全

出于安全性的考虑，只有在MN中激活安全机制后，才能配置MR-DC。以下安全参数需要在UE中为每种类型的MR-DC配置：

- 在EN-DC和NGEN-DC中，对于在MN中端接的承载，网络用K_{eNB}配置UE；对于在SN中端接的承载，网络用S-K_{gNB}配置UE。
- 在NE-DC中，对于在MN中端接的承载，网络用K_{gNB}配置UE；对于在SN中端接的承载，网络用S-K_{eNB}配置UE。
- 在NR-DC中，对于在MN中端接的承载，网络用K_{gNB}配置UE；对于在SN中端接的承载，网络用S-K_{gNB}配置UE。

有关5G安全性的详细信息，包括密钥层次的描述，请参见第8章。

12.7 上报用户使用辅助RAT的数据流量

为了使核心网和运营商能够收集用户使用辅助RAT的数据流量（即穿过SN的数据流量），MN可以请求SN对通过SN传输的用户数据进行计数，然后由MN将该信息报给CN。这个辅助RAT数据流量上报功能用来根据不同的MR-DC的选项向5GC或EPC报告辅助RAT的数据流量。如果配置了要上报，那么MN收集辅助RAT上产生的上下行数据流量并将其报告给CN。在5GS中，NR和E-UTRA作为辅助RAT的数据流量上报的配置可能会分别进行。辅助RAT数据流量上报还指示了辅助RAT的类型。

对于MR-DC，数据流量由托管PDCP功能的节点进行统计。

在MR-DC连接到5GC的情况下：

- 下行数据流量统计的是成功发送给UE的SDAP SDU的字节数。
- 上行数据流量是由托管PDCP的节点统计接收的SDAP SDU的字节数。

在MR-DC连接到EPC的情况下：

- 下行数据流量统计的是通过NR成功交付或发送给UE的PDCP SDU的字节数。
- 上行数据流量是由托管NR PDCP的节点统计接收的PDCP SDU的字节数。

当PDCP被重定位时，转发的数据包不予统计。当激活了PDCP复制时，数据包仅统计一次。这样可使得上报的数据流量尽可能精确，但它并不保证所有数据都已被成功送达。

RAN应该向CN上报辅助RAT用户数据流量的条件和以下事件有关：可能导致SN节点改变、释放和重配置的事件；可能导致会话状态更改（例如，承载或QoS流的释放）的事件；可能导致切换的事件（Xn/X2，N2/S1）；可能导致N2/S1连接释放的事件。

上报来自SN的辅助RAT的用户数据流量有两种机制：（1）将辅助RAT的数据流量包含在与正在进行的事件相关的消息中，这些事件无论如何都会导致向CN发送信令，也可能导致用户数据收集的重置/停止；（2）用专门的信令每隔一段时间进行上报。可以通过配置RAN提供两种机制。

辅助RAT的用户数据流量可以利用与现有事件相关的触发条件（例如，RAN的释放、PDU会话修改/释放、PDU会话用户面的选择性去激活）上报给CN。辅助RAT的用户数据流量从NG-RAN上报到AMF，再由AMF转送到SMF，并且可能利用现有的计费触发事件报告给计费系统。这个数据可以为运营商提供足够准确的辅助RAT的用户数据用量。在Xn/X2切换和S1/N2切换期间，源RAN节点将数据流量上报给CN。报告的数据流量剔除了转发到目标RAN节点的数据。

RAN还可以被配置为以预定间隔上报用户数据流量，然后MN根据在MN中配置的时间间隔周期性地向CN报告，因此，如果需要周期性地上报，则可在MN中配置上报的间隔时间，注意上报不能太频繁，以免在核心网侧引起过多的信令。这是因为在某些移动条件下，SN可能会频繁地改变，因此需要关闭数据用量的收集并开始新的报告。这种情况下，没有现存的信令（例如，承载释放、PDU会话释放等）可用，需要专门的信令来上报由RAN累积的用户数据量，如图12.17所示。

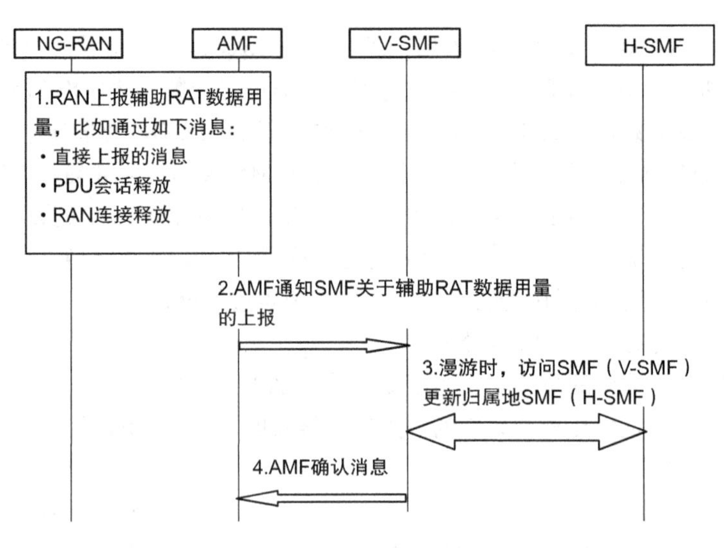

图12.17　用户数据流量上报

为了获得一致的用户数据流量上报，PLMN 运营商需要确保将所有 RAN 节点配置为向 CN 报告数据。

在漫游情况下，如果访问网络运营商（VPLMN）和归属网络运营商（HPLMN）有上报辅助 RAT 的数据流量的漫游协议，那么 VPLMN 的 SGW 会向 HPLMN 的 PGW 报告。根据本地运营商的配置，辅助 RAT 的数据流量会上报给 VPLMN 和 HPLMN 的计费系统。需要强调的是，辅助 RAT 数据流量上报不应引起过多的到核心网的信令，因此，在可能的情况下，应务必使用现有流程进行上报。

对于 5GC，如果 VPLMN 运营商同意为漫游用户上报辅助 RAT 的数据流量，那么 VPLMN 中的 V-SMF 会将辅助 RAT 的数据流量发送给 HPLMN 中的 H-SMF。根据本地运营商的配置，在 VPLMN 和 HPLMN 中均向计费系统报告。

在某些条件下，上报的辅助 RAT 数据可以给运营商提供足够的信息来估计辅助 RAT 的使用情况，以向他们的用户提供额外的价值，基于此，辅助 RAT 的用量信息需要上报给计费系统。当 MR-DC 连接到 5GC 时，RAN 按每个 QoS 流定期向 5GC 上报上行和下行的辅助 RAT 数据流量，而当 MR-DC 连接到 EPC 时，RAN 按每个承载定期上报。

总结一下，DC 的用户数据流量上报是 CN 对于 DC 支持增加的主要功能，RAN 利用现有的流程，在 RAN 的释放、SN 的改变 / 释放和 PDU 会话用户面的去激活时，将辅助 RAT 数据流量上报给 CN。运营商可能希望将辅助 RAT 数据流量的定期上报和基于流量的部分收费明细记录（partial charging record generation）的产生对应起来，在这种情况下，如果 RAN 节点配置了定期上报，那么 RAN 节点通过专用的流程将用户数据流量上报给核心网（例如 MME 或 AMF），然后将该信息进一步发送给 EPC 中的 SGW 和 PGW 以及 5GC 中的 SMF。辅助 RAT 的用户数据流量可帮助运营商直接确定终端用户是在使用 DC 功能，尤其是当终端用户在 EPS 网络中时，这标志着用户在使用 NR（也就是说 5G）无线接入技术。

第 13 章

网络功能和服务

本章更详细地描述不同的网络功能、参考点和为 5GC 制定的服务。在具体描述之前，重述一下前几章介绍的网络功能、服务和基于服务的接口这些概念可能会有所帮助。

随着云技术和基于服务的接口的采用，3GPP 在按照逻辑架构所描述的方式进行演进。EPS 中的节点或逻辑实体（比如 MME），现在被称为网络功能（比如 AMF）。术语的改变表明网络功能通常是在云平台上运行的一组软件，而不是和专用硬件集成在一起的产品。

5G 核心网络功能支持或托管一组服务，每个网络功能为网络中的其他网络功能提供一项或多项服务，通过 SBA（即基于服务的体系结构）的基于服务的接口使用这些服务。这也实际上意味着可通过 API 访问特定网络功能提供的服务。

具有处理信令的逻辑和功能的网络功能开放它所提供服务，为其他网络功能所用。两个网络功能之间的每次交互中，一个充当“服务使用者”，另一个充当“服务提供者”。

13.1　5G 核心网网络功能

13.1.1　AMF——接入和移动性管理功能

AMF 通过 N2 接口与接入网交互、通过 N1 接口与 UE 交互以及通过基于服务的接口与所有其他网络功能交互。AMF 支持与 UE 间建立加密的信令连接，从而允许 UE 进行注册、鉴权并在不同的无线小区之间移动。AMF 还支持在空闲模式下寻呼终端设备。

当 UE 通过一个接入网（例如 NG-RAN）连接时，只有一个 AMF 通过 N1 接口处理与 UE 的所有信令交互。

AMF 负责传递 UE 和 SMF 网络功能间的所有与会话管理相关的信令消息，负责传递 UE 和 SMSF 间的 SMS 消息，以及负责传递 UE 与 LMF 之间、RAN 与 LMF 之间的位置服务消息。此外，AMF 还负责传递 PCF 和 UE 之间的 UE 策略消息。

AMF 通过和 AUSF 和 UDM 的合作对 UE 进行鉴权和授权。成功通过鉴权后，AMF 获取完整性保护的密钥集，不同的密钥集用于不同的接口、信令和用户面：

- UE 和 AMF 间的 N1 NAS 信令。
- UE 和 NG-RAN 间的 N2 RRC 信令。
- UE 和 eNB 间的用户面数据。

13.1.2　SMF——会话管理功能

5G 系统的会话管理功能负责建立 UE 与数据网络之间的连接，并管理该连接的用户面。SMF 是管理用户会话的控制功能，包括会话的建立、修改和释放。SMF 可以为 IP 类型的 PDU 分配 IP 地址。SMF 通过 AMF 与 UE 间接地通信，AMF 负责传递 UE 和 SMF 间与会话相关的消息。

与 EPS 相比，5GS 的会话管理增加了灵活性，例如，增加了新的终端用户协议类型，增加了新的处理业务和会话连续性的模式，用户面的处理也变得更加灵活。

SMF 通过基于服务的接口与其他网络功能交互，通过 N4 接口选择并控制不同的 UPF 网络功能。

SMF 与 PCF 网络功能进行交互，以获取 SMF 为 PDU 会话配置 UPF 的策略，包括在 UPF 中配置 PDU 会话的业务流引导策略。

SMF 还负责收集计费数据，并控制 UPF 中的计费功能。SMF 支持离线和在线计费。

13.1.3　UPF——用户面功能

UPF 在 SMF 的控制下处理并转发用户数据。UPF 与外部 IP 网络互连，并作为 UE 面向外部网络的锚点，因而 UE 的移动性在外部网络不可见，这也意味着根据 UE PDU 会话的 IP 地址，可将从外部网络发送的数据路由到为该 UE 和 PDU 会话服务的 UPF。

UPF 对转发的数据执行各种类型的处理：生成计费数据记录和流量报告、进行“包检测”、分析用户数据包的内容以用作策略决策的输入或用作流量报告的基础。

UPF 支持不同的网络接口、执行用户策略，例如对用户面数据流的门控、业务重定向或限定不同的数据速率。

当终端设备处于空闲状态时，从网络侧无法立即访问到终端，这时向该终端设备发送的任何数据都将由 UPF 缓冲，并触发对终端设备的寻呼，以迫使终端设备返回连接状态并接收发给它的数据。

5GC 的 UPF 可以串联部署，例如，一个 UPF 分布在网络边缘，一个 UPF 位于更中央的网络站点中，然后由网络规则控制分布式 UPF 的流量转发。通过对来自 UE 的数据包（上行数据包）的分类，确定应将数据发送到本地分布式 IP 网络上还是发送到更中央的 UPF。

UPF还可以给发送给无线网络或发送给外部网络的应用数据包打上服务质量（QoS）标记。在网络拥塞的情况下，传输网处理每个数据包时可根据QoS标记使用合适的优先级。

13.1.4 NRF——网络仓库功能

NRF是网络功能配置文件的存储库，在网络中可用。NRF的目的是允许服务使用者（例如一个NF）发现并选择合适的服务提供者（即NF和NF服务），无须事先配置。

当部署了新的网络功能实例或者网络功能实例发生了变化（比如由于网络的扩容或缩容）时，NRF内的配置文件会更新。NRF配置文件的更新可由网络功能本身或代表网络功能的另一实体进行。NRF和NF间有一个保活的机制用于维护存储库，如果发现有的NF已经失去联系或处于休眠状态，那么NRF可以删除这些NF的配置文件。

NRF中的NF配置文件包含诸如NF类型、地址、容量、支持的NF服务以及每个NF服务实例的地址之类的信息。这些信息在发现NF或发现NF服务的过程中提供给NF服务的使用者，给服务使用者提供足够的信息来使用所选的NF和NF服务。

NRF配置文件还包含授权信息，NRF只把配置文件发给那些可以发现特定网络功能或服务的使用者。

13.1.5 UDM——统一的数据管理功能

UDM是存储在UDR中的用户签约数据的前端功能。

UDM使用可能存储在UDR中的签约数据来执行一些应用逻辑，比如接入授权、注册管理，以及网络向UE发送的事件（例如短信）是否可达。

当UE注册到系统时，UDM会对当前的无线接入授权，检查支持的功能、禁止的业务和由于漫游等造成的限制等。

UDM生成AUSF用于验证UE的鉴权凭证。UDM还负责永久身份标识保密的管理，其他实体可以通过UDM来将隐藏的永久身份标识（SUCI）解析为真实永久身份标识（SUPI）。

同一用户在不同的业务交互中可以使用不同的UDM实例。

UDM保留着给UE提供服务的AMF实例的信息，也保留着给UE提供PDU会话管理的一个或多个SMF的信息。

13.1.6 UDR——统一的数据仓库

UDR是存储各种类型数据的数据库。重要的数据当然是签约数据以及定义各种网络类型或用户策略的数据。对UDR存储的数据的访问，作为UDR的服务提供给其他网络功能，特别是UDM、PCF和NEF。

13.1.7 UDSF——非结构化数据存储功能

UDSF是一项可选功能，它允许其他NF在NF自身之外存储动态的上下文数据，这种功能有时被称为“无状态”实现。

非结构化数据是指没有在3GPP规范中定义结构的数据。使用UDSF的供应商可以采用自定义的数据结构并将这样的数据存储到UDSF中，并不希望其他供应商的NF可以读取和理解存储的数据。

13.1.8 AUSF——鉴权服务器功能

AUSF提供三种服务，并且位于签约用户的归属网络中。根据从UE接收的信息以及从UDM获取的信息，AUSF负责归属网络对UE的鉴权。AUSF提供安全参数以保护漫游导引信息，还提供安全参数以保护UE Update（UE更新）流程中的信息。

13.1.9 5G-EIR——5G设备身份注册

5G-EIR是一个网络功能，可以检查永久设备标识（ID）（实际硬件设备的ID）是否已被列入黑名单。运营商可以使用这个功能来阻止某些设备接入网络，比如被盗和列入黑名单的设备。

13.1.10 PCF——策略控制功能

PCF为多种功能提供策略控制：与会话管理相关的功能、与接入和移动性相关的功能、与UE接入选择和PDU会话选择相关的功能。PCF还支持针对未来背景数据传输策略的协商。

针对与会话管理相关的策略控制，PCF与应用功能（AF）和SMF进行交互，提供PDU会话相关的策略、PDU会话的事件上报、数据流的授权QoS和计费控制。

PCF与AMF交互，进行接入和移动性策略控制，包括服务区域限制的管理和RFSP（频率选择优先级）的管理。RFSP是NG-RAN用来区别对待不同UE的参数。

PCF还（通过AMF）向UE提供策略信息，这些策略信息包括非3GPP的网络发现和选择、会话连续性模式选择、网络切片选择以及数据网络名称选择等。

13.1.11 NSSF——网络切片选择功能

NSSF为UE选择（一组）网络切片实例以及选择应该为UE服务的AMF集。AMF可能专用于一个或一组网络切片，NSSF如果知道网络中所有切片信息，可以协助AMF进行跨切片的网络切片选择。

13.1.12 NEF——网络开放功能

NEF的作用类似于EPS中的SCEF，并支持将5G系统的事件和能力开放给运营商网络内外的应用和网络功能。

NEF可以支持监控5G系统中的特定事件，这些事件可用于授权的应用和网络功能，比如，3GPP Release 15中提供的事件有UE的位置、UE的可达性、UE的漫游状态和UE连接丢失。

NEF还可以支持提供可预见的UE行为信息，该信息可以进一步用在例如AMF中来调整系统和UE的行为。

另外，NEF还支持由外部应用来管理特定的QoS和计费。授权的应用可以通过NEF来请求会话的特定QoS/优先级处理，以及设置适用的计费方或费率。

单个NEF可能支持一部分功能。网络中可能存在具有不同功能的多个NEF。

13.1.13 NWDAF——网络数据分析功能

NWDAF可以收集数据，执行分析并将分析结果提供给其他网络功能。网络功能可以根据NWDAF报告的结果调整其行为。在3GPP Release 15中，NWDAF的功能很有限，仅提供网络切片数据分析（网络切片负载的信息）。PCF和NSSF可以使用来自NWDAF的网络分析，例如，NSSF可以使用网络切片的负载信息进行切片选择。

13.1.14 SEPP——安全边缘保护代理

SEPP是一种非透明代理，用于保护漫游场景下运营商之间的信令。SEPP位于服务提供者和服务使用者之间，对其他运营商隐藏网络拓扑，支持消息过滤和管制。

13.1.15 N3IWF——非3GPP互通功能

非3GPP互通功能（N3IWF）将非3GPP接入（例如WiFi和固定接入）集成到5G核心网。N3IWF在NWu上终结UE间使用的IKEv2和IPsec协议，并将对用户设备进行鉴权和授权接入所需的信息通过N2接口传递给5GC。N3IWF分别通过用于控制面的N2接口和用于用户面的N3接口与5GC连接。

13.1.16 AF——应用功能

AF是3GPP用来表示某个应用功能的，AF可以是运营商网络内部的，也可以是外部的，它与3GPP核心网进行交互。这些应用功能可能会影响5G核心网的某些方面，例如边缘计算应用可能会影响用户数据的路由，有些应用可能会通过网络开放功能与PCF的交互来影响QoS和计费。

运营商认为可信的应用可直接与相关网络功能进行交互，其他应用可以通过NEF的能力开放框架与相关的网络功能进行交互。

13.1.17 SMSF——短消息服务功能

SMSF 通过 AMF 在 UE 和 5G 核心网之间传送 SMS。SMSF 负责签约检查，并终结用于与 UE 通信的 SMS 协议（SM-RP/SM-CP）。AMF 提供与 UE 通信的 NAS 连接，作为对 SMSF 提供的服务，传送 SM-RP/SM-CP 消息。

13.1.18 LMF——位置管理功能

LMF 提供确定 UE 位置的功能。LMF 可以获取从 UE 估计的位置，并且可以从 NG-RAN 获取位置测量和其他数据。基于获得的数据，LMF 检查签约和隐私信息，确定 UE 的位置并将其提供给其他 NF。LMF 通过 AMF 提供的 N1 连接与 UE 进行通信，通过 AMF 提供的 N2 连接与 NG-RAN 进行通信。

13.2 服务和服务操作

5G 核心网络功能为 5G 核心网的其他网络功能提供各种能力，这种能力被称为 NF 服务，可以通过基于服务的接口（即 Restful API）进行访问。3GPP 规范的重点是定义服务提供者的行为，并为服务使用者留出空间，以在相关的情况下尽可能重用服务。图 13.1 是 5GC 服务的简化图示。

更多关于 NF 提供的服务的详细信息可以在 3GPP TS 23.502、3GPP TS 23.503 和 3GPP TS 33.501 中找到。

13.2.1 AMF 提供的服务

AMF 提供四个服务：Namf_Communication、Namf_EventExposure、Namf_MT 和 Namf_Location，如图 13.2 所示。

Namf_Communication 服务是 AMF 的主要服务，具有多个服务操作。例如，Namf_Communication 服务使其他 NF（例如 SMF 和 PCF）能够通过 AMF 与 UE 和 NG-RAN 通信，允许新的 AMF 在 UE 移动时获取 UE 上下文，允许订阅状态的更改，还允许 SMF 向 AMF 请求 EPS 承载标识。

Namf_MT 服务允许其他 NF 确保 UE 可达。Namf_Location 允许其他 NF 请求 UE 的位置信息。Namf_EventExposure 允许其他 NF 订阅 AMF 中与移动性相关的事件和统计信息的通知。

13.2.1.1 Namf_Communication 服务

Namf_Communication（AMF 通信）服务使一个 NF 能够与 UE、NG-RAN 和其他接入网进行通信，与 UE 的通信通过 N1 NAS 消息。

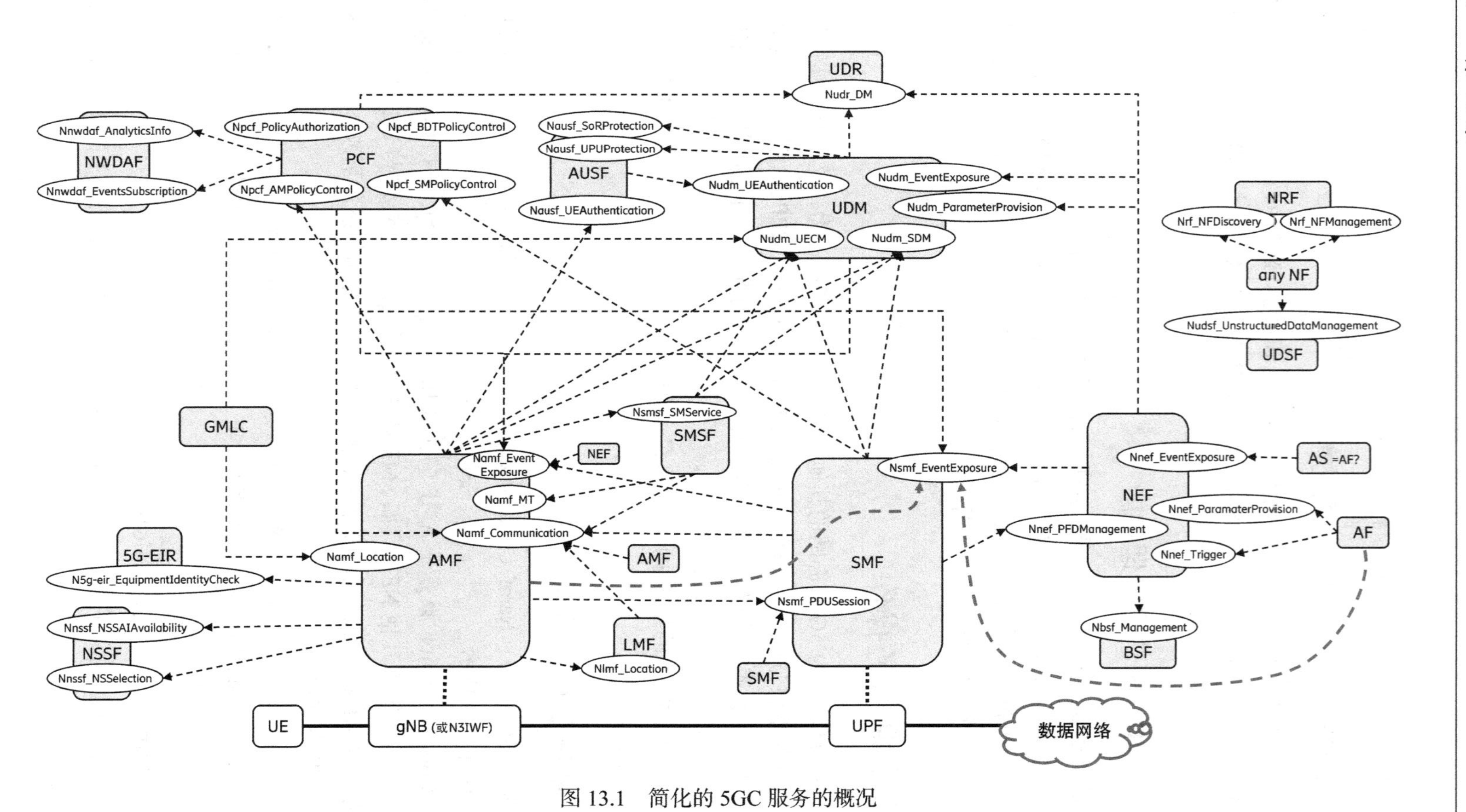

图 13.1　简化的 5GC 服务的概况

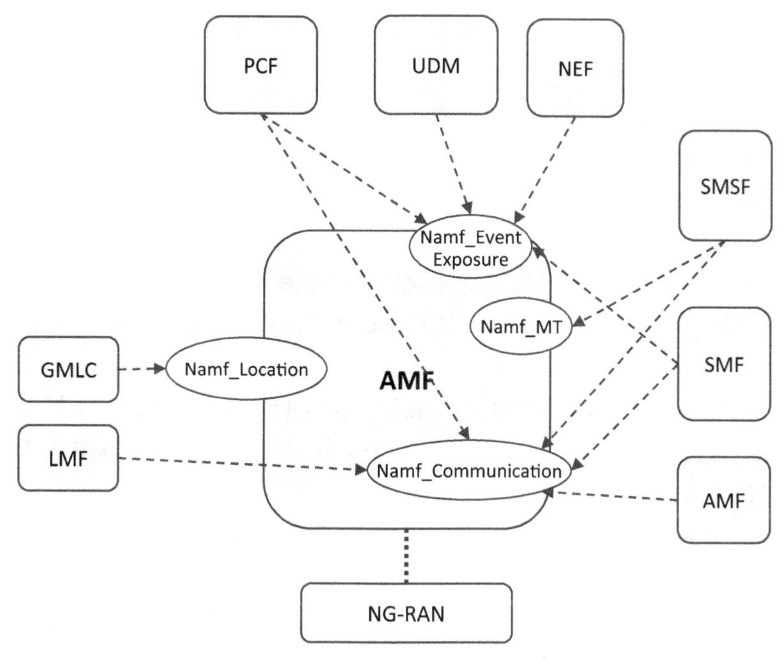

图 13.2　AMF 提供的服务

Namf_Communication_UEContextTransfer（转移 UE 上下文）服务操作

AMF 使用 Namf_Communication_UEContextTransfer 请求从另一个 AMF 获取 UE 上下文，例如，当 UE 在另一个 AMF 中注册时使用。新 AMF 可以使用这个服务操作将它从 UE 接收的完整性保护消息传递到旧 AMF，旧 AMF 使用完整性保护来验证新 AMF 从 UE 收到的消息是否已使用旧 AMF 的证书。如果验证成功，则 AMF 在 Namf_Communication_UEContextTransfer 响应中向新 AMF 提供 UE 上下文。

Namf_Communication_RegistrationCompleteNotify（通知注册完成）服务操作

Namf_Communication_RegistrationCompleteNotify 服务操作由新的 AMF 通知旧的 AMF，UE 上下文传输成功并且 UE 已成功注册到新的 AMF。旧的 AMF 将 UE 上下文标记为不活动。

新的 AMF 发送 Namf_Communication_RegistrationCompleteNotify 到旧的 AMF，通知旧 AMF 是否使用了 UE 上下文中的 AM 策略关联信息，即新的 AMF 可以选择其他 PCF，创建一个新的 AM 策略关联（AM Policy Association）。

Namf_Communication_N1MessageSubscribe（订阅 N1 消息）服务操作

NF（比如 SMSF）发送 Namf_Communication_N1MessageSubscribe 到 AMF 以订阅通知，以便 AMF 在从 UE 获知特定的 N1 消息类型时通知 NF。

当 NF 订阅 Namf_Communication_N1MessageSubscribe 服务操作时，AMF 会检查 NF 是否允许订阅所请求的 N1 消息类型，如果允许，AMF 会创建 NF 的绑定，以便后续通过 Namf_Communication_N1MessageNotify 服务操作发送请求类型的上行 N1 NAS 消息。

Namf_Communication_N1MessageNotify（通知 N1 消息）服务操作

Namf_Communication_N1MessageNotify 服务操作用于发送从 UE 到 NF 的上行 N1 NAS 消息。接收方 NF 已明确订阅过要接收的 N1 NAS 消息类型或从 NF 类型可以知道 NF 会使用接收到的消息类型。

Namf_Communication_N1MessageUnSubscribe（取消 N1 消息订阅）服务操作

要停止从 AMF 接收通知，NF 可以使用 Namf_Communication_N1MessageUnSubscribe 服务操作。

Namf_Communication_N1N2MessageTransfer（转发 N1N2 消息）服务操作

NF 可使用 Namf_Communication_N1N2MessageTransfer 通过 AMF 向 UE 发送下行 N1 消息或向 NG-RAN 发送 N2 消息。

如果没有活动的 N1 或 N2 连接（即 UE 处于 CM-IDLE 状态），则 AMF 需要调用网络触发的服务请求过程来寻呼 UE，并且重新建立 N1 和 N2 连接。

如果有 N1 和 N2 连接可用，则 AMF 根据请求将消息发送给 UE 或 NG-RAN，并给请求的 NF 发送 Namf_Communication_N1N2MessageTransfer 响应，并指示是否将 N1 或 N2 消息成功发送给 UE 或 NG-RAN。请注意，这意味着 AMF 已将消息发出，但不能保证 UE 或 NG-RAN 成功接收到。

通过在 Namf_Communication_N1N2MessageTransfer 服务操作中包含 N1N2 传送失败（N1N2TransferFailure）通知目标地址，意味着请求的 NF 隐式订阅了任何失败的通知。当 AMF 检测到 UE 无法响应寻呼，AMF 调用 Namf_Communication_N1N2TransferFailureNotification。

Namf_Communication_N1N2TransferFailureNotification（通知 N1N2 消息转送失败）服务操作

AMF 使用 Namf_Communication_N1N2TransferFailureNotification 服务操作来通知 NF（先前已启动 Namf_Communication_N1N2MessageTransfer 服务操作），因为 UE 无法响应寻呼，因此 AMF 无法将 N1 消息传递给 UE。

Namf_Communication_N2InfoSubscribe（订阅 N2 信息）服务操作

NF 可以使用 Namf_Communication_N2InfoSubscribe 服务操作从 NG-RAN 订阅特定类型 N2 消息。AMF 为请求的 NF 和请求的 N2 消息类型创建绑定关系。

Namf_Communication_N2InfoUnSubscribe（取消 N2 信息订阅）服务操作

NF 可以使用 Namf_Communication_N2InfoUnSubscribe 服务操作从 NG-RAN 取消订阅 N2 消息。AMF 删除请求的 NF 和请求的 N2 消息类型之间的绑定关系。

Namf_Communication_N2InfoNotify（通知 N2 信息）服务操作

AMF 使用 Namf_Communication_N2InfoNotify 服务操作将 N2 消息信息发送到已

订阅特定 N2 消息的 NF。这个服务操作还用于将 N2 消息重定向到当前为 UE 服务的新 AMF。

Namf_Communication_CreateUEContext（创建 UE 上下文）服务操作

切换过程中，源 AMF 使用 Namf_Communication_CreateUEContext 服务操作在目标 AMF 中创建 UE 上下文。UE 上下文从源 AMF 传输到目标 AMF 的信息包括新 AMF 所需的关键参数，例如 5G-GUTI、SUPI、DRX 参数、AM 策略信息、PCF ID、UE 网络能力、N1 安全上下文信息、其他作为使用者的 NF 的事件订阅，以及 SM PDU 会话 ID 的列表和处理 PDU 会话的 SMF。

Namf_Communication_ReleaseUEContext（释放 UE 上下文）服务操作

在切换失败和切换取消的情况下，源 AMF 使用 Namf_Communication_ReleaseUEContext 服务操作在目标 AMF 中释放 UE 上下文。

Namf_Communication_EBIAssignment（分配 EPS 承载标识）服务操作

SMF 可以使用 Namf_Communication_EBIAssignment 服务操作来请求和释放 EPS 承载 ID（EBI）。在 5GS 中不需要 EBI，但是在执行从 5GS 到 EPS 的系统间切换时，需要 EBI 来保留承载。由于 EPS 支持的承载数量有限，因此 AMF 会协调分配，因为每个 UE 的多个 PDU 会话可能会建立在不同的 SMF 中。

当 SMF 确定 PDU 会话的 EPS QoS 映射需要一个或多个 EPS 承载 ID 时，SMF 会调用 Namf_Communication_EBIAssignment 服务操作。AMF 使用 QoS 参数和 S-NSSAI 对 EBI 请求进行优先级排序。

如果 SMF 确定不需要某些 EBI，则作为使用者的 SMF 在“释放 EBI 列表”中指示可以释放的 EBI。

Namf_Communication_AMFStatusChangeSubscribe（订阅 AMF 状态变化）服务操作

对等的 NF 使用 Namf_Communication_AMFStatusChangeSubscribe 服务操作来订阅 AMF 状态的更新，例如，如果 AMF 变得不可用或不再服务于所指示的 GUAMI。对等 NF（SMF、UDM、PCF）可以使用此服务来检测 GUAMI 是否由其他 AMF 服务。

Namf_Communication_AMFStatusChangeUnSubscribe（取消 AMF 状态变化订阅）服务操作

NF 使用 Namf_Communication_AMFStatusChangeUnSubscribe 服务操作取消订阅 AMF 状态更改的通知。

Namf_Communication_AMFStatusChangeNotify（通知 AMF 状态变化）服务操作

Namf_Communication_AMFStatusChangeNotify 服务操作用于 NF，通知 AMF 状态的更改（例如，AMF 不可用），这些 NF 先前使用 Namf_Communication_AMFStatusChangeSubscribe 服务向 AMF 订阅过该事件。

通知消息包括受状态更改影响的 GUAMI，并且还可能包括可以为 GUAMI 服务的替代 AMF。

13.2.1.2 Namf_EventExposure 服务

NF 通过 Namf_EventExposure（AMF 事件开放）服务订阅 AMF 的事件并得到通知。Namf_EventExposure 服务包括三个服务操作：Namf_EventExposure_Subscribe, Namf_EventExposure_UnSubscribe 和 Namf_EventExposure_Notify。

AMF 可以提供的与 UE 相关的事件有：

- 位置变化
- 时区变化
- 接入类型变化
- 注册状态变化
- 连接状态变化
- UE 连接丢失
- UE 可达性状态变化

请求 NF 可以使用事件过滤器来缩小感兴趣的特定事件的范围，例如，如果发出请求的 NF 有兴趣知道 UE 何时进出特定跟踪区域，则它可以订阅位置事件，并为跟踪区域参数和特定跟踪区域 ID 值指定事件过滤器。

Namf_EventExposure_Subscribe（订阅 AMF 开放的事件）服务操作

发出请求的 NF 可以使用 Namf_EventExposure_Subscribe 服务操作来订阅或修改 AMF 的事件报告，可以针对一个 UE、一组 UE 或所有 UE。

发出请求的 NF 提供目标 UE、事件 ID 和关联的事件过滤器，此外还提供一个通知关联 ID（Notification Correlation ID）。目标 UE 可以通过以下方式来识别：SUPI、内部组 ID 或一个表明 AMF 应为所有的 UE 报告的指示。

当 AMF 接受订阅后，会在响应消息里提供一个“订阅关联 ID”（Subscription Correlation ID），用于管理或删除订阅的事件，还可能提供一个订阅的到期时间，一旦到期，AMF 将停止报告。如果 AMF 有初始事件，那么也可能包括。

如果发出请求的 NF 是代表另一个 NF 进行订阅的，那么请求的 NF 包含的每个事件的通知目标地址和关联信息应直接通知另一个 NF 的 ID。

如果发出请求的 NF 需要修改先前已创建的订阅，则它会使用“订阅关联 ID”调用 Namf_EventExposure_Subscribe 服务操作，并向 AMF 提供带有订阅事件 ID 的更新的事件过滤器。

Namf_EventExposure_UnSubscribe（取消订阅 AMF 开放的事件）服务操作

NF 可以使用 Namf_EventExposure_UnSubscribe 服务操作，要求停止报告先前订阅的事件。AMF 根据订阅事件报告时收到的订阅关联 ID，确定要停止报告的特定的事件。

Namf_EventExposure_Notify（通知 AMF 开放的事件）服务操作

当 AMF 检测到与订阅相对应的事件时，调用 Namf_EventExposure_Notify 服务操作，通知每个与订阅事件和事件过滤器相匹配的 NF。AMF 包括以下信息：AMF ID、通知关联信息、事件 ID、相应的 UE（SUPI 或 GPSI（如果有））和时间戳。通知目标地址和通知关联 ID 有助于接收 NF 识别订阅的事件。此外，AMF 还包括特定事件的参数：发生的事件的类型以及相关信息，例如，新注册区的注册区更新。

13.2.1.3 Namf_MT 服务

Namf_MT（AMF 移动被叫端）服务允许 NF 使用该服务确保 UE 是可达的，并将例如短消息 SMS 发送到 UE。Namf_MT 服务还允许 NF 获取信息，以协助被叫 IMS 语音服务的域选择。

Namf_MT_EnableUEReachability（启用被叫 UE 可达性）服务操作

NF 可以使用 Namf_MT_EnableUEReachability 服务操作来向 AMF 请求 UE 可达性的信息。SMSF 通常使用此服务操作来确保 UE 已经准备好通过 UE 和 AMF 间的 N1 NAS 连接来接收 SMS。

如果 UE 处于 CM-CONNECTED 状态，则 AMF 立即响应请求的 NF。如果 UE 处于 CM-IDLE 状态，则 AMF 可能寻呼 UE 并且在 UE 进入 CM-CONNECTED 状态后响应使用者 NF。

如果寻呼失败，意味着 UE 不可达，则 AMF 会将失败结果通知请求的 NF。如果 AMF 不再为 UE 服务，并且 AMF 知道当前哪个 AMF 正为 UE 提供服务，那么 AMF 提供重定向信息给 NF 使用者，以便 NF 使用者可以通过新的 AMF 尝试。

Namf_MT_ProvideDomainSelectionInfo（提供被叫域选择）服务操作

UDM 可以使用 Namf_MT_ProvideDomainSelectionInfo 服务操作来获取被叫域的信息，以增加被叫语音成功的可能性。

当调用该服务操作时，UDM 提供 UE 的 SUPI，AMF 响应是否支持在 PS（分组域）会话上支持 IMS 语音、与 UE 的最后一次联系的时间戳和当前的 RAT 类型。

13.2.1.4 Namf_Location 服务

NF 能够使用 Namf_Location（AMF 位置）服务来请求目标 UE 的位置信息，以下是此服务的关键功能：

- 允许 NF 请求目标 UE 的当前大地测量和城市定位，后者可选。
- 允许 NF 通知与紧急业务有关的事件信息。
- 允许 NF 请求网络提供的目标 UE 的位置信息（NPLI）和与目标 UE 的位置对应的本地时区。

Namf_Location_ProvidePositioningInfo（提供定位信息）服务操作

Namf_Location_ProvidePositioningInfo 通常由 GMLC 触发以请求 UE 的位置。UE 的 SUPI 或 PEI 作为此服务操作的输入提供给 AMF，AMF 的回应包括 UE 的定位信息，例如大地位置、城市位置、使用的定位方法和失败原因。

为了提供定位信息，AMF 可以使用 LMF 提供的 Nlmf_Location_DetermineLocation

服务操作，该服务操作可以触发UE定位流程并提供定位信息。

Namf_Location_EventNotify（位置事件报告）服务操作

Namf_Location_EventNotify服务操作目前用于通知GMLC紧急会话启动了，并提供AMF可以得到的任何UE位置。当紧急会话释放时，它还用于通知GMLC紧急会话被释放了。

Namf_Location_ProvideLocationInfo（提供位置信息）服务操作

Namf_Location_ProvideLocationInfo服务操作通常由UDM用来获取目标UE的网络提供的位置信息。通过SUPI识别UE，AMF提供知道的位置信息，例如小区标识、跟踪区域标识、地理/大地信息、当前RAT类型、本地时区。

13.2.2 SMF提供的服务

SMF提供两种服务，即Nsmf_PDUSession服务和Nsmf_EventExposure服务，如图13.3所示。Nsmf_PDUSession服务提供了管理PDU会话的功能，而Nsmf_EventExposure服务提供了SMF事件开放的可能性。

13.2.2.1 Nsmf_PDUSession服务

Nsmf_PDUSession（PDU会话）服务包括以下操作。

Nsmf_PDUSession_CreateSMContext（PDU会话创建SM上下文）服务操作

AMF使用Nsmf_PDUSession_CreateSMContext服务操作来创建AMF-SMF关联以支持PDU会话。AMF提供SMF创建PDU会话所需的SUPI、DNN、AMF ID和其他参数，包含来自UE的N1 SM消息。

SMF的响应消息包括：SM上下文ID、PDU会话ID、任何要发送到UE的N1 SM消息和要发送到NG-RAN的N2消息。

Nsmf_PDUSession_UpdateSMContext（PDU会话更新SM上下文）服务操作

Nsmf_PDUSession_UpdateSMContext服务操作用于更新PDU会话，以及向SMF提供从UE收到的N1 SM信息或从NG-RAN收到的N2 SM信息。AMF包含用于识别SMF中上下文的SM上下文ID和N1 SM消息、N2消息信息或其他参数，具体取决于更新的原因。

Nsmf_PDUSession_ReleaseSMContext（PDU会话释放SM上下文）服务操作

AMF使用Nsmf_PDUSession_ReleaseSMContext服务操作来释放PDU会话，包括释放AMF-SMF间的关联关系。

Nsmf_PDUSession_SMContextStatusNotify（PDU会话SM上下文的状态通知）服务操作

当释放PDU会话时（例如通过SMF或PCF），或者将PDU会话切换到其他系统或接入类型时，SMF使用Nsmf_PDUSession_SMContextStatusNotify服务操作来通知AMF。

Nsmf_PDUSession_Create（创建PDU会话）服务操作

在回归属地路由的漫游场景中，Nsmf_PDUSession_Create服务操作用于服务PLMN中的V-SMF和归属地PLMN中的H-SMF之间。由于AMF执行到V-SMF的Nsmf_

PDUSession_CreateSMContext 服务操作，V-SMF 需要调用 Nsmf_PDUSession_Create 服务操作继续向归属地的 PGW-C+SMF 创建新的 PDU 会话，或与归属 PGW-C+SMF 中的现有 PDN 连接创建关联。

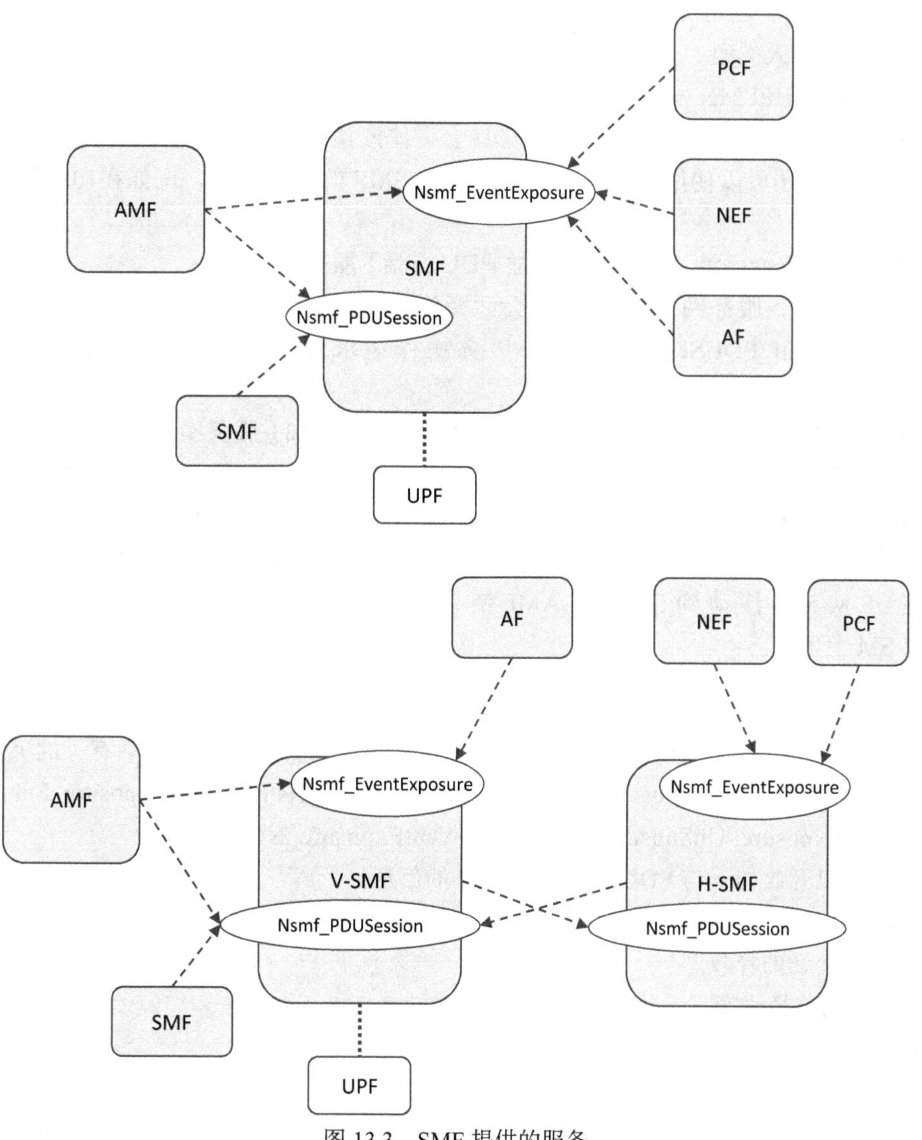

图 13.3 SMF 提供的服务

Nsmf_PDUSession_Create 服务操作中作为输入的 V-SMF SM 上下文 ID 提供了由 V-SMF 分配的寻址信息（用于此 PDU 会话到 V-SMF 的服务操作）。

Nsmf_PDUSession_Update（更新 PDU 会话）服务操作

在漫游场景中，Nsmf_PDUSession_Update 服务操作用在 V-SMF 和 H-SMF 之间以更

新已建立的 PDU 会话。

如果由于 UE 或服务网络请求的 PDU 会话修改而导致 AMF 向 V-SMF 调用了 Nsmf_PDUSession_UpdateSMContext，那么 V-SMF 将向 H-SMF 调用 Nsmf_PDUSession_Update 服务操作。V-SMF 也可以使用 Nsmf_PDUSession_Update 服务操作来通知 H-SMF 允许 PDU 会话更改接入类型。

针对 UE 和 HPLMN 发起的 PDU 会话修改和 PDU 会话释放，H-SMF 向 V-SMF 调用 Nsmf_PDUSession_Update 服务操作将 PDU 会话修改请求或 PDU 会话释放请求消息发送到 UE。H-SMF 还可以使用该服务操作发起到 V-SMF 的资源释放，例如在切换到 EPS 的过程中。

Nsmf_PDUSession_Release（释放 PDU 会话）服务操作

漫游场景下，服务网络发起 PDU 会话释放时（例如，服务网络中 UE 的隐式注销），V-SMF 使用 Nsmf_PDUSession_Release 服务操作请求 H-SMF 释放 PDU 会话和相关的资源。

Nsmf_PDUSession_StatusNotify（PDU 会话状态通知）服务操作

漫游场景下，H-SMF 使用 Nsmf_PDUSession_StatusNotify 服务操作将 PDU 状态的更改通知 V-SMF，例如 PDU 会话被释放或切换到 EPS 或切换到其他接入类型。

Nsmf_PDUSession_ContextRequest（PDU 会话 SM 上下文请求）服务操作

在 UE 从 5GS 移动到 EPS 时，AMF 使用 Nsmf_PDUSession_ContextRequest 服务操作获取 SM 上下文。

13.2.2.2　Nsmf_EventExposure 服务

Nsmf_EventExposure（SMF 事件开放）服务允许 NF 订阅与 PDU 会话有关的事件并获得通知。Nsmf_EventExposure 服务具有三个服务操作：Nsmf_EventExposure_Subscribe、Nsmf_EventExposure_UnSubscribe 和 Nsmf_EventExposure_Notify。

SMF 可以开放如下与 PDU 会话相关事件的信息：

- UE IP 地址或地址前缀的变化。
- PDU 会话的释放。
- 用户面路径改变。
- 接入类型的改变。
- PLMN 的改变。

发出请求的 NF 可以使用事件过滤器来缩小感兴趣的特定事件的范围。事件过滤器指定触发通知要满足的条件，可以包括一个或多个参数以及每个参数应匹配以触发通知的值。

SMF 事件报告的目标可以对应于单个 PDU 会话 ID、UE ID、内部组 ID 或特定 DNN 上的所有 UE。

Nsmf_EventExposure_Subscribe（订阅 SMF 事件开放通知）服务操作

发出请求的 NF 可以使用 Nsmf_EventExposure_Subscribe 服务操作来订阅或修改 SMF 的事件报告，可以为一个 UE、一组 UE 或所有 UE 订阅。

发出请求的 NF 提供目标 UE、事件 ID 和关联的事件过滤器，此外还提供一个通知关联 ID（Notification Correlation ID）。目标 UE 可以通过以下方式来识别：SUPI、内部组 ID 或一个表明 SMF 应为所有 UE 报告的指示。

当 SMF 接受订阅后，会在响应消息里提供一个订阅关联 ID（Subscription Correlation ID），用于管理或删除订阅的事件，还可能提供一个订阅的到期时间，一旦到期，AMF 将停止进一步报告。SMF 如果有初始事件，那么也可能包括。

如果发出请求的 NF 是代表另一个 NF 进行订阅的，那么请求的 NF 包含的每个事件的通知目标地址和关联信息应直接通知另一个 NF 的 ID。

如果发出请求的 NF 需要修改先前已创建的订阅，则它会使用订阅关联 ID 调用 Nsmf_EventExposure_Subscribe 服务操作，并向 SMF 提供带有订阅事件 ID 的更新的事件过滤器。

Nsmf_EventExposure_UnSubscribe（取消订阅 SMF 事件开放）服务操作

NF 可以使用 Nsmf_EventExposure_UnSubscribe 服务操作，要求停止报告先前订阅的事件。SMF 根据订阅事件报告时收到的订阅关联 ID，确定要停止报告的特定事件。

Nsmf_EventExposure_Notify（通知 SMF 事件开放）服务操作

当 SMF 检测到与订阅相对应的事件时，调用 Nsmf_EventExposure_Notify 服务操作，通知每个与订阅事件和事件过滤器相匹配的 NF。SMF 包括以下信息：SMF ID、通知关联信息、事件 ID、相应的 UE（SUPI，或 GPSI（如果有））和时间戳。通知目标地址和通知关联 ID 有助于接收 NF 识别订阅的事件。此外，SMF 还包括特定事件的参数：发生的事件的类型以及相关信息。

13.2.3 PCF 提供的服务

PCF 提供六个服务：Npcf_AMPolicyControl、Npcf_PolicyAuthorization、Npcf_SMPolicyControl、Npcf_BDTPolicyControl、Npcf_UEPolicyControl 和 Npcf_EventExposure。请参见图 13.4。

Npcf_AMPolicyControl 服务向 AMF 提供与接入控制、网络选择和移动性管理相关的策略以及 UE 路由选择策略。

Npcf_Policy_Authorization 服务根据 AF 对绑定的 PDU 会话的请求进行授权和创建策略。

Npcf_SMPolicyControl 服务向 SMF 提供与 PDU 会话相关的策略。

Npcf_BDTPolicyControl 服务向 NEF 提供背景数据传输策略。

Npcf_UEPolicyControl 服务向 NF 使用者提供 UE 策略关联的管理。

Npcf_EventExposure 服务允许其他 NF 订阅 PCF 相关事件的通知。

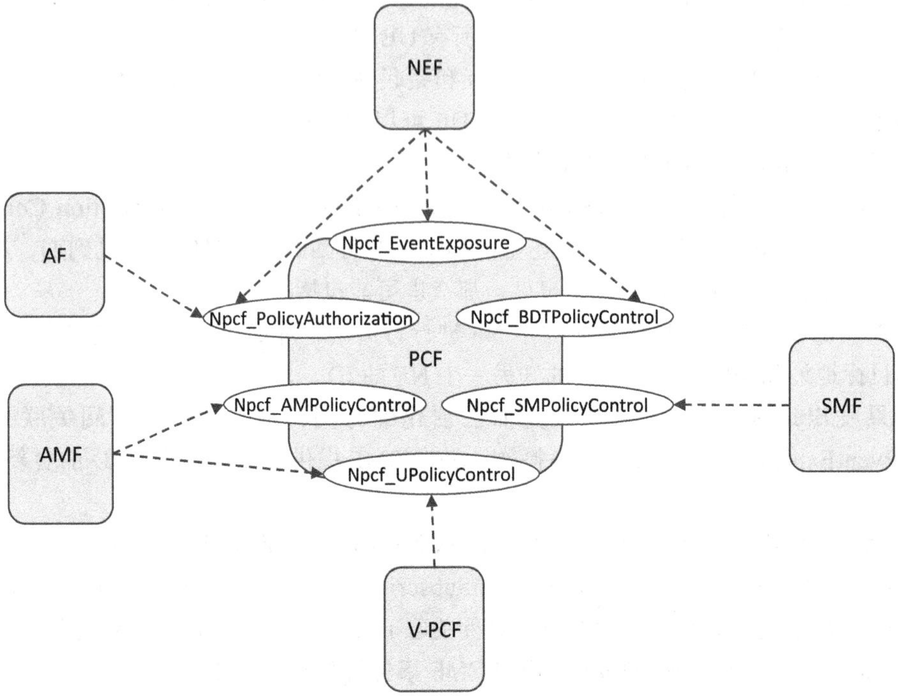

图 13.4　PCF 提供的服务

13.2.3.1　Npcf_AMPolicyControl 服务

Npcf_AMPolicyControl（接入和移动性策略控制）服务允许 AMF 创建、修改和删除与 PCF 的 UE AM 策略关联（UE AM Policy Associations）。PCF 可能向 AMF 提供每个 UE 的策略信息，包含与接入和移动性有关的策略信息以及策略控制请求的触发条件。

当 AMF 检测到满足策略控制请求触发条件时，将与 PCF 联系，该 PCF 可能会提供更新的接入和移动性相关策略信息以及策略控制请求触发的条件。

Npcf_AMPolicyControl 服务还允许 PCF 为已建立的 AM 策略关联发送新的 AM 策略。

Npcf_AMPolicyControl_Create（创建接入和移动性策略控制）服务操作

Npcf_AMPolicyControl_Create 服务操作允许 AMF 为 UE 请求与 PCF 建立 AM 策略关联。当 PCF 创建 AM 策略关联时，PCF 可以提供与接入和移动性有关的策略信息和策略控制请求触发条件。

Npcf_AMPolicyControl_Update（更新接入和移动性策略控制）服务操作

当满足策略控制请求触发条件时，或者 AMF 更改了（由于移动性）但仍使用相同的 PCF 时，AMF 可以使用 Npcf_AMPolicyControl_Update 服务操作为 UE 请求更新的策略信息。AMF 将在请求消息中包括已满足的策略控制触发条件。

Npcf_AMPolicyControl_UpdateNotify（接入和移动性策略控制的更新通知）服务操作

PCF 通过 Npcf_AMPolicyControl_UpdateNotify 服务操作随时向 AMF 提供与更新的接入和移动性相关的策略。该通知可以由 PCF 发送到 AMF，而不需事先的显式订阅。AM 策略关联的创建可视作隐式订阅，允许 PCF 向 AMF 通知更新的 AM 与接入和移动性相关的策略。

Npcf_AMPolicyControl_Delete（删除接入和移动性策略控制）服务操作

AMF 通过 Npcf_AMPolicyControl_Delete 服务操作删除 AM 策略关联。当 AMF 发起 AM 策略关联终止的过程时，PCF 删除此 SUPI 的 AM 策略关联。该服务操作可用在 UE 注销的流程中。

13.2.3.2 Npcf_PolicyAuthorization 服务

Npcf_PolicyAuthorization（策略授权）服务用于授权 AF 的请求并根据授权 AF 的请求为绑定 AF 会话的 PDU 会话创建策略。该服务还允许 NF 使用者订阅 / 取消订阅事件通知。

Npcf_PolicyAuthorization_Create（创建策略授权）服务操作

AF 向 PCF 调用 Npcf_PolicyAuthorization_Create 服务操作，并允许 PCF 根据 AF 提供的信息授权请求，创建应用会话，以及可能安装和 AF 请求相应的策略。为了识别应用会话，AF 提供 UE 的 IP 地址和附加信息，例如：UE 身份、媒体类型、媒体格式、带宽要求、数据流描述和应用标识符。PCF 回应策略是否被授权成功，如果成功，PCF 包括应用会话 ID，用于识别同一应用会话的后续的服务操作可以授权的业务信息。

如果根据 AF 的请求，PCF 决定安装或更新会话管理（SM）策略，则可以使用 Npcf_SMPolicyControl 服务在 SMF 安装策略或更新 SMF 中的策略。

Npcf_PolicyAuthorization_Update（更新策略授权）服务操作

AF 可通过 Npcf_PolicyAuthorization_Update 服务操作更新已建立的应用会话。AF 向 PCF 提供应用会话 ID 和新的业务信息。PCF 根据接受的新的服务信息更新应用上下文，并使用 Npcf_SMPolicyControl 服务在 SMF 中安装或更新策略。PCF 更新应用上下文后响应 AF。

Npcf_PolicyAuthorization_Delete（删除策略授权）服务操作

AF 通过 Npcf_PolicyAuthorization_Delete 服务操作删除 PCF 中的应用会话并删除应用上下文。

Npcf_PolicyAuthorization_Notify（策略授权通知）服务操作

PCF 通过 Npcf_PolicyAuthorization_Notify 服务操作，通知 AF 与应用会话相关的事件。PCF 可以通知 AF 的事件参见下面的 Npcf_PolicyAuthorization_Subscribe 服务操作的描述。

PCF 将事件 ID 和使 AF 能够识别应用会话的相关信息通知给 AF。

Npcf_PolicyAuthorization_Subscribe（订阅策略授权通知）服务操作

通过 Npcf_PolicyAuthorization_Subscribe 服务操作，AF 订阅与应用会话相关的事件的通知。PCF 支持如下事件的报告：

- 关于应用会话上下文事件的通知。
- 关于应用会话上下文终结的通知。
- 关于业务数据流 QoS 的告知控制的通知。
- 关于业务数据流停用的通知。
- 报告赞助数据连接的使用情况。
- 通知资源分配结果。

AF 包括针对上述事件的一个或多个事件 ID、能识别 AF 会话的信息（例如，UE IP 地址或 SUPI）、通知目标地址和通知关联 ID。

当 PCF 接受订阅时，PCF 会回应订阅关联 ID。如果 AF 以后希望修改或删除订阅，则 AF 可以使用订阅关联 ID 来指向该订阅。

Npcf_PolicyAuthorization_Unsubscribe（取消订阅策略授权通知）服务操作

AF 通过 Npcf_PolicyAuthorization_Unsubscribe 服务操作，取消通过 Npcf_PolicyAuthorization_Subscribe 操作订阅的 PCF 事件通知。AF 向 PCF 提供订阅关联信息，用来识别和删除订阅的事件通知。

13.2.3.3　Npcf_SMPolicyControl 服务

SMF 通过 Npcf_SMPolicyControl（会话管理策略控制）服务，为 UE 创建、修改或删除与 PCF 间的 SM 策略关联。PCF 可以为 SMF 提供每个 UE 的策略信息，其中可以包括与 PDU 会话相关的策略信息以及策略控制请求触发条件。

当 SMF 检测到满足策略控制请求触发条件时，SMF 会联系 PCF，PCF 可能会提供更新的 PDU 会话相关的策略信息和策略控制请求触发条件。

Npcf_SMPolicyControl 服务还允许 PCF 为已建立的 SM 会话策略关联发送新的 PDU 会话策略。

Npcf_SMPolicyControl_Create（创建会话管理策略控制）服务操作

SMF 通过 Npcf_SMPolicyControl_Create 服务操作，请求 PCF 为 UE 建立 SM 策略关联。当 PCF 创建 SM 策略关联时，PCF 可以提供与 PDU 会话相关的策略信息和策略控制请求触发条件。

Npcf_SMPolicyControl_UpdateNotify（通知会话管理策略控制更新）服务操作

PCF 通过 Npcf_SMPolicyControl_UpdateNotify 服务操作，随时为 SMF 提供与 PDU 会话有关的更新的策略信息，这些由 PCF 发送到 SMF 的更新通知，不需事先显式的订阅。SM 策略关联的创建被视作隐式订阅，允许 PCF 将更新通知发送到 SMF。

Npcf_SMPolicyControl_Delete（删除会话管理策略控制）服务操作

SMF 通过 Npcf_SMPolicyControl_Delete 服务操作删除 SM 策略关联。当 SMF 发起

SM 策略关联终结过程时，PCF 删除此 SUPI 的 SM 策略关联。该服务操作例如在 UE 注销时使用。

Npcf_SMPolicyControl_Update（更新会话管理策略控制）服务操作

当满足策略控制请求触发条件时，SMF 可以使用 Npcf_SMPolicyControl_Update 服务操作为 UE 请求更新的策略信息。SMF 将在请求中包括已满足的策略控制触发条件，PCF 可能会向 SMF 提供更新的策略信息。

13.2.3.4 Npcf_BDTPolicyControl 服务

Npcf_BDTPolicyControl（背景数据传输策略控制）服务提供了背景数据传输策略，该策略包括以下功能：

- 根据由 NEF 转发的 AF 的请求获取背景数据传输策略；
- 根据 AF 的选择更新背景数据传输策略。

Npcf_BDTPolicyControl_Create（创建背景数据传输策略控制）服务操作

基于应用服务提供商的请求，NEF 使用 Npcf_BDTPolicyControl_Create 服务操作来请求背景数据传输策略。NEF 提供应用服务提供商的 ID、每个 UE 的预期数据量、UE 的数量和需要的时间窗口，还可能指示 UE 所在的网络区域。PCF 回应一个或多个背景数据传输策略和一个背景数据传输参考 ID，这个参考 ID 可以例如用于请求更新背景数据传输策略。

Npcf_BDTPolicyControl_Update（更新背景数据传输策略控制）服务操作

NEF 使用 Npcf_BDTPolicyControl_Update 服务操作请求更新从 PCF 得到的背景数据传输策略。NEF 提供了应用服务提供商的 ID、背景数据传输策略和背景数据传输参考 ID，PCF 可能会回应一个新的背景数据传输策略。

13.2.3.5 Npcf_UEPolicyControl 服务

Npcf_UEPolicyControl（UE 策略控制）服务由 AMF 用于创建和管理与 PCF 的 UE 策略关联，AMF 作为服务使用者从 PCF 接收 UE 策略关联的策略控制请求触发器。该关联允许 PCF 提供的 UE 策略信息（包括 UE 接入选择和 PDU 会话选择的策略）通过 AMF 由 UE 策略容器透传给 UE，AMF 使用 NAS 消息来装载这些 UE 策略容器。在漫游情况下，AMF 使用访问网络的 PCF（即 V-PCF）提供的 Npcf_UEPolicyControl 服务，V-PCF 相应地会使用归属地的 PCF（即 H-PCF）提供的 Npcf_UEPolicyControl 服务。

作为这项服务的一部分，PCF 给服务使用者（例如 AMF）提供的 UE 策略信息可能包含：

- UE 接入选择和 PDU 会话选择相关的策略信息，如 3GPP TS 23.503 的 6.6 节所定义。在漫游的情况下，URSP 信息由 H-PCF 提供，ANDSP 信息可由 V-PCF 或 H-PCF 或两者提供。
- UE 策略关联的策略控制请求触发条件。当满足此类策略控制请求触发条件时，服务使用者（例如 AMF）应联系 PCF，并提供已满足的策略请求触发条件。在漫游的情况下，V-PCF 或 H-PCF 通过 V-PCF 可以配置 AMF 的策略控制请求触发条件。

NF 服务使用者（例如 AMF）使用 Npcf_UEPolicyControl_Create 服务操作请求与 PCF 创建相应的“UE 策略关联”，并给 PCF 提供有关 UE 上下文的相关参数。当 PCF 创建了 UE 策略协会时，PCF 可以提供上述策略信息。

当满足策略控制请求触发条件时，NF 服务使用者（例如 AMF）调用 Npcf_UEPolicy Control_Update 服务操作并提供已经满足的策略控制请求触发条件，要求更新“UE 策略关联”，PCF 可能向 NF 服务使用者提供更新的策略信息。

在 AMF 重定位期间，如果目标 AMF 从源 AMF 接收到 PCF ID，而目标 AMF 根据本地策略决定与由 PCF ID 标识的 PCF 联系，目标 AMF 则使用 Npcf_UEPolicyControl_Update 服务操作请求更新“UE 策略关联”。如果满足策略控制请求触发条件，那么匹配触发条件的信息也可以由目标 AMF 提供给 PCF，然后 PCF 可以向目标 AMF 提供更新的策略信息。

PCF 可以随时使用 Npcf_UEPolicyControl_UpdateNotify 服务操作提供更新的策略信息。

在 UE 注销时，NF 服务使用者（例如 AMF）请求删除相应的 UE 策略关联。

Npcf_UEPolicyControl_Create（创建 UE 策略控制）服务操作

AMF 使用 Npcf_UEPolicyControl_Create 服务操作来请求创建 UE 策略关联。AMF 提供 UE 的 SUPI，也可能提供其他参数，例如接入类型、永久设备标识符、GPSI、位置信息、UE 时区、服务网络、RAT 类型、UE 接入选择和 PDU 会话选择策略信息（包括策略分区标识（PSI）列表、OS ID 和内部组）。PCF 将归属地的 PCF ID 提供给 AMF，也可能给 AMF 提供策略控制请求触发条件。

UE 策略关联允许 PCF 通过 AMF 将策略信息发送给 UE。PCF 可能将策略控制请求触发条件提供给 AMF，当由于某些事件发生而触发条件满足时，AMF 可以通知 PCF，PCF 因此可能向 UE 提供新的策略。在漫游的情况下，AMF 使用 V-PCF 提供的 Npcf_UEPolicyControl_Create 服务操作，而 V-PCF 将相应地使用 H-PCF 提供的 Npcf_UEPolicyControl_Create 服务操作。

Npcf_UEPolicyControl_UpdateNotify（UE 策略控制的更新通知）服务操作

PCF 可以随时使用 Npcf_UEPolicyControl_UpdateNotify 服务操作为已建立的 UE 策略关联提供更新的 UE 策略信息。在漫游的情况下，H-PCF 可以向 V-PCF 调用 Npcf_UEPolicyControl_UpdateNotify 服务操作，V-PCF 可以由自己发起或由于 H-PCF 的通知服务操作触发，向 AMF 调用 Npcf_UEPolicyControl_UpdateNotify 服务操作。

Npcf_UEPolicyControl_Delete（删除 UE 策略控制）服务操作

AMF 通过 Npcf_UEPolicyControl_Delete 服务操作删除 PCF 中的 UE 策略控制关联。在漫游的情况下，AMF 使用 V-PCF 提供的 Npcf_UEPolicyControl_Delete 服务操作，而 V-PCF 将相应地使用 H-PCF 提供的 Npcf_UEPolicyControl_Delete 服务操作。

Npcf_UEPolicyControl_Update（更新 UE 策略控制）服务操作

AMF 通过 Npcf_UEPolicyControl_Update 服务操作请求更新 UE 策略关联，以接收 UE 上下文的更新策略信息。当 AMF 检测到策略控制请求触发条件满足时，AMF 通过调用 Npcf_UEPolicyControl_Update 服务操作来请求更新，并提供有关已满足的触发条件的信息，PCF 可能向 AMF 提供更新的策略信息。

Npcf_UEPolicyControl_Update 服务操作也可以在 AMF 重定向时使用，如果目标 AMF 从源 AMF 接收到 PCF ID，而目标 AMF 决定联系 PCF ID 标识的 PCF，则新 AMF 会调用 Npcf_UEPolicyControl_Update 服务操作，PCF 可能将更新的策略信息提供给目标 AMF。

在漫游的情况下，AMF 使用 V-PCF 提供的 Npcf_UEPolicyControl_Update 服务操作，而 V-PCF 将相应地使用 H-PCF 提供的 Npcf_UEPolicyControl_Update 服务操作。

13.2.3.6 Npcf_EventExposure 服务

NF（例如 NEF）通过 Npcf_EventExposure（PCF 事件开放）服务为一组 UE 或共享相同 DNN 和 S-NSSAI 的所有 UE，订阅 PCF 事件或修改订阅的 PCF 事件并获取通知。Npcf_EventExposure 服务具有三个服务操作：Npcf_EventExposure_Subscribe、Npcf_EventExposure_UnSubscribe 和 Npcf_EventExposure_Notify。

PCF 可以开放事件的信息，例如：

- PLMN 标识符的通知。
- 接入类型的更改。

请求的 NF 可以使用事件过滤器来缩小感兴趣的具体事件的范围。事件过滤器指定触发通知要满足的条件，可以包括一个或多个参数以及每个参数应匹配才能触发通知的值。

Npcf_EventExposure_Subscribe（订阅 PCF 开放的事件）服务操作

发出请求的 NF（例如 NEF）使用 Npcf_EventExposure_Subscribe 服务操作，可以为一组 UE，或者访问同一 DNN 和 S-NSSAI 组合的任何 UE，订阅或修改 PCF 的事件报告。发出请求的 NF 还提供事件 ID 和关联的事件过滤器，此外，还提供通知关联 ID。

当 PCF 接受订阅时，PCF 会返回用于管理或删除订阅的订阅关联 ID，并可能包括订阅的到期时间。订阅到期后，PCF 将停止事件的通知。如果有首次事件，PCF 也可能报告。

如果请求的 NF 需要修改先前创建的订阅，那么会使用订阅关联 ID 调用 Npcf_EventExposure_Subscribe 服务操作，并向 PCF 提供带有事件 ID 的更新的事件过滤器。

Npcf_EventExposure_UnSubscribe（取消订阅 PCF 开放的事件）服务操作

NF 可以使用 Npcf_EventExposure_UnSubscribe 服务操作来终止针对先前订阅的事件的进一步事件报告。PCF 根据订阅事件报告时收到的订阅关联 ID 确定要终止报告的具体事件。

Npcf_EventExposure_Notify（通知 PCF 开放的事件）服务操作

当 PCF 检测到与订阅对应的事件时，针对每个与事件及事件筛选器匹配的已订阅的

NF，PCF 调用 Npcf_EventExposure_Notify 服务操作，包括诸如 PCF ID、通知相关信息、事件 ID、相应的 UE（SUPI 和 GPSI（如果有））和时间戳等信息。通知目标地址和通知关联 ID 有助于接收事件的 NF 识别事件通知的订阅。此外，PCF 还包括具体事件的参数，指明发生事件的类型以及相关信息。

13.2.4 UDM 提供的服务

UDM 提供五个服务 Nudm_UEContextManagement、Nudm_SubscriberDataManagement、Nudm_UEAuthentication、Nudm_EventExposure 和 Nudm_ParameterProvision，如图 13.5 所示。AMF、SMF、SMSF、NEF、GMLC 和 AUSF 通过基于 Nudm 服务的接口使用 UDM 服务。

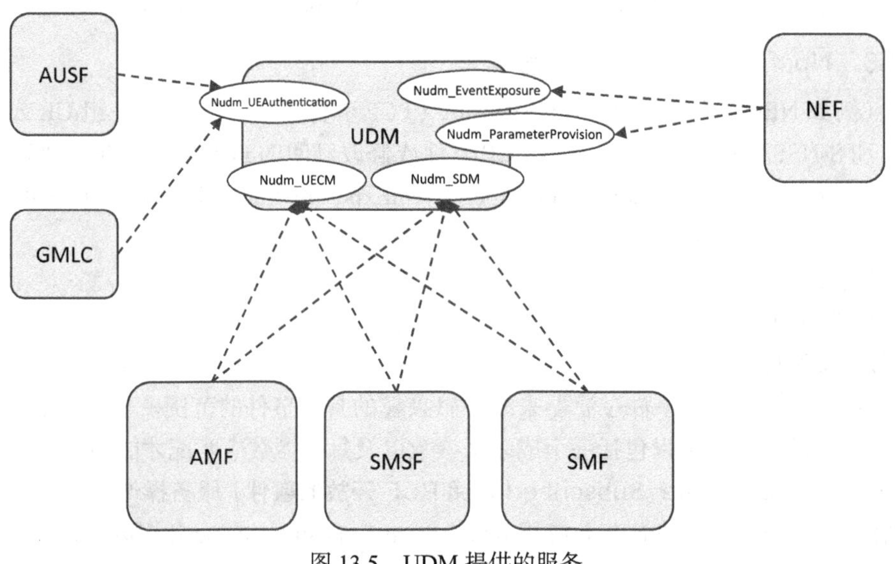

图 13.5 UDM 提供的服务

如果 UDM 是无状态的，并且将信息外部存储在 UDR 中，那么 UDM 将使用 Nudr 服务，如 13.2.8 节所述。

Nudm_UEContextManagement 服务管理 UE 的上下文，允许如 AMF、SMF 和 SMSF 之类的 NF 向 UDM 注册和注销，并且可以向 NF 提供与 UE 相关的信息，例如 UE 的服务 NF 标识符、UE 状态等。Nudm_UEContextManagement 服务也被简称为 Nudm_UECM 服务。

Nudm_SubscriberDataManagement 服务管理签约数据，并使得 AMF 和 SMF 的 NF 能够使用该服务获取用户签约数据，UDM 也可提供更新的用户数据。Nudm_Subscriber DataManagement 服务也称为 Nudm_SDM 服务。

Nudm_UEAuthentication 服务将鉴权数据提供给 AMF。对于基于 AKA 的鉴权，该服务可用于安全上下文同步失败后的恢复。该服务可告知与 UE 的鉴权过程的结果。

Nudm_EventExposure 服务允许 NF 订阅事件，并可以向订阅的 NF 使用者提供事件的监视指示。

Nudm_ParameterProvision 服务用于提供可用于 5GS 中的 UE 的信息。

13.2.4.1 Nudm_UECM（Nudm_UEContextManagement）服务

NF（AMF、SMF、SMSF）使用 Nudm_UEContextManagement（UE 上下文管理）服务来管理服务 NF 在 UDM 中的注册，并获取注册信息，例如将终止的请求消息发送到正确的服务 NF。

Nudm_UEContextManagement 服务包括以下服务操作：

- 注册。
- 注销通知。
- 注销。
- 获取用户数据。
- 更新用户数据。
- P-CSCF 恢复通知。

Nudm_UECM_Registration 服务操作

AMF 和 SMSF 作为服务 UE 的 NF 或 SMF 作为服务 PDU 会话的 NF，通过 Nudm_UECM_Registration（注册 UE 上下文管理）服务操作在 UDM 上注册。

AMF 通过 Nudm_UECM_Registration 注册，给 UE 提供接入和移动性管理服务，同样地，SMSF 注册后，给 UE 提供短消息服务。PDU 会话建立时，SMF 通过 Nudm_UECM_Registration 注册，给 UE 提供会话管理服务。

一个 NF 调用 Nudm_UECM_Registration 服务操作时，提供 NF ID、NF 类型、UE 的 SUPI。如果 UDM 能授权并接受 NF 的请求，该 NF 就进入为 UE 服务的状态。

当 AMF 使用 Nudm_UECM_Registration 服务操作时，隐式订阅 UDM 中的注销（或注销）通知，例如，当 UE 移动到另一个 AMF 时，UDM 通过 Nudm_UECM_Deregistration Notification 服务操作将注销通知发送到先前注册的 AMF。

Nudm_UECM_DeregistrationNotification（通知注销 UE 上下文管理）服务操作

UDM 通过 Nudm_UECM_DeregistrationNotification 服务操作注销 AMF，不再作为 UE 的服务 NF，例如由于 UE 移动到不同的 AMF。UDM 注销 AMF 时，提供 UE SUPI 和注销原因，例如：

- UE 初始注册。
- UE 注册区域更改。
- 签约已撤销。
- UE 从 5GS 移动到 EPS。

Nudm_UECM_Deregistration（注销 UE 上下文管理）服务操作

先前注册的 NF（AMF、SMF 或 SMSF）通过 Nudm_UECM_Deregistration 服务操作

从 UDM 注销。接收到请求的 UDM 会在 UE 上下文中删除与 NF 相关的信息，并返回注销成功或失败的结果。

AMF 通过 Nudm_UECM_Deregistration 服务操作进行注销时，意味着 AMF 在 UDM 的注销通知（即 Nudm_UECM_DeregistrationNotification）的通知也将被删除。

Nudm_UECM_Get（获取 UE 上下文管理）服务操作

NF（例如，NEF、GMLC、SMSF）通过 Nudm_UECM_Get 服务操作从 UDM 中获取注册信息，例如，持有 UE 接入和移动性管理上下文或 PDU 会话上下文的 NF ID。发出请求的 NF 向 UDM 调用 Nudm_UECM_Get 服务操作时，提供 UE ID 以及感兴趣的 NF 类型，UDM 通过 UE ID 和 NF 类型来搜索已注册的 NF，并返回 SUPI 以及对应于 NF 使用者请求的 NF 类型的 NF ID 或 SMS 地址。

Nudm_UECM_Update（更新 UE 上下文管理）服务操作

注册的 NF（AMF 或 SMF）可以通过 Nudm_UECM_Update 服务操作来更新存储的注册信息（例如，UE 的能力、PGW-C + SMF 用于 S5/S8 接口的 FQDN 等）。使用者 NF 提供其 NF ID 和类型、UE 的 SUPI、UE 上下文信息以及如何修改。

Nudm_UECM_PCscfRestoration（UE 上下文管理 P-CSCF 恢复）服务操作

AMF 和 SMF 在 UDM 中注册时，向 UDM 指示是否需要通知 P-CSCF 恢复。当 UDM 检测到需要 P-CSCF 恢复时，如果需要通知已注册的 NF（AMF、SMF），那么 UDM 会通过 Nudm_UECM_PCscfRestoration 服务操作来通知。

13.2.4.2　Nudm_SubscriberDataManagement（SDM）服务

Nudm_SubscriberDataManagement（用户数据管理）服务，也称为 Nudm_SDM 服务，用于 NF 从 UDM 获取签约数据。签约数据被构造为不同的数据类型，NF 获取其需要的数据类型集。数据键用于标识相应的“签约数据类型”的数据。

表 13.1 列出了订阅数据类型、主要数据键和实际订阅数据的非详尽列表。

表 13.1　签约数据类型

签约数据类型	数据键	数据样例
接入和移动性签约数据	SUPI	GPSI 列表、组 ID 列表、默认 S-NSSAI、UE 使用类型 RAT 限制、禁区、服务区限制、核心网络类型限制、RFSP 索引，UE 行为信息或通信模式、签约的 DNN 列表等
SMF 选择的签约数据	SUPI	S-NSSAI、签约的 DNN 列表、默认 DNN，LBO 漫游信息、与 EPS 互通指示列表
SMF 数据中的 UE 上下文	SUPI	PDU 会话 ID、DNN、SMF ID 和地址、PGW-C +SMF FQDN
短信管理的签约数据	SUPI	短信签约、短信禁止列表等
短信签约数据	SUPI	签约通过 NAS 进行 SMS 收发的服务的指示
SMSF 数据中的 UE 上下文	SUPI	AMF、接入类型等
会话管理签约数据	SUPI	GPSI 列表、内部组 ID 列表、S-NSSAI、签约的 DNN 列表、DNN、UE 地址、允许的 PDU 会话类型、默认 PDU 会话类型、允许的 SSC 模式、默认 SSC 模式、签约的 5GS QoS 配置文件等

（续）

签约数据类型	数据键	数据样例
标识符翻译	SUPI	SUPI 和可选的 MSISDN
切片选择的签约数据	SUPI	签约的 S-NSSAI
系统间连续性上下文	SUPI	DNN+PGW FQDN 列表

Nudm_SDM_Get（获取用户数据）服务操作

使用者 NF 通过 Nudm_SDM_Get 服务操作来获取用户数据。使用者 NF 提供签约数据类型和相应的数据键，UDM 检查请求的 NF 是否有权获取请求的签约数据，如果授权成功，UDM 将返回请求的数据类型。

Nudm_SDM_Notification（用户数据的更新通知）服务操作

UDM 通过 Nudm_SDM_Notification 服务操作向先前获取过签约数据的使用者 NF 通知更新的签约数据。UDM 包括更新的“订阅数据类型”和对应的数据键。

当 UDM 中的签约数据更新时，或当 UDM 需要向 UE 发送例如漫游导引的信息、新的路由指示符或新的默认配置的 NSSAI 时，UDM 会调用 Nudm_SDM_Notification 服务操作。

Nudm_SDM_Subscribe（订阅用户数据）服务操作

NF（AMF、SMF 和 SMSF）通过 Nudm_SDM_Subscribe 服务操作来订阅 UE 签约数据的更新。AMF 和 SMSF 在注册过程中成功获取签约数据后，通过 Nudm_SDM_Get 服务操作订阅签约数据更新的通知。同样，在 PDU 会话建立过程中，通过 Nudm_SDM_Get 服务操作成功获取签约数据后，SMF 通过 Nudm_SDM_Subscribe 服务操作来订阅签约数据更新的通知。使用者 NF 提供订阅数据类型和对应的数据键。

Nudm_SDM_Unsubscribe（取消订阅用户数据）服务操作

NF（例如 AMF 和 SMF）通过 Nudm_SDM_Unsubscribe 服务操作来取消订阅的 UE 用户数据更新的进一步通知。

Nudm_SDM_Info（用户数据消息）服务操作

AMF 通过 Nudm_SDM_Info 服务操作向 UDM 报告与 UE 交互签约数据管理的状态信息，比如 UE 确认了从 AMF 收到的漫游导引信息，或者确认了从 AMF 收到网络切片签约更改指示后成功地配置了网络切片，AMF 将 UE 的确认信息提供给 UDM。

13.2.4.3 Nudm_UEAuthentication（UE 鉴权）服务

AUSF 通过此服务获取鉴权数据，并向 UDM 提供鉴权成功的结果。如果将隐藏的身份 SUCI 用作输入，UDM 还将向 AUSF 提供相应的 SUPI。

Nudm_UEAuthentication_Get（获取 UE 鉴权信息）服务操作

AUSF 通过 Nudm_UEAuthentication_Get 服务操作从 UDM 获取鉴权数据。针对某一由 SUCI 或 SUPI 标识的 UE，UDM 指示使用的鉴权方法和相应的鉴权数据。如果使用了

SUCI，UDM 也会提供 SUPI。

UEAuthentication_ResultConfirmation（确认 UE 鉴权结果）服务操作

AUSF 通过 UEAuthentication_ResultConfirmation 服务操作鉴权通知 UDM 对 UE 进行鉴权的结果。AUSF 向 UDM 提供 SUPI、鉴权时间戳以及鉴权方法和服务网络名称。

13.2.4.4　Nudm_EventExposure 服务

NEF 通过 Nudm_EventExposure（UDM 事件开放）服务从 UDM 订阅有关事件从而获取这些事件的通知；NEF 在不需要这些事件的通知时，可以取消这些事件的订阅。UDM 支持 UE 的 SMS 可达性、PEI 的更改（即 UE 硬件或软件已更改）和漫游状态等事件。

Nudm_EventExposure_Subscribe（订阅 UDM 开放事件）服务操作

Nudm_EventExposure_Subscribe 服务操作允许 NEF 订阅或更新事件订阅。NEF 提供订阅服务操作的目标：UE ID（SUPI、GPSI、内部组标识符或外部组标识符，或者针对所有 UE）。NEF 还提供带有事件 ID 的事件过滤器和事件报告信息。

UDM 接受订阅被后，会提供一个订阅关联 ID 和可能的到期时间。UDM 还可能包括报告的事件，如果这个事件的信息已经可用。

Nudm_EventExposure_Unsubscribe（取消订阅 UDM 开放事件）服务操作

如果 NEF 先前从 UDM 订阅了事件通知但不再需要这些事件的通知了，那么 NEF 可通过 Nudm_EventExposure_Unsubscribe 服务操作删除这些事件的订阅。NEF 提供在 Nudm_EventExposure_Subscribe 服务操作中收到的签约关联 ID，UDM 根据这个 ID 找到要删除的订阅的事件。

Nudm_EventExposure_Notify（UDM 开放事件通知）服务操作

UDM 通过 Nudm_EventExposure_Notify 服务操作来将 NEF 先前预订的事件报告给 NEF。UDM 提供事件 ID、通知相关信息、时间戳和任何特定于事件的参数。

13.2.4.5　Nudm_ParameterProvision 服务

NEF（确切地说时 AF 通过 NEF）通过 Nudm_ParameterProvision（数据配置）服务可以为 UE 配置在 5GS 中使用的信息。

Nudm_ParameterProvision_Update（更新数据配置）服务操作

NEF 通过 Nudm_ParameterProvision_Update 服务操作在 UDM 中配置一些参数，例如，预期的 UE 行为、网络配置参数。NEF 提供 GPSI、AF ID、事务参考 ID 以及需要配置的参数，如预期 UE 行为参数、至少一个网络配置参数和有效时间。

UDM 接受 NEF 的配置请求后，将更新相应的订阅数据类型，并更新对这些订阅数据类型感兴趣的所有 NF。

13.2.5　NRF 提供的服务

在基于服务的架构中，NRF 及其服务是非常关键的组成部分。NRF 集中了 NF/NF 服务发现、选择和连接到适合的对端 NF/NF 服务的网络配置，并可以自动执行。为此，NRF 提供了三个服务：Nnrf_NFManagement、Nnrf_NFDiscovery 和 Nnrf_AccessToken。NF 通过 Nnrf_NFManagement 在 NRF 中注册和管理其 NF 服务和能力，如图 13.6 所示。NF/NF 服务通过 Nnrf_NFDiscovery 发现与其提供的条件匹配的 NF/NF 服务。NF 通过 Nnrf_AccessToken 请求可访问其他 NF 的 Auth2.0 访问令牌。

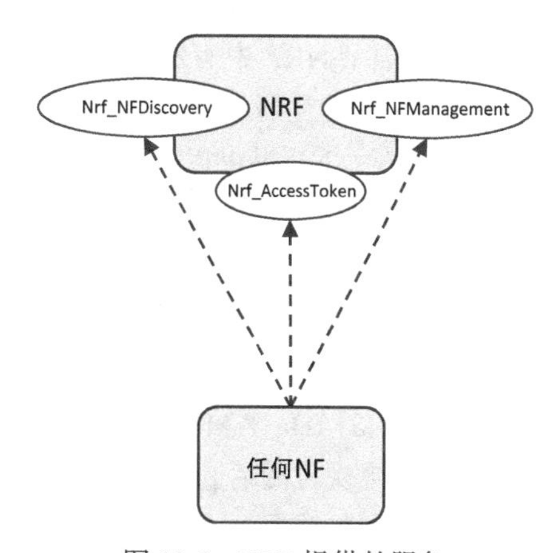

图 13.6 NRF 提供的服务

13.2.5.1 Nnrf_NFManagement 服务

Nnrf_NFManagement（网络功能管理）服务包括以下服务操作：

- NF 在 NRF 中注册登记其配置文件以及能提供的所有 NF 服务。
- NF 更新其在 NRF 中的配置文件以及能提供的 NF 服务。
- NF 注销其在 NRF 中的注册。
- NF 订阅其他 NF 的事件通知，比如，其他 NF 的添加、更新和删除。

值得注意的是，作为 NF 使用 Nnrf_NFManagement 服务的一个替代方案，OAM 可以代表 NF 使用该服务。

Nnrf_NFManagement_NFRegister（网络功能注册）服务操作

Nnrf_NFManagement_NFRegister 服务操作通过向 NRF 提供使用者 NF 的 NF 配置文件，将 NF 及其 NF 服务注册到 NRF 中。所有 NF 的配置文件都包含以下信息：NF 类型、NF 实例 ID、NF 服务名称、PLMN ID 和寻址信息。另外，NF 配置文件还包含对 NF 的发现和选择有用的信息，这些信息因 NF 不同而不同。

当一个 NF 通过 Nnrf_NFManagement_NFRegister 服务操作成功注册了配置文件后，NRF 还将该 NF 标记为可用，并将通知已订阅此信息的其他所有 NF。

Nnrf_NFManagement_NFUpdate（网络功能更新）服务操作

NF 通过 Nnrf_NFManagement_NFUpdate 服务操作更新其在 NRF 中的 NF 配置文件。NF 可以替换完整的 NF 配置文件，也可以更新部分配置文件。如果更新部分配置文件，那么 NF 只提供该部分配置文件的新值。

NF 通过 Nnrf_NFManagement_NFUpdate 成功更新配置文件后，NRF 会通知订阅此信息的其他所有 NF。

Nnrf_NFManagement_NFDeregister（网络功能注销）服务操作

通过 Nnrf_NFManagement_NFDeregister 服务操作，NF 通知 NRF 其不再可用，NRF 将该 NF 标记为不可用，删除该 NF 的配置文件并通知已订阅该 NF 状态信息的任何其他 NF。

Nnrf_NFManagement_NFStatusSubscribe（订阅网络功能状态）服务操作

通过 Nnrf_NFManagement_NFStatusSubscribe 服务操作，NF 可向 NRF 订阅以下状态信息的通知：NRF 中有新注册的 NF，有 NF 更新其在 NRF 中的配置文件，或有 NF 注销其在 NRF 中的注册。

订阅时，NF 提供以下信息：

- NF 类型，如果要监控特定 NF 类型的 NF 状态。
- NF 实例 ID，如果要监控特定 NF 实例的 NF 状态。
- NF 服务，如果要监控提供某个给定 NF 服务的 NF 的 NF 状态。

此外，NF 还可以通过提供更多信息来匹配以便进一步缩小订阅范围，例如 S-NSSAI 和相关的 NSI ID、AMF 的 GUAMI 等参数。

NRF 接受订阅后，会返回订阅关联 ID，该 ID 用于订阅的管理。

Nnrf_NFManagement_NFStatusNotify（网络功能状态的通知）服务操作

NRF 通过 Nnrf_NFManagement_NFStatusNotify 服务操作将新注册的 NF 及其 NF 服务、更新的 NF 配置文件和注销的 NF 报告给订阅这些信息的 NF。

NRF 提供 NF 实例 ID、NF 状态和下列信息：

- NF 服务（如果通知针对新注册的 NF）。
- 新的 NF 配置文件（如果通知针对更新的 NF 配置文件）。
- 指示 NF 已取消注册。

取决于 NF，NRF 可以提供另外的参数，例如：S-NSSAI 和相关联的 NSI ID，NF 所在的位置；如果 NF 是 AMF，NRF 还可提供 GUAMI 的列表和 TAI。

Nnrf_NFManagement_NFStatusUnsubscribe（退订网络功能状态的通知）服务操作

通过 Nnrf_NFManagement_NFStatusUnsubscribe 服务操作，NF 使用者取消订阅进一步的通知。NF 给 NRF 提供订阅关联 ID。NRF 使用订阅关联 ID 来识别订阅并删除相关的资源。

13.2.5.2　Nnrf_NFDiscovery 服务

Nnrf_NFDiscovery（网络功能发现）服务用于发现具有特定 NF 服务或目标 NF 类型的候选 NF 实例，也可用于一个 NF 服务发现另一个特定的 NF 服务。根据发现的结果，NF 可以选择目标 NF/NF 服务开始通信。

Nnrf_NFDiscovery_Request（请求网络功能发现）服务操作

NF/NF 服务可通过 Nnrf_NFDiscovery_Request 服务操作发现一组 NF 实例及其 NF 服务，以及 NF 的配置文件。

NF 服务使用者提供一个或多个目标 NF 服务名称、目标 NF 的 NF 类型和 NF 请求者的 NF 类型。如果 NF 服务使用者希望发现一个支持所有标准化服务的 NF 服务提供者，那么 NF 服务使用者提供的 NF 服务名称是一个通配符。根据希望发现的 NF 和 NF 服务，使用者可能提供其他信息，例如：

- S-NSSAI 和相关的 NSI ID。
- DNN。
- 目标 NF/NF 服务 PLMN ID。
- 服务 PLMN ID。
- NF 服务使用者 ID。
- NF 位置。
- TAI（跟踪区标识）。
- UE 的路由指示器。
- AMF 区域、AMF 集、GUAMI（用于 AMF）。
- 要发现的 NF 的组 ID。

NRF 将搜索其内部数据库，并将和输入参数匹配的一组合适的 NF 实例返回给使用者，每个 NF 实例包含：

- NF 类型。
- NF 实例 ID。
- NF 实例的 FQDN 或 IP 地址。
- NF 服务实例列表，每个实例包括：
  - 服务名称。
  - NF 服务实例 ID。
  - 可选的端点地址（IP 地址列表或 FQDN）。

另外，根据 NF 实例类型，NRF 可能会提供 NF 配置文件中的其他信息，例如：

- 如果目标 NF 是 BSF：（UE）IPv4 地址的范围或（UE）IPv6 前缀的范围。
- 如果目标 NF 存储数据集（例如，UDR）：SUPI 的范围、GPSI 的范围、外部组标识符的范围、数据集标识符。
- 如果目标 NF 是 UDM、UDR 或 AUSF：UDM 组 ID，UDR 组 ID，AUSF 组 ID。
- 对于 UDM 和 AUSF：路由指示器。
- 如果目标 NF 是 AMF：GUAMI 列表。
- 如果目标 NF 是 CHF：主 CHF 实例和辅助 CHF 实例。
- S-NSSAI 和相关的 NSI ID。
- 目标 NF 的位置。
- TAI。
- PLMN ID。

NF 使用者从接收到的一组候选的 NF 中选择一个 NF 实例和一个 NF 服务实例并开始与之通信。NF 使用者还可以缓存收到的候选 NF 实例。缓存的信息可以用于后续的请求，只要其输入参数匹配。

13.2.5.3　Nnrf_AccessToken 服务

Nnrf_AccessToken（访问令牌）服务为 NF 提供授权 NF 的 OAuth2 访问令牌。有关 OAuth2 授权的更多信息，请参见第 8 章。

Nnrf_AccessToken_Get（获取访问令牌的）服务操作

NF 使用者通过 Nnrf_AccessToken_Get 服务操作请求 NRF 来授权使用者并提供访问令牌。NF 使用者随后可以使用访问令牌向 NF 服务提供者显示其已被授权使用该服务。

在请求中，NF 使用者提供 NF 服务使用者的 NF 实例 ID、NF 提供者服务名称、NF 提供者实例的 NF 类型和 NF 使用者。漫游情况下，NF 使用者还提供归属地和访问地的 PLMN ID。

如果 NRF 成功授权，那么 NRF 向请求的使用者提供访问令牌，并提供适当的声明，声明应包括 NRF 的 NF 实例 ID（声明发布者）、NF 服务使用者的 NF 实例 ID（声明主题）、提供者的 NF 类型（声明受众）、预期的服务名称（范围）和到期时间（到期）。

13.2.6　AUSF 提供的服务

AUSF 向 NF 服务使用者提供以下服务：

- Nausf_UEAuthentication，对 UE 进行鉴权并提供密钥资料（AMF）。
- Nausf_SoRProtection，保护请求者 NF（UDM）的漫游导引信息。
- Nausf_UPUProtection（UDM）。

如图 13.7 所示，AMF 和 UDM 是使用 AUSF 的 NF。

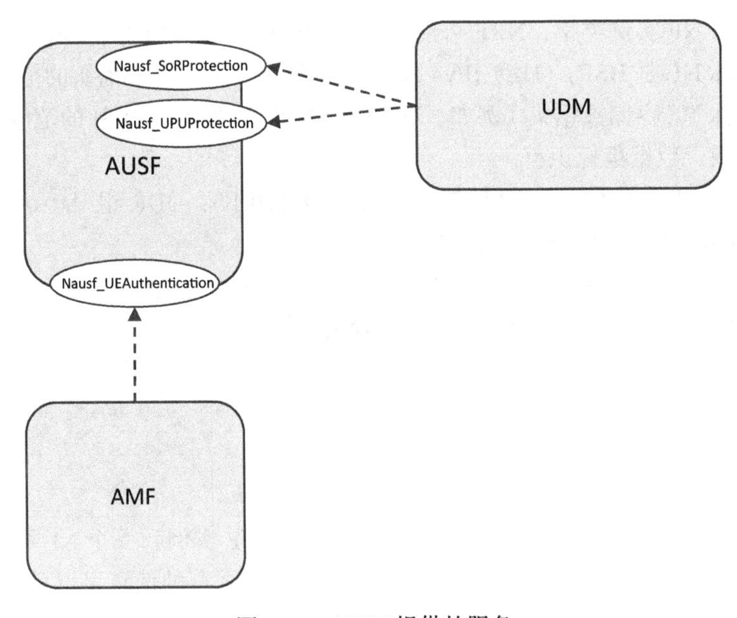

图 13.7　AUSF 提供的服务

13.2.6.1 Nausf_UEAuthentication 服务

Nausf_UEAuthentication（UE 鉴权）服务用于 UE 的鉴权并提供相关的密钥资料，由 AMF 使用，具有单一服务操作，即 Nausf_UEAuthentication。

Nausf_UEAuthentication（UE 鉴权）服务操作

AMF 使用 Nausf_UEAuthentication 服务操作对 UE 进行鉴权，AMF 包括的信息有：

- UE ID（SUPI 或 SUCI）。
- 服务网络名称。

根据所选的鉴权方法，AUSF 执行 5G-AKA 或基于 EAP 的鉴权过程。AUSF 在收到 AMF 的初始请求后创建资源，资源的内容将取决于鉴权的过程。AMF 将创建的资源内容返回给 AMF，用于后续请求，根据鉴权过程携带信息。更多信息，请参阅第 8 章。

执行所选的鉴权过程后（多次请求 / 响应），AUSF 将把鉴权结果返回给 AMF，如果成功，AUSF 还将返回 AMF 用于导出 NAS 安全密钥和其他安全密钥的主密钥。如果 AMF 用 SUCI 发起了鉴权，则 AUSF 也将返回 SUPI 给 AMF。

13.2.6.2 Nausf_SoRProtection 服务

UDM 通过 Nausf_SoRProtection（漫游导引信息保护）服务请求 AUSF 为漫游导引（SoR）信息提供保护参数，以防止 VPLMN 篡改或删除 SoR 信息。AUSF 通过该服务向 UDM 提供信息，以验证 UE 是否收到了导引信息列表。

Nausf_SoRProtection（漫游导引信息保护）服务操作

UDM 使用 Nausf_SoRProtection 服务操作来保护 SoR 信息。UDM 在请求消息中包括其 ID、UE 的 SUPI、SoR 标头以及可选的 ACK 指示。AUSF 导出 SoR 保护并将其返回给 UDM。如果在请求中包括了 ACK 指示，则 AUSF 还将导出并返回用于验证 SoR 过程中 UE 响应的信息。UDM 用收到的保护密钥在 SoR 过程中保护 SoR 信息。

13.2.6.3 Nausf_UPUProtection 服务

UDM 通过 Nausf_UPUProtection（UE 配置更新保护）服务向 AUSF 请求为 UE 参数更新过程提供保护参数。

Nausf_UPUProtection（UE 配置更新保护）服务操作

Nausf_UPUProtection 服务操作将安全参数提供给 UDM，以更新 UE 参数。该操作为 UDM 提供了安全参数，以保护 UE 参数更新数据不被 VPLMN 篡改或删除。

13.2.7 SMSF 提供的服务

SMSF 提供了 Nsmsf_SMService，如图 13.8 所示，用于激活和停用短消息（SM）服务，并可用于发送上行的 SMS 消息。

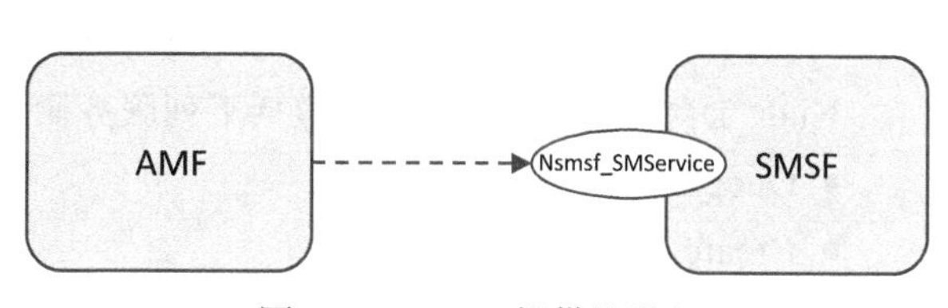

图 13.8　SMSF 提供的服务

13.2.7.1　Nsmsf_SMService 服务

AMF 通过 Nsmsf_SMService（短消息）服务向 SMSF 请求激活或停用短消息服务，或请求发送上行 SMS 消息。

Nsmsf_SMService_Activate（激活短消息）服务操作

AMF 在注册过程中使用 Nsmsf_SMService_Activate 服务操作来激活和授权短消息服务。AMF 在请求中提供其 NF ID、SUPI 和其他信息。SMSF 将在 UDM 中注册并下载签约数据，如果 UE 被授权使用 SMS，SMSF 将向 AMF 返回成功的结果。

Nsmsf_SMService_Deactivate（去激活短消息）服务操作

Nsmsf_SMService_Deactivate 服务操作把一个 UE 的 SMS 服务授权从 SMSF 中删除。AMF 使用该服务操作时，在请求中提供 SUPI。SMSF 向 UDM 注销，可能删除与 SUPI 相关的数据和资源。SMSF 还把去激活的结果返回给 AMF。

Nsmsf_SMService_UplinkSMS（发送上行短消息）服务操作

AMF 使用 Nsmsf_SMService_UplinkSMS 服务操作将上行 SMS 消息从 UE 传递到 SMSF。作为前提条件，AMF 和 SMSF 必须已激活并授权短消息服务。AMF 在给 SMSF 的请求中提供从 UE 接收的 SUPI 和 SMS 数据。SMSF 将短消息发送到 SMS 服务中心，并将传输结果返回给 AMF。

13.2.8　UDR 提供的服务

Nudr_DataManagement 服务，也称为 Nudr_DM 服务（如图 13.9 所示）。NF 使用者可根据自己可用的数据集，使用该服务在 UDR 中创建存储的数据，查询、更新或删除 UDR 中存储的数据，订阅或退订 UDR 存储数据变更的通知。

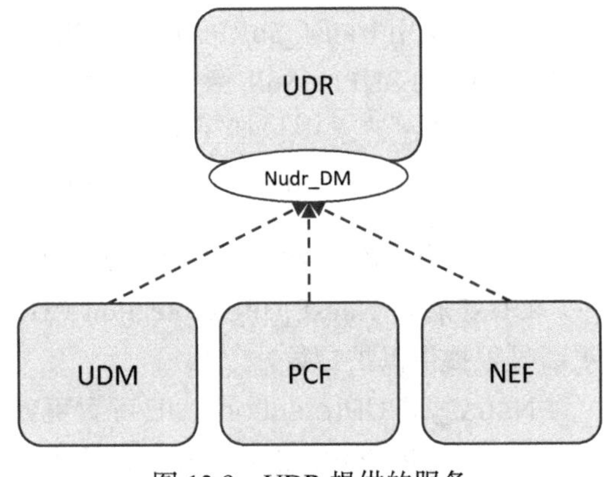

图 13.9　UDR 提供的服务

最初，数据集和数据集标识符规范了签约数据、策略数据、应用程序数据和能力开放数据。数据集和数据集标识符设计成可扩展的，方便提供新标识符以及运营商特定的标识符和相关数据。

13.2.8.1　Nudr_DataManagement（DM）服务

Nudr_DM（数据管理）服务包括下列服务操作：

- Query
- Create
- Delete

- Update
- Subscribe
- Unsubscribe
- Notify

所有操作的共同点是它们可以使用以下参数来指定要操作的数据：

- 数据集标识符：唯一地标识请求的 UDR 中的数据集。
- 数据子集标识符：唯一地标识每个数据集标识符中的数据子集。
- 数据键（例如 SUPI、GPSI 等）。

Nudr_DM_Subscribe 和 Nudr_DM_Notify 操作使用以下参数：

- 事件报告的目标：由数据键和可能的数据子键组成。
- 数据集标识符加上（如果有）对应于（一组）事件 ID 的（一组）数据子集标识符。

NF 服务使用者在调用 Nudr_DM Query/Create/Update 服务操作时可以包括一个指示隐式订阅数据更改的通知，避免使用额外的 Nudr_DM_Subscribe 服务操作。

Nudr_DM_Query（查询数据）服务操作

NF 服务使用者（例如 UDM）可通过 Nudr_DM_Query 服务操作向 UDR 请求一组数据。NF 服务使用者提供数据集标识符以及可选的数据键、数据子集标识符和数据子键。NF 服务使用者也可包括 SUPI，用于识别所存储的 PSI 的最新列表属于哪个 UE。UDR 将请求的数据返回。

Nudr_DM_Create（存储数据）服务操作

NF 服务使用者使用 Nudr_DM_Create 服务操作将新的数据记录存储到 UDR 中，例如 NEF 将新的应用数据记录存储到 UDR 中。发出请求 NF 提供数据集标识符、数据键、可选的数据子集标识符、数据子键和数据，UDR 存储数据并返回结果。

Nudr_DM_Delete（删除数据）服务操作

通过 Nudr_DM_Delete 服务操作，服务使用者可以删除存储在 UDR 中的数据，例如，NEF 服务使用者想要删除某一应用的数据记录。发出请求的 NF 提供数据集标识符、数据键、可选的数据子集标识符、数据子键和数据，UDR 删除数据并返回结果。

Nudr_DM_Update（更新数据）服务操作

通过 Nudr_DM_Update 服务操作，使用者可以更新 UDR 中存储的数据。发出请求的 NF（例如 UDM）提供数据集标识符、数据键、可选的数据子集标识符、数据子键和数据，UDR 更新指定的数据并返回结果。

Nudr_DM_Subscribe（订阅数据更新通知）服务操作

通过 Nudr_DM_Subscribe 服务操作，NF 服务使用者（例如 UDM）可以订阅在 UDR 中修改的数据的通知，事件可以是对现有数据的更改或数据的添加。发出请求的 NF 提供数据集标识符、通知目标地址、通知关联 ID 和事件报告信息。修改现有的订阅时，发出请求的 NF 还包括先前接收的订阅关联 ID。UDR 接受订阅并返回订阅关联 ID。

Nudr_DM_Unsubscribe（退订数据更新通知）服务操作

通过 Nudr_DM_Unsubscribe 服务操作，NF 服务使用者删除以前的订阅。发出请求的 NF 提供了订阅关联 ID，UDR 根据订阅关联 ID 识别和删除订阅信息。

Nudr_DM_Notify（数据更新通知）服务操作

当添加、修改或删除 UDR 中的数据时，通过 Nudr_DM_Notify 服务操作，UDR 通知先前订阅的 NF 使用者关于数据修改的事件。在 Nudr_DM_Notify 操作中，UDR 包括在订阅中收到的通知目标地址、通知相关信息、数据集标识符和更新的数据。

13.2.9 5G-EIR 提供的服务

5G-EIR 提供 N5g-eir_EquipmentIdentityCheck 服务，如图 13.10 所示，AMF 使用该服务来检查永久设备 ID（PEI）是否在黑名单上。N5g-eir_EquipmentIdentityCheck 具有单个服务操作。

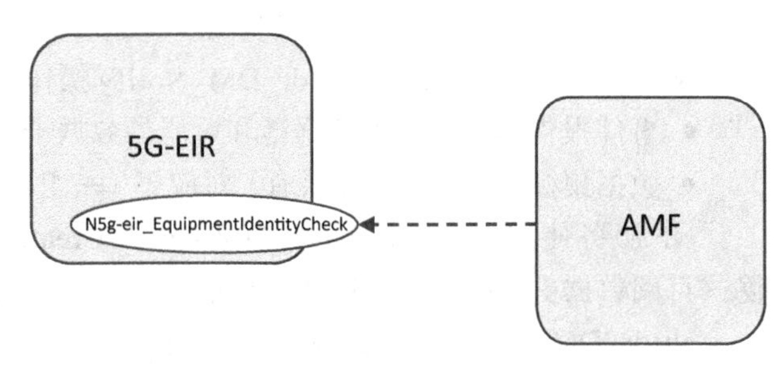

图 13.10 5G-EIR 提供的服务

13.2.9.1 N5g-eir_EquipmentIdentityCheck_Get 服务操作

AMF 使用 N5g-eir_EquipmentIdentityCheck_Get（检查设备）服务操作来检查 PEI 并确定是否允许用户使用该设备。

AMF 在注册过程中从 UE 收到 PEI，可以使用 5G-EIR 提供的 N5g-eir_EquipmentIdentity Check_Get 服务操作。AMF 在请求中提供 PEI 和 SUPI。5G-EIR 检查 PEI 并将结果（即 PEI 是否被列入白名单、灰色名单或黑名单）返回给 AMF。根据结果，AMF 确定是继续还是拒绝 UE 的注册过程。

13.2.10 NWDAF 提供的服务

NWDAF 提供两个服务 Nnwdaf_EventsSubscription 和 Nnwdaf_AnalyticsInfo，如图 13.11 所示。NF 服务使用者可以通过 Nnwdaf_EventsSubscription 服务从 NWDAF 订阅 / 取消订阅不同类型的信息，通过 Nnwdaf_AnalyticsInfo 服务从 NWDAF 请求不同类型的信息。

在 3GPP Release 15 中，NWDAF 的事件报告仅限于报告一个或多个网络切片实例中的负载水平，可能还包括负载水平的阈值。在以后的版本中，预计 NWDAF 将支持其他的事件和事件过滤器。

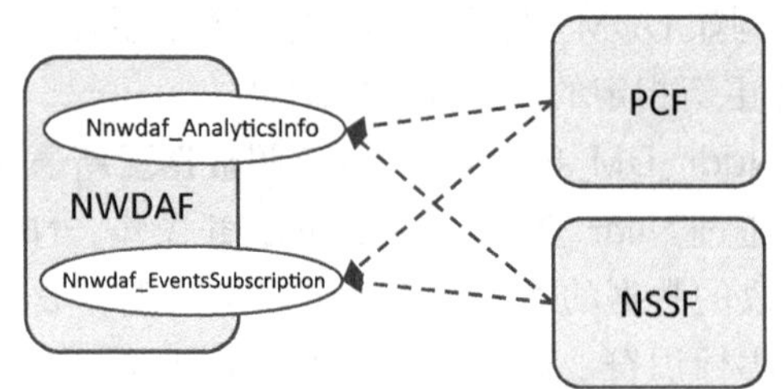

图 13.11 NWDAF 提供的服务

13.2.10.1 Nnwdaf_EventsSubscription 服务

使用者可通过 Nnwdaf_EventsSubscription（事件开放）服务订阅 / 取消订阅网络切片实例中基于负载的事件的通知，可以是定期通知和超过阈值的通知。

Nnwdaf_EventsSubscription_Subscribe（订阅事件通知）服务操作

使用者（比如 NSSF）通过 Nnwdaf_EventsSubscription_Subscribe 服务操作可以订阅 NWDAF 事件。发出请求的 NF 提供 S-NSSAI、事件 ID、通知目标地址、通知关联 ID 和事件报告信息，还可以包括事件过滤器（例如负载水平阈值）。修改现有订阅时，发出请求的 NF 还包括先前接收的订阅关联 ID。NWDAF 接受订阅并返回订阅关联 ID。

Nnwdaf_EventsSubscription_Unsubscribe（取消订阅事件通知）服务操作

NF 服务使用者可通过 Nnwdaf_EventsSubscription_Unsubscribe 服务操作删除以前的订阅。发出请求的 NF 提供了订阅关联 ID，NWDAF 根据该 ID 识别和删除订阅信息。

Nnwdaf_EventsSubscription_Notify（事件通知）服务操作

NWDAF 将已发生的订阅事件汇报给通知目标。根据订阅的类型，通知可以定期发送，也可以在超过阈值（在订阅操作中定义）时触发。NWDAF 包括通知目标地址、事件 ID、通知关联 ID、S-NSSAI 和网络切片实例的负载级别信息。

13.2.10.2 Nnwdaf_AnalyticsInfo 服务

使用通过 Nnwdaf_AnalyticsInfo（分析信息）服务可以请求和获取网络切片实例的 NWDAF 负载级别信息。该服务具有单个服务操作。

Nnwdaf_AnalyticsInfo_Request（请求分析信息）服务操作

NF 使用者可通过 Nnwdaf_AnalyticsInfo_Request 服务操作请求多个网络切片之一的负载信息。发出请求的 NF 指定事件 ID、负载级别信息，并且可以在事件过滤器中包含一个或多个网络切片实例。NWDAF 将返回指定的网络切片实例的请求负载信息。

13.2.11 UDSF 提供的服务

UDSF 服务在 3GPP Release 15 中仅规范了第 2 阶段，尚没有定义第 3 阶段协议解决方案，但是希望以后的版本将研究合适的协议解决方案，这些协议解决方案可以支持 NF 使用动态数据访问 UDSF 时的性能要求。

13.2.12 NSSF 提供的服务

NSSF 包括两个服务 Nnssf_NSSelection 和 Nnssf_NSSAIAvailability，如图 13.12 所示。Nnssf_NSSelection 服务向请求者提供网络切片信息，而 Nnssf_NSSAIAvailability 服务在每个 TA 的基础上提供 S-NSSAI 的可用性。

13.2.12.1 Nnssf_NSSelection 服务

Nnssf_NSSelection（网络切片选择）服务具有单个服务操作：Nnssf_NSSelection_Get。

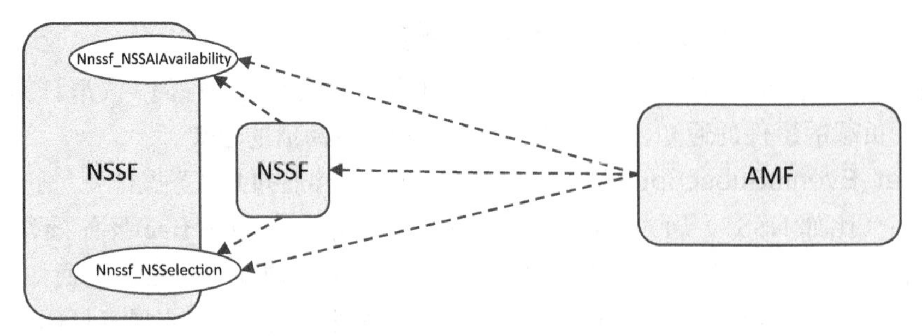

图 13.12　NSSF 提供的服务

Nnssf_NSSelection_Get（获取网络切片选择信息）服务操作

AMF 使用 Nnssf_NSSelection_Get 服务操作为服务 PLMN 请求允许的 NSSAI 和已配置的 NSSAI。AMF 可以在注册过程、PDU 会话建立过程或 UE 配置更新过程中调用 Nnssf_NSSelection_Get 服务操作。在注册过程中调用时，可能会触发 AMF 的重新分配。在漫游情况下，AMF 的请求可以从一个 PLMN 中的 NSSF "中继" 到另一 PLMN 中的 NSSF。

如果在注册期间调用此服务操作，则 AMF 将提供签约 S-NSSAI、默认 S-NSSAI、归属 PLMN ID、TAI、NF 服务使用者的 NF 类型和请求者 ID。如果有，AMF 还可提供请求的 NSSAI、请求的 NSSAI 的映射、默认配置的 NSSAI 指示、当前接入类型的允许的 NSSAI、其他接入类型的允许的 NSSAI 以及当前接入类型和其他接入类型的对应的允许的 NSSAI 的映射。

在其他情况下，请求中提供了可用的相关信息。

NSSF 使用 AMF 提供的输入信息来确定合适的网络切片信息，并返回给 AMF。在注册时，NSSF 可能包含一个或多个允许的 NSSAI、配置的 NSSAI，目标 AMF 集或基于配置的候选 AMF 列表。

AMF 存储接收的信息，在与 UE 和 RAN 进行交互以及选择 SMF 时使用不同的信息。

在注册期间，AMF 将确定其是否将触发 AMF 的重新定位，例如在 PDU 会话建立期间。

13.2.12.2　Nnssf_NSSAIAvailability 服务

Nnssf_NSSAIAvailability（网络切片可用性）服务具有两个服务操作。AMF 可通过这些服务向 NSSF 和其他 AMF 更新每个 TA 上 S-NSSAI 的可用性。

Nnssf_NSSAIAvailability_Update（更新网络切片可用性）服务操作

AMF 通过 Nnssf_NSSAIAvailability_Update 服务操作可以向 NSSF 更新 AMF 每个 TA 下支持的 S-NSSAI。在 AMF 发到 NSSF 的请求中，AMF 给 NSSF 提供每个 TAI 下支持的 S-NSSAI，如果 TAI 下有限制的 S-NSSAI，那么 NSSF 将这些限制的 S-NSSAI 列表返回给 AMF。

Nnssf_NSSAIAvailability_Notify（网络切片可用性的通知）服务操作

NSSF 通过 Nnssf_NSSAIAvailability_Notify 服务操作向 AMF 更新每个 TAI 限制的任何 S-NSSAI 和删除每个 TAI 的限制。NSSF 给 AMF 提供了一个 TAI 和 S-NSSAI 的列表以及每个 TAI 的 S-NSSAI 受限制状态的更改（受限制 / 不受限制）。AMF 存储更新的信息。

13.2.13 LMF 提供的服务

LMF 支持 Nlmf_Location 一种服务，如图 13.13 所示。AMF 通过 Nlmf_Location 服务请求目标 UE 的位置，可以是 UE 的当前大地位置和可选的城市位置。Nlmf_Location 服务包括 Nlmf_Location_DetermineLocation 一个服务操作。

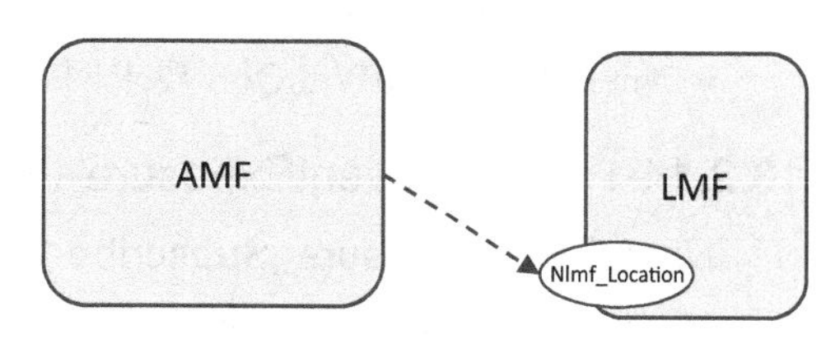

图 13.13 LMF 提供的服务

Nlmf_Location_DetermineLocation 服务操作

Nlmf_Location_DetermineLocation（定位）服务操作将 UE 位置信息提供给使用者 NF。AMF 提供外部客户端类型和 LCS 关联标识符，还可能提供服务小区标识符、位置 QoS、支持的 GAD 形状和 AMF 标识。

LMF 可能执行定位过程（例如，通过调用其他服务）。结果由 LMF 提供给 AMF，可能包括大地位置、城市位置和所使用的定位方法。

13.2.14 NEF 提供的服务

NEF 支持 8 个服务，如图 13.14 所示。

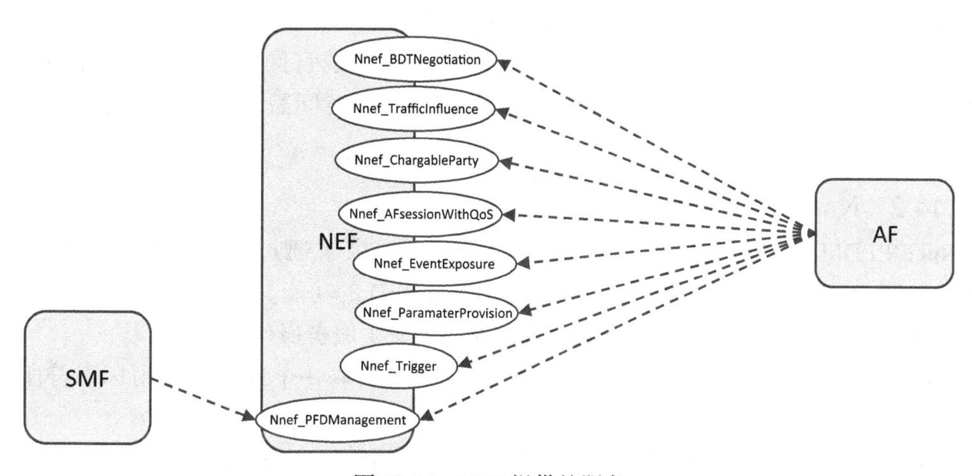

图 13.14 NEF 提供的服务

- Nnef_EventExposure 提供对事件开放的支持。

- Nnef_PFDManagement 提供对包流描述（PFD）管理的支持。
- Nnef_ParameterProvision 为配置 UE 在 5GS 中可用的信息提供支持。
- Nnef_Trigger 提供对终端设备触发功能的支持。
- Nnef_BDTPNegotiation 为未来的背景数据传输的传输策略的协商提供支持。
- Nnef_TrafficInfluence 提供影响业务数据路由的能力。
- Nnef_ChargeableParty 请求为 UE 使用的应用改变付费方。
- Nnef_AFsessionWithQoS 要求网络为 AS 会话提供特定的 QoS。

13.2.14.1 Nnef_EventExposure（事件开放）服务

Nnef_EventExposure_Subscribe（订阅事件通知）服务操作

Nnef_EventExposure_Subscribe 服务操作允许内部或外部的 AF 订阅各种事件，也可以用于更新先前订阅的事件。请求的 AF 提供（一组）事件 ID、事件报告的目标（内部或外部组的标识）、事件报告信息通知的目标地址和通知关联 ID。请求的 AF 也可能提供事件过滤器以缩小事件报告的范围。如果 AF 希望更新一个订阅，AF 会包括先前订阅时收到的订阅关联 ID。NEF 本身不会产生事件，但可以相应地订阅其他 NF 的相关事件。NEF 接受订阅，在响应消息中包括订阅关联 ID 和可能的有效期时间，如果有初始事件，那么也可能包括。

Nnef_EventExposure_Unsubscribe（取消订阅事件通知）服务操作

Nnef_EventExposure_Unsubscribe 服务操作允许 AF 取消先前对事件开放的订阅。取消订阅时 AF 调用 Nnef_EventExposure_Unsubscribe 服务操作，包括订阅关联 ID。NEF 通过从 AF 收到的服务操作和包括的订阅关联 ID 来识别订阅并删除，然后向 AF 确认删除，也可能删除任何相关的资源。

Nnef_EventExposure_Notify（通知事件）服务操作

Nnef_EventExposure_Notify 服务操作允许 NEF 向以前订阅的使用者报告事件。NEF 使用了通知目标地址，并包括事件 ID、通知相关信息和时间戳，NEF 也可能包含事件信息（取决于具体事件）。

13.2.14.2 Nnef_PFDManagement 服务

Nnef_PFDManagement（PFD 管理）服务为 AF 提供了通过 NEF 创建、更新或删除 PFD 的功能，为 SMF 提供了通过 NEF 获取或订阅 PFD 的功能。

Nnef_PFDManagement_Fetch（获取数据流描述）服务操作

Nnef_PFDManagement_Fetch 服务操作允许 SMF 获取一个或多个应用标识符所对应的 PFD。SMF 提供应用标识符，NEF 的响应包括应用标识符和相应的 PFD。

Nnef_PFDManagement_Subscribe（订阅数据流描述变化通知）服务操作

Nnef_PFDManagement_Subscribe 服务操作允许使用者 SMF 明确地订阅一个或多个应用的 PFD 更改的通知。SMF 提供应用标识符，NEF 创建一个订阅资源，并发送给 SMF。

Nnef_PFDManagement_Notify（通知数据流描述变化）服务操作

NEF 使用 Nnef_PFDManagement_Notify 服务操作将应用相关的 PFD 的更改通知到订阅的 SMF，向 SMF 发出的通知中包括应用标识符和相关的更新的 PFD。

Nnef_PFDManagement_Unsubscribe（取消订阅数据流描述变化通知）服务操作

Nnef_PFDManagement_Unsubscribe 服务操作允许 SMF 删除订阅。SMF 提供了要删除其订阅的应用程序标识符。NEF 删除订阅，并可以删除任何相关资源。

Nnef_PFDManagement_Create（创建数据流描述）服务操作

Nnef_PFDManagement_Create 服务操作允许 AF 创建 PFD。AF 提供 AF ID，应用标识符和相应的 PFD。如果 NEF 能接受，NEF 将存储应用标识符和相应的 PFD，分配一个事务参考 ID（Transaction Reference ID），并回复给 AF。

Nnef_PFDManagement_Update（更新数据流描述）服务操作

Nnef_PFDManagement_Update 服务操作允许 AF 更新 PFD。AF 提供事务参考 ID，应用标识符和相应的 PFD，NEF 存储新的 PFD，并可能更新任何已订阅 PFD 更改通知的 SMF。

Nnef_PFDManagement_Delete（删除数据流描述）服务操作

Nnef_PFDManagement_Delete 服务操作允许 AF 请求删除 PFD。AF 提供事务参考 ID，NEF 删除相应的信息。

13.2.14.3 Nnef_ParameterProvision（配置参数）服务

该服务允许外部方可以为 UE 配置在 5GS 中使用的信息。

Nnef_ParameterProvision_Update（更新配置参数）服务操作

Nnef_ParameterProvision_Update 服务操作允许 AF 更新与 UE 有关的信息，即预期的 UE 行为。AF 提供 GPSI、AF ID、事务参考 ID 和期望的 UE 行为参数。

13.2.14.4 Nnef_Trigger（触发下行数据）服务

Nnef_Trigger_Delivery（发送下行触发数据）服务操作

Nnef_Trigger_Delivery 服务操作允许服务使用者请求将触发信息发送到 UE 上的应用，并且隐式订阅发送触发消息结果的通知。AF 提供 GPSI、AF ID、触发器编号、应用服务的端口 ID，NEF 在响应消息中提供事务参考 ID。

Nnef_Trigger_DeliveryNotify（通知下行触发数据）服务操作

Nnef_Trigger_DeliveryNotify 服务操作允许 NEF 报告向 UE 发送触发消息的状态，包括事务参考 ID 和发送的结果。

13.2.14.5 Nnef_BDTPNegotiation（背景数据传输策略协商）服务

Nnef_BDTPNegotiation_Create（创建背景数据传输策略协商）服务操作

Nnef_BDTPNegotiation_Create 服务操作允许 AF 请求背景数据传输的策略。AF 提供

ASP 标识符、每个 UE 的数据流量、UE 的数量和所需的时间窗口，AF 也可能提供预测的网络区域。NEF 的响应包括一个事务参考 ID 和一个或多个背景数据传输策略。

Nnef_BDTPNegotiation_Update（更新背景数据传输策略协商）服务操作

Nnef_BDTPNegotiation_Update 服务操作允许 NF 请求使用选定的背景数据传输策略。只有在 Nnef_BDTPNegotiation_Create 操作中 NEF 返回了几种可能的背景数据传输策略时，才使用这个服务操作。AF 提供了事务参考 ID、ASP 标识符以及所选的背景数据传输策略。

13.2.14.6 Nnef_TrafficInfluence 服务

Nnef_TrafficInfluence（影响业务路由）服务允许 NEF 提供请求授权、参数映射以及可能影响用户数据路由的决策。

Nnef_TrafficInfluence_Create（创建影响业务路由）服务操作

Nnef_TrafficInfluence_Create 服务操作允许 NEF 授权请求并将请求转发到可以影响业务数据路由的 NF。AF 的请求包含 AF 事务 ID、需要路由影响的用户及业务数据的参数，以及如何影响业务数据路由的参数。如果 NEF 能授权 AF 的请求，NEF 将确定受影响的 NF 并向 NF 转发请求。

Nnef_TrafficInfluence_Update（更新影响业务路由）服务操作

Nnef_TrafficInfluence_Update 服务操作允许 NEF 授权和转发更新的影响路由的请求。AF 提供 AF 事务 ID 和任何要更新的参数。如果 NEF 能授权 AF 的请求，NEF 确定要更新的 NF 并将 AF 的请求转发给 NF。

Nnef_TrafficInfluence_Delete（删除影响业务路由）服务操作

Nnef_TrafficInfluence_Delete 服务操作允许 AF 请求删除先前对业务路由影响的请求。AF 提供 AF 事务 ID，NEF 授权请求并将其转发给相关的 NF。

Nnef_TrafficInfluence_Notify（通知影响业务路由）服务操作

Nnef_TrafficInfluence_Notify 服务操作允许 NEF 将用户面（UP）路径管理事件报告转发给 AF。NEF 包括 AF 事务 ID 和用户面路径管理事件。AF 事务 ID 代表了和事件报告相关的 AF 的请求。

13.2.14.7 Nnef_ChargeableParty 服务

Nnef_ChargeableParty（提供更改付费 / 资助方）服务允许 NF 请求为 UE 使用的某些应用更改付费方。

Nnef_ChargeableParty_Create（创建付费 / 资助方）服务操作

Nnef_ChargeableParty_Create 服务操作允许 AF 请求为 UE 使用的某些应用更改付费方。AF 提供 AF 标识符、UE IP 地址、应用数据流描述、赞助者信息和赞助者状态。NEF 接受后，会以事务参考 ID 进行响应。

Nnef_ChargeableParty_Update（更改付费 / 资助方）服务操作

Nnef_ChargeableParty_Update 服务操作允许 AF 为先前创建的 AF 会话更改付费方。

AF 提供 AF 标识符、事务参考 ID 和赞助状态。

Nnef_ChargeableParty_Notify（通知更改付费 / 资助方）服务操作

Nnef_ChargeableParty_Notify 服务操作允许 NEF 向 AF 报告承载级事件。

13.2.14.8 Nnef_AFsessionWithQoS 服务

Nnef_AFsessionWithQoS（为 AF 会话请求特定 QoS）服务允许 NF 为 AF 会话请求特定的 QoS。

Nnef_AFsessionWithQoS_Create（创建特定 QoS 的 AF 会话）服务操作

Nnef_AFsessionWithQoS_Create 服务操作允许 AF 请求网络为 AF 会话提供特定的 QoS。AF 提供 AF 标识符、UE IP 地址、应用数据流描述和 QoS 参考编号，NEF 以事务参考 ID 进行响应。

Nnef_AFsessionWithQoS_Notify（通知 AF QoS）服务操作

Nnef_AFsessionWithQoS_Notify 服务操作允许 NEF 向 AF 报告请求的 QoS 是否能满足承载级事件。

第 14 章

协　　议

14.1　引言

本章概述了 5GS 中使用的主要协议，目的是对这些协议及其基本特性进行概述。

14.2　5G 非接入层

14.2.1　简介

NAS 是用于 UE 和核心网络之间的主要控制面协议。NAS 的主要功能是：

- 处理 UE 的注册和移动性，包括一些通用功能，比如：管理连接的接入控制、鉴权、NAS 安全处理、UE 标识和 UE 的配置。
- 支持会话管理流程，建立 PDU 会话，维护 PDU 会话以及维护 UE 和 DN 之间的用户面的 QoS。
- UE 和 AMF 之间的常规 NAS 传输，用以承载并未在 NAS 协议中定义的其他类型的消息，例如 SMS 的传送、位置服务的 LPP 协议的传送、UDM 数据（比如漫游导引（SOR））消息以及 UE 策略（URSP）。

NAS 由两个基本协议组成，以支持上述功能：

- 5GS 移动性管理（5GMM）协议。
- 5GS 会话管理（5GSM）协议。

5GMM 协议是在 UE 和 AMF 之间运行的基本 NAS 协议，负责 UE 注册、移动性、安全性和 5GSM 协议的传输，以及其他类型消息的常规 NAS 传输。5GMM 协议也用于在 UE 和 PCF、UE 和 SMSF 等之间传输信息，如图 14.1 所示。5GSM 协议在 UE 和 SMF 之间运行，承载在 5GMM 协议之上（如图 14.1 所示），经由 AMF 传送，它负责管理 PDU 会话连接。

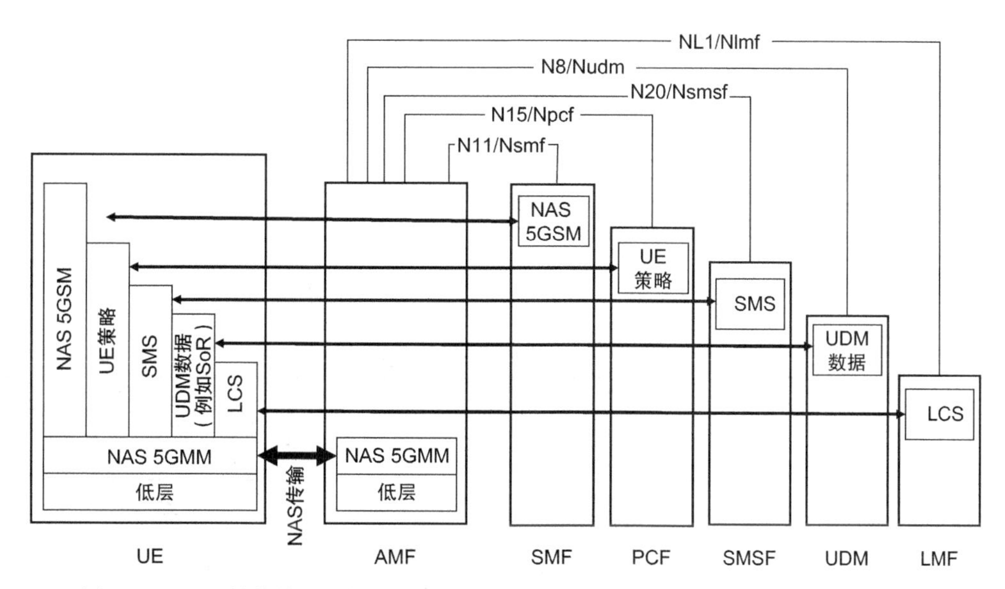

图 14.1　NAS 协议栈，包括 NAS-MM（移动性管理）和 NAS-SM（会话管理）协议

5GMM 和 5GSM 协议将在后面章节进一步描述。

在 5G 系统中，NAS 协议可同时用于 3GPP 和非 3GPP 接入，与 EPS/4G 相比，这是个关键的区别，EPS/4G 中 NAS 协议是为 3GPP 接入（即 E-UTRAN）量身定制的。

NAS 消息由 AMF 和（R）AN 之间的 NGAP（在 N2 参考点上使用）传输，并由（R）AN 和 UE 之间和接入相关（即 3GPP 或非 3GPP）的方式传输，NGAP 在本章的 14.3 节中介绍。

5G NAS 协议被定义为 5G 中的新协议，但它们与 4G/EPS 的 NAS 协议以及 2G/3G/（即 GPRS）的 NAS 协议有很多相似之处。5G NAS 协议在 3GPP TS 24.501 中规范。

14.2.2　5G 移动性管理

5GMM 流程用于跟踪 UE 的下落，对 UE 进行鉴权并对与 UE 交互的信息进行完整性保护和加密。5GMM 流程还负责向 UE（5G-GUTI）分配新的临时身份，还可以从 UE 请求身份信息（SUCI 和 PEI）。另外，5GMM 流程将 UE 的能力信息提供给网络，相应地网络侧也向 UE 通知网络侧支持特定服务的信息，因而 5GMM 协议是针对特定接入类型下的一个 UE，这点和针对 PDU 会话的 5GSM 协议不同。

5GMM NAS 信令发生在 UE 和 AMF 之间，基本流程有：

- 注册
- 注销
- 鉴权
- 安全模式控制

- 业务请求
- 通知
- 上行 NAS 传输
- 下行 NAS 传输
- UE 配置更新（比如 5G-GUTI 的重分配、TAI 列表的更新等）
- 终端身份请求

表 14.1 列出了支持以上流程的 5GS 移动性管理的 NAS 消息类型。

表 14.1　移动性管理的 NAS 消息类型

流程类型	消息类型	方向
5GMM 特定流程	注册请求	UE → AMF
	注册接受	AMF → UE
	注册完成	UE → AMF
	注册拒绝	AMF → UE
	注销请求（UE 发起的流程）	UE → AMF
	注销接受（UE 发起的流程）	AMF → UE
	注销请求（UE 终结的流程）	AMF → UE
	注销接受（UE 终结的流程）	UE → AMF
5GMM 连接管理流程	服务请求	UE → AMF
	服务接受	AMF → UE
	服务拒绝	AMF → UE
5GMM 通用流程	配置更新指令	AMF → UE
	配置更新完成	UE → AMF
	鉴权请求	AMF → UE
	鉴权应答	UE → AMF
	鉴权拒绝	AMF → UE
	鉴权失败	UE → AMF
	鉴权结果	AMF → UE
	身份请求	AMF → UE
	身份应答	UE → AMF
	安全模式指令	AMF → UE
	安全模式完成	UE → AMF
	安全模式拒绝	UE → AMF
	5GMM 状态	UE → AMF 或 AMF → UE
	通知	AMF → UE
	通知应答	UE → AMF
	上行 NAS 传输	UE → AMF
	下行 NAS 传输	AMF → UE

只有在 UE 和 AMF 之间已建立 NAS 信令连接的情况下，才能执行 5GMM 流程。如果 UE 和 AMF 间没有信令连接，那么 5GMM 层必须发起 NAS 信令连接的建立。NAS

信令连接通过 UE 的注册或服务请求流程建立。对于下行 NAS 信令，如果没有活动的信令连接，则 AMF 首先执行一个寻呼流程，触发 UE 执行服务请求流程（参见第 15 章）。5GMM 流程依赖（R）AN 和 AMF 之间 N2 接口的 NGAP 协议，以及 UE 和（R）AN 之间与接入相关的信令（例如 3GPP 接入的 RRC）来建立 PDU 会话连接。

14.2.3　5G 会话管理

5GSM 流程用于管理 PDU 会话和用户面的 QoS，包括建立和释放 PDU 会话以及修改 PDU 会话来添加、删除或修改 QoS 规则。5GSM 流程还用于执行 PDU 会话的二次鉴权（有关二次鉴权的描述，请参见第 6 章）。5GSM 协议的操作是针对 PDU 会话的，而 5GMM 协议的操作是针对 UE 的。

5GSM 基本流程包括：

- PDU 会话建立
- PDU 会话释放
- PDU 会话修改
- PDU 会话鉴权和授权
- 5GSM 状态（交换 5GSM 状态信息）

表 14.2 列出了支持以上这些流程的 SM NAS 消息类型。

表 14.2　会话管理的 NAS 消息类型

消息类型	方向
PDU 会话建立请求	UE → SMF
PDU 会话建立接受	SMF → UE
PDU 会话建立拒绝	SMF → UE
PDU 会话鉴权指令	SMF → UE
PDU 会话鉴权完成	UE → SMF
PDU 会话鉴权结果	SMF → UE
PDU 会话修改请求	UE → SMF
PDU 会话修改拒绝	SMF → UE
PDU 会话修改指令	SMF → UE
PDU 会话修改完成	UE → SMF
PDU 会话修改指令拒绝	UE → SMF
PDU 会话释放请求	UE → SMF
PDU 会话释放拒绝	SMF → UE
PDU 会话释放指令	SMF → UE
PDU 会话释放完成	UE → SMF
5GSM 状态	UE → SMF 或 SMF → UE

14.2.4　消息结构

NAS 协议按 3GPP TS 24.007 的标准 3GPP 层 3（L3）消息实现。根据 3GPP TS 24.007 的标准 3GPP 层 3（L3）消息及其前身也用于前几代（2G、3G、4G）中的 NAS 信令消息。已经开发的编码规则能优化空中接口上的消息大小，具有扩展性和向后兼容性，而不需版本协商。

每个 NAS 消息均包含协议鉴别符和消息类型。协议鉴别符指示所用的协议，针对 5G NAS 消息，是 5GMM 或 5GSM（准确地说，对于 5G，由于原先备用的协议鉴别符已经用完，必须定义扩展的协议鉴别符）。消息类型指明发送的特定消息，例如注册请求、注册接受或 PDU 会话修改请求，如表 14.1 和表 14.2 所示。

NAS 5GMM 消息还包含安全标头，指示消息是否受到完整性保护和是否加密。5GSM 消息包含 PDU 会话标识，表明这个 5GSM 消息是针对哪个 PDU 会话的，5GMM 和 5GSM 消息中的其余信息元素是为每个特定的 NAS 消息量身定制的。

普通 5GMM NAS 消息的帧结构如图 14.2 所示，普通 5GSM 消息的帧结构如图 14.3 所示。

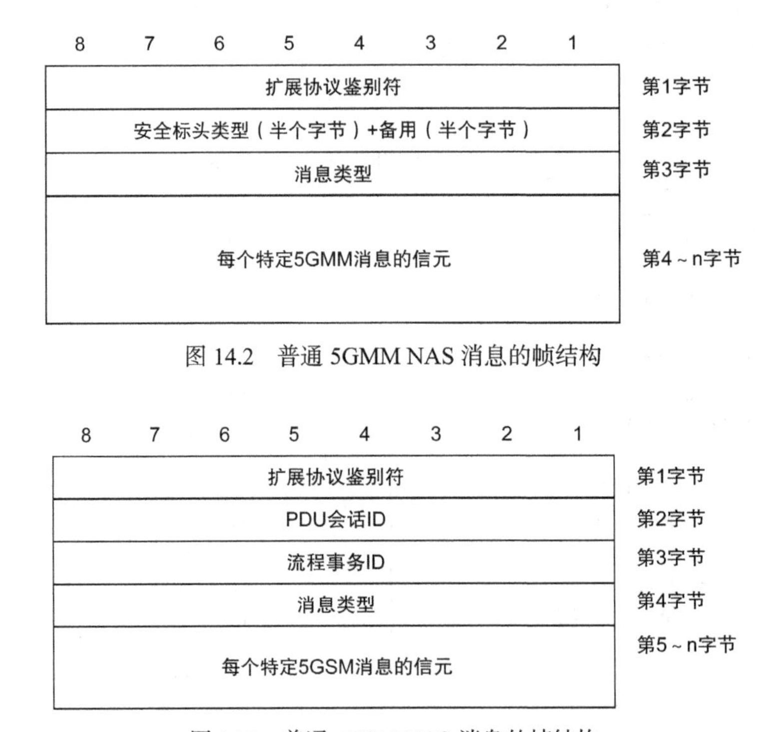

图 14.2　普通 5GMM NAS 消息的帧结构

图 14.3　普通 5GSM NAS 消息的帧结构

当 NAS 消息受到安全保护时，原始 NAS 消息将被封装，如图 14.4 所示。此格式适用于所有 5GSM 消息，因为它们始终受到安全保护。它还适用于受安全保护的 5GMM 消息。在这些受安全保护的 NAS 消息中，由于 NAS 安全性是 5GMM NAS 协议的一部分，因此第一个扩展协议鉴别符指示它是 5GMM 消息。受安全保护的 NAS 消息内的普通 NAS 消息具有附加的扩展协议鉴别符，用于指示它是 5GMM 消息还是 5GSM 消息。受安全保护的 NAS 消息内的普通 NAS 消息可进行进一步封装。普通 NAS 消息可以是包含 PDU 会话建立请求（5GSM）消息的 UL NAS 传输（5GMM）消息。

有关 EPS NAS 消息和信元的更多详细信息，请参见 3GPP TS 24.501 和 3GPP TS 24.007。

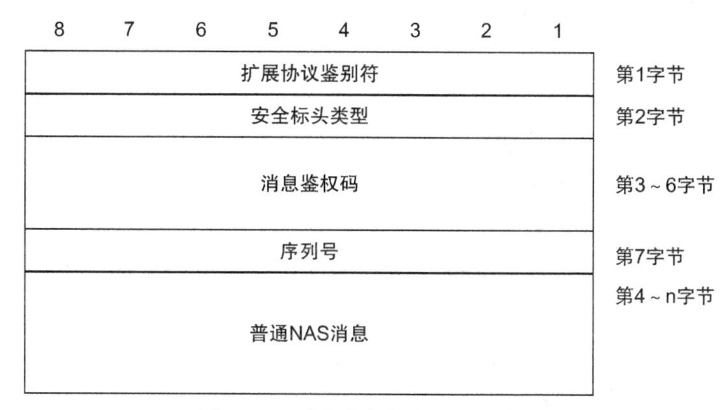

图 14.4　受安全保护的 NAS 消息

14.2.5　未来的扩展和兼容性

终端和网络收到不认识的信元时，原则上忽略，这样在后续版本中，如果在 5G NAS 信令中添加新的信元，不会影响按较早版本实现的终端和网络。

14.3　NG 应用协议

14.3.1　介绍

NG 应用协议（NGAP）用于（R）AN 和 AMF 之间的 N2 接口。可以注意到，在整个系统架构中 RAN-AMF 间的接口称为 N2，而 3GPP RAN 工作组将 RAN-AMF 间的接口命名为 NG，协议因此被称为 NGAP，NG 是接口名称，另加上 AP（应用协议）。“应用协议”这个术语已被 3GPP 多次使用，用来表示两个网络功能之间的信令协议。

14.3.2　基本原理

NGAP 支持处理 AMF 和（R）AN 间流程所需的所有机制，还支持透传 UE 和 AMF 间的流程或透传网络功能间的流程。NGAP 适用于与 5GC 集成的 3GPP 接入和非 3GPP 接入，这是一个和 EPS 的主要区别。在 EPS 中，S1AP 仅适用于 3GPP 接入（E-UTRAN），不能用于非 3GPP 接入。但是，即使 NGAP 适用于任何接入，NGAP 的设计也主要针对 3GPP 接入（NG-RAN），这在 3GPP TS 38.413 定义的协议规范中也可以注意到。与非 3GPP 接入相关的特定参数，需要时也添加到协议中。

AMF 和（R）AN 之间的 NGAP 交互分为两类：

- 与终端不相关的服务：这些 NGAP 服务与（R）AN 节点和 AMF 之间的整个 NG 接口实例有关，比如建立 AMF 和（R）AN 之间的 NGAP 信令连接，处理某些过载情况并交换 RAN 和 AMF 配置数据。
- 与终端相关的服务：这些 NGAP 服务与终端相关，因此这些 NGAP 信令与终端所涉及的流程有关，例如：终端的注册，建立 PDU 会话等。

NGAP 协议支持以下功能：

- NG（即 N2）接口管理功能，例如 NG 接口的初始建立、NG 接口的复位、错误指示、过载指示和负载平衡。
- 初始 UE 上下文设置功能，在（R）AN 节点中建立初始 UE 上下文。
- 向 AMF 提供 UE 的能力信息（从 UE 接收时）。
- UE 的移动性功能，在 NG-RAN 中启用切换，例如，路径切换请求。
- PDU 会话资源（用户面资源）的建立、修改和释放。
- 寻呼，为 5GC 提供寻呼 UE 的功能。
- UE 和 AMF 间 NAS 信令的传输功能。
- 绑定管理：管理特定 UE 的 NGAP UE 关联和特定传输网络层关联之间的绑定。
- 状态传输功能（将 PDCP 序列号状态信息从源 NG-RAN 节点通过 AMF 传输到目标 NG-RAN 节点，支持按顺序传递和避免切换时的复制）。
- 追查活动 UE 的踪迹。
- UE 位置报告和定位协议支持。
- 预警消息传输。

14.3.3 NGAP 基本流程

NGAP 由各基本流程组成。基本流程是（R）AN（例如 NG-RAN 节点）和 AMF 之间交互的单元。这些基本流程都是分别定义的，这样能够以灵活的方式构建完整的消息流程。基本流程可以独立于其他流程被独立调用，也可以和其他流程并行调用。一些基本流程提供的服务不与单个 UE 相关（例如，NG 建立），而其他一些基本流程提供的服务只与 UE 相关（例如，PDU 会话资源修改流程）。一些基本流程提供的服务可能与 UE 关联，也可能不与 UE 关联，根据具体情况而定，例如，针对错误指示流程：如果与 UE 信令的接收有关，则使用与 UE 关联的信令；否则将使用非 UE 关联的信令。在有些情况下，基本流程间的相互独立会受到限制，这些限制由 NGAP 规范说明。

表 14.3 和表 14.4 列出了 NGAP 中的基本流程，一些流程属请求 – 响应类型，其他的一些是不需响应的基本流程。针对请求 – 响应类的流程，请求的发起方收到请求的接收方

的响应，指示请求是否成功处理（相关的流程如表 14.3 所列）。其他流程是不需响应的基本流程，例如在 AMF 希望只发送下行链路 NAS 消息时使用，这种情况下，下行链路 NAS 消息的错误处理由 NAS 层进行，因此 RAN 无须提供响应（没有响应的基本过程如表 14.4 所列）。

表 14.3 指示成功或失败响应的基本 NGAP 流程（参照 3GPP 38.413 的表 8.1-1）

基本流程	始发 NGAP 消息	成功的结果 NGAP 响应消息	不成功的结果 NGAP 响应消息
AMF 配置更新流程	AMF 配置更新	AMF 配置更新确认	AMF 配置更新失败
RAN 配置更新流程	RAN 配置更新	RAN 配置更新确认	RAN 配置更新失败
切换取消流程	切换取消	切换取消确认	
切换准备流程	切换要求	切换指令	切换准备失败
切换资源分配流程	切换请求	切换请求确认	切换失败
初始上下文建立流程	初始上下文建立请求	初始上下文建立响应	初始上下文建立失败
NG 复位流程	NG 复位	NG 复位确认	
NG 建立流程	NG 建立请求	NG 建立响应	NG 建立失败
路径切换请求流程	路径切换请求	路径切换确认	路径切换失败
PDU 会话资源修改流程	PDU 会话资源修改请求	PDU 会话资源修改响应	
PDU 会话资源修改流程指示流程	PDU 会话资源修改流程指示	PDU 会话资源修改流程指示确认	
PDU 会话资源释放流程	PDU 会话资源释放指令	PDU 会话资源释放响应	
PDU 会话资源建立流程	PDU 会话资源建立请求	PDU 会话资源建立响应	
UE 上下文修改流程	UE 上下文修改请求	UE 上下文修改响应	UE 上下文修改失败
UE 上下文释放流程	UE 上下文释放指令	UE 上下文释放完成	
写－替换预警流程	写－替换预警请求	写－替换预警响应	
PWS（公共预警系统）取消流程	PWS 取消请求	PWS 取消响应	
UE 无线能力检查流程	UE 无线能力检查请求	UE 无线能力检查响应	

表 14.4 没有响应消息的基本 NGAP 流程（参照 3GPP 38.413 表 8.1-2）

基本流程	NGAP 消息
下行 RAN 配置传输流程	下行 RAN 配置传输
下行 RAN 状态传输流程	下行 RAN 状态传输
下行 NAS 传输流程	下行 NAS 传输
错误指示流程	错误指示
上行 RAN 配置传输流程	上行 RAN 配置传输
上行 RAN 状态传输流程	上行 RAN 状态传输
切换通知流程	切换通知
初始 UE 消息流程	初始 UE 消息
NAS 未送达指示流程	NAS 未送达指示

（续）

基本流程	NGAP 消息
寻呼流程	寻呼
PDU 会话资源通知流程	PDU 会话资源通知
NAS 重路由请求流程	NAS 重路由请求
UE 上下文释放请求流程	UE 上下文释放请求
上行 NAS 传输流程	上行 NAS 传输
AMF 状态指示流程	AMF 状态指示
PWS（公共预警系统）重启指示流程	PWS 重启指示
PWS（公共预警系统）失败指示流程	PWS 失败指示
下行 UE 相关的 NRPPa 传输流程	下行 UE 相关的 NRPPA 传输
上行 UE 相关的 NRPPa 传输流程	上行 UE 相关的 NRPPA 传输
下行非 UE 相关的 NRPPa 传输流程	下行非 UE 相关的 NRPPA 传输
上行非 UE 相关的 NRPPa 传输流程	上行非 UE 相关的 NRPPA 传输
开始追踪流程	开始追踪
追踪失败指示流程	追踪失败指示
停止追踪流程	停止追踪
小区业务追踪流程	小区业务追踪
位置上报控制流程	位置上报控制
位置上报失败指示流程	位置上报失败指示
位置上报流程	位置上报
UE TNLA（传输网络层偶联）绑定释放流程	UE TNLA 绑定释放
UE 无线能力信息指示流程	UE 无线能力信息指示
RRC 非活动状态变化的上报流程	RRC 非活动状态变化的上报
过载开始流程	过载开始
过载停止流程	过载停止

NGAP 协议没有版本协商，协议的前向和后向兼容性通过协议的设计机制来确保：现在和将来的消息以及 IE 或相关 IE 的组都包括以标准格式编码的 ID 和关键性字段，这些信息将来不会更改。无论是哪个标准版本，这些部分始终可以被解码。

NGAP 运行在 SCTP 之上，依赖 SCTP 可靠的传输机制（14.10 节中进一步描述了 SCTP）。

14.4 超文本传输协议

14.4.1 介绍

当今世界，人们熟悉互联网，因此用于互联网的超文本传输协议（HTTP）可能是最知名的协议之一。HTTP 是互联网数据通信的基础，用于“浏览 Web”，提供网页的访问，其中的超链接指向其他资源，用户可以通过单击鼠标或点击屏幕轻松地访问这些资源。

HTTP 是 3GPP 核心网络协议家族中的新成员，至少从 3GPP 控制面接口来看。虽然 2G/3G/4G 控制面在核心网络中高度依赖于 GTP-C、MAP 和 Diameter，但 5GC 的控制面几乎完全依赖于 HTTP。

在本节中，我们将简要介绍 HTTP 和 HTTP 如何应用在 5GC 的一些方面。互联网上有很多相关的教程，有兴趣的读者也可以从这些教程获取更详细的信息。

HTTP 被定义为应用协议，用于分发并访问超媒体信息。HTTP 的开发始于 20 世纪 80 年代末和 20 世纪 90 年代初的万维网初期，在 CERN 进行。HTTP 的第一个记录的版本是 HTTP v0.9（1991 年），随后是 HTTP 1.0（1996 年）和 HTTP 1.1（1997 年）。后来的几年中，对 HTTP 1.1 进行了改进、澄清和更新。HTTP 1.1 是第一个在互联网上普遍使用的版本，至今仍广泛使用。新版本 HTTP/2 已于 2015 年在 IETF RFC 7540 中进行了标准化，这是 3GPP 用于 5GC 控制面的版本。以下描述的大多数功能是 HTTP 1.1 和 HTTP/2 所共有的，但是有些 3GPP 所使用的功能是由 HTTP/2 引入的。

HTTP/2 的主要目标是提高性能，以便为 Web 用户提供更好的体验。与 HTTP 1.1 相比，HTTP/2 的主要优点是：支持请求和响应的完全多路复用，支持 HTTP 标头字段的压缩以最大限度地减少协议开销，以及支持请求优先级和服务器推送。可以注意到的是，HTTP/2 没有修改 HTTP 的应用语义，下面描述的所有基本概念（例如 HTTP 方法、状态代码、URI 和标头字段）都将保留。HTTP/2 所做的是修改（改进）消息中携带信息的格式，以及信息在客户端和服务器间传输的方式，修改的格式对应用层并不可见。

14.4.2 基本原理

HTTP 是在客户端和服务器之间运行的请求 - 响应协议，承载在 TCP 传输层上，确保可靠的传输。HTTP 1.1 也可以通过其他传输协议进行传输，但是 HTTP/2 被规定只能通过 TCP 进行传输。3GPP 已经讨论过将 HTTP 与 QUIC 传输一起使用（通过 QUIC 传输的 HTTP 也称为 HTTP/3），但对于 3GPP Release 15 来说，QUIC 还不够成熟，因而还没被 3GPP 采纳。与此同时，基于 QUIC 的 HTTP 的使用正在研究当中，可能在未来的 3GPP 版本中被采纳。

HTTP 的协议栈如图 14.5 所示。传输层安全性可选使用 TLS 保护客户端和服务器之间的 HTTP 通信，承载在 TLS 上的 HTTP 也称为 HTTPS。TLS 在 14.5 节中进一步介绍。

HTTP
(TLS)
TCP
IP
L2/L1

图 14.5 HTTP 协议栈

当 HTTP 客户端要与服务器进行通信时，首先会建立与服务器上特定端口间的 TCP 连接。HTTP 的默认端口为 80，而 HTTPS 的默认端口为 443。在 5G 核心网中，提供服务的 NF（即充当 HTTP 服务器）可以在 NRF 中注册服务提供者的 FQDN 或 IP 地址和端口。使用服务的 NF（即充当 HTTP 客户端的实体）可以从 NRF 中找到提供某一服务的服务器的 FQDN，或者 IP 地址和可选的端口号。如果服务提供者 NF 没有在 NRF 中注册任何端口号，那么服务使用者将使用 HTTP 和 HTTPS 的默认端口号。

一旦建立了 TCP 连接，客户端就可以通过该 TCP 连接向服务器发送 HTTP 请求。单个 TCP 连接上可发送多个未完成的 HTTP 请求，这是 HTTP/2 的主要优势之一，因为它提高了在单个 TCP 连接上多路复用 HTTP 请求 / 响应对的可能性，与 HTTP 1.1 相比，HTTP/2 使用的 TCP 连接数量更少。可以提一下的是，HTTP 1.1 支持一个称为“管道化”的功能，该功能允许某种程度的多路复用，但具有严重的局限性，不如 HTTP/2 强大。

14.4.3　HTTP 消息、方法、资源和 URI

如上所述，HTTP 协议遵循请求 / 响应模式。客户端向服务器发送请求，服务器发送响应。当今互联网的一种常见用例是：客户端是 Web 浏览器，服务器是运营在数据中心的计算机上的 Web 服务器。在 5GC 中，客户端和服务器都是 5GC 中的 NF。图 14.6 说明了一个简单的 HTTP 交换。

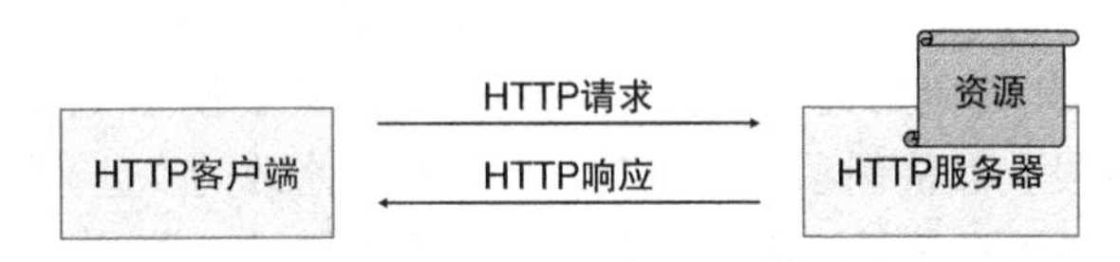

图 14.6　简单 HTTP 交换

HTTP 请求的目标称为“资源”，由服务器提供。资源可以代表很多内容，但 HTTP 协议没有对其进行更详细的定义。针对网络浏览，资源可以是网页、文档或照片。在 3GPP 5GC 中，对 SMF 提供的服务而言，资源可以是 PDU 会话；对 PCF 提供的服务而言，资源可以是策略会话；对 UDM 提供的服务而言，资源可以是签约数据。每个资源由统一资源标识符（URI）来标识，URI 的一种非常常见的形式是统一资源定位符（URL），它是 URI 的一种特殊类型，既标识资源，同时提供有关如何访问该资源的信息，比如使用诸如 HTTP 协议（如 https://www.3gpp.org）来访问资源。

在 5GC 中，请求消息中的 URI 唯一标识服务提供者 NF 中的资源，基于服务接口的绝对 URI 具有以下结构：

```
{apiRoot}/{apiName}/{apiVersion}/{apiSpecificResourceUriPart}
```

我们将简要描述 URI 的每个部分并给举例说明。

“apiRoot”由如下几个部分串联起来：

- 方案（“http”或“https”）
- 固定字符串“://”

- 主机和可选端口（所谓的“授权”）
- 以“/”字符开头的可选的与部署相关的字符串（即 API 前缀）

“apiName”定义 API 的名称，“apiVersion”指示 API 的版本。“apiRoot”“apiName”和“apiVersion”合在一起定义了 API 的基本 URI，然后每个“apiSpecificResourceUriPart”定义了相对于基本 URI 的资源 URI。“apiSpecificResourceUriPart”的结构和内容因服务类型而异，例如对 UDM 而言，客户端 NF 向 UDM 发送的获取“已配置”资源（例如签约数据）的请求时，使用的 URI 包括 SUPI，这个 URI 看起来像“https://udm1.operatorX.com/nudm-sdm/v1/imsi-1234567890/sm-data”，例子中的 IMSI 为“1234567890”。对于 SMF 和 AMF 而言，“资源”是在运行中动态创建的，比如在 UE 注册时或在 UE 建立 PDU 会话时。这里的 URI 不能像 UDM 例子中的那样是静态的，相反，服务提供者 NF（服务器）在第一个回复消息中将资源引用返回给服务使用者 NF（客户端），这之后，当使用者想要对该特定资源操作时（例如，SMF 中的 PDU 会话），使用者将包括该资源引用的 URI，例如“https://smf3.operatorY.com/nsmfpdusession/v1/sm-contexts/347c3edf-129a-276e-e4c7-c48e7b515605”，其中最后一部分是资源引用。

服务器在接收到 HTTP 请求之后，如果有权访问资源，将解析该请求并可以代表客户端执行功能，然后将响应消息返回给客户端。该响应包括这次交互的状态信息，通常包含所请求的内容（表示所请求的资源）。

在客户端发送的 HTTP 请求中，客户端通过 URI 描述了目标资源，并且还描述了客户端请求对该资源执行的特定动作，这些动作称为“HTTP 方法”。通常在互联网上用于浏览 Web 的一种简单的 HTTP 方法是 GET。客户端使用 GET 方法向服务器请求特定文档（资源），服务器在回复消息中将该文档（资源）发送给客户端。GET 方法不会以任何方式修改资源。GET 方法是 HTTP 早期历史中最早定义的方法之一，后来又添加了其他几种方法，下面简要介绍：

GET：请求指定资源。使用 GET 的请求应该只用于获取数据，而对资源没有其他影响。

HEAD：只请求资源，这点与 GET 相似，但只请求资源的描述，而不是实际的内容。如果客户端只想了解资源的类型而不需要完整的内容，这个方法可能很有用。（到目前为止，5GC 的 API 没有使用 HEAD 方法。）

PUT：要求服务器将来自客户端请求中的内容存储在提供的 URI 下。如果 URI 指向服务器上已经存在的资源，那么 PUT 将修改该资源；如果 URI 没有指向任何现有资源，则服务器可以使用该 URI 创建资源。

POST：要求服务器获取客户端请求中携带的内容，并在 URI 标识的资源下对其进行修改。在互联网设置中，请求中的内容可能是例如对新闻文章的评论、Web 表单的数据或要添加到线上数据库的事项。

PATCH：对资源进行部分修改。

DELETE：删除指定的资源。

TRACE：回显收到的请求，以便客户端可以看到中间服务器或代理进行了哪些更改。（到目前为止，5GC 的 API 没有使用 TRACE 方法。）

OPTIONS：回复有关通信能力的信息。例如，对特定的 URL 而言，服务器支持哪些 HTTP 方法，可用于了解 HTTP 服务器支持的功能。

CONNECT：将请求连接转换为透明的 TCP/IP 隧道，通常有助于通过 HTTP 代理进行加密通信（HTTPS）。

14.4.4 RESTful 设计

3GPP 的目标是根据 REST“样式”定义 5GC 的所有服务。“REST”（“代表性状态转移”的缩写）是 Roy T. Fielding 在 2000 年的论文中提出的一种软件体系结构样式，它定义了一组软件设计规则，用于设计计算机系统在互联网上的互操作性。RESTful Web 服务使用统一的预定义的无状态操作，使系统能访问和操纵基于 Web 的资源的文本表示形式。

RESTful 设计的原理如下所列。3GPP TS 29.891 中对这些原理进行了适应性改变，以适应 5GC 的使用要求。实际上，现有的声称是 RESTful 的 API 在不同程度上遵循了这些原则，3GPP 的 API 设计同样如此。如下所述，不同的原则或多或少适用于 5GC。

1）*客户端/服务器*：这是指客户端和服务器之间的职责划分，其中客户端将请求发送到服务器，服务器处理请求并返回响应。这样的划分使得不同的任务可以分开，例如从数据存储中生成用户界面，这样简化了单个任务并增强了可移植性和可伸缩性。

在 5GC 中，由于将服务定义为服务提供者 NF 向使用者 NF 提供服务，因此在很大程度上应用了客户端/服务器模式。但是，服务还可以包括从服务器到客户端的异步通知或请求，这样的模式下服务器和客户端的请求/响应角色正好相反，因此可以将其单独建模。

2）*无状态*：从客户端到服务器的每个请求必须包含能让服务器理解该请求的所有的必要信息，因此会话状态完全保留在客户端上，服务器不保留先前请求的历史记录/内存。服务器可以将会话状态转移到另一个服务，例如数据库，在一段时间内保持持久的会话状态。不同的服务器可以满足不同的请求，从而提高可靠性和可伸缩性。

5GC 仅部分满足了“无状态”原则。在 5GC 中，一个假设是选择的服务器（NF）保有和资源关联的状态信息，例如，SMF 将保有 PDU 会话的状态，AMF 将保有 UE 移动性上下文的状态，PCF 将保有活动的策略会话的状态等，但是这些是应用层状态，而底层的 HTTP 协议仍然可以是无状态的。

3）*可缓存的*：如果响应是可缓存的，则客户端可以缓存响应，并在以后将响应数据重新用于相同的请求，这使得可以避免某些交互，同样可以提高效率、改善可伸缩性和平均时延。

在5GC中，除了NRF服务外，其他服务实际上并没有满足该原则。5GC中的大多数交互都与可能频繁更改的资源有关，例如与UE移动性有关，或与用户使用某应用有关，因此，缓存相关的响应几乎没有好处。NRF的响应是个例外，NF可以缓存NRF响应。

4）*统一接口*：基于REST的接口以资源标识为基础，允许通过这些资源的表示来操纵资源。在请求中使用URI标识各个资源。资源本身在概念上与返回给客户端的表示形式是分开的，因此，消息是自描述的，例如通过MIME类型指示格式。

通过使用统一的接口，简化了整个系统架构，并改善了交互的可见性。接口的实现也与它们提供的服务脱钩，促进了独立演进的可能。但是，统一接口有利也有弊，与那些为某个应用的特定需求进行了优化的接口相比，统一（通用）的接口通常会对效率产生负面影响。

在5GC中，在开始定义每个特定NF的服务之前，3GPP对NF服务的通用设计规则达成了一致，因此已在相当高的程度上满足了统一接口原则。通用设计原理、通用数据类型等可以在3GPP TS 29.500、3GPP TS 29.501和3GPP TS 29.571中找到。

5）*分层系统*：系统由不同的结构层组成，每个层组件的行为受到限制，使得这些组件无法“看到”与它们交互的直接层之外的内容。中间服务器可以通过启用负载平衡和提供共享缓存来提高系统的可伸缩性。客户端不在乎服务器如何提供响应。

在5GC中，已高度满足了该原则，即服务使用者NF不了解服务提供者NF如何提供响应。

6）*按需代码（可选）*：REST允许通过以小程序或脚本的形式下载并执行代码来扩展客户端功能。通过减少需要在客户端上预先实现的功能数量，简化了客户端。

3GPP不满足该原则。在3GPP技术规范中指定了5G核心网的NF行为，包括客户端和服务器端的，无须将可执行代码从NF提供者下载到NF使用者。

14.4.5 HTTP协议格式

HTTP 1.1和HTTP/2消息的协议格式有很大的不同，但是从较高的层面来看，它们遵循相似的语义，它们都有信元，这些信元携带所用的HTTP方法的信息、与请求或响应有关的其他参数以及与资源有关的可选内容，但是，HTTP 1.1和HTTP/2的术语和格式有所不同。下面我们将重点介绍一些差异，但由于HTTP/2是5GC中使用的版本，因此将描述的重点放在HTTP/2上。

HTTP 1.1消息的编码是可读的纯文本消息，不同信元（协议帧）间的分隔符也使用纯文本字符（例如空格、换行符、回车等）。HTTP/2则使用二进制协议帧，即不同信元间的分隔符使用二进制参数。HTTP/2还支持头压缩，以实现更有效的传输。与纯文本协议相比，二进制帧的协议具有某些优势，比如接收端的解析二进制帧的效率更高，接口传送二进制帧更紧凑（需要更少的IP数据包）。与文本协议（如HTTP1.1）相比，二进制帧也更不容易出错，因为它们不需要关心空格处理、大写、行尾、空白行等。但是，HTTP/2 的 HTTP 头仍然使用文本进行编码，除非使用了头压缩。

HTTP/2 消息是一个或两个 HEADERS 帧（用于承载 HTTP 头）、零个或多个 DATA 帧（用于承载与资源有关的实际内容）和一个可选的终结 HEADERS 帧（承载 HTTP 尾部）的组合。在 HTTP 1.1 中，这些部分称为标头部分和消息主体部分。

请求和响应消息始终包含 HTTP/2 标头的 HEADERS 帧，但是 DATA 帧仅在需要时才包含。

请求消息：

- 请求消息的 HEADERS 帧包括 HTTP 头字段和承载请求信息的所谓伪头字段。伪头字段包含 HTTP 方法以及目标资源（在 HTTP 1.1 中，这些信息包含在单个“请求行”中）。例如，在 HTTP/2 中要请求网页“ https://www.3gpp.org/specifications”，HEADERS 帧将包含：
  - 指示 GET 的“:method”伪头字段。
  - 指示“https”的“:scheme”伪头字段。
  - 包含“www.3gpp.org”的“:host”伪头字段。
  - 包含“/specifications”的“:path”伪头字段。

  举一个 5GC 的例子，如果要从 UDM 为 IMSI=1234567890 的 SUPI 获取 SM 签约数据，要包含以下伪头字段：
  - “:method”表示 GET。
  - “:scheme”，表示“https”。
  - “:host”，包含“udm1.operatorX.com”。
  - “:path”，包括“/nudm-sdm/v1/imsi-1234567890/sm-data”。
- HEADERS 帧也可以包括 HTTP 头字段，该头字段包含的参数进一步描述请求。这些标头字段可以指示响应中可接受的语言、可接受的响应的编码、消息主体的内容类型和内容长度（如果包括）等。
- 请求的 DATA 帧可能包括要提供给服务器的内容，用于如 PUT 和 POST 方法。

响应消息：

- 响应消息包括带有“ :status”伪头字段的 HEADERS 帧，该字段包含 HTTP 状态码字段。该伪头字段包含在所有响应消息中，例如“200 OK”，表示客户端的请求成功，或“400 错误的请求”，表明例如由于格式错误的请求而无法处理该请求。与请求消息类似，响应消息的头框架还包括其他 HTTP 头字段，这些字段进一步描述了响应。这里最常见的标头字段是描述主体的标头字段，例如内容类型（MIME 类型）、内容编码、内容长度、内容语言等。
- DATA 帧包含服务器提供的内容，即一个请求资源的表示形式，如上面两个例子中的网页或 SM（会话管理）签约数据。

图 14.7 所示的是使用 GET 方法的 HTTP/2 请求 – 响应的例子。

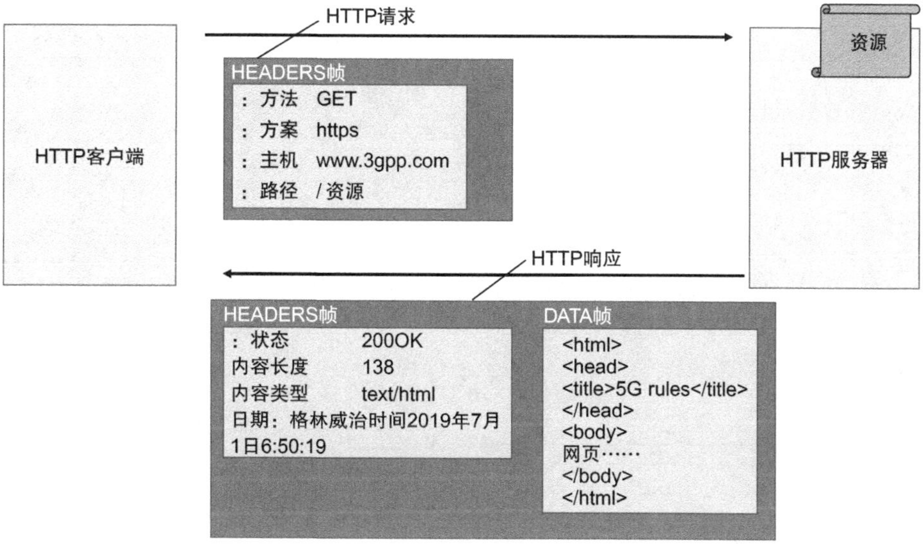

图 14.7 HTTP GET 方法示例

14.4.6 序列化协议

HTTP 主体可以包含不同类型的信息，包括纯文本部分和二进制部分。HTTP 也足够灵活，可以在主体内携带不同类型的内容。在互联网上，它通常携带文本、图片、音频等。HTTP 标头字段 Content-Type（内容类型）用于描述主体中包含的内容；在单个 HTTP 主体中也可以携带多种不同的内容类型。在 5GC 中出现的一个问题是，需要在 NF 之间携带结构化的 3GPP 特定的信元，比如 3GPP 参数（如 SUPI、DNN、S-NSSAI 等）的列表，或更复杂结构的参数（如 UE 签约数据）。为了在 HTTP 主体中携带此类信息，需要对其进行编码，编码的方式使得发送方在 HTTP 主体中生成的内容可以被接收方解析并提取各个信元。这些结构化的信元最好也能以纯文本格式进行编码，因为与二进制相比，文本更容易阅读，也更容易转换。为此，需要执行所谓的数据序列化，即以 HTTP 主体可以携带的文本格式来描述如会话管理信息、签约数据和策略规则等的结构化数据。此处的“序列化”是一种方法，它将一组结构化的 3GPP 数据类型转换为可包含在 HTTP 主体中的文本对象。

3GPP 已同意使用 JSON（JavaScript 对象表示法）作为序列化格式。JSON 在 IETF RFC 8259 中进行了描述，允许使用指定的数据类型（例如字符串、数字或数组）以文本格式将数据对象作为属性值对进行传输。下面举例说明 AMF 发送 HTTP 请求到 UDM，注册为服务于某个 UE 的 AMF。

```
HTTP HEADERS frame {
 :method         PUT
 :host           example-udm.com
 :path           /nudm-uecm/v1/imsi-<IMSI>/registrations/amf-3gpp-access
 :scheme         https
 Content-Length: xyz
 Content-Type:   application/json
}
HTTP DATA Frame
{
 "amfInstanceId": "777c3edf-129f-486e-a3f8-c48e7b515605",
 "deregCallbackUri": "/example-amf.com/<path>"
 "guami": {
  "plmnId": {
   "mcc": "46",
   "mnc": "000"
  },
  "amfId": "<AMF Id>"
 "ratType": "NR"
}
```

在 HTTP 中，也可能需要携带二进制元素，例如 AMF 和 SMF 之间的 SM NAS 消息。如果 HTTP 消息由多部分组成，HTTP 主体中的二进制部分的内容使用 3GPP 供应商特定的内容类型，HTTP 主体中的 JSON 部分包含纯文本可读信元，以及对二进制数据部分的引用。

例如，当终端建立新的 PDU 会话时，AMF 将把 SM NAS 消息以及附加信息（如 SUPI、请求的 DNN、请求的 S-NSSAI、UE 位置信息等）转发到 SMF，这些信息携带在使用 POST 方法的请求消息的 HTTP 主体中，其中一部分由 JSON 编码作为“属性值对”提供，另一部分是二进制数据。从 AMF 到 SMF 的 HTTP 请求如下例所示：

```
HTTP HEADERS frame {
 :method         POST
 :host           example-smf.com
 :path           /nsmf-pdusession/v1/sm-contexts
 :scheme         https
 Content-Type:   multipart/related; boundary=--Boundary
 Content-Length: xyz
}
HTTP DATA Frame {
 ——Boundary
 Content-Type: application/json
```

```
{
 "supi”: "imsi-<IMSI>",
 "pduSessionId”: 235,
 "dnn”: "<DNN>",
 "sNssai”: {
 "sst”: 0
 },
 "servingNfId”: "<AMF Id>",
 "n1SmMsg”: {
 "contentId”: "n1message"
 },
 "anType”: "3GPP_ACCESS",
 "smContextStatusUri”: "<URI>"
}
——Boundary
Content-Type: application/vnd.3gpp.5gnas
Content-Id: n1message
{ N1 SM Message binary data }
——Boundary
}
```

14.4.7　接口定义语言

定义 HTTP API 时，通常使用接口定义语言（IDL）来描述。IDL 是一种规范性的语言，支持使用正式规则来描述 API，以便对资源、操作、信息元素、数据结构、数据格式等进行清晰的规范。如果 HTTP 请求和响应消息使用有很少正式规则的普通英语来描述，可能会出现歧义，使用 IDL 来正式描述 API 有助于避免歧义，因此，IDL 的好处是可以避免因不同供应商对标准的不同解读而引起的产品互操作性问题。

IDL 和供应商无关，也和实现实际产品中的 API 所使用的计算机编程语言无关，因此 IDL 适合定义 API，也适合定义不同软件之间的交互，这些软件可以由不同供应商以不同编程语言编写。由于 IDL 是具有特定结构的正式语言，因此它也可以成为软件开发中的工具，实际上它可以用于生成部分代码。

3GPP 决定使用 OpenAPI 版本 3 作为 IDL，来规范基于 HTTP 的服务。OpenAPI 规范（OAS）用于正式描述 RESTful API，语言本身由 Linux 基金会下属的组织 OpenAPI Initiative（OAI）指定。使用 OpenAPI 的 API 描述可包括下列信息：

- API 的通用信息。
- 使用的资源，即 URI 中的路径。
- 每个资源可用的方法（例如 GET）。
- 每个方法和资源支持的输入和输出参数，它们的数据类型（如整数、字符串）等。

可以说，OpenAPI 是关于如何指定 API 的规范。API 的 OpenAPI 规范是用可读的文本文件编写的，可以用 JSON 或 YAML 来表述 API 规范。3GPP 之所以选择 YAML 作为其基于服务的接口的规范，主要是因为 YAML 比 JSON 更易于人们读写，但是，用 YAML 和 JSON 表述的 OpenAPI 规范几乎是等价的。

NF 服务的 YAML 描述作为附件包括在相应的 TS 中（例如，AMF 服务包括在 3GPP TS 29.518 中），YAML 描述也作为单独的文件，和 TS 一起发布。NF 服务的 YAML 规范往往很冗长，因为它们需要描述 NF 服务的所有 NF 服务操作以及所有支持的输入和输出参数、参数格式以及可能的参数值等。以下所示的 YAML 文件描述设备身份寄存器（EIR）提供的服务（包括在 3GPP TS 29.511 中），可能是 3GPP 定义的最简单的例子，此 NF 只提供一个服务和一个服务操作。

```yaml
openapi: 3.0.0
info:
  version: '1.0.1'
  title: '5G-EIR Equipment Identity Check'
  description: '5G-EIR Equipment Identity Check Service'
servers:
  - url: '{apiRoot}/n5g-eir-eic/v1'
    variables:
      apiRoot:
        default: https://example.com
        description: apiRoot as defined in 3GPP TS 29.501
security:
  - {}
  - oAuth2ClientCredentials:
    - n5g-eir-eic
paths:
  /equipment-status:
    get:
      summary: Retrieves the status of the UE
      operationId: GetEquipmentStatus
      tags:
        - Equipment Status (Document)
      parameters:
        - name: pei
          in: query
          description: PEI of the UE
          required: true
          schema:
            $ref: 'TS29571_CommonData.yaml#/components/schemas/Pei'
        - name: supi
          in: query
          description: SUPI of the UE
          required: false
          schema:
            $ref: 'TS29571_CommonData.yaml#/components/schemas/Supi'
        - name: gpsi
          in: query
          description: GPSI of the UE
          required: false
          schema:
            $ref: 'TS29571_CommonData.yaml#/components/schemas/Gpsi'
      responses:
        '200':
```

介绍、描述服务的基本URI

授权密钥

此服务只有一个获取设备状态的服务操作

服务操作的输入参数（PEI、SUPI 和 GPSI）

```
          description: Expected response to a valid request
          content:
            application/json:
              schema:
                $ref: '#/components/schemas/EirResponseData'
        '400':
          $ref: 'TS29571_CommonData.yaml#/components/responses/400'
        '401':
          $ref: 'TS29571_CommonData.yaml#/components/responses/401'
        '404':
          description: PEI Not Found
          content:
            application/problem+json:
              schema:
                $ref: 'TS29571_CommonData.yaml#/components/schemas/
                   ProblemDetails'
        '414':
          $ref: 'TS29571_CommonData.yaml#/components/responses/414'
        '429':
          $ref: 'TS29571_CommonData.yaml#/components/responses/429'
        '500':
          $ref: 'TS29571_CommonData.yaml#/components/responses/500'
        '503':
          $ref: 'TS29571_CommonData.yaml#/components/responses/503'
        default:
          description: Unexpected error
components:
  securitySchemes:
    oAuth2ClientCredentials:
      type: oauth2
      flows:
        clientCredentials:
          tokenUrl: '{nrfApiRoot}/oauth2/token'
          scopes:
            n5g-eir-eic: Access to the N5g-eir_EquipmentIdentityCheck API
  schemas:
    EirResponseData:
      type: object
      required:
        - status
      properties:
        status:
            $ref: '#/components/schemas/EquipmentStatus'
    EquipmentStatus:
      type: string
      enum:
        - WHITELISTED
        - BLACKLISTED
        - GREYLISTED

externalDocs:
  description: 3GPP TS 29.511 V15.3.0; 5G System;
Equipment Identity Register Services; Stage 3
  url: 'http://www.3gpp.org/ftp/Specs/archive/29_series/29.511/'
```

可用于此服务操作的回复代码

基于Oauth2的API访问授权相关的参数

API规范的其他部分使用的数据类型定义

参考的描述API的3GPP第3阶段的技术规范

14.5 传输层安全

14.5.1 介绍

传输层安全（TLS）协议是一种加密协议，目的在于提供 IP 网络中的通信安全。TLS

协议保护 Web 浏览器和 Web 服务器之间的 HTTP 通信，是目前非常常用的协议。当使用 TLS 保护 HTTP 时，通常将其称为 HTTPS（HTTP 安全）。

TLS 协议可以提供两个通信实体之间的加密和数据完整性，以及两个端点的相互鉴权，它独立于应用协议，因此更高层的协议可以透明地运行在 TLS 之上。TLS 由 IETF 定义，并有多个修订版。第一个版本 TLS 1.0 定义于 1999 年，建立在以前"安全套接字层"（SSL）工作的基础之上，TLS 1.1 后来于 2006 年发布。如今互联网上常用的 TLS 版本是 TLS 1.2（包括在 IETF 从 2008 年开始定义的 RFC 5246 中），但是对 TLS 1.3（包括在 IEFT 从 2018 年开始定义的 RFC 8446 中）的支持变得越来越普遍。如第 8 章中所述，5GC 使用 TLS 来保护基于 HTTP 的接口，3GPP 允许使用 TLS 1.1、TLS 1.2 和 TLS 1.3，但不建议使用 TLS 1.1（有关详细信息，请参阅 3GPP TS 33.210）。

TLS 由两个主要组件组成：

- TLS 握手协议：用于对两个端点进行鉴权，协商密码参数并生成密钥材料。握手协议为抵抗攻击而设计，即攻击者不应影响到两个端点之间的安全协商。TLS 握手协议在 14.5.2 节中进一步描述。
- TLS 记录协议：该协议使用握手协议建立的参数来保护端点之间的数据流。记录协议将数据流分为一系列记录，每一个记录都使用在握手阶段建立的密钥来保护。TLS 记录协议将在 14.5.3 节中进一步介绍。

14.5.2 TLS 握手协议

在客户端和服务器开始由 TLS 保护的通信之前，它们必须相互鉴权并获取密钥材料。它们必须就使用的 TLS 协议版本以及用于加密数据的密码达成一致。如上所述，TLS 协议为此定义了 TLS 握手协议，进行相互鉴权、密钥派生、TLS 版本协商以及密码套件协商。在许多情况下，公钥密码术用于鉴权，这使得两个端点之间可以通过证书相互鉴权。证书的使用以及已建立的信任链避免了两个通信方需要彼此事先知道明确的信息，其中的信任链由证书颁发机构内嵌到证书基础设施中。这是 TLS/HTTPS 能够在互联网上工作，保护 Web 数据流的关键属性之一。

TLS 握手运行在 TCP 之上，握手完成后，握手双方都有足够的信息来启动受 TLS 保护的通信。图 14.8 所示是如何执行 TLS 1.2 握手的简化流程。

1）启动 TCP 三向握手，建立 TCP 连接。

2）服务使用者（客户端）发送 TLS "客户端问候"（ClientHello）消息，指示其正在运行的 TLS 协议版本，支持的密码套件列表以及可能要使用的其他 TLS 选项。

3）服务提供者（服务器）选择要用于后续通信的 TLS 协议版本，从使用者提供的列表中选择一个密码套件，（如果有需要）还包括其他 TLS 扩展，并将响应"服务器问候"（ServerHello）消息发送给使用者。服务器在"服务器证书"（Server Certificate）消息中发送其证书，服务器还可能要求使用者提供证书。根据协商的密钥交换算法，服务器可以发送“服务器密钥交换”（ServerKeyExchange）消息，该消息包括短暂的 Diffie-Hellman 参数。服务器然后发送“服务器问候完成”(ServerHelloDone）消息。

4）如果客户端和服务器可以在 TLS 版本和密码套件上达成一致，客户端将在“客户端密钥交换”(ClientKeyExchange）消息中发送临时 Diffie-Hellman 参数，继续进行密钥交换。密钥交换的目的在于在客户端和服务器端都导出加密密钥，以对数据进行加密和完整性保护。不同的 TLS 版本支持不同类型的密钥交换方法，但是大多数方法依赖 RSA 或 Diffie-Hellman 密钥交换。客户端发送“更改密码规范”(ChangeCipherSpec）和“完成”(Finished）消息，取得协商的安全参数和正在使用的密钥，并对以前的握手消息进行完整性保护。

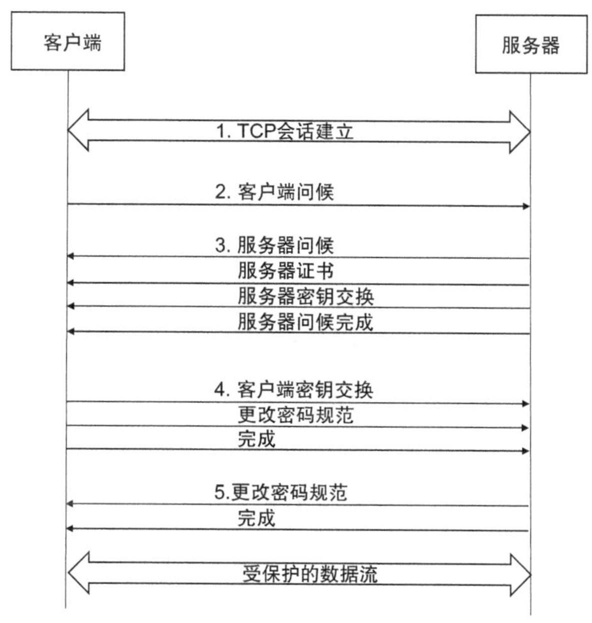

图 14.8　TLS 1.2 握手流程示例

5）服务器验证来自客户端的“完成”(Finished）消息（包含“消息鉴权码”(MAC)），并处理在消息中接收的信息。如果一切正常，则将“更改密码规范”（ChangeCipherSpec）消息以及加密并完整性保护的“完成”(Finished）消息发送到客户端。

6）客户端解密“完成”（Finished）消息并验证“消息鉴权码”，到此，TLS 握手就完成了，受 TLS 保护的通信现在才真正开始。

如上所述，TLS 的原设计基于可靠的传输协议（例如 TCP)，但是，它也已适用于 UDP 之类的数据报协议。定义在 IETF RFC 6347 中的数据报传输层安全性（DTLS）版本 1.2 协议基于 TLS，提供类似的安全属性，但使用数据报传输。如第 8 章所述，3GPP 除了支持 IPsec 外，也支持 DTLS。IPsec 用于保护 N2 上的信令，即通过 SCTP 运行的 NGAP。

14.5.3　TLS 记录协议

TLS 握手完成后，即可在 TLS 层保护下发送实际的应用层数据。TLS 记录协议负责此过程，并支持许多功能。对于发送数据，TLS 记录协议将执行如下功能：

- 将传出的消息拆分为可管理的块（即记录）。
- 压缩传出块（可选）。
- 将消息鉴权码（MAC）应用到传出消息中。

- 加密消息。

TLS 记录协议的过程如图 14.9 所示。然后，包含 TLS 标头的数据被送到 TCP 层，以传输到目的地。在接收端，执行相同的功能，但顺序正好相反。TLS 记录协议将执行如下功能：

- 解密传入的消息。
- 使用“消息鉴权码”（MAC）验证传入消息。
- 解压缩传入的块。
- 重新组合收到的消息。

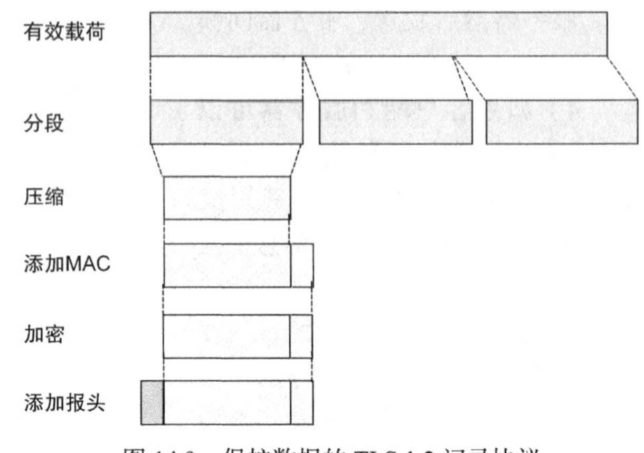

图 14.9　保护数据的 TLS 1.2 记录协议

14.6　包转发控制协议

14.6.1　简介

PFCP（包转发控制协议）在 SMF 和 UPF 之间的 N4 参考点上使用，用于控制 UPF。在 3GPP Release 14 中，EPC 的节点 SGW 和 PGW 中引入了控制面 – 用户面（CP-UP）分离，为此定义了 PFCP。SGW-C/PGW-C 和 SGW-U/PGW-U 之间的参考点被称为 Sx。控制面 – 用户面分离这项工作的设计目标之一是定义一种可以面向未来且可重用的协议。当 3GPP 制定 5G 规范时，决定将相同的协议也用于 N4 参考点。PFCP 的功能不断演进，已能满足 5GS 的要求，例如，支持当时在 EPS 中还不可用的以太网 PDU 会话类型以及 5GS QoS 模型。

下面我们将把 PFCP 描述为 SMF 和 UPF 之间的 N4 参考点上的协议，但是，大多数方面也适用于 PGW-C/SGW-C 和 PGW-U/SGW-U 之间的 Sx 参考点。有关 EPC 和 5GS 中控制面 – 用户面分离的更多说明，请分别参阅第 4 章和 6.3 节。

14.6.2　PFCP 协议栈和 PFCP 消息

PFCP 在 3GPP TS 29.244 中规范，它运行在 UDP 上，PFCP 请求消息的 UDP 目的端口号是 8805。通过 PFCP 协议还可以在 SMF 和 UPF 之间转发用户面数据包，如 14.6.5 节所述。N4 参考点的控制面协议栈如图 14.10 所示。

PFCP 流程（和相关消息）有两种类型：节点相关的流程和会话相关的流程。节点相关的流程用于在 CP 功能（SMF）和 UP 功能（UPF）之间建立节点间的关联，在 CP 和 UP 功能之间传递节点一级的信息。会话相关的流程用于管理与各个 PDU 会话相对应的

PFCP 会话。

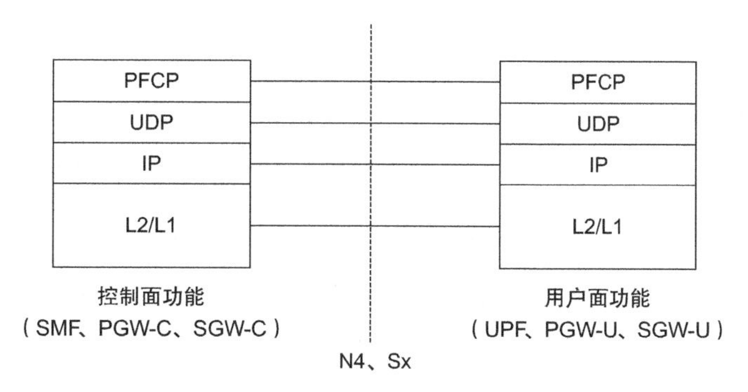

图 14.10　PFCP 控制面协议栈

在 CP 功能和 UP 功能间建立任何 PFCP 会话之前，必须在它们之间建立节点级的 PFCP 关联。CP 功能或 UP 功能均可主动发起 PFCP 关联的流程（CP 功能发起的流程必选，UP 功能发起的流程可选）。除了建立 PFCP 关联外，节点相关的流程还支持心跳、节点级别配置和负载 / 过载处理等功能。

PFCP 协议支持以下节点相关的流程：

- PFCP 关联的建立流程
- PFCP 关联的更新流程
- PFCP 关联的释放流程
- PFCP 节点报告流程
- 心跳流程
- 负载控制流程
- 过载控制流程
- PFCP 数据包流描述（PFD）的管理流程

PFCP 会话用于管理 PDU 会话的用户面。实际上，它也可以用于管理与 PDU 会话无关的用户面的数据流，例如，SMF 需要通过 UPF 与 DN 中的 DHCP 或 AAA 服务器进行通信。创建新的 PDU 会话时，SMF 选择至少一个 UPF 来服务这个 PDU 会话，向该 UPF 发起 PFCP 会话建立，并提供必要的信息来指导 UPF 如何为 PDU 会话处理用户面数据。如果 SMF 为 PDU 会话选择了额外的 UPF 充当 I-UPF（中间 UPF）或 ULCL（上行数据分类器），那么 SMF 还将向那些 UPF 发起 PFCP 会话。因此，针对一个 PDU 会话，每个在用户面路径上的 UPF 都有一个 PFCP 会话。

创建 PFCP 会话后，每个端点（SMF 和 UPF）都会生成一个会话端点标识符（SEID），唯一标识某一 PFCP 实体 IP 地址上的 PFCP 会话。在每个与会话有关的消息中，都包含目标 SEID，接收方根据 SEID 找到该消息对应的 PFCP 会话。PFCP 协议支持以下与会话相关的流程：

- PFCP 会话建立流程
- PFCP 会话修改流程
- PFCP 会话删除流程
- PFCP 会话报告流程

与节点有关的和与会话有关的 PFCP 消息包含 PFCP 消息头，还可能包含其他信元，具体取决于消息类型。PFCP 消息的格式如图 14.11 所示。与节点（SMF 或 UPF）相关的 PFCP 消息以及与会话相关的 PFCP 消息，格式会所不同。与会话相关的消息包括 SEID，而与节点相关的消息则不包括。当前 PFCP 的版本设置为 1。MP 标志指示在报头上是否包括消息的优先级，而 S 标志指示是否包括 SEID。

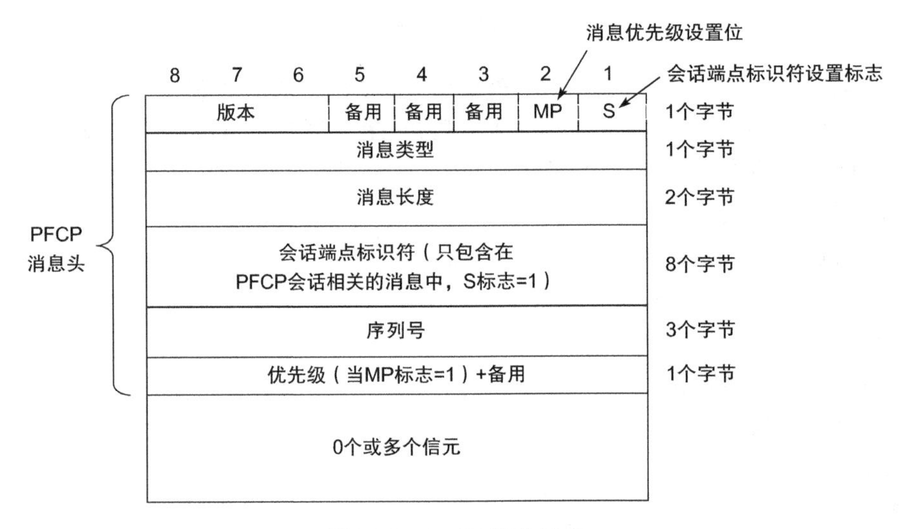

图 14.11　PFCP 消息格式

14.6.3　数据包转发模型和 PFCP 规则

14.6.3.1　综述

SMF 控制 UP 功能中的数据包处理，通过建立、修改或删除 PFCP 会话上下文以及提供（即添加、修改或删除）特定规则来实现，这些特定规则描述了 UPF 如何处理用户面的数据。从某种意义上说，就像 SMF 正在通过 N4 规则对 UPF 如何处理数据包进行编程。N4 规则作为信息元素包含在 PFCP 会话相关的消息中。

下面列出并简要介绍 N4（和 Sx）上支持的 PFCP 规则，稍后会有更详细的描述：

- 数据包检测规则（PDR）：此规则指示 UPF 如何检测传入的用户数据包以及如何对数据包进行分类。PDR 包含包检测信息（如 IP 过滤器），用于检测数据包并进行分类。上行和下行有单独的 PDR。

- QoS 实施规则（QER）：此规则包含有关如何实施 QoS 的信息，例如比特率参数。
- 使用情况上报规则（URR）：此规则包含有关 UPF 如何测量（或计数）数据包和字节并向 SMF 报告使用情况的信息。URR 还包含应报告给 SMF 的事件的信息。
- 转发动作规则（FAR）：该规则包含有关 UPF 如何转发数据包（PDU）的信息，例如，上行向数据网络转发，或者下行向无线网络（RAN）转发。
- 缓冲动作规则（BAR）：此规则包含在 UE 处于 CM-IDLE 状态的情况下如何进行数据包缓冲的信息。

UPF 中的基本数据包处理模型是：将传入数据包和 PDR 比较，查找与 PDR 中数据包检测信息的匹配项。包检测信息可以是描述特定服务的 IP 5 元组，因此，通常有多个 PDR 与 PFCP 会话关联。每个 PDR 都包含指向相关的 QER、URR 和 FAR 的指针，因此，与 PDR 的匹配会导致这些规则的匹配，这些匹配的规则决定如何对传入数据包实施 QoS、测量 / 计数和转发。多个 PDR 可以指向相同的 QER、URR 和 FAR，支持针对多个 IP 流作为聚合的 QoS 实施和转发，例如，应在同一 QoS 流上转发多个 IP 流，或者多个 IP 流共用一个最大比特率。数据包处理模型如图 14.12 所示，PFCP 规则的简要结构如图 14.13 所示。

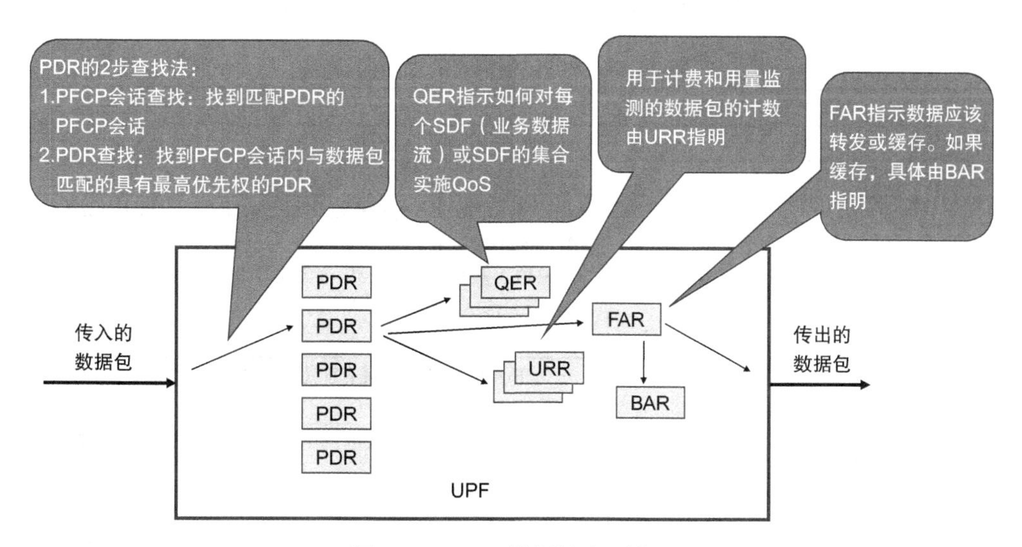

图 14.12　UPF 数据报处理模型

下面的章节提供了每个 PFCP 规则的详细说明。

14.6.3.2　PDR

PDR 包含如何对数据包进行分类的信息，还包括指向其他规则（QER、URR 和 FAR）的指针，这些规则描述了如何处理与 PDR 中的数据包检测信息相匹配的数据包。

表 14.5 显示了 PDR 的主要元素，并简要说明了每个参数。

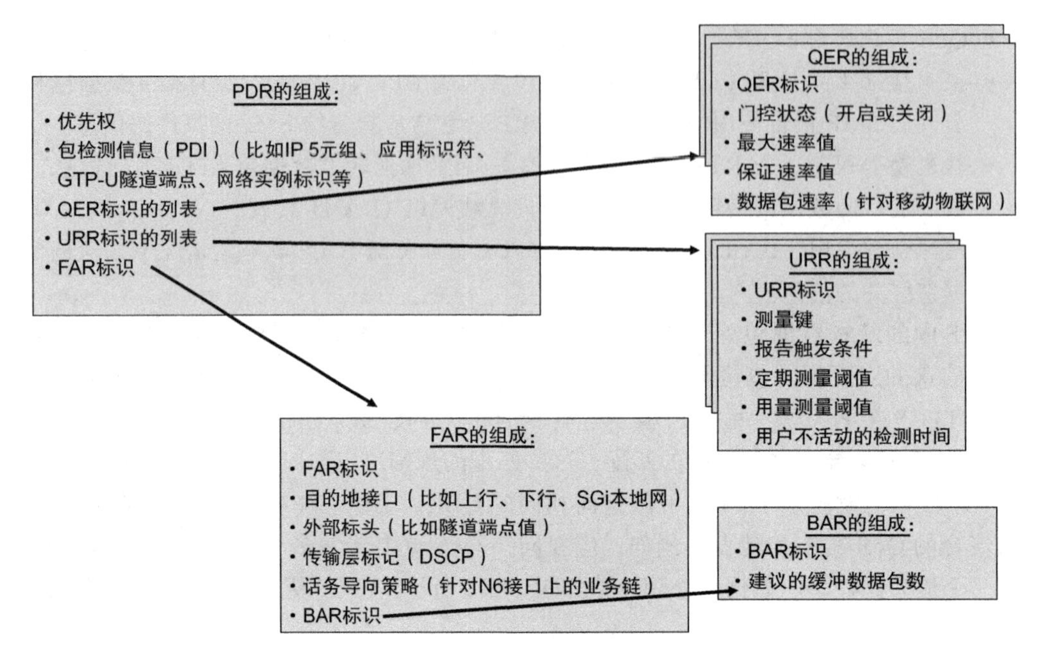

图 14.13　PFCP 的各种规则及它们之间的关系

表 14.5　数据包检测规则主要内容

属性		描述
PDR 标识		识别此规则的唯一标识符
优先权		确定该规则在进行数据包匹配检查时的顺序
包检测信息（与传入数据包匹配的信息）	源接口	表示要匹配数据包的逻辑源接口，包含例如“接入网侧”“核心网侧”“SMF”“N6-LAN” 标识传入数据的接口：从接入侧（即上行）传入、从核心网侧（即下行）传入、从 SMF 传入或从 N6-LAN（即 DN 或本地 DN）传入
	UE IP 地址	一个 IPv4 地址或一个具有前缀长度的 IPv6 前缀，用于匹配传入的数据包
	网络实例	标识与传入数据包关联的网络实例，例如，可以是 UPF 中的逻辑端口
	CN 隧道信息	N3、N9 接口上的 CN 隧道信息，即 GTP-U F-TEID
	包过滤器集	描述数据流的过滤器信息，例如 IP 5 元组或以太网头参数，用于匹配传入的数据包
	应用标识	标识传入的数据包匹配到的应用
	QoS 流标识	包含 5QI 值或非标准 QFI 值，用于匹配传入数据包
	以太网 PDU 会话信息	指示 UPF 将使用 MAC 地址学习来确定 PDU 会话上可用的 MAC 地址
	框架式路由信息	在 PDU 会话具有框架式路由的情况下使用
	删除外部标头	指示 UP 功能从传入数据包中删除一个或多个外部标头（例如 GTP-U 隧道标头）

（续）

属性		描述
包检测信息（与传入数据包匹配的信息）	FAR 标识	标识必须执行的转发动作
	URR 标识的列表	每个 URR 标识都标识必须执行的测量操作。针对一个匹配的数据包，如果多个计数器要计数，则要包含几个 URR 标识
	QER 标识的列表	每个 QER 标识都标识必须实施的 QoS。针对一个匹配的数据包，如果要执行多个规则（例如，既要控制每个 IP 流的最大比特率，也要控制 PDU 会话一级的 AMBR），则要包含多个 QER 标识
	激活预定义规则	指示是否应为此 PDR 激活 UPF 中预定义的规则。可以提供多个预定义规则的名称

14.6.3.3　FAR

FAR 包含 UPF 应如何转发一个数据包的信息，例如：数据应该发送到无线（RAN）侧还是发送到 N6 侧。多个 PDR 可以引用相同的 FAR，例如：不同的 PDR 描述的多个 IP 流将通过同一 GTP-U 隧道向 RAN 转发。

表 14.6 是转发动作规则的主要内容，并附有每个参数的简要说明。

表 14.6　转发动作规则的主要内容

属性		描述
FAR 标识		识别此规则的唯一标识符
动作		指示是否要转发、复制、丢弃或缓冲数据包。 根据操作，FAR 中需要包含其他属性来描述 UPF 的行为。对于转发和复制操作，需要包括转发参数以及可能的复制参数。对于缓冲操作，还包括缓冲操作规则
转发参数	网络实例	标识与传出数据包关联的网络实例
	目的地接口	包含表示“接入网侧”“核心网侧”“SMF”或“N6-LAN”的值 标识传出数据的接口，向接入网侧（即下行）、核心网侧（即上行）、SMF 或 N6-LAN（即 DN 或本地 DN）
	外部标头创建	指示 UP 功能将外部标头（例如 IP + UDP + GTP + QFI，VLAN 标记）、IP + 可能是 UDP 添加到传出数据包。 包含对端实体的 CN 隧道信息、N6 隧道信息或 AN 隧道信息（例如 NG-RAN、另一个 UPF、SMF，以 DNAI 表示的到某 DN 的本地访问）。 为这个数据包存储的任何扩展头都应该加上
	发送结束标记包	指示 UPF 构造 GTP-U 结束标记数据包并将其发送出去
	传输层标记	上行和下行中的传输层数据包标记，例如，设置 DiffServ 码点
	转发策略	引用预配置的流量控制策略或 http 重定向。 包含由 TSP ID 标识的以下策略之一： ● N6-LAN 引导策略：将用户的数据引导到运营商部署的适当的 N6 服务功能 ● 本地 N6 导向策略：用于在本地访问 DN 或重定向目标时启用流量导向
	UPF 中的代理请求	指示 UPF 将执行 ARP（地址解析协议）代理或 IPv6 邻居请求代理。适用于以太网 PDU 会话类型
	标头增强容器	包含 UPF 用于头增强的信息。 仅与上行数据相关

（续）

属性		描述
复制参数	目的地接口	当“执行操作”请求要复制数据包时（例如，出于合法拦截的目的），将包括“复制参数”，包含将由 UP 功能针对要复制的数据要执行的转发指令
	外部标头创建	
	传输层标记	
	转发策略	
BAR 标识		当“执行操作”请求缓冲数据时，此信元包含“缓冲操作规则”的引用，该规则定义了要由 UPF 应用的缓冲指令

14.6.3.4　QER

QER 包含如何实施 QoS 的信息，比如如何限制数据的比特率和如何给数据包打标记。多个 PDR 可以引用同一个 QER 来限制多个 IP 流的总速率，这意味着引用相同 QER 的所有 PDR 将共享相同的 QoS 资源（如 MFBR）。

表 14.7 是 QoS 实施规则的主要内容，并附有每个参数的简要说明。

表 14.7　QoS 实施规则的主要内容

属性	描述
QER 标识	识别此规则的唯一标识符
上下行门控状态	指示 UP 功能允许或阻止数据流通过。 值包括：打开、关闭、测量报告后关闭
最大比特率	上行 / 下行数据包的最大比特率。 该字段例如可以包含以下任意一项： ● 会话级 AMBR：针对某 PDU 会话，用于引用该 QER 的所有包检测规则 ● QoS 流粒度的 MBR：针对某 QoS 流，用于引用该 QER 的所有包检测规则 ● SDF（业务数据流）粒度的 MBR：用于引用该 QER 的检测该业务数据流（上下行）的包检测规则 ● 承载粒度的 MBR（只限于 EPC 互通）：针对某承载，用于引用该 QER 的所有包检测规则
保证速率	被授权的上行 / 下行数据的保证比特率。 此字段可能包含例如： ● QoS 流粒度的 GBR：针对某 QoS 流，用于引用该 QER 的所有包检测规则 ● 承载粒度的 GBR：针对某承载，用于引用该 QER 的所有包检测规则（仅适用于 EPC 互通）
QoS 流标识	包括应该由 UPF 插入的 QFI
反射式 QoS	如果要求 UPF 插入反射式 QoS 标识符，用于请求上行数据的反射式 QoS，则应包括这个字段
寻呼策略指示（PPI）	如果要求 UPF 给传出数据包设置寻呼策略指示，则应包括这个字段
平均窗口	计算最大比特率和保证比特率的持续时间。 这是为了计算持续时间内接收到的数据包

（续）

属性	描述
下行数据流标记	下行数据流的包标记，用于表示某种业务类型
包速率	每个时间间隔内要限制的数据包数（仅适用于 EPC 互通） 该字段包含以下任意一项： 用于服务 PLMN 速率控制的下行数据包速率 用于 APN 速率控制的上行 / 下行数据包速率

14.6.3.5 URR

使用情况上报规则（URR）包含要求 UPF 执行以下操作的指令：

- 根据给定的测量方法，测量网络资源的使用情况，包括使用的数据量，使用时间或使用的事件。
- 在报告触发条件满足时（例如：测量值达到了特定阈值、报告的时间间隔到或者检测到了某一事件），UPF 将给 CP 功能发送使用情况报告。

SMF 在 URR 中提供报告触发条件，另外，SMF 还可以请求 UPF 立即报告，比如在 RAT 类型改变时，以便生成 CDR（计费数据记录）容器。

UPF 将根据 SMF 的要求向 UPF 提供会话报告消息，包括测量、事件报告等。

表 14.8 列出了 URR 的主要内容，并简要说明了每个参数。但是，URR 可以包含更多的信息，尤其是要支持在线计费的要求和处理 CHF（计费功能）接口。计费方面的细节不在本书的范围内，有兴趣的读者可以查看 3GPP TS 29.244 的 7.5.2.4 节中完整的 URR 内容。

表 14.8 使用情况上报规则的主要内容

属性	描述
URR 标识	识别此规则的唯一标识符
测量方法	指示用于测量网络资源使用情况的方法：即是否应测量数据量、持续时间、流量 / 持续时间的组合或事件。
上报触发条件	指示向 CP 功能报告网络资源使用情况的触发条件，例如定期报告或在达到阈值时报告或规定时间报告关闭。 一个或多个事件可以被激活，用于生成使用情况报告并向 SMF 汇报。 适用的事件包括： ● 开始 / 停止针对某一应用的检测 ● 删除 URR 的最后一个 PDR ● 达到定期测量阈值 ● 达到了数据流量 / 时间 / 事件测量阈值 ● 要求立即报告 ● 达到丢弃数据量的阈值 ● 报告上行数据中的 MAC 地址
测量期	如果需要定期报告，则包括该字段。该字段指示生成和报告使用情况报告的期限

（续）

属性	描述
流量阈值	如果使用基于流量的测量，并且在达到流量阈值时需要报告，则包括该字段。该字段应指示业务流量的阈值，当UPF测量到业务流量值达到阈值时，必须向SMF报告此URR的网络资源使用情况
流量额度	如果使用基于流量的测量，并且SMF需要在UPF中提供流量配额，则包括该字段。该字段应指示流量配额值
事件阈值	如果使用基于事件的测量，并且在达到事件阈值时需要报告，则包括该字段。该字段应指示事件数量的阈值，UPF检测到事件数量到达阈值时，应向SMF报告此URR
事件额度	如果使用基于事件的度量，并且SMF需要在UP功能中提供事件数量的配额，则包括该字段。该字段指示事件配额值
时长阈值	如果使用基于时间的测量，并且在达到时间阈值时需要报告，则包括该字段。该字段应指示时长阈值，UPF测量到时长到达阈值时，将为此URR向SMF报告网络资源使用情况
时间额度	如果使用基于时间的测量，并且SMF需要在UP功能中设置时间配额，则包括该字段。该字段指示时间配额值
下行数据丢包数阈值	如果丢弃的DL流量超过阈值时需要报告，则包括该字段。 该字段应包含被丢弃的DL数据包数量的阈值
不活动检测时长	定义一个时间长度，如果这个时长内没有接收到数据包，那么应停止时间的测量。 这个计时器在收到数据包时清零
基于事件的报告	指向本地配置的策略，是生成使用情况报告的事件触发条件
链接的URR标识	指向一个或多个其他的URR标识。 这样可以为这个URR和链接的URR生成组合使用情况报告
以太网不活动计时器	如果使用以太网流量报告并且SMF请求UP功能还报告不活动的UE MAC地址，则包括该字段。该字段应包含以太网不活动时间段的时长

14.6.3.6 BAR

BAR包含如何通过UPF缓冲数据包的信息。在UE处于CM-IDLE模式下，PDU会话没有到RAN的用户面，这时在收到激活了BAR的下行数据包之后，UPF将通知SMF，后者又将通知AMF，以便AMF可以寻呼UE。

表14.9列出了BAR的主要元素，并简要说明了每个参数。

表14.9 缓冲动作规则的主要内容

属性	描述
BAR标识	识别此规则的唯一标识符
建议的缓冲数据包数	当“执行操作”参数请求缓冲数据包时，该字段（如果存在）包含建议的在UPF中缓冲的数据包数量。超过缓冲数量上限的数据包将被丢弃

14.6.4 UPF向SMF报告

UPF将根据URR中SMF提供的触发条件向SMF报告。UPF将向SMF发送会话报告，其中包含有关所报告事件的信息。

表 14.10 显示了会话报告的主要元素，并简要说明了每个参数。会话报告可能包含不同类型的报告：下行数据报告、使用情况报告、错误指示报告和用户面不活动报告。会话报告还用于报告负载和过载信息。表 14.11 ～ 14.13 进一步描述了下行数据报告、使用情况报告和错误报告的内容。用户面不活动报告除了包含基本会话报告之外，不包含任何特定信息。

表 14.10　会话报告的主要内容

属性	描述
报告类型	指示报告的类型（下行数据报告、使用情况报告、错误指示报告、用户面不活动报告）
下行数据报告	如果报告类型指示下行数据报告（即 UPF 报告已接收到并缓冲了下行数据包），则包括该参数。 更多详细信息，请参见表 14.11
使用情况报告	如果报告类型指示使用情况报告，则包括该参数。 同一条消息中可能包含多个使用情况报告。 更多详细信息，请参见表 14.12
错误指示报告	如果报告类型指示错误指示报告（例如已从 GTP-U 的远端点接收到错误指示），则包括该参数。 更多详细信息，请参见表 14.13
负载控制信息	如果 UPF 支持负载控制功能并且该功能已在网络中激活，则可以包含该功能。包括一个负载度量值，向 SMF 提供 UPF 的负载信息
过载控制信息	如果支持并激活了过载控制功能，则在过载情况下，UPF 可能会包含此信息
附加的使用情况报告信息	告诉 SMF 将有其他的使用情况报告。如果包括，则此 IE 在 PFCP 会话报告请求消息中指示需要发送的使用情况报告的总数

表 14.11　下行数据报告的主要内容

属性	描述
PDR 标识	UPF 接收到的下行数据包匹配到的 PDR 标识
下行数据业务信息	包括缓冲数据包的信息（DSCP 值）

表 14.12　使用情况报告的主要内容

属性	描述
URR 标识	标识报告使用情况的 URR
UR-SEQN（使用报告序列号）	URR 的此特定使用情况报告的唯一标识符
使用情况报告触发条件	标识此报告的触发条件，例如定期报告、流量阈值、立即报告、某一应用流量的开始或停止等
开始时间	如果存在，则此 IE 包括开始收集此报告中的信息的时间戳
结束时间	如果存在，则该 IE 包括生成此报告中的信息集合的时间戳

（续）

属性	描述
使用情况测量	如果需要报告使用情况的测量值，则包括该 IE。该 IE 中的参数包含上行和下行数据的总字节数
持续时间测量	如果需要报告持续时间的测量，则包括该 IE。该 IE 包含以秒为单位的使用时间
应用检测信息	如果需要报告某一应用检测的信息，则包括该 IE。该 IE 中的参数包含应用标识和应用实例标识符。如果检测到的应用的流信息可以被推论出（如 IP 5 元组），那么该 IE 可以包含检测出的流信息
首包时间	针对给定的使用情况报告，传输第一个 IP 数据包的时间戳
末包时间	针对给定的使用情况报告，传输最后一个 IP 数据包的时间戳
使用信息	如果 UPF 在“监测时间”之前或之后，或在 QoS 实施之前和之后报告“使用情况报告”，则包括该 IE。该 IE 应指示使用情况的报告是在监测时间之前或之后，或在 QoS 实施之前或之后
事件时间戳	如果报告与事件相关，则包括该参数。该参数应该置为事件发生的时间。可能存在具有相同 IE 类型的多个 IE，报告该 URR 标识的事件的多次出现
以太网业务信息	如果需要报告以太网业务信息，则包括该 IE。该 IE 包括有关新检测到的 MAC 地址和已删除的 MAC 地址。该 IE 还包括一段时间段内不活动的 MAC 地址的信息，这段事件超过了以太网不活动的计时器时长

表 14.13 错误指示报告的主要内容

属性	描述
远端 F-TEID	指 UPF 收到错误指示的 GTP-U 隧道的远端 F-TEID

14.6.5 SMF 和 UPF 之间的数据转发

N4（和 Sx）主要用作控制 UPF 的接口，并从 UPF 接收报告，通过 N4（Sx）也可以指示 UPF 将用户数据包（PDU）转发到 SMF，这种情况下，SMF 将向 UPF 提供 PFCP 规则，以便在 SMF 和 UPF 之间在 N4 上建立 GTP-U 隧道。

SMF 和 UPF 之间的数据转发可用于不同场景。例如，当 SMF 通过 N6 与数据网络上的 DHCP 服务器或 AAA 服务器进行通信时，DHCP/AAA 消息作为用户面数据从 SMF 通过 GTP-U 发送到 UPF，然后由 UPF 通过 N6 向 DN 转发。N4 上的数据转发还用于 IPv6 和 IPv4v6 PDU 会话类型中 SMF 发送到 UE 的路由器公告。路由器公告通过 GTP-U 发送到 UPF，然后通过 N3 转发给 UE。图 14.14 说明了一些在 SMF 和 UPF 之间进行数据转发的场景。有关 GTP-U 的更多信息，请参见 14.7 节。

14.7 用户面 GPRS 隧道协议

GTP 的两个主要组件是 GTP 的控制面部分（GTP-C）和 GTP 的用户面部分（GTP-U）。GTP-C 是 3G/GPRS 和 4G/EPS 中使用的控制协议，用于控制和管理 PDN 连接以及建立用户面路径的用户面隧道。GTP-U 使用隧道机制来承载用户数据，运行在 UDP 传输层上。在 5GS 中，GTP-U 被重新用于在 N3 和 N9（和 N4）上承载用户面数据，但是用于管理隧道端点的控制协议却改用 HTTP/2 和 NGAP。当 5GC 与 EPC 互通时，才使用 GTP-C，因此，这里我们仅描述 GTP-U。对 GTP-C 感兴趣的读者可以参考有关 EPC 的书，例如 Olsson 等人（2012）的书。

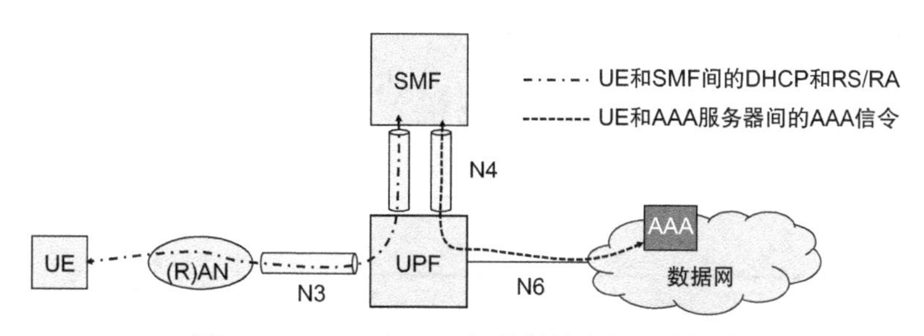

图 14.14 SMF 和 UPF 间数据转发的两种场景

GTP-U 隧道用在两个相应的 GTP-U 节点之间，将数据分成不同的通信流。本地隧道端点标识符（TEID）、IP 地址和 UDP 端口唯一地标识每个节点中的隧道端点，其中由接收实体分配的 TEID 必须用于通信。

在 5GC 中，（R）AN 和 SMF 通过提供各自的 GTP-U TEID 和 IP 地址来建立 GTP-U 隧道。SMF 和 AMF 之间使用 HTTP/2 以及 AMF 和（R）AN 之间使用 NGAP。在 5GC 中没有使用 GTP-C 来管理 GTP-U 隧道。PDU 会话的用户面协议栈如图 14.15 所示。

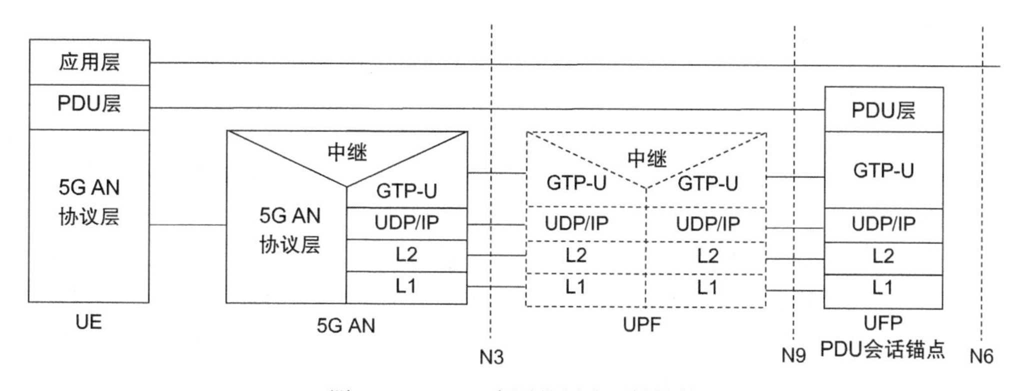

图 14.15 PDU 会话的用户面协议栈

在每个节点中，GTP 路径由 IP 地址和 UDP 端口号来标识，一条路径可以用来复用 GTP 隧道，并且在支持 GTP 的两个实体之间可能存在多条路径。

GTP-U 标头中的 TEID 指示特定负荷（即用户数据）所属的隧道，数据包通过给定的一对隧道端点之间的 GTP-U 进行复用和解复用。GTP-U 标头如图 14.16 所示。GTP-U 协议在 3GPP TS 29.281 中定义。

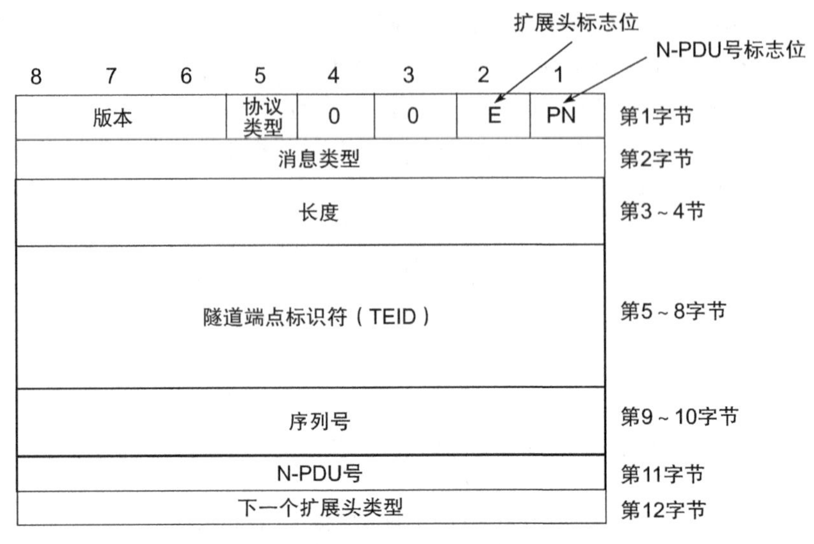

图 14.16 GTP-U 标头

14.8 可扩展鉴权协议

14.8.1 综述

可扩展鉴权协议（EAP）是执行鉴权的协议框架，通常在 UE 和网络之间执行。它最初由 IETF 引入，作为可在点对点协议（PPP）上使用额外的鉴权方法。从那时起，EAP 也在其他场景下使用，例如作为 IKEv2 的鉴权协议，以及用于使用 IEEE 802.11i 和 802.1x 扩展的无线 LAN 中的鉴权。

EAP 支持多种鉴权协议，并允许在 EAP 框架内定义新的鉴权协议，因此，从这个意义上说，EAP 是可扩展的。EAP 本身不是一种鉴权方法，而是一种通用的鉴权框架，可以用于实现特定的鉴权方法，这些鉴权方法通常称为 EAP 方法。

基本 EAP 协议在 IETF RFC 3748 中规定，它描述 EAP 数据包格式以及基本功能，例如所需鉴权机制的协商。它还指定了一些简单的鉴权方法，例如基于一次性密码以及挑战 – 响应的鉴权。除了 IETF RFC 3748 中定义的 EAP 方法外，还可以定义其他的 EAP 方法，这些 EAP 方法可以实现其他鉴权机制，或者使用其他如公钥证书或（U）SIM 卡提供的证书。下面简要介绍 IETF 定义的一些 EAP 方法。

- EAP-TLS：基于 TLS，定义了基于公钥证书的用于鉴权和密钥派生的 EAP 方法，由 IETF RFC 5216 进行规范。
- EAP-AKA：基于 UMTS AKA 的流程，为使用 UMTS SIM 卡的鉴权和密钥派生而定义，由 IETF RFC 4187 进行规范。
- EAP-AKA'：是 EAP-AKA 的一个小修订版，改善了密钥功能，即不同接入网生成的密钥可以分开，在 IETF RFC 5448 中定义。

除了标准化的方法外，还有一些私有的 EAP 方法用于比如公司的 WLAN 网络部署。

5GS 广泛使用 EAP-AKA’进行 3GPP 和非 3GPP 接入的鉴权，如第 8 章所述。

14.8.2 EAP 操作

EAP 协议的架构区分三个不同的实体：

1）EAP 对等体：这是请求接入 / 访问网络的实体，通常是用户设备（或终端）（UE）。对于 WLAN 中的 EAP 使用，此实体也称为请求方。

2）身份验证器：这是执行接入 / 访问控制的实体，例如 SEAF、WLAN 接入点或 ePDG。

3）EAP 服务器：这是向身份验证器提供鉴权服务的后端鉴权服务，在 5GS 中是 AUSF。

EAP 协议架构如图 14.17 所示。

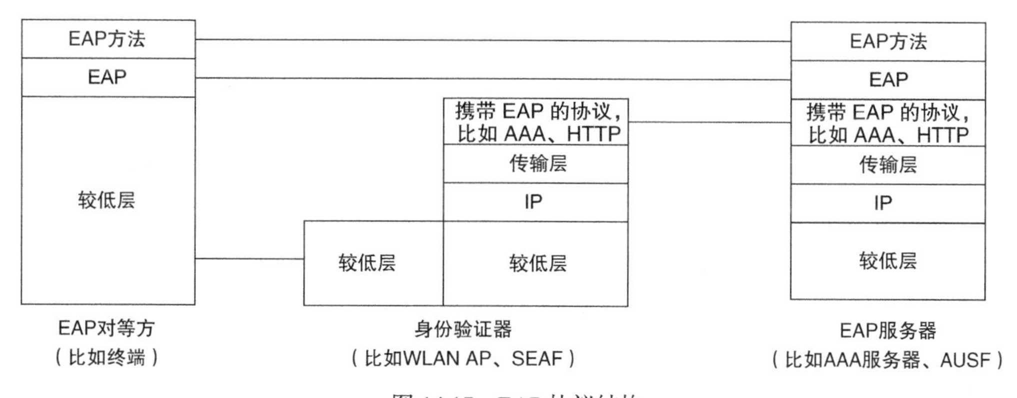

图 14.17 EAP 协议结构

EAP 通常用于网络接入控制，因此和网络间的交换发生在允许 UE 接入之前以及向 UE 提供 IP 连接之前。在 UE（EAP 对等方）和身份验证器之间，EAP 消息通常直接封装在基础链路层协议中，因而直接在数据链路层上传输，不需 IP 传输。在 5GS 中，例如在注册过程中，EAP 携带在 NAS 内进行传输。在 Wi-Fi 中，EAP 承载在层 2 的 EAPoL（LAN 上的 EAP）帧里。EAP 也可以用于 IKEv2 的鉴权，像在接入 N3IWF 一样，这种情况下，EAP 是通过 IKEv2 和 IP 传输的（图 14.17 中未示出 IKEv2 和 IPsec 层）。

在 5GS 中，身份验证器和 EAP 服务器之间的 EAP 消息承载在使用 Nausf 服务的 HTTP/2 消息中。在其他系统中，EAP 消息可以承载在 AAA 协议（如 RADIUS 或 Diameter）中。

EAP 对等方和服务器之间的 EAP 通信对于身份验证器（5GS 中的 SEAF）基本上是透明的，因此，身份验证器不需要支持所使用的特定 EAP 方法，而仅需要在对等方和 EAP 服务器（5GS 中的 AUSF）之间转发 EAP 消息。

EAP 鉴权通常从协商要使用的 EAP 方法开始。在对等方选择 EAP 方法之后，在 UE

和EAP服务器之间进行EAP消息交换，并进行实际鉴权。根据使用的特定EAP方法，交换的EAP消息的类型和所需的往返次数会有所不同。鉴权完成后，EAP服务器将发送指示鉴权是否成功的EAP消息给UE，鉴权的结果也会通过AAA协议通知身份验证器。根据EAP服务器的鉴权结果，身份验证器允许或拒绝UE的接入。

根据EAP方法的不同，EAP鉴权还用于在EAP对等方和EAP服务器中派生密钥材料，该密钥材料可以从EAP服务器发送给身份验证器，然后UE和身份验证器（SEAF）可以使用密钥材料，得出与接入相关的密钥，用于保护UE的接入。第8章中提供了有关5GS中的密钥派生和EAP鉴权的进一步说明。第8章还包括一个消息流程的示例，描述了使用EAP-AKA进行鉴权的机制。

14.9 IP安全性

14.9.1 综述

IP安全性（IPsec）是一个非常广泛的主题，相关的书籍也很多，本章没有打算提供IPsec的完整概述和教程。我们将简要介绍IPsec的基本概念，并重点介绍5GS中使用的IPsec部分。

IPsec为IPv4和IPv6提供安全服务，它运行在IP层上，对IP层上的数据提供保护，也对IP层上的IP标头进行保护。5GS使用IPsec来保护多个接口上的通信安全，有的接口在核心网络的节点之间，有的接口在UE与核心网络之间。例如，作为NDS/IP框架的一部分，IPsec用于保护核心网络中的数据（参见第8章）。IPsec还用于UE和N3IWF之间的通信，保护NAS信令和用户面数据。

在下一节中，我们简单介绍IPsec的基本概念，然后，我们将讨论用来保护用户数据的IPsec协议ESP和AH，用于鉴权和建立IPsec安全关联（SA）的互联网密钥交换（IKE）协议，最后，我们简要讨论IKEv2移动性和多宿主协议（MOBIKE）。

14.9.2 IPsec概述

IPsec安全架构在IETF RFC 4301中定义。IPsec提供的安全服务集包括：

- 接入控制
- 数据源鉴权
- 无连接完整性
- 检测和拒绝重播
- 机密性
- 有限数据流的机密性

接入控制是指防止使用未经授权的服务器或网络资源。数据源鉴权服务是数据的接收者验证数据发送者声称的身份。无连接完整性功能可确保接收方能检测接收的数据在发送方路径上是否被修改，但是它不检测数据包是否已被复制（重播）或重新排序。数据源鉴权和无连接完整性通常一起使用。重播的检测和拒绝是部分序列完整性的一种形式，接收方可以检测一个数据包是否已被复制。机密性是一种保护数据的服务，防止未经授权方读取数据。IPsec 实现机密性的机制是加密，其中 IP 数据包的内容使用加密算法进行转换，使其变得难以理解。IPsec 有限数据流的机密性是指保护数据的一些特征信息，例如源地址和目标地址、消息长度或通信的频率。

为了在两个节点之间使用 IPsec 服务，这些节点使用某些通信安全参数，例如密钥、加密算法等。为了管理这些参数，IPsec 使用安全关联（SA）。SA 是两个实体之间的关系，定义它们将如何使用 IPsec 进行通信。SA 是单向的，因此要提供双向的 IPsec 保护，需要一对 SA（每个方向一个）。每个 IPsec SA 由安全参数索引（SPI）以及目标 IP 地址和安全协议（AH 或 ESP，请参见下文）来唯一标识。SPI 可以看作是一个安全性关联数据库的索引，包含所有的 SA，由 IPsec 节点维护。如下所示，IKE 协议可以用来建立和维护 IPsec 的 SA。

IPsec 还定义了名义上的安全策略数据库（SPD），包括针对进入或离开节点的 IP 流量提供哪种 IPsec 服务的策略。SPD 包含定义 IP 流子集（如数据包过滤器）的条目，以及指向该 IP 流的 SA（如果 SA 存在）。

14.9.3 封装的安全有效载荷和鉴权标头

IPsec 定义了两种用于保护数据的协议，即封装的安全有效载荷（ESP）和鉴权标头（AH）。从 2005 年开始，IETF RFC 4303 定义了 ESP 协议，IETF RFC 4302 定义了 AH 协议。

ESP 可以提供完整性和机密性，而 AH 仅提供完整性。另一个区别是，ESP 仅保护 IP 数据包的内容（包括 ESP 标头和 ESP 尾部的一部分），而 AH 保护完整的 IP 数据包，包括 IP 标头和 AH 标头。ESP 和 AH 保护的数据包如图 14.18 和图 14.19 所示。ESP 和 AH 标头中的字段简要说明如下。ESP 和 AH 通常分开使用，但有可能（虽然不常见）一起使用。如果一起使用，ESP 通常用于保证机密性，而 AH 用于完整性保护。

SPI 包括在 ESP 和 AH 标头中，并且是一个数字，它与目的 IP 地址和安全协议类型（ESP 或 AH）一起，用于数据接收方识别收到的数据包所绑定的 SA。序列号包含一个计数器，每发送一个数据包，该计数器计一下，它有助于重放保护。AH 标头和 ESP 尾部的完整性检查值（ICV）包含加密计算的完整性检查值。接收方计算接收的数据包的完整性检查值，并将其与 ESP 或 AH 数据包中接收的值进行比较。

ESP 和 AH 可以在两种模式下使用：传输模式和隧道模式。在传输模式下，ESP 用于保护 IP 数据包的有效载荷。数据字段将包含 UDP 或 TCP 标头以及 UDP 或 TCP 所承载的应用数据，如图 14.17 所示。传输模式下使用 ESP 保护的 UDP 数据包如图 14.20 所示。另一方面，在隧道模式下，ESP 和 AH 用于保护完整的 IP 数据包。ESP 数据包的 Data（数据）部分对应于一个完整的 IP 数据包，包括 IP 报头，如图 14.17 所示。隧道模式下使用 ESP 保护的 UDP 数据包如图 14.21 所示。

由完整性保护覆盖
由加密机制覆盖
IP头
ESP头
数据
ESP尾
4个字节
安全参数索引（SPI）
序列号（SN）
数据
填充
填充长度
下一个头
完整性检查值
由完整性保护覆盖
由加密机制覆盖

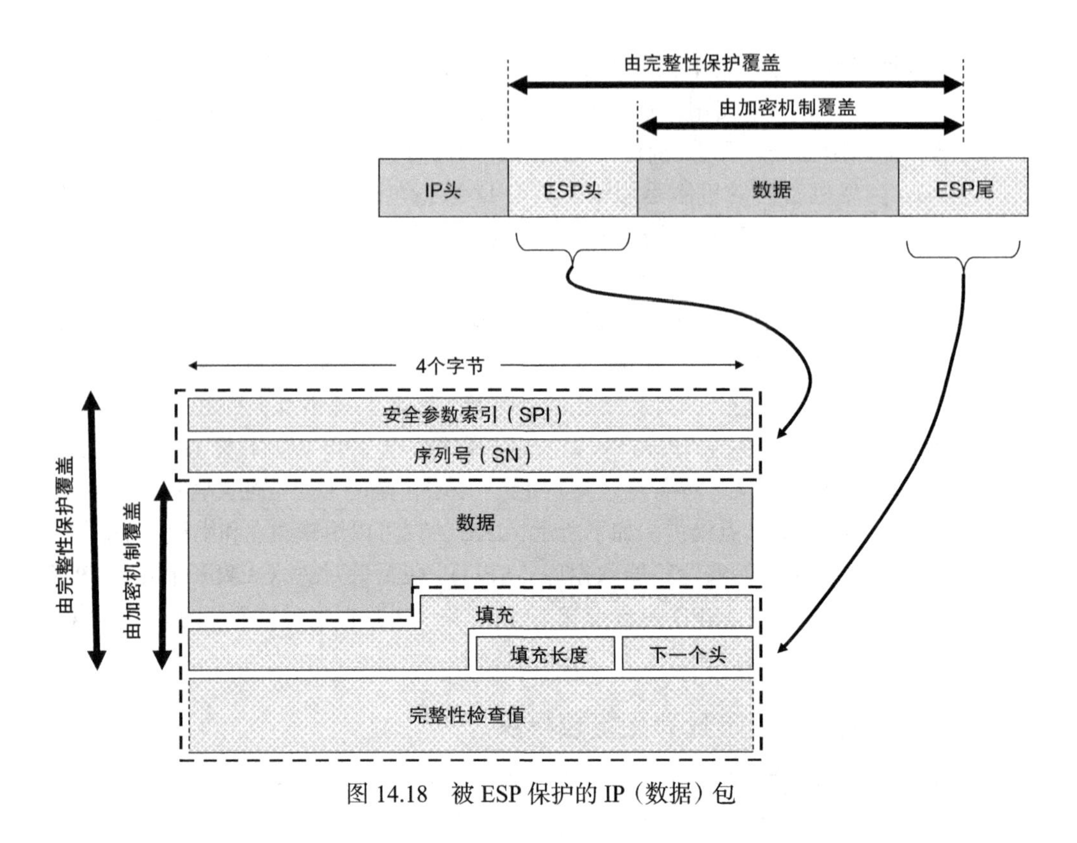

图 14.18　被 ESP 保护的 IP（数据）包

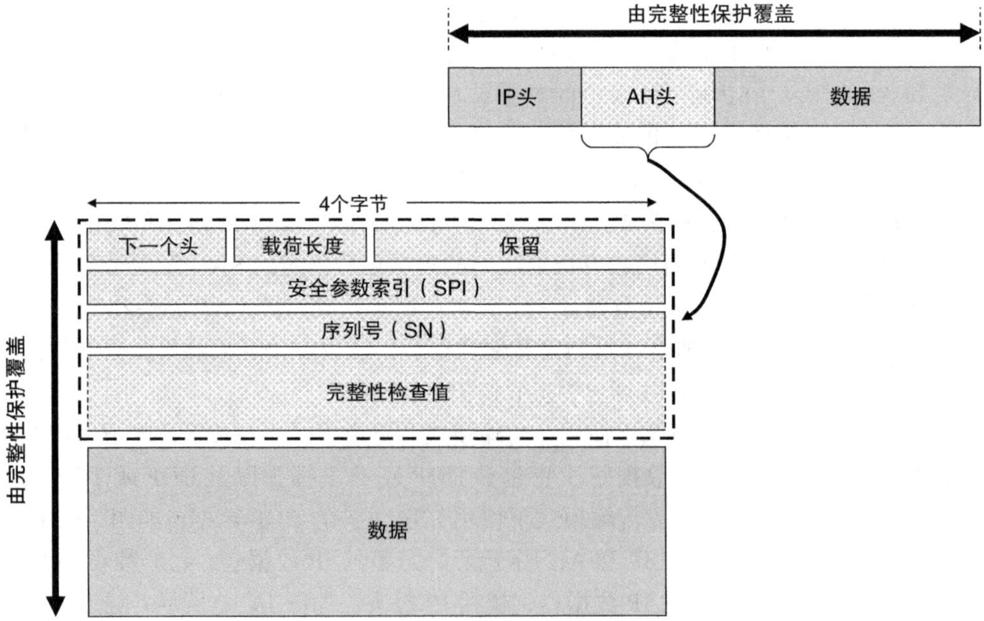

由完整性保护覆盖
IP头
AH头
数据
4个字节
下一个头
载荷长度
保留
安全参数索引（SPI）
序列号（SN）
完整性检查值
数据
由完整性保护覆盖

图 14.19　被 AH 保护的 IP（数据）包

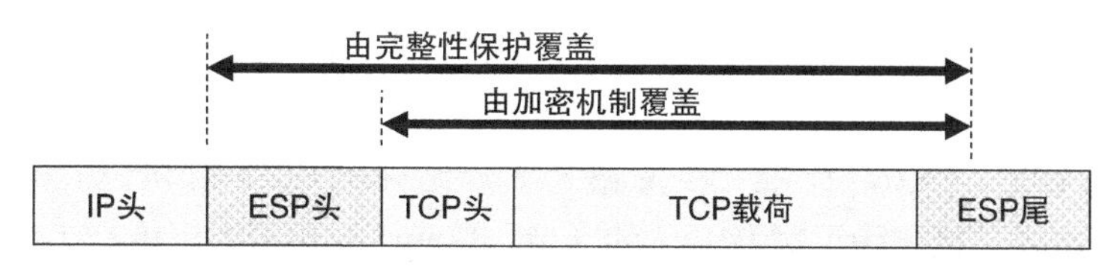

图 14.20　传输模式下被 ESP 保护的 IP 数据包示例

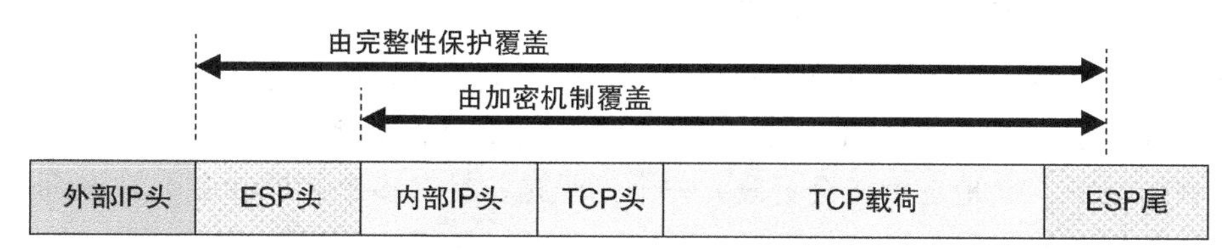

图 14.21　隧道模式下被 ESP 保护的 IP 数据包示例

传输模式通常用在两个端点之间，保护与某个应用相对应的数据。隧道模式保护所有 IP 数据包，通常用于安全网关之间，或用在 VPN 连接中。通过 VPN，UE 通过不安全接入网连接到安全网络。

14.9.4　互联网密钥交换

为了使用 IPsec 进行通信，双方需要建立所需的 IPsec SA，通过人工简单配置双方所需参数即可完成。但是在许多情况下，需要一种动态的机制来进行鉴权、生成密钥和生成 IPsec SA，这就诞生了互联网密钥交换（IKE）。IKE 用于对双方进行鉴权，也用于动态协商、建立和维护 SA。（可以将 IKE 视为 SA 的创建者，将 IPsec 视为 SA 的用户。）IKE 实际上有两个版本：IKE 版本 1（IKEv1）和 IKE 版本 2（IKEv2）。

IKEv1 基于互联网安全协会和密钥管理协议（ISAKMP）框架。ISAKMP、IKEv1 及它们在 IPsec 中的使用定义在 RFC 2407、RFC 2408 和 RFC 2409 中。ISAKMP 是用于协商、建立和维护 SA 的一个框架，它定义了鉴权和 SA 管理的流程和数据包格式。但是，ISAKMP 与实际的密钥交换协议有所不同，以便将安全关联管理（和密钥管理）的细节与密钥交换的细节分开。ISAKMP 通常使用 IKEv1 进行密钥交换，但可以与其他密钥交换协议一起使用。IKEv1 后来被 IKEv2 取代，IKEv2 是 IKEv1/ISAKMP 的演进版本。IKEv2 定义在单个文档 IETF RFC 7296 中。与 IKEv1 相比，IKEv2 降低了协议的复杂性、减少了通常情况下的时延，并支持可扩展鉴权协议（EAP）和移动性扩展。

使用 IKEv1 或 IKEv2 建立 SA 的过程分为两个阶段。（在较高层面上，IKEv1 和 IKEv2 的过程类似。）在第一阶段中，生成 IKE SA，用于保护密钥交换。双方的相互鉴权也发生在第一阶段。使用 IKEv1 时，相互鉴权可以基于共享密钥或证书，使用公用密钥的基础设施（PKI）。IKEv2 还支持 EAP 的使用，因此允许使用更广泛（如 SIM 卡）的证书（更多关于 EAP 的信息，请参阅 14.8 节）。在第二阶段中，创建了另一个 SA，在 IKEv1 中称为 IPsec SA，而在 IKEv2 中称为子 SA（为简单起见，我们将在两个版本中使用术语

IPsec SA)。此阶段受第一阶段中建立的 IKE SA 的保护。IPsec SA 针对使用 ESP 或 AH 的数据进行 IPsec 保护。第二阶段完成后，双方可以开始使用 EPS 或 AH 交换数据。

3GPP 中的 NDS/IP 原始标准（参见第 8 章）允许同时使用 IKEv1 和 IKEv2，但在 3GPP 之后的版本中，已删除了对 IKEv1 的支持。IKEv2 也用于 UE 和 N3IWF 之间的接口。

14.9.5 IKEv2 移动性和多宿主

在 IKEv2 协议中，IKE SA 和 IPsec SA 在两个 IP 地址之间创建，这两个 IP 地址之前用于 IKE SA 的创建。在基础 IKEv2 协议中，创建 IKE SA 后将无法更改这些 IP 地址，但是在某些情况下，IP 地址可能会更改。一个例子是：针对多个接口和多个 IP 地址的多宿主节点，如果当前使用的接口突然停止工作，它可能希望使用其他接口。另一个例子是：移动终端更改其与网络的连接点，并在新的接入网下被分配了不同的 IP 地址，这种情况下，终端必须协商新的 IKE SA 和 IPsec SA，这可能需要很长时间因而导致服务中断。

在 5GS 中，如果用户使用 Wi-Fi 连接到 N3IWF，可能会发生这种情况。UE 和 N3IWF 之间承载的 NAS 信令和用户数据由隧道模式下的 ESP 进行保护。ESP 的 IPsec SA 由 IKEv2 建立。如果用户现在移动到了其他网络（例如，移动到了另一个 Wi-Fi 热点）并从新的 Wi-Fi 网络接收到新的 IP 地址，将无法继续使用旧的 IPsec SA，必须执行新的 IKEv2 鉴权和建立新的 IPsec 关联（SA）。

MOBIKE 协议扩展了 IKEv2，增加了动态更新 IKE SA 和 IPsec SA 的 IP 地址的可能性。MOBIKE 由 IETF RFC 4555 定义。

在 UE 与 N3IWF 之间的接口上使用 MOBIKE，以支持 UE 在不同的不受信任的非 3GPP 接入之间移动。

14.10 流控制传输协议

14.10.1 介绍

流控制传输协议（SCTP）是一种传输协议，在协议栈中与 UDP（用户数据报协议）和 TCP 在同一层上。与 TCP 和 UDP 相比，SCTP 的功能更丰富，对网络故障的容忍度也更高。在 5GS 中，TCP 和 UDP 都用作传输协议。我们假定大多数读者对这些协议都有基本的了解，因此在本书中我们将不对其进行详细描述，但 SCTP 作为 N2 接口上的传输协议，相对少有人知，因此在本节中将简要介绍。

与 1980 年的 UDP 和 1981 年的 TCP 相比，SCTP 是一个相当新的协议。原始版本在 2000 年在 IETF RFC 2960 中规范，但此后它被 IETF RFC 4960（2007 年）的新版本替代了。设计 SCTP 的动机是要克服 TCP 在电信环境下的许多限制和问题。下面会讨论这些限制以及 SCTP、UDP 和 TCP 间的异同点。

14.10.2 基本协议功能

SCTP 与 UDP 或 TCP 有许多基本功能相同。SCTP 提供可靠的传输（类似于 TCP，但与 UDP 相反），确保数据无误地到达目的地。同样，与 TCP 类似、与 UDP 相反，SCTP 是面向连接的协议，这意味着两个 SCTP 端点之间的所有数据都作为会话（或如 SCTP 中所称的"关联"）的一部分进行传输。

端点之间必须先建立 SCTP 关联，才能进行数据传输。在 TCP 中，两个端点之间的会话依靠三次消息的交互来建立。TCP 会话建立的一个问题是，它容易受到所谓的 SYN 泛洪的攻击，可能导致 TCP 服务器超载。SCTP 利用四次消息交互建立 SCTP 关联，包括使用特殊的"cookie"来标识 SCTP 关联，解决了此问题。这也使得 SCTP 关联的建立稍微复杂一些，但针对这些类型的攻击增加了系统的强壮性。SCTP 关联以及 SCTP 在协议栈中的位置，如图 14.22 所示。亦如图中所示，在每个端点处 SCTP 关联可以利用多个 IP 地址（这方面在下面进一步阐述）。

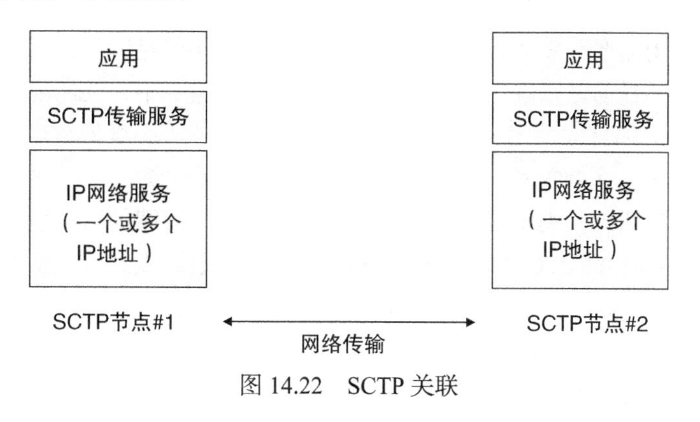

图 14.22 SCTP 关联

像 TCP 一样，SCTP 是速率自适应的，这意味着，根据网络中的拥塞状况，它将动态地降低或提高数据传输速率。SCTP 会话的速率自适应机制的设计与 TCP 会话的工作机制类似。

像 UDP 一样，SCTP 也是面向消息的，这意味着 SCTP 维护消息边界并传递完整的消息（被 SCTP 称为"块"）。而 TCP 是面向字节的，因为它传输的是字节流，在该字节流内没有任何独立消息的概念，这对传送数据文件或网页是理想的，但对传送单独的消息可能不是最佳选择。如果一个应用通过 TCP 会话发送 X 字节的消息和 Y 字节的另一个消息，那么接收端将收到 X + Y 字节的单个字节流。因此，使用 TCP 的应用必须添加自己的记录标记以分隔其消息，另外，还需要一些特殊处理，以确保从发送缓冲区中"清除"消息，并在合理的时间内传输完整的消息，原因是 TCP 通常等待发送缓冲区的数据超过一定量时才发送数据。如果通信双方交换短消息，并且在流程继续之前必须等待响应，这会造成相当大的延迟。

表 14.14 提供了 SCTP、TCP 和 UDP 之间的比较。下面提供了有关多数据流和多宿主的更多详细信息。

表 14.14　SCTP、TCP 和 UDP 的比较

	SCTP	TCP	UDP
面向连接	支持	支持	不支持
可靠传输	支持	支持	不支持
保留消息边界	支持	不支持	支持
有序传送	支持	支持	不支持
无序传送	支持	不支持	支持
数据校验和	支持（32 位）	支持（16 位）	支持（16 位）
流量和拥塞控制	支持	支持	不支持
一个会话中有多个数据流	支持	不支持	不支持
多宿主支持	支持	不支持	不支持
防范 SYN 泛洪攻击	支持	不支持	不适用

14.10.3　多数据流

TCP 提供可靠的数据传输和严格的数据传输顺序，而 UDP 不提供可靠的传输或严格的传输顺序。一些应用需要可靠的传输，但数据只要部分有序就足够了；而其他应用则需要可靠的传输，但不需要任何数据顺序的维护。例如，在呼叫信令中，仅需要维持影响相同资源（例如，相同呼叫）的消息的顺序，其他消息只是松散相关，不必维护整个会话的完整的序列顺序。在这些情况下，由 TCP 引起的所谓的行头阻塞可能会导致不必要的延迟。行头阻塞的发生可能是由于某种原因丢失了第一条消息或片段，这时，后续的数据包可能已经成功发送到目的地了，但是接收方的 TCP 层不会将数据包传递到上层，直到恢复了数据的顺序为止。

SCTP 通过实现多数据流功能解决了此问题（“流控制传输协议”的名称来自此功能）。此功能允许将数据分为多个流，这些流可以通过独立的消息序列控制进行传递。一个流中的消息丢失将仅影响发生消息丢失的流（至少在最初时），而所有其他流可以继续传送。数据流在同一 SCTP 关联内传送，因此受相同的速率和拥塞控制，SCTP 控制信令引起的开销因而也减少了。

SCTP 中实现了多数据流，将数据的可靠传输与数据的严格传输顺序分离开来（如图 14.23 所示），这和 TCP 完全不同，TCP 将两个概念结合在一起。在 SCTP 中，使用两种类型的序列号，传输序列号用于检测数据包丢失并控制重传。在每个流中，SCTP 会分配一个附加的序列号，即流序列号。流序列号确定每个独立流中数据传递的顺序，并由接收方按顺序为每个流传送数据包。

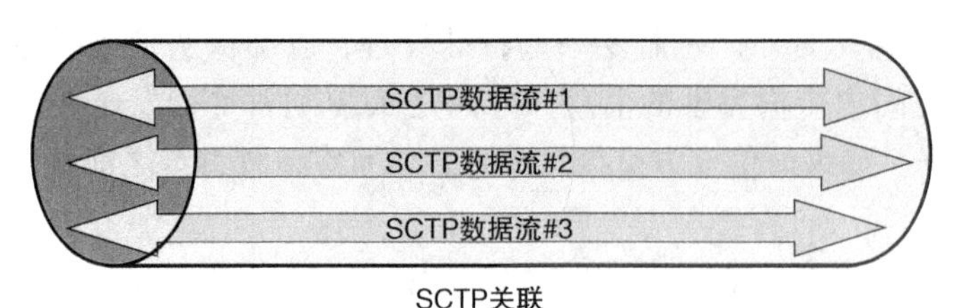

图 14.23　SCTP 的多数据流

SCTP 还可能完全绕开排序的传送服务，以便将消息按照成功到达的顺序传递给 SCTP 的使用者。这对于有些应用很有用，如果这些应用需要可靠传输但不需要顺序传送或有自己的手段来处理接收的数据包顺序。

14.10.4 多宿主

与 TCP 相比，SCTP 的另一个重要的增强是多宿主功能。在电信网络中，保持可靠的通信路径非常重要，这样可以避免由于核心网络传输问题而导致服务中断和其他问题。在网络故障的情况下，即使 IP 路由协议能够找到替代路径，但路由协议收敛和连接恢复引起的时延在电信网络中通常也无法接受。同样，如果网络节点是单宿主的，即它只有一个网络连接，那么该连接的故障将使得该节点无法访问，因此，冗余的网络路径和网络连接是广泛使用的电信系统中的两个组件。

TCP 会话在每个端点处都只包含一个 IP 地址，如果其中一个 IP 地址不可访问，那么该会话将失败，因此，对 TCP 而言，使用多宿主主机提供广泛可用的数据传输能力（即通过多个 IP 地址访问每个端点）会比较复杂。另一方面，SCTP 旨在处理多宿主主机，并且 SCTP 关联的每个端点都可以由多个 IP 地址表示，这些 IP 地址也可能使得 SCTP 端点之间有不同的通信路径。这多个 IP 地址可以属于不同的本地网络或不同的骨干承载网。（可以注意到，近年来为 TCP 扩展开发了 TCP 的多路径操作。）

在建立 SCTP 关联期间，端点之间交换 IP 地址列表，每个端点都可以通过任何已公布的 IP 地址进行访问。每个端点的其中一个 IP 地址作为主地址，其余的 IP 地址成为辅助地址。如果主地址不能访问了，不管什么原因，SCTP 数据包可以发送到辅助 IP 地址，而应用并不知道这一切。当主 IP 地址再次可用时，可以将通信转回到主地址。主接口和辅接口使用心跳过程进行检查和监视，该过程可测试路径的连通性（参见图 14.24）。

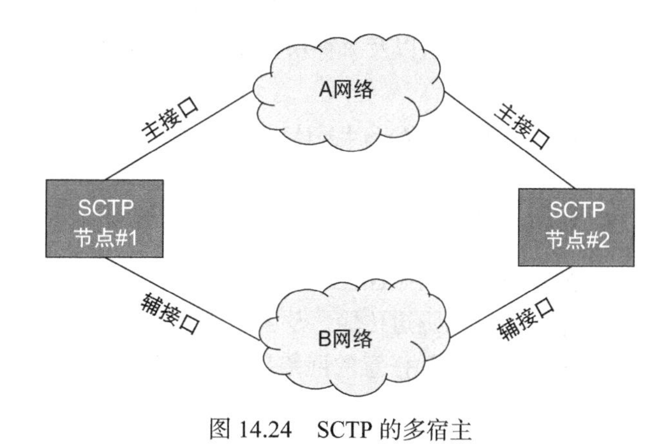

图 14.24 SCTP 的多宿主

14.10.5 数据包结构

SCTP 数据包由公共头和块组成。一个块要么包含用户数据，要么包括控制信息（参见图 14.25）。

前 12 个字节构成了公共头，该头包含源端口和目标端口（SCTP 使用同一端口概念，与 UDP 和 TCP 一样）。当一个 SCTP 关联建立后，每个端点都会分配一个验证标签，这个用在数据包中以识别 SCTP 关联。公共头的最后一个字段是一个 32 位校验和，接收端可根据校验和检测是否有传输错误。这个校验和比 TCP 和 UDP 中使用的 16 位校验和更健壮。

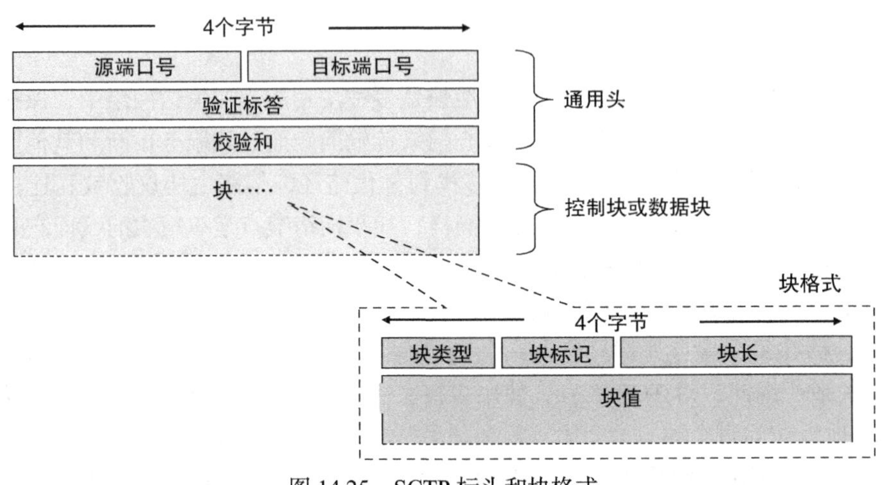

图 14.25　SCTP 标头和块格式

公共头后面跟着的是包含控制信息或用户数据的块。块类型字段用于区分不同类型的块，即它是包含用户数据还是包含控制信息的块，以及它是什么类型的控制信息。块标记对于每种块类型都是特别的。块值字段包含块的实际有效载荷。IETF RFC 4960 定义了 13 种不同的块类型值以及每种块类型的详细格式。

14.11　通用路由封装

14.11.1　介绍

通用路由封装（GRE）是一种协议，设计的目的在于通过一个网络层协议来执行另一个网络层协议的隧道传输。从某种意义上说，它是通用的，因为它在一种任意的网络层协议上提供了另一种任意的网络层协议（例如，IP 或 MPLS）的封装，这与许多其他的隧道机制不同，其中的一种或两种协议都是特定的，例如 IPv4-in-IPv4（IETF RFC 2003）或 IPv6 上的通用包隧道传输（IETF RFC 2473）。

GRE 还用于电信领域外的许多不同应用和许多不同的网络部署中。本书无意讨论所有这些场景，相反，我们将重点放在与 5GS 最相关的 GRE 属性上。

14.11.2　基本协议方面

隧道协议的基本操作是将一个网络协议（我们称为有效载荷协议）封装在另一种传输协议中。应当注意，封装是任何协议栈的关键组成部分，其中上层协议封装在下层协议中，但是，封装的这一方面不应视为隧道。当使用隧道传输时，通常将层 3 协议（例如 IP）封装在另一个层 3 协议或封装在同一协议的另一个实例中。生成的协议栈可能看起来如图 14.26 所示。

应用层
传输层（如UDP）
网络层（如IP）
隧道层（如GRE）
网络层（如IP）
层1和层2（如以太网）

图 14.26　使用 GRE 隧道时的协议栈示例

我们使用以下术语：

- *有效载荷数据包和有效载荷协议*：需要封装的数据包和协议（图 14.26 协议栈中最上面的三个框）。
- *封装（或隧道）协议*：用于封装有效载荷数据包的协议，即 GRE（图 14.26 底部第三个框）。
- *传送协议*：用于将封装的数据包传送到隧道端点的协议（图 14.26 底部的第二个框）。

GRE 的基本操作是，首先将要隧道传输到目的地的协议 A（有效载荷协议）的数据包封装在 GRE 数据包（隧道协议）中。GRE 数据包然后封装在另一个协议 B（传递协议）中，并通过传递协议的传输网络发送到目的地。接收端将数据包解封装并恢复协议类型的原始有效载荷数据包。

在 5GS 中，GRE 主要用于承载 UE 和 N3IWF 之间的数据包（PDU）。GRE 在这里允许 QFI 值和反射 QoS 的 RQI 指示符与封装的 PDU 一起携带在 GRE 报头中。QFI 和 RQI 包含在 GRE 键码字段中（请参见下文）。图 14.27 给出了通过 IP 传输协议在 UE 和 N3IWF 之间的 GRE 隧道中承载的 PDU 的例子。

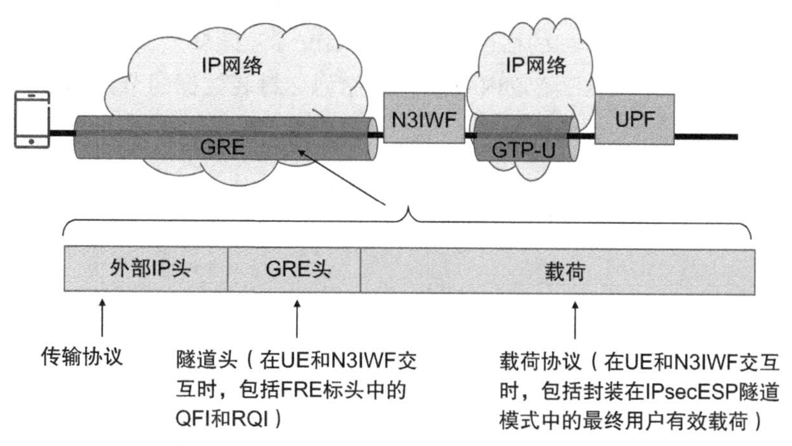

图 14.27　使用 IPv4 传输协议的两个网络节点间的 GRE 隧道示例

GRE 在 IETF RFC 2784 中规范。还有其他的 RFC 描述 GRE 如何在特定环境中使用或与特定有效载荷或传送协议一起使用。一个对 EPS 尤其重要的扩展就是由 IETF RFC 2890 定义的 GRE 键码字段扩展。键码字段扩展在下面的数据包格式中进一步描述。

14.11.3 GRE 报文格式

GRE 头格式如图 14.28 所示。

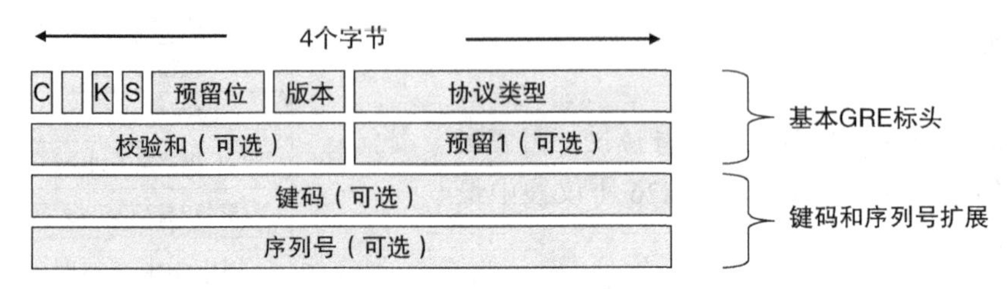

图 14.28　GRE 标头格式，包括基本标头以及键码和序列号扩展

C 标志指示是否存在校验和（Checksum）和预留 1（Reserved1）字段。如果设置了 C 标志，则包括校验和及预留 1 字段，在这种情况下，校验和包含 GRE 头以及有效载荷数据包的校验和。“预留 1 ”字段如果存在，则设置为全零。如果未设置 C 标志，则标头中不存在校验和及预留 1 字段。

K 和 S 标志分别指示是否存在密钥和序列号。

协议类型字段包含有效载荷数据包的协议类型，接收端点根据这个字段可以识别解封装后数据包的协议类型。

键码（Key）字段的目的是识别 GRE 隧道内的单个数据流量。GRE 本身并不指定两个端点如何建立要使用的键码字段，留给实现或由使用 GRE 的其他标准来规范。键码字段可以在两个端点中静态配置，或利用端点之间的某些信令协议动态建立。在 5GS 中，键码字段用在 UE 和 N3IWF 之间，携带 QFI 值和 RQI。QFI 占用键码字段中可用的 32 位中的 6 位，而 RQI 占用 1 位，更详细的描述，请参阅 3GPP TS 24.502。

序列号字段用于维护 GRE 隧道内数据包的序列。封装数据的节点插入序列号，接收方根据序列号来确定发送数据包的顺序。

第 15 章

消息流程

15.1 引言

呼叫流或消息流（又称流程或过程）是描述和理解电信系统如何工作的非常重要的工具，这同样也适用于基于服务的系统，其中描述了服务使用者和服务提供者之间的交互。即使原则上一个服务可以由任何 NF 使用，为了使系统能端到端地工作并提供预期的功能，仍然有必要描述完整的流程，即把各个服务“缝合”到流程中。

本书的前几章已经描述了一些流程，并介绍了 5GS 的关键概念。本章提供了更多信息以及 5GS 中使用的其他的一些流程。应该指出的是，本书不可能完整描述 5GS 的所有流程，因此我们选择了一些关键流程，这些流程应该对那些最重要的用例有一个很好的概述。我们还简化了流程说明，重在介绍每个流程的主要组成部分，避免陷入细节。因此，下面的描述主要用于全面了解每个流程整体上是怎么工作的，还有许多其他的方面、选项和条件没有描述。有兴趣了解更多流程和更多细节的读者，可以参考 3GPP 技术规范 3GPP TS 23.502。

本章中介绍的流程如下：

- 注册和注销
- 业务请求（UE 触发和网络触发）
- 终端配置更新
- PDU 会话建立
- 切换流程（基于 Xn 的和基于 N2 的切换）
- 与 EPC 互通的流程
- 不受信任的非 3GPP 接入流程

15.2 注册和注销

15.2.1 （初始、周期性、移动性）注册

注册是UE开机后执行的第一个流程，通过注册，UE连接到网络并可以从网络获取服务。UE连接到网络后，也会执行注册流程。注册流程有几种类型：

- *初始注册*：开机后UE连接到网络
- *周期性注册*：处于CM-IDLE（连接管理空闲）状态的UE向网络更新显示UE仍可达，更新的周期基于从AMF接收的时间值。
- *移动性注册*：在UE移出注册区域时，或者在UE需要更新其能力或其他参数并需要通过注册流程进行协商（TA可以变化或不变）时，UE执行该流程。
- *紧急注册*：UE仅在注册紧急服务时使用。

有关不同注册类型的更多详细信息，请参见第7章。

可以注意到，EPS中的“初始附着”流程可以对应到5GS的“初始注册”，EPS的“跟踪区域更新”（TAU）流程可以对应到5GS的“周期性注册”和“移动性注册”。在5G中，同一注册流程用于不同的场景，由注册类型来区分，这种方法的一个好处是，如果在流程中出现问题，可以将移动性注册作为初始注册进行处理，并进行完全鉴权等。在EPS中，如果MME拒绝TAU请求导致跟踪区域更新失败，那么UE不得不发起附着流程。

以下步骤简要描述了该流程（参见图15.1）：

A. UE通过（R）AN向AMF发送NAS注册请求消息。如果包括临时UE标识（5G-S-TMSI或GUAMI），并且（R）AN可以将它们映射到有效的AMF，那么（R）AN将NAS消息发送到该AMF，否则，（R）AN根据请求的NSSAI（参见第11章）或配置的默认AMF选择一个AMF，并将NAS消息发送到该AMF。

B. 如果选择了新的AMF（比如因为UE离开了旧AMF服务的区域），并且UE提供了包含旧AMF身份的GUAMI，那么新AMF从旧的AMF获取UE上下文。

C. 使用5G AKA或EAP-AKA进行鉴权，如第8章所述）。

D. 如果（R）AN选择了新的AMF，新的AMF告诉旧的AMF现在新的AMF正在为UE提供服务。

E. AMF通过Nudm_UECM服务将自己注册成在当前接入技术（3GPP接入或非3GPP接入）下为UE服务的AMF，AMF还通过Nudm_SDM服务请求签约数据并订阅签约数据的更新。UDM会通知旧AMF，它已在UDM中被注销。

F. 如果部署了接入和移动性管理策略，那么AMF将建立与PCF的AM策略关联，并获取AM策略，如第10章所述。

G. 如果UE表示想要为现有的PDU会话激活用户面连接，那么AMF为那些PDU会话调用Nsmf_PDUSession_UpdateSMContext服务操作。如果UE和AMF中的PDU会话

状态不匹配，则 AMF 调用 Nsmf_PDUSession_ReleaseSMContext 服务操作，请求释放这些 PDU 会话。

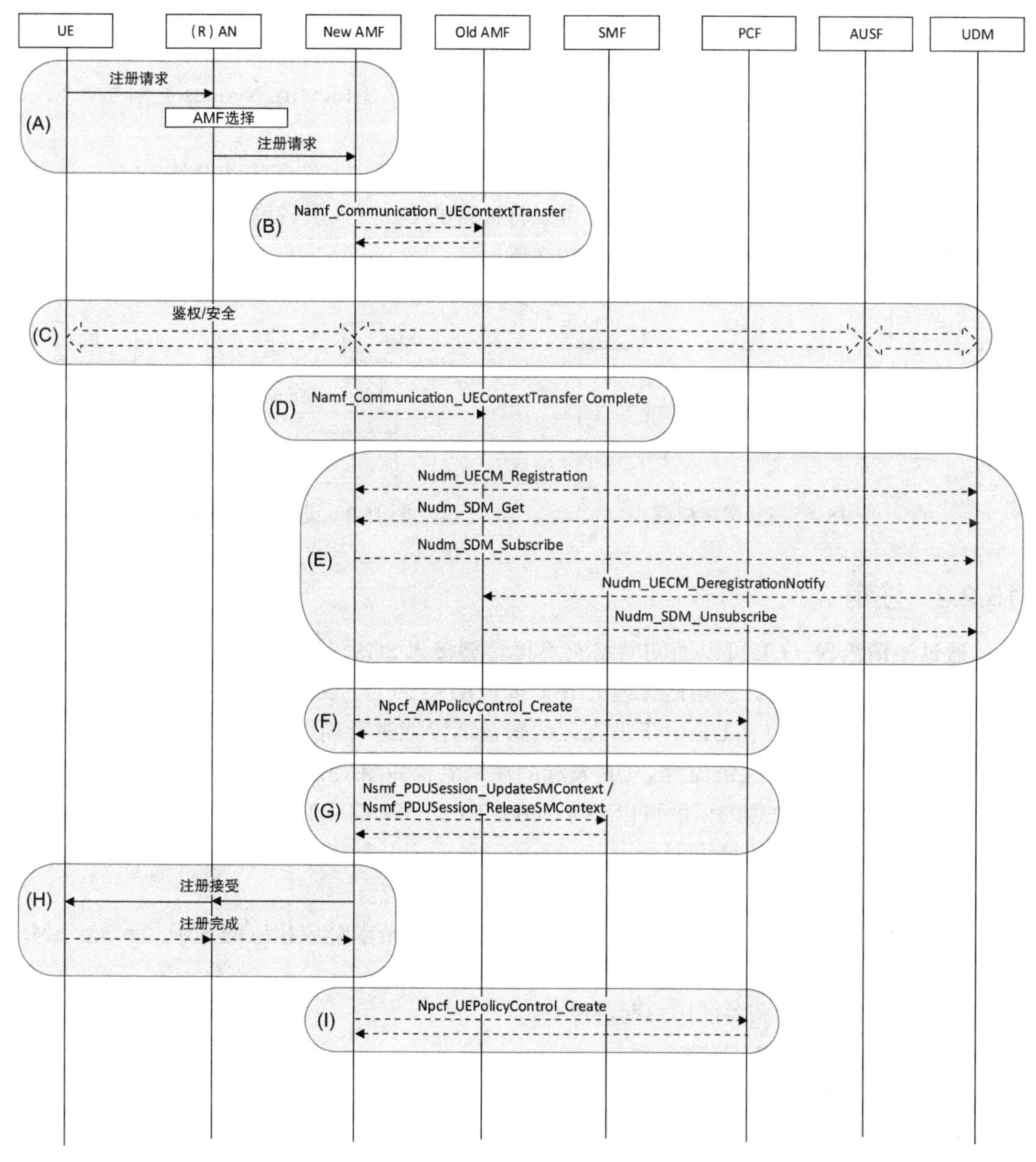

图 15.1　简化的注册流程

H. 如果到目前为止注册流程成功，那么 AMF 将向 UE 提供 NAS 注册接受。在某些情况下，UE 将发送 NAS 注册完成消息给 AMF，这样做是为了例如确认接收到新的 5G-GUTI 或新的已配置的 NSSAI。

I. 如果网络部署了 UE 策略（ANDSP 或 URSP），那么 AMF 建立与 PCF 的 UE 策略的关联，这样 PCF 可以向 UE 提供 UE 策略，如第 10 章所述。

此外，还有其他的一些步骤可以作为注册流程的一部分执行，例如，如果在步骤 A 和 B 之后，旧 AMF 和新 AMF 中都不知道 UE 的临时 ID（GUTI），那么新 AMF 将请求 UE 发送 SUCI，如图 15.2 所示。AMF 还可以使用身份请求（Identity Request）消息来请求 UE 发送 PEI。

如图 15.3 所示，AMF 还可以使用设备身份寄存器（EIR）检查移动设备（ME）身份，这个检查通常在步骤 D 和 E 之间。EIR 可以将被盗的 UE 列入黑名单，根据 EIR 返回的结果，AMF 可能继续注册流程或拒绝 UE 的注册。

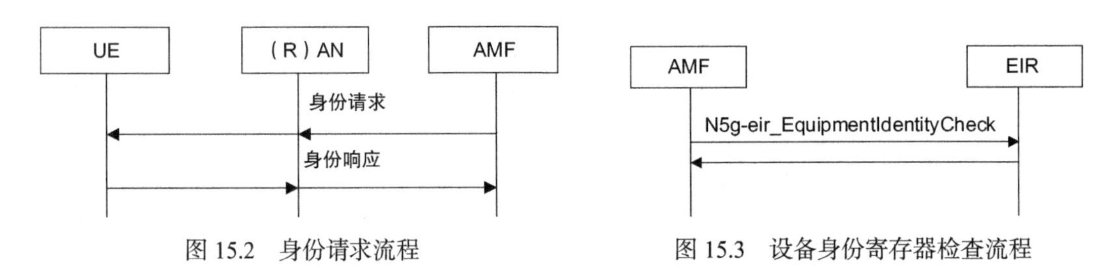

图 15.2　身份请求流程　　图 15.3　设备身份寄存器检查流程

15.2.2　注销

通过注销流程，UE 可以通知网络它不再希望接入 5GS，或者网络通知 UE 它不再有权接入 5GS。由于注销，移动性管理上下文和 PDU 会话上下文会被删除。UE 在关机时执行注销流程，网络可以在 UE 由于没有无线覆盖而没能进行周期性注册时执行注销流程，也可以由操作维护触发注销流程。UE 发起的注销流程如图 15.4 所示。网络发起的注销流程没有图示说明，感兴趣的读者可以参考 3GPP TS 23.502 的 4.2.2.3 节。

以下步骤简要描述了该流程：

A. UE 通过（R）AN 向 AMF 发送 NAS 注销请求消息。

B. AMF 通知每个有活动会话管理上下文的 SMF，请求释放相应的 SM 上下文。SMF 然后依次通知其他相关的 NF 释放 PDU 会话：

- 释放 N4 会话和相关的用户面资源。
- 释放到 PCF 的 SM 策略关联。
- 注销 UDM 中的 PDU 会话 ID。
- 如果这是特定 DNN 和 S-NSSAI 的最后一个 PDU 会话，那么 SMF 将取消签约数据更新。

C. 如果 AMF 曾经建立了到 PCF 的 AM 策略关联，那么 AMF 将释放这个关联。

D. 如果 AMF 曾经建立了到 PCF 的 UE 策略关联，那么 AMF 将释放这个关联。

E. AMF 向 UE 发送注销接受消息，除非 UE 指示关机，因为在这种情况下，UE 不会等待网络的回复。

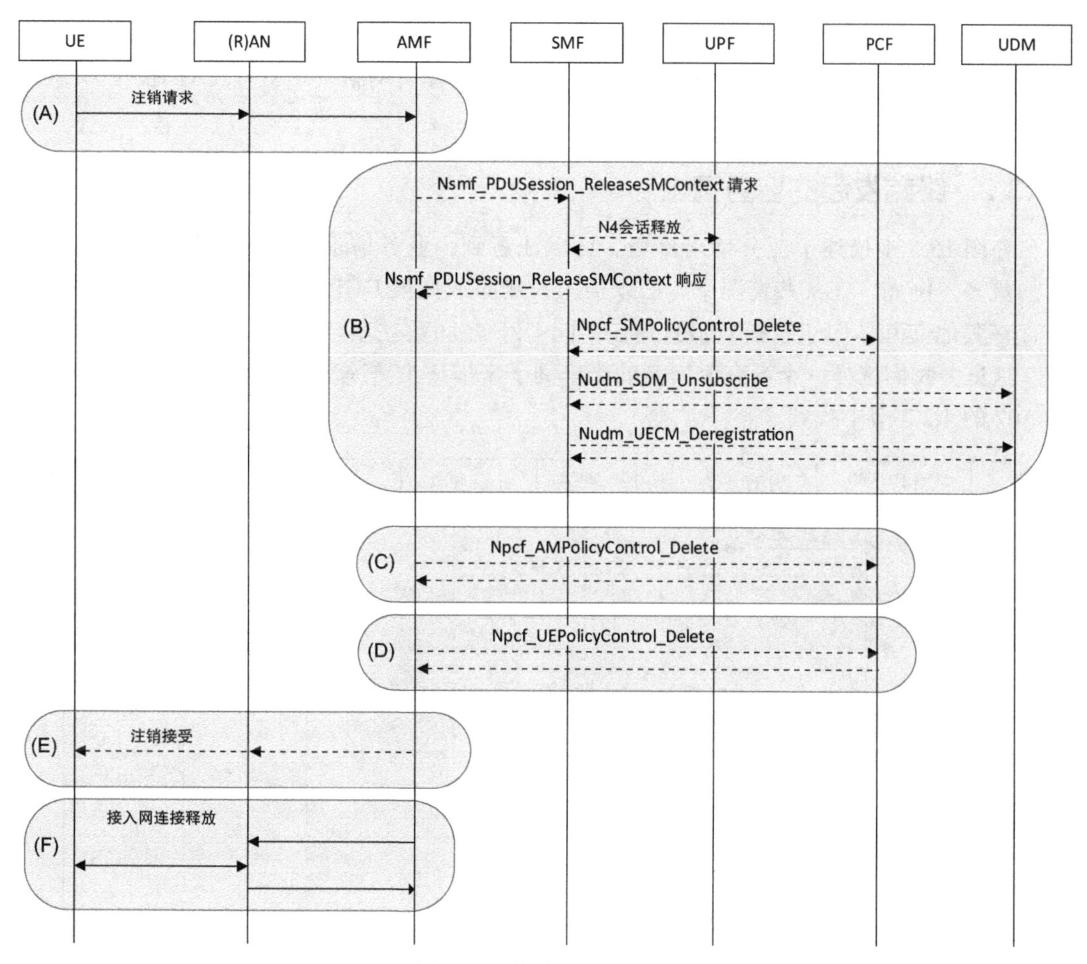

图 15.4 终端发起的注销

F. 最后，AMF 指示（R）AN 释放 N2 UE 上下文。如果 UE 和（R）AN 之间仍然存在（R）AN 级别的关联，那么（R）AN 可以请求 UE 释放它。

15.3 业务请求

15.3.1 介绍

UE 或网络通过业务请求流程请求建立到 AMF 的安全连接。执行业务请求流程使 UE 从 CM-IDLE 状态进入 CM-CONNECTED 状态。

当 UE 处于 CM-IDLE 和 CM-CONNECTED 状态时，业务请求流程也用于激活 PDU 会话的用户面。

业务请求流程有两种：UE 触发的业务请求和网络触发的业务请求。顾名思义，UE 触发的流程是由 UE 发起的，例如，当 UE 要发送上行数据时；网络触发的流程由网络发起，例如，当下行数据已到达并已缓存在 UPF 中时，或者当网络要给处于 CM-IDLE 状态的 UE 发送 NAS 消息时，需要建立用户面。

15.3.2 终端发起的业务请求

在图 15.5 中描述了业务请求流程。可以注意到，业务请求涉及的步骤可能比图中所示的更多，例如，在某些情况下，必须插入、删除或变换 I-UPF。在这些情况下，C 框中将存在其他交互，用于选择 I-UPF 并在不同 UPF 之间建立用户面隧道以转发缓冲的数据包。这里，我们选择一个没有 I-UPF 的简单例子来描述主要原理，完整流程可在 3GPP TS 23.502 的 4.2.3 节中找到。

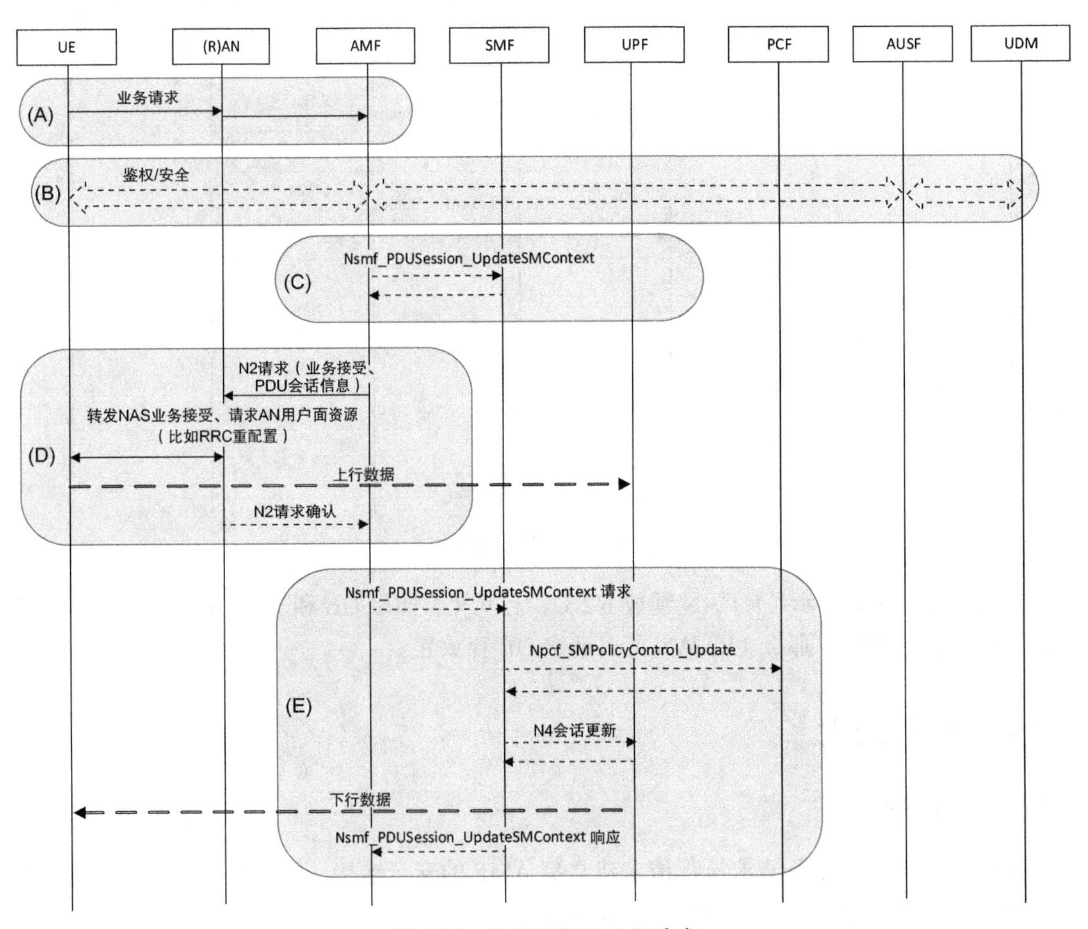

图 15.5 终端发起的业务请求

以下步骤简要描述了该流程：

A. 当 UE 发起业务请求流程时，它通过（R）AN 向 AMF 发送 NAS 业务请求消息。

如果UE想要为一个或多个PDU会话建立用户面连接，那么NAS业务请求消息中将包括这些PDU会话的ID信息。

B. 网络可能在该流程中重新对UE进行鉴权。

C. 如果UE在步骤A中指示要建立一个或多个PDU会话的用户面连接，那么AMF通知服务对应的PDU会话的每个SMF。在最简单的情况下，SMF可以使用UPF隧道终结点标识符回复此消息。在其他情况下，例如，如果UE位置在当前UPF的服务区域之外，则SMF可能必须选择一个新的I-UPF，步骤C会更多地涉及了到旧的I-UPF（如果有）、新的I-UPF和锚点（PSA）UPF的信令。为简单起见，我们没有显示此额外的N4信令。

D. 如果流程是由UE触发的，则AMF将NAS服务接受发送给UE。如果要建立用户面，则AMF还将PDU会话信息（包括UPF隧道终结点标识符）转发到（R）AN。（R）AN配置到UE的用户面连接，具体如何配置，取决于接入网的技术。对于3GPP RAN，由RRC重新配置来完成。完成配置后，就可以开始发送上行数据。（R）AN将它的隧道终结点标识符发送给AMF。

E. AMF现在需要再次通知每个SMF，以提供用户面建立的结果和（R）AN隧道端点标识符。如果PCF已经订阅了UE位置信息，则SMF然后将新的UE位置通知给PCF。SMF将（R）AN隧道终结点标识符提供给UPF，下行数据就可以发送给（R）AN了。

15.3.3 网络侧发起的业务请求

对于CM-IDLE的UE，网络触发的业务请求流程用来建立UE和AMF之间的信令连接，以发送下行NAS消息；对于CM-IDLE和CM-CONNECTED的UE，在有下行数据发送时，该流程可用于建立PDU会话的用户面连接。

图15.6描述了网络触发的业务请求流程。与UE触发的业务请求流程类似，在某些情况下可能会有其他步骤，也可能存在其他变体，例如，UE是通过3GPP和非3GPP接入同时接入到一个AMF，还是仅通过一个接入网连到网络。图15.6中显示了单个接入网的情况。

以下步骤简要描述了该流程：

A：如果UPF接收到下行数据，并且SMF已指示过数据包要进行缓冲，那么UPF将缓冲数据，并通知SMF收到了数据。

B. SMF将PDU会话信息（UPF隧道终结点信息和QoS信息）发送到AMF，以转发到（R）AN。

C. 如果UE处于CM-IDLE状态，则AMF需要寻呼UE。AMF存储PDU会话信息，并将寻呼请求发送到NG-RAN，然后NG-RAN寻呼UE。UE收到寻呼消息后，向网络发送业务请求消息作为响应。业务请求消息和其余流程将遵循15.3.2节中描述的UE触发的业务请求流程。

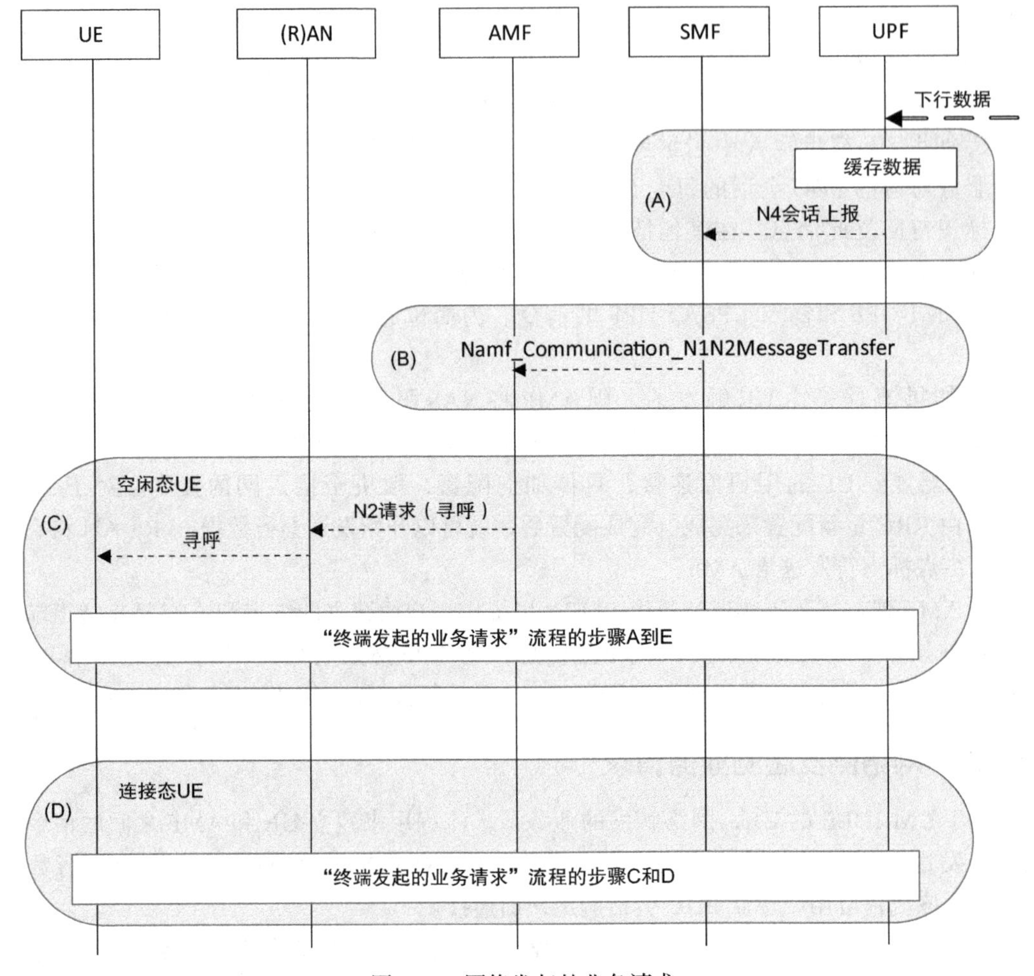

图 15.6 网络发起的业务请求

D. 如果 UE 处于 CM-CONNECTED 状态，则不需要寻呼 UE，AMF 只需要将从 SMF 接收的 PDU 会话信息转发到（R）AN，用于建立用户面。该步骤和该流程的其余部分也遵循 15.3.2 节中描述的 UE 触发的业务请求，但是在此，UE 触发的业务请求中仅需要步骤 C 和 D。

15.4 终端配置更新

15.4.1 介绍

网络有时可能需要更新 UE 配置的特定部分，通过 UE 配置更新流程，网络可以更新：

- 与接入和移动性管理相关的参数。

- PCF 提供的 UE 策略。

以上两种情况由两个不同的流程来描述。

15.4.2 针对接入和移动性相关参数的 UE 配置更新

通过 UE 配置更新可以更新与接入和移动性管理相关的参数，包括 5G-GUTI、TAI 列表、允许的 NSSAI、允许的 NSSAI 映射、为服务 PLMN 配置的 NSSAI、配置的 NSSAI 映射、拒绝的 S-NSSAI、网络身份和时区、移动限制、LADN 信息、MICO、运营商定义的接入类别定义和 SMS 签约指示。这些参数由 AMF 根据不同的情况而定，例如由于 UE 移动到别的区域、网络策略、UDM 的签约数据更新通知的接收、网络切片配置的更改等。AMF 也可通过该流程触发 UE 发起重新注册流程。UE 配置更新如图 15.7 所示。

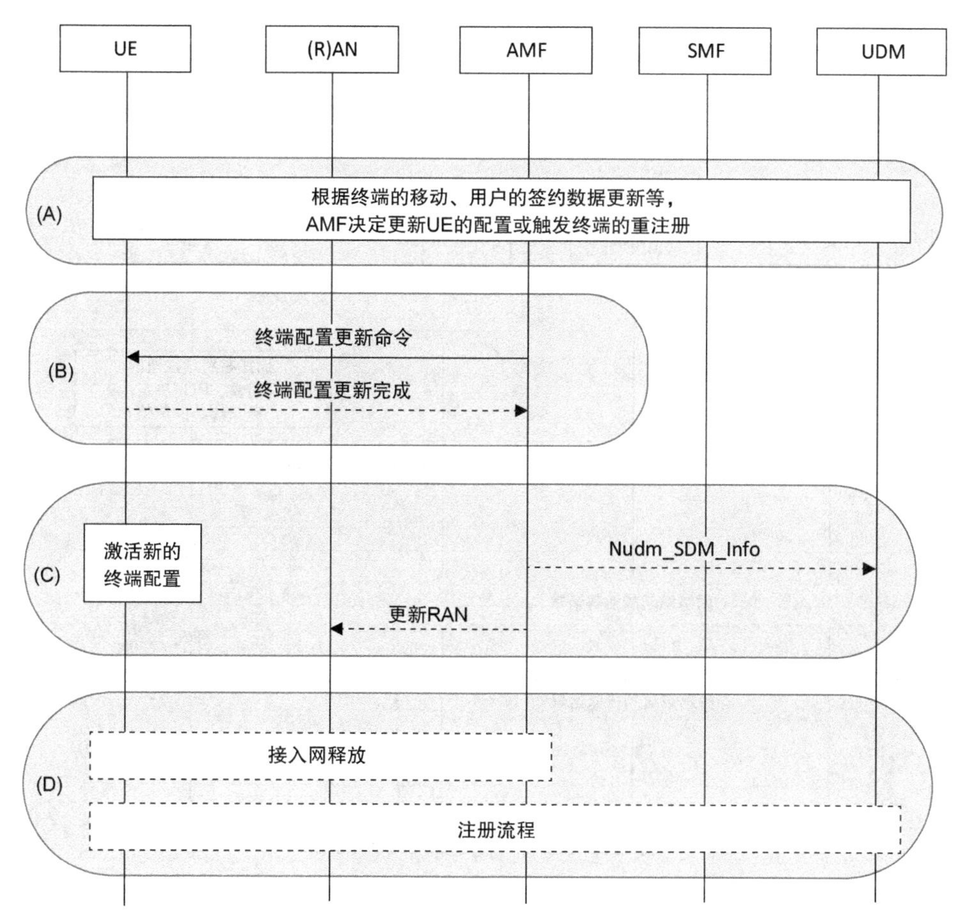

图 15.7 终端配置更新（接入和移动性相关参数）

以下步骤简要描述了该流程：

A. AMF 决定需要改变 UE 配置或需要重新注册，比如根据更新的签约数据。

B. AMF 发送 UE 配置更新命令，其中可能包含更新后的配置，还可能包括指示 UE 是否应发送确认（即 UE 配置更新完成消息）或是否应执行（重）注册流程。AMF 需要确保 UE 接收到了更新，因此大多数 UE 配置更新都需要 UE 的确认。

C. UE 更新了配置参数后，开始使用新参数。根据更新的参数，AMF 还可能需要通知其他网络功能实体，例如，如果更改了 5G-GUTI，则 AMF 需要将新的临时身份通知到（R）AN。如果更新是由网络切片签约更改的指示引起的，那么 AMF 需要通知 UDM，UE 已收到更新。

D. 根据更新的参数，AMF 可能释放 AN 关联，例如，如果允许的 NSSAI 或配置的 NSSAI 的更新影响到网络切片现有的连接。UE 还可以发起重新注册，使得 UE 能够连接到新的网络切片集。

15.4.3 用于传送透明 UE 策略的 UE 配置更新流程

当 PCF 想要更新 UE 配置中的 UE 策略（即 ANDSF 或 URSP）时，启动该流程（参见图 15.8）。

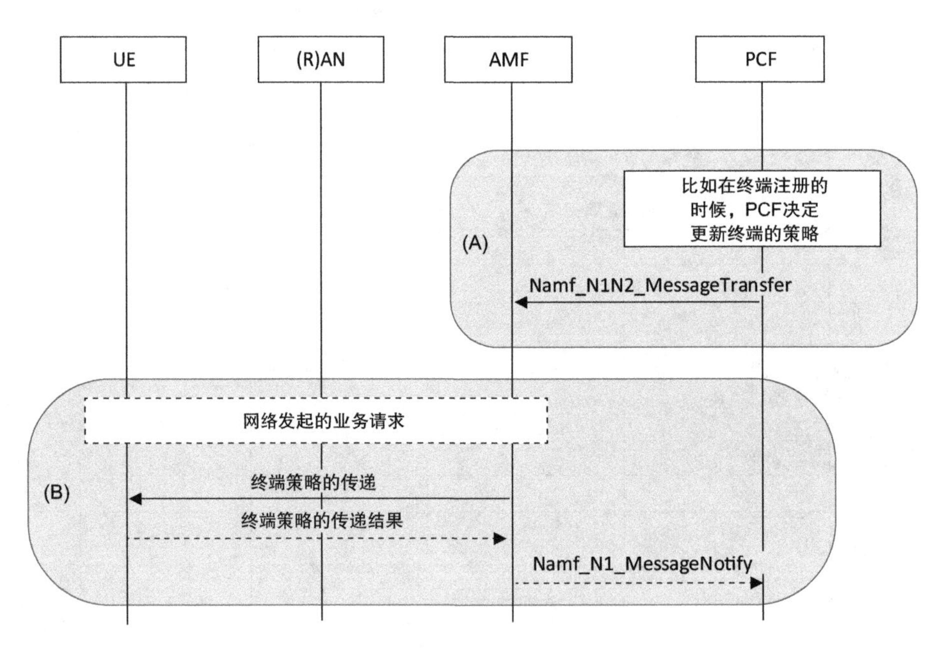

图 15.8 终端配置更新（终端策略）

以下步骤简要描述了该流程：

A. PCF 决定更新 UE 策略，例如，当 AMF 为注册的 UE 建立到 PCF 的 AM 策略会话时触发。PCF 把要更新的 UE 策略装在一个容器中并发送到 AMF。如果 UE 策略太大，没有办法在单个 NAS 消息中发送，那么 PCF 将拆分内容，用多个请求消息发送到 AMF。

B. 如果通过 3GPP 接入的 UE 处于空闲态，AMF 使用网络触发的业务请求流程寻呼 UE 以建立 NAS 信令连接，然后，AMF 将给 UE 发送 DL NAS 消息，其中包括从 PCF 接收的 UE 策略容器。UE 实施策略并将结果发送回 AMF。如果 PCF 已订阅要接收 UE 策略容器的通知，AMF 使用 Namf_N1MessageNotify 将 UE 的响应转发给 PCF。

15.5 PDU 会话的建立

当 UE 想要创建新的 PDU 会话或在非 3GPP 接入与 3GPP 接入之间切换 PDU 会话时，UE 启动 PDU 会话建立流程（参见图 15.9）。在没有 N26 接口的 EPC 互通的情况下，PDU 会话建立流程也可用于将 PDU 会话从 EPC 切换到 5GC。PDU 会话建立流程始终由 UE 启动，但可以由网络通过向 UE 侧的应用发送设备触发消息来触发。基于设备触发消息中包含的信息，UE 侧的应用可以决定触发 PDU 会话建立流程。

以下描述的流程适用于 3GPP 接入或非 3GPP 接入。针对非受信的非 3GPP 接入，PDU 会话建立时的不同方面将在 15.9.3 节描述。

以下步骤简要描述了该流程：

A. UE 向 AMF 发送 5GSM NAS PDU 会话建立消息，其中包括 PDU 会话 ID、DNN 请求的 S-NSSAI、PDU 会话类型等。AMF 进行 NAS 安全的处理。如果 PDU 会话建立流程用来建立新的 PDU 会话，AMF 会选择新的 SMF。AMF 可以通过 NRF 发现可用的 SMF 来服务选定的 DNN 和 S-NSSAI。如果 PDU 会话建立流程是由于切换（即将已经建立的 PDU 会话从一个接入网转移到另一个接入网），AMF 使用其 UE 上下文确定哪个 SMF 为 PDU 会话 ID 服务。

B. 然后，AMF 将 5GSM 容器（包含 PDU 会话建立消息）转发到 SMF。SMF 从 UDM 获取与会话管理相关的签约数据，还从 UDM 订阅签约数据的更新。

C. 如果需要二次鉴权，SMF 执行二次鉴权，有关更多详细信息，请参见第 8 章。

D. SMF 然后选择一个 PCF，建立 SM 策略会话，获取初始的 PCC 规则。SMF 还选择 UPF、分配 UE IP 地址，并建立 N4 会话到选择的 UPF。

E. 然后，SMF 向 UE 发送 5GSM NAS PDU 会话建立接受消息，向（R）AN 发送 UPF GTP-U 隧道终结点信息和 QoS 信息。该消息是通过 AMF 发送的。

F.AMF 创建并发送 N2 消息，其中包含 NAS 消息（PDU 会话建立接受），以及用于（R）AN 的 PDU 会话信息（即 GTP-U 隧道信息和 QoS 信息）。（R）AN 请求到 UE 的所需资源，并向 AMF 回复有关（R）AN GTP-U 隧道终结点的信息。完成后，上行数据路径准备就绪。

G. AMF 将从（R）AN 接收的 PDU 会话信息转发到 SMF，以便 SMF 可以将（R）AN GTP-U 隧道端点提供给 UPF 以进行下行转发。现在，下行数据路径也已准备就绪。

H. 如果一切正常，则 SMF 会在 UDM 中注册自己，作为服务于这个 PDU 会话 ID 的 SMF。

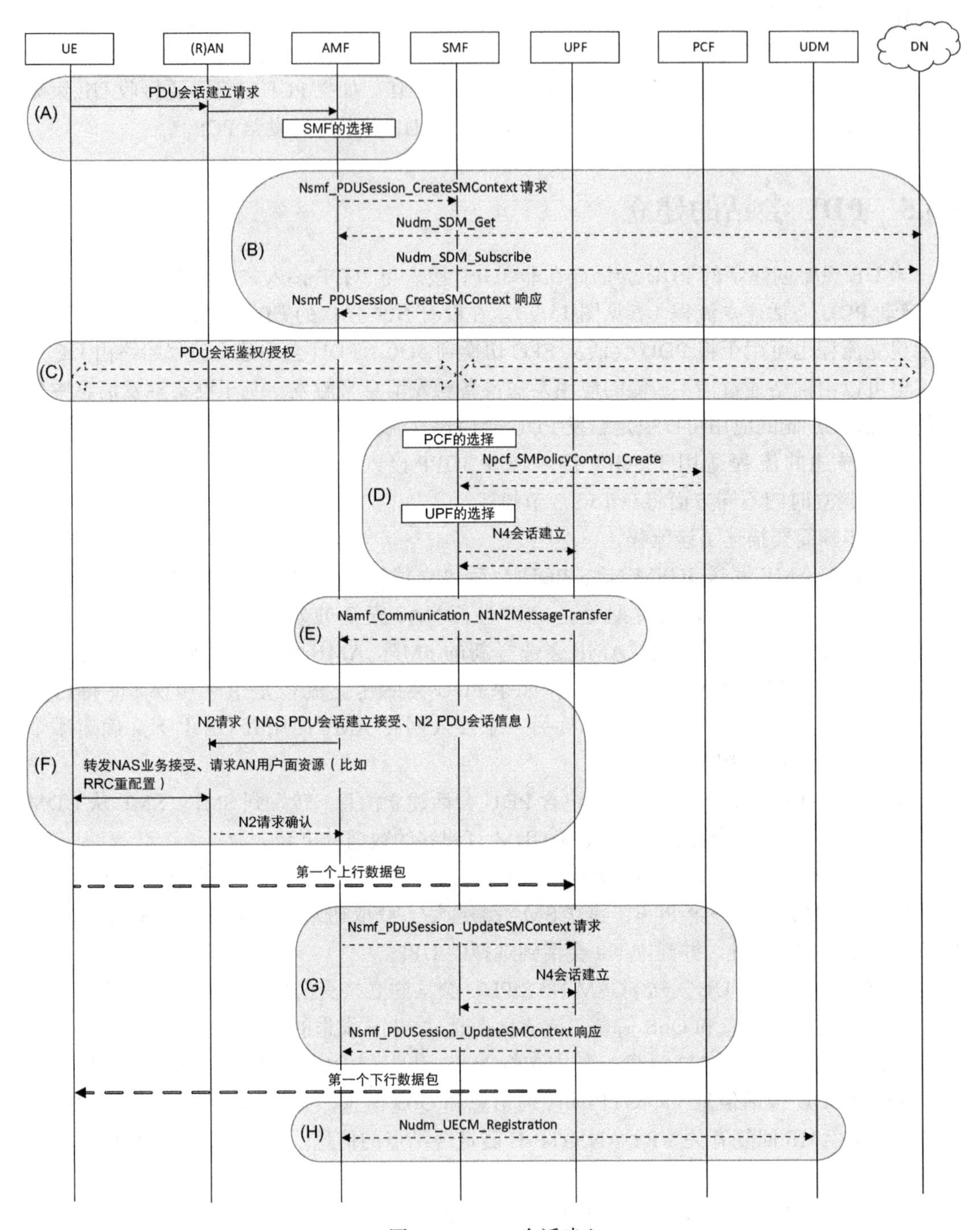

图 15.9　PDU 会话建立

15.6 NG-RAN 间的切换

15.6.1 介绍

5GS 中的切换流程用于将 UE 从源 NG-RAN 节点切换到目标 NG-RAN 节点。同 EPS 一样，在源和目标 NG-RAN 节点之间有控制面连接和没有控制面连接的情况下，都可以执行切换流程。前一种情况下的切换是“基于 Xn 的”，因为源 NG-RAN 节点与目标 NG-RAN 节点之间的 Xn 接口用于管理切换；后一种情况的切换是“基于 N2 的”，因为 NG-RAN 和 AMF 之间的 N2 接口用于管理切换。

在下面的描述中，基于 Xn 的切换看起来比基于 N2 的切换更简单（消息更少），但是要提醒的是，这里没有描述基于 Xn 切换时 NG-RAN 节点之间的交互。

15.6.2 基于 Xn 的 NG-RAN 间切换

该流程用于将 UE 通过 Xn 接口从源 NG-RAN 切换到目标 NG-RAN，因此，基于 Xn 的切换假设源 NG-RAN 节点与目标 NG-RAN 节点之间存在 Xn 接口。该流程仅适用于 AMF 内部移动，即如果 AMF 需要改变，就不能使用 Xn 切换。

在该流程中，可能需要在 PDU 会话的数据路径中插入或删除中间 UPF，例如，如果切换导致 UE 移出当前具有 N3 接口的 UPF 的服务区域。描述 Xn 切换原理时，为避免使消息流程与有关 N4/UPF 信令的细节复杂化，我们将重点放在没有 I-UPF 插入 / 移除 / 更改的最简单的情况，并着重介绍与 UPF 的交互，如图 15.10 所示。

以下步骤简要描述了该流程：

A. 在核心网络参与到切换流程之前，在 NG-RAN 节点间及 NG-RAN 与 UE 间执行必要的切换准备和切换执行信令，这里我们将不对其进行详细说明，感兴趣的读者可以参考有关 5G RAN 的书，或参阅 NG-RAN 的规范（如 3GPP TS 38.300）。

B. 当在 NG-RAN 中确认切换时，NG-RAN 发送 N2 路径切换请求，通知核心网 UE 已经移动到新的目标小区。该消息包括要切换的 PDU 会话的信息（包括新的 NG-RAN N3 隧道信息）以及已被目标 RAN 拒绝的 PDU 会话的信息（如果有）。目标 RAN 拒绝 PDU 会话的原因可能是目标 RAN 无法提供所需的 QoS。

C. AMF 通知每个受切换影响的 PDU 会话所属的 SMF，其中包括将要切换到目标小区的 PDU 会话，也包括那些被目标小区拒绝的 PDU 会话。对于要切换的 PDU 会话，SMF 向 UPF 提供 NG-RAN N3 隧道信息，以便将下行数据发送到新的 NG-RAN 节点。对于那些被拒绝的 PDU 会话，根据拒绝的原因，SMF 可能保留或通过释放流程释放那些 PDU 会话。

如前所述，为简化起见，消息流程中 PDU 会话的 UPF 没有变化。如果需要插入新的 I-UPF、释放旧的 I-UPF 或同时插入新的并释放旧的，这些操作就在这个时间点上执行，

SMF 与新 / 旧 I-UPF 和锚点 UPF 间需要额外的 N4 交互，但是在总体上，Xn 切换流程是相同的。

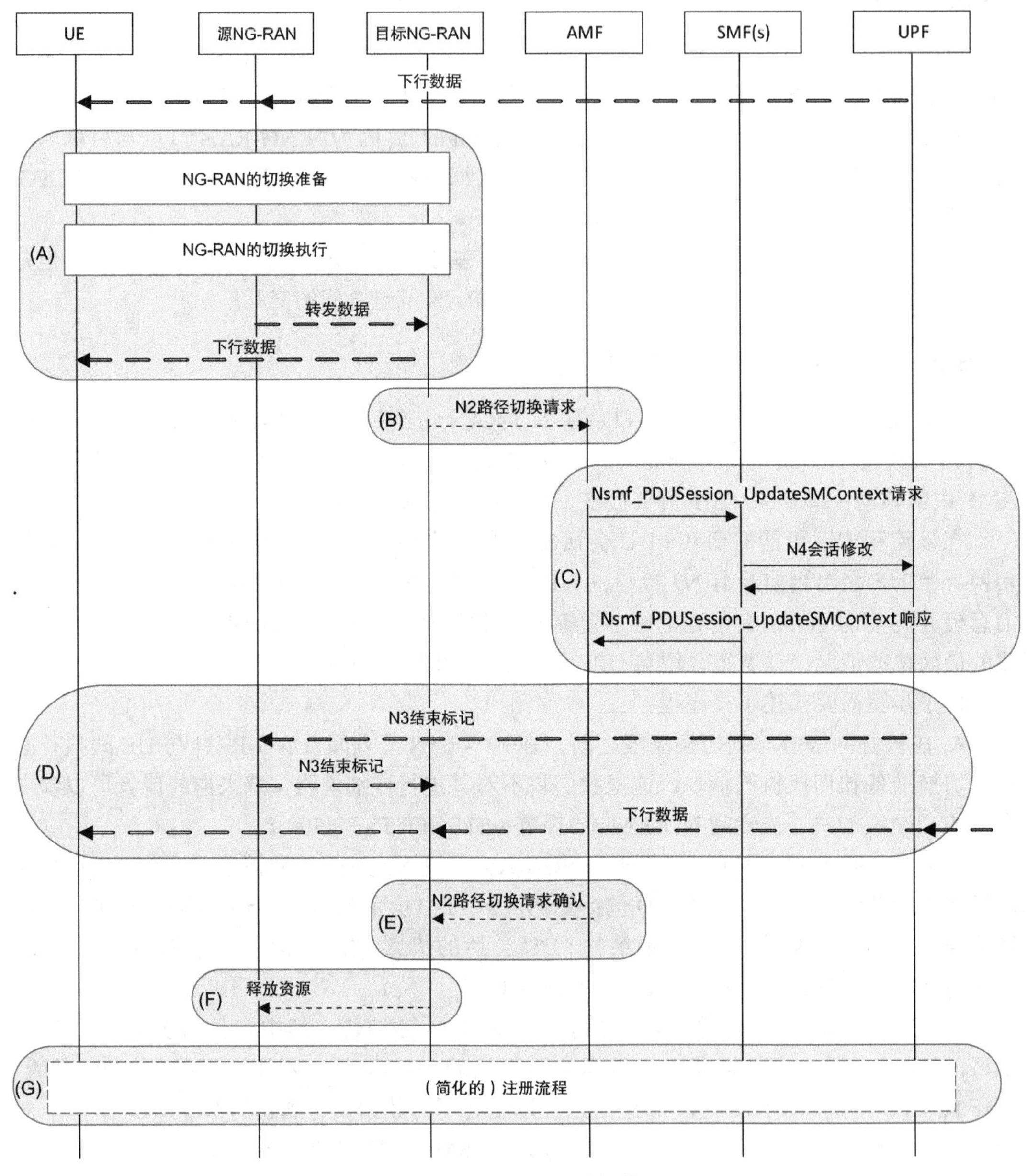

图 15.10　基于 Xn 的切换

SMF 然后回复 AMF，并包含 UPF N3 隧道信息。

D. UPF 现在已将下行路径切换到目标 NG-RAN 节点，因此下行数据包将被发送到目标 NG-RAN。但是，为了协助目标 NG-RAN 中对下行数据的重新排序，UPF 会在切换路径后立即发送一个或多个“结束标记”GTP-U 数据包到旧路径上的每个 N3 隧道（即到源 NG-RAN），这使得 NG-RAN 知道最后一个到达旧路径的下行数据包，从而可以删除源 NG-RAN 和目标 NG-RAN 之间的转发隧道，目标 NG-RAN 也可以确保下行数据包有序地发送给 UE。

E. 一旦 AMF 在步骤 C 中接收了所有 SMF 的响应，AMF 聚合接收的 UPF N3 隧道信息，并将该聚合信息发送给 NG-RAN，NG-RAN 根据收到的信息配置上行 N3 数据路径。

F. 目标 NG-RAN 然后通知源 NG-RAN，切换已成功完成，源 NG-RAN 可以释放相关的资源。

G. 在某些情况下，例如切换导致 UE 移动到其注册区域之外，UE 需要在切换完成之后发起移动性注册流程。

15.6.3 基于 N2 的 NG-RAN 间切换

15.6.3.1 综述

由于部署或实施方面的原因，源 NG-RAN 与目标 NG-RAN 之间可能不存在 Xn 信令接口，这种情况下，需要使用基于 N2 的切换，该流程的切换信令是通过核心网络承载的，源 NG-RAN 和目标 NG-RAN 之间的通信也需要通过核心网络转发。源 NG-RAN 决定是否要发起到目标 NG-RAN 的基于 N2 的切换，例如可以根据新的无线条件或负载平衡的需要。

基于 N2 的切换有两个阶段：准备阶段和执行阶段。准备阶段用于准备好目标 NG-RAN 和 SMF/UPF 的资源，以确保执行阶段快速成功的完成。

尽管基于 N2 的切换的信令始终由核心网络承载，数据的转发可以在 RAN 中在源 NG-RAN 和目标 NG-RAN 之间直接进行（所谓的“直接转发”），或者通过 UPF 完成（所谓的间接转发）。只要源 NG-RAN 和目标 NG-RAN 之间存在 IP 连接并且存在安全关联，就可以使用直接转发路径，源 NG-RAN 和目标 NG-RAN 之间并不需要支持 Xn 信令。

在下面给出的流程示例中，源 AMF 被重定位到目标 AMF。如果由于切换，UE 移动到源 AMF 服务的区域之外，即目标 NG-RAN 没有与源 AMF 的 N2 连接，这时需要 AMF 的重定位。如果在切换后源 AMF 可以继续为 UE 服务，即目标 NG-RAN 与源 AMF 间存在 N2 连接，消息流程可以简化，因为不需要源 AMF 和目标 AMF 之间的交互。

该流程还给出了一个 I-UPF 重定位（即从源 I-UPF 重定位到目标 I-UPF）的示例。如果目标 NG-RAN 没有与源 I-UPF 的 N3 连接，即 UE 由于切换而移动到源 I-UPF 服务区域之外，那么需要这样的重定位，这将导致额外的管理 N3 和 N9 隧道的 N4 信令。当不需要 I-UPF 或者当前的 I-UPF 不需要变化时，由于减少了 N4 信令的数量，因此消息流程有所简化。

15.6.3.2　准备阶段

以下步骤简要描述了该流程（参见图 15.11）：

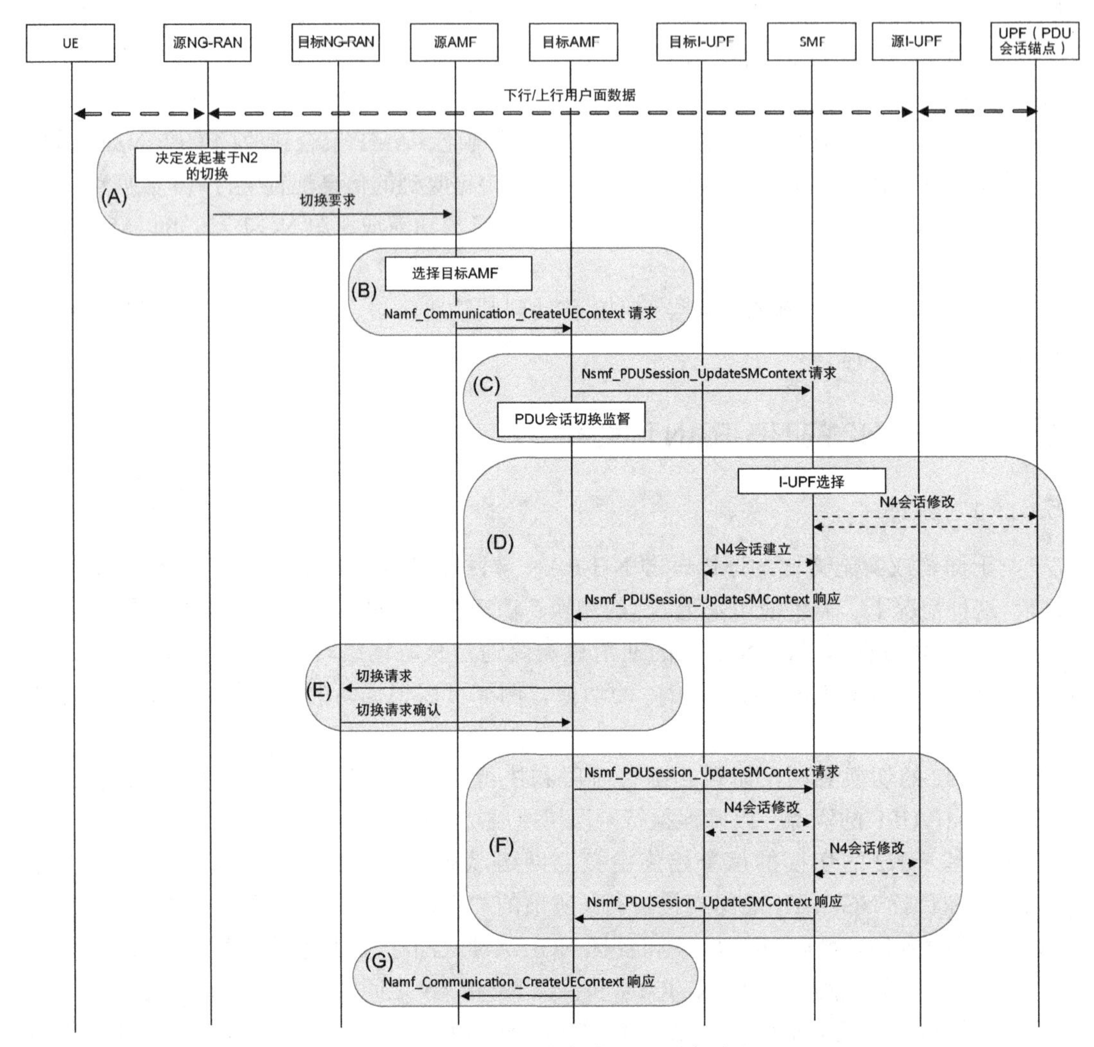

图 15.11　基于 N2 的切换——准备阶段

A. 源 NG-RAN 决定触发 N2 切换，并向 AMF 发送 N2 切换要求消息。该消息包含目标 NG-RAN 的 ID 以及要切换的 PDU 会话的信息。

B. AMF 确定自己是否可以在新的 UE 位置（目标 NG-RAN ID）区域继续服务，如果不能，则选择目标 AMF 并向目标 AMF 发送创建 UE 上下文请求的消息，包括从源 NG-RAN 接收到的信息。

C. 目标 AMF 通知与每个要切换的 PDU 会话相对应的 SMF，同时，AMF 开始监视 SMF 的响应。AMF 需要在每个 SMF 响应后，才能将消息发送到目标 NG-RAN（步骤 D），但同时AMF也不能等待太久，因为切换需要尽快执行以确保UE可以从NG-RAN得到服务。

D. 当从AMF接收更新消息时，SMF需要确定当前的UPF是否可以继续为目标NG-RAN服务，或者是否需要新的I-UPF。这里，我们假设需要将源I-UPF替换为目标I-UPF，SMF将目标I-UPF准备好之后回复AMF。

E. 当AMF已收到来自所有SMF的响应或无法等待时，AMF会向目标NG-RAN发送切换请求，包括要切换的PDU会话的信息。目标NG-RAN为每个可以切换的PDU会话回复NG-RAN N3隧道信息。如果有PDU会话不能被接受，目标NG-RAN也将包括这些PDU会话的信息。

F. AMF将从RAN收到的PDU会话信息转发到每个SMF。如果要使用“间接数据转发”，即通过UPF的从源NG-RAN到目标NG-RAN的数据转发，SMF还将建立所需的转发隧道。

G. 最后，目标AMF向源AMF回复，准备阶段已完成，此消息还包括应转发到源NG-RAN的其他信息，例如，没有被目标NG-RAN接受的PDU会话的信息、间接转发隧道的信息，但这将在执行阶段完成……

15.6.3.3 执行阶段

以下步骤简要描述了该流程（参见图15.12）：

A. 源AMF向源NG-RAN发送切换命令消息，该消息包括在准备阶段的步骤G中接收的信息。源NG-RAN然后向UE发送切换命令消息。在接收切换命令消息之后，UE将离开源小区并开始连接到目标小区。

B. 源NG-RAN可能通过AMF将状态信息发送到目标NG-RAN，在UE的某些无线承载需要保存PDCP状态时，需要这样做。如果有AMF重定位，那么源AMF将状态信息发送到目标AMF。

C. 在步骤A之后到达源NG-RAN的下行数据包将被转发到目标NG-RAN，通过“直接数据转发”或者通过UPF参与的“间接数据转发”。

D. 在接收切换命令之后，UE移动到目标小区并且向目标NG-RAN发送切换确认消息。通过发送该消息，UE认为切换成功。

目标NG-RAN向目标AMF发送切换通知消息，目标NG-RAN由此认为切换成功。

目标AMF通知源AMF已经从T-RAN接收到N2切换通知的消息。现在，源AMF将启动一个计时器，在计时器到期时，AMF将指示源NG-RAN释放与此UE相关的资源。

现在，通过目标NG-RAN发送上行用户面数据和发送转发的下行用户面数据。剩下的就是向SMF/UPF指示可以将下行数据路径切换到NG-RAN。

E. AMF现在将通知所有已切换的PDU会话所属的SMF，此消息包括SMF将提供给UPF的NG-RAN N3隧道信息，用于到目标NG-RAN的下行数据的转发。为了在目标

NG-RAN 中对下行数据重新排序，UPF（PSA）在切换下行路径后立即为旧路径上的每个 N3 隧道发送一个或多个 GTP-U“结束标记”数据包。

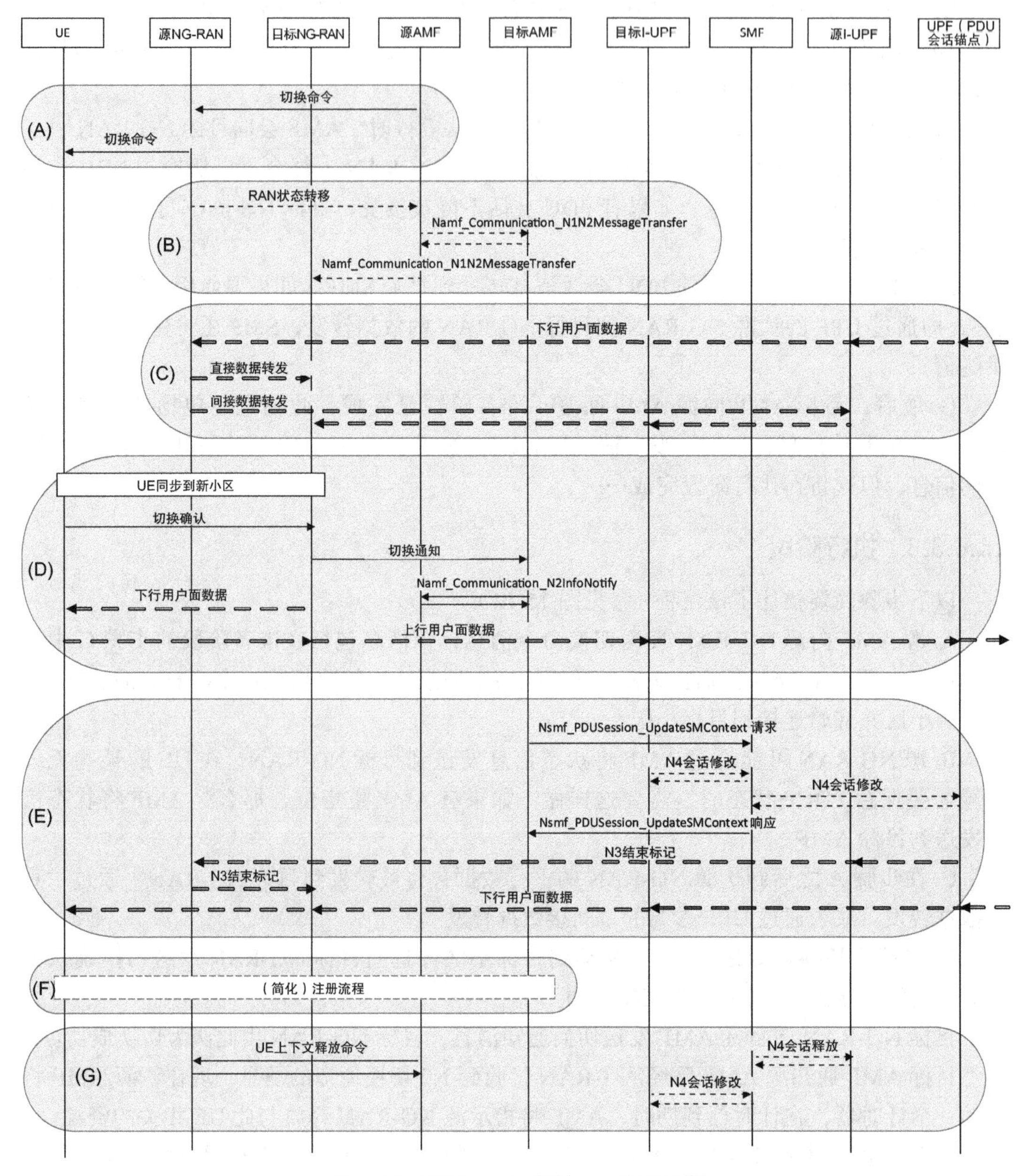

图 15.12 基于 N2 的切换——执行阶段

F. UE 发起移动性注册流程。切换流程之后的移动性注册并不需要所有的步骤，例如，不需要源 AMF 与目标 AMF 之间的上下文传输，因此，这是个简化版的移动性注册流程。

G. 最后，网络清理不再需要的资源。源 AMF（基于在步骤 D 中启动的计时器）告诉源 NG-RAN 释放 UE 上下文。SMF（基于其计时器）释放不再需要的用户面资源，包括间接数据转发隧道（如果创建过）以及源 I-UPF 的资源。

15.7 与 EPS 通过 N26 接口互通

15.7.1 介绍

如第 3 章和第 7 章中所述，当 UE 在 EPC 和 5GC 之间移动时，5GS 支持与 EPS 的互通以及会话连续性。在本节中，我们描述在 AMF 和 MME 之间支持 N26 接口的情况下的切换和移动流程。通过 N26 接口，UE 上下文可以在系统之间转移，也能确保切换可以有准备阶段，即使 UE 仅支持单一注册（即 UE 在每个瞬间仅连接到 EPC 或 5GC）。

N26 接口使单注册 UE 能够在 5GS 和 EPS 两个系统间无缝移动，因此能够满足如语音类业务所要求的实时性。

15.7.2 5GS 到 EPS 的切换

从 5GS 到 EPS 的切换是由源 NG-RAN 触发的，通过通知（源）AMF 需要进行切换，如图 15.13 所示。

以下步骤简要描述了该流程：

A.NG-RAN 决定触发到 EPS 的切换，并向 AMF 发送切换要求消息。基于目标“RAN”的标识符，AMF 确定是到 E-UTRAN 的切换，因此请求 PGW-C + SMF 提供目标 MME 所需的 EPS 连接的信息。

B. AMF 根据 NG-RAN 提供的目标 E-UTRAN 的信息选择一个目标 MME，然后，AMF 就像源 MME 一样，将重定位请求消息发送到 MME。MME 向目标 E-UTRAN 请求切换所需的无线资源，基本上按照基于 S1 的切换流程。如果使用“间接数据转发”（即用户数据从源 NG-RAN 通过核心网络转发到目标 E-UTRAN），那么 MME 将在 EPC 端建立转发隧道。

C. 如果使用“间接数据转发”，那么 AMF 通知 SMF 也在 5GC 端建立转发隧道。

D. 源 NG-RAN 向 UE 发出切换命令，UE 然后连接到目标小区。

E. 如果间接数据转发的路径已经建立，该路径可以转发下行数据。上行数据由目标 E-UTRAN 发送。

F. 目标 E-UTRAN 然后向目标 MME 发送切换通知，由此目标 E-UTRAN 认为切换成功。现在，MME 通知源 AMF 切换已完成。MME 还向 SGW 和 PGW-C + SMF 提供 E-UTRAN 隧道信息，以建立下行数据路径，并将下行用户面路径切换到目标 E-UTRAN 接入网。

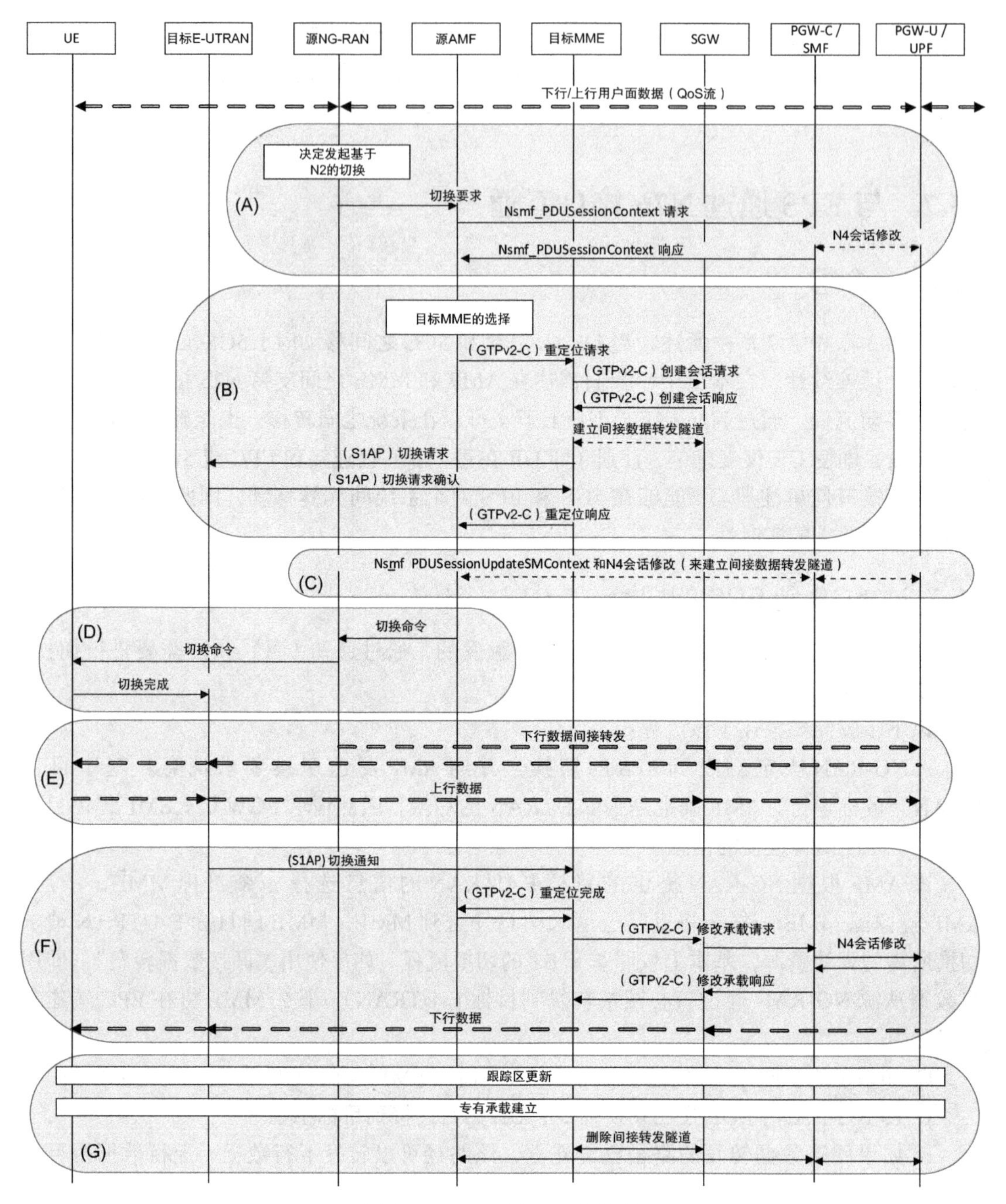

图 15.13　5GS 到 EPS 的切换

G. 最后，UE 启动跟踪区域更新流程（和基于 S1 的切换流程一样）。如果切换流程中有专用承载建立的请求，PGW-C + SMF 还触发建立专用承载。网络也会释放不再需要的间接转发隧道。

15.7.3 EPS 到 5GS 的切换

15.7.3.1 综述

EPS 到 5GS 的切换由源 E-UTRAN 触发，通知（源）MME 要求切换，包括准备阶段和执行阶段。

15.7.3.2 准备阶段

准备阶段如图 15.14 所示。

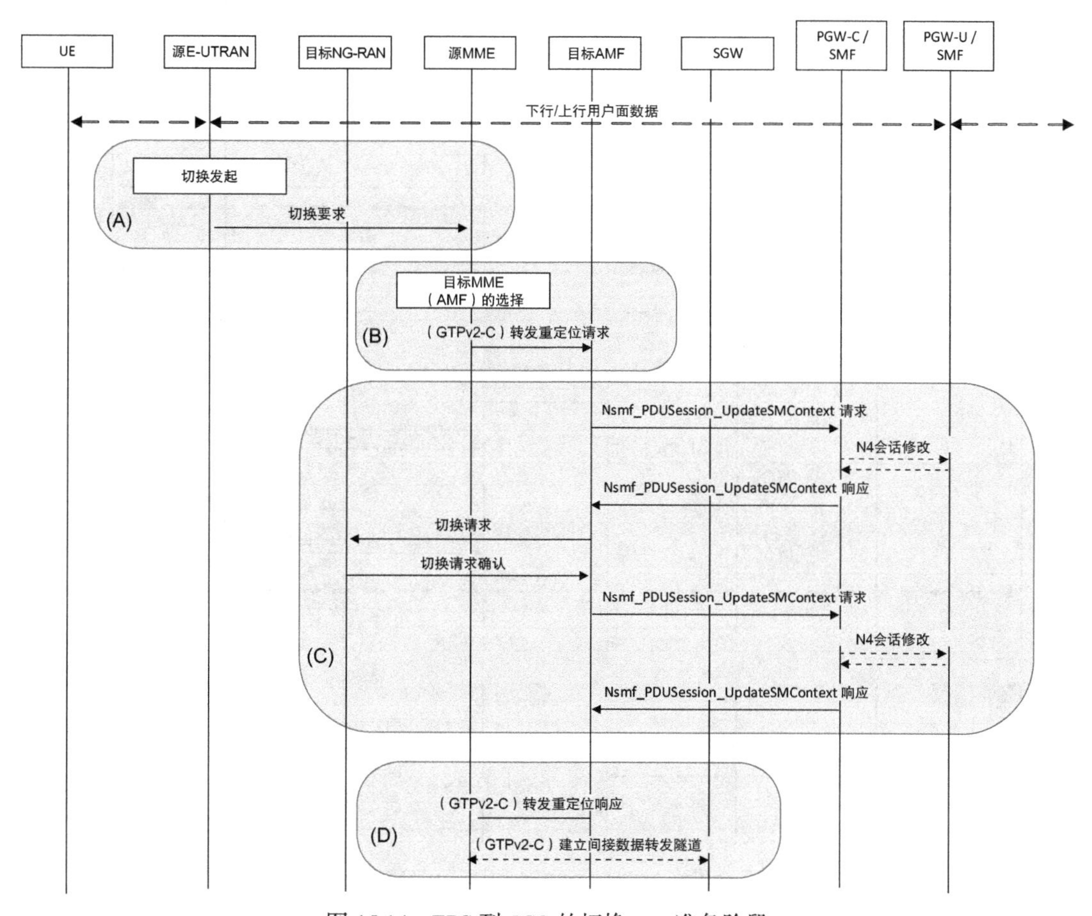

图 15.14 EPS 到 5GS 的切换——准备阶段

以下步骤简要描述了该流程：

A. 源 E-UTRAN 向 MME 发送要求切换的消息，启动切换。

B. MME 选择目标节点（AMF）并发送转发重定位请求（GTPv2-C）消息。

C. 现在，在目标端准备切换，类似于基于 N2 的切换的准备阶段。AMF 会通知每个受影响的 SMF。SMF（通过 AMF）向 RAN 提供 QoS 信息和 UPF 隧道信息，AMF 在切换请求中将这些信息提供给目标NG-RAN。然后，NG-RAN确认已接受（和拒绝）的PDU会话的信息，包括NG-RAN隧道信息，该信息被转发到相应的SMF。

D. 最后，AMF向MME发送转发重定位响应消息，这样就完成了准备阶段。

15.7.3.3 执行阶段

执行阶段如图15.15所示。

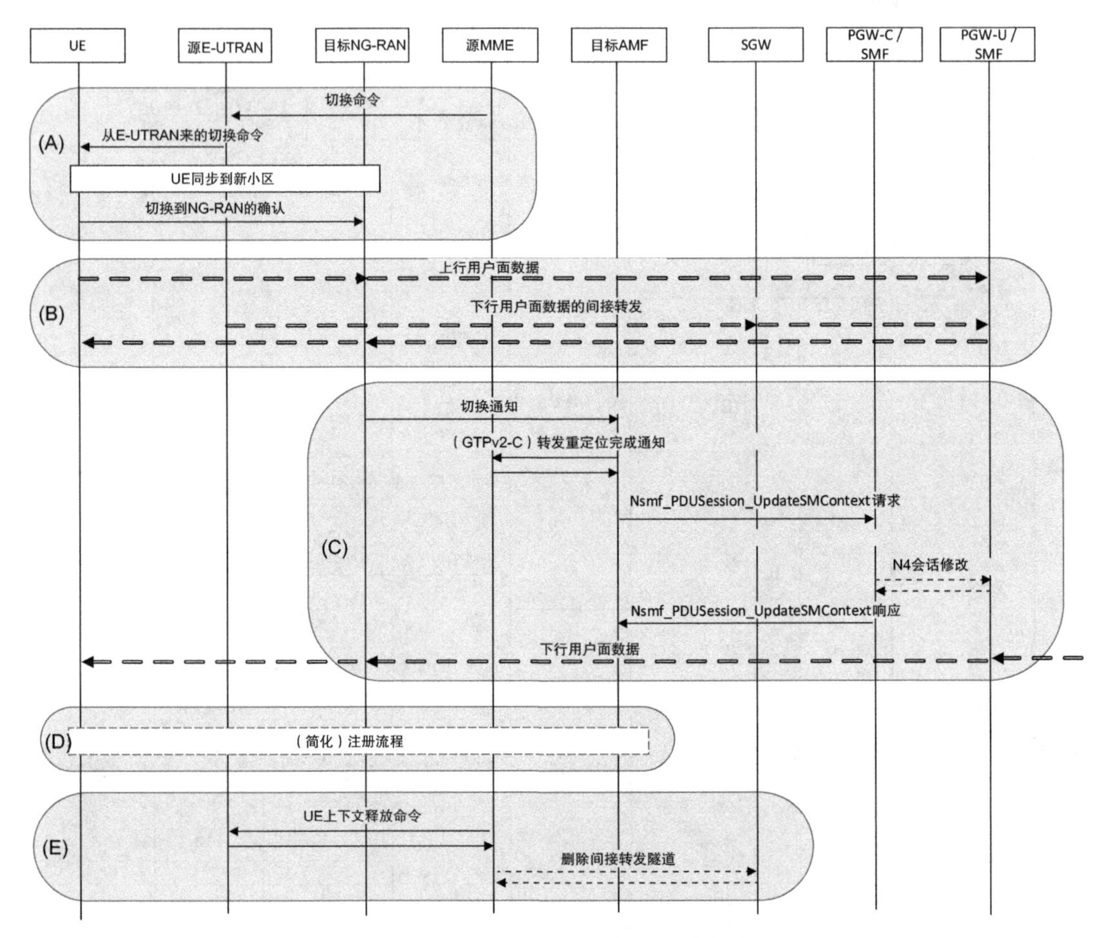

图15.15 EPS到5GS的切换——执行阶段

以下步骤简要描述了该流程：

A. MME通过E-UTRAN向UE发送切换命令，UE连接到新小区。

B. 现在，目标5G系统中的上行数据路径可以使用了，目标5G系统也可以间接转发下行数据。

C. 目标NG-RAN通知AMF，切换已成功。AMF将切换的信息通知给每个受影响的SMF，由此SMF可以将下行数据路径切换到目标NG-RAN。

D. 如在基于 N2 的切换中一样，执行简化的移动性注册流程。

E. 最后，源 EPC 端清理 E-UTRAN 中的资源，以及释放已经建立的间接转发隧道。

15.7.4 5GS 到 EPS 的空闲态移动性管理

该流程包括 EPC 中的跟踪区域更新以及专用 EPS 承载的建立，如图 15.16 所示。

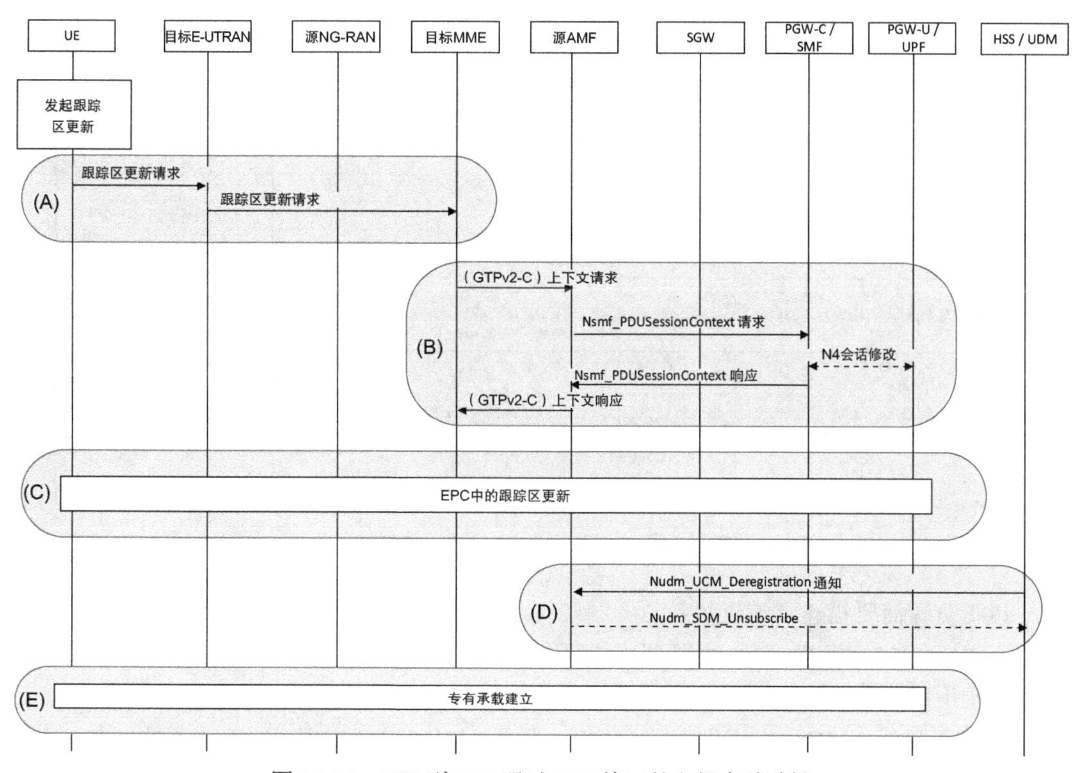

图 15.16 5GS 到 EPS 通过 N26 接口的空闲态移动性

以下步骤简要描述了该流程：

A. UE 移动到 EPC，通过 E-UTRAN 向 MME 发送跟踪区更新（TAU）请求消息。

B. MME 与源 AMF 联系以请求 UE 上下文。AMF 需要从相应的 SMF 获取 PDU 会话的上下文，然后，AMF 将 UE 上下文（包括 SM 上下文）提供给 MME。

C. TAU 流程按照 EPC 的规范继续执行。

D. 当 UE 在 EPC 侧注册后，UDM 取消在 5GS 的 3GPP 接入中为 UE 服务的 AMF 注册。AMF 现在也可以取消订阅签约数据的更新。

E. 最后，根据需要在 EPC 侧建立专用承载。

15.7.5 EPS 到 5GS 的空闲态移动性管理

从 EPS 到 5GS 的空闲模式下的移动性管理流程如图 15.17 所示。

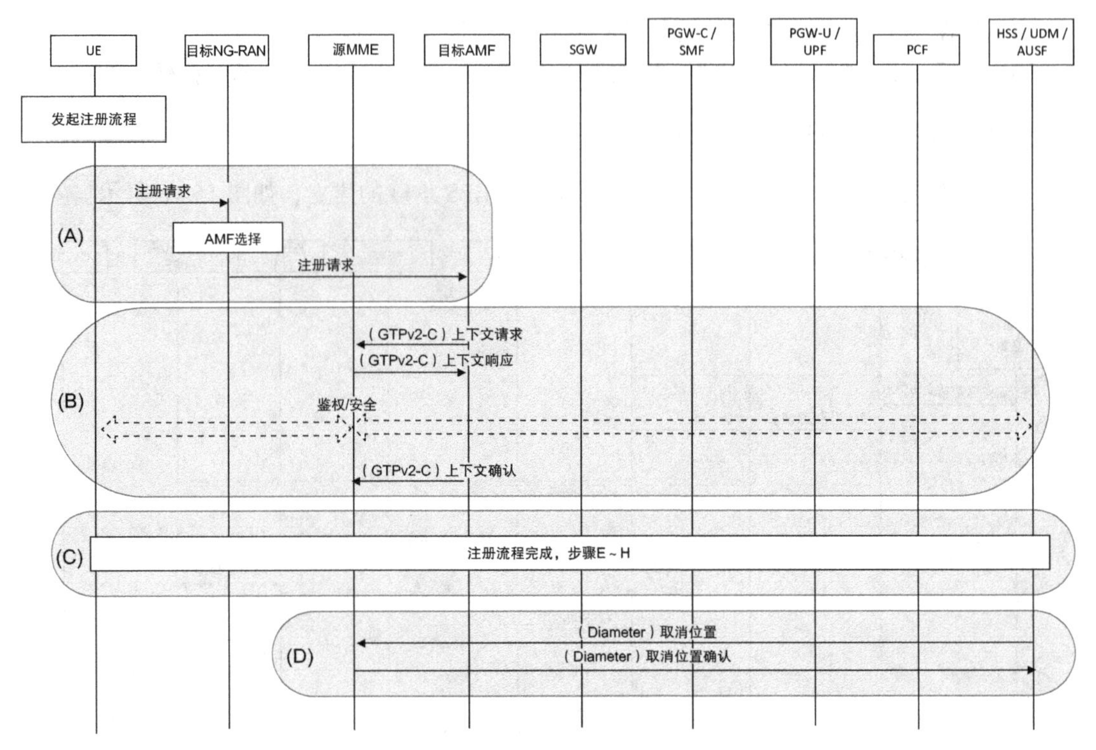

图 15.17 EPS 到 5GS 的空闲态移动性

以下步骤简要描述了该流程：

A. UE 向 5GC 发送 NAS 注册请求，开始 5GC 的注册流程。NG-RAN 选择 AMF（如注册流程中所述）并转发注册请求消息到 AMF。

B. 如果目标 AMF 可以识别出源 MME，那么 AMF 向 MME 请求 UE 上下文。如果 UE 提供了额外的 GUTI，那么 AMF 可以额外从旧的 AMF 请求 UE 上下文。AMF 可以决定对 UE 进行鉴权。如果目标 AMF 接受服务该 UE，AMF 则将上下文确认消息发送给 MME。

C. 注册流程继续进行，按图 15.1 的步骤 E ～ H 所示。

D. AMF 将自己注册在 HSS/UDM 中，为该 UE 在 3GPP 接入中服务（作为步骤 C 的一部分），HSS/UDM 然后给 MME 发送取消位置消息，通知 MME 不再注册为服务该 UE。

15.8 EPS 回落

为了在各种部署方案下提供 IMS 语音服务，UE 和 NG-RAN 协同工作，将连接 5GC 的 NG-RAN 切换或重定向为连接 EPC 的 E-UTRAN。

该解决方案的基础是，AMF 在注册流程中告诉 UE，网络支持 PS 会话上的 IMS 语音。因此，UE 假定它可以通过 5GS 获得 IMS 服务。当核心网络为 IMS 语音请求建立 5QI=1 的

QoS 流时，NG-RAN 拒绝该请求，并启动切换或重定向到 EPS 的流程，如图 15.18 所示。（该图改编自 3GPP TS 23.502）。

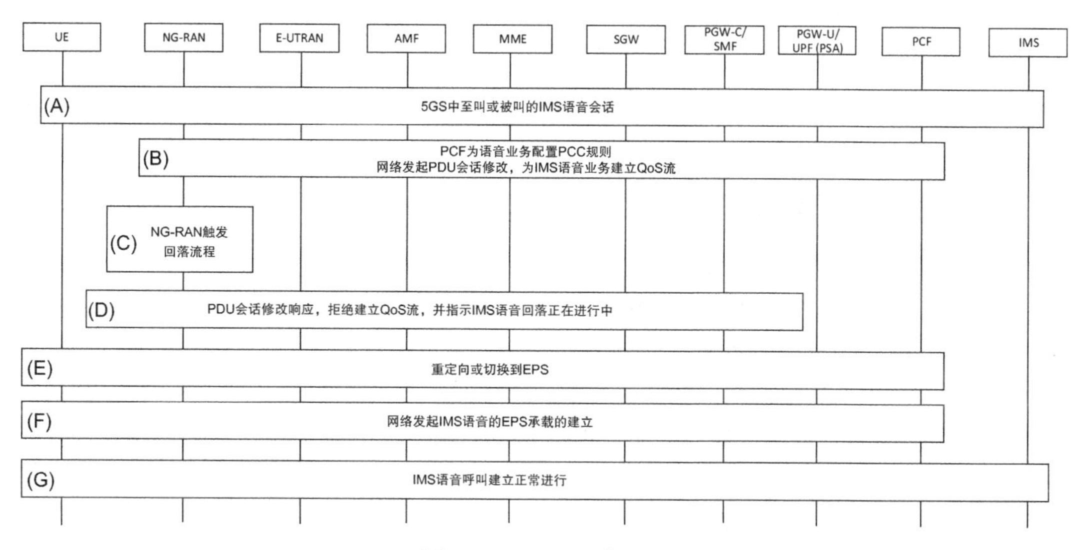

图 15.18　EPS 回落流程

以下步骤简要描述了该流程：

A. UE 通过 NG-RAN 接入 5GC 网络，并发起主叫或被叫的 IMS 语音会话。

B. PCF 为 IMS 语音呼叫向 SMF 下发所需的 PCC 规则，由此 SMF 触发 PDU 会话修改流程，请求为语音业务创建相应的 QoS 流。

C. 如果 NG-RAN 的配置支持 IMS 语音的 EPS 回落，可以决定发起 EPS 回落流程。

D. NG-RAN 响应 PDU 会话修改请求，拒绝 IMS 语音的 QoS 流创建请求，并指示 IMS 语音的回落导致的移动性流程正在进行中。

E. NG-RAN 考虑 UE 的能力，决定通过启动到 EPS 的切换或释放 AN 将 UE 重定向到 EPS。在 EPS 中，UE 根据是否使用 N26 来发起跟踪区更新或请求类型为“切换”的 PDN 连接建立。

F. PGW-C + SMF 现在将 5G QoS 映射到 EPC QoS 参数，重新请求 IMS 语音的 QoS 资源。由于是在 EPS 中，PGW-C + SMF 启动专用承载的建立。

G. IMS 语音会话流程现在通过 EPS 中的 E-UTRAN 继续进行。

15.9　非受信的非 3GPP 接入流程

15.9.1　介绍

由于非 3GPP 接入和 N3IWF 也通过 N2/N3 连接 5GC，并且 UE 在非 3GPP 接入时也使用 NAS（N1），因此 UE 通过非受信的非 3GPP 接入到 5GC 的流程遵循和 3GPP 接入一样的通用流程。但是，由于在 UE 和接入网络之间的接口方面存在差异，使用 3GPP 接入（NG-RAN）时，在 UE 和 NG-RAN 之间使用 3GPP 无线协议（如 RRC），而使用非受信的非 3GPP 接入和 N3IWF 时，在 UE 和 N3IWF 之间使用 IKEv2 和 IPsec。在本节中，我们将描述一些非受信的非 3GPP 接入特定的交互，但是将参考适合所有接入技术的通用流程的步骤。

15.9.2　通过非受信的非 3GPP 接入进行注册

非受信的非 3GPP 接入的注册流程遵循 15.2 节中描述的一般注册流程，但非 3GPP 接入有它特别的方面，比如 UE 和 N3IWF 之间如何携带 3GPP 信令。如第 8 章所述，UE 和 N3IWF 之间使用 IKEv2 和 IPsec 提供接入控制、加密和完整性保护。IKEv2 中的鉴权是基于共享密钥或 EAP 的，而 5GC 中的鉴权是在 NAS 信令中承载的（在 NAS 内部使用 EAP-AKA′ 或 5G AKA），但是，如何遵循 IKEv2 规范并同时使用 NAS 进行 UE 的鉴权仍是个挑战。3GPP 定义的解决方案是定义一种新的 EAP 方法（称为 EAP-5G），该方法基本上仅用于承载 NAS，因此，EAP-5G 方法自身不提供任何鉴权，这点和其他有内置的鉴权的 EAP 方法（如 EAP-AKA 或 EAP-TLS）有所不同。当 NAS 层的鉴权完成并成功后，网络通知 EAP 身份验证器（N3IWF），NAS 鉴权已完成，因此 EAP-5G 也完成了。

图 15.19 显示了非受信的非 3GPP 接入的概要的注册流程，重点在与通用注册流程的差异上，即在 UE 和 N3IWF 之间的交互上。

以下步骤简要描述了该流程：

A. UE 发现非 3GPP 接入（如 WiFi），连接到它，并从非 3GPP 接入接收本地 IP 地址，然后，UE 使用 DNS 发现可用的 N3IWF，并选择一个要连接的 N3IWF。

B. UE 向 N3IWF 发起 IKEv2 流程，包括 UE 和 N3IWF 之间的 IKE_SA_INIT 和 IKE_SA_AUTH 交换。

C. 和一般注册流程中一样，UE 将 NAS 注册请求发送到 AMF。此 NAS 消息承载在 EAP-5G 消息内部，而 EAP-5G 消息承载在 IKE_AUTH 消息内部。当此消息到达 N3IWF 时，N3IWF 提取 NAS 消息，选择 AMF，并将 NAS 消息与其他信息一起通过 N2 转发到 AMF。

D. 注册流程继续进行，如 15.2.1 节描述的通用注册流程。如步骤 C 中描述的一样，用于鉴权的 NAS 消息在 UE 和 N3IWF 之间承载，即在 EAP-5G 消息内部承载，而 EAP-5G 消息则承载在 IKE_AUTH 消息内部。

E. 鉴权完成后，AMF 通知 N3IWF 鉴权成功，同时通知 N3IWF 的还有一个 N3IWF 密钥。N3IWF 和 UE 完成 IKEv2/IPsec 的建立和密钥协议。

F. AMF 将给 UE 发送 NAS 注册接受消息。一旦 IKEv2 完成并在步骤 E 中建立了 IPsec 隧道，后续的 NAS 消息将承载在 UE 和 N3IWF 之间的 IPsec 隧道内。

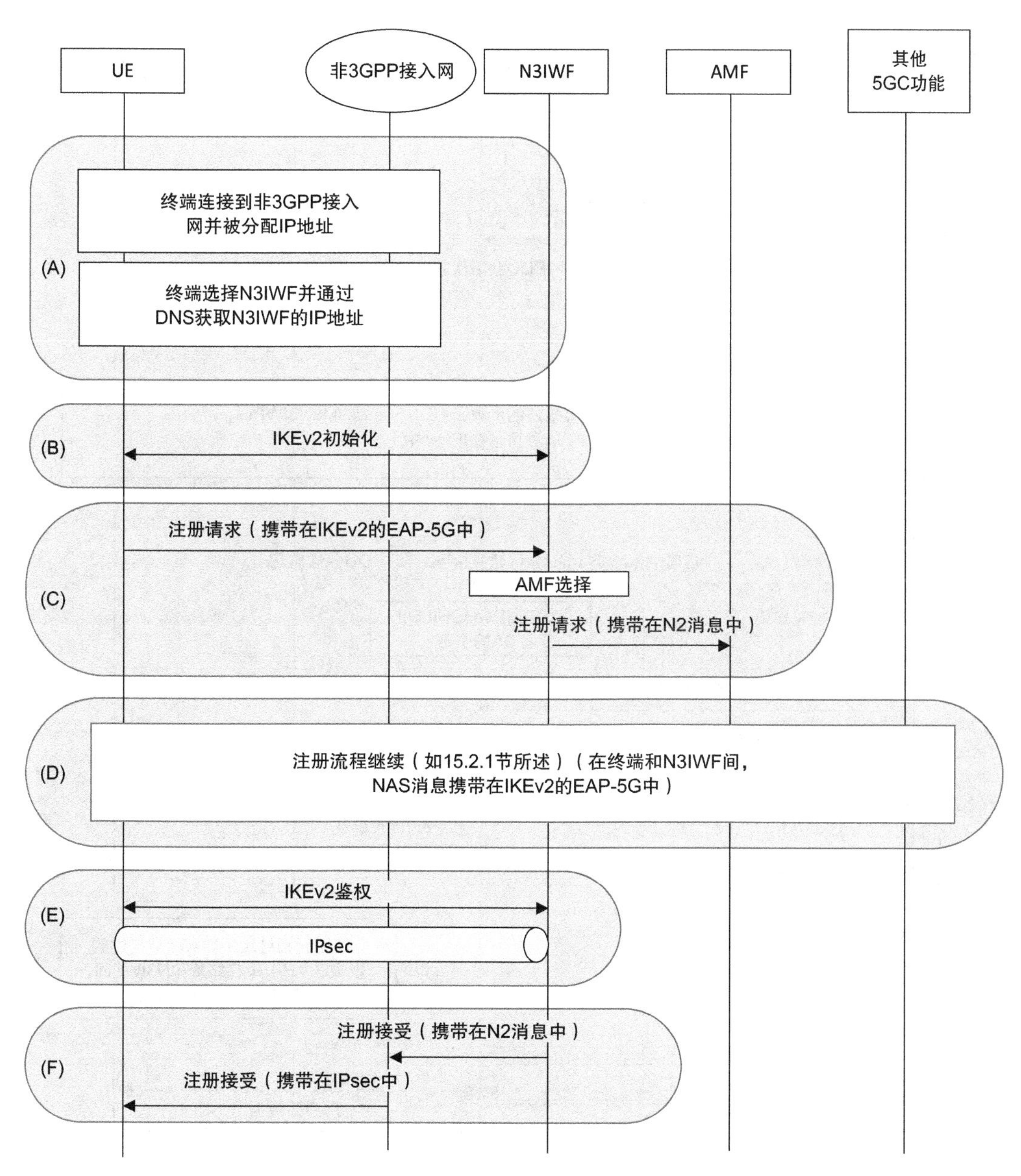

图 15.19 非受信的非 3GPP 的注册

15.9.3 通过非受信的非 3GPP 接入建立 PDU 会话

非受信的非 3GPP 接入的 PDU 会话建立流程（参见图 15.20）遵循 15.5 节中描述的通用 PDU 会话建立流程，然而，非 3GPP 接入有它特别的方面，比如 UE 和 N3IWF 之间如何承载 3GPP 信令。

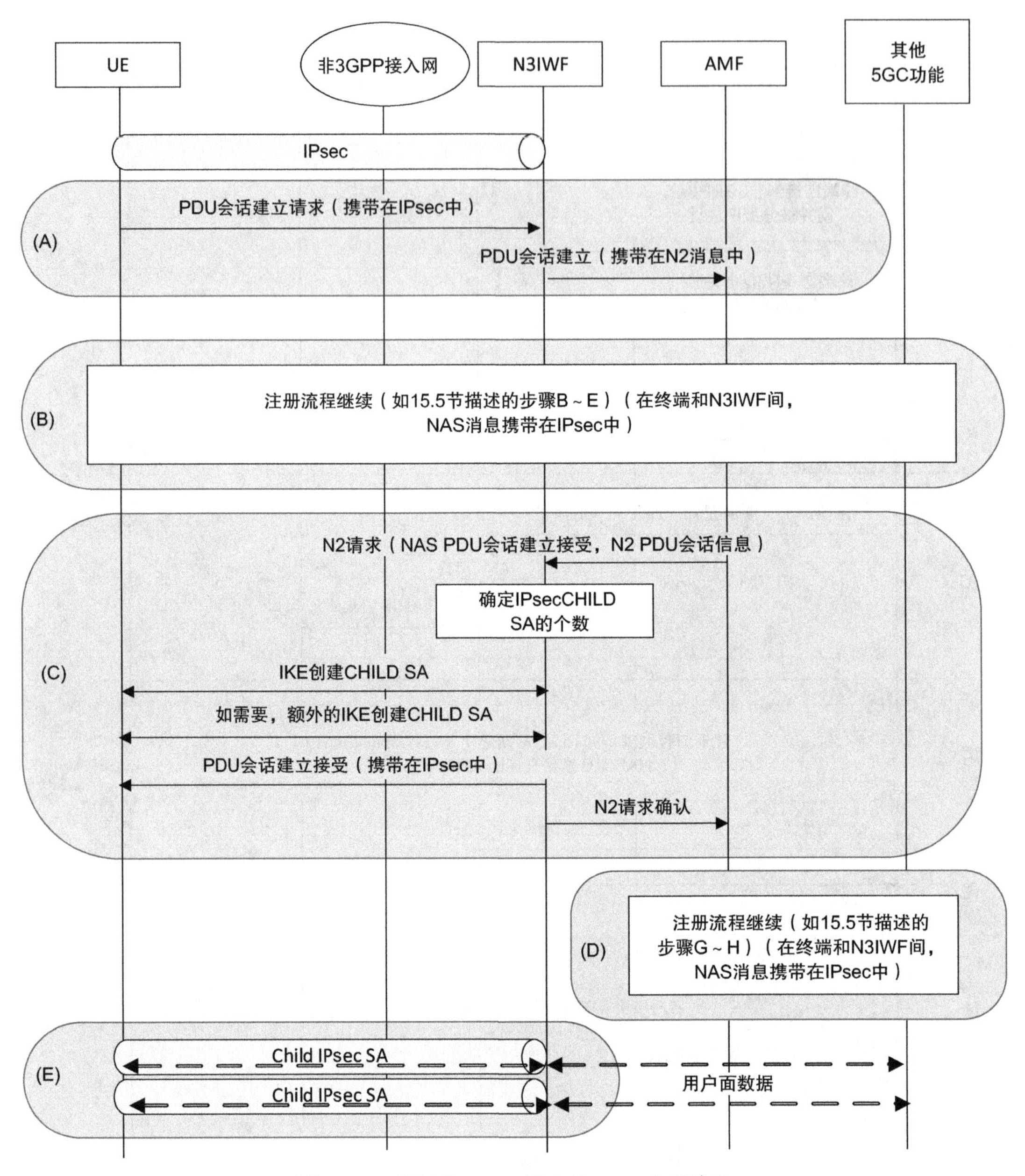

图15.20 通过非3GPP接入的PDU会话建立

如15.9.2节“在不信任的非3GPP接入中进行注册”所述，包括鉴权结果的注册流程会在UE和N3IWF之间建立IKEv2 SA和IPsec SA。该IPsec SA用于在UE和N3IWF之间发送NAS信令，以及用于承载活动PDU会话的用户面数据。

为了支持QoS，可以在UE和N3IWF之间生成单独的子IPsec SA，原因是IPsec具有防重播保护功能，该功能可能会丢弃收到的太多乱序的数据包。如果将在单个 IPsec SA 上承载多个 QoS 类，则可能会由于此功能而丢弃优先级较低的数据包。因此，优选考虑不同的 QoS 类别的数据由不同的 IPsec SA 发送。

以下步骤简要描述了该流程：

A. UE 发送 NAS PDU 会话建立请求消息，承载在 UE 和 N3IWF 间的 IPsec 上。

B. 流程继续，与 15.5 节的通用 PDU 会话建立流程的步骤 B ～ E 相同。UE 和 N3IWF 之间的 NAS 由 IPsec 承载。

C. 当 SMF 提供 PDU 会话信息（QoS 信息和 UPF N3 隧道信息）时，它由 AMF 在 N2 消息中转发给 N3IWF。然后，N3IWF 发起到 UE 的用户面资源的创建，包括为 PDU 会话建立至少一个 IPsec SA，并根据从 SMF/AMF 接收到的 QoS 信息，可以建立其他 IPsec SA。N3IWF 还将 NAS PDU 会话建立接受消息转发给 UE。

D. 流程继续，与 15.5 节的通用 PDU 会话建立流程中的步骤 G ～ H 相同。

E. 用户面数据承载在 UE 和 N3IWF 之间的 IPsec 子 SA 中，然后通过 N3IWF 和 UPF 之间的 N3 承载。

15.9.4 PDU 会话流程从非受信的非 3GPP 接入切换到 3GPP 接入

本部分描述了 UE 如何从源非受信非 3GPP 接入切换到目标 3GPP 接入，包括如何将 PDU 会话从非受信非 3GPP 接入转移到 3GPP 接入。这类切换使用目标 3GPP 接入中的 PDU 会话建立流程执行（参见图 15.21）。

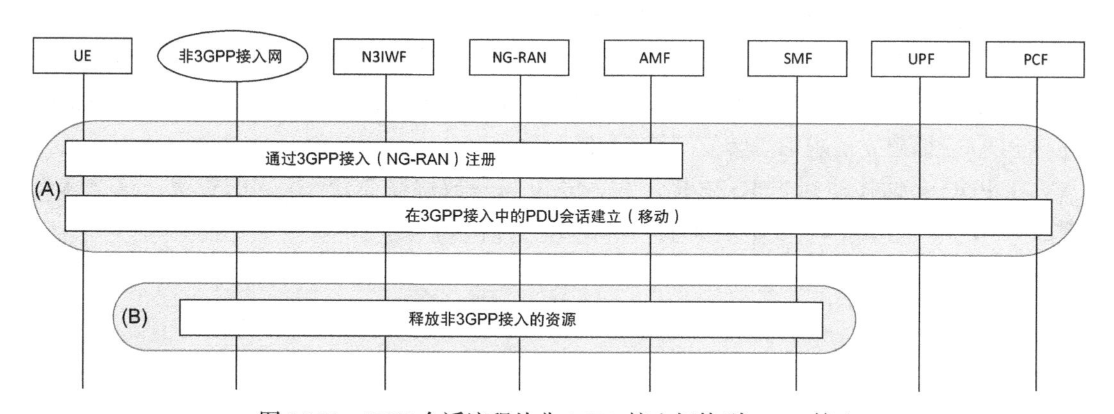

图 15.21 PDU 会话流程从非 3GPP 接入切换到 3GPP 接入

以下步骤简要描述了该流程：

A. 如果 UE 还没有在 3GPP 接入（NG-RAN）中注册，则首先需要注册，然后，为了将 PDU 会话从非 3GPP 接入移动到 3GPP 接入，在 3GPP 接入上执行 PDU 会话建立流程。UE 在 PDU 会话建立请求消息中包括请求类型“现有 PDU 会话”，该请求类型告诉 AMF 这个 PDU 会话已经存在，这确保 AMF 将查找服务于 PDU 会话的那个 SMF，并将 PDU

会话建立请求消息转发到该SMF。

B. PDU会话移动到了3GPP接入后，SMF将释放源侧非3GPP接入的资源，这意味着释放N3IWF中的用户面资源和PDU会话上下文。

15.9.5 将PDU会话流程从3GPP切换到非受信的非3GPP接入

从3GPP接入到非受信的非3GPP接入的切换遵循相同的原理（参见图15.22）。

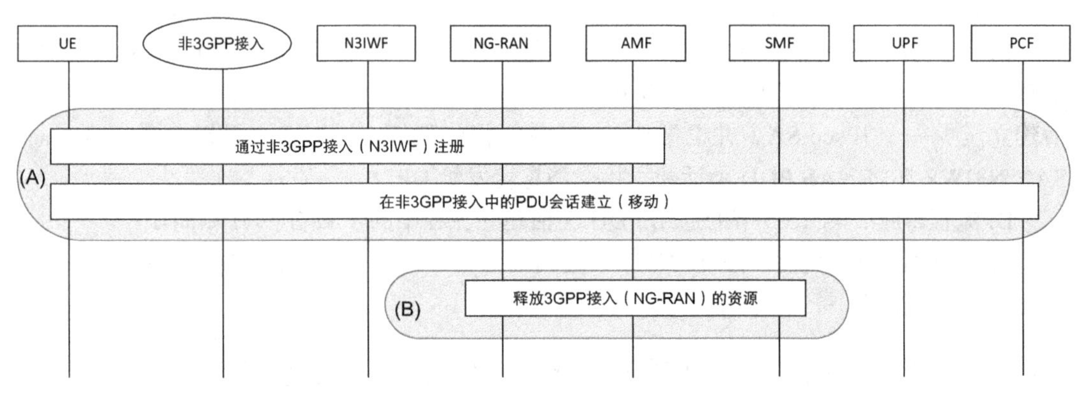

图15.22 PDU会话流程从3GPP接入切换到非3GPP接入

以下步骤简要描述了该流程：

A. 如果UE还没有在非3GPP接入（N3IWF）中进行注册，则首先需要进行注册。然后，为了将PDU会话从3GPP接入移动到非3GPP接入，在非3GPP接入上执行PDU会话建立流程。UE在PDU会话建立请求消息中包括请求类型“现有PDU会话”，该请求类型告诉AMF这个PDU会话已经存在，这确保AMF将查找服务于PDU会话的那个SMF，并将PDU会话建立请求消息转发到该SMF。

B. PDU会话移动到非3GPP接入后，SMF将释放源侧3GPP接入的资源，这意味着释放AMF和NG-RAN中的用户面资源和PDU会话上下文。

第16章

架构扩展和垂直行业

16.1 引言

3GPP Release 15 规范定义了第一代 5G 网络架构和功能，这是电信业的一个重大承诺。

这些规范包括 NR 和 LTE 接入技术下数据连接的基本功能，以及移动性、网络切片、服务质量和流量控制的高级功能。Release 15 还定义了 5G 核心网络的基于服务的架构，并支持不受信任的非 3GPP 接入连接。

3GPP Release 16 在两个主要领域扩展了 5G 规范：增强 5G 架构、支持一些新的业务能力，特别针对那些被认为对企业和行业部署很重要的用例。本章中我们将介绍 Release 16 中一些重要的功能增强。

16.2 架构的增强和扩展

3GPP Release 16 架构增强中最重要的一些组件以改进 5G 核心架构为目标，以实现更高的运营效率并实现网络部署的进一步优化。

16.2.1 基于服务的架构的增强

根据 3GPP 的 eSBA（基于服务的架构的增强）研究，架构的三个主要方面得到了研究：

- 间接通信和委托发现。
- NF 集和 NF 服务集。
- 支持 NF 之间的上下文传输。

16.2.1.1 间接通信和委托发现

3GPP Release 15 的网络功能（NF）之间相互直接交互，也称作“直接通信”。受到将服务业务逻辑与发现和选择功能分离的驱动，3GPP Release 16 引入了“间接通信”模式，即网络功能（NF）通过“服务通信代理”（SCP）进行通信。在间接通信模式中，服务使用者NF可以自己发现服务提供者，也可以将发现的责任转交给“服务通信代理”，后一种被称为“委托发现”。

16.2.1.2　NF集和NF服务集

NF集是NF实例的组合。NF集中的所有NF实例都有权访问UE相关的数据，因此，它们原则上是可互换的。NF集中的NF实例来自同一供应商。

NF服务集是NF服务实例的组合。NF服务集中的NF服务实例是可以互换的。NF服务集仅存在于单个NF实例中，也就是说，它不会跨越NF实例。

在一个流程中，服务提供者可以通过绑定指示符表明对资源的黏性，也就是说，如果服务提供者创建了资源，那么将在响应中指明这个资源绑定到什么粒度：服务实例、NF实例、NF服务集或NF集。

NF集和NF服务集概念由3GPP Release 16引入，在整体架构图保持不变的情况下，将描述其灵活性，对弹性的影响以及对流程的影响。

16.2.1.3　上下文传输

为了更好地支持一些用例，比如将一个供应商的NF替换为另一供应商的NF，可以将上下文传输解决方案用于不同供应商的NF之间。3GPP的目标是为几种不同的NF类型指定上下文传输解决方案。

16.2.2　网络自动化

3GPP Release 16中，NWDAF的功能得到了显著扩展，定义了新的数据收集和新的分析事件，因此可以支持更多的用例。

NWDAF为5GC NF、AF和OAM提供分析服务，如3GPP TS 23.288所述，分析既可以是有关过去的统计信息，也可以是对未来的预测信息。不同的NWDAF实例可能专门处理不同类别的分析。NWDAF实例的能力包含在NWDAF配置文件中并存储在NRF中，NF使用者可以通过这些能力来发现合适的NWDAF。

16.2.3　增强的网络切片功能

16.2.3.1　简介

网络切片是5GS不可或缺的一部分，原则上说，引入的每个功能都需要考虑网络切片。

在3GPP Release 16中，针对与EPS互通的场景，网络切片的选择得到了增强，如第11章所述。

5GS支持主鉴权（如第8章所述），5GS还支持在UE和数据网络上的外部AAA之间的二次（辅助）鉴权（如第6章所述），这样的二次鉴权针对每个PDU会话，使用EAP消息在UE和外部AAA之间执行（更多详细信息，请参见第6章）。另外在注册期间，还可以执行针对网络切片的鉴权和授权，这样可以避免在PDU会话建立时执行二次鉴权。

16.2.3.2 网络切片的鉴权和授权

网络切片的鉴权和授权（SSAA）由签约数据控制，每个签约的S-NSSAI都有个是否需要网络切片的鉴权和授权的指示。图16.1概要描述了SSAA流程。

A. UDM可以针对每个签约的S-NSSAI配置SSAA指示，用于决定是否需要网络切片的鉴权和授权。通常，至少有一个默认的签约S-NSSAI不需要网络切片的鉴权和授权。

B. 在注册过程中，UE指示是否支持网络切片的鉴权和授权。

如第11章所述，AMF/NSSF确定允许的NSSAI，但允许的S-NSSAI不包括需要执行网络切片的鉴权和授权的S-NSSAI。

需要执行网络切片的鉴权和授权的S-NSSAI包含在被拒绝的S-NSSAI列表中，拒绝原因是执行网络切片鉴权和授权待执行。

C. AMF为每个需要网络切片鉴权和授权的S-NSSAI发起鉴权和授权。

网络切片的鉴权和授权由UE与DN-AAA间的EAP消息执行，EAP消息由5GC转发。

DN-AAA可能由归属PLMN运营商管理，也可能由与归属PLMN有业务关系的第三方托管。

D. 在网络切片鉴权和授权之后，AMF发起UE配置更新流程，更新UE中的允许的NSSAI。

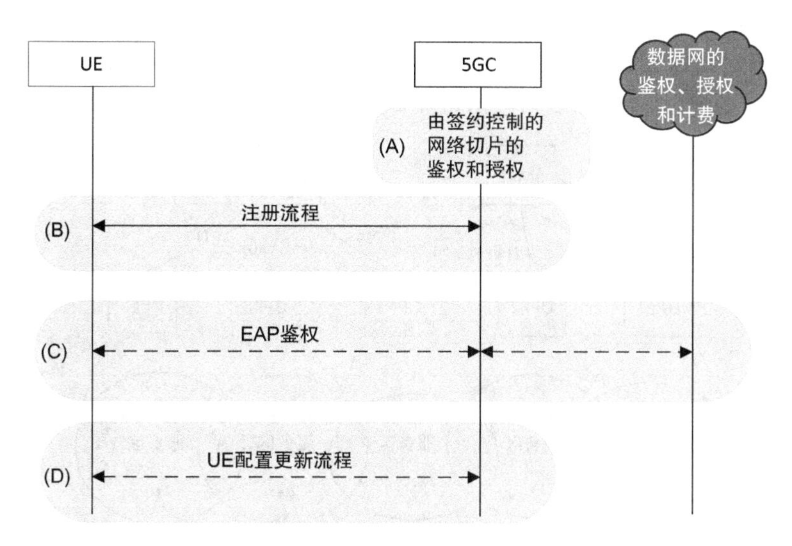

图16.1 网络切片的鉴权和授权流程

5GC或DN-AAA可以随时撤销网络切片的授权，或再次发起网络切片的鉴权和授权。

16.2.4　增强 SMF/UPF 部署的灵活性

16.2.4.1　背景

在 3GPP Release 15 5GC 中，一个主要的假设是，非漫游情况下的 PDU 会话由单个 SMF 服务，但可以由一个或多个 UPF 提供服务。一个 PDU 会话至少需要一个 UPF（即 PDU 会话锚点 UPF，也称为 PSA），有需要时可以插入额外的 UPF。在 RAN 和 PDU 会话锚点之间插入中间 UPF（I-UPF）的一个原因是，UE 移动到一个新的位置区域，该区域内的 RAN 节点与 PSA 之间没有 N3 连接。这种情况下，需要插入一个 I-UPF，此 I-UPF 与 RAN 有 N3 接口，与 PSA UPF 有 N9 接口。有关 I-UPF 和 PSA UPF 的详细信息，请参见第 6 章。

如果 UE 远离其初始位置，并且 SMF 需要插入一个 UPF 来充当 I-UPF，那么需要在 3GPP Release 15 中假定 SMF 可以在该区域中找到并控制这个 UPF。为了在整个归属 PLMN 网络中提供 PDU 会话的连续性，SMF 需要访问可以覆盖整个归属 PLMN 网络的 UPF。但是，在大型网络中，例如在地域广袤的国家，可能希望使用更加区域化的拓扑来部署 SMF 和 UPF，在这种情况下，SMF 将仅需要控制某一个区域（即归属 PLMN 网络的一部分）的 UPF，因此 3GPP Release 15 中的假设（即在非漫游情况下，单个 SMF 为 PDU 会话提供服务，即使 UE 在归属 PLMN 网络内移动），可能不是在所有部署中都能成立。为了适应不同的网络部署，3GPP Release 16 增加了 SMF 服务归属网络部分区域的功能。

如上所述，根据网络部署，一个特定的 UPF 可能仅服务有限的区域，也就是说，一个 UPF 可能只和一部分 RAN 节点有 N3 连接。UPF 覆盖的区域称为 UPF 服务区（UPF SA）。同样，如上所述，在某些部署中，每个 SMF 通过 N4 可能仅能够控制归属 PLMN 网络中 UPF 的一个子集。一个 UPF 的子集一起覆盖某个区域（所有 UPF 服务区域的合集），由一个 SMF 控制，这样的区域称为 SMF 服务区（SMF SA）。图 16.2 给出了 UPF 服务区和 SMF 服务区的示意图。可以注意到，根据部署，SMF 服务区可能重叠也可能不重叠。

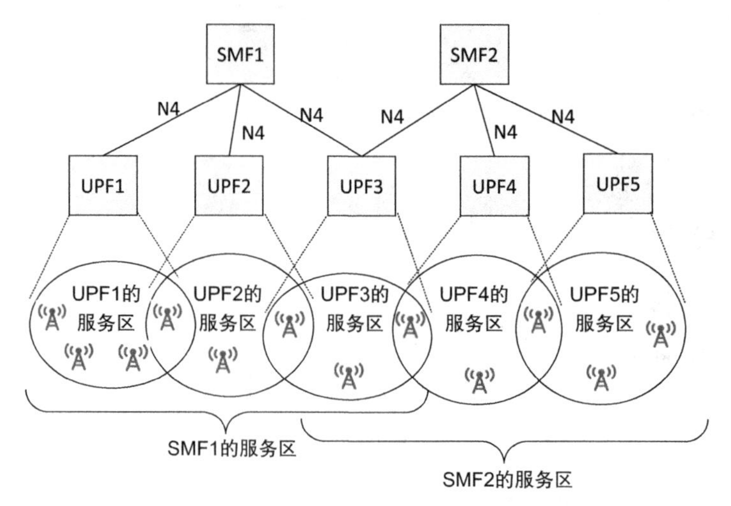

图 16.2　有限的 SMF 服务区的部署拓扑示例

如果 UE 恰好移出了 SMF 服务的区域 / 地区，那么这个 SMF 将不再能够为 PDU 会话选择和控制有到目标 RAN 的 N3 接口的 I-UPF。针对这种情况，3GPP Release 15 要求必须释放 PDU 会话。

为了实现跨区域的 PDU 会话的连续性，3GPP Release 16 制定了一种解决方案来解决 Release 15 的局限性。

16.2.4.2 使用 I-SMF 的架构

在 3GPP Release 16 中，针对漫游场景，需要时可以将中间 SMF（I-SMF）添加到 AMF 和 SMF 之间。添加 I-SMF 的目的是选择和控制充当 I-UPF 并具有 RAN 的 N3 接口的 UPF。图 16.3 A 示出了 UE 创建 PDU 会话，图 16.3 B 示出了 UE 随后移出 SMF 服务区，导致插入 I-SMF 以维持 PDU 会话的场景。读者可能会认识到该架构与回归属地路由的漫游架构非常相似，我们将在 16.2.4.3 节中进一步讨论与漫游的关系。

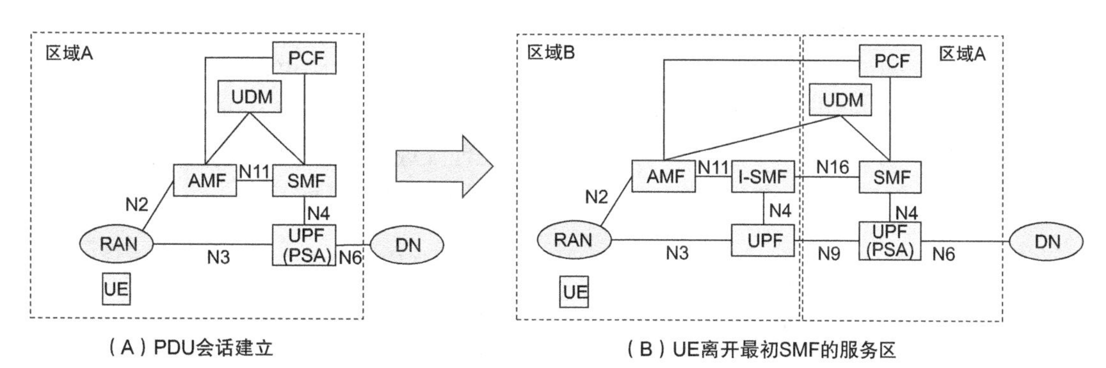

图 16.3 （A）单个 SMF 的 PDU 会话建立 （B）插入 I-SMF 的架构

在图 16.3 中，给出了插入 I-SMF 的例子，但是另外还有 I-SMF 的删除或更改：

- I-SMF 插入：适用于由单个 SMF 服务的 PDU 会话，当 UE 移出 SMF 服务区（如图 16.3 所示），需要插入 I-SMF。
- I-SMF 删除：适用于由 I-SMF 和 SMF 服务的 PDU 会话，当 UE 移出 I-SMF 服务区进入 SMF 服务区时删除 I-SMF。
- I-SMF 更改：适用于由 I-SMF 和 SMF 服务的 PDU 会话，当 UE 移出 I-SMF 服务区，但仍在 SMF 服务区之外时。在这种情况下，必须选择为新位置提供服务的其他 I-SMF。

为了支持上述三种情况，3GPP Release 15 中定义的切换、业务请求、PDU 会话建立等的所有流程，在 3GPP Release 16 中都进行了增强，支持 I-SMF 的插入、删除和更改。

16.2.4.3 PLMN 间的移动性

如上所述，具有 I-SMF 的架构类似于回归属地路由的漫游架构，但是 V-SMF 由 I-SMF 替代，H-SMF 由 SMF 替代，另一个区别是 I-SMF 和 SMF 位于同一 PLMN 中，而

V-SMF 和 H-SMF 位于不同 PLMN 中。I-SMF 的架构和回归属地路由的漫游架构的这种相似性实际上是 3GPP 选择图 16.3 中所示的 I-SMF 架构来支持新用例的一种动机。通过这样做，切换流程中插入、删除和更改 I-SMF 的增强功能也能应用于回归属地路由漫游时切换流程的 V-SMF 插入、删除和更改。支持 V-SMF 的插入、删除和更改使得 PDU 会话的连续性在下列场景下得以维持，但是在 3GPP Release 15 中并不支持这些场景。

- 两个 VPLMN 间的 PLMN 间移动性（V-SMF 更改）
- 从 VPLMN 到 HPLMN 的 PLMN 间移动性（删除 V-SMF）
- 从 HPLMN 到 VPLMN 的 PLMN 间移动性（插入 V-SMF）
- VPLMN 内的移动性，其中 V-SMF 可能具有有限的 SMF 服务区（V-SMF 更改）

值得指出的是，支持 PLMN 间的移动性对漫游协议有特别的要求，例如，PLMN 间的切换要求两个 PLMN 中的 AMF 可以直接通信。

16.2.4.4 I-SMF 架构中的流量疏导

3GPP Release 16 中 I-SMF 架构还支持用户面流量的选择性路由，即将用户面流量从 I-SMF 控制的 UPF 路由到本地数据网（DN）。这个功能建立在 3GPP Release 15 的选择性路由功能之上（如第 6 章所述），唯一的区别是，进行流量疏导的 UPF 由 I-SMF 控制，如图 16.4 所示。有关选择性路由到本地数据网的更多信息，请参见第 6 章。

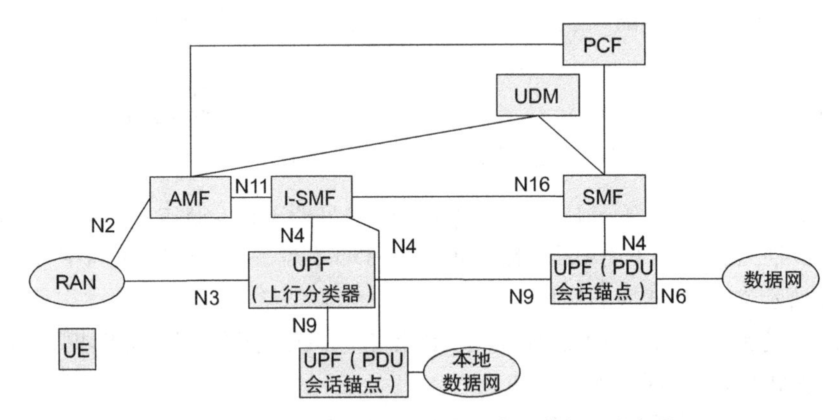

图 16.4 I-SMF 选择流量路由到本地数据网的架构

当应用图 16.4 所示的架构时，I-SMF 控制的 UPF 需要一种方法来控制将哪些流量路由到本地数据网（DN），同时还必须支持此流量的计费、QoS 实施等。解决方案是，I-SMF 将它流量疏导的能力以及可以使用的适用 DNAI 通知给 SMF。DNAI 代表访问数据网（DN）的特定位置，有关 DNAI 的更多信息，请参见第 6 章。SMF 将根据收到的 PCC 规则、计费要求等生成 N4 规则并发送到 I-SMF。从 SMF 发送到 I-SMF 的这些 N4 规则与发送到 UPF 的 N4 规则（PDR、FAR 等）基本相同，但是内容与从 SMF 发送到 UPF 的 N4 规则有所不同，例如：

- FAR 可能包含 DNAI，以指示应将流量路由到何处。
- N4 规则的一些参数被 SMF 忽略，因为它们需要由 I-SMF 添加，这包括只有 I-SMF 知道的 N3 隧道标识符。

当 I-SMF 从 SMF 接收 N4 规则时，I-SMF 将需要添加一些参数（例如 N3 隧道标识符），再将规则发送到 I-SMF 控制的 UPF。

可以注意到，由 I-SMF 控制的 UPF 中的这种流量疏导不适用于回归属地路由的漫游情况，也就是说，3GPP 尚未定义由 V-SMF 控制 UPF 中流量疏导的解决方案。

16.3 新功能

3GPP Release 16 在实现新功能方面迈出了重要一步，主要目标是工业用例，同时还包括了固定接入网的集成。

16.3.1 支持工业物联网应用

5GS 中工业物联网的背景 / 驱动力

行业集团和行业合作伙伴的新兴垂直市场为 5G 带来了新兴且有利可图的商机，3GPP 已开发了各种工具来促进 5G 系统在这些用例中的使用，例如轨道交通、楼宇自动化、未来工厂、电子健康（eHealth）、智能城市、配电、中央发电、智能农业以及关键任务应用。3GPP 对其中的一些领域进行了研究，并记录在 3GPP TR 22.804 中。

3GPP 在开发本章中讨论的功能方面已经占据了技术领导地位，以解决这些领域的需求。

在以下四个部分中，我们将描述在 3GPP Release 16 中完成的与支持工业物联网（IIoT）应用有关的四个主题：

- 5G 局域网（LAN）型服务。
- 非公共网络（即私有网络）。
- 超可靠低时延延通信。
- 时间敏感的网络。

16.3.2 5G 局域网型服务

16.3.2.1 简介

住宅、办公室、企业和工厂领域中有多个细分市场，如今已部署了局域网（LAN）和虚拟专用网（VPN）技术。这些是 5G 系统将要提供服务的重要领域，包括提供类似 LAN 和 VPN 功能，并且通过 5G 能力（例如高性能、长途接入、移动性和安全性）对这些功能进行改进。在 Release 16 中为这种类型的部署定义的一个功能是“5G 局域网型服务”，其中 5G 系统经过演进，可以为属于 5G 虚拟网（5G VN）组成员的 UE 提供专用通信，从这个意义上说，5G 虚拟网络是基于 5GS 的虚拟网。通过为特定的 5G 虚拟网建立 PDU 会话，可以访问 5G 虚拟网。属于 5G 虚拟网组成员的 UE 允许为该 5G 虚拟网组建立 PDU 会话，并且可以与该组中的其他 UE 通信，并且在适当时还可以访问数据网（DN）上的服务。5G 虚拟网支持私有通信，也就是说，一个 5G 虚拟网组的 UE 不可能与另一个 5G 虚拟网组的 UE 进行通信。5G 虚拟网组可以通过配置支持 IP 类型的 PDU 会话或以太网类型的 PDU 会话。

对 5G 局域网型服务的支持基于 Release 15 的 5G 系统，即重用常规的架构和过程。但是，Release 16 中在两个方面有所增强，以更好地支持 5G 局域网型服务：

- 组管理，使 NEF 可以开放用于 5G 虚拟网组管理的 API，这样可以支持第三方 AF 创建、修改和删除 5G 虚拟网，以及添加和删除 5G 虚拟网组成员。
- 增强的用户面流量处理，其中 SMF 和 UPF 增加了支持 5G 虚拟网组内 UE 到 UE 通信的功能。

下面我们将更详细地描述这两个方面。

16.3.2.2　5G 虚拟网组管理

NEF 向第三方开放的北向 API 在 3GPP Release 16 中得到了增强，以支持创建、修改和删除 5G 虚拟网组的功能。通过开放的 API，第三方（例如某个公司）可以管理 5G 虚拟网组，包括添加和删除组成员。AF 可以给 NEF 提供以下信息：

- 组标识符。
- 组成员资格信息（5G 虚拟网组成员的通用公共签约标识符（GPSI））。
- 组数据（5G 虚拟网组的 DNN、S-NSSAI、PDU 会话类型等）。

NEF 将收到的信息提供给 UDM，UDM 然后将其存储在 UDR 的相关数据类型中。当 UE 请求建立与 5G 虚拟网组相对应的 DNN 的 PDU 会话时，如果 UE 已签约该 5G 虚拟网组，那么 UDM 将以常规方式从 UDR 获取签约数据以及 5G 虚拟网组数据（DNN 等）。然后，这些签约数据将提供给 AMF 和 SMF。PCF 也将从 UDR 请求 5G 虚拟网组数据，以便生成相应 DNN 和 S-NSSAI 等的 URSP 规则。图 16.5 说明了整个过程。

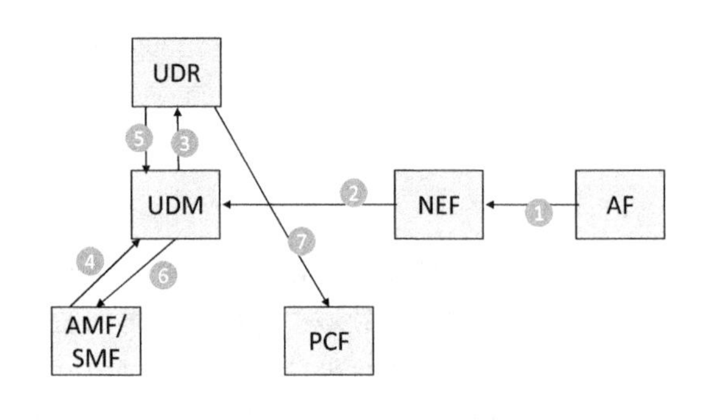

图 16.5　5G 虚拟网组管理

16.3.2.3 5G虚拟网用户面处理

5G虚拟网的工作目标之一是能有效支持UE到UE的通信，为此，在3GPP Release 16中引入了用户面转发的两个增强功能：

- 本地交换：一个UE的上行流量由UPF作为下行流量转发到另一UE，这要求该UPF是5G虚拟网组中不同UE的PDU会话的公共锚点（PSA UPF）。
- 基于N19的转发：通过N19隧道进行直接的UPF到UPF的转发，这种机制下，5G虚拟网组通信的流量通过连接单个5G虚拟网组的共享（组级别的）隧道在不同PDU会话的PSA UPF之间转发。

这些机制作为对Release 15用户面处理机制的扩展而增加。常规的UPF对流量转发、QoS实施和测量等的处理，包括基于N6的转发，仍然适用于5G虚拟网组。图16.6总结了不同的数据转发方案。

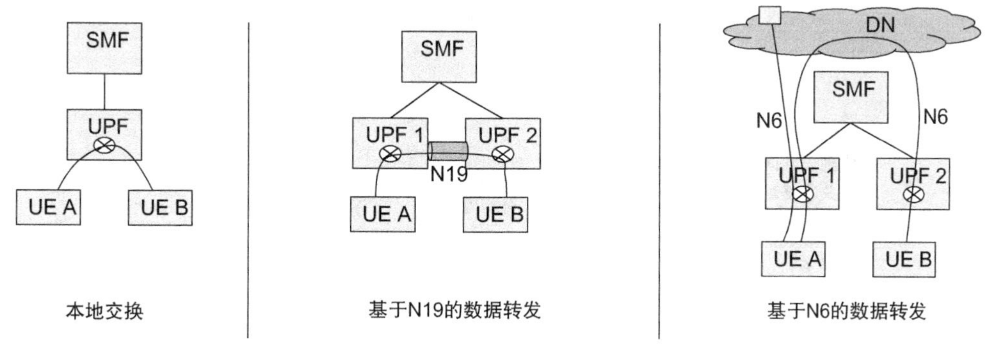

图16.6 5G虚拟网的用户面数据转发

不同的转发方案不是互斥的，它们可以全部应用于5G虚拟网组中的不同PDU会话，具体取决于哪个UPF服务于那些PDU会话。通过在每个UE的N4会话中包括相关的N4规则，SMF为UPF配置适当的N4转发规则：本地交换、基于N19的转发和基于N6的转发。此外，SMF可能与组中有PDU会话的每个UPF建立组级别N4会话，以便管理N19隧道。在3GPP Release 16中，假定单个SMF管理5G虚拟网组中的所有PDU会话，这使得SMF可以查看所有PDU会话和相应的UPF，因此可以为N19隧道生成转发规则。

16.3.3 对非公共网络的支持

16.3.3.1 简介

非公共网络（NPN）只为私有实体（例如企业）所用。非公共网络可以作为完全独立的网络来部署，或者可以集成到公共网络（PLMN）中，例如，非公共网络可以作为公共网络的一个网络切片。

当作为独立的非公共网络（SNPN）部署时，它不依赖于公共网络提供的网络功能。

当作为公共网络中集成的非公共网络（PNI-NPN）部署时，通过公共网络使非公共网络可用。如何提供 PNI-NPN 有多种选择，例如可以使用专用 DNN 来访问非公共网络，或者可以将一个网络切片专用于非公共网络，NPN 与 PLMN 之间可以有不同程度的共享资源和共享的网络功能。

图 16.7 示例说明了 NPN 的部署方案

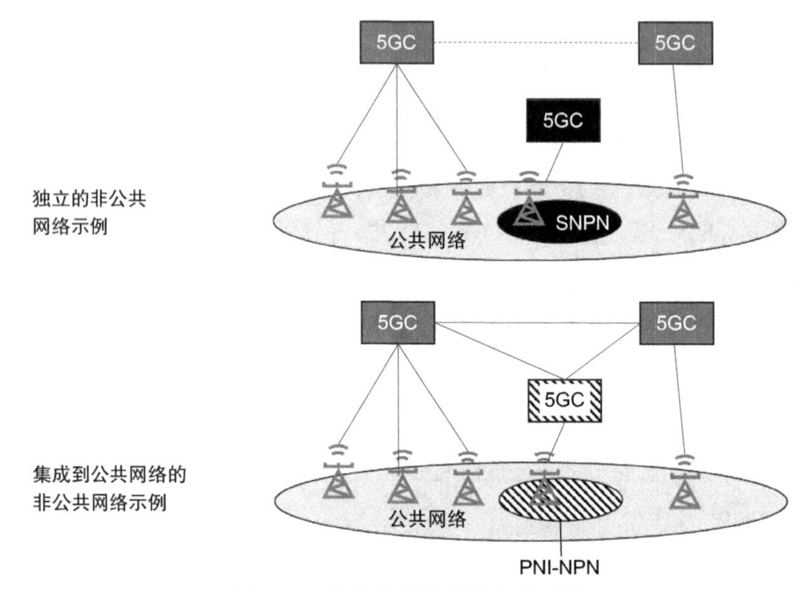

图 16.7　非公共网络部署方案示例

16.3.3.2　独立的非公共网络

PLMN 由包含移动国家 / 地区代码（MCC）和移动网络代码（MNC）的 PLMN ID 标识。MCC 的长度为三位，每个值分配给一个国家 / 地区，而独立非公共网络的 MCC 则在 90× 范围内，是和地理位置无关的 MCC（即与国家 / 地区无关）。MNC 的长度为两位或三位，由相应的国家 / 地区编号计划管理员管理，除非是与值的范围是 90× 的 MCC 一起使用的 MNC，这种情况下的 MNC 由国际电联电信标准化局主任管理。传统上，MNC 与 MCC 结合提供了足够的信息来识别网络。但是，为了支持许多 SNPN 的部署，需要扩展使用的网络标识符。

为了识别 SNPN，已添加了一个网络标识符（NID），与 PLMN ID 一起使用，即 PLMN ID 和网络标识符的组合标识了 SNPN。

原则上，NID 可以与任何 PLMN ID 结合使用，但是，国际电联在 ITU OB 1156（2018）中分配了 MCC=999 供私有网络内部使用，因此，MCC=999 是 SNPN 的自然选择。对于哪些 MNC 可以与 MCC=999 一起使用则没有限制。一些地区 / 国家已为封闭网络或私有网络分配了特定的 MNC 编号。3GPP 允许任何 PLMN ID 与 NID 一起使用。

为了支持 SNPN，对许多包含 PLMN ID 的流程做了扩展，支持可选的 NID。有兴趣的读者可以参考3GPP规范（比如3GPP TS 23.501），可以了解更多为支持SNPN而作的增强。

16.3.3.3 通过SNPN访问PLMN的服务，以及通过PLMN访问SNPN的服务

一个已经成功注册到SNPN的UE可以访问PLMN服务，如图16.8所示。UE首先在SNPN中注册并建立PDU会话，以通过SNPN获得IP连接，然后发现PLMN提供的N3IWF并建立与之的连接。与PLMN中N3IWF的连接重用了UE通过NWu不受信的非3GPP接入网连接到5GC的流程，然以后UE使用PLMN的密钥，通过“NWu-PLMN”和“N1-PLMN”向PLMN中的AMF注册，以便能够访问PLMN提供的服务。

以类似的方式，一个已经成功注册PLMN的UE可以使用SNPN提供的密钥在SNPN进行另一次注册，这种情况下，图16.8中的SNPN和PLMN交换，PLMN和SNPN交换。

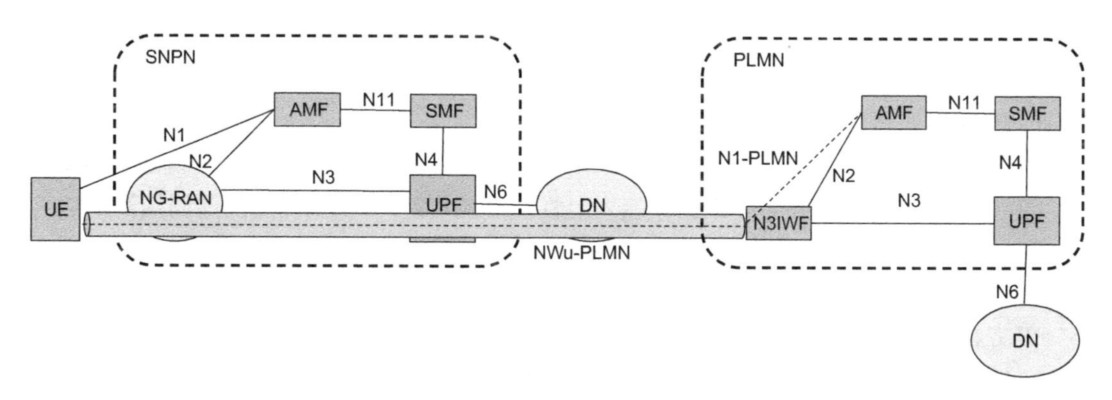

图16.8 通过非公共网络访问PLMN的服务

当UE在独立的SNPN的接入网和PLMN的接入网之间移动时，可以重用“不受信的非3GPP接入到3GPP接入的切换”流程来实现建立的PDU会话的服务连续性（参见第15章）。该切换过程保持UE的IP地址不变，这样UE在NPN的接入网和PLMN的接入网之间移动时，如果能够保持同时访问NPN的接入网和PLMN的接入网络，用户感觉不到UE在移动，即用户的体验可以是无缝的。同样，针对通过PLMN在SNPN中建立的PDU会话，可以使用相同流程提供相似的服务连续性。

16.3.3.4 集成到公共网的NPN

在PLMN中，通过特别的DNN或专用的网络切片，5GS可以支持访问业务的不同方式。但是，如果需要防止未经NPN授权的UE尝试访问网络，要么意味着拒绝UE的接入尝试，要么需要启用小区的某些限制，例如使用统一访问控制（UAC），因此需要一些其他机制来控制UE的访问尝试，这样的机制被称为封闭访问组（CAG）。

封闭访问组代表一组用户，这些用户允许访问与该封闭访问组相关联的一个或多个封闭访问组小区，也就是说，通过封闭访问组，可以防止未经NPN授权的UE尝试自动选

择和接入关联到封闭访问组的小区，从而防止这些用户访问 NPN。

封闭访问组由封闭访问组标识符来标识，该标识符在某个 PLMN ID 下是唯一的。封闭访问组的小区通过 PLMN 广播一个或多个封闭访问组标识符。

为了支持封闭访问组，为 UE 配置了允许的封闭访问组列表，即 UE 可以访问该列表中的封闭访问组。另外，还可以指示是否只允许 UE 通过封闭访问组小区接入 5GS。5GC 还向 NG-RAN 提供相同的封闭访问组信息，以便 NG-RAN 应用于连接态移动性管理，来避免选择 UE 无权接入的目标小区。

16.3.4 超可靠低时延通信（URLLC）

16.3.4.1 总体架构方面

3GPP 对信息物理系统的要求由 3GPP TS 22.261 和 3GPP TS 22.104 做出如下定义：

“信息物理系统应理解为包括工程的物理和计算组件的交互网络的系统。信息物理控制应用应理解为控制物理过程的应用。自动化中的信息物理控制应用遵循某些控制模式，即开环控制、闭环控制、顺序控制和批处理控制。”

有些应用，比如远程机器人手术，要求超高可靠性、高可用性、（非常）低的端到端时延（例如低于 10ms ～ 1ms，NR 空口接入时性能可能更好），以及确定的和周期性的通信模式。

3GPP 通过更新架构和端到端的方案来满足超可靠和低时延的要求，在编写本书时，3GPP 方案正在开发中。3GPP 方案主要包括如下几种方法：

3GPP 定义了新的标准化 5QI 值，它们对应的 QoS 特性专为满足低时延的要求（参见第 9 章）。这些新的 5QI 值满足了增强的移动宽带（eMBB）应用对低时延的要求。移动宽带的应用包括如增强现实、离散自动化、智能运输系统、高压配电系统，它们的具体特性在 3GPP TS 22.261 中进一步定义。

为了解决低时延问题，3GPP 还开发了一种手段来控制 UPF（网络边缘）和 RAN（gNB）之间用户面数据的时延，这个时延包括无线网侧的数据包时延预算（RAN PDB）和核心网侧的数据包时延预算（CN PDB）。如第 9 章中所述，对应于 5QI 值，核心网侧的数据包时延预算（CN PDB）部分假定是静态的，由于缺乏实际的参考值，该假设限制了 RAN 对实际时延要求的满足。现在，SMF 可以基于正在使用的 5QI 提供特定的 CN PDB，RAN 也可以为不同 UPF 实体配置不同的 CN PDB 值。

3GPP 还为 URLLC 定义了专用于网络切片业务类型的标准化 SST 值，以供运营商选择部署。关于如何使用网络切片满足特定的端对端的业务要求，请参见第 11 章。

UE 应该为 URLLC 会话请求一个“始终激活”（Always on）的 PDU 会话，以确保 PDU 会话始终处于连接状态。如果 UE 没有请求，则 SMF 应该将 PDU 会话建立为“始终激活”。

为了满足高可靠性要求，3GPP 一直在开发解决方案，以解决端到端冗余、网络用户面的部分冗余和传输网络冗余。以下各节概要描述一些部署方案，运营商可以部署，满足特定业务的需求。

除了冗余数据传输，3GPP还正在开发一种机制，来监测在UE和NG-RAN间的URLLC业务数据包，以及在NG-RAN和UPF间的时延。URLLC业务流量使用相关的5QI值。根据运营商的配置，以及网络和终端设备的支持情况，可以使用监测每个QoS流的方法和监测GTP-U路径的方法，运营商或实际的URLLC服务提供商（即AF）也可以做出改变，更好地改善数据传输的时延。

16.3.4.2 基于双连接的端到端冗余用户面路径

该解决方案提供了端到端冗余的用户面路径，即从终端设备（UE）到应用，再从应用到另一个终端设备。该解决方案利用现有的双连接机制，为同一应用建立两个PDU会话，来提供冗余路径。图16.9示例说明了如何在不更改架构的情况下实现这个冗余方案。

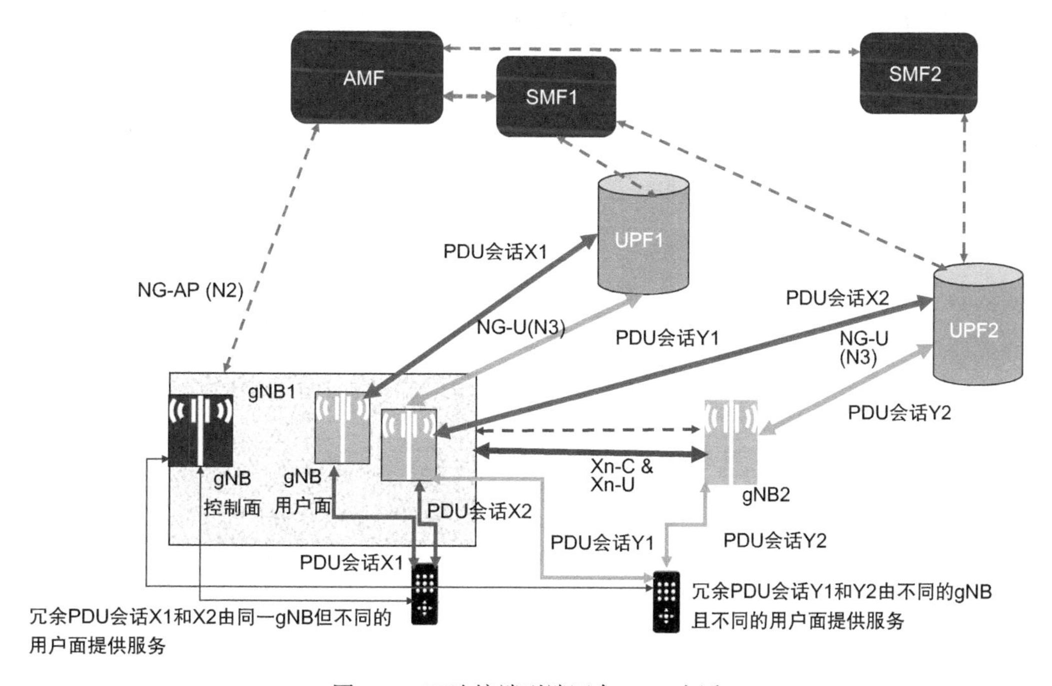

图16.9 双连接端到端冗余PDU会话

终端设备由PCF利用UE的配置流程进行适当的配置，这样对某些要求高可靠性的应用，UE将建立冗余的PDU会话，并在两个PDU会话上发送数据，从而创建冗余数据。接收端丢弃接收的冗余数据。

当SMF检测到DNN被标记为冗余连接时，它将通知NG-RAN。一旦建立了第二个PDU会话，根据SMF的输入，NG-RAN将确保两个PDU会话的用户面使用截然不同的用户面节点，从而从NG-RAN创建冗余路径。SMF确保所选的UPF是不同的，从而确保

CN中的冗余路径。

运营商应确保基础传输网络也提供冗余传输，真正达到端到端冗余。此外，整体网络拓扑、网络实体的地理分布和电源的分布应充分分布，以确保能够实现冗余。即使并非所有控制面实体都可以实现冗余，当运营商网络配置了SMF功能（例如在NRF中）时，SMF也可以支持会话管理功能的冗余，以便为冗余PDU会话选择两个不同的SMF。

16.3.4.3　每个设备基于多个UE的冗余用户面路径

这个方案依赖不同的端到端的路径，包括在设备端，重复的两个实体相互独立地发送/接收数据。RAN的部署需要多个通过冗余覆盖的gNB（如果使用的无线技术是NR），并需要可以利用多个用户面路径的机制如IEEE TSN（时间敏感网络）。

属于同一终端设备的不同UE请求建立PDU会话，各自使用独立的RAN和CN网络资源。

图16.10示例说明了这个方案。3GPP没有为此方案进行规范性工作的计划，运营商可以根据与供应商之间的协议来考虑这种部署。

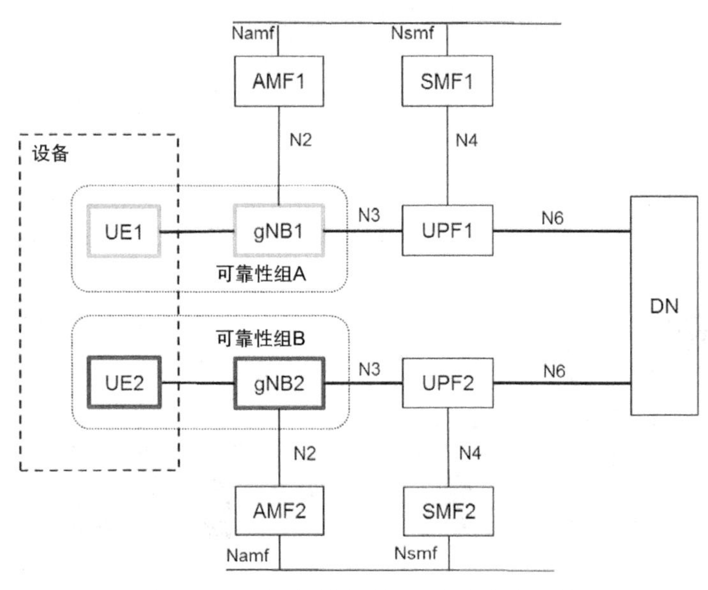

图16.10　基于单设备多UE的冗余用户面

此方案依赖于两个UE实体所在设备的某些配置来创建端到端的冗余。每个UE分别连接gNB1和gNB2，建立由gNB1到UPF1的PDU会话，以及由gNB2到UPF2的PDU会话。尽管数据流量在数据网（DN）中由不同用户面单元（即UPF1和UPF2）进行路由，但UPF1和UPF2连到同一个DN。UPF1和UPF2分别由不同的SMF（即SMF1和SMF2）控制。

专用的应用和设备可能利用诸如“可靠性组”之类的概念，通过使用如SUPI、PEI、

S-NSSAI 和 RFSP 来协调和确保选择特别的 NG-RAN 节点，然后再选择特别的 CN 实体，从而创建端到端的冗余路径。为此，需要某些特定的配置，包括但不限于：

- 属于同一设备的每个 UE 请求建立使用独立 RAN 和 CN 网络资源的 PDU 会话。
- NG-RAN 通过适当配置参数（例如可靠性组）来选择不同的 AMF。NG-RAN 使用诸如可靠性组之类的信息来确保来自同一组的 UE 不会切换到组外，该组由其他 NG-RAN 服务（这可以通过 NG-RAN 中的 OAM 进行配置）。
- 可以通过配置增强 UPF 的选择机制，确保为属于该组的 UE 选择不同的 UPF。
- 不同的 DNN 设置可以引导 AMF 选择不同的 SMF。

16.3.4.4　支持 N3/N9 接口上的冗余传输

通过创建两个冗余的 N3（或 N9）隧道，为相同的数据流量提供了 NG-RAN 和 UPF 之间的冗余路径。图 16.11 和图 16.12 说明了如何在两个端点之间建立多个隧道。

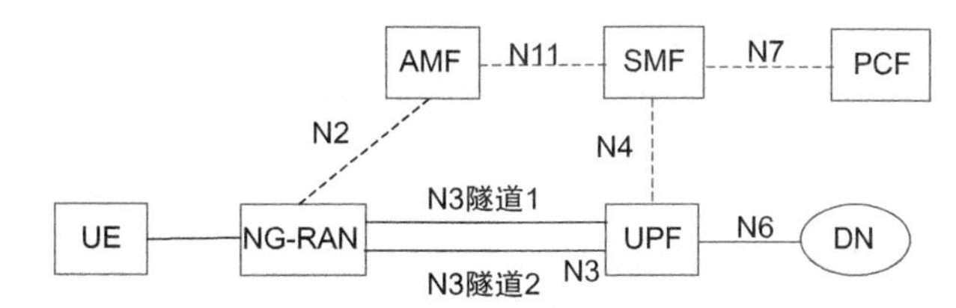

图 16.11　单 UPF，N3/N9 接口的冗余传输

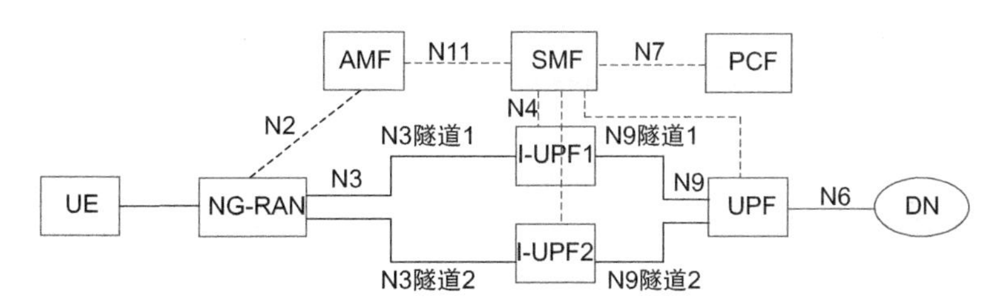

图 16.12　多 UPF，N3 接口的冗余传输

对于特定的 URLLC 5QI，一旦建立了重复的隧道，NG-RAN 需要识别并复制收到的上行数据包，然后将它们发送到两个 N3 隧道。同样，UPF 复制收到的下行数据包，并向两个隧道发送。隧道末端的每个节点负责丢弃收到的所有重复数据包。SMF 通过控制面信令建立重复隧道，运营商配置确保冗余路径具有独自的传输和 IP 路由。

16.3.4.5　支持传输层的冗余传输

此方案依赖于运营商提供冗余的传输层，即在 UPF 和 NG-RAN 之间有两条传输路径。NG-RAN 和 UPF 中的冗余功能利用传输层的独立路径，并在它们之间维护单个用户面隧道。冗余传输层会复制流量，接收端（即NG-RAN和UPF）将丢弃冗余数据。

16.3.5 5GS中的时间敏感网络

3GPP根据3GPP TS 22.104中定义的服务和性能要求，开发支持时间敏感网络的方案，用以支持应用于工业物联网（IIoT）服务和工厂自动化之类的应用。时钟同步的要求包括：支持将UE的用户特定时间时钟与全局时钟同步的机制，以及将UE的用户特定时间时钟与工作时钟同步的机制。5G系统也需要支持两种类型的同步时钟：全局时域和工作时钟域（最多32个）。这些要求将遵循（IEEE 802.1AS-Rev/D7.3）同步域。

3GPP开发的初始阶段着重于将5G系统集成为IEEE时间敏感通信的一部分。IEEE时间敏感通信是一组标准，定义在以太网上进行时间敏感的（确定的）数据传输的机制。3GPP 5G系统已经支持以太网类型的PDU会话，因此5G系统可以提供，支持遵循IEEE P802.1Qcc的时间敏感网络（TSN）的必要的通信工具。

3GPP一直在努力的关键功能包括支持时间敏感网络的总体架构。图16.13（参见3GPP TS 23.501）描述了使用集中式模型支持TSN的5GS集成，并定义了整个3GPP架构。3GPP还引入了与TSN相关功能互操作的一些附加功能，这些附加功能不影响3GPP中和TSN无关的功能及流程，并被限制在5GS的边缘。与用户面集成的附加功能是：UE处的终端侧TSN转换器（DS-TT）和UPF处的网络侧TSN转换器（NW-TT）。与控制面集成的附加功能是：TSN应用功能（AF），负责与TSN控制面实体进行交互，进行网桥配置、QoS映射，同时负责5GS作为TSN桥的任何管理要求。

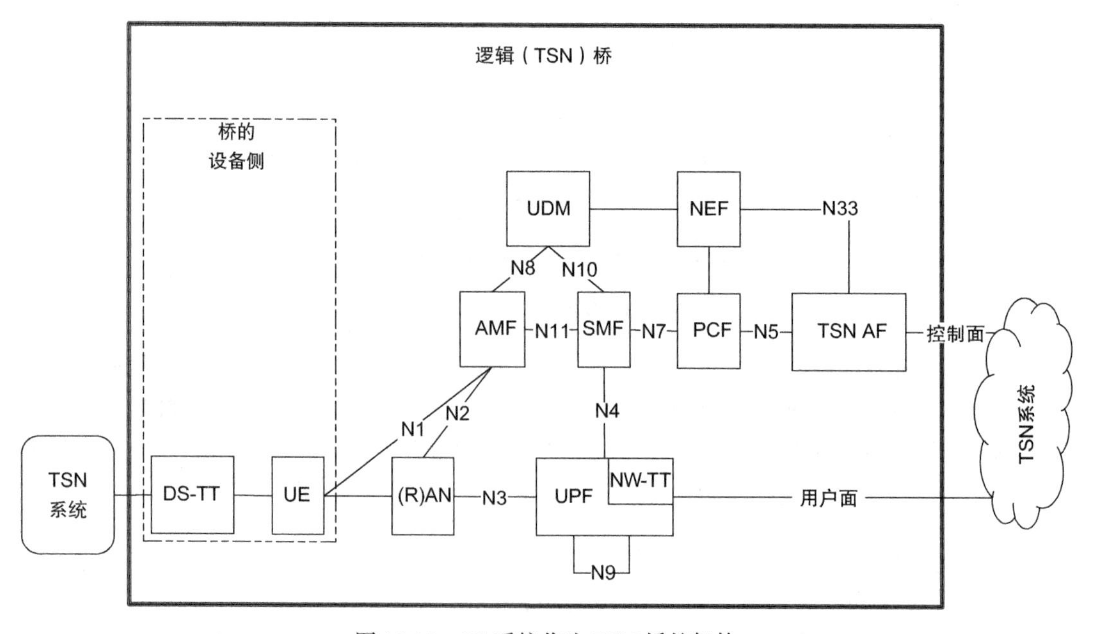

图16.13 5G系统作为TSN桥的架构

5G 系统的 URLLC 的能力为使用无线技术提供具有确定性的时间敏感通信做了准备，这对于与 TSN 的集成至关重要。为了支持同步和多个工作时域，3GPP 已经开发了一种架构，通过用户面透明地处理 TSN 同步信息和多个工作域的工作域时钟同步。图 16.14 描述了相关的架构（更多细节参见 3GPP TS 23.501），此架构的主要原理如下：

- 整个 5G 系统是一个遵循 IEEE 802.1AS-Rev/D7.3 标准的实体，履行 802.1AS“时间感知系统”的职责。
- 5G 系统边缘的 5GS TSN 转换器（DS-TT、NW-TT）支持 IEEE 802.1AS-Rev/D7.3 操作。
- UE、gNB、UPF、NW-TT 和 DS-TT 与 5G 内部系统时钟（5G GM）同步。
- 两种同步过程：5GS 同步（使用 NG-RAN 的同步）和 TSN 域同步，以及在工作时钟（TSN GM）位于 TSN 工作域时使用的主（M）端口和从（S）端口。
- 两个同步过程彼此独立，并且 gNB 仅同步到 5G GM 时钟。
- 5G 内部时钟通过传输网络分发给所有用户面的实体，例如 UPF NW-TT。
- 在用户面 TT 功能的边缘打上时间戳。

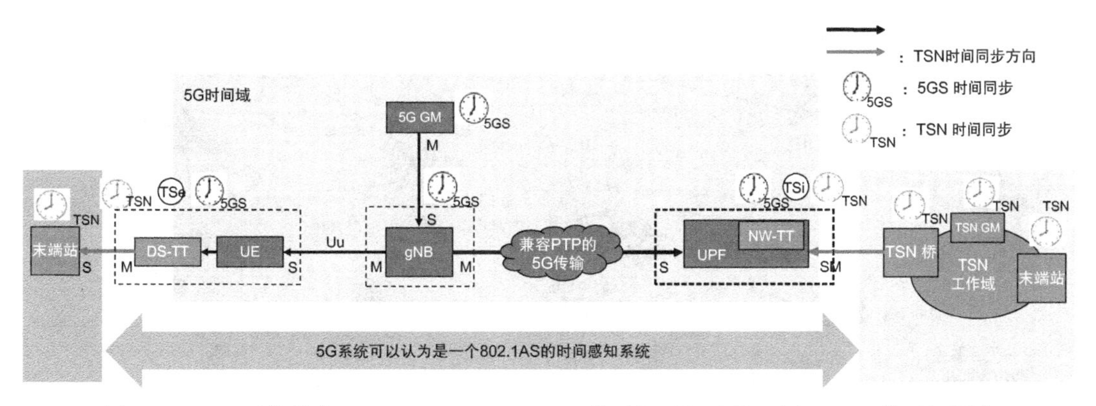

图 16.14　5G 系统符合 IEEE 802.1AS-Rev/D7.3 的时间感知系统，用于 TSN 的时间同步

通过特定 UPF 连接到 TSN 的所有 PDU 会话都被组为一个虚拟网桥。

为了支持多个工作时钟域，各个工作时钟域时钟的时间戳相互独立，现有的 TSN 参数用于确定与每个工作时钟关联的域。

在写作本书的时候，3GPP 在该领域的工作仍然不稳定也不完整，因此以上描述仅供参考。

16.3.6　汽车用例

16.3.6.1　背景：EPS 中的车联网

3GPP 在 EPS（4G）时代就开始支持汽车行业的需求，使用 3GPP 连接进行车辆通信也称为车联网（V2X）。车辆通信要求车辆具有直接相互通信的能力，称为“直通通信”，以及通过基础设施进行通信的能力，目的是使汽车制造商、基础设施提供商和其他行业参与者能够利用 LTE 和 3GPP 系统来提供他们的服务。智能运输服务（ITS）可以使用 3GPP 系统向用户提供智能消息发送和其他服务。3GPP 系统支持设备 / 车辆 / 路边单元收集有关其周围环境的智能信息，并将此信息提供给彼此或提供给应用服务器，这使车联网业务更加智能，具有更好的安全性和更好的服务。最初考虑的 ITS 服务的三个基本应用是：道路安全、交通效率和其他应用。尽管 3GPP 致力于提供网络和设备功能，以使 ITS 等行业能够提供其服务，但是一些关键的性能要求，例如时延、通信距离、可靠性、优先级、消息大小、传输频率等，对 3GPP 基础设施以及 PC5 和 Uu 通信服务的设计提出了要求，并通过专用的 QoS 参数和设计原理来满足。

图 16.15 说明了 LTE 和 EPC 网络中车联网的简化的连接示意图。

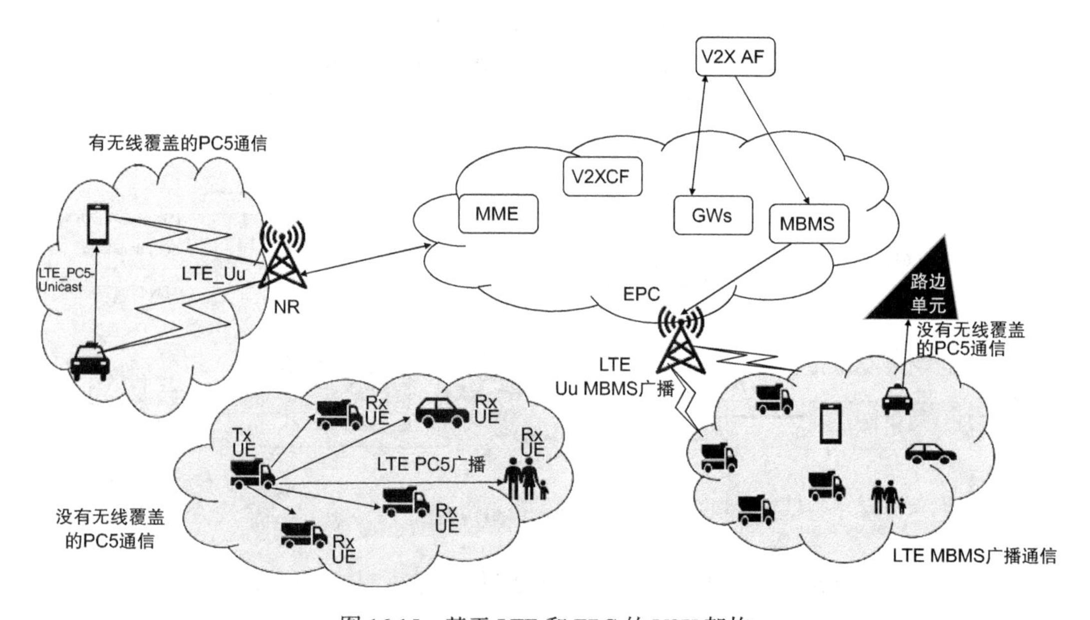

图 16.15 基于 LTE 和 EPC 的 V2X 架构

车联网通信包括车辆与车辆之间、车辆与行人之间、车辆与基础设施之间，以及车辆和网络之间的通信。基础设施是指固定的路边单元实体，给其他车辆 /UE 提供车联网应用的支持。无须穿越网络的车辆之间以及车辆与行人之间的直接通信（有或没有 eNB 的帮助），需要开发基于 PC5 的通信，使用 LTE 的侧行链路通信功能。侧行链操作的“覆盖范围内”和“覆盖范围外”的概念涉及车辆 /UE 是否在 RAN 节点（用于 LTE 的 eNB 和用于 NR 的 gNB）的监测 / 控制下，或在覆盖范围之外。这些术语也用于描述 RAN 是否提供服务。

车辆通过标准 Uu 空口建立标准的 3GPP EPS 连接，可以和任何应用服务器或其他车辆相连。车辆还可以通过 3GPP 系统的多播和广播服务（MBMS）将消息和其他通信信息有效地传递到其所在区域内外更多的其他车辆。

图 16.16 说明了适用于不同 V2X 连接的各种操作模式。

车联网连接类型	车辆到车辆	车辆到行人	车辆到基础设施	车辆到网络	配置
PC5（没有某种无线技术的覆盖）	X	X			这种模式称为“自主模式”，在此模式下，设备按 ME 或 UICC 中预配置的无线频率 / 无线接入技术和其他信息运行
PC5（有无线覆盖）	X	X			这种模式称为“网络调度模式”，设备的参数可以预先配置在 ME 或 UICC 中，也可以由网络配置通过 Uu 来配置，eNB 协助 PC5 传输资源的建立
Uu			X	X	设备的参数可以在 ME 或 UICC 中预先配置，也可以由网络配置。通过定义特定的 QCI，来实现 Uu 通信时的 V2X 特性

图 16.16　连接以及车联网的配置

V2X 通信的三个主要组件是：

1）设备的正确配置，包括但不限于以下参数：PC5 和 Uu 的配置、允许在运营商的无线覆盖范围内外的无线频率、与服务相关的配置以及运营 V2X 服务所需的无线参数。

2）PC5 通信的支持，包括以下方面：

- 无连接，并且在 PC5 控制面上没有用于建立连接的信令。
- 只有广播的操作。
- 不同 UE 通过 PC5 用户面交换 V2X 消息。
- 支持基于 IP 和非 IP 的 V2X 消息。
- 针对基于 IP 的 V2X 消息，仅限于 IPv6。
- 基于每个数据的优先级以及传输（Tx）配置文件，用于选择 PC5 无线技术和优先级，这种简单的方法可以支持在不同 PC5 数据之间进行一定程度的差异化处理。
- 签约数据，控制 PC5 的使用，支持网络调度模式下 eNB 对 UE 资源使用的控制，以及使用 PPPP 区分 PC5 上不同数据传输的优先级。

3）Uu 通信的支持，除了通过 EPC/LTE 进行连接的正常 Uu 操作外，还包括：

- 通过 Uu 连接到 V2X 应用服务器和其他车辆 /UE。
- 专用的 QCI 值，即 QCI=3 的 GBR 承载和 QCI=79 的非 GBR 承载用于单播的 V2X 消息及其他应用，QCI=75 的 GBR 广播承载用于 V2X 消息及其他应用。
- V2X 的签约控制，以及 V2X 控制功能的支持。
- 通过 MBMS 广播将 V2X 消息及其他业务信息广播到特定地理区域内的 UE/ 车辆组。
- 向 eNB 提供必要的 V2X 用户签约信息，以授权 V2X 服务和实施 PC5 的策略。

对于EPS，为了管理UE中V2X相关参数的配置，3GPP引入了专用的控制功能，称为V2X控制功能。车辆中的UE需要连接EPS网络并建立PDN连接，以便V2X控制功能可以通过V3接口来配置设备。如图16.16所示，针对ME和UICC的预配置是设备配置的其他两种机制。如果有专用的V2X应用服务器需要为车辆配置必要的参数，这可以在UE建立PDN连接后通过图16.17所示的V1接口进行。图16.17所示的EPS车联网架构在3GPP规范3GPP TS 23.285中定义。

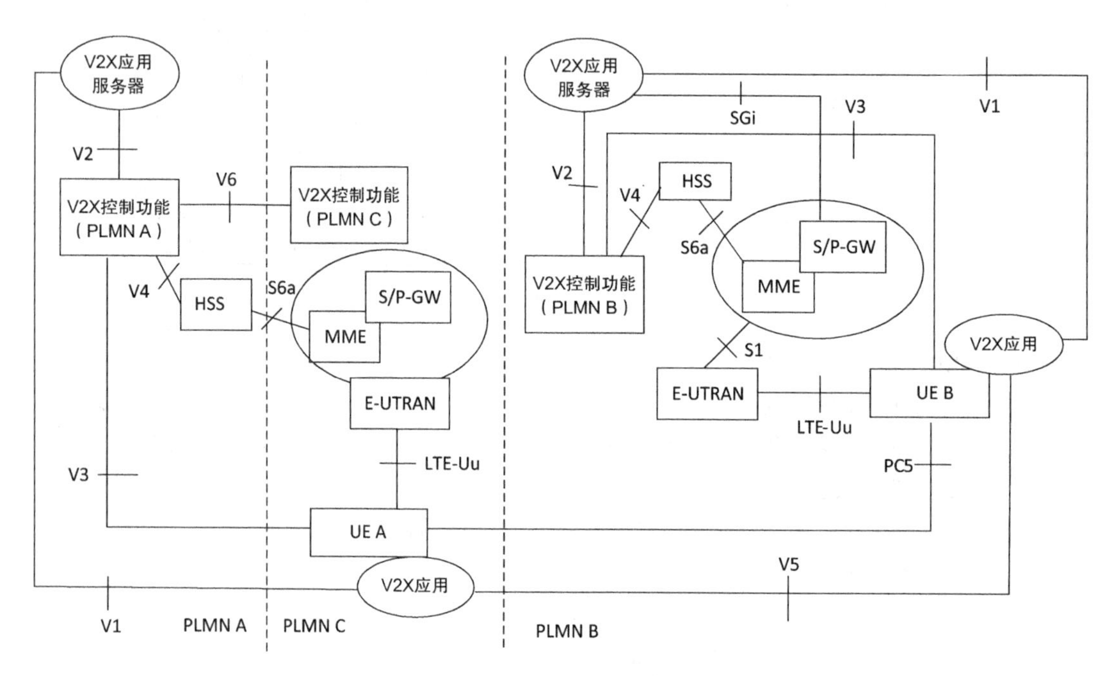

图16.17 EPS的V2X总体架构

对于车辆通信，当车辆已经在PLMN/运营商网络中建立连接时，车辆/UE的配置能支持跨PLMN的移动很重要。即使采用PC5侧行链路直接通信，也需要提供运营商管理的无线资源使用情况，以便合理使用资源并确定优先级。设备可以独立使用PC5和Uu链接进行连接。如果正在使用Uu接口上的监管服务（例如紧急服务），那么Uu通信具有优先级。

运行在PC5接口上的应用的安全性由该应用的安全机制保证，3GPP不做规定。3GPP提供的网络级安全性使用在为V2X定义的网络接口上。使用Uu时，所有3GPP定义的安全性机制也适用于V2X的流量。关于用户的隐私的保护，除了应用本身的机制之外，还可以通过更改可跟踪身份（例如IP地址、PC5链路上V2X通信使用的层2的标识）来保证。

16.3.6.2 5GS中的NR中的车联网

在3GPP Release 16中，3GPP就如何使用NR支持V2X业务开展了工作，NR包括连接到5GC的NR以及连到EPC作为辅助无线接入技术的NR，这里连到EPC的NR就是第12章中所描述的双连接（或者EPC中的5G）。5G V2X架构遵循与16.3.6.1节中所述相同的原理，并对NR-PC5通信和UE配置机制进行了其他增强。迄今为止，尚未支持5GS中的MBMS机制，因此基于Uu的广播服务还不可用。

图16.18说明了5G系统中V2X架构的关键方面，这里5G系统指NR连到5GC。

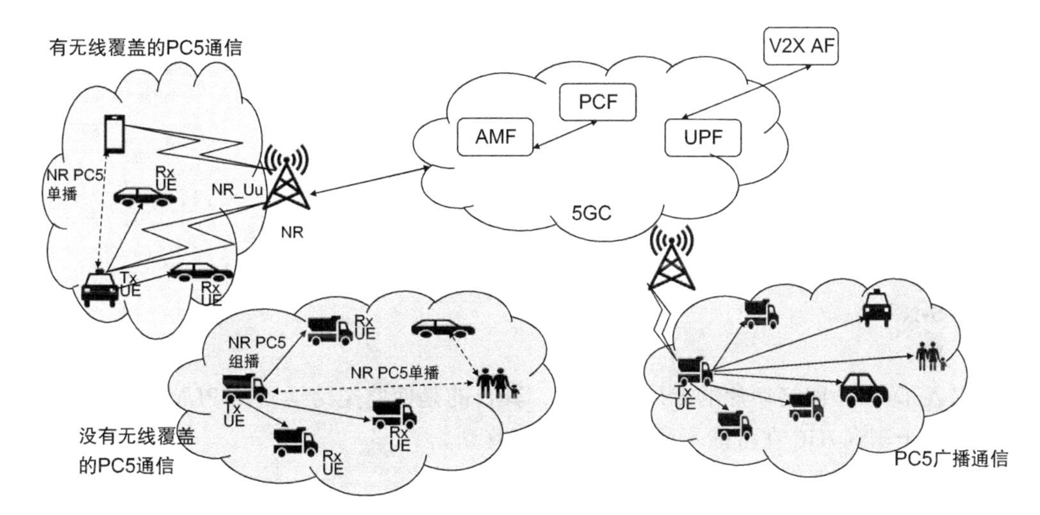

图16.18　NR-PC5和NR Uu的V2X架构

不管NR-PC5是用于5GS还是EPS，与LTE-PC5相比，NR-PC5通信的主要不同如下：

- NR PC5支持单播、组播和广播通信。
- NR PC5支持PC5信令，以便建立PC5单播通信。
- 广播和组播使用相关业务的配置信息（例如，源和目标的层2 ID、应用ID）。组播组管理由应用层提供。
- PC5通信的单播用户发现可以使用广播和响应机制来发现附近的其他UE，然后建立直接的对等单播通信。
- 对于使用NR PC5的两个UE之间的单播通信，PC5信令用于进一步协商UE感兴趣的应用/服务的详细信息。
- 增强的PC5 QoS支持，与使用5QI的Uu QoS保持一致，这使得不同的应用根据应用的服务要求，将不同的PC5 QoS参数于不同的QoS流。在没有可用的QoS参数的情况下，使用预先配置的信息。
- UE可以根据可用性、签约/授权和应用的能力来选用LTE-PC5或NR-PC5。
- “通信范围”是PC5通信中考虑的附加可选参数。“通信范围”表示PC5通信的设备间有效传输的距离。

在编写本书时，3GPP 正在开发基于 NR 的 PC5 V2X 通信的架构，有关细节的开发和定稿尚未完成，因此，这里不再赘述。

对于如何通过 5GC 配置 UE 的有关 PC5 通信的参数，3GPP 选择了更符合 5GC 功能的架构，即采用基于非会话的策略管理机制，如第 10 章所述，由 PCF 对 UE 进行 V2X 相关参数的配置。UE 给 5GC 提供支持 V2X 的能力，基于这个能力，PCF 发起到 UE 的 V2X 参数的配置，这些参数包括与授权相关的参数（例如 NR 或 LTE PC5）、相关频率、其他与无线相关的参数、与应用相关的数据以及与 PC5 QoS 相关的信息等。

对于 5GS 中基于 Uu 的 V2X 通信：

- 使用 NR-Uu 时，可以配置以下额外的参数：
  - PDU 会话类型（即 IP 类型或非结构化类型）。
  - 传输层协议（即 UDP 或 TCP，仅适用于 IP PDU 会话类型）。
  - SSC 模式。
  - S-NSSAI。
  - DNN。
- 引入了 V2X 网络切片的专用 SST 值，其目的是使此类跨运营商 PLMN 的专用切片有助于车辆 /UE 在可能不同的 PLMN 间移动。
- 5GS 中还提供了与 EPS 具有相同特性的 5QI。
- 增强了业务开放能力，并支持 5GS 中可用的边缘计算功能，例如，通过以下功能可提供更好的用户面性能：
  - 在 UE 位置附近的用户面重定位 /（重）选择以及流量疏导。
  - 本地数据网络。
  - 基于 AF 影响的最佳位置的流量控制和路由。

对于基于 Uu 的 V2X 通信，传输协议不再仅限于 UDP，具体的选择取决于所使用的应用。

在 5GS 中尚无法使用 MBMS 机制来支持基于 Uu（即空口）的广播服务。

对于基于 Uu 的 V2X 通信，为改善 V2X 服务体验，以下两个方面得到了进一步的增强（请注意，在编写本书时，这些方面正在开发，因此最终规范的解决方案可能会有所不同）：

- 给 gNB 提供附加的 QoS 参数，与 QoS 通知控制功能一起使用，这里附加的 QoS 参数由 V2X 应用服务器通过 PCF 提供。RAN 在不能满足 V2X 应用服务器的业务要求时，RAN 可以保留 QoS 流并上报目前无线条件下 RAN 能支持的 QoS 水平。
- 由 OAM 系统在某一时间内针对某一地理区域启用 V2X 应用服务器触发的 QoS 监控。NWDAF 使用一段时间内的历史数据，并将分析结果提供给 V2X AF，这样驾驶在该区域的车辆可能能对变化的网络状况做出更可预测的调整。

16.3.7 固网接入的集成

16.3.7.1 背景和驱动力

传统有线网络使用的“核心网”与 3GPP 移动网络完全不同。在宽带论坛（BBF）定义的有线网络中，“核心网”包括宽带网络网关（BNG），充当通往最终用户的接入路由器并提供 IP 服务，最终用户通常是已部署了家用网关（RG）/ 客户端设备（CPE）的居民。家用网关 / 客户端设备通过 DSL 或光纤接入向有线“核心网”请求连接，以访问互联网、语音和 IPTV 服务。有线核心网还可能包括管理签约数据参与授权连接的 AAA 服务器，以及提供 IP 地址的 DHCP 服务器。图 16.19 是一个简单的说明。

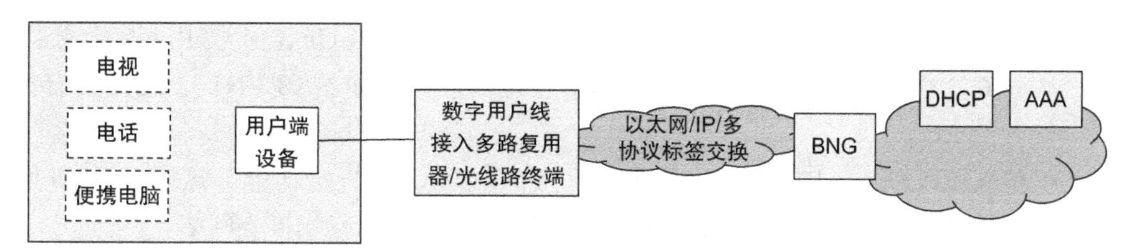

图 16.19　典型的传统有线接入

在 2016—2017 年间，宽带论坛和 3GPP 开始讨论 5G 网络融合的可能性，家用网关将通过 5G 核心网获得连接服务，基本上用 5G 核心网（SMF、UPF、UDM 等）替换传统的有线核心网络（BNG、AAA、DHCP 等），这由众多的运营商推动，这些运营商既提供有线接入又提供无线接入，但是目前每种接入都部署了单独的网络基础设施。他们看到了有线和无线共享一个 5G 核心网络的机会，通过两种接入的融合使得业务融合变得可能，并可以节省资本支出 / 运营支出（CAPEX/OPEX）。

基于 3GPP 与 BBF 之间最初的讨论，在 3GPP Release 16 中开展固网移动网（即有线无线）融合（WWC）的工作，并根据每个工作组的专业知识和范围来划分工作，也就是说，3GPP 将定义 5GC 所需的扩展，而 BBF 将定义与家用网关和有线相关的接入技术。后来，以前规范有线电缆技术的 CableLabs 也为 3GPP 的工作做出了贡献，因此，WWC 的工作支持将 BBF 和 CableLabs 定义的有线接入集成到 5GC 中。

16.3.7.2 网络迁移注意事项

在 3GPP Release 15 中，5G 核心网的宗旨是“公共核心网”，支持所有的接入技术。如第 3 章所述，N1、N2 和 N3 接口主要支持 NG-RAN，这些接口也被重复用于不受信任的非 3GPP 接入。很自然地，有线接入可以被视为另一种类型的非 3GPP 接入，支持 N1、N2 和 N3，但是需要考虑以下几个重要方面：

- 对接入网的影响：许多固网运营商通过第三方实体获得对电缆和光纤的接入，这意味着 5GC 和 RG 之间存在中间网络，因此，5G 需要以新的方式来规范新的协议和流程，以便这些协议流程可以通过现有的接入网并集成到现有的操作流程中。

- 对现有服务的影响：并非所有服务都是由接入网中的 BNG 处理的，也并非所有运营商都会通过 5G 版本重新实现所有服务。线性 IPTV 是接入网集成服务的一个例子，可能会迁移到 OTT 业务，是 5G 的“按需”模式的一种。同时，还需要考虑 5G 环境中 RG 的配置和管理。为提供增强的 RG 管理平台，已经决定由 BBF TR-69/369 做出调整以便集成到 5GC。
- 对 RG 的影响：许多有线运营商安装有大量传统的 RG，因此希望有一种融合解决方案，不需要一次性或在正常业务周期之外全部更换所有 RG，这就需要一种迁移策略，可以在替换所有 RG 之前将核心网络升级到 5GC，基于此，3GPP 和 BBF 同意支持两种方案：
  - 具有 5G 功能的 RG（称为 5G-RG），其中 RG 充当 UE，并使用 N1 请求接入 5GC。这种情况要求 RG 支持 3GPP 特定功能，例如 NAS（N1），这是具有新功能的 RG。
  - 传统 RG（称为 FN-RG），不具有任何 5G 或 3GPP 特定功能。这些 FN-RG 使用传统机制（例如 PPPoE 或 IPoE 协议方法）接入传统有线核心网络。

16.3.7.3　网络架构

支持两类 RG 的网络架构如图 16.20 所示。

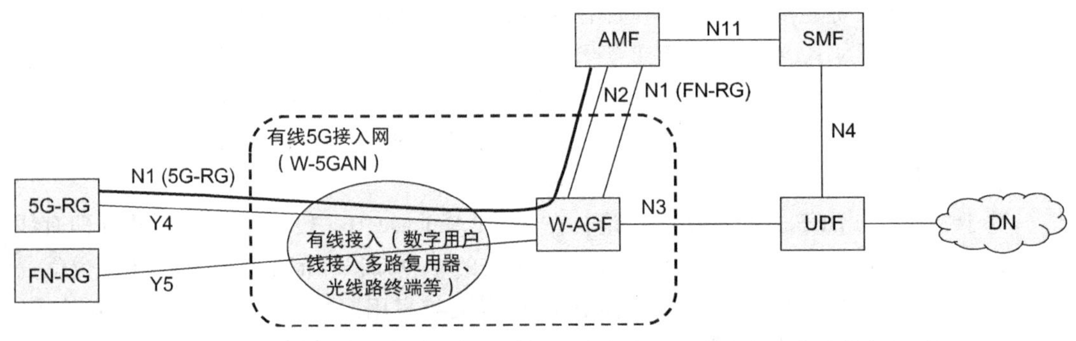

图 16.20　有线接入集成到 5GC 的总体网络架构（不是所有的网络功能都显示）

有线接入网关功能（WAGF）是由 BBF 和 CableLabs 规范的有线接入网功能，在某种意义上，它就像 RAN 节点一样支持到 5GC 的 N2 和 N3 接口，并在 RG 和 UPF 之间转发数据。就像下面进一步描述的，根据要服务的是 FN-RG 还是 5G-RG，W-AGF 的功能会有所不同。图 16.20 中的 Y4 接口由 BBF 和 CableLabs 定义，是支持 5G 功能的新接口，例如基于以太网和 IP 协议的 NAS 传输，而图 16.20 中的 Y5 是传统接口，没有 5G 功能，使用现有的有线会话模型和协议。

如上所述，5G-RG 充当 UE，支持 NAS，因此 5G-RG 将在网络上注册并请求建立 PDU 会话。W-AGF 支持 5G-RG 的特定接入接口（即 Y4），并在 5GC 的 AMF 和 5G-RG 之间转发 NAS 信令（图 16.20 中的 N1 接口）。对于 FN-RG，情况有所不同，FN-RG 不支持NAS，因而W-AGF代表FN-RG充当5GC的UE，这种方式类似于终端设备提供的网络共享功能，但形式稍微复杂一些。W-AGF将代表RG向5GC注册，请求建立PDU会话等，综合考虑5GC中的签约信息和FN-RG行为，在这种情况下，N1接口终止在W-AGF上（如图16.20所示）。

RG的主要目的是使连接到RG的设备（例如便携电脑、平板电脑、机顶盒等）可以访问网络中的服务（例如Internet、语音或电视）。从5G核心网的角度看，这些位于RG后面的设备通常没有3GPP功能，也没有5GC签约或密钥，它们只是使用由RG建立的连接（即PDU会话）。如果在RG后面的设备是具有3GPP 5G能力的UE，该UE可以经由RG连接到5GC，比如使用网络中N3IWF的不受信的非3GPP接入的流程。图16.21说明了RG后面的设备（包括具有5G功能的UE和其他设备）如何通过RG PDU会话进行连接。

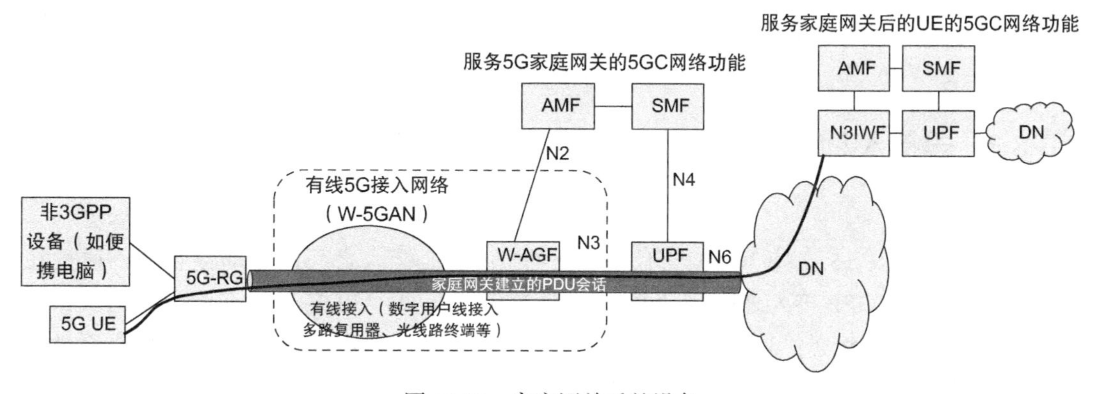

图16.21　家庭网关后的设备

16.3.7.4　固定的无线接入和混合接入

5G-RG也可能支持3GPP无线接入（例如NG-RAN），在这种情况下，它可以通过无线接入连接到5G核心网络，这通常被称为“固定的无线访问”（FWA）。3GPP无线接入可以作为备用方案，只在有线接入不能用的时候才使用，比如有线接入不存在或者有线接入由于某种原因出现故障的时候。3GPP无线接入也可以与有线接入同时使用，提升容量或均衡有线和无线接入间的负载。RG可以同时或顺序使用有线和无线接入的这些场景，有时被称为混合接入（HA）。图16.22说明了混合接入的网络架构。3GPP Release 16支持5G-RG混合接入的方式有两种：在有线和无线之间移动PDU会话；使用ATSSS解决方案建立多接入PDU会话连接（ATSSS在16.3.8节中有进一步说明）。

16.3.7.5　结论

支持固定移动接入产生的架构和规范为运营商网络的融合和简化、OSS/BSS和网络功能清单的融合和简化提供了路线图。传统接入网和FN-RG的支持被限制在W-AGF中，这样的模型引起的结果是真正的架构融合，而不是简单堆砌与5GC基本功能无关的其他功能。所需要的额外的功能主要用于家庭网络的支持，当然也可以重新用于工业、运输和物联网应用。

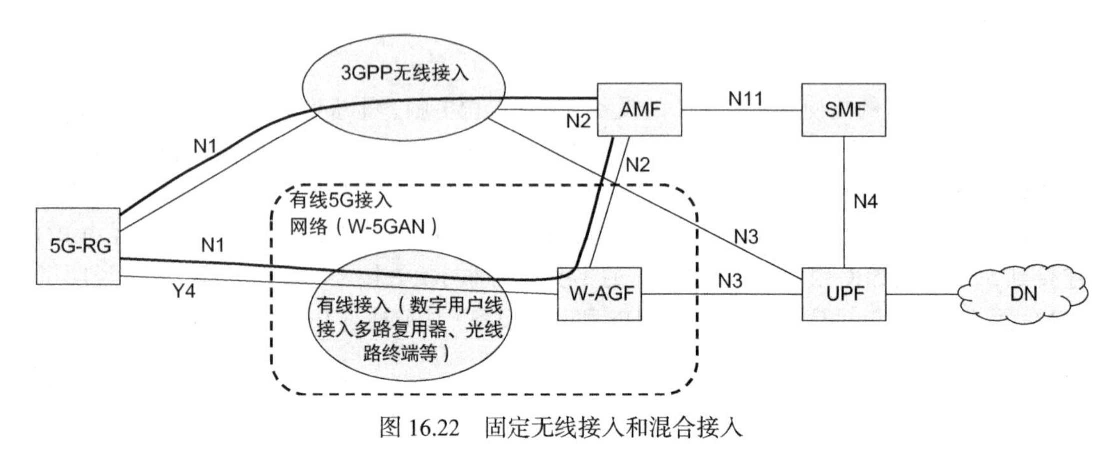

图16.22　固定无线接入和混合接入

16.3.8　多接入PDU会话

16.3.8.1　简介

3GPP Release 15支持3GPP与不受信任的非3GPP接入之间的移动性管理，通过在3GPP接入和非3GPP接入之间移动PDU会话来完成，每个PDU会话在给定时间仅在一个接入中处于活动状态：3GPP接入或非3GPP接入。这意味着该PDU会话的所有流量都在单个接入类型上传输，并且所有流量同时在不同的接入之间切换。如果有一个更通用的解决方案，可能会对提高网络的能力有所帮助，比如：

- 导向：为每个要发送的数据包选择接入类型（3GPP和非3GPP，这些数据包可以对应到某一IP 5元组或某一应用。
- 切换：一个数据包流可以在接入类型之间移动，不影响其他数据包流。
- 拆分：对应到一个IP 5元组的数据包流甚至可以拆分，同时通过3GPP接入和非3GPP接入发送，这个决定基于每一个数据包。
- 导向、切换和拆分允许单个PDU会话同时使用3GPP接入和非3GPP接入的资源，以提高PDU会话的总吞吐量。

3GPP Release 16中有关接入流量导向、切换和拆分（ATSSS）的工作为这种通用方案提供了可能性。应当注意的是，本部分介绍的ATSSS机制仅适用于一种接入是3GPP接入而另一种接入是非3GPP接入的情况。同时连接到不同的3GPP接入（例如第3章和第12章所描述的双连接）并不属于ATSSS。

对于熟悉EPC的读者来说，可以注意到ATSSS涵盖的用例与EPC中NBIFOM解决的用例相似，但是，为5GS定义的解决方案与NBIFOM完全不同。我们的目标是在5G中提供更好的解决方案，该解决方案不会受到NBIFOM解决方案中存在的复杂性和控制面开销的困扰。5G 解决方案更多地依赖于将用户数据导向、切换以及拆分的决策交给 UE 和 UPF，避免控制面上频繁的信令收发。

16.3.8.2　多接入 PDU 会话

为支持 ATSSS 而引入的关键概念是多接入 PDU 会话（MA PDU 会话），与常规的“单接入”PDU 会话（我们在本书的其他部分已经讨论论过）相比，多接入 PDU 会话可以同时在 3GPP 和非 3GPP 接入上拥有用户面资源。从 UPF 的角度来看，这意味着有两个 N3 隧道可用于 PDU 会话（如果路径上有中间 UPF，则有两个 N9 隧道）。从 UE 的角度来看，有两个与 PDU 会话关联的接入资源。图 16.23 说明了 MA PDU 会话。

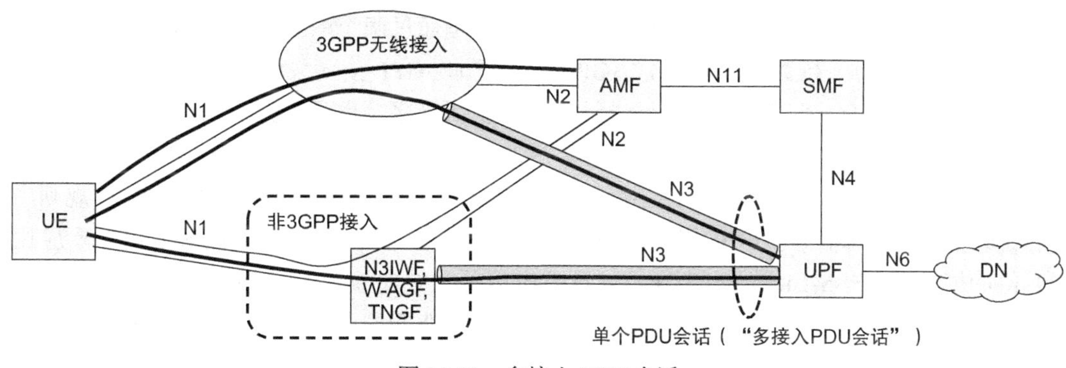

图 16.23　多接入 PDU 会话

MA PDU 会话的建立流程同常规 PDU 会话建立流程一样，但需要额外的信元来协商是否支持多接入。MA PDU 会话还需要创建一个附加的用户面作为“分支”。另外，URSP 规则需要扩展，因而 UE 可以请求建立 MA PDU 会话而不是正常的“单接入”PDU 会话。

16.3.8.3　导向功能和性能测量

一旦建立了 MA PDU 会话，并且两个用户面路径都可用，就需要选择要使用的路径。在下行方向，UPF 需要确定对每个数据包使用哪个 N3（或 N9）隧道；在上行方向，UE 需要确定对每个数据包使用哪个接入（即 3GPP 或非 3GPP）。整个过程包括两个基本部分：

- 根据运营商策略和规则以及每个用户面路径的性能，控制为每个应用选择那个接入，以及何时在不同的接入之间进行切换。
- UE 和 UPF 之间的用户面数据包的实际处理，发送端（即上行的 UE 和下行的 UPF）如何拆分流量，接收端（上行的 UPF 和下行的 UE）如何重组数据包。

我们首先来看第二方面，在 3GPP 规范中称为“导向功能”。为处理跨多接入的 UE 和 UPF 之间的数据包，“导向功能”分为两种：

- UE 中具有 MPTCP 客户端，UPF 中具有 MPTCP 代理的多路径 TCP（MPTCP）。此选项在层 4 上运行，仅适用于 TCP 通信。

- 被称为“ATSSS 较低层”（ATSSS-LL）的较低层控制功能。此控制功能在 PDU 层运行，可用于导向、切换和拆分所有类型的流量，包括 TCP 流量、UDP 流量、以太网流量等。

一个 UE 可以支持 MPTCP、ATSSS-LL 或两者。

MPTCP 选项基于 IETF RFC 6824，或实际上是基于 IETF 中旨在取代 RFC 6824 的版本（在编写本书时，它仍是 Internet 草案；draft-ietf-mptcp-rfc6824bis）。当使用 MPTCP 时，在 UE 和 UPF 之间通过不同的接入建立单独的 TCP 子流，并在这些子流上引导、切换和划分 TCP 流量。

而 ATSSS-LL 选项，除了使用单接入 PDU 会话的协议之外，它不需要在 UE 和 UPF 之间添加额外的协议，因此，UPF 中的下行数据包是通过两个 N3 GTP-U 隧道中的一个发送的，而 UE 中的上行数据包则通过 3GPP 接入或非 3GPP 接入发送。由于在接收侧没有特别的功能可以对两条路径上的数据进行重组和重新排序，也没有办法确保数据包按顺序到达，因此 ATSSS-LL 仅应用于数据包流切换，而不应用于数据包流拆分。

现在我们来看 ATSSS 功能的控制方面。多接入能力由 PCF 控制，通过在 PCC 规则中插入多路接入导向信息。PCC 规则可以包含以下信息：是否应使用多接入通信、要应用的导向功能（ATSSS-LL 或 MPTCP）以及要应用的“导向模式”。“导向模式”决定应如何在 3GPP 接入和非 3GPP 接入之间分配与 PCC 规则匹配的流量。支持的导向模式有以下几种：

- 主备模式（Active-Standby）：在一个接入（即主接入）可用时引导流量，主接入不可用时将流量切换到另一个接入（即备用接入）。
- 最小时延（Smallest Delay）：将流量引导到具有最小往返时间（RTT）的接入。UE 和 UPF 对 RTT 进行测量，以确定哪个接入具有最低的 RTT。
- 负载均衡（Load-Balancing）：根据百分比在 3GPP 接入和非 3GPP 接入上分配流量。
- 基于优先级（Priority-based）：将所有与 PCC 规则匹配的流量通过高优先级的接入发送，直到确定该接入出现拥塞，这种情况下，流量通过低优先级的接入发送。

SMF 将考虑 PCC 规则中的信息，生成“ATSSS 规则”并发送到 UE，以便 UE 可以确定如何引导、切换或拆分上行流量。ATSSS 规则包括导向功能和导向模式的信息，这些信息与数据过滤器或应用标识相对应。SMF 还为 UPF 生成相应的 N4 规则，以便 UPF 可以确定如何引导、切换或拆分下行流量。

第 17 章

对未来的展望

3GPP 经过大量的工作，制定了 5G 核心网的规范，为 5G 网络架构奠定了基础，该网络架构有望在未来几年内对通信服务发挥重要作用。创建 5G 核心网络架构背后的基本原则之一是，着眼长远、设计一种面向未来的架构，该架构可支持 5G NR 之后的未来无线接入网络。最初的 5G 网络部署专注于支持移动宽带服务或固定无线接入服务，以替代固定宽带连接，但目前正在将 5G 网络实践于更多用例，并将在未来几年内推出。各种研究（例如 Arthur D. Little 和爱立信（A. D. Little，2017）进行的联合研究）都指出 5G 技术可以为运输、制造和能源等各个行业带来巨大价值。

3GPP Release 15 之后的 3GPP 规范工作侧重于为支持更先进的用例增加能力并进一步增强基于服务的新架构。总体而言，5G 技术（尤其是 5G 核心网络架构）处于有利地位，可以为社会各行业的广泛应用发挥重要作用。

作者坚信，要使 5G 能够得到广泛应用，业界必须将 5G 技术的发展与清晰的商业价值结合，这对于工业应用以及更传统的消费者或商业服务来说也是如此。这些服务依赖的可能是一系列不同的接入技术（不仅仅是 5G/NR），而且还依赖于 5G 核心网络的有效支持，以便同时为功能迥异且数量差异很大的接入网设备提供服务。一个网络负责从数百万个廉价的小型传感器设备中收集数据，另一个网络则为与内置于机器人内的少数设备服务，而这些机器人是关键业务制造过程的一部分，对这样的两个网络的要求自然不同。

考虑到各种用例对网络配置产生了不同的要求，因此确保以非常经济的方式部署和运行网络也很重要，这就要求网络基础设施供应商提供高度灵活和自动化的创新解决方案。网络切片功能将是为不同服务量身定制网络配置的关键，机器学习功能有望在跟踪性能以及自动调整网络配置以优化容量、提升最终用户体验和网络整体性能上发挥重要作用。

随着技术本身的发展，商业模式和整体经济格局也将发生变化。随着目标市场和客户范围的显著扩大，服务提供商的角色可能会随着时间而改变，将新的企业对企业的服务产品增加到投资组合中。新参与者也可能在市场上出现，希望利用某些潜在用例的颠覆性创造机会。运营商通过构建更高价值的服务和解决方案，并与客户的网络紧密集成，将从提供“纯连接”之外的服务中受益。

总之，随着5G规范的制定，业界朝着创建一种可以真正实现互联有益的、一切都可以互联的愿景迈出了重要的一步。为此，需要清楚地理解商业价值和市场驱动因素，并将其应用于指导5G技术的未来发展。

我们期待着这一激动人心的时刻。

参考文献

3GPP SP-160455, 3GPP Tdoc: SP-160455, "5G Architecture Options", Deutsche Telekom, 2016.

3GPP TR 22.804, 3GPP Technical Report 22.804, "Study on Communication for Automation in Vertical domains (CAV)".

3GPP TR 23.714, 3GPP Technical Report 23.714, "Study on control and user plane separation of EPC nodes".

3GPP TR 23.799, 3GPP Technical Report 23.799, "Study on Architecture for Next Generation System".

3GPP TR 38.913, 3GPP Technical Report 38.913, "Study on Scenarios and Requirements for Next Generation Access Technologies".

3GPP TS 22.104, 3GPP Technical Specification 22.104, "Service requirements for cyber-physical control applications in vertical domains".

3GPP TS 22.261, 3GPP Technical Specification 22.261, "Service requirements for next generation new services and markets".

3GPP TS 23.003, 3GPP Technical Specification 23.003, "Numbering, addressing and identification".

3GPP TS 23.041, 3GPP Technical Specification 23.041, "Technical realization of Cell Broadcast Service (CBS)".

3GPP TS 23.122, 3GPP Technical Specification 23.122, "Technical Specification Group Core Network; NAS Functions related to Mobile Station (MS) in idle mode".

3GPP TS 23.203, 3GPP Technical Specification 23.203, "Policy and charging control architecture".

3GPP TS 23.214, 3GPP Technical Specification 23.214, "Architecture for Control and User Plane Separation for EPC nodes".

3GPP TS 23.287, 3GPP Technical Specification 23.287, "Architecture enhancements for V2X services".

3GPP TS 23.288, 3GPP Technical Specification 23.288, "Architecture enhancements for 5G System (5GS) to support network data analytics services".

3GPP TS 23.401, 3GPP Technical Specification 23.401, "General Packet Radio Service (GPRS) enhancements for Evolved Universal Terrestrial Radio Access Network (E-UTRAN) access".

3GPP TS 23.501, 3GPP Technical Specification 23.501, "System architecture for the 5G System (5GS)".

3GPP TS 23.502, 3GPP Technical Specification 23.502, "Procedures for the 5G System (5GS)".

3GPP TS 23.503, 3GPP Technical Specification 23.503, "Policy and charging control framework for the 5G System (5GS)".

3GPP TS 24.007, 3GPP Technical Specification 24.007, "Mobile radio interface signalling layer 3; General Aspects".

3GPP TS 24.501, 3GPP Technical Specification 24.501, "Non-Access-Stratum (NAS) protocol for 5G System (5GS); Stage 3".

3GPP TS 24.502, 3GPP Technical Specification 24.502, "Access to the 3GPP 5G Core Network (5GCN) via non-20GPP access networks".

3GPP TS 28.530, 3GPP Technical Specification 28.530, "Management and orchestration; Concepts, use cases and requirements".

3GPP TS 29.244, 3GPP Technical Specification 29.244, "Interface between the Control Plane and the User Plane nodes".

3GPP TS 29.281, 3GPP Technical Specification 29.281, "General Packet Radio System (GPRS) Tunnelling Protocol User Plane (GTPv1-U)".

3GPP TS 29.303, 3GPP Technical Specification 29.303, "DNS Procedures for UP Function Selection".
3GPP TS 29.500, 3GPP Technical Specification 29.500, "5G System; Technical Realization of Service Based Architecture; Stage 3".
3GPP TS 29.501, 3GPP Technical Specification 29.501, "5G System; Principles and Guidelines for Services Definition; Stage 3".
3GPP TS 29.518, 3GPP Technical Specification 29.518, "5G System; Access and Mobility Management Services; Stage 3".
3GPP TS 29.571, 3GPP Technical Specification 29.571, "5G System; Common Data Types for Service Based Interfaces; Stage 3".
3GPP TS 29.891, 3GPP Technical Specification 29.891, "5G System—Phase 1 CT WG4 Aspects".
3GPP TS 33.126, 3GPP Technical Specification 33.126, "Lawful Interception requirements".
3GPP TS 33.210, 3GPP Technical Specification 33.210, "3G security; Network Domain Security (NDS); IP network layer security".
3GPP TS 33.401, 3GPP Technical Specification 33.401, "3GPP System Architecture Evolution (SAE); Security architecture".
3GPP TS 33.402, 3GPP Technical Specification 33.402, "3GPP System Architecture Evolution (SAE); Security aspects of non-3GPP accesses".
3GPP TS 33.501, 3GPP Technical Specification 33.501, "Security architecture and procedures for 5G System".
3GPP TS 36.300, 3GPP Technical Specification 36.300, "Evolved Universal Terrestrial Radio Access (E-UTRA) and Evolved Universal Terrestrial Radio Access Network (E-UTRAN); Overall description; Stage 2".
3GPP TS 37.324, 3GPP Technical Specification 37.324, "Service Data Adaptation Protocol (SDAP) specification".
3GPP TS 37.340, 3GPP Technical Specification 37.340, "NR; Multi-connectivity; Overall description; Stage-2".
3GPP TS 38.101-1, 3GPP Technical Specification 38.101-1, "NR; User Equipment (UE) radio transmission and reception; Part 1: Range 1 Standalone".
3GPP TS 38.101-2, 3GPP Technical Specification 38.101-2, "NR; User Equipment (UE) radio transmission and reception; Part 2: Range 2 Standalone".
3GPP TS 38.300, 3GPP Technical Specification 38.300, "NR; Overall description; Stage-2".
3GPP TS 38.304, 3GPP Technical Specification 38.304 "NR; User Equipment (UE) procedures in Idle mode and RRC Inactive state".
3GPP TS 38.321, 3GPP Technical Specification 38.321, "NR; Medium Access Control (MAC); Protocol specification".
3GPP TS 38.401, 3GPP Technical Specification 38.401, "NG-RAN; Architecture description".
3GPP TS 38.413, 3GPP Technical Specification 38.413, "NG-RAN; NG Application Protocol (NGAP)".
3GPP TS 38.423, 3GPP Technical Specification 38.423, "NG-RAN, Xn application protocol (XnAP)".
Dahlman, et al., 2018. 5G NR: The Next Generation Wireless Access Technology. Elsevier.
Fielding, R., 2000. Architectural Styles and the Design of Network-Based Software Architectures (PhD thesis). University of California, Irvine.
IEEE 802.1AS-Rev/D7.3, IEEE Std 802.1AS-Rev/D7.3, August 2018, "IEEE Standard for Local and metropolitan area networks—Timing and Synchronization for Time-Sensitive Applications".
IEEE P802.1, IEEE P802.1Qcc, "Standard for Local and metropolitan area networks—Bridges and Bridged Networks—Amendment: Stream Reservation Protocol (SRP) Enhancements and Performance Improvements".
ITU OB 1156, ITU Operational Bulletin No. 1156, International Telecommunication Union (ITU), Standardization Bureau (TSB), "Operational Bulletin No. 1156".
ITU-R Recommendation M, ITU-R Recommendation M-2083, "IMT Vision—Framework and overall objectives of the future development of IMT for 2020 and beyond".
ITU-R TR M.2410-0, ITU-R Technical Report M.2410-0, "Minimum requirements related to technical performance for IMT-2020 radio interface(s)".
Little, A.D., 2017. The 5G Business Potential, Ericsson Report 2017.
MEF 6.4, Metro Ethernet Forum Specification 6.4.
Olsson, et al., 2014. EPC and 4G Packet Networks—Driving the Mobile Broadband Revolution. Elsevier.

RFC 2784, IETF RFC 2784, "Generic Routing Encapsulation (GRE)".
RFC 2890, IETF RFC 2890, "Key and Sequence Number Extensions to GRE".
RFC 3748, IETF RFC 3748, "Extensible Authentication Protocol (EAP)".
RFC 3758, IETF RFC 3758, "Stream Control Transmission Protocol (SCTP) Partial Reliability Extension".
RFC 4187, IETF RFC 4187, "Extensible Authentication Protocol Method for 3rd Generation Authentication and Key Agreement (EAP-AKA)".
RFC 4191, IETF RFC 4191, "Default Router Preferences and More-Specific Routes".
RFC 4301, IETF RFC 4301, "Security Architecture for the Internet Protocol".
RFC 4303, IETF RFC 4303, "IP Encapsulating Security Payload (ESP)".
RFC 4304, IETF RFC 4304, "IP Authentication Header".
RFC 4555, IETF RFC 4555, "IKEv2 Mobility and Multihoming Protocol (MOBIKE)".
RFC 4861, IETF RFC 4861, "Neighbor Discovery for IP version 6 (IPv6)".
RFC 4960, IETF RFC 4960, " Stream Control Transmission Protocol".
RFC 5216, IETF RFC 5216, "The EAP-TLS Authentication Protocol".
RFC 5246, IETF RFC 5246, "The Transport Layer Security (TLS) Protocol Version 1.2".
RFC 5448, IETF RFC 5448, "Improved Extensible Authentication Protocol Method for 3rd Generation Authentication and Key Agreement (EAP-AKA')".
RFC 6347, IETF RFC 6347, "Datagram Transport Layer Security Version 1.2".
RFC 6749, IETF RFC 6749, "The OAuth 2.0 Authorization Framework".
RFC 7296, IETF RFC 7296, "Internet Key Exchange Protocol Version 2 (IKEv2)".
RFC 7515, IETF RFC 7515, "JSON Web Signature (JWS)".
RFC 7516, IETF RFC 7516, "JSON Web Encryption (JWE)".
RFC 7540, IETF RFC 7540, "Hypertext Transfer Protocol Version 2 (HTTP/2)".
RFC 8259, IETF RFC 8259, "The JavaScript Object Notation (JSON) Data Interchange Format".
RFC 8446, IETF RFC 8446, "The Transport Layer Security (TLS) Protocol Version 1.3".
SNS Telecom and IT, 2018, SON (Self-Organizing Networks) in the 5G Era: 2019—2030—Opportunities, Challenges, Strategies & Forecasts.

缩略语表

5GC	5G Core Network（5G 核心网）
5GLAN	5G Local Area Network（5G 局域网）
5GS	5G System（5G 系统）
5G-AN	5G Access Network（5G 接入网）
5G-EIR	5G-Equipment Identity Register（5G 设备标识寄存器）
5G-GUTI	5G Globally Unique Temporary Identifier（5G 全球唯一临时标识）
5G-BRG	5G Broadband Residential Gateway（5G 宽带家庭网关）
5G-CRG	5G Cable Residential Gateway（5G 有线电视家庭网关）
5G-RG	5G Residential Gateway（5G 家庭网关）
5G-S-TMSI	5G S-Temporary Mobile Subscription Identifier（5G S - 临时移动签约标识）
5QI	5G QoS Identifier（5G QoS 标识）
AF	Application Function（应用功能）
AMBR	Aggregate Maximum Bit Rate（最大的聚合比特率）
AMF	Access and Mobility Management Function（接入和移动管理功能）
ANDSF	Access Network Discovery and Selection Functionality（接入网发现和选择功能）
APN	Access Point Name（接入点名称）
ARP	Allocation and Retention Priority（分配和保留优先级）
AS	Access Stratum（接入层）
ATM	Asynchronous Transfer Mode（异步传输模式）
ATSSS	Access Traffic Steering, Switching, Splitting（接入流量导向、切换和拆分）
ATSSS-LL	ATSSS Low-Layer（ATSSS 低层）
AUSF	Authentication Server Function（鉴权服务器功能）
BSF	Binding Support Function（绑定支持功能）
CAG	Closed Access Group（闭合访问组）
CAPIF	Common API Framework for 3GPP northbound APIs（3GPP 北向 API 的公共 API 框架）

CBC	Cell Broadcast Center（小区广播中心）
CBE	Cell Broadcast Entity（小区广播实体）
CHF	Charging Function（计费功能）
CP	Control Plane（控制面）
CSCF	Call Session Control Function（呼叫会话控制功能）
DL	Downlink（下行 / 下行链路）
DN	Data Network（数据网络）
DNAI	DN Access Identifier（DN 接入标识）
DNN	Data Network Name（数据网络名称）
DRB	Data Radio Bearer（数据无线承载）
DRX	Discontinuous Reception（不连续接收）
ePDG	evolved Packet Data Gateway（演进的分组数据网关）
EBI	EPS Bearer Identity（EPS 承载标识）
eMBB	enhanced Mobile Broadband（增强的移动宽带通信）
EN-DC	E-UTRAN New Radio-Dual Connectivity（E-UTRAN 和新空口双连接）
EPC	Evolved Packet Core（演进的分组核心网）
EPS	Evolved Packet System（演进的分组系统）
E-UTRAN	Evolved Universal Terrestrial Radio Access Network（演进通用陆地无线接入网络）
FAR	Forwarding Action Rule（转发动作规则）
FDD	Frequency Division Duplex（频分双工）
FN-BRG	Fixed Network Broadband RG（固网宽带 RG）
FN-CRG	Fixed Network Cable RG（固网有线电视 RG）
FN-RG	Fixed Network RG（固网 RG）
FQDN	Fully Qualified Domain Name（完全合格的域名）
GBR	Guaranteed Bit Rate（保证的比特率）
GFBR	Guaranteed Flow Bit Rate（保证的流比特率）
GMLC	Gateway Mobile Location Centre（网关移动位置中心）
GPRS	General Packet Radio Services（通用分组无线业务）
GPS	Global Positioning System（全球定位系统）
GPSI	Generic Public Subscription Identifier（通用公共签约标识）
GSM	Global System for Mobile Communications（2G)(全球移动通信系统）
GTP-U	GPRS Tunneling Protocol for User Plane（GPRS 用户面隧道协议）
GUAMI	Globally Unique AMF Identifier（全球唯一 AMF 标识）
HPLMN	Home PLMN（归属 PLMN）
HR	Home Routed（roaming)(回归属地路由（漫游））

HSS	Home Subscriber Server（归属用户服务器）
HTTP	Hypertext Transfer Protocol（超文本传输协议）
IETF	Internet Engineering Task Force（国际互联网工程任务组）
I-SMF	Intermediate SMF（中间 SMF）
IMS	IP Multimedia Subsystem（IP 多媒体子系统）
KPI	Key Performance Indicator（关键绩效指标）
LADN	Local Area Data Network（局域数据网络）
LBO	Local Break Out（roaming)(本地疏导（漫游）)
LMF	Location Management Function（位置管理功能）
LRF	Location Retrieval Function（位置获取功能）
LTE	Long Term Evolution（4G)(长期演进（4G）)
MCC	Mobile Country Code（移动国家 / 地区代码）
MCX	Mission Critical Service（关键任务服务）
MCPTT	Mission Critical Push To Talk（关键任务一键通）
MDBV	Maximum Data Burst Volume（最大的数据突发量）
MFBR	Maximum Flow Bit Rate（最大流比特率）
MICO	Mobile Initiated Connection Only（仅终端发起的连接）
MIMO	Multiple-Input-Multiple-Output（多输入多输出）
mIoT	Massive Internet of Things（大规模物联网）
MME	Mobility Management Entity（移动管理实体）
MNC	Mobile Network Code（移动网络代码）
MPS	Multimedia Priority Service（多媒体优先服务）
MPTCP	Multi-Path TCP Protocol（多路径 TCP 协议）
MR-DC	Multi RAT Dual Connectivity（多 RAT 双连接）
MRU	Mobility Registration Update（移动性注册更新）
N3IWF	Non-3GPP InterWorking Function（非 3GPP 互通功能）
NaaS	Network as a Service（网络即服务）
NAI	Network Access Identifier（网络接入标识）
NAS	Non Access Stratum（非接入层）
NAT	Network Address Translation（网络地址翻译）
NEF	Network Exposure Function（网络开放功能）
NF	Network Function（网络功能）
NGAP	Next Generation Application Protocol（下一代应用协议）
NG-RAN	Next Generation Radio Access Network（下一代无线接入网）
NID	Network identifier（网络标识）

NPN	Non-Public Network（非公共网络）
NR	New Radio（新空口）
NRF	Network Repository Function（网络存储功能）
NSI	Network Slice Instance（网络切片实例）
NSI ID	Network Slice Instance Identifier（网络切片实例标识）
NSSAI	Network Slice Selection Assistance Information（网络切片选择辅助信息）
NSSF	Network Slice Selection Function（网络切片选择功能）
NSSP	Network Slice Selection Policy（网络切片选择策略）
NWDAF	Network Data Analytics Function（网络数据分析功能）
O&M	Operation and Maintenance（操作和维护）
OFDM	Orthogonal Frequency-Division Multiplexing（正交频分复用）
PCF	Policy Control Function（策略控制功能）
PDB	Packet Delay Budget（数据包时延预算）
PDCP	Packet Data Convergence Protocol（分组数据汇聚协议）
PDP	Packet Data Protocol（分组数据协议）
PDR	Packet Detection Rule（数据包检测规则）
PDU	Protocol Data Unit（协议数据单元）
PEI	Permanent Equipment Identifier（永久设备标识）
PER	Packet Error Rate（数据包错误率）
PFD	Packet Flow Description（数据包流描述）
PGW	Packet Data Network Gateway（分组数据网网关）
PGW-C	PDN Gateway CP（PDN 网关控制面）
PLMN	Public Land Mobile Network（公共陆地移动网络）
PPD	Paging Policy Differentiation（寻呼策略差异化）
PPF	Paging Proceed Flag（寻呼进行标志）
PPI	Paging Policy Indicator（寻呼策略指示）
PSA	PDU Session Anchor（PDU 会话锚点）
QCI	QoS Class Identifier（QoS 类标识）
QFI	QoS Flow Identifier（QoS 流标识）
QoE	Quality of Experience（体验质量）
QoS	Quality of Service（服务质量）
RA	Registration Area（注册区）
RG	Residential Gateway（家庭网关）
（R）AN	（Radio）Access Network（（无线）接入网）
RFSP	RAT/Frequency Selection Priority（RAT/ 频率选择优先级）

RQA	Reflective QoS Attribute（反射式 QoS 属性）
RQI	Reflective QoS Indication（反射式 QoS 指示）
RRC	Radio Resource Control（无线资源控制）
RSN	Redundancy Sequence Number（冗余序列号）
SA NR	Standalone New Radio（独立的新空口）
SBA	Service Based Architecture（基于服务的架构）
SBG	Session Border Gateway（会话边界网关）
SBI	Service Based Interface（基于服务的接口）
SCP	Service Communication Proxy（服务通信代理）
SCTP	Stream Control Transmission Protocol（流控传输协议）
SD	Slice Differentiator（切片细分标识）
SDAP	Service Data Adaptation Protocol（服务数据适配协议）
SDN	Software Defined Networking（软件定义网络）
SEAF	Security Anchor Functionality（安全锚点功能）
SEPP	Security Edge Protection Proxy（安全边缘保护代理）
SGSN	Serving GPRS Support Node（服务 GPRS 支持节点）
SGW	Serving Gateway（服务网关）
SIP	Session Initiation Protocol（会话发起协议）
SLA	Service Level Agreement（服务级别协议）
SM	Session Management（会话管理）
SMF	Session Management Function（会话管理功能）
SMS	Short Message Service（短消息服务）
SMSF	Short Message Service Function（短消息服务功能）
SN	Sequence Number（序列号）
SNPN	Stand-alone Non-Public Network（独立非公共网络）
S-NSSAI	Single Network Slice Selection Assistance Information（单一网络切片选择辅助信息）
SSC	Session and Service Continuity（会话和服务连续性）
SSCMSP	Session and Service Continuity Mode Selection Policy（会话和服务连续性模式选择策略）
SST	Slice/Service Type（切片 / 服务类型）
SUCI	Subscription Concealed Identifier（签约隐藏标识）
SUPI	Subscription Permanent Identifier（签约永久标识）
TA	Tracking Area（跟踪区）
TAI	Tracking Area Identity（跟踪区标识）

TCP	Transmission Control Protocol（传输控制协议）
TDD	Time Division Duplex（时分双工）
TMSI	Temporary Mobile Subscription Identifier（临时移动签约标识）
TNAN	Trusted Non-3GPP Access Network（可信的非 3GPP 接入网）
TNAP	Trusted Non-3GPP Access Point（可信的非 3GPP 接入点）
TNGF	Trusted Non-3GPP Gateway Function（可信的非 3GPP 网关功能）
TNL	Transport Network Layer（传输网络层）
TNLA	Transport Network Layer Association（传输网络层关联）
TSC	Time Sensitive Communication（时间敏感通信）
TSN	Time Sensitive Networking（时间敏感网络）
TSP	Traffic Steering Policy（流量引导策略）
UDM	Unified Data Management（统一数据管理）
UDP	User Datagram Protocol（用户数据报协议）
UDR	Unified Data Repository（统一数据存储）
UDSF	Unstructured Data Storage Function（非结构化数据存储功能）
UL	Uplink（上行 / 上行链路）
UL CL	Uplink Classifier（上行分类器）
UPF	User Plane Function（用户面功能）
URLLC	Ultra Reliable Low Latency Communication（超可靠低时延通信）
URRP-AMF	UE Reachability Request Parameter for AMF（AMF 的 UE 可达请求参数）
URSP	UE Route Selection Policy（UE 路由选择策略）
V2X	Vehicle-to-Everything（车联网）
VID	VLAN Identifier（VLAN 标识）
VLAN	Virtual Local Area Network（虚拟局域网）
VPLMN	Visited PLMN（访问 PLMN）
W-5GAN	Wireline 5G Access Network（有线 5G 接入网）
W-5GBAN	Wireline BBF Access Network（有线 BBF 接入网）
W-5GCAN	Wireline 5G Cable Access Network（有线 5G 有线电视接入网）
W-AGF	Wireline Access Gateway Function（有线接入网关功能）
WCDMA	Wideband Code Division Multiple Access（3G)(宽带码分多址）
WLAN	Wireless Local Area Network（无线局域网）

推荐阅读

5G NR标准：下一代无线通信技术（原书第2版）

作者：埃里克·达尔曼 等 ISBN：978-7-111-68459 定价：149.00元

- 《5GNR标准》畅销书的R16标准升级版
- IMT-2020（5G）推进组组长王志勤作序

5G核心网：赋能数字化时代

作者：斯特凡·罗默 等 ISBN：978-7-111-66810 定价：139.00元

- 详解3GPP R16核心网技术规范，细说5G核心网操作流程和安全机理
- 爱立信5G标准专家撰写，爱立信中国研发团队翻译，行业专家作序

蜂窝物联网：从大规模商业部署到5G关键应用（原书第2版）

作者：奥洛夫·利贝格 等 ISBN：978-7-111-67723 定价：149.00元

- 以蜂窝物联网技术规范为核心，详解蜂窝物联网mMTC和cMTC应用场景与技术实现
- 爱立信5G物联网标准化专家倾力撰写，爱立信中国研发团队翻译，行业专家推荐

5G网络规划设计与优化

作者：克里斯托弗·拉尔森 ISBN：978-7-111-65859 定价：129.00元

- 通过网络数学建模、大数据分析和贝叶斯方法解决网络规划设计和优化中的工程问题
- 资深网络规划设计与优化专家撰写，爱立信中国研发团队翻译

5G NR物理层技术详解：原理、模型和组件

作者：阿里·扎伊迪 等 ISBN：978-7-111-63187 定价：139.00元

- 详解5G NR物理层技术（波形、编码调制、信道仿真和多天线技术等），及其背后的成因
- 5G专家与学者共同撰写，爱立信中国研发团队翻译，行业专家联袂推荐

6G无线通信新征程：跨越人联、物联，迈向万物智联

作者：[加] 童文 等 ISBN：978-7-68884 定价：149.00元

- 系统性呈现6G愿景、应用场景、关键性能指标，以及空口技术和网络架构创新
- 中文版由华为轮值董事长徐直军作序，IMT-2030（6G）推进组组长王志勤推荐